Korn/Wilfert   **Mehrgrößenregelungen**

Mehrgrößenregelungen

Moderne Entwurfsprinzipien im Zeit- und Frequenzbereich

Prof. Dr. sc. techn. Ulrich Korn,
Magdeburg

Dr. sc. techn. Hans-Helmut Wilfert,
Dresden

VEB VERLAG TECHNIK BERLIN

Distributed by Springer-Verlag
Wien New York

ISBN-13: 978-3-7091-9490-4   e-ISBN-13: 978-3-7091-9489-8
DOI: 10.1007/978-3-7091-9489-8

1. Auflage
© VEB Verlag Technik, Berlin, 1982
Lizenz 201 · 370/19/82
DK 62-501.14:62-53 · LSV 3045 · VT 3/5424-1
Lektor: Jürgen Reichenbach · Einbandgestaltung: Kurt Beckert
Schreibsatz: VEB Verlag Technik
Offsetdruck und buchbinderische Weiterverarbeitung:

Vorwort

Der Entwurf von Mehrgrößenregelungssystemen hat sich zu einem eigenständigen Teilgebiet der Regelungstechnik entwickelt. Während die systemtheoretischen Grundlagen und Methoden der Analyse von Mehrgrößenregelungen bereits in zusammengefaßter Form vorliegen, fehlt ein solcher Überblick auf dem Gebiet des Entwurfs.

Hier wird deshalb beabsichtigt, neuere, meist nur in der Originalliteratur zugängliche Entwurfsprinzipien und -verfahren für Mehrgrößenregelungen zusammenfassend und bewertend darzustellen. Die Realisierungsmöglichkeiten der vorgestellten Entwurfsprinzipien sind durch die Entwicklung der Automatisierungsgerätetechnik gegeben, und sie werden in wachsendem Maße in die Arbeit der Projektanten und Entwurfsingenieure Eingang finden. Dem wird auch in der Ausbildung an den Universitäten und Hochschulen Rechnung getragen.

Während die Grundlagen der Beschreibung von mehrvariablen Systemen im Zustandsraum aus der Literatur hinreichend bekannt sind, ist dies für das entsprechende systemtheoretische Grundkonzept der modernen Frequenzbereichsmethoden nicht der Fall. In diesem Buch wird deshalb die Behandlungsmöglichkeit von Mehrgrößensystemen im Frequenzbereich besonders herausgestellt und die potentielle Leistungsfähigkeit entsprechender Entwurfsverfahren gezeigt.

Bei der Fülle der in der Originalliteratur vorgeschlagenen Entwurfsverfahren und ihrer Varianten mußte eine Beschränkung auf die wichtigsten Richtungen vorgenommen werden. Modifikationen und Vereinfachungen dieser Methoden konnten nur durch Literaturhinweise berücksichtigt werden. Dies gilt auch für Algorithmen und Programme.

Die Vorstellung der Entwurfsverfahren erfolgt auf der Grundlage einer zeitkontinuierlichen Systembeschreibung. Auf eine parallele Darstellung der zeitlich diskreten Systeme wird verzichtet. Zum einen sind die dargestellten Methoden auf diesen Fall übertragbar, zum anderen bietet die Entwicklung der Mikrorechentechnik die Möglichkeit einer quasi kontinuierlichen Signalverarbeitung. Die Behandlung als kontinuierliche Systeme bietet außerdem Vorzüge für eine Realisierung mit konventionellen Automatisierungsmitteln, wie sie sich besonders für im Frequenzbereich entworfene Strukturen anbietet.

Auf eine Darstellung der sich aus der Berücksichtigung stochastischer Eingangssignale ergebenden Entwurfsprobleme und dafür in Betracht kommenden Entwurfsverfahren mußte aus Umfangsgründen ebenfalls verzichtet werden.

Den Verfassern ist es eine angenehme Pflicht, insbesondere Herrn Prof. Dr. H. Kindler für wertvolle Hinweise und Diskussionen sowie Herrn Dipl.-Ing. G. Lauckner für eine teilweise Durchsicht des Manuskripts und die Durchrechnung der in den Abschnitten 6.3. und 6.4. enthaltenen Beispiele zu danken. Ferner sei Herrn Prof. Dr. H. Ehrlich für Hinweise gedankt.

Magdeburg/Dresden   Die Autoren

Inhaltsverzeichnis

Verzeichnis wichtiger Formelzeichen

$A = (a_{ij})$	Systemmatrix
$A(p)$	Polpolynom
A_i	Parametermatrizen
$B = (b_{ij})$	Eingangsmatrix
$B(p)$	Nullstellenpolynom
B_i	Parametermatrizen
$C = (c_{ij})$	Ausgangsmatrix; Kompensatormatrix
D	Systemmatrix eines Systems mit Rückführung; Durchgangsmatrix; Systemmatrix eines speziellen Kompensators
$D,\ D(p)$	diagonale Gewichtsmatrix; diagonale Skalierungsmatrix
E	Eingangsmatrix eines Kompensators
F	Zustandsreglermatrix
$F(p)$	Rückführdifferenzmatrix
$F_g(p)$	Übertragungsmatrix des geschlossenen Systems
$F_o(p)$	Übertragungsmatrix des offenen Regelkreises
$F_r(p)$	Rückführdifferenzmatrix bei teilweise geöffneten Kreisen
F_i	Reglermatrizen
$F_w(p)$	Führungsübertragungsmatrix
$G(p) = (g_{ij}(p))$	Übertragungsmatrix
$G_K(p)$	resultierende Regelstrecke mit Kompensator
$G(j\omega)$	Frequenzgangmatrix
$H(p)$	Übertragungsmatrix einer Rückkopplung
I	Einheitsmatrix
J	Eingangsmatrix eines Beobachters
K	Zustandsrückführmatrix; Diagonalmatrix von P-Reglern; Verstärkungsmatrix
K_y	Ausgangsrückführmatrix
K_z	Zyklisierungsmatrix
$K(p)$	Kompensatormatrix (Eingangskompensator)
L	Eingangsmatrix eines Beobachters
$L(p)$	Kompensatormatrix (Ausgangskompensator); Zählermatrix von $G(p)$; unimodulare Transformationsmatrix
M	Meßmatrix; quadratische Matrix; Matrix allgemein
$M(p)$	Smith-McMillan-Form
N	Rechenglied; Teil der Regeleinrichtung; Matrix allgemein
$N(p)$	Übertragungsmatrix eines Entkopplungssystems
$N_i(p)$	Nenner der Diagonalelemente der Smith-McMillan-Form
Q	Wichtungsmatrix im Gütekriterium; Beobachtbarkeitsmatrix
$Q(p)$	Polynommatrix
R	Zustandsrückführmatrix; Wichtungsmatrix im Gütekriterium; Beobachtermatrix; Modalmatrix des Zustandsraummodells
$R(p) = (r_{ij}(p))$	Reglerübertragungsmatrix; unimodulare Transformationsmatrix
S	Steuerbarkeitsmatrix; Matrix fiktiver Steuervektoren; Beobachtermatrix
$S(p)$	Smith-Form
$S_{res}(p)$	resultierende Strecke

T	reguläre Transformationsmatrix; Matrix in der Beobachtergleichung; Tastperiode; Zeitintervall
$T(d)$	Systemmatrix des verallgemeinerten Zustandsmodells
U	Eigenvektormatrix zu einer Übertragungsmatrix; reguläre Matrix
$U(d)$	Steuermatrix des verallgemeinerten Zustandsmodells
V	Vorfiltermatrix; Systemmatrix von Störsignalmodellen; duale Eigenvektormatrix zu einer Übertragungsmatrix
$V(d)$	Beobachtungsmatrix des verallgemeinerten Zustandsmodells
$V(p)$	Modalmatrix $W^{-1}(p)$
W	Systemmatrix eines Beobachters; Systemmatrix von Führungssignalmodellen
$W(p)$	Modalmatrix zu $G(p)$
$W(d)$	Durchgangsmatrix des verallgemeinerten Zustandsmodells
$Z(p)$	Übertragungsmatrix
$Z_i(p)$	Zähler der Diagonalelemente der Smith-McMillan-Form
a_i	Koeffizienten der charakteristischen Gleichung eines ungeregelten Systems
$\underline{b}_i$	i-te Spalte von B
$\underline{c}_i^T$	i-te Zeile von C
d	Differentialoperator
$d_i,\ d_i'$	Radien der Gershgorin-Kreise; Koeffizienten
$d(p)$	kleinster gemeinsamer Hauptnenner der Elemente von $G(p)$
$\underline{e}$	Fehlervektor; Einheitsvektor
$\underline{e}_i$	Spalte einer Transformationsmatrix
$f_{oi}(p)$	charakteristische Übertragungsfunktionen des offenen Kreises
$f_i(p)$	charakteristische Übertragungsfunktionen zu $F(p)$

$g_{ij}(p)$	Elemente von $G(p)$
$g_i(p)$	charakteristische Übertragungsfunktionen zu $G(p)$
$h_i(p)$	Übertragungsfunktionen skalarer Rückführungen
j	imaginäre Einheit $j = \sqrt{-1}$
k	Verstärkungsfaktor; Konstante; Laufvariable; dim $\underline{\xi}$
$\underline{k}^T$	Zeilenvektor; Regelvektor
l	Ordnung eines Kompensators
m	Zahl der Eingänge, dim $\underline{u}$; Zahl der Regelgrößen, dim $G(p)$
n	Systemordnung, dim $\underline{x}$
n_F	Zahl der Umschlingungen des kritischen Punktes oder des Ursprungs durch $F(p)$
n_g	Zahl der Pole des geschlossenen Kreises
n_o	Zahl der Pole des offenen Kreises
p	komplexe Variable
p_i	Pol
$\underline{q}$	Spaltenvektor
r	Zahl der Ausgänge, dim $\underline{y}$; Zahl der Meßgrößen
$\underline{r}$	Rechtseigenvektor
r_i	Koeffizienten der charakteristischen Gleichung eines geregelten (rückgeführten) Systems
$r_i(p)$	Teilreglerübertragungsfunktion
$\underline{s}_i$	fiktiver Steuervektor; speziell definierter Zustandsvektor
$s_i(p)$	Elementarteiler von $Q(p)$
t	Zeit
$\underline{t}_i^T$	Zeilen von T
$\underline{u}$	Vektor der Eingangsgrößen (Stellgrößen)

$\underline{v}$	Vektor fiktiver Stellgrößen; Zustandsvektor eines zusammengesetzten Systems
$\underline{v}_i^T(p)$	dualer Eigenvektor einer Übertragungsmatrix
$\underline{w}$	Sollwert
w_i	Veränderung des Imaginärteils eines Eigenwerts; Eigenwert von W
$\underline{w}_i(p)$	Eigenvektor zu G(p)
$\underline{x}$	Zustandsvektor
$\hat{\underline{x}}$	durch einen Beobachter rekonstruierter Zustandsvektor
$\underline{y}$	Vektor der Ausgangsgrößen
$\underline{z}$	Vektor der Störgrößen; Zustandsvektor der Diagonalform der Systemgleichungen: Beobachterzustand
z	e^{pT}
$\underline{z}(p)$	Spaltenvektor von Zählerpolynomen
$\underline{z}_i^T$	Zerlegungsvektor
$\Lambda = \text{diag}(\lambda_i)$	Diagonalmatrix der Eigenwerte
$\Gamma(g, p)$	charakteristische Funktion
$\Delta(g, p)$	charakteristische Funktion
Φ_i	Verkürzungsfaktor für Ostrowski-Kreise
α	Zeitkonstante; Realteil
$\alpha(p)$	Polynom
β	Imaginärteil
$\beta(p)$	Polynom
$\left.\begin{array}{l}\alpha_i \\ \beta_i\end{array}\right\}$	Koeffizienten
$\underline{\beta}_i^T$	Zeilenvektoren
γ	Konstante; Gewichtsfaktor
$\gamma_i(p)$	Teilübertragungsfunktion
$\underline{\gamma}_i$	Zeilenvektoren
δ	Grad der Übertragungsmatrix
δ_i	Realteil eines konjugiert-komplexen Eigenwertpaars
$\varkappa(p)$	Koppelfaktor
λ	komplexe Zahl; Eigenwert; Lagrangescher Parameter
λ_i	Eigenwert eines ungeregelten Systems
λ_i'	vorgegebener Eigenwert; Eigenwert eines geregelten Systems (Pol)
φ	Phasenwinkel
μ	skalare fiktive Stellgröße; Index
μ_i	Koeffizienten
ν_i	Beobachtbarkeitsindex
ν_μ	Polordnung
ν	Ordnung eines Systems; Index; Koeffizient
π	Parameter
$\underline{\varrho}_i^T$	Linkseigenvektor
$\underline{\xi}$	transformierter Zustandsvektor; Zustandsvektor von Systemerweiterungsstrukturen; verallgemeinerter Zustandsvektor
τ	Integrationsvariable; Laufvariable
ω	Kreisfrequenz
ω_i	Imaginärteil eines konjugiert-komplexen Eigenwertpaars
$\text{adj}(\ )$	adjungierter Ausdruck
$\text{arc}\{\alpha(p)\}$	Winkel von $\alpha(p)$
C^g	generalisierte Inverse der (r,n)-Matrix C
C^+	Pseudoinverse der (r,n)-Matrix C
$\det(\ )$	Determinante
$\text{eig } A$	Eigenwerte von A
$\text{Im } \cdot$	Imaginärteil von

rang C	Rang der Matrix C
Re $\cdot$	Realteil von
$\| \ \|$	euklidische Norm
$\left.\begin{array}{c}\wedge \\ \sim \end{array}\right\}$	kennzeichnet allgemein eine transformierte Größe bzw. kanonische Form (z. B. $\widehat{A}$, $\widetilde{\underline{x}}$ usw.)
$\widehat{G}(p)$	$= G^{-1}(p)$
$\widehat{g}_{ij}$	Elemente der inversen Übertragungsfunktionsmatrix
$\bar{p}$	konjugiert komplexer Wert zu p
$\underline{x}^T$	transponierter Vektor zu $\underline{x}$
$F^*(j\omega)$	konjugiert-komplexe transponierte Matrix zu $F(j\omega)$

Indizes

g	geschlossenes System
o	offenes System; resultierendes System einer Zusammenschaltung
r_x	Zustandsrückführung
r_y	Ausgangsrückführung
soll	Sollwert; Führung

1. Einführung

In verfahrens- und energietechnischen Prozessen treten eine Vielzahl zu regelnder Größen
auf, die über eine entsprechende Anzahl von Stellgrößen beeinflußt werden. Bekannte Beispiele sind die Regelung einer Destillationskolonne oder die Regelung eines Kraftwerksblocks. Bestehen zwischen den verschiedenen Eingangsgrößen u_i (den Stellgrößen) und den
Ausgangsgrößen y_i (den Regelgrößen) des Prozesses (Bild 1.1) Kopplungen der Art, daß

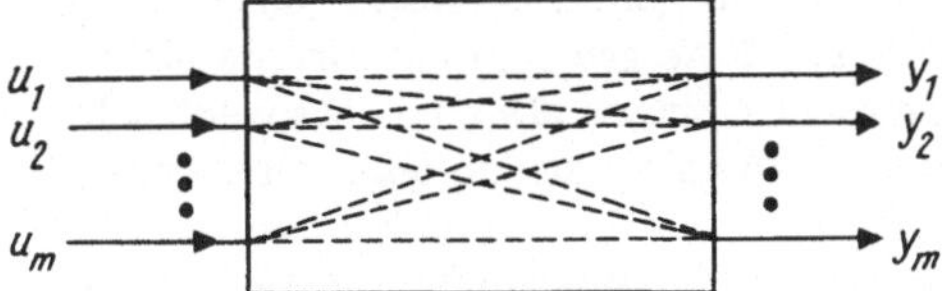

Bild 1.1. Kopplungen in einer mehrvariablen Regelstrecke

eine Eingangsgröße nicht nur auf eine, sondern auf mehrere Ausgangsgrößen des Prozesses
wirkt, so bildet dieser Teil des Prozesses eine mehrvariable Regelstrecke. Die Übertragungswege zwischen zugeordneten Stell- und Regelgrößen werden dabei als Hauptregelstrek-
ken, die die Kopplungen zu weiteren Regelgrößen bewirkenden Übertragungswege als Koppelstrecken bezeichnet.

Werden für die einzelnen Regelgrößen der mehrvariablen Regelstrecke Regelkreise entworfen, so sind diese Regelkreise i. allg. über die Regelstrecke verkoppelt. Eine z. B.
durch eine Abweichung der Regelgröße y_i von ihrem Sollwert hervorgerufene Änderung der
Stellgröße u_i beeinflußt dann nicht nur wie gewünscht über die Hauptregelstrecke zwischen
u_i und y_i die Ausgangsgröße y_i, sondern auch über die Koppelstrecken zu den anderen Ausgangsgrößen. Durch die so hervorgerufenen Reaktionen der diesen Regelgrößen zugeordneten Regelkreise tritt eine Änderung weiterer Stellgrößen und eine Beeinflussung der entsprechenden Ausgangsgrößen auf. Dies hat zur Folge, daß die Regelkreise zur Regelung der einzelnen Regelgrößen einer solchen mehrvariablen Regelstrecke bei stärkeren Kopplungen zwischen den Regelgrößen nicht mehr unabhängig voneinander entworfen werden können, sondern
gemeinsam in einem Entwurfsprozeß geeignet gewählt werden müssen. Der Entwurf von
Mehrgrößenregelungen erweist sich damit als wesentlich komplizierter und problematischer
als der Entwurf von Einfachregelkreisen und erfordert spezielle Entwurfsverfahren. Solche
Entwurfsverfahren wurden in den letzten zwei Jahrzehnten in größerer Zahl entwickelt, um
Mehrgrößenregelungen als wichtige Bestandteile einer Prozeßregelung effektiver konzipieren
zu können.

Zum Verständnis der Bedeutung von Mehrgrößenregelungen für die Regelung verfahrenstechnischer und energietechnischer Prozesse sei kurz die gegenwärtige Situation auf dem
Gebiet der Prozeßregelung betrachtet. Dabei soll unter dem Begriff Prozeßregelung die Ge-
samtaufgabe der automatischen Steuerung eines energietechnischen oder verfahrenstechnischen Prozesses verstanden werden, die eine Vielzahl von Ein- und Mehrgrößenregelungen
enthalten kann und den Prozeß nicht nur während des stationären Betriebes, sondern auch
beim An- und Abfahren sowie bei Umsteuerungen und in Havariesituationen zu beherrschen
gestatten soll. Die Aufgabe der Prozeßregelung ist damit sehr umfassend und enthält die
Problematik der Mehrgrößenregelung als Teilaufgabe.

1.1. Zur Situation auf dem Gebiet der Prozeßregelung

Die Anforderungen an die Leistungsfähigkeit von Prozeßregelungen sind ständig gewachsen.
Durch die schnelle Entwicklung der Mikro- und Prozeßrechentechnik ergeben sich für die
Informationserfassung, -verarbeitung und -nutzung viel weiter gehende Realisierungsmöglichkeiten, als dies noch vor einigen Jahren der Fall war. So sind auch kompliziertere
Regelungsalgorithmen und -strukturen mit vertretbarem Aufwand zu verwirklichen. Das
trifft auch für Mehrgrößenregelungen zu. Damit werden geeignete Entwurfsverfahren zu bestimmenden Elementen für die Konzipierung anspruchsvoller Prozeßregelungen.

Die Anwendung dieser Verfahren wird dadurch erleichtert, daß in den letzten Jahren wesentliche Fortschritte auf den Gebieten der theoretischen und der experimentellen Prozeßanalyse zu verzeichnen sind und die entwickelten Methoden der Modellbildung Eingang in die
Praxis finden. Damit können für eine wachsende Zahl von Prozessen ausreichend genaue
statische und dynamische Prozeßmodelle ermittelt werden.

Eine zweckmäßig festgelegte Struktur einer Mehrgrößenregelung beeinflußt dabei die
Effektivität der zu automatisierenden Anlage als Ganzes. Eine geeignet entworfene Mehrgrößenregelung bringt häufig einen größeren ökonomischen Nutzen als eine entsprechende
Zahl von Einfachregelungen, da sie einen sicheren Betrieb näher an den optimalen Arbeits-
punkten des Prozesses erlaubt.

Praktikable Ingenieurverfahren für den Entwurf zweckmäßig strukturierter Mehrgrößenregelungen gewinnen daher an Bedeutung.

Der Praktiker der Prozeßregelung in der Verfahrenstechnik und in anderen Industrie-
zweigen wird diese Aussage u. U. nicht ohne weiteres hinnehmen, weil sie ihm zu einseitig
akzentuiert erscheinen mag. Bei dem zweifellos hohen Automatisierungsgrad in der chemischen Industrie - man kann in großen Werken mit 10 000 bis 20 000 Regelkreisen rechnen -
können etwa 90 % der anfallenden Regelungsaufgaben mit den vorhandenen Methoden und Entwurfsverfahren für einvariable Systeme zufriedenstellend gelöst werden. Für diese 90 %
besteht offenbar kein Anlaß, zu aufwendigen Mehrgrößenregelungen überzugehen. Aber der
verbleibende Prozentsatz von Regelungsproblemen, die heute mit den zur Verfügung stehenden Entwurfsverfahren nicht oder noch nicht befriedigend gelöst werden können, darf nicht
darüber hinwegtäuschen, daß es sich hierbei meist um wichtige Regelungsaufgaben handelt,
deren günstigere Lösung eine Verbesserung in der Prozeßführung bewirken würde. Mit zunehmenden Anforderungen an die Produktqualität und die Wirtschaftlichkeit der Anlagen wird
es notwendig, die Anlagen auch regelungstechnisch als Ganzes zu sehen. Forderungen nach
schärferer Einhaltung der statisch optimierten Prozeßbedingungen, knappere und damit
kostengünstigere Auslegung der Apparate, Wegfall von Zwischenspeichern usw. führen dazu,
daß einschleifige Regelkreisanordnungen den gestiegenen Anforderungen häufig nicht mehr
genügen. Der bereits heute zu verzeichnende hohe Automatisierungsgrad ist somit im wesentlichen ein Quantitatsmerkmal und bedeutet nicht, daß kein Bedarf an Mehrgrößenregelungen und anderen verbesserten Automatisierungskonzepten besteht. Dies kommt auch dadurch
zum Ausdruck, daß die ständig gestiegene Zahl von projektierten Einzelregelkreisen keine
proportionale Erhöhung der Qualität der Regelung bewirkt hat, wie es vielleicht erhofft
wurde.

1.2. Prozeßstabilisierung durch Mehrgrößenregelung als Teilaufgabe der Prozeßregelung

Die Prozeßregelung beinhaltet sowohl die Beherrschung instationärer und nichtlinearer Prozesse durch automatische Steuerung, wie sie bei An- und Abfahrproblemen, bei Umsteue-
rungsproblemen im Chargenbetrieb oder in Havariesituationen notwendig werden, als auch
die Stabilisierung vorgegebener Arbeitspunkte für Zustands- oder Ausgangsgrößen durch
eine Festwertregelung.

Von den verschiedenen Aufgabenstellungen für eine Prozeßregelung soll im folgenden die
für die Regelung von Fließprozessen in der Verfahrenstechnik und dem Energiewesen besonders wichtige Aufgabe einer verallgemeinerten Festwertregelung betrachtet werden, die die
Stabilisierung vorgegebener, für die einzelnen Regelgrößen unabhängig voneinander zu va-

riierender Arbeitspunkte für die Zustands- oder Ausgangsgrößen umfaßt.

Der optimale Arbeitspunkt des i. allg. nichtlinearen Systems wird dabei durch statische Optimierung vorgegeben. Die Regelung hat dann die Aufgabe, eine möglichst schnelle und restlose Ausregelung von Störungen zu bewirken und den als optimal vorgegebenen Zustand des Systems trotz Einwirkung äußerer Störgrößen und unvermeidlicher Parameterschwankungen einzuhalten bzw. wiederherzustellen und eine entkoppelte Führung der Regelgrößen zu ermöglichen.

Die erforderliche Einhaltung des optimalen Arbeitspunktes und die geringen zugelassenen Schwankungen um denselben erlauben dann gewöhnlich eine Linearisierung des Prozesses um die einzelnen Arbeitspunkte und den Entwurf der Regelung unter der Voraussetzung der Linearität in der Nähe des Arbeitspunktes.

Für diese Aufgabenstellung sind die eigentlichen Mehrgrößenentwurfsverfahren konzipiert, auf die in diesem Buch eingegangen werden soll. Die ebenfalls wichtige Aufgabe der Beherrschung der An-, Abfahr- und Umsteuerprozesse erfordert andere Verfahren und Betrachtungen, die die Nichtlinearitäten des Prozesses explizit zu berücksichtigen gestatten und oftmals nicht als Regelungsprobleme, sondern als Steuerungsprobleme gelöst werden.

1.3. Spezifika einer Mehrgrößenregelung

1.3.1. Komplexität der Aufgabe

Zwei Aspekte charakterisieren im wesentlichen die Eigenschaften einer industriellen Anlage als mehrvariable Regelstrecke. Es sind dies:

1. die große Zahl auftretender Variabler in Form von steuerbaren Eingängen, meßbaren Ausgängen, inneren Zustandsvariablen und Störgrößen und
2. die starken inneren signalmäßigen Kopplungen zwischen den Variablen.

Eine Mehrgrößenregelung ist speziell dadurch gekennzeichnet, daß eine gleichzeitige, möglichst unabhängige Regelung mehrerer verkoppelter (meßbarer) Ausgangsgrößen der Anlage gefordert wird. Die bei der Lösung dieser Aufgabe auftretenden Schwierigkeiten werden noch stärker als durch die große Variablenzahl durch die innere Kopplungsstruktur der Regelstrecke bedingt. Diese Kopplungen bestimmen maßgeblich die Wahl einer geeigneten Struktur des Mehrgrößenregelsystems. Die Aufgabe des Entwurfs einer Mehrgrößenregelung besteht aus drei entscheidenden Teilaufgaben:

1. der Wahl eines der Regelungsaufgabe adäquaten, möglichst mathematisch formulierbaren Entwurfskriteriums, das die entworfene Mehrgrößenregelung erfüllen soll,
2. dem Auffinden geeigneter Strukturen für den Mehrgrößenregelkreis und, soweit nicht darin enthalten,
3. der Dimensionierung des Reglers, d.h. der Festlegung bzw. Optimierung der Reglerparameter.

1.3.2. Prozeßmodelle als Voraussetzung eines Reglerentwurfs

Für den Entwurf einer Mehrgrößenregelung ist in jedem Fall ein adäquates, Struktur und Dynamik des Mehrgrößensystems ausreichend beschreibendes Prozeßmodell erforderlich. Bei Beschränkung auf die hier diskutierte Aufgabe einer verallgemeinerten Festwertregelung ist in Anbetracht der begrenzten Aussteuerung um vorgegebene Arbeitspunkte ein um diese Arbeitspunkte linearisiertes Prozeßmodell i. allg. ausreichend. Es kann sowohl auf theoretischem als auch auf experimentellem Wege abgeleitet werden.

Unter Beachtung des Ablaufs des realen Prozesses der Projektierung einer Regelung, der sich meist iterativ mit allmählich zunehmendem Detaillierungsgrad vollzieht, sind in den einzelnen Stufen unterschiedlich genaue Prozeßmodelle erforderlich.

Relativ frühzeitig, auf der Basis noch grober Prozeßmodelle und bei unvollständigen Informationen über auftretende Störgrößen sind wichtige Entscheidungen über die zweckmäßige

Wahl der Zuordnung von Stell- und Regelgrößen zu treffen. In fortgeschrittenen Projektie-
rungsstadien sind höhere Anforderungen an die Genauigkeit der Modelle zu stellen, und eine
endgültige Optimierung des Systems setzt eine genaue Prozeßkenntnis voraus, wie sie häufig erst im Zuge der Inbetriebnahme zur Verfügung steht. Die hiermit verbundenen Fragen
der notwendigen Modellgenauigkeit können nur in Verbindung mit dem Verwendungszweck
des Modells, also auch nur in Hinsicht auf spezielle Entwurfsverfahren beantwortet werden.

1.3.3. Entwurfskriterien

Die hauptsächlichen Entwurfsziele einer Mehrgrößenregelung im Sinne der im Abschn. 1.2.
formulierten Aufgabenstellung einer verallgemeinerten Festwertregelung sind

- die Gewährleistung der Stabilität des Systems,
- die Ausregelung von Störgrößen,
- eine weitgehende Unempfindlichkeit des entworfenen Systems gegenüber Parameteränderungen,
- ausreichendes Führungsverhalten.

Für spezielle Anwendungen sind weitere Entwurfsziele wichtig, z. B. die Integrität des
Systems (s. auch Abschnitt 6.0.2.3.), d.h. die Stabilität des Systems auch bei Komponen-
tenausfall, Abschaltung von Einzelreglern und Hand-Automatik-Umschaltungen oder die Erfüllung bestimmter Gütefunktionale.

In vielen Fällen lassen sich nicht alle diese Entwurfsziele in mathematisch eindeutiger
Weise in einem Entwurfskriterium ausdrücken. Oftmals können lediglich solche Entwurfskriterien formuliert werden, die die Hauptforderungen beinhalten. Andere Forderungen sind
nur in der Weise zu berücksichtigen, daß nachträglich geprüft wird, ob diese weitergehen-
den Entwurfsziele erreicht wurden bzw. welcher Kompromiß zwischen ihnen zu erzielen ist.

1.4. Anforderungen an Entwurfsverfahren

An praktikable Verfahren für den Entwurf von Mehrgrößenregelungen werden eine Reihe von
Forderungen gestellt. Die wichtigsten sind folgende:

● Die Entwurfsverfahren sollen sich möglichst nahtlos an die Konzeption und die Ergebnis-
  darstellung der Prozeßanalyse anschließen; denn nur so ist sichergestellt, daß die durch
  die Prozeßanalyse erhaltenen Informationen über das zu regelnde System maximal für den
  Entwurf genutzt werden.
● Die erzielbare Genauigkeit einer experimentellen oder theoretischen Prozeßanalyse und
  die Empfindlichkeit des Entwurfsverfahrens gegenüber Modellfehlern sind aufeinander ab-
  zustimmen; denn die Gesamtkosten einer Regelkreissynthese setzen sich zusammen aus
  dem notwendigen Aufwand für die Identifikation bzw. Modellbildung der Regelstrecke, dem
  Aufwand für den Entwurf des Reglers und den Kosten für seine Realisierung und Inbetriebnahme.
● Die Entwurfsverfahren müssen die Auswahl solcher günstigen Strukturen der Mehrgrößenregelung ermöglichen, die sich mit vertretbarem gerätetechnischem Aufwand realisieren
  lassen.
● Die Verfahren sollen den Einsatz von Digitalrechnern für den Entwurfsprozeß erlauben;
  denn bei der Komplexität der zu regelnden Systeme sind die anfallenden und zu bewältigen-
  den Datenmengen nur auf diese Weise effektiv zu verarbeiten. Ein günstiger Kompromiß
  hinsichtlich der Arbeitsteilung zwischen Mensch und Rechner wird durch Entwurfsverfahren ermöglicht, die die Lösung der Entwurfsaufgabe im Dialogverkehr mit dem Rechner
  gestatten [14].

1.5. Überblick über Entwurfsverfahren im Zeit- und im Frequenzbereich

· Entsprechend den zwei grundsätzlichen Möglichkeiten der Beschreibung des dynamischen Verhaltens linearer Systeme und den entsprechenden Ergebnisdarstellungen einer Prozeßanalyse

- im Zeitbereich und hier meist in Form der Zustandsbeschreibung
- im Frequenzbereich in Form von Übertragungsmatrizen bzw. Ortskurven des Frequenzgangs

lassen sich die Entwurfsverfahren für Mehrgrößenregelungen in zwei große Gruppen einteilen (s. Tafel 1.1):

1. Entwurfsverfahren, die vorwiegend im Zeitbereich, und
2. Entwurfsverfahren, die vorwiegend im Frequenzbereich arbeiten.

In beiden Richtungen wurden in den letzten 10 Jahren bedeutende Fortschritte erreicht, die es ermöglichen, Entwurfsverfahren bereitzustellen,

- die die hauptsächlichen Entwurfskriterien weitgehend erfüllen und
- die möglichst gut den oben dargestellten Forderungen an praktikable Entwurfsverfahren entsprechen.

Diese Entwicklung wird besonders unterstrichen durch die seit 1968 durchgeführten vier IFAC-Symposien über Mehrgrößenregelungen (1968 und 1971 in Düsseldorf, 1974 in Manchester, 1977 in Fredericton).

In diesem Zeitraum ist eine kaum zu übersehende Zahl von Entwurfsverfahren für Mehrgrößenregelungen publiziert worden.

Eine gute Übersicht von MacFarlane aus dem Jahre 1972 [1] enthält bereits 343 Quellen, die den Zeitraum von 1960 bis 1972 überstreichen, wovon 160 - also knapp die Hälfte - aus den Jahren 1968 bis 1972 stammen. Bereits in den Jahren 1972 bis 1974 entstanden die grundsätzlichen Entwicklungsrichtungen von Methoden für den Entwurf von Mehrgrößenregelungen. Ab diesem Zeitpunkt setzen Bemühungen der Verfeinerung, Spezialisierung und Präzisierung der Methoden ein.

Deutlich zu beobachten ist ein Trend nach sog. suboptimalen Lösungen, wobei der Begriff "suboptimal" leider vieldeutig und unscharf ist. Häufig bezieht sich in diesem Zusammenhang der Begriff "suboptimal" auf den Vergleich mit Lösungen, die aus der Theorie der Optimalsteuerung bzw. der Strukturoptimierung nach Wiener stammen.

Außerdem ist aus den Arbeiten der letzten 4 bis 5 Jahre das Bemühen zu erkennen, Zeitbereichs- und Frequenzbereichsmethoden zu kombinieren, um die Vorteile beider Wege für den praktischen Entwurf zu nutzen. Letzteres ist besonders unter dem Aspekt der fortschreitenden Entwicklung leistungsfähiger Rechner einschließlich bedienungsfreundlicher interaktiver Betriebssysteme als Entwurfsmittel zu sehen. Ebenfalls etwa 1972 haben Bestrebungen eingesetzt, durch gezieltes Zusammenführen der Ideen der sog. modernen Regelungstheorie mit dem Gedankengut und Zielen der sog. klassischen Regelungstheorie Entwurfsverfahren zu entwickeln [2], die

- einerseits heuristische Weiterentwicklungen der "klassischen" Einfach- und Zweifachregelung darstellen [3, besonders Abschn. 4.] [4] und gezielt den Einsatz konventioneller P-, PI- und PID-Regler in der Mehrgrößenreglerstruktur vorsehen,
- andererseits die Minimierung der empirischen Anteile anstreben, die i. allg. aus den bekannten (Ortskurven-)Verfahren des Frequenzbereichs und den Verfahren mit Pol-Nullstellen-Orientierung stammen, um so die Voraussetzungen zu schaffen, diese oder ähnliche transparent erscheinende Techniken für den Entwurf von Mehrgrößenreglern zu verallgemeinern [5] [6] [7] [8].

Häufig münden diese Bemühungen in einem sequentiellen oder sukzessiven Entwurfsalgorithmus [7] [8], so daß wieder eine Lösung mit einfachen konventionellen Reglertypen ausreicht.

Neben diesen vom Konzept her dem Regelungsingenieur vermutlich am besten verständlichen, in ihrer Anwendung aber i. allg. auf Zweifachregelungen beschränkten Verfahren entwickelten sich aus der modernen Systemtheorie linearer Systeme eigenständige und grundsätzliche Richtungen bzw. Gruppen von Methoden für den Entwurf technischer Mehrgrößenregelungen.

Als Fundament für die Synthese linearer mehrvariabler Systeme existieren heute im wesentlichen zwei sich ergänzende Theorien [9]:

- die geometrische Zustandsraumtheorie, die durch Wonham begründet und zu der heute relativ geschlossenen Form entwickelt wurde [10] [9], und
- der vor allem von Wolovich [11] und Rosenbrock [12] geschaffene Zugang über den Frequenzbereich unter Verwendung der Theorie der Polynommatrizen.

Die mit Hilfe dieser Theorien erhaltenen allgemeinen Aussagen zu Strukturproblemen von Mehrgrößensystemen sind wertvoll als Basis verschiedener Entwurfsverfahren. Infolge des hohen Abstraktionsgrads dieser Theorien ist jedoch eine unmittelbare Anwendung für den Entwurf von Mehrgrößenregelungen nicht gegeben, und es ist häufig noch ein weiter Weg zur Umsetzung in geeignete Entwurfsverfahren und zu ihrer breiten technischen Nutzung. Eine Darstellung der auf diesen Theorien basierenden wichtigsten Entwurfsprinzipien für Mehrgrößenregelungen ist Gegenstand dieses Buches.

Tafel 1.1. Übersicht über Entwurfsprinzipien, die in den neueren Theorien wurzeln

	Zeitbereich	Frequenzbereich
System-modell	in Zustandsraumdarstellung	als Übertragungsmatrix oder Ortskurvenmatrix
Stabilisierung	Verfahren der Pol- oder Eigenwertzuweisung durch konstante vollständige oder unvollständige Zustandsrückführung (modale Regelung) Verfahren der Pol- oder Eigenwertzuweisung durch konstante Ausgangsrückführung Entwurfsverfahren für dynamische Ausgangsrückführungen a) Zustandsbeobachter b) dynamische Kompensation	Verfahren, die auf der inneren Entkopplung der Regelkreise beruhen (kommutative Regelung, dyadische Regelung) Verfahren der charakteristischen Ortskurven inverses Nyquist-Verfahren direktes Nyquist-Verfahren sequentielles Rückführdifferenzverfahren
Regelung	Verfahren für den Entwurf von Zustandsregelungen, die Stör- und Führungsgrößen direkt berücksichtigen	

(Die zugehörigen Literaturhinweise sind in den Abschnitten 5. und 6. zu finden.)

Eine Übersicht über die dabei näher zu behandelnden, in den neueren Theorien wurzelnden Entwurfsverfahren liefert Tafel 1.1. Beim heute erreichten Stand der Entwicklung kann angenommen werden, daß die in Tafel 1.1 ausgewiesenen Entwurfsverfahren Aussicht auf eine praktische Anwendung in der Prozeßregelung haben. Genaugenommen sind die in Tafel 1.1 ausgewiesenen Positionen Zusammenfassungen einer Vielzahl von Einzelverfahren und deren Spielarten. Die Übersicht in Tafel 1.1 stellt gleichzeitig den Leitfaden für die beiden Abschnitte 5. und 6. dar. Im Abschn. 5., der sich mit den Entwurfsverfahren des Zeitbereichs befaßt, und im Abschn. 6., der den Frequenzbereichsverfahren für den Entwurf von Mehrgrößenregelungen gewidmet ist, werden diese Wesensmerkmale herausgearbeitet, die Verfahren selbst entwickelt und vorgestellt sowie einer Einschätzung hinsichtlich der in den Abschnitten 1.3. und 1.4. umrissenen Gesichtspunkte unterzogen.

Vorher werden in den Abschnitten 2. und 3. einige notwendige Grundlagen der Beschreibung und Analyse von offenen und geschlossenen Mehrgrößensystemen zusammengestellt. Hierbei wird deutlich, daß das für Mehrgrößensysteme typische Problem der inneren Kopplungen bereits die Analyse merklich belastet und erschwert. Das gilt in noch stärkerem Maße für die Synthese und kompliziert so auch die Entwurfsverfahren. In Überleitung und Vorbereitung auf die beiden Abschnitte 5. und 6. wird deshalb im Abschn. 4. auf die Frage der Kopplungen und das sich daraus für den Entwurf ergebende Dilemma Entkopplung oder Nichtentkopplung näher eingegangen und damit der Versuch unternommen, einige Motivationen für die Entwurfsverfahren gemäß Tafel 1.1 zu geben.

1.6. Literatur

[1]   MacFarlane, A.G.J.: A survey of some recent results in linear multivariable feedback theory. Automatica 8 (1972) S. 455-492.

[2]   Anderson, B.D.O.: Linear multivariable control systems - a survey. Preprints of the 5th IFAC-Congress-Paris 1972, paper S. 8, S. 1-6.

[3]   Niederlinski, A.: Uklady wielowymiarowe automatyki. Warszawa: Naukowo Techn. 1974.

[4]   Niederlinski, A.: A heurictic approach to the design of linear multivariable interacting control systems. Automatica 7 (1971) S. 691-701.

[5]   Kwaakernak, H.; Sivan, R.: Linear optimal control systems. New York: Wiley Interscience 1972.

[6]   Bentsson, G.: A theory for control linear multivariable systems. Report Lund University 1974.

[7]   Mayne, D.Q.: The design of linear multivariable systems. Automatica 9 (1973) S. 201-207.

[8]   Strutz, P.: Beitrag zum Entwurf von Mehrgrößenregelsystemen. Dissertation (A). TH Magdeburg, 1976.

[9]   Wonham, W.M.: Geometric state-space theory in linear multivariable control: A status report. IFAC-Kongreß 1978, Helsinki, S. 1781-1788.

[10] Wonham, W.M.: Linear multivariable control: A geometric approach. New York: Springer-Verlag 1974.

[11] Wolovich, W.A.: Linear multivariable systems. New York: Springer-Verlag 1974.

[12] Rosenbrock, H.H.: State space and multivariable theory. New York: Wiley 1970.

[13] MacFarlane, A.G.J.: The development of frequency-response methods in automatic control. IEEE Tr. AC 24 (1979) S. 250-265.

[14] Solodownikow, W.W.: Theorie und Entwurf von Mehrgrößensystemen der automatischen Steuerung mit Hilfe von Digitalrechnern. Wiss. Zeitschrift TH Leipzig 3 (1979) S. 257-266.

2. Einige Grundlagen zur Beschreibung und Analyse von Mehrgrößensystemen im Zeit- und Frequenzbereich

In diesem Kapitel werden einige Grundbegriffe zur mathematischen Beschreibung und Analyse von linearen zeitinvarianten Mehrgrößensystemen zusammengestellt, soweit sie in den folgenden Abschnitten benötigt werden. Eine vollständige systemtheoretische Behandlung von Mehrgrößensystemen ist nicht beabsichtigt. Verwiesen sei diesbezüglich auf die Darstellungen z. B. von Rosenbrock [1] , Wolovich [2] , Wonham [3] und Schwarz [4] .

2.1. Zur Zustandsraumbeschreibung mehrvariabler Systeme

2.1.1. Zustandsgleichungen

Ein lineares dynamisches System (Bild 2.1) mit dem Vektor $\underline{u}(t) \in R^m$ der Eingangsgrößen, dem Vektor $\underline{\xi}(t) \in R^k$ innerer Systemvariabler (verallgemeinerter Zustandsgrößen) und dem Vektor $\underline{y}(t) \in R^r$ der Ausgangsgrößen wird durch ein Differentialgleichungssystem

$$T(d)\ \underline{\xi}(t) = U(d)\ \underline{u}(t) \tag{2.1a}$$
$$\underline{y}(t) = V(d)\ \underline{\xi}(t) + W(d)\ \underline{u}(t) \tag{2.1b}$$

beschrieben [1] . Es gelte dabei det $T(d) \not\equiv 0$.

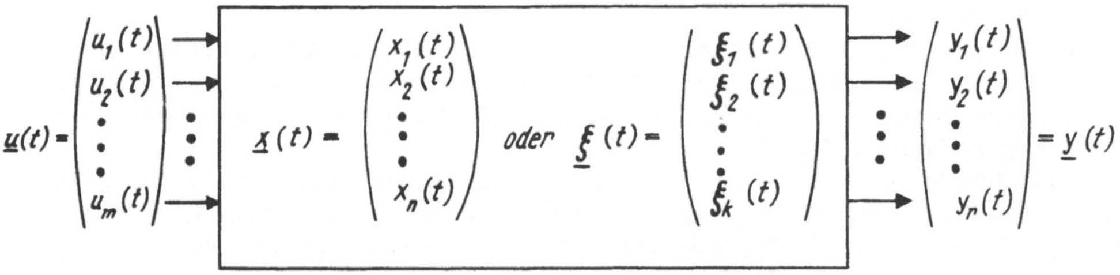

Bild 2.1. Mehrvariables Übertragungssystem

T, U, V, W sind $(k \times k)$-, $(k \times m)$-, $(r \times k)$-, $(r \times m)$-Polynommatrizen in d. Für den Differentialoperator steht d.

Das Differentialgleichungssystem (2.1) kann unter Einführung eines n-dimensionalen Zustandsvektors $\underline{x}(t)$ in ein System von n Differentialgleichungen 1. Ordnung (Zustandsgleichungen) übergeführt werden:

$$\underline{\dot{x}}(t) = A\ \underline{x}(t) + B\ \underline{u}(t) \tag{2.2a}$$
$$\underline{y}(t) = C\ \underline{x}(t) + D\ \underline{u}(t). \tag{2.2b}$$

A ist die $(n \times n)$-Systemmatrix, B die $(n \times m)$-Steuermatrix, C die $(r \times n)$-Beobachtungsmatrix und D die $(r \times m)$-Durchgangsmatrix.

Im folgenden sei angenommen, daß keine direkte Kopplung zwischen dem Steuervektor $\underline{u}(t)$ und dem Ausgangsvektor $\underline{y}(t)$ besteht, also $D \equiv 0$ ist.

2.1.2. Dyadische Zerlegung der Systemmatrix A

Die Systemmatrix A bestimmt das dynamische Verhalten des Mehrgrößensystems. Eine dyadische Zerlegung der Systemmatrix ermöglicht eine tiefere Einsicht in das Systemverhalten, indem sie den Einfluß der einzelnen Eigenwerte auf die Systemausgangsgrößen erkennen läßt.

Zur Vereinfachung wird angenommen, daß die Matrix A die n voneinander verschiedenen Eigenwerte λ_i; $i = 1, 2, \ldots, n$ besitzt, die aus dem charakteristischen Polynom der Matrix A

$$\det \{\lambda I - A\} = 0 \tag{2.3}$$

berechnet werden. Die Eigenwerte werden auch als die <u>charakteristischen Frequenzen</u> des Systems bezeichnet. Mit den aus (2.3) bestimmten Eigenwerten λ_i berechnen sich die Eigenvektoren $\underline{r}_i$; $i = 1, 2, \ldots, n$ aus den nicht trivialen Lösungen des Gleichungssystems

$$(\lambda_i I - A) \underline{r}_i = 0; \qquad i = 1, 2, \ldots, n. \tag{2.4}$$

Die Eigenvektoren bilden eine Basis des Zustandsraums.

Mit der aus den Eigenvektoren gebildeten Modalmatrix

$$R = (\underline{r}_1 \, \underline{r}_2 \cdots \underline{r}_n) \tag{2.5}$$

und der Matrix R^{-1} mit den Zeilenvektoren $\underline{\varrho}_i^T$; $i = 1, 2, \ldots, n$ als dualer Basis

$$R^{-1} = \begin{pmatrix} \underline{\varrho}_1^T \\ \underline{\varrho}_2^T \\ \cdot \\ \cdot \\ \cdot \\ \underline{\varrho}_n^T \end{pmatrix} \tag{2.6}$$

gilt für A die Zerlegung

$$A = R \, \Lambda \, R^{-1} = \sum_{i-1}^{n} \lambda_i \, \underline{r}_i \, \underline{\varrho}_i^T \tag{2.7}$$

mit $\Lambda = \mathrm{diag}(\lambda_1, \lambda_2, \ldots, \lambda_n)$.

Die Matrix A kann also als Summe der dyadischen Matrizen $\underline{r}_i \underline{\varrho}_i^T$; $i = 1, 2, \ldots, n$ mit den Eigenwerten λ_i als Koeffizienten dargestellt werden. Die Zerlegung zeigt damit den quantitativen Einfluß der einzelnen Eigenwerte auf das dynamische Verhalten des Systems.

2.1.3. Integration der Zustandsgleichungen

Bei Kenntnis des Anfangszustands $\underline{x}(0) = \underline{x}_o$ und des Eingangssignalvektors $\underline{u}(t)$ in $t \geq 0$ kann die Lösung des Zustandsgleichungssystems (2.2) durch Integration im Zeitbereich oder mittels Laplace-Transformation bestimmt werden [5].

Für die Lösung ergibt sich

$$\underline{x}(t) = e^{At} \, \underline{x}_o + \int_o^t e^{A(t-\tau)} \, B \, \underline{u}(\tau) \, d\tau \tag{2.8}$$

bzw.

$$\underline{y}(t) = C \, e^{At} \, \underline{x}_o + \int_o^t C \, e^{A(t-\tau)} \, B \, \underline{u}(\tau) \, d\tau \, . \tag{2.9}$$

In Gln. (2.8) und (2.9) beschreibt der erste Summand den durch den Anfangszustand $\underline{x}_0$ ausgelösten Eigenvorgang, der zweite Summand den durch das Eingangssignal $\underline{u}(t)$ erzwungenen Vorgang.

Wird die dyadische Zerlegung (2.7) der Systemmatrix A in (2.9) eingeführt, so erhält man für $\underline{y}(t)$

$$\underline{y}(t) = C \left(\sum_{i=1}^{n} \underline{r}_i \underline{\varrho}_i^T e^{\lambda_i t} \right) \underline{x}_0 + \int_0^t C \left(\sum_{i=1}^{n} \underline{r}_i \underline{\varrho}_i^T e^{\lambda_i (t-\tau)} \right) B \underline{u}(\tau)\, d\tau$$

$$= \sum_{i=1}^{n} \left[\underline{\gamma}_i e^{\lambda_i t} \underline{\varrho}_i^T \underline{x}_0 \right] + \sum_{i=1}^{n} \left[\underline{\gamma}_i \int_0^t e^{\lambda_i (t-\tau)} \underline{\beta}_i^T \underline{u}(\tau)\, d\tau \right] \qquad (2.10)$$

mit $\underline{\gamma}_i$; $i = 1, 2, \ldots, n$ als Spaltenvektoren der Matrix $C \cdot R$ und $\underline{\beta}_i^T$ als Zeilenvektoren der Matrix $R^{-1} \cdot B$.

Wird die Faltung wie üblich durch das Symbol $*$ charakterisiert, lautet Gl. (2.10)

$$\underline{y}(t) = \sum_{i=1}^{n} \left[\underline{\gamma}_i e^{\lambda_i t} \underline{\varrho}_i^T \underline{x}_0 \right] + \sum_{i=1}^{n} \left\{ \underline{\gamma}_i \left[e^{\lambda_i t} \right] * \left[\underline{\beta}_i^T \underline{u}(t) \right] \right\} . \qquad (2.11)$$

Der erste Summand, der den Eigenvorgang beschreibt, besteht aus den Projektionen $\underline{\varrho}_i^T \underline{x}_0$ des Anfangszustandsvektors $\underline{x}_0$ auf die Basisvektoren $\underline{r}_i$ des Zustandsraums. Diese Koeffizienten bilden mit den $e^{\lambda_i t}$; $i = 1, 2, \ldots, n$ die Modi des Systems. Im Eigenvorgang treten die verschiedenen auf- bzw. abklingenden Modi in Erscheinung und werden über die Spaltenvektoren $\underline{\gamma}_i$; $i = 1, 2, \ldots, n$ am Ausgang beobachtet.

Der zweite Summand ist der erzwungene Vorgang des Systems. Das Eingangssignal wird über den Zeilenvektor $\underline{\beta}_i^T$ mit dem i-ten Modus durch Bildung des Produkts $\underline{\beta}_i^T \underline{u}(t)$ gekoppelt. Diese Komponente wird mit $e^{\lambda_i t}$ gefaltet und am Ausgang über den Vektor $\underline{\gamma}_i$ beobachtet. Bild 2.2 veranschaulicht die Signalübertragung.

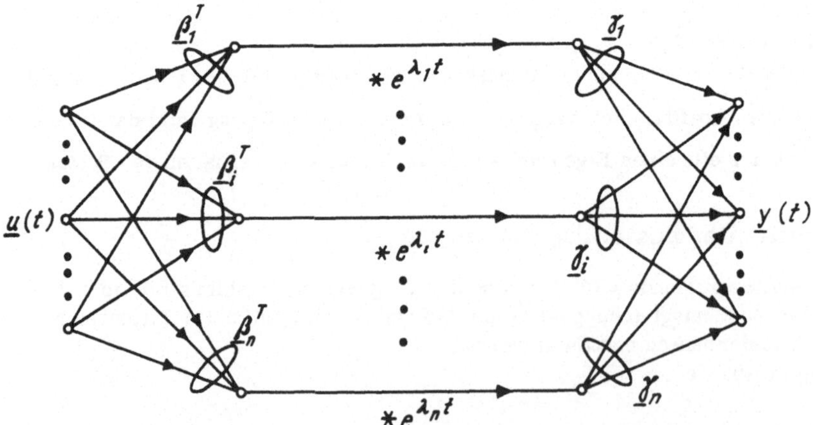

Bild 2.2. Veranschaulichung des erzwungenen Vorgangs im Zeitbereich

2.1.4. Diskrete Systeme

Die Zustandsgleichungsbeschreibung diskreter Systeme lautet:

$$\underline{x}(k + 1) = A \, \underline{x}(k) + B \, \underline{u}(k)$$
$$\underline{y}(k) = C \, \underline{x}(k) + D \, \underline{u}(k); \quad k = 0, 1, 2, \ldots \tag{2.12}$$

Für die Lösung dieses Systems gilt bekanntlich [1] [4]

$$\underline{y}(k) = C \, A^{k} \underline{x}(o) + \sum_{i=o}^{k-1} C \, A^{(k-i-1)} \, B \, \underline{u}(i); \quad k = 0, 1, 2, \ldots \tag{2.13}$$

Infolge der Analogie zur Lösung des stetigen Systems (2.9), kann auch das Verhalten diskreter Systeme nach Einführung der dyadischen Zerlegung der Systemmatrix A in gleicher Weise gedeutet werden.

2.2. Beschreibung mehrvariabler Systeme im Bildbereich

2.2.1. Übertragungsfunktionsmatrix

Die Zustandsgleichungen (2.1) und (2.2) können durch Laplace-Transformation in ein algebraisches Gleichungssystem als Funktion des Laplace-Operators übergeführt werden.

Für die Übertragungsfunktionsmatrix G(p), die die Antwort des Systems auf äußere Eingangssignale bei verschwindenden Anfangsbedingungen $\underline{x}(o) = \underline{0}$ beschreibt, ergibt sich aus (2.1)

$$\underline{y}(p) = G(p) \, \underline{u}(p)$$

mit

$$G(p) = V(p) \, T^{-1}(p) \, U(p) + W(p). \tag{2.14}$$

Dabei wird det $\{T(p)\} \not\equiv 0$ vorausgesetzt. V, U und W sind Polynommatrizen in p. Aus (2.2) folgt analog

$$G(p) = C(p \, I - A)^{-1} \, B + D. \tag{2.15}$$

Führt man in Gl. (2.15) die dyadische Zerlegung der Systemmatrix nach Gl. (2.7) ein, so ergibt sich G(p) als Summe dyadischer Matrizen:

$$G(p) = \sum_{i=1}^{n} \frac{\underline{\gamma}_i \, \underline{\beta}_i^{T}}{(p - \lambda_i)} . \tag{2.16}$$

Das Eingangssignal $\underline{u}(p)$ wirkt über die Vektoren $\underline{\beta}_i^{T}$; $i = 1, 2, \ldots, n$ auf die einzelnen Pole des Systems, während die Beobachtung über die Vektoren $\underline{\gamma}_i$ am Ausgang erfolgt (Bild 2.3). Die Eigenwerte der Systemmatrix A erscheinen als Pole in der Übertragungsfunktionsmatrix.

Für diskrete Systeme kann die Übertragungsfunktionsmatrix durch z-Transformation der Zustandsgleichungen bestimmt werden; sie lautet

$$G(z) = C(z \, I - A)^{-1} \, B + D \tag{2.17}$$

mit $z = e^{pT}$.

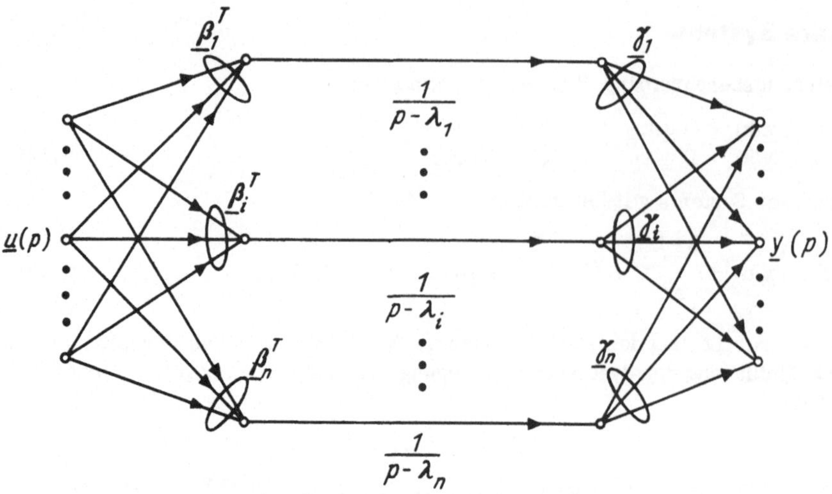

Bild 2.3. Veranschaulichung des Übertragungsverhaltens

2.2.2. Frequenzabhängige Eigenwerte von Übertragungsfunktionsmatrizen

Auch Übertragungsfunktionsmatrizen können analog zur Zerlegung der Systemmatrix A dyadisch zerlegt werden [12] bis [14] . Dazu ist die Bestimmung der (frequenzabhängigen) Eigenwerte der Übertragungsfunktionsmatrix G(p) erforderlich.

G(p) sei eine (m × m) Matrix mit gebrochen rationalen Elementen $g_{ij}(p)$. Für beliebige spezielle Werte $p = p_o$ ist $G(p_o)$ eine quadratische Matrix von komplexen Zahlen mit einem Satz zugehöriger Eigenwerte $g_i(p_o)$; i = 1, 2, ..., m.

Die Eigenwerte $g_i(p)$ von G(p) sind also Funktionen von p. Für die entsprechende charakteristische Gleichung gilt

$$\det \{G(p) - g(p) I\} = \Delta(g, p) = 0 . \tag{2.18}$$

Die Elemente von G(p) stellen gebrochen rationale Funktionen in p dar. Die Eigenwerte $g_i(p)$ dagegen sind i. allg. keine rationalen Funktionen in p; denn das Polynom in g, $\Delta(g, p)$ kann gewöhnlich nicht als Produkt von Linearfaktoren in g mit rationalen Koeffizienten dargestellt werden. $\Delta(g, p)$ setzt sich zusammen aus dem Produkt von nicht auf rationale Funktionen reduzierbaren Polynomen $\Delta_\nu(g, p)$:

$$\Delta(g, p) = \Delta_1(g, p) \ \Delta_2(g, p) \ldots \Delta_k(g, p) . \tag{2.19}$$

Die Faktoren $\Delta_\nu(g, p)$ haben die Form

$$\Delta_\nu(g, p) = g_\nu^{\,t}(p) + a_{\nu 1} g_\nu^{\,t_\nu - 1}(p) + \ldots + a_{\nu t_\nu}(p); \qquad \nu = 1, 2, \ldots, k . \tag{2.20}$$

Dabei bedeutet $t\nu$ den Grad des ν-ten nicht reduzierbaren Polynoms, und die Koeffizienten $a\nu_j$ sind rationale Funktionen in p.

Ist $b_{\nu_0}(p)$ der kleinste gemeinsame Hauptnenner aller Koeffizienten $a_{\nu j}(p)$; j = 1, 2, ..., t_ν, so kann Gl. (2.18) mit Gl. (2.20) nach Multiplikation mit $b_{\nu_0}(p)$ auch in der Form

$$b_{\nu_0}(p) g_\nu^{\,t_\nu} + b_{\nu 1}(p) g_\nu^{\,t_\nu - 1} + \ldots + b_{\nu t_\nu}(p) = 0; \qquad \nu = 1, 2, \ldots, k \tag{2.21}$$

dargestellt werden, wobei die Koeffizienten $b_{\nu j}(p)$; $\nu = 1, 2, \ldots, k$, j = 1, 2, ..., t_ν Polynome in p sind.

Die durch Gl. (2.21) definierte Funktion $g_\nu(p)$ ist eine algebraische Funktion [15] . Die Eigenwerte $g_i(p)$; i = 1, 2, ..., m, einer Übertragungsfunktionsmatrix G(p) ergeben sich somit als Werte des Satzes algebraischer Funktionen $g_\nu(p)$; $\nu = 1, 2, \ldots, k$. Weist die Definitionsgleichung (2.21) für $g_\nu(p)$ Mehrfachwurzeln für bestimmte Werte p auf, so erhält man mehrdeutige Verläufe von $g_\nu(p)$ in diesen sog. Verzweigungspunkten. Eine eindeutige Darstellung einer algebraischen Funktion ist nur auf einer Riemannschen Fläche möglich [15]. Die Konstruktion Riemannscher Flächen für die Eigenwerte von Übertragungsfunktionsmatrizen ist in [14] beschrieben. Bei einer Darstellung dieser Eigenwerte in der gewöhnlichen komplexen Ebene ergeben sich u.U. mehrdeutige Verläufe der $g_i(p)$.

Die Eigenwerte $g_i(p)$ werden als <u>charakteristische Übertragungsfunktionen</u> von G(p) bezeichnet. Die zugehörigen Eigenvektoren $\underline{w}_i(p)$ sind die nichttrivialen Lösungen des Gleichungssystems

$$\left(G(p) - g_i(p)\, I \right) \underline{w}_i(p) = 0; \quad i = 1, 2, \ldots, m. \tag{2.22}$$

Auch die Eigenvektoren haben als Elemente i.allg. irrationale Funktionen in p.

Die m charakteristischen Übertragungsfunktionen charakterisieren das dynamische Verhalten des Systems ebenso wie die n Eigenwerte der Systemmatrix A. Für G(p) kann somit analog zur Beziehung (2.7) eine Zerlegung

$$G(p) = \sum_{i=1}^{m} g_i(p)\, \underline{w}_i(p)\, \underline{v}_i^{T}(p) = W(p)\, \text{diag} \left\{ g_i(p) \right\}\, V(p) \tag{2.23}$$

durchgeführt werden mit W(p) als Modalmatrix der Eigenvektoren $\underline{w}_i(p)$ und $V(p) = W^{-1}(p)$.

Bild 2.4 veranschaulicht diese Zerlegung. Das Eingangssignal $\underline{u}$ wird über die Vektoren $\underline{v}_i^{T}(p)$; $i = 1, 2, \ldots, m$ auf die charakteristischen Übertragungsfunktionen $g_i(p)$ gekoppelt. Die durch die charakteristischen Übertragungsfunktionen übertragenen Signale werden über die Vektoren $\underline{w}_i(p)$ zum Ausgangssignal $\underline{y}$ verknüpft.

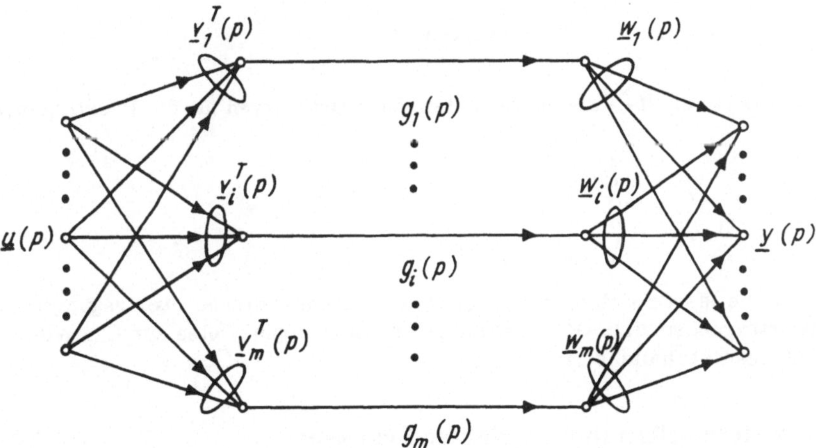

Bild 2.4. Veranschaulichung der Zerlegung einer Frequenzgangmatrix

Wird mit $p = j\omega$ der Übertragungsfunktionsmatrix G(p) eine Frequenzgangmatrix $G(j\omega)$ zugeordnet, so entsprechen den charakteristischen Übertragungsfunktionen $g_i(p)$ <u>charakteristische Frequenzgänge</u> $g_i(j\omega)$ und zugehörige <u>charakteristische Ortskurven</u>. Die charakteristischen Ortskurven werden in der Praxis direkt aus der Frequenzgangmatrix $G(j\omega)$ oder den Ortskurven ihrer Elemente punktweise berechnet, indem für beliebig vorgegebene Frequenzen $\omega = \omega_0$ die komplexen Eigenwerte $g_i(j\omega_0)$ bestimmt werden.

Bei ihrer Darstellung in der komplexen Ebene müssen die entsprechenden Ortskurvenäste beim Auftreten von Verzweigungspunkten geeignet sortiert werden, um stetige Verläufe der einzelnen Äste der charakteristischen Ortskurven $g_i(j\omega)$ zu erhalten.

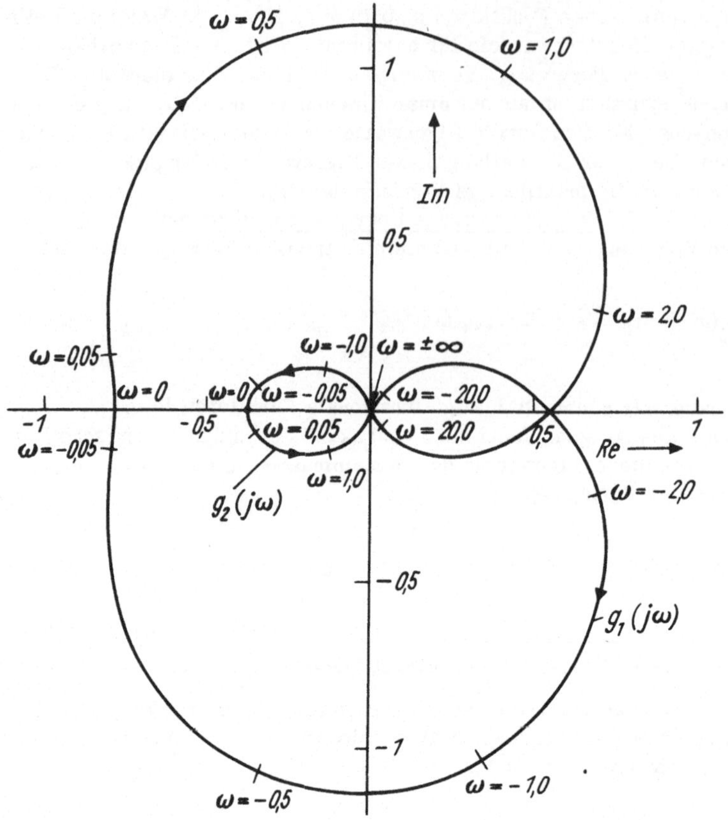

Bild 2.5. Beispiel für charakteristische Ortskurven

Bild 2.5 zeigt als Beispiel [14] die charakteristischen Ortskurven für die Übertragungsfunktionsmatrix

$$G(p) = \frac{1}{1,25\ (p+1)\ (p+2)} \begin{pmatrix} p-1 & p \\ -6 & p-2 \end{pmatrix} \ .$$

Für diskrete Systeme lassen sich ebenfalls diskrete charakteristische Übertragungsfunktionen $g_i(z)$ der Übertragungsmatrix $G(z)$ bestimmen und in analoger Weise zur Charakterisierung des dynamischen Verhaltens heranziehen.

2.2.3. Pole und Nullstellen mehrvariabler Systeme

2.2.3.1. Smith-McMillan-Normalform der Übertragungsfunktionsmatrix

Eine tiefergehende Strukturanalyse der Übertragungsfunktionsmatrix mehrvariabler Systeme ist durch Transformation der Übertragungsfunktionsmatrix $G(p)$ auf ihre Smith-McMillan-Normalform [8] [1] möglich.

Eine Übertragungsfunktionsmatrix $G(p)$ wird mit $d(p)$ als kleinstem gemeinsamem Hauptnenner aller Elemente von $G(p)$ als

$$G(p) = \frac{1}{d(p)}\ Q(p) \tag{2.24}$$

dargestellt. $Q(p)$ ist dann eine Polynommatrix. Mittels elementarer Spalten- und Zeilenoperationen wird die $(r \times m)$-Polynommatrix $Q(p)$ auf eine zu ihr unimodular äquivalente Diagonalform, die Smith-Normalform $S(p)$, gebracht:

$$S(p) = L(p)\, Q(p)\, R(p). \tag{2.25}$$

$L(p)$ und $R(p)$ sind dabei unimodulare Transformationsmatrizen. Unimodulare Matrizen besitzen eine vom Parameter p unabhängige Determinante, d. h. beispielsweise $\det\{L(p)\} =$ const $\neq 0$. $S(p)$ hat die Gestalt

$$S(p) = \begin{pmatrix} s_1(p) & & & 0 & & \\ \vdots & s_2(p) & \ddots & & 0_{k,m-k} & \\ 0 & & s_k(p) & & & \\ \hline & & & & & \\ 0_{r-k,k} & & & & 0_{r-k,m-k} \end{pmatrix} \tag{2.26}$$

mit $k = \text{rang}\,\{Q(p)\}$. Die $s_i(p)$; $i = 1, 2, \ldots, k$ sind die Elementarteiler von $Q(p)$. Für sie gelten die folgenden Teilbarkeitseigenschaften:

$$s_1(p)\,/\,s_2(p)\,/\,\ldots\,/\,s_k(p), \tag{2.27}$$

d. h., $s_1(p)$ teilt $s_2(p)$, $s_2(p)$ teilt $s_3(p)$ usw. Die $s_i(p)$ sind Hauptpolynome, der Koeffizient der höchsten Potenz ist also gleich 1.

Aus (2.25) folgt für $r = m = k$ die Beziehung

$$\det\{Q(p)\} = \text{const}\,\det\{S(p)\} = \text{const}\,\prod_{i=1}^{k} s_i(p). \tag{2.28}$$

Die Smith-McMillan-Form ist eine Verallgemeinerung der Smith-Form auf Matrizen mit gebrochen rationalen Elementen.

Hat die Polynommatrix $Q(p)$ die Smith-Form $S(p)$, so gilt für die Smith-McMillan-Form $M(p)$

$$M(p) = \frac{1}{d(p)}\, S(p) = L(p)\, G(p)\, R(p). \tag{2.29}$$

$M(p)$ hat die Gestalt

$$M(p) = \begin{pmatrix} \dfrac{Z_1(p)}{N_1(p)} & & & 0 & & \\ & \dfrac{Z_2(p)}{N_2(p)} & \ddots & & 0_{k,m-k} & \\ & & \dfrac{Z_k(p)}{N_k(p)} & & & \\ 0 & & & & & \\ \hline & & & & & \\ & 0_{r-k,\,k} & & & 0_{r-k,m-k} \end{pmatrix}. \tag{2.30}$$

Die $Z_i(p)$ und $N_i(p)$ sind teilerfremde Hauptpolynome mit den Teilbarkeitseigenschaften

$$Z_1(p)\,/\,Z_2(p)\,/\,\ldots\,/\,Z_k(p) \tag{2.31}$$

und

$$N_k(p)\,/\,N_{k-1}(p)\,/\,\ldots\,/\,N_1(p) \tag{2.32}$$

mit $N_1(p) = d(p)$.

Auch hier ist der Rang der Matrix $G(p)$ invariant gegenüber der Transformation auf Smith-McMillan-Form, d. h.

$$\mathrm{rang}\,\{G(p)\} = \mathrm{rang}\,\{M(p)\} = k \ . \tag{2.33}$$

2.2.3.2. Pole

Die <u>Pole einer Übertragungsfunktionsmatrix</u> $G(p)$ sind definiert als die Nullstellen des Pol-polynoms

$$A(p) = \prod_{i=1}^{k} N_i(p) \tag{2.34}$$

mit den $N_i(p)$ als den Nennerpolynomen der Smith-McMillan-Form von $G(p)$.

Die <u>Vielfachheiten der Pole</u> sind die Vielfachheiten der Wurzeln von $A(p) = 0$.

Diese Definition ist der folgenden äquivalent:

Eine komplexe Zahl p_μ ist ein Pol der Übertragungsfunktionsmatrix $G(p)$, wenn eines der Elemente $g_{ij}(p)$ von $G(p)$ einen Pol bei $p = p_\mu$ besitzt. Der Pol hat die <u>Ordnung</u> ν_μ , wenn ein Element von $g_{ij}(p)$ einen Pol bei $p = p_\mu$ der Ordnung ν_μ und kein Element von $G(p)$ einen Pol höherer Ordnung als ν_μ bei $p = p_\mu$ hat.

Die Summe aller Polvielfachheiten aller verschiedenen Pole von $G(p)$ wird als der <u>Grad der Übertragungsfunktionsmatrix</u> $\delta(G(p))$ bezeichnet. Soll ein System technisch realisiert werden, so gibt $\delta(G(p))$ die dazu minimal erforderliche Zahl von Energiespeichern an. Zwischen der Vielfachheit der Pole und der Ordnung der Pole besteht kein unmittelbarer Zusammenhang.

Die Lage der Pole bezüglich der imaginären Achse der p-Ebene entscheidet über das dynamische Verhalten des Mehrgrößensystems in der gleichen Weise wie bei einvariablen Systemen.

2.2.3.3. Nullstellen

Die Dynamik eines Systems wird außer von der Lage der Pole der Übertragungsfunktionsmatrix $G(p)$ auch von der Lage der Nullstellen beeinflußt. Diese die Dynamik entscheidend beeinflussenden Nullstellen der Übertragungsfunktionsmatrix $G(p)$ sind jedoch nicht mit den Nullstellen der Elemente $g_{ij}(p)$ von $G(p)$ identisch.

Die <u>Nullstellen einer Übertragungsfunktionsmatrix</u> $G(p)$ sind definiert als die Nullstellen des Nullstellenpolynoms

$$B(p) = \prod_{i=1}^{k} Z_i(p) \tag{2.35}$$

mit den $Z_i(p)$ als den Zählerpolynomen der Smith-McMillan-Form von $G(p)$.

Diese Definition ist der folgenden äquivalent:

Eine komplexe Zahl p'_μ ist eine Nullstelle der Übertragungsfunktionsmatrix, wenn für sie der lokale Rang von $G(p)$ bei $p = p'_\mu$ kleiner als der normale Rang k von $G(p)$ für $p \neq p'_\mu$ ist. Es gilt folglich für $m = r = k$

$$\det\left\{G(p)\Big|\right\}_{p=p'_\mu} = 0 \ . \tag{2.36}$$

Als Beispiel sei eine Übertragungsfunktionsmatrix

$$G(p) = \begin{pmatrix} \dfrac{1}{p(p+1)} & \dfrac{1}{p+1} \\[2ex] \dfrac{3}{p(p+2)^2} & \dfrac{1}{p+2} \end{pmatrix}$$

betrachtet. Die zugehörige Smith-McMillan-Form lautet

$$M(p) = \begin{pmatrix} \dfrac{1}{p(p+1)(p+2)^2} & 0 \\[2ex] 0 & p-1 \end{pmatrix}.$$

Das System hat also eine Nullstelle bei $p_1 = 1$; für diesen Wert ist der lokale Rang von $G(p)$ gleich 1, während der normale Rang von $G(p)$ gleich 2 ist.

Die Nullstellen der Übertragungsfunktionsmatrix stimmen i. allg. nicht mit den Nullstellen der Elemente $g_{ij}(p)$ überein.

Für quadratische Matrizen $G(p)$ können die Pole und die Nullstellen auch aus der Determinante von $G(p)$ berechnet werden, da nach (2.28) die Beziehung

$$\det \{G(p)\} = \text{const} \frac{B(p)}{A(p)} \tag{2.37}$$

gilt. Dabei müssen jedoch $A(p)$ und $B(p)$ teilerfremd sein; $A(p)$ und $B(p)$ sind i. allg. nicht relativ prim.

2.2.3.4. Zusammenhang zwischen den Polen und Nullstellen von G(p) und den Polen und Nullstellen der charakteristischen Übertragungsfunktionen $g_i(p)$

Hat $G(p)$ die charakteristische Gleichung

$$\Delta(g,p) = \det \{gI - G(p)\} = g^m + a_1(p) g^{m-1} + \ldots + a_m(p) = 0 \tag{2.38}$$

und ist $b_0(p)$ der kleinste gemeinsame Nenner der rationalen Funktionen $a_i(p)$; $i = 1, 2, \ldots, m$, so erhält man durch Multiplikation mit $b_0(p)$

$$b_0(p) g^m + b_1(p) g^{m-1} + \ldots + b_m(p) = 0 \tag{2.39}$$

(s. auch Abschn. 2.2.2.).

Die algebraische Funktion g in (2.39) wird Null, wenn

$$b_m(p) = 0 \tag{2.40}$$

wird, und strebt nach Unendlich, wenn

$$b_0(p) \to 0 \tag{2.41}$$

geht.

Die Werte von p, die Gl. (2.40) erfüllen, sind definiert als die <u>Nullstellen der algebraischen Funktion</u> $g(p)$, und die p-Werte, die Gl. (2.41) erfüllen, als die Pole von $g(p)$ [14] [12].

MacFarlane und Postlethwaite [14] haben nun gezeigt, daß zwischen den Pol- und Nullstellenpolynomen $b_0(p)$ und $b_m(p)$ der algebraischen Funktion $g(p)$ und den Pol- und Nullstellenpolynomen $A(p)$ und $B(p)$ von $G(p)$ die folgende Beziehung besteht:

$$A(p) = e(p) b_0(p) \tag{2.42}$$

$$B(p) = e(p) b_m(p). \tag{2.43}$$

Dabei bedeutet $e(p)$ den kleinsten gemeinsamen Nenner aller nicht verschwindenden Nichthauptminoren von $G(p)$, in dem alle mit $b_o(p)$ gemeinsamen Faktoren gestrichen wurden. Die Gln. (2.42) und (2.43) zeigen den engen Zusammenhang zwischen den verschiedenen Systembeschreibungen für Meßgrößensysteme.

2.2.4. Steuer- und Beobachtbarkeit, Entkopplungsnullstellen

Zwischen den Nullstellen eines Übertragungssystems und der Steuerbarkeit bzw. Beobachtbarkeit bestehen Beziehungen, die die Bedeutung der Nullstellen der Übertragungsfunktionsmatrix für das Übertragungsverhalten eines Systems zeigen. Auf diese wird in den folgenden Abschnitten näher eingegangen [1] [4] [10] [11] .

2.2.4.1. Steuerbarkeit der Zustände, Entkopplungsnullstellen des Eingangs

Für die <u>Steuerbarkeit</u> eines Systems gilt die folgende Definition:

Ein System heißt vollständig steuerbar, wenn eine Steuerung $\underline{u}(t)$ in $0 \leq t \leq T$ existiert, die das System aus einem gegebenen Anfangszustand $\underline{x}(0) = \underline{x}_o$ in den Nullzustand $x(T) = 0$ überführt.

Das Mehrgrößensystem ist durch eine Eingangsgröße $u_i(t)$ allein vollständig steuerbar, wenn es mit $u_i(t)$ in $0 \leq t \leq T$ aus $\underline{x}_o$ in den Nullzustand übergeführt werden kann.

Die vollständige Steuerbarkeit eines Systems in Zustandsgleichungsform nach Gl. (2.2) kann durch die Erfüllung der Bedingung

$$\text{rang } (B, AB, A^2 B, \ldots, A^{n-1} B) = n \tag{2.44}$$

überprüft werden. Ist das Mehrgrößensystem durch die Eingangsgröße $u_i(t)$ allein vollständig steuerbar, muß

$$\text{rang } (\underline{b}_i, A\underline{b}_i, A^2 \underline{b}_i, \ldots, A^{n-1} \underline{b}_i) = n \tag{2.45}$$

gelten mit $\underline{b}_i$ als i-tem Spaltenvektor von B.

Aus Bild 2.2 ist ersichtlich, daß vollständige Steuerbarkeit durch die Eingangsgröße $\underline{u}(t)$ bedeutet, daß alle Vektoren $\underline{\beta}_i^T$; $i = 1, 2, \ldots, n$ mindestens ein von Null verschiedenes Element enthalten. Verschwindet ein Zeilenvektor $\underline{\beta}_i^T$, so existiert keine Kopplung zwischen dem Systemeingang und dem i-ten Modus. Dieser kann dann durch das Eingangssignal nicht mehr beeinflußt werden. Der entsprechende Linearfaktor $(p - \lambda_i)$ erscheint dann nicht mehr in der Übertragungsfunktionsmatrix.

Eng verbunden mit dem Problem der Steuerbarkeit und Beobachtbarkeit ist die Definition der <u>Entkopplungsnullstellen</u>.

Es gilt die folgende Definition:

Die <u>Entkopplungsnullstellen des Eingangs</u> eines Mehrgrößensystems sind die komplexen Zahlen p entsprechend ihrer Vielfachheit, für die der Rang der $(n \times (n + m))$-Matrix $(p\,I - A \mid B)$ kleiner als n wird.

Diese Entkopplungsnullstellen kürzen sich gegen die nicht steuerbaren Pole bei der Bildung der Übertragungsfunktionsmatrix heraus. Die Entkopplungsnullstellen werden mittels der Smith-Form der Matrix $(p\,I - A \mid B)$ berechnet; sie ergeben sich als die Nullstellen ihrer Diagonalelemente. Enthält das System keine Entkopplungsnullstellen des Eingangs, so ergibt sich als Smith-Form der Matrix $(p\,I - A \mid B)$ eine $(n \times (n + m))$-Matrix $(I \mid 0)$.

2.2.4.2. Beobachtbarkeit der Zustände, Entkopplungsnullstellen des Ausgangs

Die <u>Beobachtbarkeit</u> eines Systems ist wie folgt definiert:

Ein System heißt vollständig beobachtbar, wenn die Kenntnis des Ausgangssignals $\underline{y}(t)$ in $0 \leq t \leq T$ bei in $0 \leq t \leq T$ bekannter Eingangsgröße $\underline{u}(t)$ ausreicht, den Anfangszustand

$\underline{x}(0) = \underline{x}_0$ eindeutig zu bestimmen. Das System ist über eine Eingangsgröße $y_j(t)$ allein vollständig beobachtbar, wenn die Kenntnis der Ausgangsgröße $y_j(t)$ in $0 \leqq t \leqq T$ bei in $0 \leqq t \leqq T$ bekannter Eingangsgröße $\underline{u}(t)$ ausreicht, den Anfangszustand $\underline{x}(0) = \underline{x}_0$ eindeutig zu bestimmen.

Die vollständige Beobachtbarkeit eines Systems in Zustandsgleichungsform $\{A, B, C, D\}$ kann durch die Erfüllung der Bedingung

$$\text{rang } (C^T, A^T C^T, A^{T2} C^T, \ldots, A^{Tn-1} C^T) = n \tag{2.46}$$

überprüft werden. Das Mehrgrößensystem ist über die Ausgangsgröße $y_j(t)$ allein vollständig beobachtbar, wenn entsprechend

$$\text{rang } (\underline{c}_j, A^T \underline{c}_j, A^{T2} \underline{c}_j, \ldots, A^{Tn-1} \underline{c}_j) = n \tag{2.47}$$

gilt mit $\underline{c}_j$ als transponiertem j-tem Zeilenvektor von C.

Zur Veranschaulichung sei wieder Bild 2.2 betrachtet. Verschwindet ein Spaltenvektor $\underline{\gamma}_j$, so existiert keine Kopplung zwischen dem j-ten Modus und dem Systemausgang. Der Modus kann also nicht am Ausgang beobachtet werden. Der entsprechende Linearfaktor $(p - \lambda_j)$ erscheint dann nicht mehr in der Übertragungsfunktionsmatrix.

Für die <u>Entkopplungsnullstellen des Ausgangs</u> gilt:

Die Entkopplungsnullstellen des Ausgangs sind die komplexen Zahlen p entsprechend ihrer Vielfachheit, für die der Rang der $((n+r) \times n)$-Matrix $\left(\dfrac{pI-A}{C}\right)$ kleiner als n wird. Diese Entkopplungsnullstellen des Eingangs kürzen sich bei der Bildung der Übertragungsfunktionsmatrix gegen die nicht beobachtbaren Pole heraus. Auch hier können die Entkopplungsnullstellen über die Smith-Form der Matrix $\left(\dfrac{pI-A}{C}\right)$ berechnet werden; sie ergeben sich als die Nullstellen ihrer Diagonalelemente. Enthält das System keine Entkopplungsnullstellen des Ausgangs, so ergibt sich als Smith-Form der Matrix $\left(\dfrac{pI-A}{C}\right)$ eine $((n+r) \times n)$-Matrix $\left(\dfrac{I}{0}\right)$.

2.2.4.3. Steuerbarkeit der Ausgangsgrößen

Beim Entwurf von Regelungssystemen interessiert nicht nur die Steuerbarkeit des Systemzustands, sondern auch die Frage, ob die Systemausgänge, die Regelgrößen, in beabsichtigter Weise beeinflußt werden können.

Für die <u>Steuerbarkeit der Ausgangsgrößen</u> gilt:

Ein System ist vollständig ausgangssteuerbar, wenn eine Steuerung $\underline{u}(t)$ in $0 \leqq t \leqq T$ existiert, die die Ausgangsgröße $\underline{y}(t)$ für jeden Anfangszustand $\underline{x}(0) = \underline{x}_0$ in jeden endlichen Ausgangsgrößenvektor $\underline{y}(T)$ überführt.

Ein Mehrgrößensystem ist durch eine Eingangsgröße $u_i(t)$ in $0 \leqq t \leqq T$ allein vollständig ausgangssteuerbar, wenn es für jeden Anfangszustand $\underline{x}_0$ in jeden endlichen Ausgangsgrößenvektor $\underline{y}(T)$ übergeführt werden kann.

Die vollständige Ausgangssteuerbarkeit eines Systems in Zustandsgleichungsform nach Gl. (2.2) kann durch die Erfüllung der Bedingung

$$\text{rang } (CB, \; CAB, \; CA^2 B, \ldots, CA^{n-1} B, \; D) = r \tag{2.48}$$

überprüft werden. Bei verschwindender Durchgangsmatrix D ist ein vollständig zustandssteuerbares System nur dann ausgangssteuerbar, wenn die Zeilen der Ausgangsmatrix C linear unabhängig sind.

2.2.4.4. Entkopplungsnullstellen des Ein- und Ausgangs

Gibt es im System Pole, die weder steuerbar noch beobachtbar sind, so müssen diese von
den Ein- und Ausgangsgrößen vollständig entkoppelt sein. Die Nullstellen, die diese Pole
kompensieren, werden Entkopplungsnullstellen des Ein- und Ausgangs genannt.

2.2.4.5. Relationen zwischen den Polen und den Nullstellen
mehrvariabler Systeme und Minimalrealisierung

Abschließend sollen noch einige Relationen zwischen der Zahl der Pole, charakteristischen
Frequenzen und Nullstellen mehrvariabler Systeme mit $m = r$ angegeben werden.
Bezeichnet

$\{a_i\}$ die Menge der Entkopplungsnullstellen des Ausgangs,
$\{b_i\}$ die Menge der Entkopplungsnullstellen des Eingangs,
$\{c_i\}$ die Menge der Entkopplungsnullstellen des Eingangs/Ausgangs,
$\{d_i\}$ die Menge der Systemnullstellen insgesamt, die sich aus den Entkopplungsnullstellen und den in $G(p)$ verbleibenden Übertragungsnullstellen zusammensetzt und sich
aus den Nullstellen von

$$\det \begin{pmatrix} pI-A & B \\ -C & D \end{pmatrix} = 0 \tag{2.49}$$

berechnen,

$\{p_i'\}$ die Menge der Übertragungsnullstellen, d. h. der Nullstellen des Nullstellenpolynoms der Smith-McMillan-Form, von $G(p)$,
$\{\lambda_i\}$ die Menge der charakteristischen Frequenzen des Systems, d. h. der Eigenwerte
der Systemmatrix A, und
$\{e_i\}$ die Menge der Entkopplungsnullstellen,

so gelten folgende Beziehungen [9][16] :

$$\{d_i\} = \{a_i,\ b_i,\ p_i'\} - \{c_i\} \tag{2.50}$$

$$\{\lambda_i\} = \{a_i,\ b_i,\ p_i\} - \{c_i\} \ . \tag{2.51}$$

Dabei sind die Pole und Nullstellen entsprechend ihrer Vielfachheit zu zählen.

Die Menge der Systemnullstellen $\{d_i\}$ und die Menge der charakteristischen Frequenzen
$\{\lambda_i\}$ haben die Menge der Entkopplungsnullstellen

$$\{e_i\} = \{a_i,\ b_i\} - \{c_i\} \tag{2.52}$$

gemeinsam. Diese heben sich bei der Bildung von $G(p)$ gegen die nicht steuerbaren oder
nicht beobachtbaren Pole heraus.

Wird zu einer gegebenen Übertragungsfunktionsmatrix $G(p)$ eine Zustandsbeschreibung
gefunden, so besitzt diese nur dann keine Entkopplungsnullstellen, wenn sie eine Minimalrealisierung von $G(p)$ ist. Bei einer Minimalrealisierung ist die zugehörige $(n \times n)$-
Systemmatrix A von kleinstmöglicher Ordnung n_{min}, und es gilt:

$$n_{min} = \delta(G(p)) . \tag{2.53}$$

Eine Minimalrealisierung ist demnach vollständig steuer- und beobachtbar. Außerdem folgt,
daß die Pole von $G(p)$ gleich den Eigenwerten von A sind, wenn die Realisierung der Übertragungsfunktionsmatrix Minimaleigenschaften hat. Die Polvielfachheiten von $G(p)$ sind
dann gleich den Vielfachheiten der Eigenwerte von A. Bei Nichtminimalrealisierungen,
die also nicht vollständig steuer- und beobachtbaren Systemen entsprechen und bei denen
$n > n_{min}$ für die Dimension von A gilt, enthält die Realisierung

$$n - n_{min} = n - \delta(G(p)) \tag{2.54}$$

überzählige Energiespeicher, deren Verhalten nicht durch $G(p)$ beschrieben wird.

2.3. Literatur

[1] Rosenbrock, H.-H.: State space and multivariable theory. London: Nelson 1970.

[2] Wolovich, W.A.: Linear multivariable systems. New York, Heidelberg, Berlin: Springer 1974.

[3] Wonham, W.M.: Linear multivariable control. Berlin, Heidelberg: Springer 1974.

[4] Schwarz, H.: Mehrfachregelungen. Berlin, Heidelberg, New York: Springer. Band 1: 1967, Band 2: 1971.

[5] De Russo, P.M.; Roy, R.J.; Close, C.M.: State variables for engineers. New York: J. Wiley 1965.

[6] MacFarlane, A.G.J.: A survey of some recent results in linear multivariable feedback theory. Automatica 8 (1972) S. 455–492.

[7] MacFarlane, A.G.J.: Relationships between recent developments in linear control theory and classical design techniques. Proc. of the 3th IFAC Symposium Multivariable Technological Systems Manchester 1974.

[8] McMillan, B.: Introduction to formal realizability. Theory Bell System Techn. J. 31 (1952) S. 217–279 und 541–600.

[9] Rosenbrock, H.-H.: The zeros of a system. Int. J. Control 18 (1973) S. 297–299.

[10] Kouvaritakis, B.; MacFarlane, A.G.J.: Geometric approach to analysis and synthesis of system zeros. Int. J. Control 23 (1976) S. 149–166.

[11] Davison, E.J.; Wang, S.H.: Properties and calculation of transmission zeros of linear multivariable systems. Automatica 10 (1974) S. 643–658.

[12] MacFarlane, A.G.J.; Postlethwaite, J.: Characteristic frequency functions and characteristic gain functions. Int. J. Control 26 (1977) S. 265–278.

[13] Postlethwaite, J.: A generalized inverse Nyquist stability criterion. Int. J. Control 26 (1977) S. 325–340.

[14] MacFarlane, A.G.J.; Postlethwaite, J.: The generalized Nyquist stability criterion and multivariable root loci. Int. J. Control 25 (1977) S. 81–127.

[15] Wunsch, G.: Systemanalyse. Band 1: Lineare Systeme. 3. Aufl. Berlin: VEB Verlag Technik 1972.

[16] MacFarlane, A.G.J.; Karcanias, N.: Poles and zeros of linear multivariable systems: a survey of the algebraic, geometric and complex-variable theory. Int. J. Control 24 (1976) S. 33–74.

3. Mehrgrößenregelungssysteme als geschlossene Wirkungskreise

3.1. Grundstrukturen von Mehrgrößenregelungssystemen

Bild 3.1 zeigt die Grundstruktur eines Mehrgrößenregelungssystems als Erweiterung des einschleifigen Regelkreises. Entscheidendes Charakteristikum einer Mehrgrößenregelung ist die gleichzeitige Regelung mehrerer über die Regelstrecke verkoppelter Regelgrößen entsprechend vorgegebenen, voneinander unabhängigen Führungsgrößen.

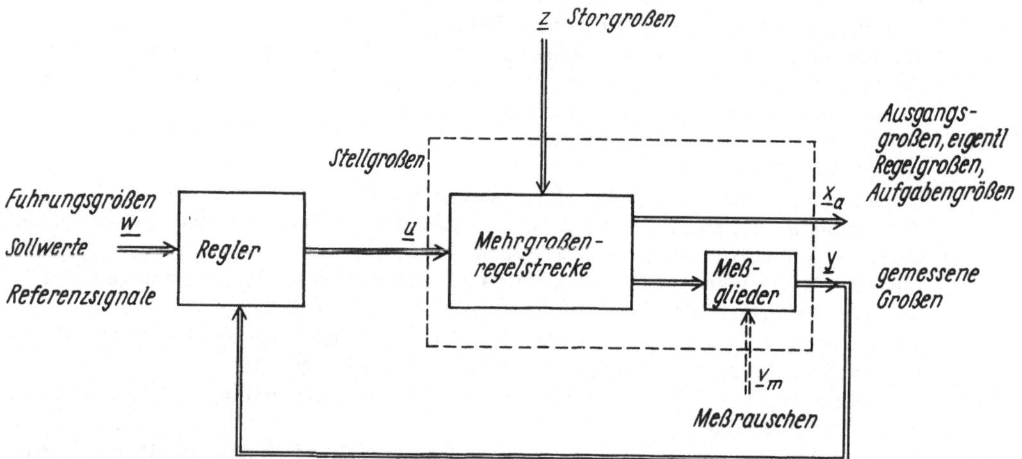

Bild 3.1. Mehrgrößenregelungssystem

Da in den meisten praktischen Anwendungen die eigentlichen Regelgrößen auch die meßbaren und zum Zweck der Regelung gemessenen Größen sein werden, wird im weiteren i.allg. auch $\underline{x}_a \equiv \underline{y}$ angenommen, d.h., daß die Regelgrößen auch gemessene Ausgangsgrößen sind. (Wird in einigen Abschnitten aus bestimmten Gründen anders verfahren, so ist das im Text erläutert.)

Das Übertragungsverhalten der Meßglieder und der Stelleinrichtungen wird wie üblich als im Übertragungsverhalten der Regelstrecke inbegriffen angenommen.

Da hier nur deterministische Mehrgrößenregelungsprobleme behandelt werden, sind alle Ein- und Ausgangssignale als deterministisch vorausgesetzt und wird das Meßrauschen explizit nicht berücksichtigt. Für den Entwurf von Mehrgrößensystemen im Zeit- und im Frequenzbereich haben die im Bild 3.2 dargestellten als Standardstrukturen zu bezeichnenden Regelkreisstrukturen eine besondere Bedeutung erlangt.

In der Struktur nach Bild 3.2a, der Ausgangsrückführung, werden die einzelnen Übertragungsglieder durch ihr Übertragungsverhalten in Form der Übertragungsfunktionsmatrizen charakterisiert; die Rückführung H(p) und der eigentliche Regler R(p) stellen zusammen ein dynamisches System dar, das aus den meßbaren Regelgrößen und den Führungsgrößen $\underline{w}$ die Stellgrößen $\underline{u}$ bildet. Geregelt werden also die Ausgangsgrößen $\underline{y}$ der Regelstrecke direkt ohne explizite Berücksichtigung des Systemzustands. Evtl. zu regelnde und meßbare Zustandsgrößen werden als Ausgangsgrößen betrachtet. Von dieser Standardstruktur gehen die meisten im Frequenzbereich arbeitenden Entwurfsverfahren aus.

In der Struktur nach Bild 3.2b, der Zustandsrückführung, werden die als meßbar betrachteten Zustände $\underline{x}$ über eine statische Verstärkungsmatrix K zurückgeführt. Die Stell-

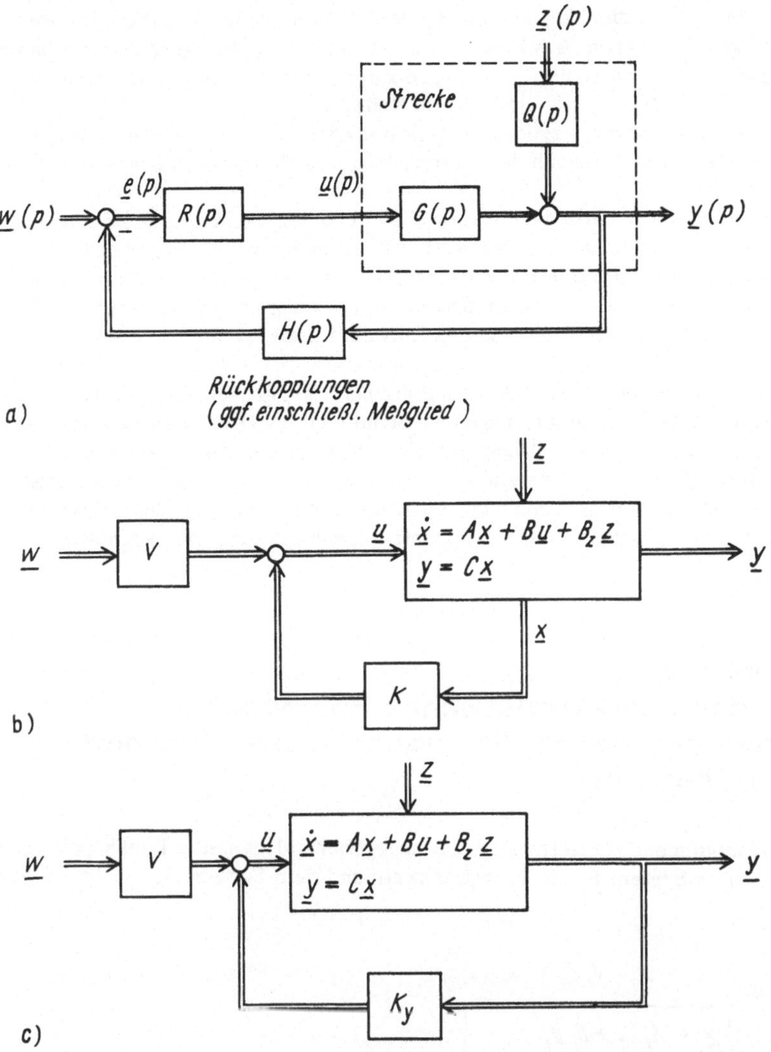

Bild 3.2. Standardstrukturen geschlossener Mehrgrößenregelungssysteme
a) allgemeine Grundstruktur im p-Bereich; b) Zustandsrückführung; c) konstante Ausgangsrückführung

größe $\underline{u}$ entsteht hier aus einer Linearkombination der Zustandsgrößen. Geregelt werden
die Zustände des Systems; entsprechend der Beobachtungsgleichung $\underline{y} = C\underline{x}$ ergeben sich
die zugehörigen Ausgangsgrößen $\underline{y}$.

Da in vielen Fällen die Zustände nicht meßbar sind und der Aufbau eines Beobachters
nicht immer zweckmäßig ist, wird häufig wie in der Struktur nach Bild 3.2c die Zustandsrückführung durch eine statische Ausgangsrückführung ersetzt und versucht, die Zustände
und damit die Ausgangsgrößen mittels einer Linearkombination der Ausgangsgrößen zu regeln. Entwurfsverfahren im Zeitbereich gehen i. allg. von den Strukturen nach Bild 3.2b
und c aus.

Zwischen den dynamischen Eigenschaften der Regelstrecke bzw. des offenen Regelkreises und denen des geschlossenen Regelkreises bestehen eine Reihe wichtiger Zusammenhänge, auf die im folgenden eingegangen werden soll. Diese Zusammenhänge bilden die entscheidende Grundlage für die zielgerichtete Veränderung des dynamischen Verhaltens des
geschlossenen Regelkreises bei den einzelnen Entwurfsverfahren. Sie sollen, ohne den Entwurfsverfahren vorzugreifen, für die einzelnen Standardstrukturen eingehender diskutiert
werden.

Bei der Darstellung der Zusammenhänge zwischen dem dynamischen Verhalten der Regelstrecke und dem des geschlossenen Regelkreises ist wie im vorigen Abschnitt nicht beabsichtigt, eine geschlossene Systemtheorie für Mehrgrößensysteme zu liefern. Entsprechende Darstellungen sind z. B. in [1] [2] [3] [4] [5] zu finden.

Die verschiedenen Zusammenhänge werden nur dem Anliegen des vorliegenden Buches entsprechend zusammengestellt und je nach der Zielstellung des Entwurfs interpretiert bzw. kommentiert.

Dabei werden Betrachtungen im Zeitbereich, ausgehend von der Zustandsraumdarstellung und der Algebra, und Betrachtungen im Bild- oder Frequenzbereich, ausgehend vom Übertragungsverhalten der Systeme und der Funktionentheorie, als gleichberechtigte Betrachtungsweisen benutzt; denn gerade deren geschickte Verbindung ist häufig entscheidend für eine effektive ingenieurmäßige Durchführung des Entwurfs linearer Mehrgrößenregelungen.

Ein besonders für die Klärung des Stabilitätsproblems bei Mehrgrößenregelungen wichtiger Zusammenhang zwischen den charakteristischen Polynomen des geschlossenen und des offenen Systems wird durch das Hsu-Chen-Theorem [8] [9] zum Ausdruck gebracht. Da dieser Zusammenhang für einige Entwurfsverfahren im Zeit- und im Frequenzbereich von grundlegender Bedeutung ist, soll er im folgenden Abschnitt für eine allgemeine Rückkopplungsstruktur, die die im Bild 3.2 gezeigten Standardstrukturen majorisiert, abgeleitet werden.

3.2. Zusammenhang zwischen den charakteristischen Polynomen des offenen und denen des geschlossenen Systems: Hsu-Chen-Theorem

Ausgangspunkt der Betrachtungen ist die im Bild 3.3 angegebene allgemeine Rückkopplungsstruktur, bestehend aus dem System S_1 im Vorwärtszweig und dem System S_2 im Rückführzweig.

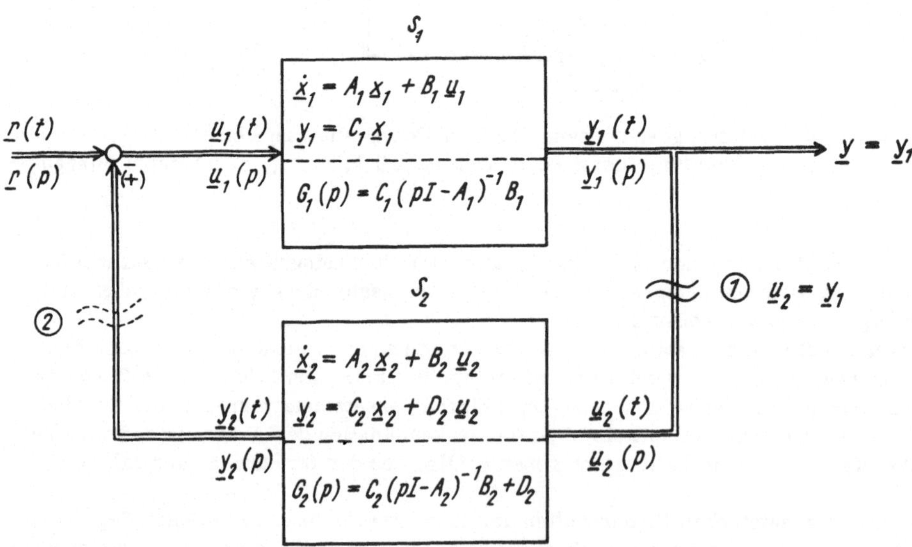

Bild 3.3. Allgemeine Rückkopplungsstruktur

$$S_1: \quad \dot{\underline{x}}_1 \;=\; A_1 \underline{x}_1 + B_1 \underline{u}_1$$
$$\underline{y}_1 \;=\; C_1 \underline{x}_1 \qquad\qquad \text{bzw.}$$
$$\underline{y}_1(p) \;=\; C_1 (pI - A_1)^{-1} B_1 \underline{u}_1(p) \;=\; G_1(p)\,\underline{u}_1(p) \tag{3.1}$$

$$S_2: \quad \dot{\underline{x}}_2 \;=\; A_2 \underline{x}_2 + B_2 \underline{u}_2$$
$$\underline{y}_2 \;=\; C_2 \underline{x}_2 + D_2 \underline{u}_2 \qquad \text{bzw.}$$
$$\underline{y}_2(p) \;=\; \left[C_2 (pI - A_2)^{-1} B_2 + D_2 \right] \underline{u}_2(p) \;=\; G_2(p)\,\underline{u}_2(p) \tag{3.2}$$

Die Koppelbedingungen lauten

$$\underline{y} \;=\; \underline{y}_1$$
$$\underline{u}_2 \;=\; \underline{y}_1 \tag{3.3}$$
$$\underline{u}_1 \;=\; \underline{r} - \underline{y}_2 \,.$$

Die Beschreibung des geschlossenen Systems im Zeitbereich lautet damit

$$\dot{\underline{x}} = \begin{bmatrix} \dot{\underline{x}}_1 \\[2mm] \dot{\underline{x}}_2 \end{bmatrix} = \underbrace{\begin{bmatrix} A_1 - B_1 D_2 C_1 & -B_1 C_2 \\[4mm] B_2 C_1 & A_2 \end{bmatrix}}_{A_g} \begin{bmatrix} \underline{x}_1 \\[2mm] \underline{x}_2 \end{bmatrix} + \begin{bmatrix} B_1 \\[2mm] 0 \end{bmatrix} \underline{r} \tag{3.4}$$

$$\underline{y} \;=\; (C_1 \quad 0)\,\underline{x} \,.$$

Die äquivalente Beschreibung im p-Bereich soll durch Betrachtungen an den Schnittstellen gewonnen werden.

Für die Schnittstelle 1 im Bild 3.3 findet man

$$\underline{y}_1(p) \;=\; G_1(p) \left[\underline{r}(p) - G_2(p)\,\underline{y}_1(p) \right]$$
$$\underline{y}_1(p) \;=\; \underbrace{(I + G_1(p)\,G_2(p))^{-1}\,G_1(p)}_{F_g(p)}\;\underline{r}(p) \,. \tag{3.5}$$

Die in (3.5) auftretende Matrix

$$(I + G_1(p)\,G_2(p)) \;=\; F_1(p) \tag{3.6}$$

ist die sog. Rückführdifferenzmatrix des geschlossenen Systems bei Betrachtung an der Schnittstelle 1. Den Namen "Rückführdifferenzmatrix" kann man wie folgt erklären: An der Schnittstelle 1, und zwar am unteren Schnittufer, geht das Signal $\underline{u}_2(p)$ hinein. Mit $\underline{r}(p) = 0$ kommt am oberen Schnittufer das Signal

$$\underline{y}_1(p) \;=\; -G_1(p)\,G_2(p)\,\underline{u}_2(p)$$

an. Die Differenz zwischen diesem "zurückkommenden" Signal $\underline{y}_1(p)$ und dem "eingegebenen" Signal $\underline{u}_2(p)$

$$\underline{u}_2(p) - \underline{y}_1(p) \;=\; \underbrace{(I + G_1(p)\,G_2(p))}_{F_1(p)}\;\underline{u}_2(p)$$

kann eben durch $F_1(p)$, also die Rückführdifferenzmatrix, beschrieben werden.

Schneidet man den Kreis im Bild 3.3 dagegen an der anderen noch möglichen Stelle 2 auf und führt dort die äquivalenten Betrachtungen durch:

$$\underline{y}_2(p) = G_2(p)\, G_1(p) \left[\underline{r}(p) - \underline{y}_2(p)\right] ,$$

so erhält man folgende Rückführdifferenzmatrix:

$$F_2(p) = (I + G_2(p)\, G_1(p)) \neq F_1(p) . \tag{3.7}$$

Wenn man den Kreis an einer anderen Stelle (fiktiv) aufschneidet, so führt das zu einer anderen Rückführdifferenzmatrix.

Wäre jedoch in der Rückkopplungsschaltung Bild 3.3 anstelle des Minuszeichens an der Mischstelle das Pluszeichen gültig, so findet man für die zugehörigen Rückführdifferenzmatrizen

$$\overline{F}_1 = (I - G_1\, G_2) \tag{3.6a}$$

$$\overline{F}_2 = (I - G_2\, G_1) . \tag{3.7a}$$

Stellt man nur für das geschlossene System die Frage nach der Stabilität, so wird man angehalten, das charakteristische Polynom des geschlossenen Systems zu ermitteln, anhand dessen die Stabilitätsprüfung wie üblich und bekannt durchgeführt werden kann. Geht man von der Zustandsbeschreibung des geschlossenen Systems (3.4) aus, so lautet die Vorschrift für die Berechnung dieses charakteristischen Polynoms

$$\det (pI - A_g) = \det \begin{bmatrix} pI - A_1 + B_1 D_2 C_1 & B_1 C_2 \\ -B_2 C_1 & pI - A_2 \end{bmatrix} . \tag{3.8}$$

Unter Verwendung des Lemmas (sog. Schur-Formeln)

"Es sei M eine quadratische partitionierte Matrix der Form

$$M = \begin{bmatrix} M_1 & M_2 \\ M_3 & M_4 \end{bmatrix} .$$

Dann ist, wenn $\det M_1 \neq 0$,

$$\det M = \det M_1 \, \det (M_4 - M_3 M_1^{-1} M_2) \tag{3.9a}$$

bzw., wenn $\det M_4 \neq 0$,

$$\det M = \det M_4 \, \det (M_1 - M_2 M_4^{-1} M_3) " \tag{3.9b}$$

kann (3.8) umgeformt werden zu

$$\det (pI - A_g) = \det (pI - A_2) \, \det \left[pI - A_1 + B_1 D_2 C_1 + B_1 C_2 (pI - A_2)^{-1} B_2 C_1 \right] .$$

Durch weitere Umformungen des zweiten Faktors auf der rechten Seite findet man

$$\det (pI - A_g) = \det (pI - A_2) \, \det \left[pI - A_1 + B_1 \left\{ D_2 + C_2 (pI - A_2)^{-1} B_2 \right\} C_1 \right]$$

$$= \det (pI - A_2) \, \det \left[I + B_1 \{ \quad \} C_1 (pI - A_1)^{-1} \right] (pI - A_1)$$

$$= \det (pI - A_2) \, \det (pI - A_1) \, \det \left[I + B_1 \{ \quad \} C_1 (pI - A_1)^{-1} \right] .$$

Verwendet man die Determinantenidentität "Mit den $(n \times m)$- und $(m \times n)$-Matrizen

$$M \quad \text{und} \quad N$$

gilt

$$\det (I_n \mp MN) = \det (I_m \mp NM) ", \tag{3.10}$$

so kann der dritte Faktor auf der rechten Seite weiter umgeformt werden:

$$\det (pI - A_g) = \det (pI - A_2) \, \det (pI - A_1)$$

$$\times \det \left[I + \underbrace{C_1 (pI - A_1)^{-1} B_1}_{G_1(p)} \; \underbrace{\left\{ D_2 + C_2 (pI - A_2)^{-1} B_2 \right\}}_{G_2(p)} \right]$$

$$= \det (pI - A_2) \, \det (pI - A_1) \, \det \left[I + G_1(p) \, G_2(p) \right]$$

$$\det (pI - A_g) = \det (pI - A_2) \, \det (pI - A_1) \, \det F_1(p) . \tag{3.11}$$

Wesentlich ist nun die Interpretation dieser Gleichung für das charakteristische Polynom des geschlossenen Systems.

1. Das geschlossene System ist stabil, wenn und nur wenn die Nullstellen von (3.11) alle in der linken Halbebene liegen, d.h., wenn $\det (pI - A_g) = 0$ nur Wurzeln mit negativem Realteil hat:
$$\text{Re } p_i' < 0 .$$

Diese Wurzeln p_i' stimmen, wenn man von Besonderheiten absieht, mit den Polen des geschlossenen Systems überein.

2. Wenn S_1 und S_2 selbst stabil sind, d.h.
   - das charakteristische Polynom von S_1 $\det (pI - A_1)$ und
   - das charakteristische Polynom von S_2 $\det (pI - A_2)$
   und damit natürlich auch das charakteristische Polynom des offenen Systems $\det (pI - A_1) \, \det (pI - A_2)$ Hurwitz-Polynome sind, reduziert sich die Stabilitätsbedingung für das geschlossene System auf die folgende Bedingung:

$$\det F_1(p) = \det (I + G_1(p) \, G_2(p)) = 0 \quad \text{darf nur Wurzeln in der linken Halbebene haben.}$$

Mit anderen Worten: Wenn das offene System stabil ist, kann die Stabilitätsprüfung des geschlossenen Systems allein anhand der Determinante der Rückführdifferenzmatrix $F_1(p)$ durchgeführt werden.

Mit der Determinantenidentität (3.10) wird aber sofort klar, daß
$$\det F_1(p) = \det F_2(p)$$

bzw., allgemeiner, gilt, daß alle an einem geschlossenen System fester Strukturen bildbaren Rückführdifferenzmatrizen die gleiche Determinante $\det F(p)$ haben. Damit nimmt (3.11) die unter der Bezeichnung Hsu-Chen-Theorem bekannte Formulierung an:

$$\frac{\text{charakteristisches Polynom des geschlossenen Systems}}{\text{charakteristisches Polynom des offenen Systems}} = \det F(p)$$

$$\frac{\det (pI - A_g)}{\det (pI - A_1) \, \det (pI - A_2)} = \det F(p) \tag{3.12}$$

$$\frac{\prod\limits_i (p - p_i')}{\prod\limits_i (p - p_i)} = \det F(p) ,$$

wobei mit p_i' die Pole des geschlossenen und mit p_i die des offenen Systems bezeichnet werden.

Zur Darstellung des Zusammenhangs zwischen den Pol- und den Nullstellen des offenen und des geschlossenen Regelkreises wird im Bild 3.3 für das System S_2 $G_2(p) = D_2$ gesetzt, mit D_2 als frequenzunabhängiger Rückführung. Wird angenommen, daß das System $S_1 (A_1, B_1, C_1)$ als Minimalrealisierung vorliegt, so enthält es nur Übertragungsnullstellen und wird durch $G_1(p)$ vollständig charakterisiert. Für die Übertragungsfunktionsmatrix des geschlossenen Regelkreises $F_g(p)$ gilt somit

$$F_g(p) = (I + G_1(p)\, D_2)^{-1}\, G_1(p)$$

und damit

$$\det F_g(p) = \frac{\det G_1(p)}{\det F(p)}\ .$$

Nach Gl. (2.34) folgt

$$\det F_g(p) = K_g\ \frac{\text{Nullstellenpolynom des geschlossenen Kreises}}{\text{Polpolynom des geschlossenen Kreises}} \tag{3.13}$$

$$\det G_1(p) = K_1\ \frac{\text{Nullstellenpolynom des offenen Kreises}}{\text{Polpolynom des offenen Kreises}} \tag{3.14}$$

Mit Gl. (3.12) ergibt sich der Zusammenhang zwischen den Pol- und den Nullstellenpolynomen des offenen und des geschlossenen Regelkreises

$$\det F_g(p) = K\ \frac{\text{Nullstellenpolynom des offenen Kreises}}{\text{Polpolynom des geschlossenen Kreises}} \tag{3.15}$$

Eine Gleichung von (3.13) und (3.15) zeigt, daß die Nullstellen gegenüber dem Schließen des Kreises invariant sind; die Nullstellen des geschlossenen Systems sind mit denen des offenen Systems identisch.

Das Hsu-Chen-Theorem stellt einen fundamentalen Zusammenhang zwischen offenem und geschlossenem System dar, und zwar nicht nur für die Theorie und die Stabilität der Mehrgrößenregelungen, sondern auch für die Entwicklung von Entwurfsverfahren. Betrachtet man S_1 als die i. allg. fest vorgegebene Mehrgrößenstrecke und S_2 als den zu entwerfenden Mehrgrößenregler, so vermittelt das Hsu-Chen-Theorem grundsätzliche und durch geschickte Modifikationen ggf. konstruktiv auswertbare und nutzbare Zusammenhänge zwischen den Entwurfsparametern des Reglers - sie sind als Variable in det F(p) enthalten - und den Entwurfszielen, wie Stabilisierung, Polvorgabe für p_i' usw.

Solche und einige andere für den Entwurf später wichtige Zusammenhänge sollen nachfolgend für die im Abschn. 3.1. angegebenen Standardstrukturen des Bildes 3.2 deutlicher gemacht werden. Dies geschieht so, daß zunächst diese Standardstrukturen als Spezial- oder Sonderfälle der allgemeinen Rückkopplungsstruktur (Bild 3.3) erklärt werden, so daß die hier über das Hsu-Chen-Theorem erhaltenen allgemein gültigen Zusammenhänge relativ leicht für die Standardstrukturen des Bildes 3.2 spezifiziert werden können. Begonnen wird mit der Zustandsrückführung.

3.3. Zustandsrückführung

Die Motivation für eine Zustandsgrößenrückführung (im folgenden kurz Zustandsrückführung genannt) ergibt sich aus der Definition des Zustands selbst. Die Zustandsgrößen enthalten die Gesamtinformation über den Zustand des zu regelnden Systems, dessen Kenntnis zusammen mit der Kenntnis der Eingangsgrößen den Verlauf der Ausgangsgrößen vollständig bestimmt. Somit liegt es aus theoretischer Sicht nahe, diese vollständige Information durch eine Rückführung der Zustandsgrößen auch der Regeleinrichtung zuzuführen. Die Theorie der optimalen Prozesse [6] [7] hat in der Tat gezeigt, daß eine im Hinblick auf ein mathematisch formuliertes Gütefunktional optimale Regelung des Systems die Rückführung des Zustandes erfordert.

Mit dem Ansatz

$$\underline{u} = K\underline{x} + V\underline{w} \tag{3.16}$$

für das Regelungsgesetz (s. Bild 3.2b) erhält man für das geschlossene System

$$\underline{\dot{x}} = (A + BK)\,\underline{x} + BV\underline{w} + B_z\underline{z}\ . \tag{3.16a}$$

Die Systemmatrix ändert sich durch eine solche Zustandsrückführung von

$$A \text{ in } (A + BK) = D = A_g \, . \tag{3.17}$$

Damit ändern sich auch die Eigenwerte. Da die Eigenwerte entscheidend für die Stabilität sind und den Charakter der Dynamik bestimmen, wird es möglich, über eine geeignete Wahl von K die Stabilitäts- und Dynamikeigenschaften des geschlossenen Systems zu verändern und damit ggf. auch zu verbessern. Wenn alle Eigenwerte von D = A + BK in der offenen linken Halbebene liegen, ist das System (asymptotisch) stabil.

Wie unten gezeigt werden wird, ist es u. U. möglich, durch geeignete Festlegung von V im Regelungsgesetz (3.16) zu erreichen, daß die Ausgänge des zustandsrückgeführten Systems durch feste Sollwerte $\underline{w}$ vorgegebene Werte ohne bleibende Abweichung erreichen. Die Festlegung von V ist jedoch erst nach der Bestimmung von K möglich, da K in die Berechnungsvorschrift für V eingeht. Es wird sich weiter zeigen, daß der Teil $V\underline{w}$ des Regelungsgesetzes in keiner Weise die Stabilität und die Dynamik des geschlossenen Systems beeinflußt, so daß die Bestimmung von K, d. h. der Zustandsrückführmatrix, der entscheidende Schritt ist. Dazu kann man dann aber - so wird es hier auch vorwiegend getan - vom sog. verkürzten Problem

$$\begin{aligned} \text{Strecke:} \quad & \underline{\dot{x}} = A\underline{x} + B\underline{u} \\ & \underline{y} = C\underline{x} \\ \text{Regler:} \quad & \underline{u} = K\underline{x} \end{aligned} \tag{3.18}$$

ausgehen, wobei die äußeren Eingangssignale, wie $\underline{w}$ in der Funktion eines Sollwerts für $\underline{y}$ und die Störungen $\underline{z}$, zunächst nicht berücksichtigt werden $\left[\underline{w} = \underline{z} = 0 \text{ in } (3.16) \text{ und } (3.16a)\right]$.

Dieses verkürzte Problem kann als Spezialfall der allgemeinen Rückkopplungsstruktur Bild 3.3 interpretiert werden.

$$\begin{aligned} S_1: \quad & \underline{\dot{x}} = A\underline{x} + B\underline{u}, \qquad \text{also} \qquad A_1 = A, \quad B_1 = B \\ & \underline{y} = I\underline{x} \qquad\qquad\qquad\qquad\quad C_1 = I \\ S_2: \quad & A_2 = B_2 = C_2 = 0 \qquad\qquad D_2 = -K \end{aligned} \tag{3.19}$$

Das System S_2 "entartet" in den dynamikfreien Zustandsregler, der durch die konstante Zustandsrückführmatrix K beschrieben wird. Das charakteristische Polynom des offenen Systems ist damit identisch mit dem charakteristischen Polynom der Strecke

$$g_o(p) = \det (pI - A) = p^n + a_1 p^{n-1} + \ldots + a_n \, . \tag{3.20}$$

In (3.20) wurde angenommen, daß die Strecke n-ter Ordnung sei. Als Nullstellen von (3.20) erhält man die Eigenwerte $p_i = \lambda_i$ von A, die, wenn die Strecke steuer- und beobachtbar ist, mit den Polen des offenen Systems übereinstimmen. Bezeichnet man das charakteristische Polynom des geschlossenen, d. h. zustandsrückgeführten Systems $\underline{\dot{x}} = (A + BK)\underline{x} = A_g\underline{x}$ mit

$$g_{rx}(p) = \det (pI - A - BK) = p^n + r_1 p^{n-1} + \ldots + r_n \tag{3.21}$$

- der Index rx bedeutet Rückführung des Zustands $\underline{x}$ -, so erhält man mit dem Hsu-Chen-Theorem (3.11) bzw. (3.14) den speziell für die Zustandsrückführung gültigen Zusammenhang

$$g_{rx}(p) = g_o(p) \det \left[I_n - (pI - A)^{-1} BK\right] = g_o(p) \det \left[I_m - K (pI - A)^{-1} B\right] \, . \tag{3.22}$$

Hierin ist

$$(pI - A)^{-1} B = G_x(p) \triangleq G_1(p) \tag{3.23}$$

die Übertragungsmatrix $\underline{u}(p) \to \underline{x}(p)$ der Strecke. Im Bild 3.4 sind die bei der Zustandsrückführung vorliegenden Verhältnisse im p-Bereich dargestellt. Die in (3.22) auftretende Matrix

$$\left[I_n - (pI - A)^{-1} BK \right] = F_x(p) \qquad (3.24)$$

ist die Rückführdifferenzmatrix an der Stelle x. Entsprechend gilt für die Stelle u

$$\left[I_m - K(pI - A)^{-1} B \right] = F_u(p). \qquad (3.25)$$

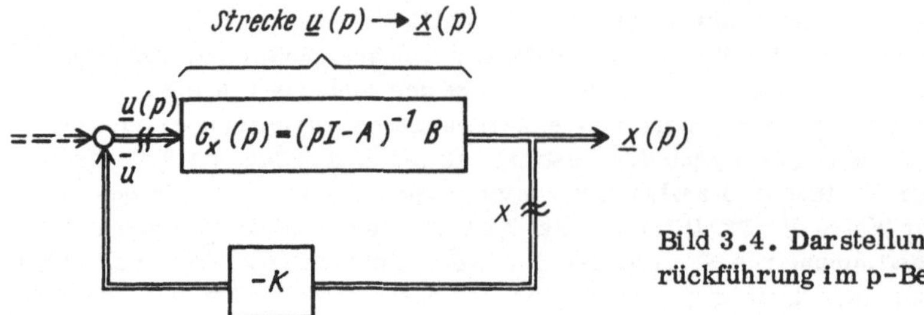

Bild 3.4. Darstellung der Zustandsrückführung im p-Bereich

Mit (3.22) ist ein Zusammenhang zwischen dem charakteristischen Polynom $g_{rx}(p)$ des geschlossenen Systems, dem charakteristischen Polynom $g_0(p)$ des offenen Systems (der Strecke) und den $m \cdot n$ Elementen k_{ij} der Rückführmatrix K hergestellt - damit also auch ein Zusammenhang zwischen den Eigenwerten bzw. Polen des geschlossenen Systems λ_i' bzw. p_i', den Eigenwerten bzw. Polen des offenen Systems (der Strecke) λ_i bzw. p_i und der Rückführmatrix K. Dieser Zusammenhang ist aber sehr kompliziert, da die $m \cdot n$ Elemente k_{ij} von K in der Determinante der Rückführdifferenzmatrix stehen und somit (3.22) eine in den k_{ij} stark nichtlineare Beziehung darstellt. Aus (3.22) ist daher unmittelbar keine Strategie abzuleiten, wie man K wählen muß, um z. B. eine gewünschte Eigenwertverteilung λ_i'; $i = 1, 2, \ldots, n$ für das geschlossene System zu erhalten.

Solche für eine praktische Entwurfsarbeit benötigten Strategien liefern die eigentlichen Entwurfsverfahren der Eigenwert- oder Polvorgabe, wie sie u. a. im Abschn. 5. behandelt werden. Diese bauen - zumindest indirekt - auf der grundlegenden Beziehung (3.22) auf.

Im Anschluß an den durch (3.22) vermittelten, aber nicht auswertbaren Zusammenhang zwischen K und den Eigenwerten bzw. Polen ergibt sich sofort die Frage, ob es möglich ist, eine beliebige Eigenwertverteilung $\{\lambda_i'\}$ für das geschlossene System durch eine Zustandsrückführung $\underline{u} = K\underline{x}$ zu realisieren. In [10] wurde hierauf eine umfassende Antwort gegeben.

Die Bedingung dafür, daß das Problem (3.18) so gelöst werden kann, daß das geschlossene System jede beliebige Eigenwertverteilung annimmt, ist die Steuerbarkeit der Strecke, d. h. von (A, B). Für den Sonderfall der Systeme mit diagonalähnlicher Systemmatrix ist diese nach den Ergebnissen der modalen Analyse und insbesondere der modalen Steuerbarkeit aus Abschn. 2.1.3. auch sofort verständlich. Dort war festgestellt worden, daß nur die steuerbaren Modi über die Stellgrößen $\underline{u}$ zu beeinflussen sind. Wenn nun jede beliebige Eigenwertverteilung angenommen werden soll, dann müssen alle Modi über $\underline{u}$ steuerbar sein, d. h., $R^{-1} B$ darf überhaupt keine Nullzeile haben. Das ist gleichbedeutend mit der Steuerbarkeit von (A, B).

Für spätere Entwurfsprobleme ist der Zusammenhang der Steuerbarkeitseigenschaften des offenen und des zustandsrückgeführten Systems wichtig. Mit einer Zustandsrückführung $\underline{u} = K\underline{x}$ bleibt ein steuerbares System steuerbar, d. h., aus

$$\text{rang} \, (B \, AB \ldots A^{n-1} B) = \text{rang} \, S_o = n \qquad (3.26)$$

als Steuerbarkeitsbedingung des offenen Systems folgt die Steuerbarkeitsbedingung

$$\text{rang} \, (B \, (A + BK) B \ldots (A + BK)^{n-1} B) = \text{rang} \, S_{rx} = n \qquad (3.27)$$

für das geschlossene System (3.16) bezüglich des als Referenzsignal für das geschlossene System aufzufassenden Eingangs

$$\underline{r} = V\underline{w} ; \tag{3.28}$$

denn es ist für S_{rx} folgende Umformung möglich:

$$S_{rx} = S_o \begin{bmatrix} I_m & KB & K(A+BK)B & \dots & K(A+BK)^{n-2}B \\ 0 & I_m & KB & \dots & K(A+BK)^{n-3}B \\ 0 & 0 & I_m & & \\ \vdots & & & \ddots & \\ 0 & \dots & \dots \dots & \dots & I_m \end{bmatrix} . \tag{3.29}$$

S_{rx} ist also das Produkt von S_o mit einer sicher nichtsingulären Matrix, so daß die Erfüllung der Rangbedingung (3.26) die Erfüllung der Rangbedingung (3.27) impliziert. (3.29) zeigt ferner, daß sogar der Steuerbarkeitsindex ν_s durch eine Zustandsrückführung nicht verändert wird [1] .

Abschließend soll noch auf die durch den zweiten Term $V\underline{w}$ im Regelungsgesetz (3.15) gebotene Möglichkeit einer festen Sollwertvorgabe eingegangen werden. Mit diesem zweiten Term im Regelungsgesetz soll ggf. erreicht werden, daß im stationären Zustand - falls er existiert und dann durch $\underline{\dot{x}} = 0$ gekennzeichnet ist - die eigentlichen Regelgrößen einen durch $\underline{w}$ vorgegebenen festen Wert annehmen. Es soll, wie im Abschn. 3.1. vereinbart, nicht zwischen den eigentlichen Regelgrößen $\underline{x}_a = C_a \underline{x}$ und den gemessenen (Ausgangs-) Größen $\underline{y} = C\underline{x}$ unterschieden werden. Der Übertragungsblock mit der Matrix V ist also so zu bestimmen, daß im stationären Zustand $\underline{y} = \underline{w}$ wird. In diesem Sinne kommt dem festen Wert $\underline{w}$ die Rolle eines Sollwerts zu.

Die Bestimmung von V kann in einem getrennten Schritt durchgeführt werden. Für den stationären Zustand $\underline{x}_s$ gilt bei Abwesenheit von Störungen

$$0 = (A + BK)\underline{x}_s + BV\underline{w} . \tag{3.30}$$

$\underline{x}_s$ kann natürlich nur erreicht werden, wenn K so bestimmt wurde, daß $D = A + BK$ stabil ist, d. h. alle Eigenwerte $\lambda_i' = p_i'$ von D in der offenen linken Halbebene liegen. Es ist dann auch kein Eigenwert λ_i' von D gleich Null, so daß $\det D = \det (A+BK) = \Pi \lambda_i' \neq 0$ und folglich $(A+BK)^{-1}$ existiert. Aus (3.30) folgt

$$\underline{x}_s = - (A+BK)^{-1} BV\underline{w} . \tag{3.31}$$

Wenn im stationären Zustand die Forderung $\underline{y} = \underline{w}$ erfüllt werden soll, muß wegen $\underline{y} = C\underline{x}$ gelten:

$$C\underline{x}_s = - C(A+BK)^{-1} BV\underline{w} = \underline{w} \tag{3.32}$$

bzw.

$$-C(A+BK)^{-1} BV = I . \tag{3.33}$$

Daraus kann man ggf. bei gleicher Anzahl von Stellgrößen $\underline{u}$ und Ausgangsgrößen $\underline{y}$ - dann ist $C(A+BK)^{-1}B$ quadratisch, und es existiere ihre Inverse - V eindeutig berechnen:

$$V = - \left[C(A+BK)^{-1} B \right]^{-1} . \tag{3.34}$$

Wenn ein derartiges V existiert, wird es im stationären Zustand die gewünschte Übereinstimmung zwischen $\underline{y}$ und $\underline{w}$ geben. Notwendige Voraussetzung für die eindeutige Lösbarkeit von (3.33) ist also, daß die Zahl m der Stellgrößen und Sollwerte $\underline{w}$ mit der Zahl r der Ausgänge übereinstimmt:

$$m = r. \tag{3.35}$$

Ob aber die (r, r)-Matrix V existiert, hängt von K ab, das vorher bestimmt wurde.

Der in (3.34) auftretende und die Existenz von V bestimmende Term $-C(A + BK)^{-1} B$ kann als Führungsübertragungsmatrix $\underline{w} \to \underline{y}$ des im Bild 3.2b dargestellten zustandsrückgeführten Systems an der Stelle $p = 0$ gedeutet werden:

$$-C(A+BK)^{-1} B = \left[C(pI-A-BK)^{-1} B \right] p = 0. \tag{3.36}$$

Die Inverse auf der rechten Seite von (3.34) existiert also nur, wenn die Führungsübertragungsmatrix des geschlossenen, d. h. zustandsrückgeführten Systems keine Nullstelle für $p = 0$ hat. Definiert man die Nullstellen einer Übertragungsmatrix als die Nullstellen der elementaren Zählerpolynome der zur Übertragungsmatrix gehörenden McMillan-Normalform $M(p)$ [4] und beachtet die wichtige Eigenschaft der so definierten Nullstellen, daß sie invariant gegenüber einer Zustandsrückführung sind [11] , so kann man zusammenfassend folgende Existenzaussage für die Regelung auf einen festen Sollwert mit einer Grundstruktur gemäß Bild 3.2b formulieren [11] :

Das im Bild 3.2b gezeigte System mit $m=r$ kann dann und nur dann stationär auf einen festen Sollwert $\underline{w}$ für $\underline{y}$ geregelt werden, wenn K dem System ein stabiles Verhalten gibt und die Übertragungsmatrix des offenen Systems $C(pI-A)^{-1} B$ keine Nullstellen für $p = 0$ hat. Wenn ein V nicht existiert, wird es zu bleibenden "Regelabweichungen" zwischen $\underline{y}$ und $\underline{w}$ kommen.

3.4. Ausgangsrückführung

Wird anstelle einer Zustandsrückführung $\underline{u} = K\underline{x} + V\underline{w}$ eine Ausgangsrückführung

$$\underline{u} = K_y \underline{y} + V\underline{w} \tag{3.37}$$

verwendet (s. Bild 3.2c), so lassen sich formal ähnliche Zusammenhänge zwischen dem offenen und geschlossenen System wie im Abschn. 3.3. angeben. Für das durch Ausgangsrückführung geschlossene System im Bild 3.2c erhält man

$$\underline{\dot{x}} = (A + BK_y C) \underline{x} + BV\underline{w} + B_z \underline{z}. \tag{3.38}$$

Die Systemmatrix ändert sich durch eine solche Ausgangsrückführung

$$\text{von} \quad A \quad \text{in} \quad (A + BK_y C) \tag{3.39}$$

Es erscheint also wiederum möglich, über eine geeignete Wahl von K_y Einfluß auf die Stabilitäts- und Dynamikeigenschaften des ausgangsrückgeführten Systems nehmen zu können. Die Systemtheorie hat jedoch gezeigt, daß eine Ausgangsrückführung im Vergleich zu einer Zustandsrückführung i. allg. mit erheblichen Restriktionen bezüglich der Erreichung einer beliebig vorgegebenen Eigenwertverteilung, der Existenz von Lösungen für optimale Regelungen usw. verbunden ist. Das liegt daran, daß im Systemausgang $\underline{y} = C\underline{x}$ der Dimension r nicht die umfassende und vollständige Information über das zu regelnde System enthalten ist wie in seinem $n > r$-dimensionalen Zustand $\underline{x}$. Zwischen den Systemzustand $\underline{x}$ und den Ausgang $\underline{y}$ ist die Ausgangs- oder Beobachtungsgleichung $\underline{y} = C\underline{x}$ geschaltet, so daß viele Existenzprobleme bei durch Ausgangsrückführungen geregelten Systemen von Steuerbarkeits- und Beobachtbarkeitseigenschaften des offenen Systems, d. h. der Mehrgrößenregelstrecke, abhängen.

So kann beispielsweise nur die Dynamik des vollständig steuerbaren und beobachtbaren Teiles (Subsystems) eines gegebenen Systems (Strecke) durch Ausgangsrückführung verändert und damit ggf. auch verbessert werden. Bei Systemen mit sämtlich verschiedenen Eigenwerten der Systemmatrix A kann man sich diese Aussage sofort anhand des Signalflußplans der auf die Diagonalform transformierten Systemgleichungen

$$\begin{aligned} \underline{\dot{z}} &= \Lambda \underline{z} + R^{-1} B\underline{u} \\ \underline{y} &= C R \underline{z}, \end{aligned} \tag{3.40}$$

von dem die modalen Steuerbarkeits- und Beobachtbarkeitsanalysen ausgehen, klarmachen. Hierzu sei nochmals auf Abschn. 2. verwiesen. Nur die Eigenwerte λ_i, die zu Subsystemen im Signalflußplan der Diagonalform gehören, die zu wenigstens einer Stellgröße u_j und zu wenigstens einer Ausgangsgröße y_i eine Verbindung haben, werden durch eine **Ausgangsrückführung** beeinflußt. Dies waren aber genau die Eigenwerte des modal steuer- und beobachtbaren Systemteils.

Ist eine Diagonalisierung der Systemgleichungen nicht möglich, was dem allgemeinen Fall einer Systemmatrix mit mehrfachen Eigenwerten entspricht, kann zur Verdeutlichung der Aussage die kanonische Systemstruktur nach Kalman, die in jedem Fall existiert, herangezogen werden. Wird auf diese kanonische Form nach Kalman

$$\dot{\underline{x}} = \begin{bmatrix} \dot{\hat{\underline{x}}}_1 \\ \dot{\hat{\underline{x}}}_2 \\ \dot{\hat{\underline{x}}}_3 \\ \dot{\hat{\underline{x}}}_4 \end{bmatrix} = \begin{bmatrix} \hat{A}_{11} & \hat{A}_{12} & \hat{A}_{13} & \hat{A}_{14} \\ 0 & \hat{A}_{22} & 0 & \hat{A}_{24} \\ 0 & 0 & \hat{A}_{33} & \hat{A}_{34} \\ 0 & 0 & 0 & \hat{A}_{44} \end{bmatrix} \begin{bmatrix} \hat{\underline{x}}_1 \\ \hat{\underline{x}}_2 \\ \hat{\underline{x}}_3 \\ \hat{\underline{x}}_4 \end{bmatrix} + \begin{bmatrix} \hat{B}_1 \\ \hat{B}_2 \\ 0 \\ 0 \end{bmatrix} \underline{u} = \hat{A}\hat{\underline{x}} + \hat{B}\underline{u} \tag{3.41}$$

$$\underline{y} = (0 \ \hat{C}_2 \ 0 \ \hat{C}_4) \begin{bmatrix} \hat{\underline{x}}_1 \\ \hat{\underline{x}}_2 \\ \hat{\underline{x}}_3 \\ \hat{\underline{x}}_4 \end{bmatrix} = \hat{C}\,\hat{\underline{x}} \tag{3.42}$$

eine Ausgangsrückführung

$$\underline{u} = K_y \ \underline{y}$$

angewandt, so entsteht das System

$$\dot{\hat{\underline{x}}} = (\hat{A} + \hat{B} K_y \hat{C})\,\hat{\underline{x}}. \tag{3.43}$$

Wegen

$$\hat{B} K_y \hat{C} = \begin{bmatrix} \hat{B}_1 \\ \hat{B}_2 \\ 0 \\ 0 \end{bmatrix} K_y (0 \ \hat{C}_2 \ 0 \ \hat{C}_4) = \begin{bmatrix} 0 & (\hat{B}_1 \hat{K}_y \hat{C}_2) & 0 & (\hat{B}_1 K_y \hat{C}_4) \\ 0 & (\hat{B}_2 \hat{K}_y \hat{C}_2) & 0 & (\hat{B}_2 K_y \hat{C}_4) \\ 0 & 0 & 0 & 0 \\ 0 & 0 & 0 & 0 \end{bmatrix} \tag{3.44}$$

behält die Systemmatrix des geschlossenen Systems (3.43) die Dreiecksgestalt von $\hat{A}$

$$\hat{A} + \hat{B} K_y \hat{C} = \begin{bmatrix} \hat{A}_{11} & \hat{A}_{12} + \hat{B}_1 \hat{K}_y \hat{C}_2 & \hat{A}_{13} & \hat{A}_{14} + \hat{B}_1 K_y \hat{C}_4 \\ 0 & \hat{A}_{22} + \hat{B}_2 \hat{K}_y \hat{C}_2 & 0 & \hat{A}_{24} + \hat{B}_2 K_y \hat{C}_4 \\ 0 & 0 & \hat{A}_{33} & \hat{A}_{34} \\ 0 & 0 & 0 & \hat{A}_{44} \end{bmatrix}. \tag{3.45}$$

Die Eigenwerte einer Über-Dreiecksmatrix der vorliegenden Art setzen sich aus den Eigenwerten der Hauptdiagonalblöcke zusammen. Ein Vergleich von (3.41) mit (3.45) zeigt, daß durch Ausgangsrückführung **nur** der Diagonalblock $\hat{A}_{22} + \hat{B}_2 K_y \hat{C}_2$ geändert wird. Da $\hat{A}_{22}$ in der kanonischen Systemstruktur nach Kalman den steuerbaren und beobachtbaren Teil des Systems verkörpert, ist damit gezeigt, daß nur die Eigenwerte und damit die Dynamik des vollständig steuerbaren und beobachtbaren Subsystems durch eine Ausgangsrückführung $\underline{u} = K_y \underline{y}$ verändert werden.

Eine Stabilisierung eines Systems durch eine Ausgangsrückführung $\underline{u} = K_y \underline{y}$ wird also prinzipiell nur dann gelingen, wenn alle instabilen Eigenwerte zum steuer- und beobachtbaren Systemteil gehören. Dieser wichtigen Einschränkung muß man sich im weiteren stets bewußt sein.

Ähnlich den Überlegungen im Abschn. 3.3. ist dann zu versuchen, das "Vorfilter" V im Regelungsgesetz mit Ausgangsrückführung (3.27) so zu bestimmen, daß $\underline{y}$ auf einen festen Sollwert $\underline{w}$ geregelt wird. Dazu ist Voraussetzung, daß ein K_y gefunden wird, das das System stabilisiert. Dann ist – wenn im Fall $m = r$ die Inverse in (3.46) existiert –

$$V = -\left[C (A + B K_y C)^{-1} B \right]^{-1} . \tag{3.46}$$

Die Bestimmung der Ausgangsrückführmatrix K_y wird damit auch hier zum zentralen Problem des eigentlichen Entwurfs.

Wie im Abschn. 3.3. läßt sich über das Hsu-Chen-Theorem eine Verbindung zwischen den charakteristischen Polynomen des offenen und denen des durch Ausgangsrückführung geschlossenen (Index ry) Systems herstellen, in die über die Determinante der Rückführdifferenzmatrix F(p) die Rückführmatrix K_y der Ausgangsrückführung eingeht.

Die jetzt für die Ausgangsrückführung geltenden Zusammenhänge ergeben sich wiederum als Spezialfall der Ableitungen im Abschn. 3.2.

$$S_1: \quad \underline{\dot{x}} = A \underline{x} + B \underline{u} \quad \text{also} \quad A_1 = A , \quad B_1 = B$$
$$\underline{y} = C \underline{x} \quad\quad\quad C_1 = C \tag{3.47}$$
$$S_2: \quad A_2 = B_2 = C_2 = 0 \quad D_2 = -K_y$$

Die Darstellung dieses Spezialfalls der konstanten Ausgangsrückführung im p-Bereich zeigt Bild 3.5. Im Vorwärtszweig befindet sich die Streckenübertragungsmatrix $\underline{u}(p) \rightarrow \underline{y}(p)$

$$C (p I - A)^{-1} B = G_y(p) \triangleq G_1(p) . \tag{3.48}$$

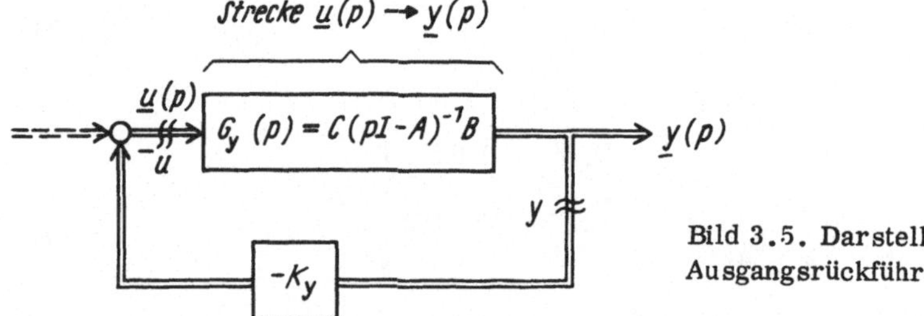

Bild 3.5. Darstellung der konstanten Ausgangsrückführung im p-Bereich

Das Hsu-Chen-Theorem (3.11) bzw. (3.14) liefert für diesen Fall

$$g_{ry}(p) = g_o(p) \det \left[I_r - C (p I - A)^{-1} B K_y \right]$$
$$= g_o(p) \det \left[I_m - K_y C (p I - A)^{-1} B \right] . \tag{3.49}$$

Hierin ist

$$\left[I_r - C (p I - A)^{-1} B K_y \right] = \left[I_r - G_y(p) K_y \right] = F_y(p) \tag{3.50}$$

die Rückführdifferenzmatrix für die Schnittstelle y im Bild 3.5 und

$$\left[I_m - K_y C (p I - A)^{-1} B \right] = \left[I_m - K_y G_y(p) \right] = F_u(p) \tag{3.51}$$

die für die Schnittstelle u. Damit kann man (3.49), d. h. das Hsu-Chen-Theorem in seiner für die konstante Ausgangsrückführung gültigen Form, wie folgt angeben:

$$\frac{g_{ry}(p)}{g_0(p)} = \frac{\Pi_i \ (p - p_i')}{\Pi_i \ (p - p_i)} = \det F_y(p) = \det F_u(p) . \tag{3.49a}$$

Für die Auswertbarkeit dieses Zusammenhangs zwischen den Polen p_i' des durch Ausgangsrückführung geschlossenen Systems, den Polen p_i des offenen Systems und den $m \cdot r$ Elementen von K_y gelten sinngemäß die im Abschn. 3.3. gemachten Aussagen. (3.49) kann also
ebenfalls nicht unmittelbar als Ausgangspunkt konstruktiver und mit vertretbarem Aufwand
handhabbarer Entwurfsverfahren zur Polvorgabe mittels Ausgangsrückführung dienen.

Auch zur Nullstellenproblematik gelten sinngemäß die gleichen Aussagen, wie sie im
Abschn. 3.3. im Zusammenhang mit der Zustandsrückführung gemacht wurden. Es kommt
jedoch hinzu, daß sich i. allg. auch definierte Nullstellen eines Mehrgrößensystems bei
einer Ausgangsrückführung ändern, so daß auch in diesem Bezug die Verhältnisse noch ver-
wickelter als bei der Zustandsrückführung werden [11] .

Abschließend sei darauf hingewiesen, daß eine konstante Ausgangsrückführung $\underline{u} = K_y \underline{y}$
den Steuerbarkeitsindex ν_S und den Beobachtbarkeitsindex ν_B eines Systems nicht ändert.

Hiervon kann man sich durch ähnliche Umformungen, wie sie für $S_{...}$ angegeben wurden, für
die Steuerbarkeits- bzw. Beobachtbarkeitsmatrizen des ausgangsrückgeführten Systems
$\left[B, (A + B K_y C), C \right]$ leicht überzeugen.

3.5. Zusammenhang zwischen charakteristischen Frequenz-
gängen des offenen und des geschlossenen Kreises

Im p-Bereich wird i. allg. die im Bild 3.2a angegebene Standardstruktur des Mehrgrößenregelsystems vorausgesetzt. Dabei wird angenommen, daß das Ausgangssignal der Regelstrecke mit der Übertragungsmatrix $G(p)$ über eine die Meßglieder und ggf. vorhandene
Rückkopplungen beschreibende Matrix $H(p)$ und den Regler $R(p)$ rückgeführt wird. Die Störübertragungsmatrix der Strecke sei durch $Q(p)$ beschrieben. Über Schnittbetrachtungen am
Ausgang der Strecke findet man für die Beschreibung des geschlossenen Kreises

$$\begin{aligned}
\underline{y}(p) = \ & \left[I + G(p) \ R(p) \right] H(p)^{-1} \ G(p) \ R(p) \ \underline{w}(p) \\
& + \left[I + G(p) \ R(p) \ H(p) \right]^{-1} \ Q(p) \ \underline{z}(p) .
\end{aligned} \tag{3.52}$$

Die hier enthaltene Matrix

$$\left[I + G(p) \ R(p) \ H(p) \right] = F_y(p) . \tag{3.53}$$

ist die entsprechende, für diese Schnittstelle geltende Rückführdifferenzmatrix. Die in ihr
enthaltene Übertragungsfunktionsmatrix des offenen Kreises

$$G(p) \ R(p) \ H(p) = F_0(p) \tag{3.54}$$

wird auch als Rückführverhältnismatrix bezeichnet [12] .

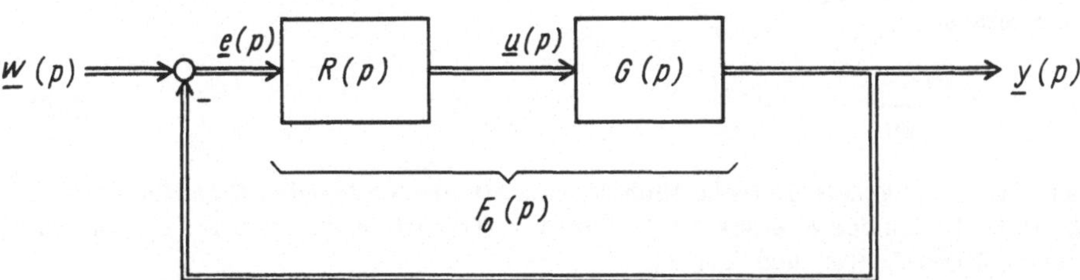

Bild 3.6. Grundstruktur, von der die meisten Frequenzbereichsverfahren ausgehen

Wie bereits im Abschn. 3.1. ausgeführt wurde, ist es im Hinblick auf den Entwurf sehr zweckmäßig - und häufig sogar für die Lösbarkeit des Entwurfsproblems notwendig - die Meßglieder als zur Mehrgrößenregelstrecke gehörend zu betrachten. Damit kommt man zu der überwiegend bei den sog. modernen Frequenzbereichsverfahren als Grundlage für den Entwurf benutzten Standardstruktur des Regelkreises mit

$$H(p) = I, \tag{3.55}$$

d. h. mit starrer Rückführung. Diese ist wegen ihrer wichtigen Grundlagenfunktion gesondert im Bild 3.6 dargestellt. Dabei wird vorausgesetzt, daß hier alle Übertragungsfunktionsmatrizen quadratisch vom Typ (m, m) sind. Diese Standardstruktur hat

- die Übertragungsfunktionsmatrix des offenen Kreises

$$F_o(p) = G(p)\, R(p) \tag{3.56}$$

- die Übertragungsfunktionsmatrix des geschlossenen Kreises bezüglich der Führung $\underline{w}(p)$

$$F_{gw}(p) = \left[I + F_o(p) \right]^{-1} F_o(p). \tag{3.57}$$

Die Analogien zum einschleifigen Standardregelkreis werden hier besonders deutlich.

Die $(m \times m)$-Übertragungsmatrix des offenen Kreises $F_o(p)$ habe die charakteristischen Übertragungsfunktionen $f_{oi}(p)$; $i = 1, 2, \ldots, m$. Die entsprechenden Eigenvektoren $\underline{u}_{oi}(p)$ spannen einen m-dimensionalen Vektorraum auf. Entsprechendes gilt für die dualen Eigenvektoren $\underline{v}_{oi}(p)$. Mit

$$U_o(p) = \left(\underline{u}_{o1}(p) \ldots \underline{u}_{om}(p) \right) \quad , \quad V_o(p) = \begin{bmatrix} \underline{v}^T_{o1}(p) \\ \vdots \\ \underline{v}^T_{om}(p) \end{bmatrix} \tag{3.58}$$

kann dann für $F_o(p)$ die Zerlegung angegeben werden

$$F_o(p) = U_o(p)\, \text{diag}\left\{ f_{oi}(p) \right\} V_o(p). \tag{3.59}$$

Die Übertragungsfunktionsmatrix (3.57) des geschlossenen Kreises wird unter Verwendung von (3.59) wie folgt umgeformt:

$$\begin{aligned}
F_{gw}(p) &= \left[I + U_o\, \text{diag}\, (f_{oi})\, V_o \right]^{-1} U_o\, \text{diag}\, (f_{oi})\, V_o \\
&= \left\{ U_o \left[I + \text{diag}\, (f_{oi}) \right] V_o \right\}^{-1} U_o\, \text{diag}\, (f_{oi})\, V_o \\
&= U_o \left[I + \text{diag}\, (f_{oi}) \right]^{-1} \text{diag}\, (f_{oi})\, V_o \\
&= U_o\, \text{diag}\, \left\{ \frac{f_{oi}}{1 + f_{oi}} \right\} V_o.
\end{aligned} \tag{3.60}$$

Ein Vergleich von (3.60) mit (3.59) zeigt, daß aus den charakteristischen Übertragungsfunktionen des offenen Kreises $f_{oi}(p)$ die charakteristischen Übertragungsfunktionen des geschlossenen Kreises

$$f_{gi}(p) = \frac{f_{oi}(p)}{1 + f_{oi}(p)} \tag{3.61}$$

hervorgehen. Die als charakteristische Richtungen zu interpretierenden Eigenvektoren ändern sich beim Schließen des Kreises nicht. Für $p = j\omega$ spricht man von den charakteristischen Frequenzgängen $f_{oi}(j\omega)$ und $f_{gi}(j\omega)$.

Zwischen den charakteristischen Übertragungsfunktionen (Frequenzgängen, Ortskurven) des geschlossenen und denen des offenen Kreises besteht also ein einfacher, durch (3.61)

vermittelter Zusammenhang, der wiederum eine deutliche Analogie zur entsprechenden For-
mel für den einschleifigen Kreis erkennen läßt. Dieser Zusammenhang bildet die Grundlage
einiger im Frequenzbereich arbeitender Entwurfsverfahren (s. Abschn. 6.).

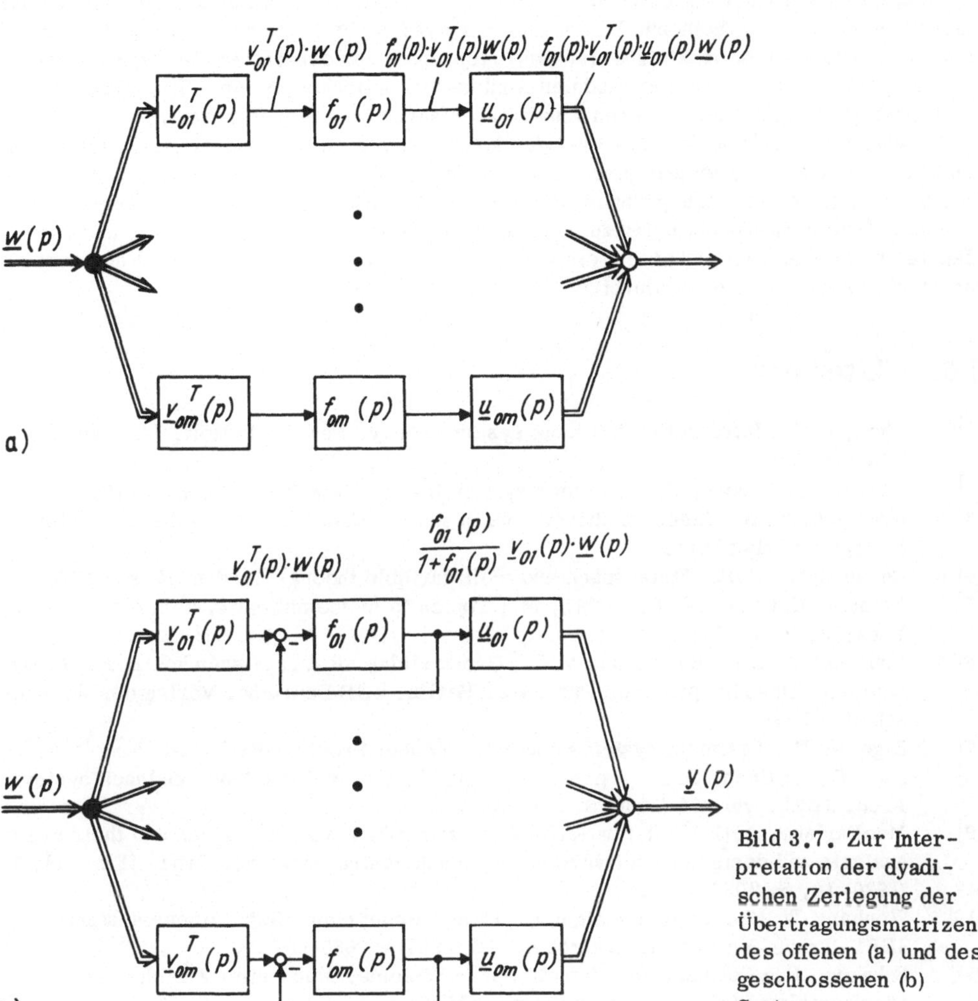

Bild 3.7. Zur Inter-
pretation der dyadi-
schen Zerlegung der
Übertragungsmatrizen
des offenen (a) und des
geschlossenen (b)
Systems

Gibt man die dyadischen Zerlegungen (3.59) und (3.60) für die Übertragungsmatrizen
explizit in Summenschreibweise an

$$F_o(p) = \sum_{i=1}^{m} f_{oi}(p)\, \underline{u}_{oi}(p)\, \underline{v}_{oi}^{T}(p) \qquad (3.59a)$$

$$F_{gw}(p) = \sum_{i=1}^{m} \frac{f_{oi}(p)}{1 + f_{oi}(p)}\, \underline{u}_{oi}(p)\, \underline{v}_{oi}^{T}(p), \qquad (3.60a)$$

so kann man die hier abgeleiteten Zusammenhänge zwischen offenem und geschlossenem
Regelkreis durch Bild 3.7 verdeutlichen [12]. Der Unterschied zwischen dem offenen und
dem geschlossenen Kreis besteht darin, daß die (entkoppelten) charakteristischen Übertragungsfunktionen bzw. Frequenzgänge beim geschlossenen Kreis die starr rückgeführten
charakteristischen Übertragungsfunktionen des offenen Regelkreises sind. Eine direkte Nutzung dieser an die entsprechenden Beziehungen am einschleifigen Kreis erinnernden Zu-

sammenhänge für z. B. stabilitätsorientierte Entwurfsverfahren von Mehrgrößenregelungen ist jedoch nicht ohne weiteres möglich, da die als charakteristische Übertragungsfunktionen bzw. Frequenzgänge bezeichneten frequenzabhängigen Eigenwerte $f_i(p)$ bzw. $f_i(j\omega)$ von Übertragungsfunktionsmatrizen i. allg. keine gebrochen rationalen Funktionen sind und die theoretisch einfach erscheinende Überlegung zur dyadischen Zerlegung von Übertragungsfunktionsmatrizen nicht praktikabel ist (im Unterschied zur dyadischen Zerlegung einer konstanten Systemmatrix A bei der modalen Analyse im Zeitbereich). An dieser Stelle beginnt die eigentliche Aufgabe der späteren Entwurfsverfahren im Frequenzbereich.

Die angedeuteten Schwierigkeiten bei der konstruktiven Nutzung der abgeleiteten Zusammenhänge zwischen offenen und geschlossenen Mehrgrößensystemen für den Entwurf haben ihre Ursache in den für Mehrgrößensysteme charakteristischen inneren Kopplungen. Ehe deshalb auf die schwerpunktmäßig zu behandelnden Entwurfsverfahren im Zeit- und Freqüenzbereich eingegangen wird, ist diese Kopplungsproblematik und der damit eng verbundene Entkopplungsgedanke zu umreißen.

3.6. Literatur

[1] Chen, C.T.: Introduction to linear system theory. New York: Holt, Rinehart and Winston 1970.

[2] Zadeh, L.; Desoer, C.A.: Linear system theory. New York: McGraw-Hill 1963.

[3] Wolovich, W.A.: Linear multivariable systems. New York, Heidelberg, Berlin: Springer-Verlag 1974.

[4] Rosenbrock, H.H.: State-space and multivariable theory. London: Nelson 1970.

[5] Kalman, E.; Falb, P.L.; Arbib, M.: Topics in mathematical system theory. New York: McGraw-Hill 1969.

[6] Pontrjagin, L.S.; Boltjanski, V.G.; Gamkrelidze, R.V.; Miscemko, E.F.: Mathematische Theorie optimaler Prozesse. Berlin: VEB Deutscher Verlag der Wissenschaften 1964.

[7] Sage, A.P.: Optimum systems control. London: Prentice-Hall 1968.

[8] Hsu, C.H.; Chen, C.T.: A proof of the stability of multivariable feedback systems. Proc. JEEE, vol. 56 (1968) S. 2061-2062.

[9] MacFarlane, A.G.J.: Return-difference and return-ratio matrices and their use in analysis and design of multivariable feedback control systems. Proc. IEE·, vol. 117 (1970) 10, S. 2037-2049.

[10] Wonham, W.M.: On pole assignment in multiinput controllable linear systems. IEEE-Trans. on Autom. Control AC-12 (1967) S. 660-665.

[11] Schwarz, H.: Optimale Regelung linearer Systeme. Mannheim; Zürich: Wissenschaftsverlag Bibliographisches Institut 1976.

[12] Lauckner, G.; Wilfert, H.: Analyse- und Synthesemethoden mehrvariabler Systeme im Frequenzbereich. Forschungsbericht im Rahmen der HFR 1.09, ZKI der AdW, Institutsteil Dresden, 1976.

4. Zur Strukturfrage: Entkopplung oder Nichtentkopplung

4.1. Problematik und Auswirkung der Kopplungen vorzugsweise am Beispiel der Zweigrößenregelung

In der Einführung und im Zusammenhang mit der Erörterung der Grundlagen zur Beschreibung von Mehrgrößensystemen wurde wiederholt darauf hingewiesen, daß die inneren signalmäßigen Kopplungen das entscheidende Merkmal einer jeden Mehrgrößenregelung darstellen. Am Beispiel der einfachsten Mehrgrößensysteme, der Zweigrößensysteme, soll die Problematik der Kopplungen anschaulich erläutert werden.

Das erfolgt nicht, um daraus die im wesentlichen als klassisch zu bezeichnenden Entwurfsverfahren für gekoppelte und für entkoppelte Zweigrößenregelungen oder deren teilweise mögliche Verallgemeinerungen auf Mehrgrößenregelungen $m > 2$ abzuleiten und als Anleitung zum praktischen Gebrauch darzustellen. Dies muß aus Umfangsgründen unterbleiben. Der speziell interessierte Leser sei auf das in der deutschsprachigen Literatur reichhaltig vorliegende Quellenmaterial [1] bis [12] verwiesen. Die nachstehenden Darlegungen verfolgen vielmehr das Ziel, eine bessere Ausgangsbasis für das Verständnis der Motive und des Charakters der in den beiden Hauptteilen dieses Buches, den Abschnitten 5. und 6., behandelten Zeitbereichs- und Frequenzbereichsverfahren für den Entwurf - die vielfach, allerdings nicht sehr glücklich als sog. moderne Entwurfsverfahren bezeichnet werden - zu schaffen.

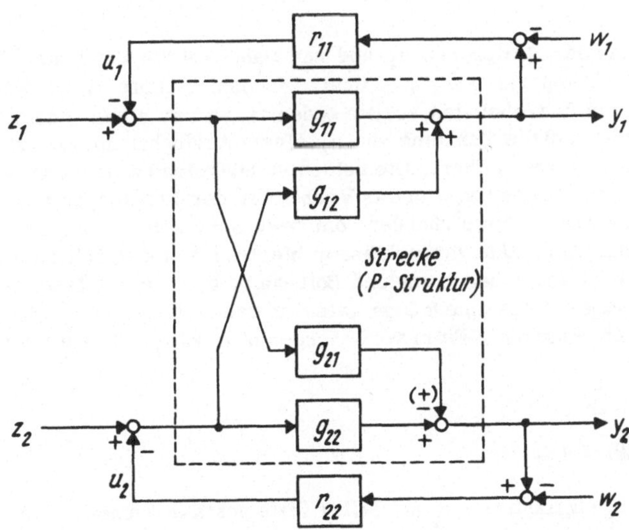

Bild 4.1. Konventionelle Zweigrößenregelung

Das Blockschaltbild der konventionellen Zweigrößenregelung mit Störungen am Streckeneingang wird im Bild 4.1 gezeigt. Die Regel- bzw. Ausgangsgröße y_1 wird über die Hauptstrecke $g_{11}(p)$ von der Stellgröße u_1 und der Störgröße z_1 sowie über die Koppelstrecke $g_{12}(p)$ von u_2 und z_2 beeinflußt. Entsprechend hängt y_2 nicht nur über die zweite Hauptstrecke $g_{22}(p)$ von u_2 und z_2 ab, sondern wird auch über $g_{21}(p)$ von u_1 und z_1 beeinflußt. Im Bild 4.1 liegt die Zweigrößenregelstrecke in der sog. P-kanonischen Struktur vor, auf die noch eingegangen werden wird. Die Zählrichtungen der Stellgrößen u_i und der Regel- bzw. Ausgangsgrößen y_i werden grundsätzlich so gewählt bzw. vereinbart, daß die Haupt-

strecken $g_{ii}(p)$ positiv übertragen, d. h., daß der sich ergebende statische Übertragungs-
faktor der Hauptstrecken positiv ist. Wie im Bild 4.1 angedeutet, kann die Kopplung über
die Koppelstrecken mit unterschiedlichem Vorzeichen auftreten. Auch ist nicht in jedem Anwendungsfall die Stellgrößen-Regelgrößen-Zuordnung und damit die Festlegung, was Hauptstrecke und was Koppelstrecke ist, eindeutig klar [11] [13] .

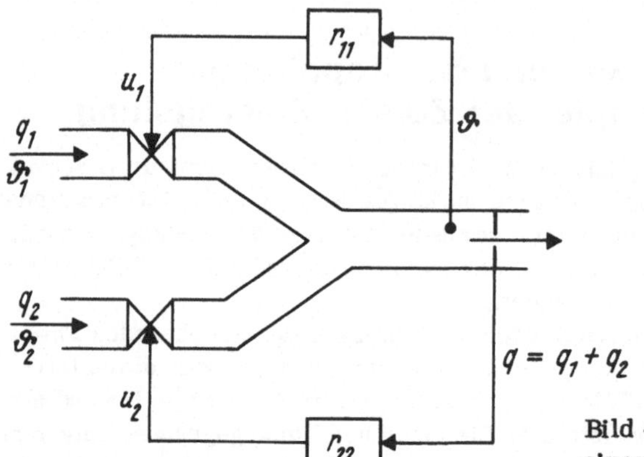

Bild 4.2. Mischungsregelung als Beispiel
einer Zweigrößenregelung

Zur Verdeutlichung diene das Standardbeispiel einer Mischungsregelung im Bild 4.2.
Zwei Flüssigkeiten mit jeweils konstanter Temperatur ϑ_1 und ϑ_2 mit $\vartheta_1 < \vartheta_2$ werden
gemischt. Die Durchflußmengen q_1 und q_2 können durch die Ventilstellungen u_1 und u_2 gesteuert werden. Die Aufgabe besteht darin, die beiden Regelgrößen

abströmende Menge q der Mischung
Temperatur ϑ der Mischung

konstant zu halten unter Verwendung der Stellgrößen u_1 und u_2. Dabei sei die Ventilstel-
lung u_1 dem kühleren Zustrom der Temperatur ϑ zugeordnet. Die Zählrichtung u_1 wird so
gewählt, daß die Zunahme von u_1 ein Zudrehen des Ventils bedeutet, was zu einem Anstei-
gen von ϑ führt; u_2 wird so gewählt, daß die Zunahme von u_2 einem Aufdrehen des Ventils
entspricht, was zu einer Vergrößerung von q führt. Die beiden so festgelegten Hauptstrek-
ken $u_1 \to \vartheta$, $u_2 \to q$ übertragen damit positiv. Um das Vorzeichen der Kopplungen festzustellen, geht man zweckmäßigerweise zu Abweichungen vom gewünschten und stationär
aufrechtzuhaltenden Betriebszustand über. Man vernachlässigt hierbei im ersten Schritt zunächst das Zeitverhalten und ermittelt unter Beachtung und Beibehaltung der schon festgelegten Zählrichtungen die signalmäßigen Zusammenhänge zwischen den Stell- und Regelgrößen für kleine Abweichungen vom Arbeitspunkt. Beim vorliegenden physikalisch leicht über-
schaubaren Beispiel findet man

$$\Delta \vartheta = g_{11}(0)\ \Delta u_1 + g_{12}(0)\ \Delta u_2$$
$$\Delta q = -g_{21}(0)\ \Delta u_1 + g_{22}(0)\ \Delta u_2 .$$

Hierbei sind die statischen Übertragungsfaktoren $g_{ij}(0)$ selbst feste positive Zahlen. Man

erhält also eine Regelungsstruktur wie im Bild 4.1, bei der die Einkopplung von g_{21} auf y_2
mit negativem Zeichen erfolgt. Als Störungen am Streckeneingang kommen z. B. Zufluß-
schwankungen $\Delta q_1 \triangleq z_1$ und $\Delta q_2 \triangleq z_2$ in Frage. Durch weitere Analyse der Streckendyna-
mik findet man die vier Einzelübertragungsfunktionen $g_{ij}(p)$. Das vorliegende Beispiel wird

bei Annahme inkompressibler Flüssigkeiten durch folgende Gleichungen ausreichend beschrieben:

$$\Delta \vartheta(p) = g_{11}(0)\ \frac{e^{-T_{t1}p}}{1 + T_1 p}\ \Delta u_1(p) + g_{12}(0)\ \frac{e^{-T_{t2}p}}{1 + T_2 p}\ \Delta u_2(p)$$

$$\Delta g(p) = -g_{21}(0)\, \Delta u_1(p) + g_{22}(0)\, \Delta u_2(p).$$

4.1.1. Positive und negative Kopplung

Wie die Behandlung des Beispiels am Bild 4.2 und seine strukturelle Darstellung im Bild 4.1 zeigen, wirken die beiden Koppelstrecken g_{12} und g_{21} mit unterschiedlichem Vorzeichen auf die beiden Regelgrößen. Man bezeichnet diesen Fall als negative Kopplung. Hierbei ist durch geeignete Definition der Richtung der Stellgrößen gewährleistet, daß beide Hauptstrecken mit gleichem, und zwar positivem Vorzeichen übertragen.

Eine positive Kopplung liegt dann vor, wenn beide Koppelstrecken mit gleichem Vorzeichen auf die Regelgrößen wirken.

In der Literatur zur Zweigrößenregelung [1] bis [13] wird gezeigt und begründet, daß sich Systeme mit positiver und mit negativer Kopplung i. allg. völlig unterschiedlich verhalten und sich bezüglich ihrer "Regelbarkeit" deutlich unterscheiden. Im Zusammenhang mit dem Koppelfaktor wird noch kurz darauf eingegangen werden.

4.1.2. Zum Problem der Stellgrößen-Regelgrößen-Zuordnung

Das Vorzeichen der Kopplung ist dem jeweiligen Aufbau und physikalischen Wirkprinzip der Mehrgrößenregelstrecke immanent. Für die Festlegung ist jedoch entscheidend, welche Stellgrößen-Regelgrößen-Zuordnung getroffen wurde, was also die Koppelstrecken sind.

Mit dem Problem der Stellgrößen-Regelgrößen-Zuordnung, besonders unter dem Aspekt der mit dem Fortschreiten des Projektierungsprozesses einer Mehrgrößenregelung zunehmenden Information über die Mehrgrößenregelstrecke beschäftigt sich [14]. Auch in [13] sind dazu Hinweise enthalten. Man wird bestrebt sein, die Hauptstrecke so festzulegen, also die Stellgrößen u_i den Regelgrößen y_i so zuzuordnen, daß der Koppeleinfluß zwischen den einzelnen Hauptregelkreisen möglichst gering ist [11] [12] [13]. Daher kommt Maßzahlen, die quantitativ etwas über die Stärke der Kopplungen aussagen, ein Interesse und eine praktische Bedeutung besonders für Mehrgrößenregelungen mit $m > 2$ zu [11] [13]. Vor allem bei den Zweigrößenregelungen ergibt sich aus physikalischer Einsicht in den Prozeß bzw. aus der theoretischen Prozeßanalyse der geeignete Hinweis für die Klärung des Zuordnungsproblems. Es ist dann viel schwieriger, sich ein genaueres Bild über die Stärke der Kopplungen zu verschaffen und zu erkennen oder zu entscheiden, ob es sich im konkreten Fall wirklich um eine echte Mehrgrößenregelung handelt. Eine nützliche Strategie zur Klärung dieses Problems als Bestandteil des Projektierungsprozesses wird in [11] angegeben (s. auch [13]).

Im Zusammenhang mit "klassischen" Entwurfsverfahren, die von einer künstlichen Entkopplung des Mehrgrößenproblems ausgehen, ist neben den beiden angeschnittenen Problemen der Kopplung und der Zuordnung noch das Problem der geeigneten strukturellen Darstellung bzw. Beschreibung der Mehrgrößenregelstrecke von praktischer Bedeutung. Das führt auf die sog. P- und V-kanonischen Streckenstrukturen.

4.1.3. P- und V-kanonische Streckenstruktur

Im Bild 4.1 wurde bereits die P-kanonische Streckenstruktur dargestellt. Sie ist dadurch gekennzeichnet, daß der Signalfluß sämtlicher Haupt- und Koppelstrecken in Vorwärtsrichtung verläuft. Die Additionsstellen befinden sich daher bei P-Systemen an den Ausgängen. Die P-kanonische Streckenstruktur wird stets bei der Betrachtung des Klemmenübertragungsverhaltens zugrunde gelegt. Auf diese Struktur wird man immer dann geführt, wenn man auf dem Wege der experimentellen Systemanalyse zu einer mathematischen Streckenbeschreibung in Form der Matrix der Übertragungsfunktionen $G(p) = \left(g_{ij}(p) \right)$ gelangt; denn die Messung des Klemmenverhaltens $u_i \rightarrow y_j$ führt zwangsläufig zur Annahme einer P-Struktur. Wie das obige Beispiel der Mischungsregelung zeigt, wird man auch auf dem Wege der Analyse der inneren Wirkungsabläufe und Zusammenhänge auf die P-Struktur geführt.

Das ist häufig so. Da sich beliebige Strukturen in ein P-System umwandeln lassen, wird das übliche Vorgehen, bei der Behandlung von Mehrgrößenregelungen die Strecke in P-Struktur anzunehmen, in seiner Berechtigung noch unterstrichen. In den vorangegangenen Kapiteln wurde, ohne es besonders zu erläutern, bei der Beschreibung der Mehrgrößenstrecke im Bildbereich durch die Matrix der Übertragungsfunktionen G(p) immer die P-kanonische Struktur vorausgesetzt.

Nur in Einzelfällen und wenn sich daraus Vorteile ergeben - etwa bei bestimmten klassischen Entkopplungsverfahren [1] [12] [14] - wird man eine andere Struktur, die V-Struktur, wählen. Bei dieser V-kanonischen Streckenstruktur wirken die Koppelstrecken v_{ji} vom Ausgang einer Hauptstrecke f_{ii} auf den Eingang der anderen Hauptstrecke zurück. Die Additionsstellen liegen daher am Eingang (Bild 4.3). Innerhalb der Mehrgrößenstrecke treten in V-Struktur also interne Rückführschleifen auf. Die Stabilitätsproblematik wird daher in der V-Struktur weniger übersichtlich als in der P-Struktur, bei der keine internen Rückführschleifen auftreten und daher bei stabilen Teilstrecken das Übertragungsverhalten der Gesamtstrecke stets stabil ist. Bei der V-Struktur kann man die Stabilitätsaussage nicht so einfach treffen.

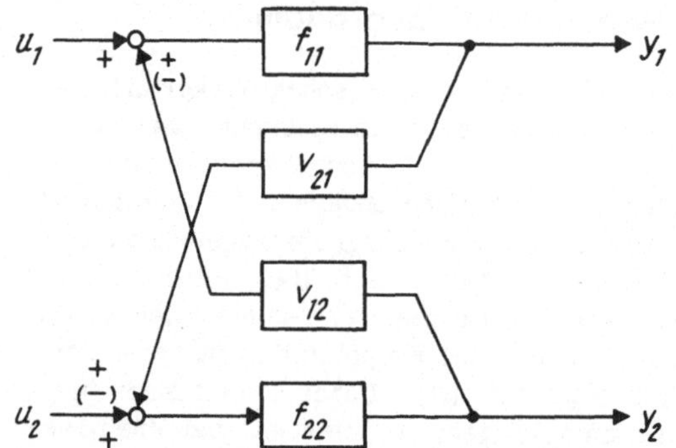

Bild 4.3. Zweigrößenregelstrecke in V-Struktur

Bevor auf die Überführung einer V-Struktur in eine P-Struktur kurz eingegangen wird, soll darauf hingewiesen werden, daß man in bestimmten Anwendungsfällen die tatsächlich vorliegenden inneren Zusammenhänge in der Strecke besser sofort durch eine V-Struktur darstellen kann bzw. daß die Ergebnisse einer theoretischen Prozeßanalyse der Realität besser entsprechend durch die V-Struktur darzustellen sind [4] [14] . Hierfür sei die im Bild 4.4 dargestellte Druckregelung in zwei hintereinandergeschalteten Behältern qualitativ

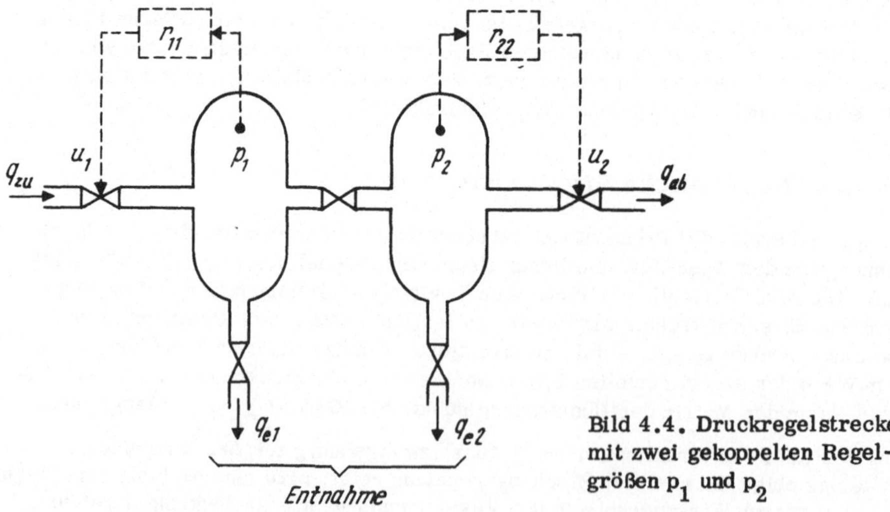

Bild 4.4. Druckregelstrecke mit zwei gekoppelten Regelgrößen p_1 und p_2

behandelt. Regelgrößen sind die beiden Drücke in den Behältern: $y_1 = p_1$, $y_2 = p_2$.

Stellgrößen sind, wie im Bild 4.4 eingezeichnet, die beiden Ventilöffnungen u_1 und u_2; es wird eine solche Zuordnung gewählt, die zu den beiden im Bild 4.4 angedeuteten Hauptregelkreisen führt. Mit der vereinbarten Zählrichtung

Zunahme $u_1 \triangleq$ Öffnen des Ventils $\rightarrow$ p_1 steigt (p_2 steigt ebenfalls),

Zunahme $u_2 \triangleq$ Schließen des Ventils $\rightarrow$ p_2 steigt (p_1 steigt ebenfalls)

übertragen beide Hauptstrecken positiv. Beide Koppelstrecken wirken ebenfalls positiv auf die andere Regel- bzw. Ausgangsgröße, d. h., es liegt positive Kopplung vor. Dieser Zusammenhang kann prinzipiell durch eine P-kanonische Struktur gemäß Bild 4.1 dargestellt werden, wobei wegen der positiven Kopplung und mit der vereinbarten Zählrichtung der Stellgrößen alle Vorzeichen an den ausgangsseitigen Additionsstellen positiv sind. Analysiert man jedoch den Sachverhalt genauer und verfolgt die inneren physikalischen Abläufe in der Strecke, so erkennt man, daß die P-Struktur hier nicht die ursprüngliche, natürliche Struktur ist; denn es ist physikalisch klar, daß die beiden Stellgrößen u_1, u_2 direkt und unmittelbar nur auf die Drücke p_1, p_2 in den zugehörigen Behältern wirken. Die entsprechenden Druckänderungen im zugehörigen Behälter müssen erst eintreten, und dann erst kommen die Koppelwirkungen zustande:

$$u_1 \xrightarrow{\;f_{11}\;} y_1 = p_1 \xrightarrow{\;v_{12}\;} y_2 = p_2$$

$$u_2 \xrightarrow{\;f_{22}\;} y_2 = p_2 \xrightarrow{\;v_{21}\;} y_1 = p_1 \,,$$

d. h., die tatsächlichen Zusammenhänge in der Druckregelstrecke werden der Wirklichkeit besser entsprechend durch die V-Struktur Bild 4.3 dargestellt. Wegen der positiven Kopplung in diesem Beispiel gelten im Bild 4.3 die positiven Zeichen an den eingangsseitig liegenden Additionsstellen der V-Struktur. Das Klemmenübertragungsverhalten bei V-kanonischer Struktur kann wie schon erwähnt durch eine äquivalente P-Struktur dargestellt werden, d. h., man kann die V-Struktur in eine äquivalente P-Struktur verwandeln. Hierzu faßt man die im Bild 4.3 mit f_{ii} bezeichneten Hauptstrecken und die mit v_{ji} gekennzeichneten Koppelstrecken der V-Struktur zu getrennten Übertragungsmatrizen zusammen [12] [14] :

$$F = \begin{bmatrix} f_{11} & 0 \\ 0 & f_{22} \end{bmatrix}, \qquad V = \begin{bmatrix} 0 & v_{12} \\ v_{21} & 0 \end{bmatrix}. \tag{4.1a}$$

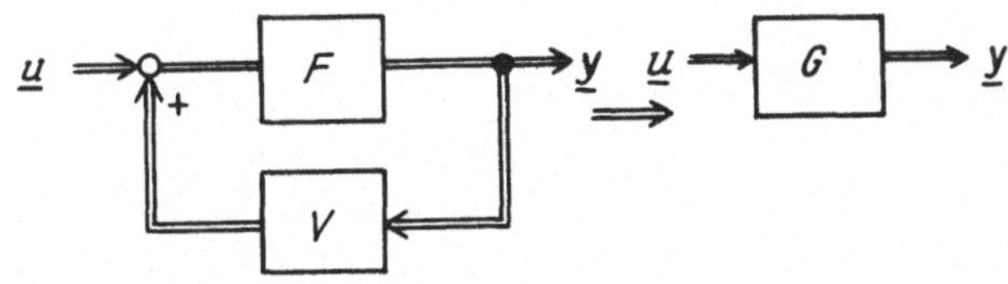

Bild 4.5. Matrixsignalflußbild einer V-Struktur als Vorstufe für die Umwandlung in eine P-Struktur

Damit erhält man die Möglichkeit, die im Bild 4.3 gezeigte V-Struktur durch das im Bild 4.5 angegebene (allgemein auch für $m > 2$ gültige) Matrixsignalflußbild darzustellen. Schneidet man an der im Bild 4.5 angedeuteten Stelle auf, so liest man ab

$$\underline{y} = F\,V\,\underline{y} + F\,\underline{u}, \tag{4.1b}$$

so daß man für das Klemmenübertragungsverhalten der V-Struktur erhält

$$\underline{y} = (I - F\,V)^{-1}\,F\,\underline{u} = G\,\underline{u}. \tag{4.2a}$$

Also ist

$$G(p) = \left(g_{ij}(p)\right) = \left[I - F(p)\,V(p)\right]^{-1}\,F(p) \tag{4.2b}$$

die Übertragungsmatrix einer äquivalenten P-Struktur, die das gleiche Klemmenverhalten
wie die V-Struktur, von der ausgegangen wurde, aufweist. Diese Umrechnung einer V-Struktur in eine P-Struktur gelingt offenbar nur, wenn $(I - FV)^{-1}$ existiert, d. h., wenn
$\det (I - FV) \neq 0$, was bei einem realen System aber immer der Fall ist. Andernfalls gäbe
es zwischen den Eingängen u_i und den Ausgängen y_j keinen eindeutigen Zusammenhang.
Dann liegt aber kein reales Mehrgrößenproblem vor.

Die Umrechnungsvorschrift (4.2) läßt erkennen, daß die Übertragungsfunktionen $g_{ij}(p)$
der Teilstrecken der sich ergebenden P-kanonischen Struktur einen komplizierteren Aufbau
haben werden als die ursprünglichen Teilstrecken f_{ii}, v_{ji} der V-kanonischen Struktur. Solche Umrechnungen kanonischer Strukturen sind in ihrer Gültigkeit nicht nur auf m = 2 beschränkt. Für praktische Belange ist zu schlußfolgern, daß man die Struktur der Mehrgrößenregelstrecke möglichst in der kanonischen Form darstellen sollte, in der sich die zugehörigen Teilstrecken mathematisch einfacher beschreiben lassen. Diese findet man nur auf
dem Wege der theoretischen Prozeßanalyse, wo sie sich dann auch meist zwangsläufig ergibt. Bei der experimentellen Analyse einer Mehrgrößenstrecke, die nur deren Klemmenverhalten betrachtet, erfaßt und auswertet, wird man dagegen stets von der P-kanonischen
Struktur ausgehen bzw. diese von vornherein ansetzen. Praktische Bedeutung haben diese
Fragen für den Entwurf entkoppelter Zweigrößenregelsysteme erlangt [12] [13] [14] , wor-
auf unten noch Bezug genommen werden wird.

4.1.4. Qualitative Betrachtung über den Einfluß der Kopplungen, Koppelfaktor

Um eine bessere Vorstellung vom Einfluß der Kopplungen innerhalb der Mehrgrößenstrecke
auf das Verhalten des Mehrgrößenregelungssystems beim Schließen einzelner Hauptregelkreise zu erhalten, soll nun eine nichtentkoppelte Zweigrößenregelung gemäß Bild 4.1 näher untersucht werden. Dazu wird der allgemeine Fall mit Störungen z_e und z_a am Ein- und am
Ausgang der Hauptstrecken betrachtet. Es wird angenommen, daß zunächst der Hauptregelkreis 1 durch einen Regler $r_{11}(p)$ mit einem Meß- und Umformglied bei einem Übertra-
gungsfaktor $h_{11}(p) = 1$ geschlossen werde. Die Verhältnisse sind im Bild 4.6 dargestellt.

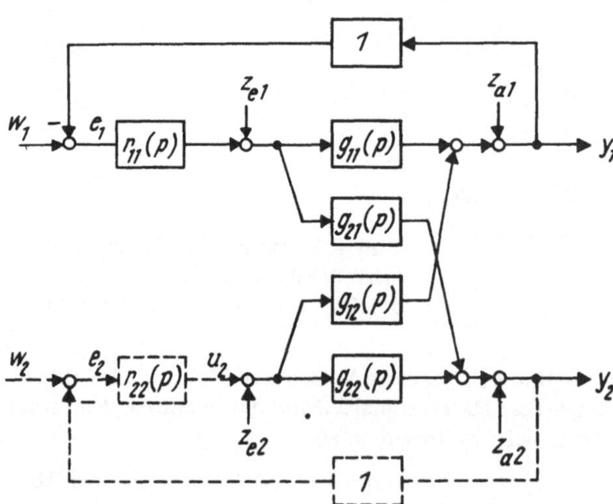

Bild 4.6. Zum Einfluß der Kopplungen am Beispiel der Zweigrößenregelung

Nun soll, wie im Bild 4.6 gestrichelt angedeutet, der Hauptregelkreis 2 über $r_{22}(p)$ und
$h_{22}(p) = 1$ geschlossen werden. Bedingt durch den schon geschlossenen Hauptregelkreis 1,
bewirken die Streckenkopplungen, daß der über $y_2 \rightarrow u_2$ anzuschließende zweite Hauptregler $r_{22}(p)$ nicht mehr nur mit der Hauptstrecke $g_{22}(p)$ zusammenarbeiten muß, sondern
auch mit einer resultierenden Strecke [7] [8]. Diese resultierende Strecke $S_{2\,res}(p)$ be-

steht aus einer Parallelschaltung der zweiten Hauptstrecke $g_{22}(p)$ mit der übrigen Struktur.
Das Strukturbild dieser resultierenden Strecke ergibt sich in übersichtlicher Form durch
Umzeichnen des Bildes 4.6 in das Bild 4.7a. Durch die üblichen Blockschaltbildtransformationen entsteht daraus Bild 4.7b bis e. Diese Umformungen wurden durchgeführt, um den
bei der Behandlung der Zweigrößenregelung gebräuchlichen Koppelfaktor

$$\varkappa(p) = \frac{g_{12}(p)\ g_{21}(p)}{g_{11}(p)\ g_{22}(p)} \tag{4.3}$$

einzuführen und seinen Bezug zur resultierenden Strecke herzustellen (Bild 4.7e). Aus
Bild 4.7b und e liest man die häufig verwendeten äquivalenten Gleichungen für die resultierende Strecke $S_{2\,res}(p)$ ab:

$$S_{2\,res}(p) = g_{22}(p) - \frac{g_{12}(p)\ r_{11}(p)\ g_{21}(p)}{1 + r_{11}(p)\ g_{11}(p)} \tag{4.4a}$$

bzw.

$$S_{2\,res}(p) = g_{22}(p) \left[1 - \varkappa(p)\ F_{w1}(p) \right] \tag{4.4b}$$

mit $F_{w1}(p)$ als Führungsübertragungsfunktion des für sich allein betrachteten Hauptregelkreises 1

$$F_{w1}(p) = \frac{g_{11}(p)\ r_{11}(p)}{1 + g_{11}(p)\ r_{11}(p)} \ . \tag{4.5}$$

Die resultierende Strecke $S_{2\,res}(p)$ nach (4.4) bringt deutlich den Koppeleinfluß des bereits
geschlossenen Hauptregelkreises 1 auf den nun zu schließenden Hauptreg lkreis 2 zum
Ausdruck: Es entsteht durch den geschlossenen Hauptregelkreis 1 ein Bypass

$$- \frac{g_{12}\ r_{11}\ g_{21}}{1 + r_{11}\ g_{11}} = - \varkappa F_{w1} \tag{4.6}$$

zur Hauptstrecke g_{22} des zweiten Kreises. Die Kennwerte der resultierenden Strecke
$S_{2\,res}(p)$, mit der der nun zu entwerfende Regler $r_{22}(p)$ zusammenarbeitet, hängen also
auch von den Einstellwerten des Reglers $r_{11}(p)$ im ersten Hauptkreis ab. Die Struktur der
resultierenden Strecke ist relativ kompliziert.

    Mit dem aus $\varkappa(p)$ für $p = 0$ hervorgehenden statischen Koppelfaktor $\varkappa(0)$ kann die im
Abschn. 4.1.1. definierte positive und negative Kopplung der Zweigrößenstrecke untersucht
und angegeben werden:

       $\varkappa(0) < 0$ negative Kopplung,
       $\varkappa(0) > 0$ positive Kopplung,
       $\varkappa(0) = 0$ keine echte Zweigrößenregelung.

Dem Koppelfaktor $\varkappa(p)$ kommt in Theorie und Praxis der Zweigrößenregelung eine zentrale
Bedeutung zu ([4] bis [13]). Seine Verallgemeinerung auf m-Größen-Systeme mit $m > 2$
wurde zusammen mit der Verallgemeinerung der resultierenden Strecken in [11] vorgenommen. Um von diesen theoretischen Verallgemeinerungen auch zu praktisch nutzbaren
Aussagen und Entwurfsgrundlagen zu kommen, sind jedoch weitere Näherungen erforderlich, die insbesondere darauf ausgerichtet sein müssen, die Abhängigkeit der jeweiligen
resultierenden Strecke von den Parametern aller anderen Regler zu reduzieren oder zu beseitigen, um die Verhältnisse überschaubarer zu machen [11]. Der in [11] verwendete
Grundgedanke der Näherung der resultierenden Strecken sei am oben behandelten Beispiel
der Zweigrößenregelung verdeutlicht [8]. Hierzu wird angenommen, der Regler $r_{11}(p)$ im
ersten Hauptkreis im Bild 4.6 sei ein P-Regler $r_{11}(p) = k_{11}$. Für große Verstärkung k_{11}

dieses P-Reglers, d. h. für

$$|k_{11}\,g_{11}(p)| \geqslant 1 , \tag{4.7}$$

folgt aus (4.4)

$$S_{2\,res\,0}(p) = g_{22}(p) - \frac{g_{12}(p)\,g_{21}(p)}{g_{11}(p)} = g_{22}(p)\,[1 - \varkappa(p)]$$

$$= \frac{g_{22}\,g_{11} - g_{12}\,g_{21}}{g_{11}} = \frac{\det G(p)}{g_{11}} . \tag{4.8}$$

$S_{2\,res\,0}(p)$ ist die Näherung der resultierenden Strecken $S_{2\,res}(p)$ des betrachteten Zwei-größensystems. Diese Näherung ist bei erfüllter Annahme bzw. Voraussetzung (4.7) nicht mehr vom Regler des ersten Hauptkreises abhängig. Daraus ergeben sich u. U. geeignete Möglichkeiten für einen quasi einschleifigen Entwurf [11] [13].

Je nach dem Vorzeichen und der Stärke, wie die Kopplungen wirken, wird die Regelbarkeit der resultierenden Strecke $S_{2\,res}$ bzw. ihrer Näherung $S_{2\,res\,0}$ durch den zweiten

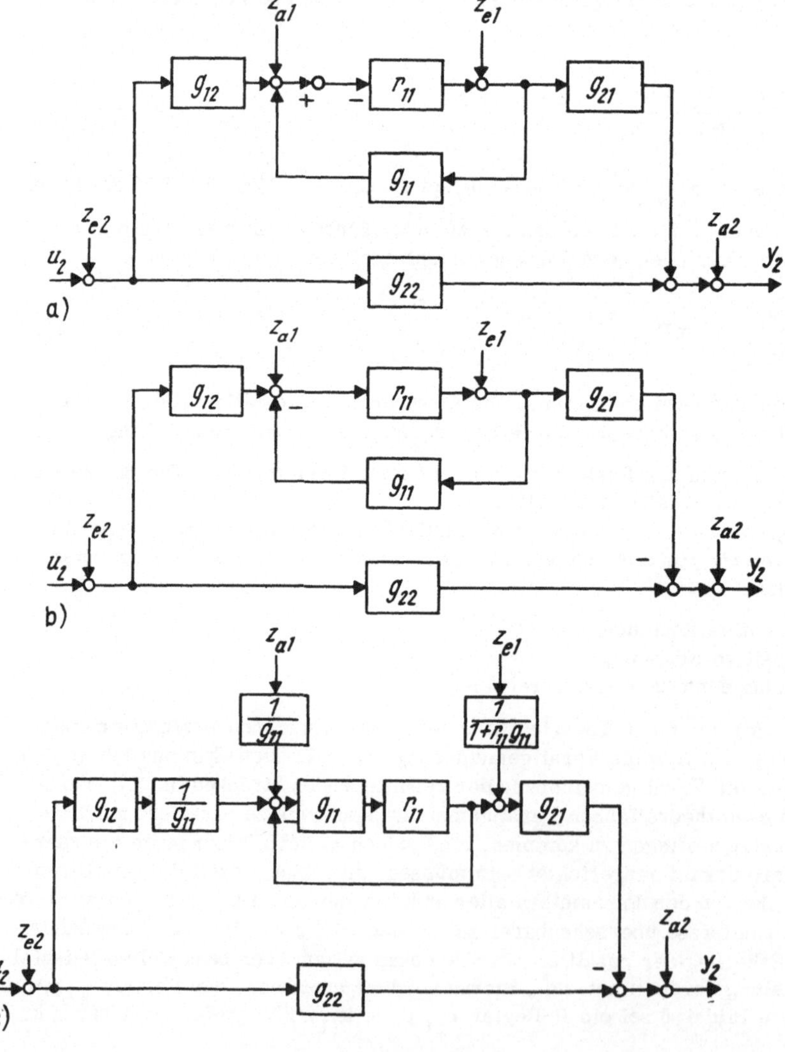

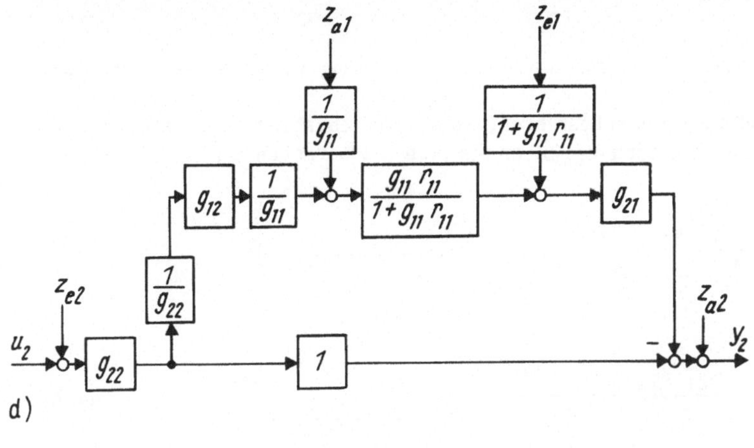

d)

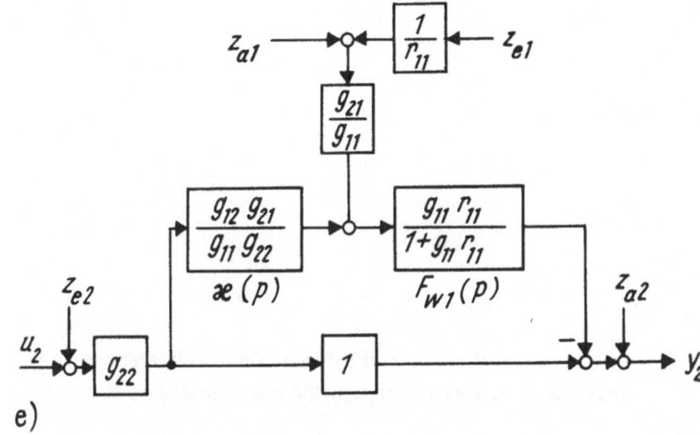

e)

Bild 4.7. Zur resultierenden Strecke $S_{2\,res}(p)$ und zur Einführung des Koppelfaktors $\varkappa(p)$

Hauptregler $r_{22}(p)$, der nun wie im Bild 4.6 anzuschließen wäre, beeinflußt [4] [12]. Zur qualitativen Interpretation der Verhältnisse werde von $S_{2\,res\,0}(p)$ des hier positiv gekoppelt angenommenen Zweigrößensystems im Bild 4.6 ausgegangen. Gemäß (4.8) bewirkt der im Bild 4.6 obere Hauptregelkreis bezüglich der Signalübertragung $u_2 \rightarrow y_2$ das Hinzutreten des Zusatzterms $-g_{12}\,g_{21}/g_{11}$ zum direkten Weg über die zweite Hauptstrecke g_{22} (s. auch Bild 4.7). Dieser Zusatzterm bewirkt i. allg. eine starke zusätzliche Phasennacheilung gegegenüber $g_{22}(j\omega)$. Bild 4.8 zeigt die Verhältnisse qualitativ für den angenommenen einfachen Fall, daß alle Elemente der Streckenübertragungsmatrix $G(p) = \left(g_{ij}(p)\right)$ Verzögerungsglieder 1. Ordnung sind. Die sich ergebende große zusätzliche Phasennacheilung von etwa 90° bis 120° gegenüber der direkten (einschleifigen) Signalübertragung durch $g_{22}(j\omega)$ führt bei Schließen des unteren zweiten Regelkreises im Bild 4.6 zu Stabilitätsschwierigkeiten,

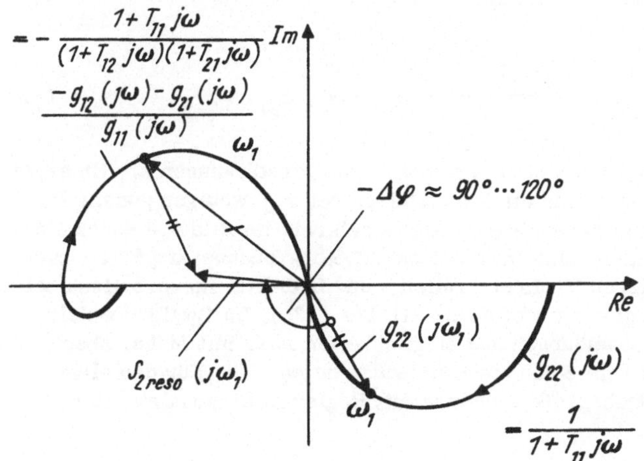

Bild 4.8. Die Schließung des oberen Hauptregelkreises in Bild 4.6 bewirkt eine zusätzliche Phasennacheilung

d. h., es dürfen nur relativ kleine Werte der Reglerverstärkung $r_{22}(p) = k_{22}$ zugelassen werden.

Die Betrachtungen sind analog durchzuführen, wenn man zuerst den unteren Regelkreis im Bild 4.6 schließen würde und dann $r_{11}(p)$ an die sich jetzt ergebende resultierende Strecke

$$S_{1\,res}(p) = g_{11} - \frac{g_{21}\,r_{22}(p)\,g_{12}(p)}{1 + r_{22}(p)\,g_{22}(p)} = g_{22}(p)\left[1 - \varkappa(p)\,F_{w2}(p)\right] \tag{4.9}$$

bzw. deren Näherung

$$S_{1\,res\,0}(p) = g_{11} - \frac{g_{21}\,g_{12}}{g_{22}} = \frac{\det G(p)}{g_{22}} \tag{4.10}$$

anpassen wollte.

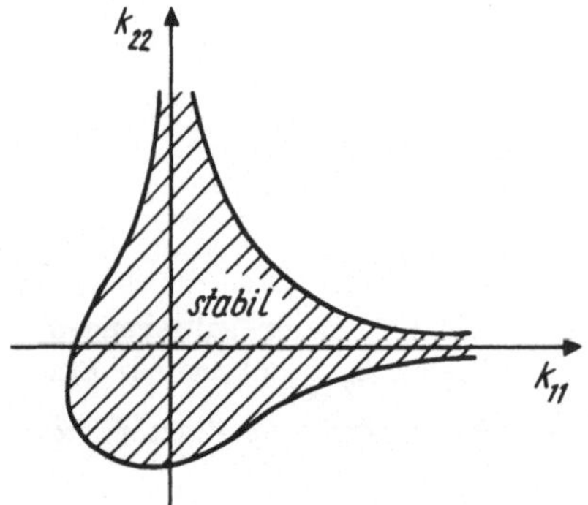

Bild 4.9. Stabilitätsgebiet der Zweigrößenregelung nach Bild 4.6 mit P-Reglern (qualitativ)

Das resultierende Stabilitätsgebiet in Abhängigkeit von den Verstärkungen der beiden als P-Regler angenommenen Regler r_{11} und r_{22} würde qualitativ das im Bild 4.9 gezeigte Aussehen haben. Schon in diesem einfachen Fall tritt also Instabilität auf, wenn in beiden Kreisen höhere Verstärkungen eingestellt werden, die aber notwendig wären, um die Störungen erfolgreich zu bekämpfen. Gerade die Ausregelung von Störungen ist aber eine der wichtigsten Aufgaben der Prozeßregelung. Das Problem der Störgrößenausregelung soll daher im Zusammenhang mit den Kopplungen am Beispiel der Zweigrößenregelung kurz betrachtet werden. Dazu wird wieder Bild 4.6 als Ausgangspunkt genommen, und es soll untersucht werden, wie sich die Störungen z_{e1} und z_{a1}, die am oberen Hauptregelkreis, der durch einen P-Regler $r_{11}(p) = k_{11}$ geschlossen sei, über die Kopplungen auch auf die zweite Regel- bzw. Ausgangsgröße y_2 des dann zu schließenden zweiten unteren Hauptregelkreises auswirken.

Aus Bild 4.7e liest man dazu ab

$$y_2 = g_{22}\left[1 - \varkappa F_{w1}\right](u_2 + z_{e2}) - \frac{g_{21}}{1 + k_{11}\,g_{11}}(z_{e1} + k_{11}\,z_{a1}) + z_{a2}. \tag{4.11}$$

Man erkennt, daß der Einfluß von z_{e1} auf y_2 durch große Reglerverstärkungen k_{11} im ersten Hauptkreis gemildert werden kann, während die Verhältnisse bei z_{a1} weniger günstig liegen und komplizierter sind. Wird nun der untere zweite Regelkreis im Bild 4.6 durch einen P-Regler $r_{22}(p) = k_{22}$ geschlossen, so sind im Hinblick auf Störgrößenbekämpfung - auch der Störungen z_{e2}, z_{a2}, die am unteren Kreis eingreifen - und Stabilität Kompromisse bei der Verstärkungseinstellung der Regler zu schließen ([4] bis [13]). Im Zweigrößenfall lassen sich die einzelnen Fallunterscheidungen und Möglichkeiten zwar mit Mühe, aber doch prinzipiell noch diskutieren und im Sinne eines Entwurfs auswerten. Für den allgemeinen Fall der nichtentkoppelten Mehrgrößenregelung mit Regler in Diagonalstruktur

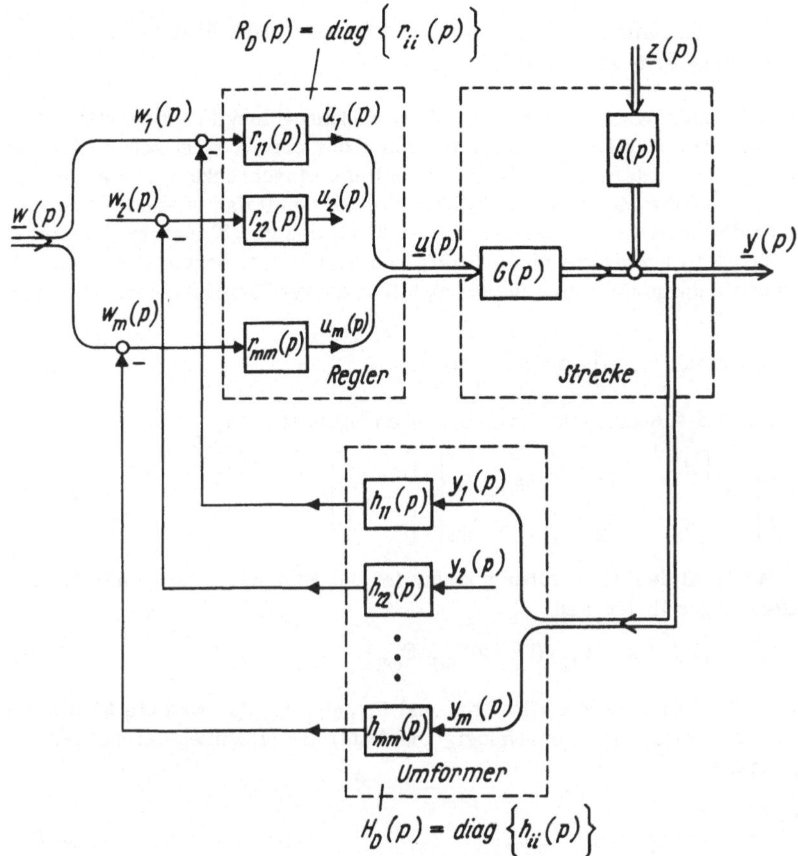

Bild 4.10. Mehrgrößenregler mit Regler in Diagonalstruktur

Bild 4.10, in den sich für m = 2 die hier als Bezugsbeispiel betrachtete Zweigrößenregelung nach Bild 4.6 einordnet, besteht jedoch kaum eine Chance, durch formale Erweiterung des "klassischen" Konzepts zu praktikablen Analyse- und Entwurfsverfahren zu gelangen. Die vielfältigen Kopplungen gestalten die Verhältnisse zu unübersichtlich. So sind auch alle Ansätze, die eine strenge Verallgemeinerung und Übertragung des am Beispiel der Zweigrößenregelung erfolgreich angewandten Konzepts auf m > 2 zum Ziele haben, mehr oder weniger gescheitert. Diese Erkenntnis führte zur Entwicklung einiger heuristischer Methoden mit praktischer Bedeutung [11] [13]. Das Kernstück dieser Methoden ist ihre mehr oder weniger ausgeprägte Stabilitätsorientierung.

Bevor auf diese Fragen eingegangen wird, soll aus den Betrachtungen zu den resultierenden Strecken und ihren Näherungen, speziell aus (4.8) und (4.10), ein weiterer Hinweis gewonnen werden. Eine Interpretation von (4.8) bis (4.10) zeigt: Wenn det G(p) in der rechten Halbebene Nullstellen hat, so bedeutet das, daß die resultierenden Näherungsstrecken Nichtphasenminimum-(NPM-)Systeme sind. Mit einer solchen NPM-Strecke muß dann der jeweils anzupassende Regler zusammenarbeiten, was zu Schwierigkeiten bei der Regelung von NPM-Strecken führt (Stabilitätsschwierigkeiten, schlechte Dämpfung, u. U. Realisierungsschwierigkeiten), d. h., ein Mehrgrößensystem mit Diagonalstruktur des Reglers, bei dem det G(p) Nullstellen in der rechten Halbebene hat, kann nicht mit hohen Verstärkungsfaktoren der Regler betrieben werden, so daß sich i. allg. keine günstigen Reglerergebnisse erzielen lassen.

Über die nichtentkoppelte Zweigrößenregelung des Bildes 4.6 hinausgehende Untersuchungen (z. B. [16] [17] [18]) haben gezeigt, daß sich bei Mehrgrößenstrecken mit NPM-Charakter keine hohen Anforderungen an die Regelgüte erfüllen lassen.

4.1.5. Kopplung und Stabilität, Kopplungsmaße und ihre Nutzung für heuristische Entwurfsverfahren

Bei der Betrachtung der Kopplungseinflüsse in der Zweigrößenregelung klang bereits die Stabilitätsproblematik an. Die Stabilität ist genauer anhand der charakteristischen Gleichung des geschlossenen Systems zu untersuchen. Ohne wesentliche Einschränkung der Allgemeinheit werde angenommen, daß die Mehrgrößenregelstrecke und damit das offene System stabil ist. Dann kann nach dem Hsu-Chen-Theorem die Stabilität des geschlossenen Systems nur anhand von det $F(p)$, wobei $F(p)$ die Rückführdifferenzmatrix ist, beurteilt werden. Für die im Bild 4.10 allgemein dargestellten nichtentkoppelten Mehrgrößenregelungen mit Regler in Diagonalstruktur ist

$$F(p) = I_m + G(p) \; \text{diag}\left[r_{ii}(p)\right] \; \text{diag}\left[h_{ii}(p)\right] \; , \tag{4.12}$$

und für den Fall der im Bild 4.6 angegebenen Zweigrößenregelung wird

$$F(p) = \begin{bmatrix} 1 & \\ & 1 \end{bmatrix} + \begin{bmatrix} g_{11} & g_{12} \\ g_{21} & g_{22} \end{bmatrix} \begin{bmatrix} r_{11} & \\ & r_{22} \end{bmatrix} \begin{bmatrix} 1 & \\ & 1 \end{bmatrix} . \tag{4.13}$$

Zur Beurteilung der Stabilität des Zweigrößensystems ist det $F(p)$ mit $F(p)$ gemäß (4.13) zu bilden. Nach Umformungen findet man

$$\det F = (1 + g_{11} r_{11})(1 + g_{22} r_{22})(1 - \varkappa F_{w1} F_{w2}) . \tag{4.14}$$

Hier ist $\varkappa(p)$ der in (4.3) definierte Koppelfaktor, und $F_{w1}(p)$, $F_{w2}(p)$ sind die Führungsübertragungsfunktionen der voneinander unabhängig und damit als Einzelregelkreise aufzufassenden Hauptregelkreise

$$F_{wi}(p) = \frac{g_{ii}(p) \; r_{ii}(p)}{1 + g_{ii}(p) \; r_{ii}(p)} ; \quad i = 1, 2 . \tag{4.15}$$

Das Zweigrößensystem ist stabil, wenn (4.14) ein Hurwitz-Polynom ist, also nur Nullstellen in der linken Halbebene hat. Aufgrund des Aufbaus von (4.14) kann nun geschlußfolgert werden:

Das nichtentkoppelte Zweigrößensystem ist stabil, wenn

a) $(1 + g_{ii} r_{ii})$; $i = 1, 2$ keine Nullstellen in der rechten Halbebene hat, wenn also mit (4.15) die beiden ungekoppelt betrachteten Hauptkreise für sich stabil sind (was meistens der Fall ist), und

b) $(1 - \varkappa F_{w1} F_{w2})$ keine Nullstellen in der rechten Halbebene hat.

Der im Teil b der Stabilitätsbedingung und in (4.14) auftretende Term, gleich Null gesetzt,

$$1 - \varkappa(p) \; F_{w1}(p) \; F_{w2}(p) = 0 \tag{4.16}$$

kann als charakteristische Gleichung des im Bild 4.11 dargestellten einschleifigen Ersatzsystems angesehen werden. Wenn also der Teil a der Stabilitätsbedingung erfüllt ist, was sehr häufig zutrifft, dann wird die Stabilität des geschlossenen Zweigrößensystems nur noch durch das Stabilitätsverhalten des Ersatzsystems im Bild 4.11 mit seiner einfachen Kreisstruktur bestimmt.

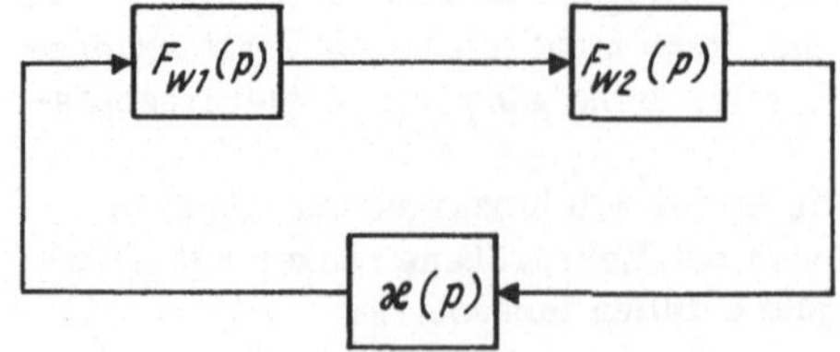

Bild 4.11. Einschleifiges Ersatzsystem mit der charakteristischen Gleichung

$1 - \varkappa(p) \; F_{w1}(p) \; F_{w2}(p) = 0$

$\varkappa(0) < 0$: Gegenkopplung

$\varkappa(0) > 0$: Mitkopplung

Das Vorzeichen von $\varkappa(0)$, d.h. das Vorzeichen des statischen Koppelfaktors, bestimmt in dieser Kreisstruktur, ob es sich um Mit- oder Gegenkopplung handelt.

1. $\varkappa(0) < 0$: laut Definition negative Kopplung; bedeutet gegengekoppeltes Ersatzsystem.
2. $\varkappa(0) > 0$: laut Definition positive Kopplung; bedeutet mitgekoppeltes Ersatzsystem, was
   auf Stabilitätsprobleme schließen läßt (s. oben und Bild 4.9); z. B. ist für
   I-Anteile in den Reglern

   $$\lim_{p \to 0} F_{wi}(p) = 1$$

   und damit aus (4.16) folgend das System für $\varkappa(0) \geq 1 = \varkappa(0)_{krit}$ monoton instabil (statische Instabilität).

Man kann also aus dieser mit dem Koppelfaktor verbundenen Stabilitätsproblematik schlußfolgern, daß sich Zweigrößenregelstrecken mit P-Struktur und einem statischen Koppelfaktor $\varkappa(0)$ in der Nähe von +1 nur schwer regeln lassen.

Da, wie erwähnt, der Teil a der Stabilitätsbedingung häufig erfüllt ist, hat die charakteristische Gleichung (4.16) des Ersatzsystems für die Stabilitätsprüfung und die daraus zu
gewinnenden Aussagen für den Entwurf von Zweigrößenregelungen eine relativ große praktische Bedeutung erlangt. Unter Anwendung der klassischen Nyquist-Bedingungen lassen sich
daraus die bekannten Ortskurvenkriterien der Zweigrößenregelung basierend entweder auf

$$- \varkappa(j\omega)\ F_{w1}(j\omega)\ F_{w2}(j\omega) = -1 \tag{4.17a}$$

oder auf

$$\varkappa(j\omega) = \frac{1}{F_{w1}(j\omega)\ F_{w2}(j\omega)} \quad \text{(Zweiortskurvenverfahren)} \tag{4.17b}$$

angeben [13].

Aufbauend auf dem statischen Koppelfaktor $\varkappa(0)$ eines Zweigrößensystems wurden in
[13] verallgemeinernd Kopplungsmaße für Mehrgrößensysteme mit $m > 2$ bei anzusetzen-
den Reglern in Diagonalstruktur (Bild 4.10) vorgeschlagen. Diese sollen, ähnlich wie $\varkappa(0)$,
die Verschlechterung der dynamischen Eigenschaften, zu der es i. allg. bei der Regelung
einer Mehrgrößenstrecke infolge der Kopplungen kommt, im Vergleich zur Regelgüte in den
vergleichbaren Einzelregelkreisen für die Hauptstrecken $g_{ii}(p)$ durch einen Zahlenwert ausdrücken.

Solche Kopplungsmaße sind wünschenswert, da sie zumindest einen Beitrag dazu liefern,

1. die Verschlechterung der Regelgüte bei Mehrgrößenregelungen mit den entsprechenden
   Eingrößenregelungen für die Ausgangsgrößen y_i vergleichen zu können, wobei jede der
   Ausgangsgrößen für sich beurteilt wird,
2. die günstigste Auswahl dahingehend zu treffen, wie die Steuergrößen u_i den zu regelnden
   Ausgangsgrößen y_i zugeordnet werden sollten, um möglichst günstige Reglerergebnisse
   zu erzielen. Je nach der ausgewählten Zuordnungsform und damit getroffenen Festlegung
   der Hauptstrecken $g_{ii}(p)$ erhält man Regelungsstrukturen in der Art des Bildes 4.10 mit
   unterschiedlichen Kopplungen und Zahlenwerten für die Kopplungsmaße. (Eine andere Zuordnung von Eingangs- und Ausgangsgrößen bedeutet Zeilen- und Spaltentausch in der
   Übertragungsfunktionsmatrix der Strecke. In der Praxis wird die Zuordnung in erster
   Linie intuitiv aufgrund der Kenntnis der in der Mehrgrößenstrecke ablaufenden physikalischen Prozesse usw. erfolgen.) Die Zuordnung ist so zu wählen, daß die Kopplung minimal wird und die getroffene Zuordnung "effektiv" ist [11] [13].

Wenn solche zahlenmäßig ausdrückbaren Kopplungsmaße zur Verfügung stehen, dann stellen sie eine gute Hilfe bei der Lösung des zentralen Problems der Strukturfindung dar [11]
[13]. In [11] und [13] sowie [15] wurden zwei geeignete Kennziffern vorgeschlagen und
zu Bestandteilen heuristischer Entwurfsverfahren gemacht:

1. Kennziffer der strukturellen Instabilität

$$KSI = \frac{\det G(0)}{\prod_{i=1}^{m} g_{ii}(0)} , \qquad\qquad (4.18)$$

sie ist ein Maß, um festzustellen, ob ein Mehrgrößensystem, dessen Regler sämtlich
I-Anteile besitzen - also vom Typ I, PI, PID sind -, strukturell monoton instabil ist oder
nicht. Strukturelle Instabilität liegt vor, wenn [13]

$$KSI < 0 .$$

[Für ein Zweigrößensystem gilt folgender Zusammenhang:

$$KSI = 1 - \varkappa (0) ,$$

so daß sich diese Aussage mit den obigen Angaben im Zusammenhang mit dem statischen
Koppelfaktor für m = 2 deckt.]

2. Kennziffer der Verschlechterung der Regelbarkeit

$$KVR = \frac{\sum_{i=1}^{m} k_{i_{kr}} \omega_{i_{kr}}}{m K_{kr} \Omega_{kr}} , \qquad\qquad (4.19)$$

wobei die hier eingehenden kritischen Verstärkungen und Frequenzen in Verallgemeinerung von "Ziegler-Nichols-Versuchen" nach vorgegebenen Strategien [13] [15] ermittelt werden können. Diese kritischen Werte bilden gleichzeitig die Grundlage für die Ableitung von Einstellregeln für die Regler in Diagonalstruktur [13] [15] , ähnlich den Einstellregeln von Nichols und Ziegler für einschleifige Kreise und deren Erweiterung auf
nichtentkoppelte Zweigrößenregelungen [6] .

Solche und ähnliche heuristische Entwurfsverfahren für Mehrgrößenregelungen mit Regler
in Diagonalstruktur muß man pauschal als praktikabel bezeichnen, da sie

- mit herkömmlichen Reglern auskommen,
- keine extreme Modellgenauigkeit erfordern (die berechneten Reglervoreinstellungen können ggf. beim Einfahren, gestützt auf experimentell ermittelte Werte für kritische Frequenzen und Verstärkungen, korrigiert werden),
- die Strukturfindung im Sinne einer zweckmäßigen Zuordnung von Ein- und Ausgangsgrößen
  durch die Koppelmaße erleichtern [11] [13] ,
- den Regelungstechniker oder -praktiker nicht mit neuen Terminologien und Theorien
  "schocken".

Nachteilig ist,

- daß es gewisse "offene" Stellen in der heuristisch entwickelten Strategie gibt, die ggf. wegen mehrfach zu durchlaufender Iterationszyklen zu hohem Aufwand beim Entwurf führen,
- daß oft nur geringe Integrität (s. Abschn. 6.) zu erreichen ist,
- daß bei NPM-Strecken keine befriedigende Regelgüte erreichbar ist,
- daß wegen der vordergründigen Stabilitätsorientierung Regelgüte und Störgrößenprobleme
  relativ pauschal und am Rande behandelt werden.

4.2. Zum Entkopplungsgedanken und sich daraus ergebende Entwurfsmöglichkeiten

Abschn. 4.1. hat gezeigt, daß das Verhalten von Mehrgrößenregelungen infolge der Kopplungen unübersichtlich und das Einstellen der Regler in den festgelegten Hauptkreisen -
auch bei der Zweigrößenregelung - schwierig wird. Man sollte versuchen, die einzelnen
Stellgrößen u und Regelgrößen y einander so zuzuordnen, daß der Koppeleinfluß zwischen

den einzelnen Hauptkreisen möglichst gering ist. Es liegt nun nahe, die Wirkung der inneren Kopplungen durch äußere Entkopplungsglieder, die als Bestandteil der Mehrgrößenregeleinrichtung zu realisieren sind, zu eliminieren, so daß sich die entstehenden einzelnen (entkoppelten) Regelkreise wie Einfachkreise verhalten und als solche regelungstechnisch ausgelegt werden können. Eine solche Entkopplung wird auch als Autonomisierung bezeichnet.

Der Koppeleinfluß zwischen den einzelnen Hauptkreisen kann unter verschiedenen Aspekten eliminiert werden:

a) Eigenautonomie
   Änderungen einer Regelgröße y_i bleiben ohne Einfluß auf die anderen Regelgrößen.
b) Führungsautonomie
   Änderungen einer Führungsgröße w_i wirken ausschließlich auf die eine zugehörige Regelgröße y_i.
c) Störautonomie
   Eine Störgröße wirkt jeweils nur auf eine Regelgröße. Diese läßt sich mit einem Entkopplungsglied nur für eine meßbare Störgröße erreichen. Darum und weil man in solchen Fällen durch eine Störgrößenaufschaltung meist bessere Ergebnisse erzielt, ist die Störautonomie von geringem Interesse. In bestimmten Fällen wird sie, ohne daß das besonders beabsichtigt ist, bei der Realisierung der Eigenautonomie mit gesichert.

Der Eigenautonomie kommt hier die größte Bedeutung zu. Führungsautonomie wird häufig bei Mehrgrößennachlaufregelungen gefordert. Die am weitesten verbreitete Autonomisierungsmethode ist die Autonomisierung mit Hilfe von Reihenentkopplungssystemen: Das Entkopplungssystem wird zwischen Regler und Strecke, also vor die Strecke geschaltet (Bild 4.12) [1] [12] [13] . Das Ziel ist es, durch das Entkopplungssystem N die Querkopplungen,

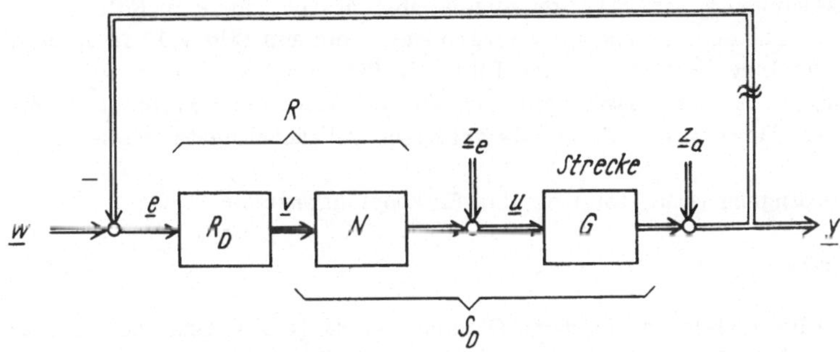

Bild 4.12. Autonomisierung mit Reihenentkopplungssystem N (P-kanonische Strecke angenommen)

die durch die Mehrgrößenstrecke - d. h. durch deren Koppelstrecken $g_{ij}(p)$; $i \neq j$ - zustande kommen, zu kompensieren. Durch das Entkopplungssystem N soll also erreicht werden, daß die Stellübertragungsfunktion der aus Strecke und Entkopplungssystem bestehenden Reihenschaltung

$$\underline{y}(p) = G(p)\ N(p)\ \underline{v}(p) \tag{4.20}$$

eine Diagonalmatrix $S_D(p)$ wird:

$$G(p)\ N(p) = S_D(p) = \text{diag}\left[S_{11}(p), \ldots, S_{mm}(p)\right] . \tag{4.21}$$

Die so entstandene autonomisierte Mehrgrößenstrecke S_D verhält sich bei Veränderung ihrer Steuergrößen $\underline{v}$ wie m nicht miteinander gekoppelte Eingrößenstrecken $S_{ii}(p)$, was aber nur für eben dieses Stellübertragungsverhalten $v_i \rightarrow y_i$ zutrifft. Wird nun wie im Bild 4.12 gezeichnet ein Mehrgrößenregler in Diagonalstruktur

$$R_D(p) = \text{diag}\left[r_{11}(p), \ldots, r_{mm}(p)\right] \tag{4.22}$$

mit der autonomisierten Strecke zusammengeschaltet, so ist die resultierende Übertragungsmatrix der offenen Kette $G\,N\,R_D = S_D\,R_D$ ebenfalls eine Diagonalmatrix. Damit erhält man für das geschlossene System im Bild 4.12 über eine "Schnittuferbetrachtung" an der gekennzeichneten fiktiven Schnittstelle

$$\underline{y} = \underline{z}_a + G\,\underline{z}_e + G\,N\,R_D\,\underline{w} - G\,N\,R_D\,\underline{y}$$

folgende Gleichung:

$$\begin{aligned}
\underline{y} &= (I + GNR_D)^{-1}\,GNR_D\,\underline{w} + (I + GNR_D)^{-1}\,\underline{z}_a + (I + GNR_D)^{-1}\,G\,\underline{z}_e \\
&= (I + S_D R_D)^{-1}\,S_D R_D\,\underline{w} + (I + S_D R_D)^{-1}\,\underline{z}_a + (I + S_D R_D)^{-1}\,G\,\underline{z}_e \\
&= \left[I + (S_D R_D)^{-1}\right]^{-1}\,\underline{w} + (I + S_D R_D)^{-1}\,\underline{z}_a + (I + S_D R_D)^{-1}\,G\,\underline{z}_e
\end{aligned}$$

$$\underline{y} = \mathrm{diag}\,(\alpha_{ii})\,\underline{w} + \mathrm{diag}\,(\beta_{ii})\,\underline{z}_a + (\gamma_{ij})\,\underline{z}_e$$

mit

$$\alpha_{ii}(p) = \frac{s_{ii}(p)\,r_{ii}(p)}{1 + S_{ii}(p)\,r_{ii}(p)}$$

$$\beta_{ii}(p) = \frac{1}{1 + S_{ii}(p)\,r_{ii}(p)}$$

$$\gamma_{ij}(p) = \frac{g_{ij}(p)}{1 + S_{ii}(p)\,r_{ii}(p)} \;;\qquad i, j = 1, 2, \ldots, m.$$

Wenn man also von den Störungen $\underline{z}_e$ am Streckeneingang absieht bzw. diese zu Null annimmt, dann zerfällt das entstandene autonome Mehrgrößensystem aus Bild 4.12 in m nicht miteinander gekoppelte Einzelregelkreise (s. auch Bild 4.13 für m = 2 und $s_{ii} = g_{ii}$). Mit N nach (4.21) und R_D nach (4.22) wird also Eigen- und Führungsautonomie erreicht. Von allen anderen Möglichkeiten [1] soll nur diese, die praktisch gebräuchlichste, weiter betrachtet werden.

Aus der Entkopplungsbedingung (4.21) folgt für das Entkopplungssystem

$$N(p) = G(p)^{-1}\,S_D(p)\,. \tag{4.23}$$

Hierbei ist $S_D(p)$ eine i. allg. stabile vorgegebene Diagonalmatrix (4.21). Ohne auf Existenzfragen von G^{-1} näher einzugehen, folgt mit einem so festgelegten Entkopplungssystem (4.23) für die Matrix der Stellübertragungsfunktionen $\underline{v} \to \underline{y}$

$$G(p)\,N(p) = G(p)\,G(p)^{-1}\,S_D(p) = S_D(p)\,. \tag{4.24}$$

Die in (4.24) auftretende "Kürzung" $G\,G^{-1} = I$ bedeutet, daß in der offenen Kette des autonomisierten Systems nicht steuerbare und nicht beobachtbare Teile entstehen. Diese sind in $S_D(p)$ nicht wahrnehmbar [22].

Wenn nun die gegebene und zu entkoppelnde Strecke NPM-Charakter, wenn also det G(p) Nullstellen in der rechten Halbebene hat, dann ist das Entkopplungssystem gemäß (4.23) instabil. Wegen (4.24) wird auch das autonomisierte Mehrgrößenregelsystem diese Instabilität enthalten, die jedoch wegen der unvollständigen Steuer- und Beobachtbarkeit in $S_D(p)$ nicht wahrzunehmen ist. Daher ist die Autonomisierung einer NPM-Strecke durch ein Reihen-Entkopplungssystem zur Erzielung einer gegebenen Stellübertragungsmatrix $S_D(p)$ in $\underline{y}(p) = S_D(p)\,\underline{v}(p)$ physikalisch nicht realisierbar. Um zu einer Lösung zu gelangen, muß man auf die Möglichkeit, $S_D(p)$ als relativ frei zu wählende Matrix vorgeben zu können, verzichten. Auch hier führt also ein NPM-Charakter der Mehrgrößenstrecke zu zusätzlichen Problemen und Erschwernissen und läßt den Entkopplungsgedanken nicht als Allheilmittel erscheinen.

Die Realisierung des Entkopplungssystems oder -netzwerks kann auf der Grundlage sowohl einer P-kanonischen als auch einer V-kanonischen Netzwerkstruktur erfolgen [1] [12]

[13] . Untersuchungen in [1] und [12] lassen die Aussage zu, daß das Entkopplungsnetzwerk in der zur Strecke entgegengesetzten Struktur realisiert werden sollte. Dann ergeben sich, wie die Untersuchungen zeigen, einfachere Entkopplungsnetzwerke.

4.2.1. Entkopplungssysteme mit P-Struktur an P-Strecke

Bei der Autonomisierung von Phasenminimumstrecken sind die Elemente $n_{ij}(p)$ der Matrix der Übertragungsfunktionen $N(p)$ des Entkopplungssystems in P-Struktur stabil und können aus (4.23) bestimmt werden. Wegen

$$G^{-1}(p) = \frac{\text{adj } G(p)}{\det G(p)} \tag{4.25}$$

und der Tatsache, daß bei einer Phasenminimumstrecke $\det G(p)$ keine Nullstellen in der rechten Halbebene besitzt, erhält man bei einer vorgegebenen stabilen Matrix $S_D(p)$ aus (4.23) $n_{ij}(p)$, die nur Pole in der linken Halbebene enthalten und damit stabil sind. Lediglich aus Gründen der physikalischen Realisierbarkeit der $n_{ij}(p)$ - ihr Zählergrad darf den Grad des Nenners nicht übersteigen - resultieren ggf. Einschränkungen. Diese müssen bei der Vorgabe von $S_D(p)$ beachtet, d.h. den Elementen $s_{ii}(p)$ auferlegt werden. Für ein Zweigrößensystem lassen sich die Verhältnisse noch gut überschauen.

Die Zweigrößenstrecke liege gemäß Bild 4.1 in P-kanonischer Struktur mit

$$G(p) = \begin{bmatrix} g_{11}(p) & g_{12}(p) \\ g_{21}(p) & g_{22}(p) \end{bmatrix} \tag{4.26}$$

vor. Es soll ein P-kanonisches Entkopplungssystem gefunden werden, so daß eine völlige Entkopplung der beiden Hauptstrecken g_{11} und g_{22} eintritt. g_{11} und g_{22} bilden dann mit den zu bestimmenden Reglern r_{11} und r_{22} zwei völlig entkoppelte Einzelregelkreise, d.h., gemäß (4.20), (4.21) soll gelten

$$\begin{bmatrix} y_1(p) \\ y_2(p) \end{bmatrix} = \begin{bmatrix} g_{11}(p) & g_{12}(p) \\ g_{21}(p) & g_{22}(p) \end{bmatrix} \begin{bmatrix} n_{11}(p) & n_{12}(p) \\ n_{21}(p) & n_{22}(p) \end{bmatrix} \begin{bmatrix} v_1(p) \\ v_2(p) \end{bmatrix} = \begin{bmatrix} g_{11}(p) & 0 \\ 0 & g_{22}(p) \end{bmatrix} \begin{bmatrix} v_1(p) \\ v_2(p) \end{bmatrix}$$

$$\underline{y}(p) = G(p) \qquad N(p) \qquad v(p) = S_D(p) \qquad v(p) . \tag{4.27}$$

(4.23) liefert für das erforderliche Entkopplungssystem

$$N(p) = \frac{1}{\det G(p)} \begin{bmatrix} g_{22} & -g_{12} \\ -g_{21} & g_{11} \end{bmatrix} \begin{bmatrix} g_{11} & 0 \\ 0 & g_{22} \end{bmatrix}$$

$$= \frac{g_{11} \, g_{22}}{g_{11} \, g_{22} - g_{21} \, g_{12}} \begin{bmatrix} 1 & -\dfrac{g_{12}}{g_{11}} \\ -\dfrac{g_{21}}{g_{22}} & 1 \end{bmatrix} = \frac{1}{1 - \varkappa} \begin{bmatrix} 1 & -\dfrac{g_{12}}{g_{11}} \\ -\dfrac{g_{21}}{g_{22}} & 1 \end{bmatrix} . \tag{4.28}$$

Das so entkoppelte Zweigrößensystem hat folglich die im Bild 4.13a gezeigte Struktur. Bild 4.13b zeigt den hier mit der Entkopplung angestrebten Zerfall in die zwei Einzelregelkreise. (4.28) und Bild 4.13a lassen den relativ komplizierten, durch den allen n_{ij} gemeinsamen Faktor

$$\frac{g_{11} \, g_{22}}{g_{11} \, g_{22} - g_{21} \, g_{12}} = \frac{g_{11} \, g_{22}}{\det G} = \frac{1}{1 - \varkappa} \tag{4.29}$$

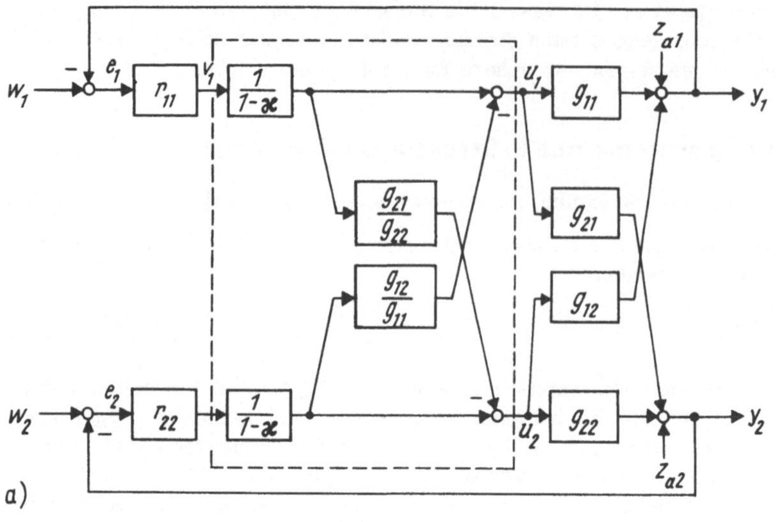

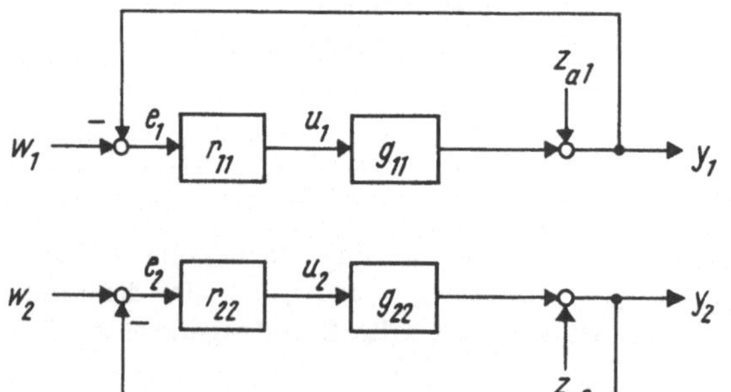

Bild 4.13. Zur Entkopplung eines Zweigrößensystems mit P-Strecke durch ein
Entkopplungsnetzwerk in P-Struktur

bedingten Aufbau des Entkopplungsnetzwerks erkennen.

Wenn nun die Strecke $G(p)$ NPM-Charakter hat, werden die in der rechten Halbebene ge-
legenen Nullstellen von det G zu Polen der Übertragungsfunktionen des Entkopplungssystems, d. h., das Entkopplungsnetzwerk ist instabil und damit nicht realisierbar. Wenn
man in diesem Fall trotzdem eine Entkopplung erreichen will, dann muß man die durch das
Bild 4.13b angestrebte Zielstellung, deren mathematisches Äquivalent als

$$S_D = \begin{bmatrix} g_{11} & 0 \\ 0 & g_{22} \end{bmatrix} \tag{4.30}$$

in (4.27) einging, aufgeben. S_D = diag (S_{ii}) muß jetzt so vorgegeben werden, daß ein auto-
nomes System entsteht, das keinen nicht beobachtbaren und nicht steuerbaren instabilen
Teil - also auch kein instabiles und daher nicht realisierbares Entkopplungssystem - enthält
[13].

4.2.2. Entkopplungssystem in V-Struktur an P-Strecke

Das Entkopplungssystem in V-Struktur ist wie im Abschn. 4.1.3. und Bild 4.5 zu beschreiben und in Reihe vor die P-kanonische Strecke $G(p)$ zu schalten. Zweckmäßigerweise wird
folgender Ansatz für das Entkopplungssystem gewählt [12] [13] :

$$\underline{u}(p) = N_V(p)\,\underline{v}(p) = (I - V(p))^{-1}\,\underline{v}(p) \ . \tag{4.31}$$

Mit (4.2) und Bild 4.5 ist das eine V-Struktur, deren Vorwärtszweig die Einheitsmatrix I ist, und nur im Rückführzweig sind Übertragungselemente mit Zeitverhalten zu realisieren:

$$V(p) = \begin{bmatrix} 0 & v_{12}(p) & \cdots & v_{1m}(p) \\ v_{21}(p) & 0 & \cdots & v_{2m}(p) \\ \vdots & & & \vdots \\ v_{m1}(p) & v_{m2}(p) & \cdots & 0 \end{bmatrix}, \qquad (4.32)$$

was vom zu erwartenden Aufwand her gesehen günstig erscheint. Bild 4.14 zeigt die Verhältnisse. Das Ziel der Entkopplung ist es wieder, $N_V = (I - V)^{-1}$ so zu bestimmen, daß die Reihenschaltung dieses Entkopplungsnetzwerks $N_V(p)$ mit der Strecke $G(p)$ eine Diagonalmatrix $S_D(p)$ liefert. Die Entkopplungsbedingung lautet also jetzt anstelle von (4.21)

$$G(p)\, N_V(p) = G(p)\, (I - V(p))^{-1} = S_D(p) = \operatorname{diag}\left[s_{11}(p), \ldots, s_{mm}(p)\right]. \qquad (4.33)$$

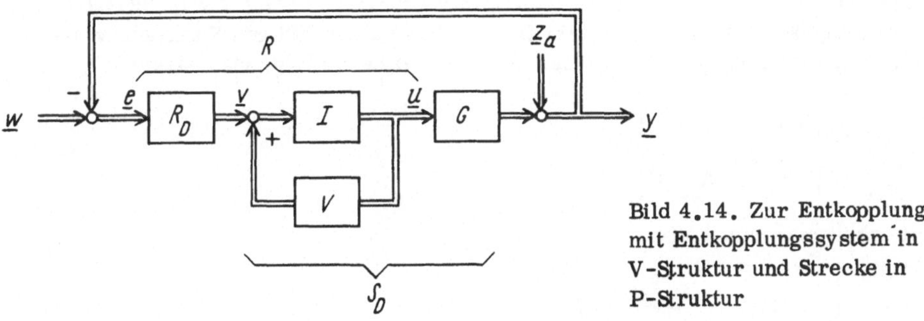

Bild 4.14. Zur Entkopplung
mit Entkopplungssystem in
V-Struktur und Strecke in
P-Struktur

Im allgemeinen wird man hier wieder die gewünschten entkoppelten Einzelstrecken $y_i(p) = s_{ii}(p)\, v_i(p)$ als stabile Einzelübertragungsfunktionen $s_{ii}(p)$ vorgeben. Naheliegend und häufig verwendet ist der Ansatz $s_{ii} = g_{ii}$, d. h., die ursprünglichen Hauptstrecken $u_i \rightarrow y_i$ sollen nach der Entkopplung als Strecken der entstehenden m separaten Einzelkreise auftreten. Für diese sind dann die Einzelregler r_{ii}, die im Bild 4.14 zu $R_D = \operatorname{diag}\left[r_{11}, \ldots, r_{mm}\right]$ zusammengefaßt sind, zu entwerfen bzw. anzupassen.

Somit ist in (4.33) $V(p)$ die einzige Unbekannte, d. h., (4.33) ist als Bestimmungsgleichung für $V(p)$ und damit für die $v_{ij}(p)$ aufzufassen. Aus

$$G(p)\, (I - V(p))^{-1} = S_D(p)$$

erhält man zunächst

$$I - V(p) = S_D^{-1}(p)\, G(p) \qquad (4.34)$$

$$V(p) = I - S_D^{-1}(p)\, G(p). \qquad (4.35)$$

Zur Berechnung der V-kanonischen Entkopplungsstruktur für die in P-kanonischer Form vorliegende Strecke $G(p)$ ist also nur die einfach durchzuführende Invertierung der Diagonalmatrix $S_D(p)$ erforderlich, während im Abschn. 4.2.1. nach (4.23) die wesentlich kompliziertere Invertierung der Streckenmatrix $G(p)$ notwendig war. Deshalb wird i. allg. das Entkopplungsnetzwerk im jetzt behandelten Fall einfacher als im Abschn. 4.2.1.

Die notwendige und hinreichende Bedingung für die Stabilität eines so berechneten Entkopplungssystems mit V-Struktur für eine gegebene Strecke $G(p)$ in P-Struktur besteht nun darin, daß diese Strecke minimalphasig ist. Zur Stabilitätsprüfung des Entkopplungssystems in V-Struktur im Bild 4.14, das wie jede V-Struktur selbst zurückgekoppelt ist, muß das charakteristische Polynom berechnet werden. Aus Bild 4.14 findet man dafür bei Verwendung von (4.35)

$$\det (I - V(p)) = \det (I - I + S_D^{-1}(p)\, G(p))$$

$$= \det S_D^{-1}\, G(p) = \det S_D^{-1}\, \det G(p)$$

$$= \frac{\det G(p)}{\displaystyle\prod_{i=1}^{m} s_{ii}(p)}, \tag{4.36}$$

d. h., die Nullstellen des charakteristischen Polynoms des V-kanonischen Entkopplungssystems sind gleichzeitig auch Nullstellen von det G(p) und umgekehrt. Wenn also det G(p) keine Nullstellen in der rechten Halbebene besitzt, die Strecke also minimalphasig ist, dann ist das Entkopplungssystem stabil.

Abschließend soll das Entkopplungsnetzwerk in V-Struktur für eine Zweigrößenstrecke in P-Struktur angegeben werden, das wie im Bild 4.13b zu einer völligen Entkopplung der beiden Hauptkreise bezüglich $\underline{w}$ und $\underline{z}_a$ führt. $S_D(p)$ ist dazu wie folgt anzusetzen:

$$S_D(p) = \begin{bmatrix} g_{11}(p) & 0 \\ 0 & g_{22}(p) \end{bmatrix}, \tag{4.37}$$

und damit erhält man aus (4.35)

$$V(p) = \begin{bmatrix} 0 & -\dfrac{g_{12}(p)}{g_{11}(p)} \\ -\dfrac{g_{21}(p)}{g_{22}(p)} & 0 \end{bmatrix}. \tag{4.38}$$

Im Bild 4.15 ist dieses V-kanonische Entkopplungsnetzwerk, das als Bestandteil der Regeleinrichtung zu realisieren ist, dargestellt. Man erkennt beim Vergleich mit Bild 4.13a den weniger komplizierten Aufbau des V-kanonischen Entkopplungsnetzwerks.

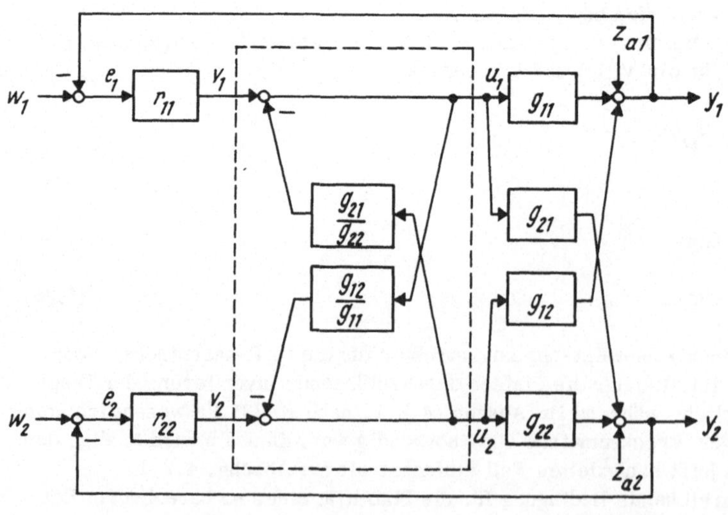

Bild 4.15. Zur Entkopplung eines Zweigrößensystems mit P-Strecke durch ein Entkopplungsnetzwerk in V-Struktur

4.2.3. Entkopplungssystem für Strecke in V-Struktur

In den Fällen, wo die ursprüngliche, natürliche Struktur der Mehrgrößenstrecke die V-Struktur ist, gibt es eine relativ einfache Entkopplungsmöglichkeit [14]. Auf die Erörterung der Kombinationen V-Strecke mit P-Entkopplungsnetzwerk und V-Strecke mit V-Entkopplungsnetzwerk wird verzichtet [1] [12].

Die angekündigte einfache Entkopplungsmöglichkeit für eine Strecke in V-Struktur ergibt sich unmittelbar aus der sie beschreibenden Gleichung (4.1):

$$\underline{y} = F\,(\underline{u} + V\underline{y})\,, \tag{4.39}$$

wobei F die Diagonalmatrix der Hauptstrecken (Vorwärtszweig im Bild 4.5)

$$F = \begin{bmatrix} f_{11} & & \\ & f_{22} & 0 \\ & & \ddots & \\ 0 & & & f_{mm} \end{bmatrix} \tag{4.40}$$

und V die Matrix der Koppelstrecken ist und das Aussehen wie in (4.32) hat. (4.39) zeigt nun unter Beachtung von (4.40), daß man durch zusätzliche Einführung des Vektors $-V\underline{y}$ in der Art

$$\underline{y} = F\,(\underline{u} + V\underline{y} - V\underline{y}) = F\underline{u} \tag{4.41}$$

zu der gewünschten Entkopplung kommt; denn F ist die Diagonalmatrix der Hauptstrecken.

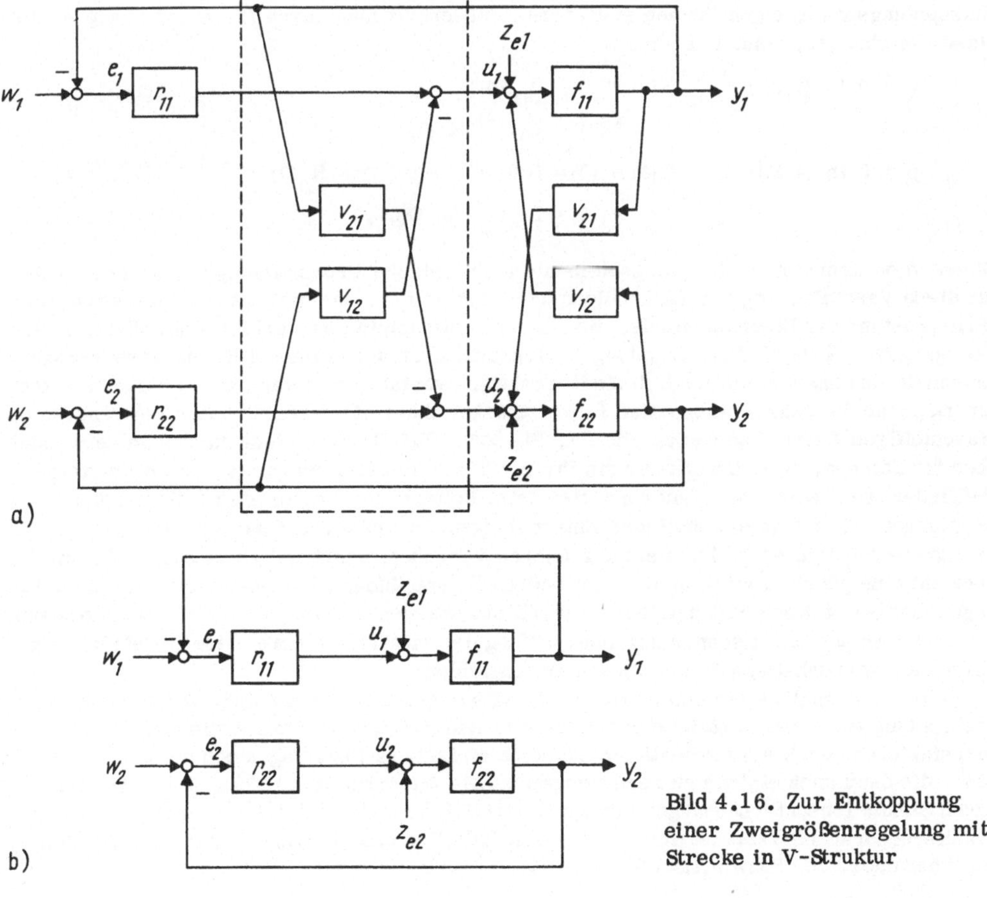

Bild 4.16. Zur Entkopplung einer Zweigrößenregelung mit Strecke in V-Struktur

Deutet man die Vorschrift (4.41) in Richtung Realisierung dieser Entkopplung, so hat $-V\,y$
die Funktion eines zusätzlichen Stellvektors, der aus den schon durch die Meßeinrichtung
erfaßten Regelgrößen $\underline{y}$ zu bilden ist. Die Realisierung ist also in der Tat sehr einfach.
Bild 4.16 zeigt die Verhältnisse für eine Zweigrößenregelung. Bei einer derartigen Entkopplung (Eigen- und Führungsautonomie) wird auch eine Entkopplung der am Eingang der Strek-
ke wirkenden Störungen $\underline{z}_e$ erreicht.

Es muß bemerkt werden, daß die Einfachheit dieser Entkopplungsmethode nur dann praktisch genutzt werden kann, wenn die Strecke real eine V-Struktur hat und als solche primär
und "natürlich" vorliegt. Wenn man dagegen eine in P-Struktur ursprünglich vorliegende
Strecke erst in eine (fiktive) V-Struktur umrechnet, um darauf dann das einfache Entkopplungsprinzip anzuwenden, wird man i. allg. auf Schwierigkeiten stoßen. Da durch die Umrechnung die resultierenden $f_{ii}(p)$, $v_{ij}(p)$ meist von komplizierter Gestalt sind, wird die
beabsichtigte Entkopplung an Realisierungsproblemen oder zu großem Aufwand scheitern.

4.2.4. Näherungsweise Entkopplung, statische Entkopplung

In den Abschnitten 4.2.1. bis 4.2.3. wurde verschiedentlich darauf hingewiesen, daß es bei
der Entkopplung zu Schwierigkeiten bei der Realisierung des berechneten Entkopplungssystems als Bestandteil des Mehrgrößenreglers kommen kann und wird.

Es liegt nahe, diesen Schwierigkeiten dadurch zu begegnen, indem man auf die berechnete exakte Entkopplung verzichtet und nur eine unvollständige oder näherungsweise Entkopplung vornimmt.

Der einfachste Fall ist hier die sog. stationäre oder statische Entkopplung. Hierbei verfolgt man das Ziel, die oben aufgestellten Entkopplungsbedingungen, also z. B. (4.21) oder
(4.33), nur für den stationären Zustand, d. h. für $t \rightarrow \infty$ bzw. $p \rightarrow 0$, zu erfüllen. Diese
Entkopplungsbedingungen für den stationären Fall erhält man durch Einsetzen von $p = 0$ in
diese Gleichungen, also, z.B.

$$p = 0 \text{ in } (4.21) \qquad G(0)\,N(0) = S_D(0)$$

$$N(0) = G(0)^{-1}\,S_D(0)$$

$$p = 0 \text{ in } (4.33) \qquad G(0)\,N_v(0) = G(0)\,(I - V(0))^{-1} = S_D(0)$$

$$V(0) = I - S_D^{-1}(0)\,G(0)\,.$$

Diese so berechneten Entkopplungselemente sind einfache Proportionalglieder. Der Preis
für diese Vereinfachung der Entkopplungsstruktur ist der, daß hiermit nur im stationären
(End-)Zustand die Eigenautonomie, die Führungsautonomie usw. erfüllt sind. Während der
Übergangsvorgänge sind die Kopplungen wirksam, über deren Intensität und Auswirkungen
pauschale Aussagen nicht möglich sind. Praktisch verfährt man dann so, daß man die Regler $r_{ii}(p)$ an die exakt entkoppelten Einzelstrecken theoretisch anpaßt unter Verwendung der
einschleifigen Entwurfstechniken für P-, PI- bzw. PID-Regler, diese dann auch verwendet,
aber im Entkopplungsnetzwerk nur die für $p = 0$ erhaltenen Entkopplungselemente (reine
P-Glieder) realisiert. Man ignoriert also beim Entwurf der Regler $r_{ii}(p)$ die dynamischen
Kopplungen, die durch das statische Entkopplungsnetzwerk nicht beseitigt werden. Bei
Zweigrößenregelungen funktioniert ein solches Vorgehen manchmal recht gut, d. h., man
erreicht eine günstige Wirkung der stationären Entkopplung. Aber auch hier - und natürlich
erst recht bei statisch entkoppelten Mehrgrößensystemen mit $m > 2$' - sind Simulationsuntersuchungen auf dem Rechner zur Überprüfung der tatsächlich erreichten Regelgüte, vor
allem des Störverhaltens notwendig und zu empfehlen.

Weitere Vorschläge für eine verbesserte näherungsweise Entkopplung gehen dahin, die
Entkopplungselemente anstelle der drastischen Reduzierung auf ihre statischen Übertragungsfaktoren durch Approximation durch eine einfachere Übertragungsfunktion zu ersetzen
[14] , die dann auch einfach zu realisieren ist. Die Auswirkungen sind aber i. allg. nur
durch Simulationsuntersuchungen genügend verläßlich festzustellen und einzuschätzen. Die
praktische Brauchbarkeit ist umstritten, weil lediglich eine Verlagerung bzw. Änderung
des Charakters der Schwierigkeiten eintritt.

Andererseits hat das Entkopplungsprinzip von seinem Wesen her eine gewisse natürliche Anziehungskraft: Die Zerlegung des Mehrgrößenproblems in entkoppelte Übertragungskanäle bzw. Einzelregelkreise schlägt die Brücke zur vertrauten klassischen Regelungstechnik und erhöht die Transparenz. So wurde in den letzten 10 Jahren wiederholt versucht, den Entkopplungsgedanken auf andere Art und Weise, und zwar unter Verwendung der durch die Systemtheorie gelieferten neuen Mittel und Methoden - also nicht durch Reihenentkopplung - zu realisieren. Hier sind die Verfahren der Entkopplung durch Zustandsrückführung [13] [20] [21] [22] und durch Ausgangsrückführung [23] [24] [25] [26] zu nennen. Die Vorgehensweise dieser Methoden unterscheidet sich von der Reihenentkopplung deutlich, obwohl auch hier im Endeffekt eine Diagonalisierung der resultierenden Übertragungsmatrix zwischen Eingangs- (Führungs-) Größen und Ausgangs- (Regel-) Größen erreicht wird. Es zeichnet sich allerdings ab, daß auch hier dem zentralen Problem der Störgrößenausregelung nicht explizit Rechnung getragen werden kann. Daher werden die genannten Entkopplungsprinzipien nachfolgend nur kurz umrissen.

4.2.5. Entkopplung durch Zustandsrückführung

Ausgangspunkt dieser im Zeitbereich arbeitenden Entkopplungsverfahren ist das Zustandsmodell der Mehrgrößenregelstrecke

$$\dot{\underline{x}} = A\underline{x} + B\underline{u}$$
$$\underline{y} = C\underline{x},$$
(4.42)

wobei angenommen wird, daß die Zahl m der Eingänge u_i gleich der Zahl der Ausgänge y_i sei. Die Aufgabe besteht nun darin, durch eine Zustandsrückführung, d. h. durch ein Regelungsgesetz

$$\underline{u} = R\underline{x} + L\underline{v},$$
(4.43)

wobei $\underline{v}$ ein neuer m-dimensionaler Eingangsvektor ist, das System zu diagonalisieren. Die (konstanten) Matrizen R und L des Regelungsgesetzes sind so zu bestimmen, daß das derart zustandsrückgekoppelte System (s. auch Bild 4.17) eine diagonale Übertragungsmatrix $\underline{v} \rightarrow \underline{y}$ besitzt.

$$G_{zg}(p) = C \, (pI - A - BR) \, L = \text{diag} \left[\gamma_{ii}(p) \right]$$
(4.44)

Die Bestimmung von R, L, d. h. der Entwurf des entkoppelten Systems·

$$\dot{\underline{x}} = (A + BR)\,\underline{x} + BL\,\underline{v}$$
$$\underline{y} = C\underline{x},$$

das im Bild 4.17 dargestellt ist, erfordert geeignete Transformationen der Zustandsglei-

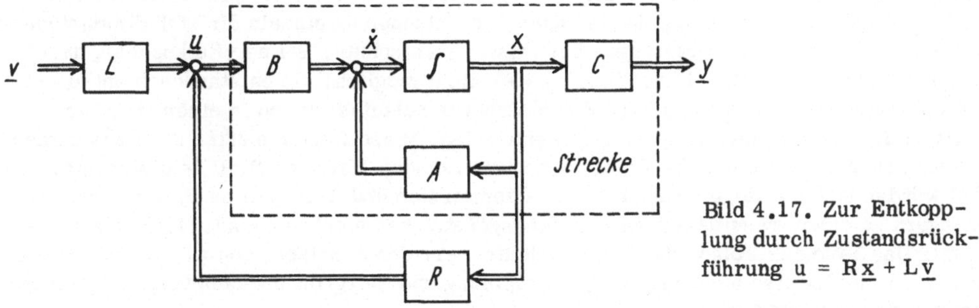

Bild 4.17. Zur Entkopplung durch Zustandsrückführung $\underline{u} = R\underline{x} + L\underline{v}$

chungen des gegebenen, zu entkoppelnden Systems (4.42) [22] . Die die Entkopplung bewirkenden Matrizen R, L existieren dann und nur dann, wenn die Matrix

$$
\begin{bmatrix}
\underline{c}_1^T A^{d_1} B \\[1.5ex]
\underline{c}_2^T A^{d_2} B \\
\vdots \\[1ex]
\underline{c}_m^T A^{d_m} B
\end{bmatrix}
\qquad (4.45)
$$

invertierbar ist. Hier ist $\underline{c}_i^T$ die i-te Zeile von C, und der Index d_i ist definiert als die kleinste Potenz von A, so daß $\underline{c}_i^T A^{d_i} B$ nicht die Nullzeile ist [20] [22] :

$$
\underline{c}_i^T B = 0, \qquad \underline{c}_i^T A B = 0, \qquad \dots, \qquad \underline{c}_i^T A^{d_i-1} B = 0, \qquad \underline{c}_i^T A^{d_i} B \neq 0. \qquad (4.46)
$$

Es ist sicherlich einleuchtend, daß in einem regelungstechnischen Anwendungsfall die Existenz und die Bestimmbarkeit von Matrizen R, L, die das System lediglich entkoppeln, nicht genügen. Hier kann nicht die Entkopplung schlechthin das zu erreichende Ziel sein - gemeint ist, daß die neue Führungsgröße v_i nur die zugehörige Ausgangsgröße y_i beeinflußt -, sondern es wird gefordert, daß die entkoppelten Übertragungskanäle $v_i \rightarrow y_i$ eine den spezifischen Aufgabenstellungen entsprechende Dynamik besitzen. Es ist also mit der Entkopplung zugleich eine gewünschte Dynamik in den Einzelkanälen $v_i \rightarrow y_i$ zu realisieren. Die Forderung lautet, solche Matrizen R, L zu bestimmen, die das System im genannten Sinne entkoppeln und den entkoppelten Übertragungskanälen eine spezifische Dynamik verleihen. Zur Realisierung einer solchen vorgeschriebenen bzw. gewünschten Dynamik kommen in diesem Zusammenhang die Gedanken der Pol- bzw. Eigenwertfestlegung (pole-assignment, pole-placement) zum Tragen [22] , d. h., R und L sind so zu bestimmen, daß die Entkopplung als Prinzipforderung und eine gewünschte - zumindest eine zufriedenstellende - Dynamik in den entkoppelten Kanälen $v_i \rightarrow y_i$ realisiert werden. Die Erfüllung dieser (Ideal-)Forderungen wird i. allg. nicht gelingen. Ohne in die Tiefe zu gehen - s. dazu [20] [21] [22] - wird klar, daß zu viele der beim Entwurf ohnehin nur begrenzt vorhandenen Freiheitsgrade bei der Bestimmung und Festlegung der Elemente von R und L durch die notwendige Diagonalisierung verbraucht werden, so daß nur noch wenig Spielraum für die Erfüllung weiterer Dynamikforderungen durch Polfestlegung verbleibt. Dieses Wesensmerkmal der Entkopplung durch Zustandsrückführung ist ein Grund dafür, daß dieses Prinzip für die technische Mehrgrößenregelung keine nennenswerte Bedeutung erlangt hat.

Außerdem sei nochmals herausgestellt, daß eine Entkopplung mit diesem Prinzip nur für die als Führungsgrößen aufzufassenden neuen Eingänge v_i erreicht wird und Störungen überhaupt nicht Rechnung getragen werden kann. Dadurch unterscheidet sich dieses Entkopplungsprinzip grundsätzlich vom klassischen Vorgehen der Reihenentkopplung im Abschn. 4.2. Dort wurden die Einzelregelkreise nach der Entkopplung einzeln für sich dimensioniert, wobei man wenigstens z. T. Störungen berücksichtigen konnte. Bei der Entkopplung durch Zustandsrückführung nach Bild 4.17 ist es aber nicht möglich, die entstandenen entkoppelten Übertragungskanäle $v_i \rightarrow y_i$ als Einzelstrecken aufzufassen und in einem zweiten Schritt dafür einzelne Regler $y_i \rightarrow v_i$ zu entwerfen. Diese Regler müßten dann zusammen mit den vorher bestimmten, die Entkopplung bewirkenden Matrizen R, L realisiert werden. Dabei würden sich die Regelungsgesetze aus dem ersten und dem zweiten Entwurfsschritt überlagern zu einem resultierenden Regelungsgesetz, das nicht mehr mit (4.43) übereinstimmt. Das hätte zur Folge, daß die gerade erst erreichte Entkopplung wieder zunichte gemacht wird. Es ist also nicht möglich, Entkopplung und Störgrößenbekämpfung mit dem genannten Prinzip zu erreichen.

Das Regelungsgesetz (4.43) kann nur dann realisiert werden, wenn alle n Zustandsvariablen x_i des Prozesses (4.42) meßbar sind.

Eine häufig angestrebte Möglichkeit, die Schwierigkeiten, die nicht meßbare Zustandsvariable bereiten, zu umgehen, besteht darin, ein Regelungsgesetz mit Ausgangsgrößenrückführung anzusetzen. Die Entkopplung, d. h. die Diagonalisierung der Übertragungsfunktions-

matrix, soll hier durch eine Rückführung der meßbaren Ausgangsgrößen y_i erreicht werden.
Da bei einem realen Prozeß die Zahl m der Ausgangsgrößen kleiner als die Zahl n der Zustandsvariablen ist, kann man hoffen, daß der Aufwand, der auf der Seite der Meßtechnik
zu treiben ist, kleiner wird als bei Strukturen mit Zustandsrückführung.

4.2.6. Entkopplung durch Ausgangsrückführung

Anstelle von (4.43) soll jetzt durch eine Ausgangsrückführung

$$\underline{u} = H \underline{y} + K \underline{v} \tag{4.47}$$

versucht werden, das gegebene System (4.42) n-ter Ordnung mit m Ein- und Ausgängen zu
entkoppeln. Bild 4.18 zeigt eine solche Rückführstruktur. Die Matrizen H und K sollen so
bestimmt werden, daß das derart rückgeführte System

$$\underline{\dot{x}} = (A + BHC) \underline{x} + BK\underline{v} \tag{4.48}$$

eine diagonale Übertragungsmatrix $\underline{v} \rightarrow \underline{y}$

$$G_{ag}(p) = C (pI - A - BHC) BK = \mathrm{diag}\,(\gamma_{ii}(p)) \tag{4.49}$$

hat.

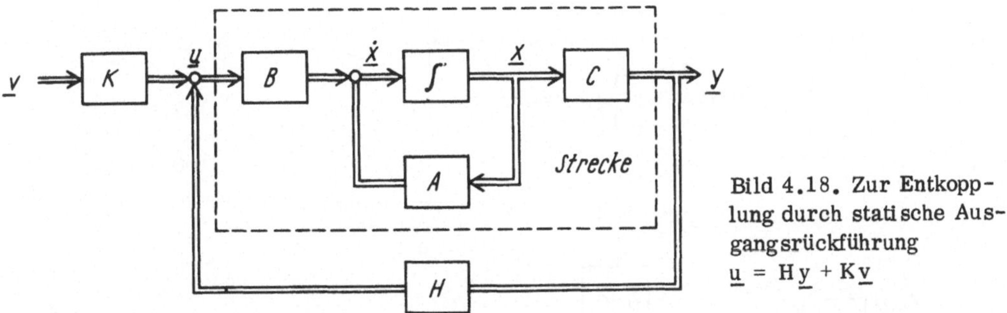

Bild 4.18. Zur Entkopp-
lung durch statische Aus-
gangsrückführung
$\underline{u} = H \underline{y} + K \underline{v}$

Existenzbedingungen für konstante Matrizen H, K, die eine solche Diagonalisierung durch
statische Ausgangsrückführung (4.47) bewirken, sind schärfer als entsprechende Existenzbedingungen für R, L in einer Entkopplungsstruktur mit Zustandsrückführung (Bild 4.17)
[20] [21] [22] . In den Fällen, wo die Bedingungen für die Existenz von konstanten Matrizen H, K erfüllt sind, verbleiben wesentlich weniger Freiheitsgrade als im Abschn. 4.2.5.
zur erforderlichen Beeinflussung der Dynamik. Häufig ist es sogar so, daß mit einer erreichten Diagonalisierung in einzelnen Übertragungskanälen $y_i(p) = \gamma_{ii}(p)\, v_i(p)$ instabile
Pole auftreten, die durch keinen der verbleibenden Freiheitsgrade beseitigt werden können
[22] .

Es muß bemerkt werden, daß verschiedene in der Literatur abgeleitete und angegebene
Existenzbedingungen für H, K wenig konstruktiv sind, in dem Sinne, daß mit ihrer Hilfe die
grundsätzliche Auffindung solcher Matrizen H, K direkt möglich wäre [20] [21] . Ein konstruktiver Weg, der in einen Entwurfsalgorithmus für H, K mündet, wurde - allerdings im
p-Bereich - in [24] vorgeschlagen. Dieser ist jedoch wegen der enthaltenen Faktorisierung
der Übertragungsfunktionsmatrix von (4.42)

$$C (pI - A)^{-1} B = N(p)\, D^{-1}(p) \tag{4.50}$$

in zwei rechtskoprime Polynommatrizen $N(p)$, $D^{-1}(p)$ sehr aufwendig. Unabhängig von dem
hohen Aufwand bei der Berechnung der lediglich die Entkopplung $v_i \rightarrow y_i$ bewirkenden Matrizen H, K ist die praktische Bedeutung von Entkopplungsstrukturen mit statischer Ausgangsrückführung (4.47) gering, weil, wie bereits genannt,

- die Existenzbedingungen seltener erfüllt sind,

- die Einflußnahme auf die Pole der entkoppelten Kanäle noch weniger möglich ist als bei Zustandsrückführung,
- Störungen nicht in das Entkopplungskonzept passen und von ihm daher auch nicht explizit berücksichtigt werden.

Die genannten Nachteile einer Entkopplungsstruktur mit statischer Ausgangsrückführung (und auch die einer statischen Zustandsrückführung) konnten in jüngster Zeit durch die Anwendung einer dynamischen Ausgangsrückführung zur Entkopplung und Polplazierung teilweise beseitigt werden [23] [25] [26]. Die Theorie der Entkopplung durch dynamische Ausgangsrückführung macht anstelle von (4.47) den Ansatz

$$\underline{u}(p) = H(p)\,\underline{y}(p) + K\,\underline{v}(p). \tag{4.51}$$

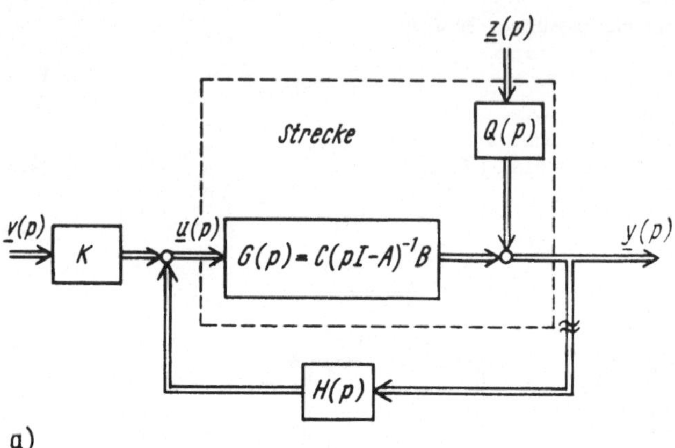

a)

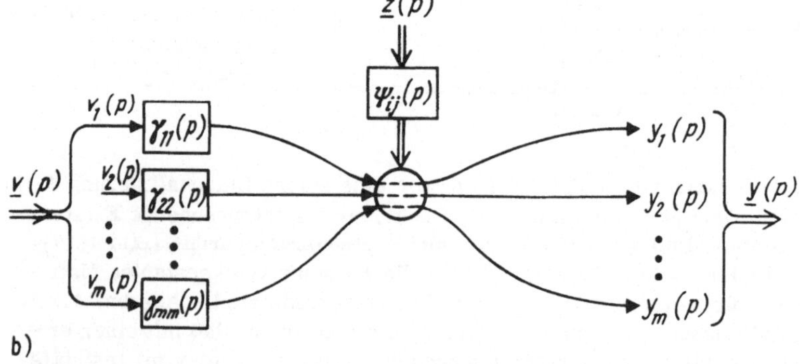

b)

Bild 4.19. Zur Entkopplung durch dynamische Ausgangsrückführung
$\underline{u}(p) = H(p)\,\underline{y}(p) + K\,\underline{v}(p)$

Die zugehörige Struktur wird im Bild 4.19 gezeigt. Aus Bild 4.19 liest man zunächst für die markierte fiktive Schnittstelle ab:

$$\underline{y}(p) = Q(p)\,\underline{z}(p) + G(p)\,K\,\underline{v}(p) + G(p)\,H(p)\,\underline{y}(p). \tag{4.52}$$

Durch Umstellen findet man

$$\underline{y}(p) = (I - G(p)\,H(p))^{-1}\,G(p)\,K\,\underline{v}(p) + (I - G(p)\,H(p))^{-1}\,Q(p)\,\underline{z}(p)$$
$$= (G^{-1}(p) - H(p))^{-1}\,K\,\underline{v}(p) + (I - G(p)\,H(p))^{-1}\,Q(p)\,\underline{z}(p). \tag{4.53}$$

Die Übertragungsmatrix H(p), deren Elemente gebrochen rationale Funktionen in p sind, und die konstante nichtsinguläre Matrix K sind so zu bestimmen, daß

- die Übertragungsfunktionsmatrix $\underline{v} \rightarrow \underline{y}$

$$G_d(p) = (I - G(p)\,H(p))^{-1}\,G(p)\,K = (G^{-1}(p) - H(p))^{-1}\,K \tag{4.54}$$

diagonal wird $G_d(p) = \mathrm{diag}\,[\gamma_{ii}(p)]$, und

78

- die Matrizen $H(p)$ und $G_d(p)$ (wenigstens) stabil sind.

Auf dieser Grundlage gelang es in [25] [26] , ein Entwurfsverfahren zur Bestimmung von $H(p)$ und K zu entwickeln, und zwar ist es dabei möglich, die Pollagen der entkoppelten Übertragungskanäle als Funktion eines konstanten Entwurfsparameters δ_{ii} darzustellen, so daß dessen günstige Festlegung durch die Anwendung von Wurzelortskurventechniken erfolgen kann [25] . Dieser konstante Parameter δ_{ii} geht in überschaubarer Weise in $H(p)$ und K ein.

Bei diesem Entkopplungsprinzip wird nur die resultierende Übertragungsfunktionsmatrix zwischen $\underline{v}$, die als Führungsgrößen zu interpretieren sind, und $\underline{y}$ als Ausgangsgrößen diagonal. Wie (4.53) und (4.54) zeigen, wird dabei eine Entkopplung bezüglich der Störungen $\underline{z}$ auch wieder nicht erreicht. Im Ergebnis einer solchen Entkopplung durch Ausgangsrückführung nimmt (4.53) die folgende prinzipielle Gestalt an (Bild 4.19b):

$$\underline{y}(p) = \text{diag} \left[\gamma_{ii}(p) \right] \underline{v}(p) + (\Psi_{ij}(p)) \underline{z}(p) . \tag{4.53a}$$

Der für diese Diagonalisierung zu treibende Entwurfsaufwand ist hoch und das in [25] beschriebene Rechenprogramm umfangreich. Die Übertragungsfunktionsmatrix $H(p)$ und damit das Regelungsgesetz (4.51) werden i. allg. nicht mehr durch konventionelle Regelelemente, wie PI- und PID-Regler, realisierbar. Analog zu Abschn. 4.2.4. könnte man im Interesse der Vereinfachung auf den Gedanken kommen, die Elemente von $H(p)$ durch einfachere Ausdrücke anzunähern oder gar nur $H(0)$ zu realisieren. Beides ist jedoch mit dem dargestellten Entkopplungsprinzip durch Rückführung nicht vereinbar: zum einen nicht, weil G_d keine Diagonalmatrix mehr wird; zum anderen würde die Polplazierung unmöglich.

4.3. Entkopplung der charakteristischen Frequenzgänge der Übertragungsfunktionsmatrix

Im Abschn. 2.2.2. wurde gezeigt, daß eine quadratische Übertragungsfunktionsmatrix $G(p)$ in ihre frequenzabhängigen Eigenwerte $g_i(p)$ dyadisch zerlegt werden kann, die als charakteristische Übertragungsfunktionen von $G(p)$ bezeichnet werden. Mit der Modalmatrix $W(p)$ der Eigenvektoren $\underline{w}_i(p)$ und ihrer inversen $V(p)$ gilt Gl. (2.20) für $G(p)$:

$$G(p) = W_s(p) \, \text{diag} \, \{g_i(p)\} \, V_s(p) .$$

Bild 2.4 veranschaulicht diese Zerlegung.

Diese Aufspaltung der Übertragungsfunktionsmatrix in ihre charakteristischen Übertragungsfunktionen bietet nun eine weitere Entkopplungsmöglichkeit. Dazu wird von Bild 4.20

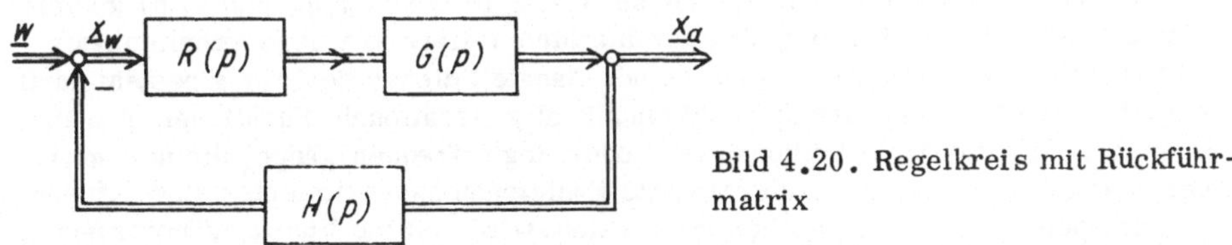

Bild 4.20. Regelkreis mit Rückführmatrix

ausgegangen. Die Übertragungsfunktionsmatrizen der Regelstrecke, des Reglers und der Rückführung werden als quadratische ($m \times m$) Matrizen angenommen. Außerdem wird zur Vereinfachung vorausgesetzt, daß die charakteristischen Übertragungsfunktionen der Übertragungsfunktionsmatrix der Regelstrecke alle voneinander verschieden sind.

Wird die Regelstrecke in der angegebenen Weise dyadisch zerlegt und werden die Übertragungsfunktionsmatrizen des Reglers und der Rückführung in folgender Weise gewählt:

$$R(p) = W_s(p) \, \text{diag} \, \{r_i(p)\} \, V_s(p) \tag{4.55}$$

und

$$H(p) = W_s(p) \, \text{diag} \, \{h_i(p)\} \, V_s(p), \tag{4.56}$$

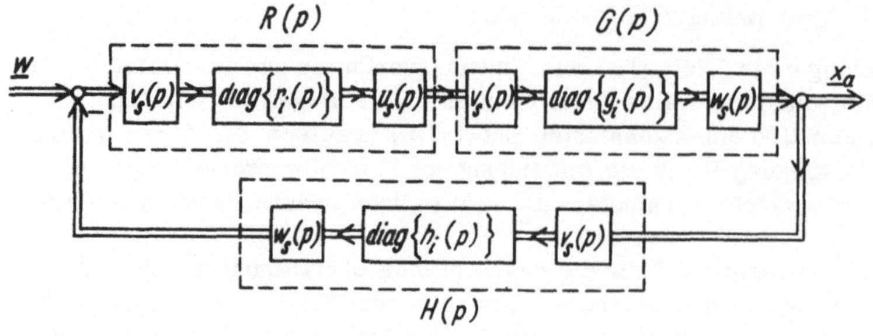

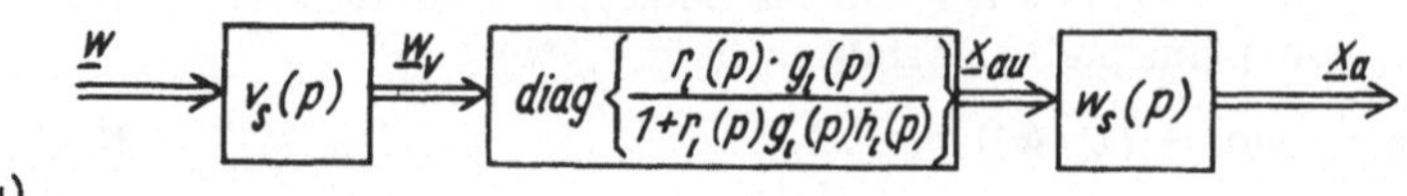

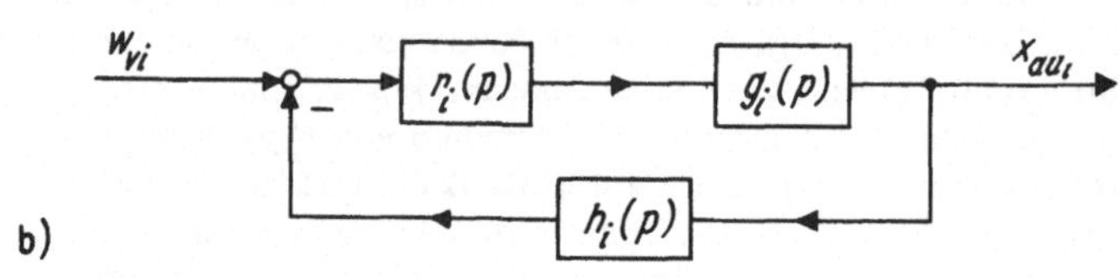

Bild 4.21. Entkopplung der charakteristischen Übertragungsfunktionen
a) Einführung von Entkopplungsmatrizen; b) umgewandelter Regelkreis; c) entkoppelter Einfachregelkreis

so bedeutet dies eine __innere__ Entkopplung bezüglich der charakteristischen Übertragungsfunktionen des Gesamtregelkreises. Das wird im Bild 4.21a bis c veranschaulicht. Der Gesamtregelkreis zerfällt entsprechend (3.60) in m parallel geschaltete voneinander entkoppelte Einfachregelkreise:

$$F_g(p) = W_s(p)\ \text{diag}\left\{\frac{r_i(p)\ g_i(p)}{1 + r_i(p)\ g_i(p)\ h_i(p)}\right\}\ V_s(p)$$

$$= \sum_{i=1}^{m} \frac{r_i(p)\ g_i(p)}{1 + r_i(p)\ g_i(p)\ h_i(p)}\ \underline{w}_{is}(p)\ \underline{v}_{is}^T(p).\qquad(4.57)$$

Die m Führungsgrößen $w_i(p)$ werden über die Kopplungsmatrix $V_s(p)$ auf die entkoppelten Einfachregelkreise aufgeschaltet, und die m Ausgangsgrößen der Einzelkreise werden mittels $\underline{W}_s(p)$ linear zur Ausgangsgröße $\underline{x}_a(p)$ kombiniert. Die Einzelregelkreise können nun als Einfachregelkreise entworfen werden, in denen die $g_i(p)$ durch $r_i(p)$ und $h_i(p)$ gezielt und unabhängig voneinander in Richtung des gewünschten Teilübertragungsverhaltens der Einzelkreise beeinflußt werden. Der entscheidende Nachteil dieser Zerlegung besteht darin, daß die charakteristischen Übertragungsfunktionen i. allg. irrationale Funktionen in p darstellen. Das führt auf irrationale Entkopplungs- oder Reglerfrequenzgänge, die nur schwer realisierbar oder genügend genau durch rationale Funktionen approximierter sind. Obwohl eine innere Entkopplung der Hauptregelkreise erreicht wird, ist die Führungsübertragungsfunktionsmatrix $F_w(p)$ entsprechend

$$\underline{x}_a(p) = F_w(p)\ \underline{w}(p)$$

nicht diagonal, und demgemäß findet auch keine Entkopplung bezüglich der Störgrößeneinflüsse statt.

Die angegebene Zerlegung und Entkopplung dienen aber als Grundgedanke des von MacFarlane [27] vorgeschlagenen Verfahrens der kommutativen Regelung. Es hat infolge der angeführten Nachteile kaum praktische Bedeutung, liefert aber die Ausgangsbasis für Entwurfsverfahren, auf die im Abschn. 6. ausführlicher eingegangen werden wird.

4.4. Schlußfolgerungen: allgemein strukturierte Regler

Die bisherige Behandlung der Mehrgrößenregelung und einiger auf dem Entkopplungsgedanken beruhender Entwurfsmöglichkeiten für Mehrgrößenregler führt zu folgenden Einschätzungen:

Eine Autonomisierung in der bisher diskutierten Weise hat neben Vorteilen einige nachteilige Eigenschaften. Auf diese auch bei Mehrgrößenregelungen mit $m > 2$ auftretenden Probleme soll nochmals hingewiesen werden:

1. Bei einer angestrebten idealen Entkopplung werden die zu entwerfenden Entkopplungsglieder und die damit verbundenen Mehrgrößenregler besonders im Fall $m > 2$ gewöhnlich kompliziert und aufwendig und sind mit analogen Standardbausteinen schwer realisierbar.
2. Um umfangreiche Simulationsuntersuchungen zu vermeiden, ist eine "ideale" Realisierung der Entkopplungsglieder für eine vollständige Autonomisierung erforderlich. Voraussetzung dafür ist neben der genannten Realisierbarkeit eine hohe Genauigkeit der zugrunde liegenden Regelstreckenmodelle. Eine nur statische Entkopplung ($p = 0$) ist nicht ausreichend, wenn stärkere dynamische Kopplungen zwischen den Teilstrecken bestehen.
3. Eine ideale Entkopplung ist nicht durchführbar, wenn die Mehrgrößenregelstrecke nicht minimalphasig ist, d.h., wenn det $G(p)$ Nullstellen in der rechten p-Halbebene hat, da dann die sich ergebenden Entkopplungsnetzwerke instabil sind.
4. Die Störgrößendämpfung, die mit einer entkoppelten Mehrgrößenregelung im Vergleich zu einer nicht entkoppelten Regelung erreichbar ist, ist i. allg. geringer. Das kann in den Fällen, in denen es besonders auf eine hohe Störgrößendämpfung ankommt, nachteilig sein.

Demgegenüber erlangen auf dem Entkopplungsgedanken beruhende Entwurfsverfahren besondere Bedeutung, wenn neben der Forderung nach einer ausreichenden Störgrößendämpfung noch andere Entwurfsziele berücksichtigt werden müssen, wie gutes Führungsverhalten und Integrität des entworfenen Systems, die auf andere Weise schwer zu erfüllen sind. Demzufolge erfolgte die weitere Entwicklung der Entwurfsverfahren besonders für Mehrgrößenregelungen mit $m > 2$ auf zwei Wegen:

1. der Orientierung auf den Entwurf allgemein strukturierter Regler mit freier Wahl aller Elemente der die Regeleinrichtung beschreibenden Matrix, um bezüglich der Regelgüte (besonders gemessen an der Störgrößendämpfung) bessere Regelungen zu erreichen, und
2. der Orientierung auf die Entwicklung von praktischen Erfordernissen besser entsprechenden Entkopplungsprinzipien oder -verfahren, die zu einfacher realisierbaren Reglern führen und eine Reduktion des Entwurfsaufwandes anstreben. Auch hier führt die Zusammenfassung von Entkopplungseinrichtung und Regler zu allgemein strukturierten Reglern mit allerdings eingeschränkter Wahl der Reglerelemente.

Den bisher im Abschn. 4. betrachteten und bewußt nur in den Ansätzen aufgezeigten Entwurfsverfahren ist gemeinsam, daß die angestrebten zu erfüllenden bzw. erfüllbaren Entwurfskriterien selten deutlich und quantifiziert angegeben werden können. Eine zu erfüllende Minimalforderung ist dabei natürlich die Stabilität des Regelkreises. Die meisten Verfahren, besonders die vom Entkopplungsgedanken ausgehenden, versuchen, nicht nur ein stabiles, sondern auch ein statisch und teilweise sogar dynamisch gutes Führungsverhalten zu erreichen. Die "klassischen" Entkopplungsverfahren besonders für Zweigrößenregelungen versuchen darüber hinaus, die nach der Entkopplung vorliegenden Einzelregelkreise entsprechend günstig auszulegen. Die neueren Entkopplungskonzepte mittels Zustands- oder Ausgangsgrößenrückführung versuchen Führungsautonomie mit zufriedenstellender Dynamik durch mit der Entkopplung verbundene Polzuweisung zu erreichen.

Für den Entwurf allgemeiner strukturierter Mehrgrößenregler sind, von der mathematischen Beschreibungsmethode im Zeit- bzw. Bildbereich unabhängig, zwei systematische, für die praktische Entwurfsarbeit geeignete Vorgehensweisen denkbar:

1. der Entwurf aller Regelkreise, d. h. des ganzen Mehrgrößenreglers zugleich, und

2. der sequentielle Entwurf der Hauptregelkreise, wobei alle Kopplungen, die die Mehrgrößenregelstrecke allein und nach sequentieller Kreisschließung offenbart, beachtet werden.

Die im nachfolgenden Abschn. 5. behandelten Entwurfsverfahren des Zeitbereichs (s. auch
Tafel 1 im Abschn. 1.5.), die in irgendeiner Form von den Zustandsraummethoden Gebrauch machen, können pauschal der ersten Vorgehensweise zugeordnet werden. Schon von
dieser Konzeption her läßt sich vorab einschätzen, daß diese Methoden zum Entwurf allgemeiner strukturierter Regler einen systematischen Entwurf ermöglichen und rechnerfreund-
lich sind. Jedoch entbehren sie einer gewissen Flexibilität, solche Randbedingungen zu berücksichtigen wie

hohe Integrität
übersichtliche Reglerstruktur
Angabe von Reglereinstell- und -nachstellvorschriften bzw. von zulässigen Reglerkenn-
werttoleranzen
relative Unempfindlichkeit des Entwurfs gegenüber Modellfehlern.

Gerade die Notwendigkeit, neben der durch die Störgrößendämpfung und das Einschwingverhalten ausdrückbaren Regelgüte solche vom Ingenieurstandpunkt diktierten Grundsätze besser zu erfüllen, hat zur Entwicklung der neueren im Frequenzbereich arbeitenden Entwurfsverfahren, wie sie im Abschn. 6. behandelt werden (s. auch Tafel 1 im Abschn. 1.5.), bei-
getragen bzw. diese entscheidend angeregt.

4.5. Literatur

[1]   Engel, W.: Grundlegende Untersuchungen über die Entkopplung von Mehrfachregel-
        kreisen. rt 14 (1966) S. 562-568 und Dissertation an der TH München 1962.
[2]   Schwarz, H.: Vorschläge zur Elimination von Kopplungen in Mehrfachregelkreisen.
        rt 9 (1961) S. 454-459, 505-510 und Dissertation an der TH Aachen 1960.
[3]   Schwarz, H.: Mehrfachregelungen, Bd. 1. Berlin, Heidelberg, New York: Springer-
        Verlag 1967.
[4]   Muckli, W.: Analyse und Optimierung nicht entkoppelter Zweifachregelkreise. Dis-
        sertation an der TH Aachen 1968.
[5]   Kraemer, W.: Grenzen und Möglichkeiten nichtentkoppelter Zweifachregelungen.
        Fortschrittberichte VDI-Zeitschrift 1968, Nr. 10, Reihe 8, VDI-Verlag, Düssel-
        dorf 1968.
[6]   Muckli, W.; Kraemer, W.: Reglereinstellung an nichtentkoppelten Zweigrößenrege-
        lungen. rt 20 (1972) 4, S. 155-163.
[7]   Sponer, J.: Ein Beitrag zur Bemessung entkoppelter und nichtentkoppelter Mehrfach-
        regelungen. Dissertation an der TH Ilmenau 1966.
[8]   Sponer, J.: Zur Bemessung exakt entkoppelter und nichtentkoppelter Zweifachrege-
        lungen. msr 9 (1966) 12, S. 438-445.
[9]   Zietz, H.: Beitrag zur Analyse und Synthese gekoppelter Zweigrößenregelungen.
        Dissertation an der TH Magdeburg 1970.
[10]   Zietz, H.: Stabilitätsbetrachtungen und Reglerentwurf bei nichtentkoppelten Zweigrö-
        ßenregelungen. msr 16 (1973) 3, S. 84-88.
[11]   Birnstiel, H.: Beitrag zur Projektierung von Mehrgrößensystemen insbesondere zur
        Stellgrößen-Regelgrößen-Zuordnung. Dissertation an der TH Leipzig 1978.
[12]   Welfonder, E.: Regelverhalten von parameter- und strukturoptimierten Zweigrößen-
        regelsystemen bei sprungförmigen und regellosen Einflußgrößen. Fortschrittberich-
        te VDI-Z., Reihe 8, Nr. 23. Düsseldorf: VDI-Verlag 1976.
[13]   Niederlinski, A.: Układy wielowymiarowe automatyki. Warszawa: Verlag Naukowo
        Techniczne 1974.
[14]   Föllinger, O.: Regelungstechnik. Berlin: Elitera-Verlag 1972.
[15]   Niederlinski, A.: A heuristic approach to the design of linear multivariable inter-
        acting control systems. Automatica 1971, vol. 7, no. 6, S. 691-701.

[16]   Rosenbrock, H.H.: On the design of linear multivariable control systems. Proc. 3rd Congress IFAC, London 1966, 1A1–1A16.

[17]   MacFarlane, A.G.J.: A survey of some recent results in linear multivariable feedback theory. Automatica 1972, vol. 8, S. 455–492.

[18]   MacFarlane, A.G.J.: Return–difference– and return ratio–matrices and their use in analysis and design of multivariable feedback control systems. Proc. IEE, vol. 117, No. 10 (Oct. 1970), S. 2037–2049.

[19]   Foss, A.S.: Critique of chemical process control theory. AIChE–Journal, vol. 19, no. 2, S. 209–214 (March 1973).

[20]   Gilbert, E.G.: The decoupling of multivariable systems by state feedback. J. SIAM on Control, vol. 7, 1969, S. 50–63.

[21]   Falb, P.L.; Wolovich, W.A.: Decoupling in the design synthesis of multivariable control systems. IEEE–Trans. on. Autom. Control, vol. AC–12, no. 6, S. 651–659 (Dec. 1967).

[22]   Fossard, A.J.: Multivariable system control. Amsterdam: North–Holland–Publ. Comp. 1977.

[23]   Wolovich, W.A.: Output feedback decoupling. IEEE–Trans. on Automatic Control, vol. AC–20, S. 148–149 (Febr. 1975).

[24]   Wang, S.H.; Davison, E.J.: Design of decoupled control systems, a frequency domain approach. Int. J. Control (1975) vol. 21, no. 4, S. 529–536.

[25]   Bayoumi, M.M.; Duffield, T.L.: A computer aided design method of multivariable systems using output feedback. IFAC–Symp.: Multivariable techn. systems, Canada 1976, S. 119–125.

[26]   Bayoumi, M.M.; Duffield, T.L.: Output feedback decoupling and pole placement in linear time–invariant systems. IEEE–Trans. on Automatic Control, vol. AC–22, no. 1, S. 142–143 (Febr. 1977).

[27]   MacFarlane, A.G.J.: Commutative Controller: A new technique for the design of multivariable control systems. Electronics Letters 6 (1970) S. 121–123.

5. Entwurfsverfahren im Zeitbereich

5.0. Einleitende Bemerkungen und Problemstellungen

Man könnte geneigt sein, den 1. IFAC-Kongreß 1960 und hier vielleicht den Beitrag von R. Kalman "On a general theory of control" als Beginn einer neuen durch die Einführung des Zustandsraumkonzepts gekennzeichneten Regelungstheorie anzusehen. Auf dem Gebiet des Entwurfs von Mehrgrößenregelungen vollzog sich seitdem eine schnelle Entwicklung. Die zumindest theoretisch gegebene Möglichkeit, die Dynamik des zu regelnden Mehrgrößensystems durch Zurückführung des Systemzustands (state-variable-feedback) fast beliebig und frei wählbar ändern zu können, gab Anlaß zu hohen Erwartungen bezüglich der technischen Leistungsfähigkeit der sog. Zustandsregelungen. In Kombination mit der entwickelten Theorie der optimalen Prozesse erfüllten sich viele dieser Erwartungen z. B. auf dem Gebiet der Flugkörperregelung; auf dem Sektor der Prozeßregelung stellten sich die erwarteten Fortschritte jedoch nicht in diesem Maße ein.

Der Zeitraum 1968 bis jetzt ist daher durch eine wesentlich ernüchterte Betrachtungsweise der Probleme der Nutzung des Zustandsraumkonzepts für die Prozeßregelung gekennzeichnet [1]. In [1] und [2] klingen eine Reihe von Gründen an, warum die frühen Theorien der Zustandsregelung unter den realen Bedingungen der Prozeßregelung nicht den gewünschten praktischen Erfolg brachten, bzw. es wurden Bereiche von Teilaufgabenstellungen zur Regelungstechnik abgegrenzt, wo Zustandsraummethoden vom Prinzip her anderen Vorgehensweisen unterlegen sind. Dieser Klärungsprozeß - der zweifellos auch jetzt noch nicht abgeschlossen ist - wurde unterstützt durch die seit etwa 1967 zielstrebig in der Prozeßregelung betriebenen und untersuchten Anwendungsfälle von Mehrgrößenregelungen, die unter Verwendung des Zustandskonzepts entworfen wurden ([3] bis [11]).

Die Behandlung von Regelungsaufgaben im Zustandsraum hat als ein wesentliches Ergebnis den Entwurf sog. "strukturoptimaler" Regelungen ermöglicht [10] [11] [12] . Hierunter werden Regeleinrichtungen verstanden, die unter Anwendung der Theorie optimaler Prozesse (optimal control) [13] [14] [15] i. allg. bei Vorgabe eines verallgemeinerten quadratischen Gütekriteriums, das Stellgrößen und Zustands- bzw. Ausgangsgrößen des zu regelnden Systems bewertet, entworfen werden und nach dem Prinzip der Zustandsrückführung arbeiten. Im Ergebnis eines solchen Entwurfs sind Parameter und Struktur optimal im Hinblick auf das angesetzte Gütekriterium. Die Formulierung des der jeweiligen Aufgabenstellung der Prozeßregelung adäquaten Gütekriteriums und die Wahl der Bewichtungs- und Bewertungsmatrizen im Integranden eines solchen Kriteriums sind entscheidende, aber auch gleichermaßen schwierige Schritte im gesamten Entwurfsgeschehen und meistens nur als ingenieurtechnische Kompromisse durchführbar ([1] [10] [12] u. a.). Nicht selten münden sie in ein Polyoptimierungsproblem [16] .

Ein weiteres für die Prozeßregelung bedeutsames Ergebnis des genannten Klärungsprozesses ist die Erkenntnis, daß verschiedene Verfahren der Polzuweisung durch Zustandsund/oder Ausgangsrückführung [17] in ihrer Anwendung auf technische Mehrgrößenstrecken eine echte Hilfestellung zur Auffindung von Regelstrukturen leisten, die zu einer nennenswerten Dynamikverbesserung des Systems führen. In diesem Zusammenhang hat besonders die modale Regelung ([5] bis [7] [18] [19]) Bedeutung erlangt.

Eine aus der Sicht der Prozeßregelung nachteilige Eigenschaft sowohl der strukturoptimalen Regelung als auch der modalen Regelung besteht darin, daß sich mit ihnen zunächst nur gewünschte Eigenbewegungen des zu regelnden Systems, ausgehend von einem Anfangszustand, erzielen lassen. In diesem Sinne ist die modale Regelung in ihrem Wesen ein Stabilisierungsverfahren mit relativ hoher Flexibilität bezüglich der vorzuschreibenden und erreichbaren Pol- bzw. Eigenwertverteilungen und damit der Dynamik der Eigenbewegungen des Systems. Bei der strukturoptimalen Regelung werden zunächst auch nur von Anfangszuständen ausgehende Eigenbewegungen nach Maßgabe des angesetzten Kriteriums bewertet und optimiert. In beiden Fällen sind damit dauernd wirkende externe Eingangssignale - in der Prozeßregelung also Stör- und Führungssignale - zunächst gar nicht einbeziehbar und so nicht zugelassen. Diese wesensbedingte Einschränkung der Verfahren ist eine Ursache dafür, daß das anfänglich erwartete massive Eindringen dieser Verfahren in die Prozeßregelung nicht eingetreten ist.

Eine wesentliche Zielstellung der Prozeßregelung, daß der "Regelfehler" - zumindest sein deterministischer Anteil - asymptotisch verschwinden muß, gerade unter dauernder Wirkung auch nicht verschwindender Stör- und/oder Führungssignale, konnte erst mit Hilfe der in jüngster Zeit entwickelten Mehrgrößenzustandsregelungen erreicht werden. Hierzu wurde in [20] ein instruktiver Überblick gegeben, der gleichzeitig das Grundprinzip dieser für die Prozeßregelung bedeutsamen Verfahren darlegte. Das gleiche Grundprinzip läßt sich auch unter ausschließlicher Verwendung von Frequenzbereichsmethoden entwickeln [21] ; jedoch ist hier der Schritt der Umwandlung in praktikable Entwurfsverfahren noch nicht als abgeschlossen zu betrachten. Beide Vorgehensweisen beruhen auf der Kopplung von Stabilisierungsverfahren mit dem sog. Inneren-Modell-Prinzip [22] . Dieses Innere-Modell-Prinzip besagt, grob gesprochen, daß unter Wirkung externer Signale nur solche Regeleinrichtungen zum asymptotischen Verschwinden des Regelfehlers führen, die aus zwei Teilen bestehen:

- Der eine Teil ist ein Kompensator, der mit dem zu regelnden System in Kaskade zu schalten ist und in dieser Kaskade ein inneres Modell der nichtverschwindenden externen Signalanteile (Störungen, Führungssignale) erzeugt. Dieser Teil sichert den in üblichen Aufgabenstellungen der Prozeßregelung geforderten Störungsausgleich und/oder die Sollwertfolge.
- Der zweite Teil übernimmt die Stabilisierung dieser Kaskade durch Rückführung. Funktionsprinzipien solcher Stabilisatoren für die hier speziell interessierenden Mehrgrößensysteme sind Zustands- und Ausgangsrückführungen, wie sie aus Entwurfsmethoden zur Polzuweisung (z. B. modale Regelung) oder aus Entwurfsmethoden für strukturoptimale Regelung (optimal control) resultieren.

Erst diese Strukturen haben all diejenigen Merkmale, die man üblicherweise von einer Regelung kennt, und es wäre richtiger, nur sie wirklich als Zustands<u>regelungen</u> zu bezeichnen. Zustandsrückführungen allein bewirken i. allg. und wie oben angedeutet noch nicht das asymptotische Verschwinden des Regelfehlers bei z. B. Wirken externer Störungen, sondern eben nur die Stabilisierung im obengenannten Sinne.

Die Stabilisierungsverfahren haben in dieser Kombination mit dem Inneren-Modell-Prinzip eine Aufwertung und Bedeutung für die Prozeßregelung erlangt. Die auf dieser Grundlage in den letzten Jahren entwickelten Entwurfsverfahren für Mehrgrößenzustandsregelungen zeichnen sich häufig durch eine weitere Eigenschaft aus, nämlich die Robustheit gegenüber Parameterunsicherheiten und -änderungen. Da auch die gerätetechnischen Voraussetzungen für die Realisierung derartiger Zustandsregelungen mehr und mehr gegeben sind [11] [23] , bieten sie eine Alternative zu den klassisch-heuristischen Methoden des Entwurfs von Mehrgrößenregelungen. Sie bieten die Möglichkeit, auf streng systematischem Wege das zentrale Problem der Strukturfindung zu lösen und hohe Regelgüten auch bezüglich Störungsausgleich und Sollwertfolge zu erreichen.

Im vorliegenden Kapitel sollen nun die Grundgedanken und -prinzipien derartiger Mehrgrößenregelungen behandelt werden. Hier sollen einige beim heutigen Stand besonders tragfähig erscheinende Methoden in ihrem Wesen dargestellt und verständlich gemacht werden. Auf dieser Basis erfolgt dann ihre Aufbereitung bis an die Vorstufe der praktischen Nutzung. Hierbei wird, soweit das möglich ist, auf die im Abschn. 1. genannten Schwerpunkte eingegangen.

Zunächst werden Stabilisierungsverfahren behandelt. Bei diesen Verfahren wird die systemtheoretische Erkenntnis, daß bei einem steuerbaren System die Eigenwerte durch eine geeignete Zustandsrückführung gewünscht plaziert werden können, als Grundlage für den Systementwurf benutzt. Im engeren Sinne bedeutet diese Stabilisierung, daß die Instabilität

verursachenden, in der rechten Halbebene liegenden Eigenwerte des zu regelnden Systems
durch eine Zustandsrückführung in die offene linke Halbebene verschoben werden. Daher
wird in der Systemtheorie auch zwischen Steuerbarkeit und Stabilisierbarkeit eines Systems
unterschieden. Ein gegebenes System heißt stabilisierbar, wenn seine instabilen Eigenwerte durch eine Zustandsrückführung in die offene linke Halbebene verschoben werden können.
Die Steuerbarkeit dagegen umfaßt i. allg. die Verschiebbarkeit bzw. Plazierbarkeit aller
Eigenwerte durch Zustandsrückführung. Im weiteren werden unter dem Begriff Stabilisierungsverfahren für den Systementwurf nicht nur die soeben genannten Stabilisierungsverfahren im engeren Sinne verstanden, sondern alle die Verfahren, die das Systemverhalten dadurch "stabiler" machen, daß auch die dominierenden - das sind stabile, aber im Vergleich
zu den anderen Eigenwerten des Systems nahe der imaginären Achse gelegene - Eigenwerte
weiter nach links in der komplexen Ebene verschoben werden. Wie die modale Analyse im
Abschn. 2. zeigt, werden damit auch die dominierenden, primär bereits stabilen Modi
$\underline{r}_i\, e^{\lambda_i t}$ "schneller" gemacht.

Das tragende Prinzip der Stabilisierungsverfahren ist also die Eigenwert- oder Polvorgabe. Notwendige Voraussetzung für die erfolgreiche Anwendung solcher Verfahren für den
Entwurf von stabilen Mehrgrößensystemen ist damit die Steuerbarkeit - zumindest jedoch
die Stabilisierbarkeit - des jeweils vorliegenden Systems. Dazu, wie nun dieses Ziel der
Stabilisierung und Dynamikverbesserung durch Polvorgabe konkret zu erreichen ist, gibt es
in der Literatur zahlreiche Vorschläge. Sie lassen sich bis auf wenige Ausnahmen zwei
grundsätzlichen Herangehensweisen zuordnen:

1. Transformation der Zustandsgleichungen auf die Diagonalform (Diagonal- bzw.Jordan-
   Form der Systemmatrix) und Konstruktion von Zustandsrückführungen auf der Grundlage
   direkter Zusammenhänge zwischen den vorliegenden und den gewünschten Eigenwerten
   und Modi - modale Regelung,
2. Transformation der Zustandsgleichungen auf bestimmte Steuerungsnormalformen (kanonische Formen), die die Relationen zwischen den Eigenwerten und den Koeffizienten der
   charakteristischen Gleichung besonders transparent erscheinen lassen, und Konstruktion
   von Zustandsrückführungen über den "Umweg" der gezielten Veränderung dieser Koeffizienten nach Maßgabe der zu erreichenden und vorgegebenen Eigenwertverteilung; dieses
   Vorgehen wird allgemein als Entwurf durch Polvorgabe bezeichnet.

Vielfach wird in der Literatur kein Unterschied zwischen modaler Regelung und Verfahren
zur Polvorgabe gemacht; denn beide verfolgen das Ziel der Eigenwertplazierung. Im Hinblick auf die Anwendung in der Prozeßregelung hat sich gezeigt, daß das modale Regelungsprinzip eine Verallgemeinerung auch auf Systeme mit verteilten Parametern zuläßt [6] [11]
[24] . Die modale Regelung verhilft also aufgrund ihres Prinzips zu nützlichen Strukturinformationen für die Prozeßregelung, die man auf andere Weise nicht in dieser direkten und
praktisch nutzbaren Form erhält. Daher und aus einigen anderen Gründen hat die modale
Regelung mehr als Prinzip denn als Verfahren eine gewisse eigenständige Bedeutung erlangt [1] .

Im Abschn. 5.1. wird zunächst die modale Regelung behandelt. Es folgen dann einige Ausführungen zu ausgewählten anderen Polzuweisungsverfahren. Die auf diese Weise gefundenen
Stabilisierungsstrukturen sind ebenso wie die strukturoptimalen Lösungen durch eine lineare
Zustandsrückführung $\underline{u} = K\underline{x}$ gekennzeichnet (s. auch Abschn. 3.3.). Wie im Abschn. 2.
und insbesondere im Zusammenhang mit den Prozeßmodellen ausgeführt wurde, ist der Systemzustand $\underline{x}$ nur in seltenen Fällen vollständig verfügbar, so daß es i. allg. nicht möglich
ist, die Zustandsrückführung $\underline{u} = K\underline{x}$ ohne Abstriche zu realisieren. Aus Realisierungssicht kommt daher einer unvollständigen Zustandsrückführung oder nur der Zurückführung
der Systemausgänge eine große praktische Bedeutung zu. Auf die Möglichkeit der unvollständigen Zustandsrückführung wird am Beispiel der modalen Regelung eingegangen. Das
Problem der Polplazierung durch Ausgangsrückführung wird im Abschn. 5.3. relativ eigenständig behandelt.

Die Gewinnung strukturoptimaler Lösungen reicht in die Theorie der optimalen Prozesse
(optimal control) hinein. Dazu dieser Frage bereits umfangreiche Literatur in Lehrbuch-

bzw. Monographieform vorliegt [13] [14] [15] [25] [26] , ist es wohl ausreichend, lediglich einige Aspekte des "optimal control" für den Entwurf von Prozeßregelungen aufzugreifen. Hier hat der Entwurf nach verallgemeinerten quadratischen Gütekriterien eine besondere praktische Bedeutung erlangt [10] [12] . Auf diesen sowie seine Einordnung in die Problematik des Entwurfs von linearen Mehrgrößensystemen wird im Abschn. 5.4. kurz eingegangen. Wie bereits angedeutet, sind die hier erzielbaren und als strukturoptimal bezeichneten Lösungen ihrem Wesen nach (optimale) Stabilisierungslösungen, deren äußeres Kennzeichen ebenfalls eine lineare Zustandsrückführung ist. Im Unterschied zu einigen Polzuweisungsverfahren gelingt es nicht, das Problem der nicht vollständigen Verfügbarkeit des Zustands durch Rückführung nur der verfüg- und meßbaren Zustandsvariablen einigermaßen erfolgreich und mit genügender Verallgemeinerungsfähigkeit zu lösen. Hier bleibt nur die Möglichkeit der Rekonstruktion der nichtverfügbaren Zustandsvariablen mit Hilfe eines Zustandsbeobachters oder kurz eines Beobachters.

Mit dem Entwurf von Beobachtern, die selbst dynamische Systeme darstellen und als solche als Bestandteil der Mehrgrößenregeleinrichtung gerätetechnisch zu realisieren sind, befaßt sich Abschn. 5.5. Hier wird wie bei der Entwicklung der Entwurfsverfahren nur die deterministische Betrachtungsweise verfolgt. Der Entwurf derartiger Zustandsbeobachter geht auf Luenberger zurück [27] [28] . Der Entwurf solcher Beobachter kann unabhängig (separat) vom Entwurf eines Zustandsrückführgesetzes $\underline{u}$ = K$\underline{x}$, wie es unter der zunächst getroffenen Annahme des vollständig verfügbaren Systemzustands im Ergebnis der Abschnitte 5.1., 5.2. und 5.4. anfiel, durchgeführt werden. Da aber zur Realisierung eines Zustandsrückführgesetzes $\underline{u}$ = K$\underline{x}$ nicht die Rekonstruktion des Zustandsvektors $\underline{x}$, d. h. aller Zustandsvariablen schlechthin benötigt wird, sondern eigentlich nur die gemäß K$\underline{x}$ erforderlichen Linearkombinationen der Zustandsvariablen x_i, liegt die folgende Frage nahe: Kann man nicht anstelle der expliziten Rekonstruktion des Zustands die für $\underline{u}$ = K$\underline{x}$ notwendigen Linearkombinationen der Zustandsvariablen aus meßbaren Systemgrößen "nachbilden"? Die Beantwortung dieser Frage führt auf die sog. entarteten Beobachter oder Kontrollbeobachter [29] . Diese Bezeichnung stammt daher, daß ein solcher Kontrollbeobachter als gerätetechnisch realisierte Einheit als Ganzes und sofort das Rückführgesetz (Kontrollgesetz) $\underline{u}$ = K$\underline{x}$ rekonstruiert und zur Wirkung bringt. Solche Kontrollbeobachter haben den Vorteil, daß sie zu gerätetechnisch weniger aufwendigen Lösungen (geringere Ordnung) führen können. Allerdings geht die obenerwähnte angenehme Separationseigenschaft verloren. Auf den Entwurf solcher Kontrollbeobachter wird im Abschn. 5.6. kurz eingegangen.

Diese Betrachtungen leiten unmittelbar zum systemtheoretisch übergreifenden Prinzip der dynamischen Kompensation und seiner Nutzung für den Entwurf (für die Stabilisierung) von Mehrgrößensystemen über. Dynamische Kompensatoren sind Regeleinrichtungen zur dynamischen Ausgangsgrößennachführung und realisieren in etwa solche Eigenschaften, wie sie mit den Möglichkeiten und in den Grenzen der Zustandsrückführungen theoretisch erreichbar sind. Da sie aber von vornherein nur die immer meßbaren Systemausgangsgrößen für eine Rückführung zum Ansatz bringen, haben sie eine hohe praktische Bedeutung. Allerdings gestaltet sich das Entwurfsgeschehen wegen der anspruchsvolleren systemtheoretischen Hintergründe und wegen der für den dynamischen Kompensator selbst zu sichernden Stabilität weniger übersichtlich. Hierauf wird im Abschn. 5.7. eingegangen.

Die in den Abschnitten 5.1. bis 5.7. vorgestellten Entwurfsgrundlagen und -verfahren sind, wie einleitend bemerkt, keine "echten Regelungen" in dem Sinne, daß sie bei dauernd wirkenden, nicht verschwindenden Stör- und Führungssignalen kein asymptotisches Verschwinden eines definierten Regelfehlers bewirken. Im Abschn. 5.8. wird gezeigt, wie im Fall sprungförmiger Stör- und/oder Führungssignale durch Hinzunahme von integralen Ausgangsgrößenrückführungen der gewünschte Störungsausgleich und/oder die Sollwertfolge zusätzlich zur Stabilisierung durch die behandelten proportionalen Zustands- bzw. Ausgangsrückführungen aus den Abschnitten 5.1. bis 5.7. erreicht werden kann. Die so erhaltenen Regeleinrichtungen tragen also PI-Charakter und können als Verallgemeinerung des aus der klassischen Regelungstechnik so erfolgreich praktizierten Prinzips der Verwendung von Reglern mit I-Anteilen angesehen werden.

Im Abschn. 5.9. wird anknüpfend an diese Betrachtungen der allgemeine Fall einer Mehrgrößenzustandsregelung unter Einwirkung von Stör- und Führungssignalen behandelt. Es wird dargelegt, wie durch kombinierte Nutzung des Inneren-Modell-Prinzips und der

Stabilisierungsverfahren die anstehende Aufgabe der Prozeßregelung gelöst werden kann.
Daraus ergeben sich allgemeine Existenz- und Strukturhinweise für Mehrgrößensysteme der
Prozeßregelung mit unmittelbarer praktischer Verwertbarkeit.

Die in den Abschnitten 5.1. bis 5.7. behandelten Verfahren zur Stabilisierung im hier
erklärten Sinne können zusammen mit Elementen zur Störgrößenaufschaltung [30] als Bau-
steine zu leistungsfähigen Mehrgrößenregelungsstrukturen zusammengesetzt werden [20].
Beim heute erreichten Stand der Automatisierungshardware insbesondere der digitalen Prozeßregelung [11] [23] [31] ist ihre praktische Realisierung grundsätzlich möglich.

5.1. Modale Regelung

Als modale Regelungen werden Zustandsregelungen bezeichnet, deren Entwurfsdeterminante die gezielte und direkte Beeinflussung der Modi des Systems ist. Da der Charakter der
Modi durch Art und Lage der Eigenwerte der Systemmatrix bestimmt wird, ist eine Beeinflussung der Modi in erster Linie durch eine gezielte Verschiebung bzw. Plazierung der
Eigenwerte der Systemmatrix bzw. der Pole des Systems möglich. Damit ordnet sich die
modale Regelung in das Konzept des Entwurfs durch Polvorgabe [17] ein. Vielfach werden
daher die Begriffe modale Regelung und Entwurf durch Polvorgabe als gleichwertig angesehen und benutzt.

Als Entwurfskonzept für die Prozeßregelung wurde die modale Regelung bereits 1962
durch Rosenbrock vorgeschlagen [32]. In den letzten 15 Jahren ist dazu eine Vielzahl von
Arbeiten erschienen, z. B. [18] [19] [33] [34] [35] [36] [37] [38]. Die einzelnen Verfahren unterscheiden sich in der Art der Gewinnung der Reglermatrix K im Zustandsrückführgesetz. Für das gleiche zu regelnde Mehrgrößensystem kann die gleiche Eigenwert- bzw.
Polverteilung durch ganz unterschiedliche Reglermatrizen K erreicht werden.

Im vorliegenden Abschnitt 5.1. soll zunächst die modale Regelung im engeren Sinne, die
auf direktem Wege Einfluß auf die Modi des Systems nimmt, behandelt werden [18] [19]
[32] [33] [38]. Bereits in [32] wurde vorgezeichnet, daß mit diesem Entwurfskonzept tiefe Einsichten in die Systemstruktur möglich sind und daraus Hilfestellungen für die Struktur-
festlegung einer Regelung resultieren [6].

5.1.1. Erläuterung des Grundprinzips der modalen Regelung

Um das Wesen der modalen Regelung möglichst anschaulich und deutlich werden zu lassen,
soll vom einfachsten Mehrgrößensystem 2. Ordnung ausgegangen werden:

$$\dot{\underline{x}} = A\underline{x} + B\underline{u}; \qquad \underline{x} - (2,1), \qquad \underline{u} - (2,1)$$

$$\dot{x}_1 = a_{11}\, x_1 + a_{12}\, x_2 + b_{11}\, u_1 + b_{12}\, u_2$$

$$\dot{x}_2 = a_{21}\, x_1 + a_{22}\, x_2 + b_{21}\, u_1 + b_{22}\, u_2 \tag{5.1}$$

bzw.

$$\dot{x}_1 - a_{11}\, x_1 = a_{12}\, x_2 + b_{11}\, u_1 + b_{12}\, u_2$$

$$\dot{x}_2 - a_{22}\, x_2 = a_{21}\, x_1 + b_{21}\, u_1 + b_{22}\, u_2 \; . \tag{5.1a}$$

Diese Zustandsdarstellung zeigt anschaulich, daß sich das Mehrgrößensystem 2. Ordnung
als ein gekoppeltes System von zwei Strecken 1. Ordnung für x_1 bzw. x_2 interpretieren
läßt, bei dem i. allg. jede Zustandsvariable mit der anderen gekoppelt ist (Koppelelemente
a_{12} und a_{21}) und jede der beiden Stellgrößen u_1 und u_2 auf jede Zustandsvariable einwirkt.
Die grafische Darstellung dieser beiden gekoppelten Strecken 1. Ordnung macht die Verhältnisse noch deutlicher (Bild 5.1):

Die Zeitkonstanten der beiden Strecken 1. Ordnung sind durch die reziproken Elemente
$-a_{11}^{-1}$ und $-a_{22}^{-1}$ (a_{ii} Hauptdiagonalelemente von A) gegeben. Wegen der vorhandenen
Kopplungen bestimmen diese Zeitkonstanten nicht das Zeitverhalten des Gesamtsystems.
Nun erfolgt mit Hilfe der Modalmatrix R von A eine lineare Transformation der ursprüng-

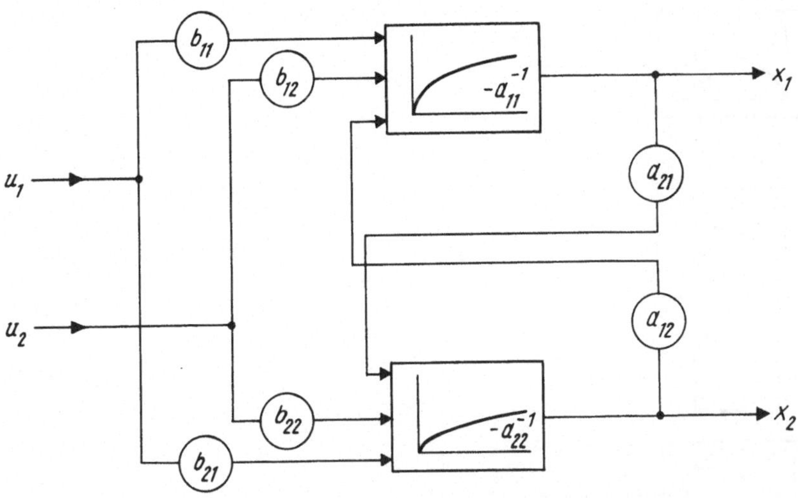

Bild 5.1. Zur Interpretation der Zustandsgleichungen eines Mehrgrößensystems 2. Ordnung

lichen Systemgleichungen (4.1) in eine kanonische Form. Es wird zunächst angenommen, daß alle Eigenwerte reell und verschieden sind, so daß man die Diagonalform erhält:

$$\dot{\underline{x}} = A\,\underline{x} + B\,\underline{u} \quad \xleftrightarrow[\underline{z} = R^{-1}\underline{x}]{\underline{x} = R\,\underline{z}} \quad \dot{\underline{z}} = \Lambda\,\underline{z} + R^{-1}B\,\underline{u} \tag{5.2}$$

$$= A\,\underline{x} + \sum_{i=1}^{2} \underline{b}_i\, u_i \qquad\qquad = (\mathrm{diag}\,(\lambda_i))\,\underline{z} + \underline{v}\,,$$

d.h.

$$\dot{z}_1 = \lambda_1 z_1 + v_1$$
$$\dot{z}_2 = \lambda_2 z_2 + v_2 \tag{5.3}$$

bzw.

$$\dot{z}_1 - \lambda_1 z_1 = v_1$$
$$\dot{z}_2 - \lambda_2 z_2 = v_2\,. \tag{5.3a}$$

Dieser Übergang auf die Diagonalform (5.3) ist wie folgt zu interpretieren·
    Durch die Transformation

$$\underline{z} = R^{-1}\underline{x} = (\varrho_{1j})\,\underline{x} \tag{5.4}$$

wird das ursprüngliche gekoppelte System (5.1) (Bild 5.1) vollständig entkoppelt, so daß sich die beiden Regelstrecken bezüglich der neuen Größen z_i und v_i jetzt als "Parallelschaltung" voneinander völlig unabhängiger Strecken 1. Ordnung mit den Zeitkonstanten $-\lambda_1^{-1}$ und $-\lambda_2^{-1}$ darstellen lassen (Bild 5.2). Diese Zeitkonstanten $-\lambda_i^{-1}$ des entkoppelten Systems sind als reziproke Eigenwerte der Systemmatrix A auch bestimmend für das Zeitverhalten des ursprünglichen Gesamtsystems. Die Regelung wird nun in diesem fiktiven entkoppelten System dadurch vorgenommen, daß man jede der voneinander unabhängigen Strecken 1. Ordnung für sich mit einem P-Regler mit der Verstärkung k_i zurückführt (Bild 5.3). Auf diese Weise läßt sich das Zeitverhalten wesentlich verbessern, da der Ausgleichvorgang nach einer z. B. sprungförmigen Störung am Eingang jetzt wesentlich schneller, und zwar mit der Zeitkonstanten $(\lambda_i - k_i)^{-1} \ll \lambda_i^{-1}$, als beim ungeregelten System mit den Zeitkonstanten λ_i^{-1} erfolgt (Bild 5.4).

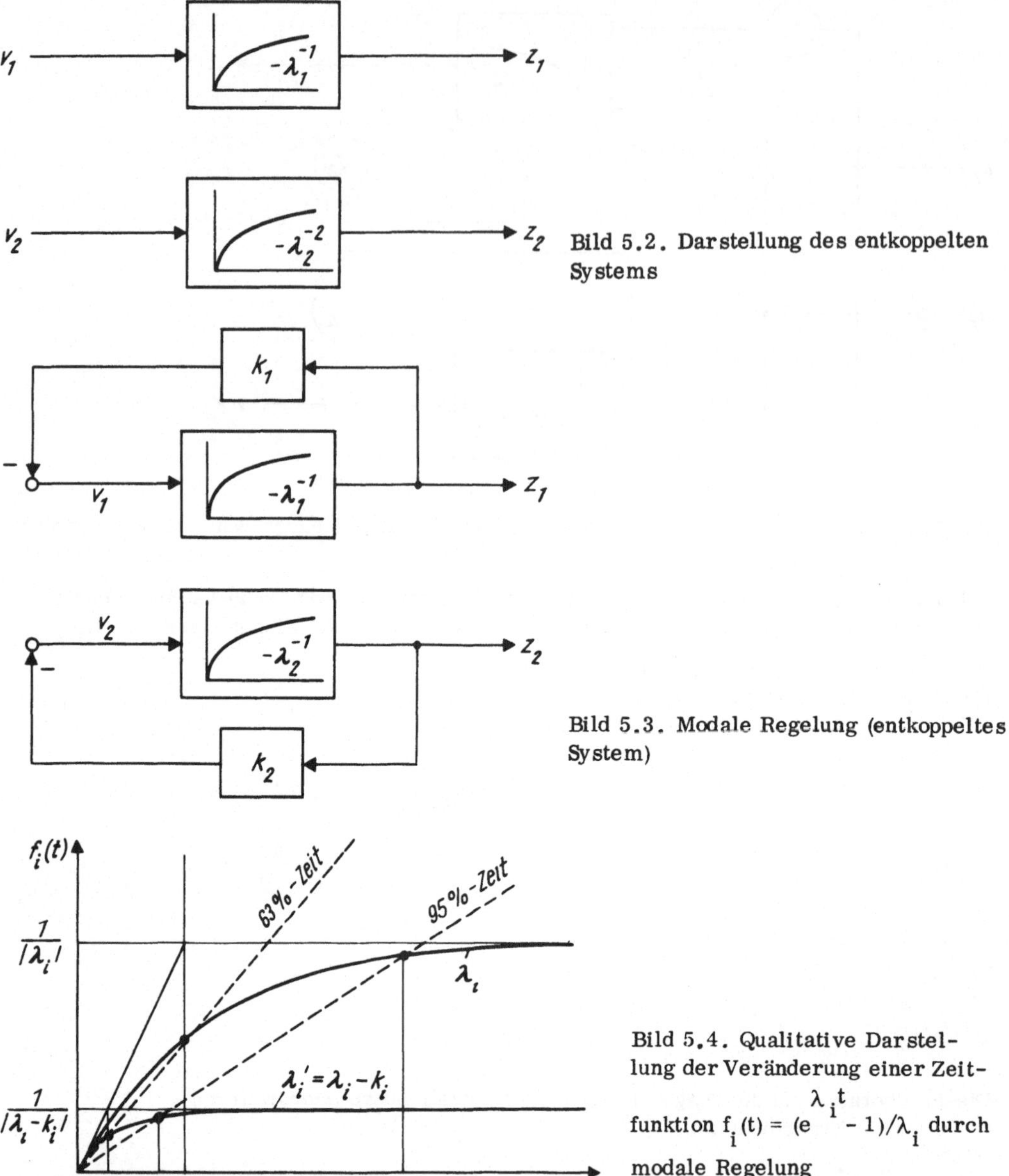

Bild 5.2. Darstellung des entkoppelten Systems

Bild 5.3. Modale Regelung (entkoppeltes System)

Bild 5.4. Qualitative Darstellung der Veränderung einer Zeitfunktion $f_i(t) = (e^{\lambda_i t} - 1)/\lambda_i$ durch modale Regelung

Theoretisch ist sogar ein beliebig schnelles Abklingen erreichbar, da die k_i im Prinzip sehr groß (beliebig groß) gewählt werden können. Praktisch stoßen große $|k_i|$ auf Realisierungsschwierigkeiten [23] . Da aber die transformierten neuen Zustandsvariablen z_i nur Rechengrößen sind und nicht als physikalisch reale Größen am System existieren und

- daher nicht wirklich gemessen werden können und
- damit dem P-Regler mit der Verstärkung k_i nicht als Eingangssignal unmittelbar angeboten werden können,

muß man diese z_i gemäß der zur Entkopplung benutzten und geltenden Transformation

$$\underline{z} = R^{-1}\,\underline{x}$$

$$\begin{bmatrix} z_1 \\ z_2 \end{bmatrix} = \begin{bmatrix} \varrho_{11} & \varrho_{12} \\ \varrho_{21} & \varrho_{22} \end{bmatrix} \begin{bmatrix} x_1 \\ x_2 \end{bmatrix} \quad \text{bzw.} \quad \begin{aligned} z_1 &= \varrho_{11}\,x_1 + \varrho_{12}\,x_2 \\ z_2 &= \varrho_{21}\,x_1 + \varrho_{22}\,x_2 \end{aligned} \tag{5.5}$$

als Linearkombination der tatsächlichen Systemzustandsvariablen x_i gewinnen bzw. aus den x_i erzeugen.

Jede wirkliche Zustandsvariable x_i ist also zu messen und gemäß ϱ_{ij} mit dem Faktor ϱ_{ij} zu "verstärken". Die Summe solcher mit ϱ_{ij} bewichteten Messungen ergibt das Signal z_i, das den Reglern zugeführt werden muß.

Ähnlich sind dann die fiktiven neuen Stellgrößen

$$\underline{v} = R^{-1} B \underline{u} \tag{5.6}$$

in die tatsächlich am System vorhandenen Stellgrößen $\underline{u}$ umzurechnen:

$$\underline{u} = (R^{-1} B)^{-1} \underline{v} = N^{-1} \underline{v} \tag{5.7}$$

$$\begin{bmatrix} u_1 \\ u_2 \end{bmatrix} = \begin{bmatrix} \nu_{11} & \nu_{12} \\ \nu_{21} & \nu_{22} \end{bmatrix} \begin{bmatrix} v_1 \\ v_2 \end{bmatrix} \quad \text{bzw.} \quad \begin{aligned} u_1 &= \nu_{11} v_1 + \nu_{12} v_2 \\ u_2 &= \nu_{21} v_1 + \nu_{22} v_2, \end{aligned}$$

d.h., die Ausgänge v_i der P-Regler sind gemäß den ν_{ij} zu bewichten und entsprechend zu summieren und ergeben so die auf das reale System, also dessen Stelleinrichtungen zu schaltenden Stellbefehle u_i. Damit ergibt sich das Strukturbild der modalen Regelung für das Mehrgrößensystem 2. Ordnung (Bild 5.5). Dem entspricht im allgemeinen Fall eines Mehrgrößenregelungssystems n-ter Ordnung mit m Stellgrößen das Matrixsignalflußbild (Bild 5.6) mit $K = N^{-1}$ diag $(-k_i)$ M. Hierauf wird im Abschn. 5.1.2. näher eingegangen.

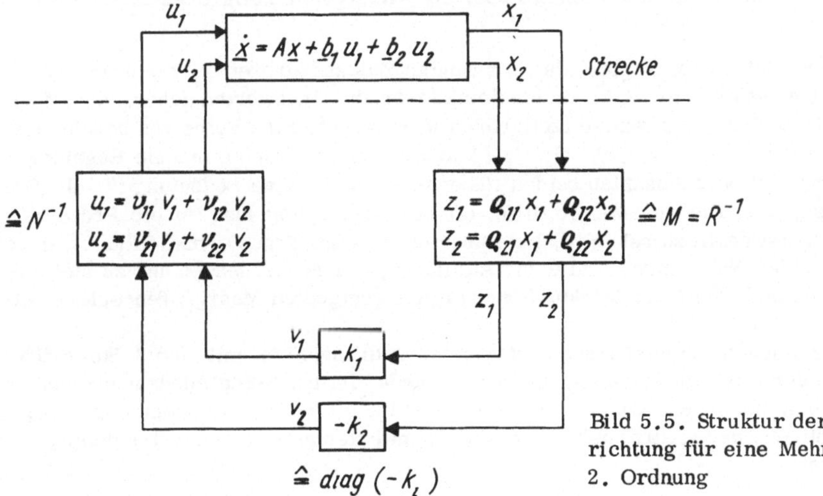

Bild 5.5. Struktur der modalen Regeleinrichtung für eine Mehrgrößenstrecke 2. Ordnung

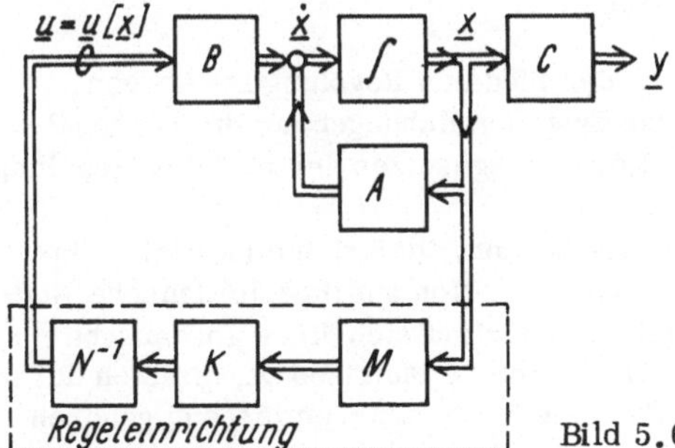

Bild 5.6. Strukturbild der modalen Regelung

Durch zwei Näherungsschritte wird dieses Entwurfsverfahren für die Praxis besonders interessant:

1. Man sieht von einer vollständigen Regelung ab und beschränkt sich auf die größten Zeitkonstanten (dominierende Eigenwerte), die bekanntlich für das Zeitverhalten und die dynamische Güte am wichtigsten sind, d.h., man zieht zur Regelung nur die zu diesen
Zeitkonstanten (Eigenwerten λ_i) gehörenden Modi z_i heran.
2. Man beschränkt sich bei der Bildung der

$$z_i = \sum_{j=1}^{n} \varrho_{ij} x_j , \tag{5.8}$$

d.h. bei der "Messung" der Zustandsvariablen x_i, nur auf wenige Glieder, und zwar auf
die mit den größten Koeffizienten ϱ_{ij}. Damit wird aus dem "Größenvergleich" der ϱ_{ij}
- das sind die Elemente der jeweils i-ten Zeile von R^{-1}, d.h. des zu λ_i gehörenden
Linkseigenvektors von A - eine Auswahlrichtlinie dafür, welche Zustandsvariablen x_i
benötigt werden. Entsprechend kann man auch mit

$$u_i = \sum_{j=1}^{n} \nu_{ij} v_j \tag{5.9}$$

bzw.

$$v_k = \sum_{i=1}^{m} (u_i \sum_{j=1}^{n} \varrho_{kj} b_{ji}) \tag{5.10}$$

verfahren, um somit direkt eine Aussage über die wichtigsten Stellgrößen u_i zu erhalten.

Das führt zu einem Mehrgrößenregler, der nur wenige Zustandsgrößen x_j zur angenäherten
Beeinflussung der wesentlichen, d.h. zu den dominierenden Eigenwerten gehörenden Modi
erfordert und ggf. auch nur auf wenige Stellgrößen u_i einwirkt. Eine Reihe von beschriebenen Anwendungsfällen ([18] [10] [39] bis [45]) unterstreicht, daß die modale Regelung
unter Einbeziehung der obengenannten beiden Näherungsschritte eine Bedeutung für die Prozeßregelung erlangt hat. Die wesentliche Hilfe, die die modale Regelung für die Prozeßregelung geben kann, ist darin zu sehen, daß sie über die modale Transformation (5.2), deren
Analyse und die beiden Näherungsschritte zur Auffindung von zu messenden und zu stellenden Variablen führt und damit zur Strukturfindung eines geeigneten Mehrgrößenreglers beiträgt [1] [6] .
Nachdem am einfachen Beispiel eines Systems der Ordnung n = 2 mit m = 2 Stellgrößen
das Grundprinzip der modalen Regelung entwickelt wurde, ist nun seine Ausdehnung und Anwendung auf Systeme höherer Ordnung n > 2 mit m >.2 Stellgrößen vorzunehmen. Dabei
ist zu berücksichtigen, daß i. allg. neben reellen Eigenwerten auch konjugiert-komplexe
Eigenwerte auftreten.

5.1.2. Modale Regelung: reelle Eigenwerte

Wie aus den einführenden Bemerkungen zum Prinzip der modalen Regelung im Abschn.
5.1.1. ersichtlich ist, stellt die Transformation der Systemgleichungen auf die Diagonalform einen wichtigen Schritt bei der Ableitung des Regelungsgesetzes der modalen Regelung
dar.
Aus der Matrizenrechnung und aus Abschn. 2.1. ist bekannt, daß sich eine reelle Matrix A vom Format (n, n) durch eine Ähnlichkeitstransformation auf ihre Jordansche Nor-
malform bringen läßt. In sehr vielen Anwendungsfällen reduziert sich diese Jordansche
Form auf die reine Diagonalform der Eigenwerte von A. Solche Matrizen A, die sich durch
Ähnlichkeitstransformation auf die Diagonalform $\Lambda = \operatorname{diag} \lambda_i$ reduzieren lassen, gehören
zur Klasse der diagonalähnlichen Matrizen. Das ist immer dann möglich, wenn A keine
mehrfachen Eigenwerte hat. Im folgenden werden zunächst sämtlich verschiedene reelle
Eigenwerte von A vorausgesetzt.
Um den Anschluß an die nachfolgenden Ableitungen herzustellen, werden die wichtigsten

Zusammenhänge rekapituliert:

- Mit Hilfe der Transformation

$$\underline{x} = R \, \underline{z} \tag{5.11}$$

gelingt die Überführung der Zustandsgleichungen des zu regelnden Systems n-ter Ordnung mit m Stellgrößen (Bild 5.7a)

$$\underline{\dot{x}} = A \, \underline{x} + B \, \underline{u} \tag{5.12}$$

in die Diagonalform (Bild 5.7b)

$$\underline{\dot{z}} = \Lambda \underline{z} + R^{-1} \, B \, \underline{u}, \tag{5.13}$$

und es gilt

$$\Lambda = \text{diag} \, \lambda_i = R^{-1} A R. \tag{5.14}$$

- R ist die Modalmatrix von A, d.h. die spaltenweise Anordnung der n linear unabhängigen Rechtseigenvektoren $\underline{r}_i$:

$$R = (\underline{r}_1 \, \underline{r}_2 \, \cdots \, \underline{r}_n). \tag{5.15}$$

Die zugehörige Kehrmatrix R^{-1} stellt die zeilenweise Anordnung der Linkseigenvektoren $\underline{\varrho}_i$ von A dar:

$$R^{-1} = \begin{bmatrix} \varrho_1 \\ \varrho_2 \\ \vdots \\ \varrho_n \end{bmatrix}. \tag{5.16}$$

Die so bezeichneten Linkseigenvektoren $\underline{\varrho}_i$ sind im folgenden grundsätzlich Zeilenvektoren, auch ohne daß das gekennzeichnet wird.

- Wegen

$$R^{-1} R - I \tag{5.17}$$

bzw.

$$\underline{\varrho}_i \, \underline{r}_k = \delta_{ik}; \qquad i, k = 1, 2, \ldots, n \tag{5.17a}$$

bilden die Links- und Rechtseigenvektoren im Raum R^n ein vollständiges, normiertes Biorthogonalsystem.

Das Ziel der modalen Regelung ist nach den Ausführungen im Abschn. 5.1.1. die direkte Verschiebung der Eigenwerte λ_i:

$$\lambda_i \rightarrow \lambda_i' = \lambda_i + k_i, \tag{5.18}$$

wobei die Größe der Verschiebung durch k_i bestimmt ist. Im Abschn. 5.1.1. konnten die k_i als Verstärkungen von P-Reglern (s. Bilder 5.3 und 5.5) gedeutet und realisiert werden. Wenn alle n Eigenwerte des zu regelnden Systems n-ter Ordnung gemäß (5.18) linear in Abhängigkeit von k_i und unabhängig voneinander verschoben werden sollen, so muß (5.18) für i = 1 bis n erfüllt werden, oder

$$\Lambda = \text{diag} \, \lambda_i \rightarrow \Lambda' = \text{diag} \, \lambda_i' = \text{diag} \, \lambda_i + \text{diag} \, k_i$$
$$= \Lambda \quad + \quad K. \tag{5.19}$$

Die Übertragung dieser Vorschrift (5.19) in das Matrixsignalflußbild ist im Bild 5.7b angedeutet. Durch Transformation dieses Signalflußbildes kann $K = \text{diag} \, k_i$ aus der inneren Schleife herausgelöst werden und erscheint dann als Bestandteil einer zweiten Rückführschleife im Bild 5.7c.

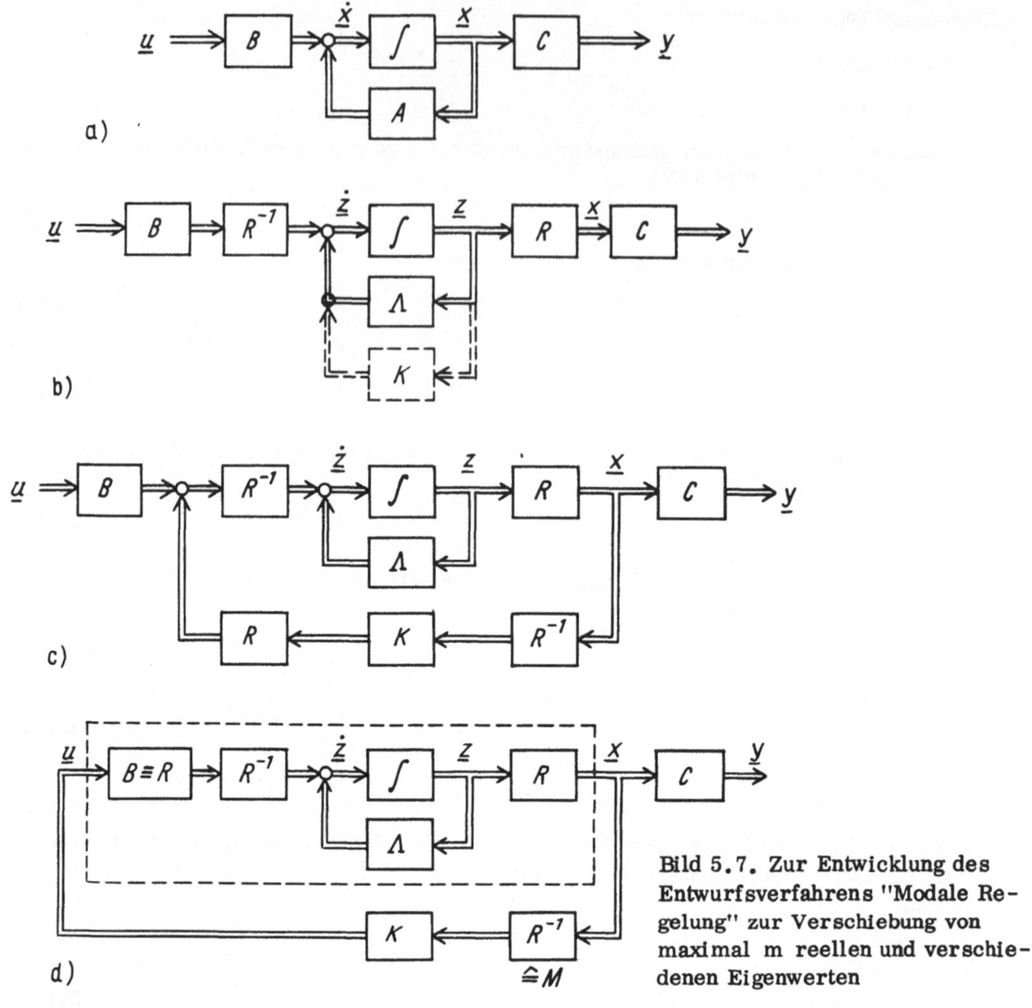

Bild 5.7. Zur Entwicklung des Entwurfsverfahrens "Modale Regelung" zur Verschiebung von maximal m reellen und verschiedenen Eigenwerten

Das Bild 5.7c gibt eine aktive Hilfestellung für die Entwicklung eines Syntheseverfahrens für einen modalen Mehrgrößenregler für Systeme n-ter Ordnung mit m Stellgrößen. Würde man zunächst idealisiert annehmen, die Eingangsmatrix B des zu regelnden Systems sei identisch mit der Modalmatrix R von A:

$$B \equiv R \,, \tag{5.20}$$

d.h., es lägen $m = n$ Stellgrößen u_i vor und die zugehörigen $m = n$ Spalten von B stimmten mit den n Rechtseigenvektoren $\underline{r}_i$ von A überein, so ergibt sich der im Bild 5.7d gezeichnete Sachverhalt. Dieses Bild läßt folgende Interpretation zu:

Der tatsächliche Systemzustand $\underline{x}$ ist gemäß einer Meßvorschrift $M = R^{-1}$ zu messen, und die so gewonnenen Signale sind der Anordnung $K = \text{diag } k_i$, bestehend aus n P-Reglern mit den Verstärkungen k_i, zuzuführen. Der Ausgang des i-ten P-Reglers geht auf die i-te Stellgröße u_i. Insgesamt ist also folgendes Rückführgesetz zu realisieren:

$$\underline{u} = K R^{-1} \underline{x} = \begin{bmatrix} k_1 & & & \\ & k_2 & & \\ & & \ddots & \\ & & & k_n \end{bmatrix} \begin{bmatrix} \underline{\varrho}_1 \\ \underline{\varrho}_2 \\ \vdots \\ \underline{\varrho}_n \end{bmatrix} \underline{x} \,. \tag{5.21}$$

Damit erreicht man bei der angenommenen Idealisierung (5.20) die gewünschte entkoppelte
Verschiebung aller n Eigenwerte gemäß (5.18). Die Forderung nach Stabilisierung eines
Systems bedeutet eine Verschiebung nach links; in (5.18) bedeutet das negative k_i, d.h.,
die n getrennten (entkoppelten) Pfade der P-Regler sind mit Minuszeichen rückzukoppeln
(s. auch Bild 5.3). Für das mit dem Regelungsgesetz (5.21) unter der idealisierenden Annahme (5.20) modal geregelte System liest man aus Bild 5.7d ab:

$$\underset{\equiv B}{\dot{\underline{z}} = \Lambda \, \underline{z} + R^{-1} \underbrace{R K R^{-1}} R \, \underline{z}} = (\Lambda + K) \, \underline{z} = \begin{bmatrix} \lambda_1 + k_1 & & & \\ & \lambda_2 + k_2 & & \\ & & \ddots & \\ & & & \lambda_n + k_n \end{bmatrix} \underline{z}. \qquad (5.22)$$

Das bestätigt, daß die gewünschte Verschiebung aller Eigenwerte eingetreten ist und daß die
Eigenvektoren $\underline{r}_i$ und $\underline{q}_i$ bei dieser idealen modalen Regelung nicht verändert werden, da
die Modalmatrix R auch im geregelten System die Transformation von $\underline{z}$ in $\underline{x}$ beschreibt.

Die der Realität nicht entsprechende Annahme (5.20) soll nun in zwei Schritten fallengelassen werden.

Im ersten Schritt wird angenommen, daß m < n Stellgrößen zur Verfügung stehen. Die
Eingangsmatrix B ist also vom Format (n, m). Es wird aber noch eine (5.20) entsprechende Idealisierung derart aufrechterhalten, daß angenommen wird, die m Spalten von B seien
identisch mit z.B. den ersten m zu den Eigenwerten λ_1, λ_2, ..., λ_m gehörenden Rechtseigenvektoren $\underline{r}_1, \underline{r}_2, ..., \underline{r}_m$ von A, d.h. mit den ersten m Spalten von R:

$$B_{(n,\,m)} \equiv (\text{erste m Spalten von R})_{(n,\,m)} = (\underline{r}_1 \, \underline{r}_2 \cdots \underline{r}_m) = B_{ideal}. \qquad (5.23)$$

Mit diesem ersten Schritt in Richtung Realität wird gezeigt, daß nur m Eigenwerte linear
und unabhängig voneinander mit den m verfügbaren, linear unabhängigen Stellgrößen verschoben werden können.

In einem zweiten Schritt werden dann die m tatsächlichen Spalten $\underline{b}_i$ der Eingangsmatrix B anstelle der $\underline{r}_i$ benutzt. Dabei zeigt sich, daß das Ziel der gewünschten Verschiebung von m Eigenwerten nur dann noch erreicht werden kann, wenn eine Orthogonalisierung
der resultierenden Steuervektoren bezüglich der $\underline{q}_i$, die, wie die Bilder 5.5 und 5.7d zeigten, die Meßvorschrift für den Zustandsvektor $\underline{x}$ bestimmen, vorgenommen wird. Da diese
Orthogonalisierung durch eine zusätzliche Rechenoperation in der Regeleinrichtung realisiert werden kann - für m = n = 2 war das im Bild 5.5 mit dem Block N^{-1} schon gezeigt
worden -, wird auf diese Weise ein den realen Verhältnissen Rechnung tragendes Entwurfsverfahren "Modale Regelung" gewonnen.

Bevor der erste Schritt durchgeführt wird, sei auf folgendes hingewiesen. Wenn nur m
Stellgrößen zur Verfügung stehen, dann sind auch nur m entkoppelte Pfade mit je einem
P-Regler, d.h. nur m P-Regler erforderlich. Anstelle von (5.21) bzw. Bild 5.7d ist jetzt
folgendes Rückführgesetz anzusetzen:

$$\underline{u} = \overline{K} \, R^{-1} \underline{x} = \underbrace{\begin{bmatrix} k_1 & & & & \\ & k_2 & & & \vdots \\ & & \ddots & & \vdots & 0 \\ & & & k_m & \vdots \end{bmatrix}}_{(m,\,n)} \underbrace{\begin{bmatrix} \underline{q}_1 \\ \underline{q}_2 \\ \vdots \\ \underline{q}_m \\ \overline{} \\ \vdots \\ \underline{q}_n \end{bmatrix}}_{(n,\,n)} \underline{x}$$

$$
= \begin{bmatrix} k_1 & & & \\ & k_2 & & \\ & & \ddots & \\ & & & k_m \end{bmatrix} \begin{bmatrix} \underline{\varrho}_1 \\ \underline{\varrho}_2 \\ \vdots \\ \underline{\varrho}_m \end{bmatrix} \underline{x} = K\, M\, \underline{x}. \tag{5.24}
$$

Die "Meßmatrix" M braucht also auch nur aus m Zeilen, d. h. m Linkseigenvektoren $\underline{\varrho}_i$ als Meßvorschriften für den Zustandsvektor $\underline{x}$ zu bestehen. Hier wurden im Einklang zu (5.23) die ersten m zu den ersten m Eigenwerten $\lambda_1, \lambda_2, \dots, \lambda_m$ gehörenden $\underline{\varrho}_i$ ausgewählt. Der i-te P-Regler mit der Verstärkung k_i erhält als Eingangssignal $z_i = \underline{\varrho}_i\, \underline{x}$. Sein Ausgangssignal $v_i = k_i\, z_i = k_i\, \underline{\varrho}_i\, \underline{x}$ steuert das i-te Stellglied an: $v_i = u_i$. Bild 5.8 zeigt

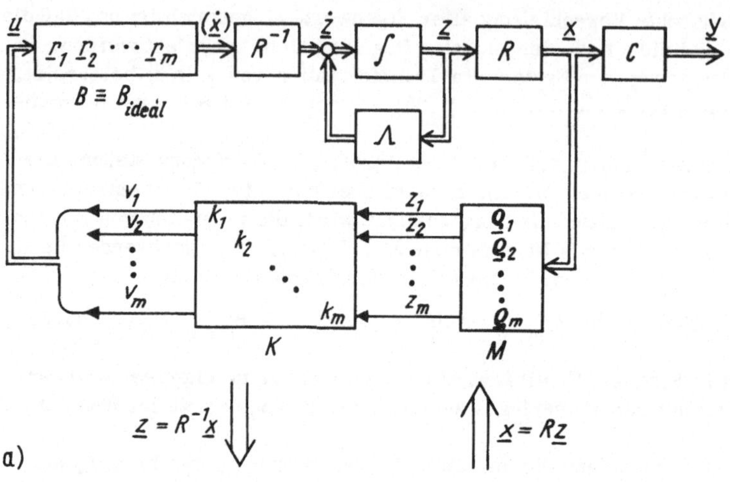

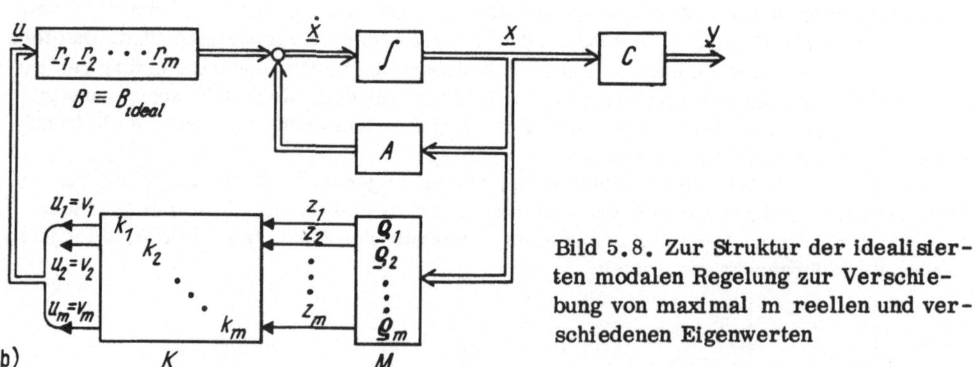

Bild 5.8. Zur Struktur der idealisierten modalen Regelung zur Verschiebung von maximal m reellen und verschiedenen Eigenwerten

die – wegen (5.23) allerdings noch idealisierten – Verhältnisse, wie sie im Ergebnis des Schrittes 1 vorliegen. Bei der Betrachtung des Bildes 5.8 ist besonders anzumerken, daß mit der idealisierenden Annahme (5.23) die $v_i = u_i$ über Vektoren auf die Änderungsgeschwindigkeit des Zustands $\underline{\dot{x}}$ einwirken, die wegen

$$
\underline{\varrho}_i\, \underline{r}_k = \delta_{ik}; \qquad i, k = 1, 2, \dots, m \tag{5.25}
$$

biorthogonal zu den verwendeten Meßvektoren $\underline{\varrho}_i$ sind.

Aus Bild 5.8a liest man ab:

$$
\underline{\dot{z}} = (\Lambda + R^{-1}\, (\underline{r}_1\, \underline{r}_2 \dots \underline{r}_m)\, K\, M\, R)\, \underline{z}, \tag{5.26}
$$

und mit (5.24), (5.25) wird daraus

$$\dot{\underline{z}} = \left[\begin{bmatrix} \lambda_1 & & & & & \\ & \lambda_2 & & & & \\ & & \ddots & & & \\ & & & \lambda_m & & \\ & & & & \lambda_{m+1} & \\ & & & & & \ddots \\ & & & & & & \lambda_n \end{bmatrix} + \begin{bmatrix} k_1 & & & & & \\ & k_2 & & & & \\ & & \ddots & & & \\ & & & k_m & & \\ & & & & 0 & \\ & & & & & \ddots \\ & & & & & & 0 \end{bmatrix} \right] \underline{z}$$

$$= \begin{bmatrix} \lambda_1 + k_1 & & & & & \\ & \lambda_2 + k_2 & & & & \\ & & \ddots & & & \\ & & & \lambda_m + k_m & & \\ & & & & \lambda_{m+1} & \\ & & & & & \ddots \\ & & & & & & \lambda_n \end{bmatrix} \underline{z} . \tag{5.27}$$

Mit einem modalen Regelungsgesetz (5.24) und zunächst noch idealisiert angenommener Eingangsmatrix (5.23) lassen sich also in der Tat mit m Stellgrößen u_i m Eigenwerte in der gewünschten Weise verschieben, während die restlichen (n-m) Eigenwerte an ihren Plätzen bleiben, und zwar werden genau diejenigen m Eigenwerte λ_i verschoben, mit deren zugehörigen Linkseigenvektoren $\underline{\varrho}_i$ die (m, n)-Meßmatrix M aufgebaut wurde. In der obigen Ableitung wurde $\underline{\varrho}_1$ bis $\underline{\varrho}_m$ zur Meßmatrix zusammengefaßt, d. h. die zu den ersten m Eigenwerten λ_1 bis λ_m gehörenden Linkseigenvektoren von A. Wäre M aus anderen $\underline{\varrho}_\nu$ aufgebaut worden, so wären die zugehörigen λ_ν verschoben worden. Größe und Richtung der Verschiebung richten sich nach der Größe des eingestellten Verstärkungswerts k_ν und dem Vorzeichen der Rückkopplung im zugeordneten ν-ten Rückführpfad. Große Verstärkungswerte k_ν führen zu großen Verschiebungen, aber auch zu großen Stellamplituden $v_\nu = u_\nu$.

Bei der bis jetzt noch angenommenen Idealisierung (5.23) bewirkt die modale Regelung (5.24) nur die Verschiebung der ausgewählten maximal m Eigenwerte; die Eigenvektoren $\underline{r}_i$ und $\underline{\varrho}_i$ ändern sich jedoch nicht, d. h., auch im geregelten System (Bild 5.8a)

$$\dot{\underline{z}} = (\Lambda + R^{-1} B_{ideal} K M R) \underline{z} \tag{5.28}$$

beschreibt die Modalmatrix R von A die lineare Transformation von $\underline{z}$ in $\underline{x}$: $\underline{x} = R \underline{z}$ bzw. $\underline{z} = R^{-1} \underline{x}$. Aus (5.28) erhält man also durch Einsetzen dieser Transformationsbeziehung

$$R^{-1} \dot{\underline{x}} = (\Lambda + R^{-1} B_{ideal} K M R) R^{-1} \underline{x}$$

$$\dot{\underline{x}} = R (\Lambda + R^{-1} B_{ideal} K M R) R^{-1} \underline{x} \tag{5.29}$$

$$= (R \Lambda R^{-1} + B_{ideal} K M) \underline{x}$$

$$\dot{\underline{x}} = (A + B_{ideal} K M) \underline{x} .$$

Das entspricht dem Übergang von Bild 5.8a zu Bild 5.8b. Die Systemmatrix des geregelten Systems $(A + B_{ideal} K M)$ hat die gewünschten Eigenwerte:

$$\lambda_i' = \begin{cases} \lambda_i + k_i & \text{für } i = 1, 2, \ldots, m \\ \lambda_i & \text{für } i = m+1, \ldots, n . \end{cases} \tag{5.30}$$

In einem nächsten Schritt ist anstelle der bis jetzt idealisiert angenommenen Eingangsmatrix B_{ideal} die tatsächliche Eingangsmatrix B des zu regelnden Systems einzusetzen. Die m Spalten $\underline{b}_i$ dieser tatsächlichen Eingangsmatrix

$$B = (\underline{b}_1 \ \underline{b}_2 \dots \underline{b}_m) \tag{5.31}$$

stellen i. allg. beliebig gerichtete Vektoren in R^n dar, die damit i. allg. auch nicht biorthogonal zu Linkseigenvektoren $\underline{\varrho}_i$ von A sind, die in der Meßmatrix M des modalen Regelungsgesetzes zu verwenden waren. Setzt man also in (5.26) anstelle von B_{ideal} die tatsächliche Eingangsmatrix B ein:

$$\underline{\dot{z}} = (\Lambda + R^{-1} (\underline{b}_1 \ \underline{b}_2 \dots \underline{b}_m) \ K \ M \ R) \ \underline{z}, \tag{5.32}$$

so gelingt es wegen der <u>nicht</u> gegebenen Biorthogonalität der Vektorsysteme $\underline{b}_i$ und $\underline{\varrho}_i$ nicht, durch Umformung von (5.32) ein Ergebnis in der Art von (5.27) zu erzielen. Eine gezielte und unabhängige Verschiebung von m Eigenwerten ist also zunächst nicht erreicht worden. Ein Regelungsgesetz (5.24) führt also zu einer völlig unkontrollierten Veränderung i. allg. aller Eigenwerte des Systems $\underline{\dot{x}} = A\underline{x} + B\underline{u}$.

Die nachfolgenden Überlegungen und Ableitungen werden zeigen, wie es möglich ist, die primär nicht gegebene Biorthogonalität durch eine zusätzliche Maßnahme im Rückführgesetz zu erzeugen und so die gezielte und unabhängige Verschiebung von maximal m Eigenwerten zu erreichen, ohne daß sich dabei die restlichen (n - m) Eigenwerte verändern. Dazu wird von einer genaueren Untersuchung des zweiten Summanden auf der rechten Seite von (5.32) ausgegangen. Wegen (5.25) gilt für

$$M \ R = \begin{bmatrix} \underline{\varrho}_1 \\ \underline{\varrho}_2 \\ \vdots \\ \underline{\varrho}_m \end{bmatrix} (\underline{r}_1 \ \underline{r}_2 \dots \underline{r}_m \ \underline{r}_{m+1} \dots \underline{r}_n) = (I_m \mid 0)_{(m, \, n)}, \tag{5.33}$$

so daß man für den gesamten zweiten Summanden erhält

$$R^{-1} (\underline{b}_1 \ \underline{b}_2 \dots \underline{b}_m) \ K \ M \ R = \begin{bmatrix} \underline{\varrho}_1 \\ \underline{\varrho}_2 \\ \vdots \\ \underline{\varrho}_m \\ --- \\ \underline{\varrho}_{m+1} \\ \vdots \\ \underline{\varrho}_n \end{bmatrix} (k_1 \underline{b}_1 \ k_2 \underline{b}_2 \dots k_m \underline{b}_m \mid 0). \tag{5.34}$$

Da in (5.34) die m Spalten $\underline{b}_i$ der Eingangsmatrix B nicht die Bedingung $\underline{\varrho}_i \underline{b}_k = \delta_{ik}$; $i, k = 1, 2, \dots, m$ erfüllen, gelingt hier keine Gl. (5.27) entsprechende Umformung.

Mit den Hilfsmitteln der Matrizenrechnung läßt sich aber ein gegebenes Vektorsystem im Raum R^n in bezug auf ein gewünschtes bzw. vorgeschriebenes Basisvektorsystem biorthonormalisieren [46] [47]. Diese Möglichkeit soll hier in der Weise genutzt werden, daß eine Biorthonormalisierung für die beiden Vektorsysteme $\underline{b}_i$; $i = 1, 2, \dots, m$ und $\underline{\varrho}_i$; $i = 1, 2, \dots, m$ durchgeführt wird, wobei das System der Linkseigenvektoren $\underline{\varrho}_i$ von A als Basis unverändert erhalten bleiben soll. Aus dem gegebenen Vektorsystem

$$B = (\underline{b}_1 \ \underline{b}_2 \dots \underline{b}_m)$$

soll ein neues Vektorsystem

$$S = (\underline{s}_1 \ \underline{s}_2 \dots \underline{s}_m) \tag{5.35a}$$

entstehen, das zu den als Meßvektoren im Regelungsgesetz benutzten und jetzt als feste Basisvektoren aufzufassenden $\underline{q}_i$

$$M = \begin{bmatrix} \underline{q}_1 \\ \underline{q}_2 \\ \cdot \\ \cdot \\ \cdot \\ \underline{q}_m \end{bmatrix} \tag{5.35b}$$

biorthonormal ist, d. h. die Bedingung

$$\underline{q}_i \, \underline{s}_k = \delta_{ik}; \qquad i, k = 1, 2, \ldots, m \tag{5.36a}$$

bzw.

$$M \, S = I_m \tag{5.36b}$$

erfüllt. Diese Biorthonormierung ist dann und nur dann durchführbar, wenn die $(m \times m)$-Matrix

$$N = M \, B \tag{5.37}$$

nichtsingulär ist $[46]$. Diese Voraussetzung ist für ein zu regelndes System

$$\dot{\underline{x}} = A \underline{x} + B \underline{u}$$

mit diagonalähnlicher Systemmatrix sicher immer dann erfüllt, wenn

- die m Spalten von B und damit die m Stellgrößen u_i; $i = 1, 2, \ldots, m$ linear unabhängig sind, d. h.

    rang B = m,

- das System von den m Stellgrößen vollständig modal steuerbar ist.

In den Abschnitten 2.1.3. und 2.2.4.1. wurde gezeigt, daß bei einem vollständig (modal) steuerbaren System die Matrix $G = R^{-1} B$ - also auch $N = MB$ - keine Nullzeile hat. Damit wird die Steuerbarkeit des Systems (A, B) zur notwendigen Vorbedingung für die Nichtsingularität von N und so auch für die Durchführbarkeit der Biorthonormierung. Da die Linkseigenvektoren einer diagonalähnlichen Matrix A linear unabhängig sind, folgt für M die Zeilenregularität, d. h., M hat den höchstmöglichen Rang m. Unter der i. allg. als erfüllt anzusehenden Bedingung der Unabhängigkeit der m Stellgrößen, d. h. der Bedingung rang B = m, ist dann N sicher invertierbar.

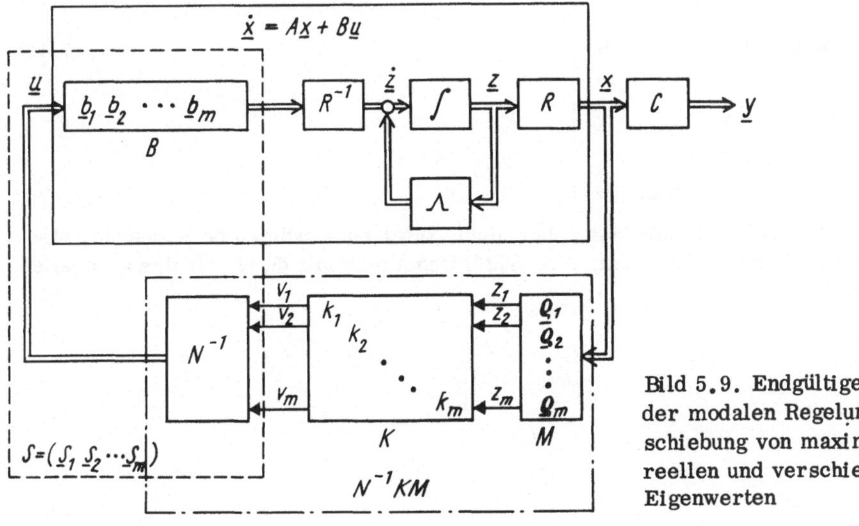

Bild 5.9. Endgültige Struktur der modalen Regelung zur Verschiebung von maximal m reellen und verschiedenen Eigenwerten

Das gesuchte zu M biorthonormierte Vektorsystem (5.35a) wird wie folgt berechnet [46] :

$$S = (\underline{s}_1 \, \underline{s}_2 \ldots \underline{s}_m) = B \, N^{-1} = B \, (M \, B)^{-1} .$$
(5.38)

Um diese "fiktiven Steuervektoren" $\underline{s}_i$ anstelle der $\underline{b}_i$ zur Wirkung zu bringen, muß die Regeleinrichtung um einen Übertragungsblock mit der Matrix N^{-1} ergänzt werden. Entsprechend den Regeln der Matrixsignalflußbilddarstellung von Matrizenprodukten ist N^{-1} vor B anzuordnen. Bereits mit Bild 5.6 war die entsprechende Anordnung in Verallgemeinerung der für $m = n = 2$ geltenden und im Bild 5.5 dargestellten Zusammenhänge angegeben worden. Da N^{-1} eine konstante Matrix ist, ist es also prinzipiell möglich, durch eine im Bild 5.6 angegebene Regeleinrichtung die fiktiven zu den m Meßvektoren $\underline{\varrho}_i$ biorthonormalen Steuervektoren $\underline{s}_i$ zu erzeugen. Trägt man diese Ergänzung der Regeleinrichtung um N^{-1} in das Bild 5.8a ein, so erhält man Bild 5.9. Aus diesem Bild liest man den folgenden Zusammenhang ab:

$$\underline{\dot{z}} = (\Lambda + R^{-1} \, B \, N^{-1} \, K \, M \, R) \, \underline{z} = (\Lambda + R^{-1} \, (\underline{s}_1 \, \underline{s}_2 \ldots \underline{s}_m) \, K \, M \, R) \, \underline{z} .$$
(5.39)

Wenn in (5.34) wegen der nichtgegebenen Biorthonormalität der $\underline{b}_i$ und $\underline{\varrho}_i$ keine weitere Umformung gelungen ist, so gelingt diese nun unter Verwendung von (5.36a) für den zweiten Summanden auf der rechten Seite von (5.39). Anstelle von (5.34) lautet dieser Summand jetzt

$$R^{-1} \, (\underline{s}_1 \, \underline{s}_2 \ldots \underline{s}_m) \, K \, M \, R = \begin{bmatrix} \underline{\varrho}_1 \\ \underline{\varrho}_2 \\ \vdots \\ \underline{\varrho}_m \\ \hline \underline{\varrho}_{m+1} \\ \vdots \\ \underline{\varrho}_n \end{bmatrix} (k_1 \underline{s}_1 \; k_2 \underline{s}_2 \ldots k_m \underline{s}_m \mid 0) .$$
(5.40)

Mit der Biorthonormalitätseigenschaft (5.36a) erhält man daraus

$$R^{-1} \, S \, K \, M \, R = \begin{bmatrix} k_1 & & & & \mid & \\ & k_2 & & & \mid & 0 \\ & & \ddots & & \mid & \\ & & & k_m & \mid & \\ \hline x & x \ldots & x & & \mid & 0 \\ \vdots & \vdots & \vdots & & \mid & \ddots \\ x & x \ldots & x & & \mid & & 0 \end{bmatrix} ,$$
(5.41)

wobei x i. allg. von Null verschiedene, aber nicht weiter notwendig zu berechnende, also nicht spezifizierte Elemente bedeuten. Aus (5.39) findet man mit (5.41) für das geregelte System (Bild 5.9)

$$
\underline{\dot{z}} = \left[\begin{bmatrix} \lambda_1 & & & & & & \\ & \lambda_2 & \cdot & & & & \\ & & & \lambda_m & & & \\ \hline & & & & \lambda_{m+1} & & \\ & & & & & & \lambda_n \end{bmatrix} + \begin{bmatrix} k_1 & & & & & \\ & k_2 & \cdot & & 0 & \\ & & & k_m & & \\ \hline x & x \dots x & & 0 & & \\ \vdots & & & & \cdot & \\ x & x \dots x & & & & 0 \end{bmatrix} \right] \underline{z}
$$

$$
= \begin{bmatrix} \lambda_1 + k_1 & & & & \\ & \lambda_2 + k_2 & & 0 & \\ & & \lambda_m + k_m & & \\ \hline x & x \dots x & & \lambda_{m+1} & \\ \vdots & \vdots \quad \vdots & & & \\ x & x \dots x & & & \lambda_n \end{bmatrix} \underline{z}. \qquad (5.42)
$$

Da die Eigenwerte einer Dreiecksmatrix identisch mit ihren Hauptdiagonalelementen sind, kann man aus (5.42) die Eigenwerte des im Bild 5.9 dargestellten, mit dem Regelungsgesetz

$$
\underline{u} = N^{-1} K M \underline{x} \qquad (5.43)
$$

modal geregelten Systems ablesen:

$$
\lambda_i' = \begin{cases} \lambda_i + k_i & \text{für } i = 1, 2, \dots, m \\ \lambda_i & \text{für } i = m+1, \dots, n, \end{cases} \qquad (5.44)
$$

d. h., mit dem modalen Regelungsgesetz (5.43) ist das gestellte Ziel, mit m verfügbaren Stellgrößen u_i m Eigenwerte einzeln und unabhängig voneinander zu verschieben, erreicht worden.

Da (5.42) nicht mehr eine reine Diagonalform darstellt, ist zu schlußfolgern, daß eine modale Regelung (5.43) neben der gewünschten Veränderung der Eigenwerte (5.44) auch zu einer Veränderung der Eigenvektoren führt. Folgende Untersuchungen liefern hierzu eine genauere Einsicht. Durch die modale Regelung (5.43) entsteht aus dem ungeregelten System

$$
\underline{\dot{x}} = A \underline{x} + B \underline{u}
$$

das geregelte System

$$
\underline{\dot{x}} = A \underline{x} + B N^{-1} K M \underline{x} = (A + B N^{-1} K M) \underline{x}
$$

mit der Systemmatrix

$$
D = A + B N^{-1} K M, \qquad (5.45)
$$

deren Eigenwerte durch (5.44) gegeben sind. Zunächst soll festgestellt werden, ob einige oder alle Rechtseigenvektoren $\underline{r}_i$ von A auch Rechtseigenvektoren von D sind. Es sei daran erinnert, daß die Rechtseigenvektoren $\underline{r}_i$ von A wie folgt definiert sind:

$$
A \underline{r}_i = \lambda_i \underline{r}_i; \qquad i = 1, 2, \dots, n. \qquad (5.46)
$$

Wird $\underline{r}_i$ auf D angewendet:

$$
D \underline{r}_i = A \underline{r}_i + B N^{-1} K M \underline{r}_i, \qquad (5.47)
$$

so gilt wegen (5.17a)

$$M\underline{r}_i = \begin{bmatrix} \underline{\varrho}_1 \\ \vdots \\ \underline{\varrho}_m \end{bmatrix} \underline{r}_i = \begin{cases} \underline{e}_i & \text{für} \quad i = 1, 2, \ldots, m \\ \underline{0} & \text{für} \quad i = m+1, \ldots, n \end{cases} \tag{5.48}$$

mit $\underline{e}_i$ als i-te Spalte der Einheitsmatrix I_m. Aus (5.47) wird damit

$$D\underline{r}_i = \begin{cases} A\underline{r}_i + \underline{l}_i & \text{für} \quad i = 1, 2, \ldots, m \\ A\underline{r}_i & \text{für} \quad i = m+1, \ldots, n\,, \end{cases} \tag{5.49}$$

wobei $\underline{l}_i$ ein von Null verschiedener Spaltenvektor ist. Aus (5.49) folgt mit (5.46)

$$D\underline{r}_i = A\underline{r}_i = \lambda_i \underline{r}_i; \qquad i = m+1, \ldots, n\,, \tag{5.50}$$

d. h., die Rechtseigenvektoren $\underline{r}_i$ von A, die zu den nicht durch modale Regelung (5.43) verschobenen Eigenwerten $\lambda_{m+1}, \ldots, \lambda_n$ gehören, bleiben erhalten und sind auch Rechtseigenvektoren der Systemmatrix D des modal geregelten Systems.

Für die Linkseigenvektoren kann folgende Betrachtung durchgeführt werden: Für einen Linkseigenvektor $\underline{\varrho}_i$ von A galt die Beziehung

$$\underline{\varrho}_i A = \lambda_i \underline{\varrho}_i; \qquad i = 1, 2, \ldots, n\,. \tag{5.51}$$

Wird ein solcher Linkseigenvektor auf D angewendet:

$$\underline{\varrho}_i D = \underline{\varrho}_i A + \underline{\varrho}_i B N^{-1} K M = \underline{\varrho}_i A + \underline{\varrho}_i S K M\,, \tag{5.52}$$

so gilt wegen (5.36a)

$$\underline{\varrho}_i S = \underline{\varrho}_i (\underline{s}_1 \underline{s}_2 \cdots \underline{s}_m) = \underline{e}_i^T; \quad i = 1, 2, \ldots, m\,. \tag{5.53}$$

Aus (5.52) wird damit und unter Beachtung der Tatsache, daß K eine Diagonalmatrix $\operatorname{diag}(k_i)$ und M durch (5.35b) definiert ist,

$$\underline{\varrho}_i D = \underline{\varrho}_i A + \underline{e}_i^T K M = \underline{\varrho}_i A + k_i \underline{\varrho}_i; \qquad i = 1, 2, \ldots, m\,. \tag{5.54}$$

Mit (5.51) erhält man

$$\underline{\varrho}_i D = \lambda_i \underline{\varrho}_i + k_i \underline{\varrho}_i = (\lambda_i + k_i) \underline{\varrho}_i = \lambda_i' \underline{\varrho}_i; \qquad i = 1, 2, \ldots, m\,. \tag{5.55}$$

Die Linkseigenvektoren $\underline{\varrho}_i$ von A, die zu den m durch modale Regelung (5.43) zu verschiebenden Eigenwerten $\lambda_1, \ldots, \lambda_m$ gehören und die die Meßmatrix M im Regelungsgesetz (5.43) bilden, bleiben erhalten und sind auch Linkseigenvektoren der Systemmatrix D des geregelten Systems.

Mit der Veränderung der Eigenwerte durch modale Regelung gehen also auch (ungewollte) Veränderungen von Eigenvektoren (Eigenrichtungen der Systemmatrix im Raum R^n) einher, die sich in nicht einfach zu überschauender Weise auf den Zeitverlauf $\underline{x}(t)$ bzw. $\underline{y}(t)$ der freien und/oder erzwungenen Bewegung auswirken. Die gezielte Veränderung der Eigenwerte und damit die gezielte Veränderung des Charakters der Modi ist begleitet von einer unübersichtlichen Veränderung der "Gewichte", mit denen die Modi in den Gesamtzeitverlauf $\underline{x}(t)$ eingehen; denn diese Gewichte sind, wie die Ausführungen im Abschn. 2.1.3. zeigten, durch die Eigenvektoren bestimmt. Diesem in der Sprache der modalen Analyse ausgedrückten Sachverhalt der Eigenvektorveränderung als Ursache für unübersichtliche Auswirkungen auf den resultierenden Zeitverlauf $\underline{x}(t)$ und damit auch auf die Ausgangsgrößen $\underline{y}(t)$ entspricht im Bildbereich eine unkontrollierte Veränderung von Nullstellen zugehöriger Übertragungsfunktionen. Die modale Regelung (5.43) ermöglicht also eine gezielte Veränderung von m Polen, die jedoch i. allg. von nicht beabsichtigten und leider auch nicht einfach zu verfolgenden Nullstellenveränderungen in entsprechenden Übertragungsfunktionen begleitet sind. Das erschwert die Beantwortung der noch offenen Frage, wohin genau die Eigenwerte (Pole) durch modale Regelung zu verschieben sind, wenn neben einer Stabilisierung auch noch ein gewünschtes dynamisches Verhalten für wichtige oder ausgewählte Prozeßgrößen erreicht werden soll.

Bei der Ableitung des Regelungsgesetzes (5.43) wurde bisher vorausgesetzt, daß sämtliche zu verschiebenden m Eigenwerte $\lambda_1, \lambda_2, \ldots, \lambda_m$ reell sind. In vielen Anwendungsfällen können als dominierende und daher zu verschiebende Eigenwerte konjugiert-komplexe Eigenwertpaare auftreten:

$$\lambda_j = \delta_j + \omega_j j$$
$$\lambda_j^* = \delta_j - \omega_j j .$$

In diesen Fällen sind die zu einem konjugiert-komplexen Eigenwertpaar gehörenden Eigenvektoren ebenfalls konjugiert-komplex. Da die Meßmatrix M im Regelungsgesetz (5.43) als zeilenweise Anordnung der zu den zu verschiebenden Eigenwerten gehörenden Linkseigenvektoren zu bilden ist, würde das zur Folge haben, daß die Meßmatrix in diesen Fällen konjugiert-komplexe Zeilen hat. Eine solche Vorschrift zur Messung des Zustands $\underline{x}$ ist natürlich nicht realisierbar. Im Fall des Auftretens von konjugiert-komplexen Eigenwerten muß daher das Entwurfsverfahren modifiziert werden. Diese Modifizierung gelingt, indem man nicht von der echten Diagonalform der Systemgleichungen Bild 5.6b ausgeht, sondern von einer Quasidiagonalform mit rein reellen Matrizen [48] .

5.1.3. Modale Regelung: konjugiert-komplexe Eigenwerte

Die Modifizierung des Entwurfsverfahrens "Modale Regelung" für den Fall, daß neben reellen Eigenwerten auch konjugiert-komplexe verschoben werden müssen, sei am Beispiel eines Systems 6. Ordnung mit m = 3 Stellgrößen und der im Bild 5.10 angegebenen Eigenwertverteilung der Systemmatrix A erläutert.

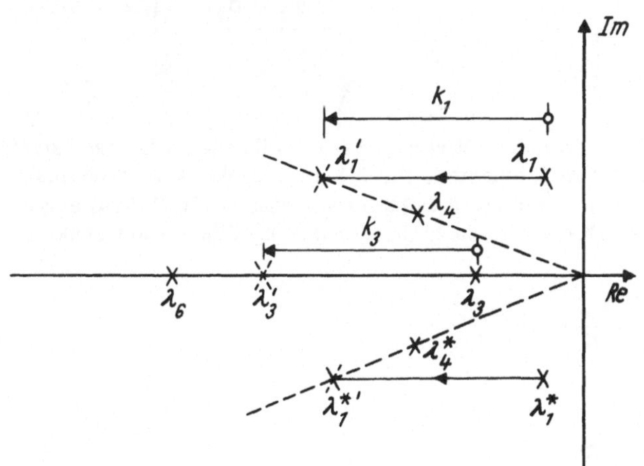

Bild 5.10. Angenommene Eigenwertverteilung mit konjugiert-komplexen Eigenwerten (gewünschte Verschiebung eingetragen)

Die Ähnlichkeitstransformation (5.14) der Systemmatrix A auf die Diagonalmatrix Λ = diag λ_i führt auf

$$\Lambda = \begin{bmatrix} \delta_1 + \omega_1 j & & & & & \\ & \delta_1 - \omega_1 j & & & & \\ & & \lambda_3 & & & \\ & & & \delta_4 + \omega_4 j & & \\ & & & & \delta_4 - \omega_4 j & \\ & & & & & \lambda_6 \end{bmatrix} . \tag{5.56}$$

Hierbei sind die erste und zweite und die vierte und fünfte Spalte der Modalmatrix R und die entsprechenden Zeilen von R^{-1} konjugiert-komplex. Durch eine weitere Ähnlichkeitstransformation kann diese Diagonalmatrix Λ mit ihren konjugiert-komplexen Elementen (Eigenwerte von A) auf eine reelle Blockdiagonalstruktur $\hat{\Lambda}$ gebracht werden [48] :

$$T^{-1}\Lambda \; T = \hat{\Lambda} \; . \tag{5.57}$$

$$
\underbrace{\begin{bmatrix}
\begin{array}{cc} 1 & 1 \\ j & -j \end{array} & & & 0 \\
 & 1 & & \\
0 & & \begin{array}{cc} 1 & 1 \\ j & -j \end{array} & \\
 & & & 1
\end{bmatrix}}_{T^{-1}}
\;
\underbrace{\begin{bmatrix}
\begin{array}{cc} \delta_1 + \omega_1 j & \\ & \delta_1 - \omega_1 j \end{array} & & & 0 \\
 & \lambda_3 & & \\
0 & & \begin{array}{cc} \delta_4 + \omega_4 j & \\ & \delta_4 - \omega_4 j \end{array} & \\
 & & & \lambda_6
\end{bmatrix}}_{\Lambda}
$$

$$
\underbrace{\begin{bmatrix}
\begin{array}{cc} 1/2 & -j/2 \\ 1/2 & j/2 \end{array} & & & 0 \\
 & 1 & & \\
0 & & \begin{array}{cc} 1/2 & -j/2 \\ 1/2 & j/2 \end{array} & \\
 & & & 1
\end{bmatrix}}_{T}
\;=\;
\underbrace{\begin{bmatrix}
\begin{array}{cc} \delta_1 & \omega_1 \\ -\omega_1 & \delta_1 \end{array} & & & 0 \\
 & \lambda_3 & & \\
0 & & \begin{array}{cc} \delta_4 & \omega_4 \\ -\omega_4 & \delta_4 \end{array} & \\
 & & & \lambda_6
\end{bmatrix}}_{\hat{\Lambda}}
\tag{5.57a}
$$

Die dazu erforderliche nichtsinguläre Transformationsmatrix T stellt ebenfalls eine Quasidiagonalmatrix dar, jedoch mit komplexen Elementen. Ihr Bildungsgesetz ist einfach und systematisch und geht aus der für das angenommene Beispiel vollständig als (5.57a) angeschriebenen Gleichung (5.57) hervor. Die beiden nacheinander durchgeführten Ähnlichkeitstransformationen

$$A \; \xrightarrow[(5.14)]{R^{-1} A R} \; \Lambda \qquad \xrightarrow[(5.57)]{T^{-1} \Lambda T} \; \hat{\Lambda}$$

werden zusammengefaßt zu

$$T^{-1} R^{-1} A R T = (R\,T)^{-1} A\,(R\,T) = \hat{\Lambda} \; . \tag{5.58}$$

Die resultierende Transformation mit der Transformationsmatrix $(R\,T)$ ist in allen Teilen rein reell. So ist für obiges Beispiel

$$R\,T = (\mathrm{Re}\;\underline{r}_1 \mid \mathrm{Im}\;\underline{r}_1 \mid \underline{r}_3 \mid \mathrm{Re}\;\underline{r}_4 \mid \mathrm{Im}\;\underline{r}_4 \mid \underline{r}_6) \tag{5.59}$$

$$(R\,T)^{-1} = T^{-1} R^{-1} = \begin{bmatrix}
2\,\mathrm{Re}\;\underline{\varrho}_1 \\
-2\,\mathrm{Im}\;\underline{\varrho}_1 \\
\underline{\varrho}_3 \\
2\,\mathrm{Re}\;\underline{\varrho}_4 \\
-2\,\mathrm{Im}\;\underline{\varrho}_4 \\
\underline{\varrho}_6
\end{bmatrix} \; . \tag{5.60}$$

104

So wie $R^{-1}AR = \Lambda$ durch die lineare Transformation (5.11) des Zustandsvektors $\underline{x} = R\underline{z}$ eine Darstellung im Matrixsignalflußbild 5.7b erfuhr, so ist (5.58) durch die folgende Transformation des Zustandsvektors

$$\underline{x} = (R\,T)\,\hat{\underline{z}} \quad = R\,T\,\hat{\underline{z}} \quad\quad = R\,\underline{z}$$
$$\hat{\underline{z}} = (R\,T)^{-1}\,\underline{x} = T^{-1}\,R^{-1}\,\underline{x} = T^{-1}\,\underline{z}$$

(5.61)

im Matrixsignalflußbild darzustellen. Das wird für das angenommene Beispiel im Bild 5.11a gezeigt. Auf der Basis dieses Bildes kann nun das Entwurfsverfahren analog den Überlegungen im Abschn. 5.1.2. abgeleitet werden.

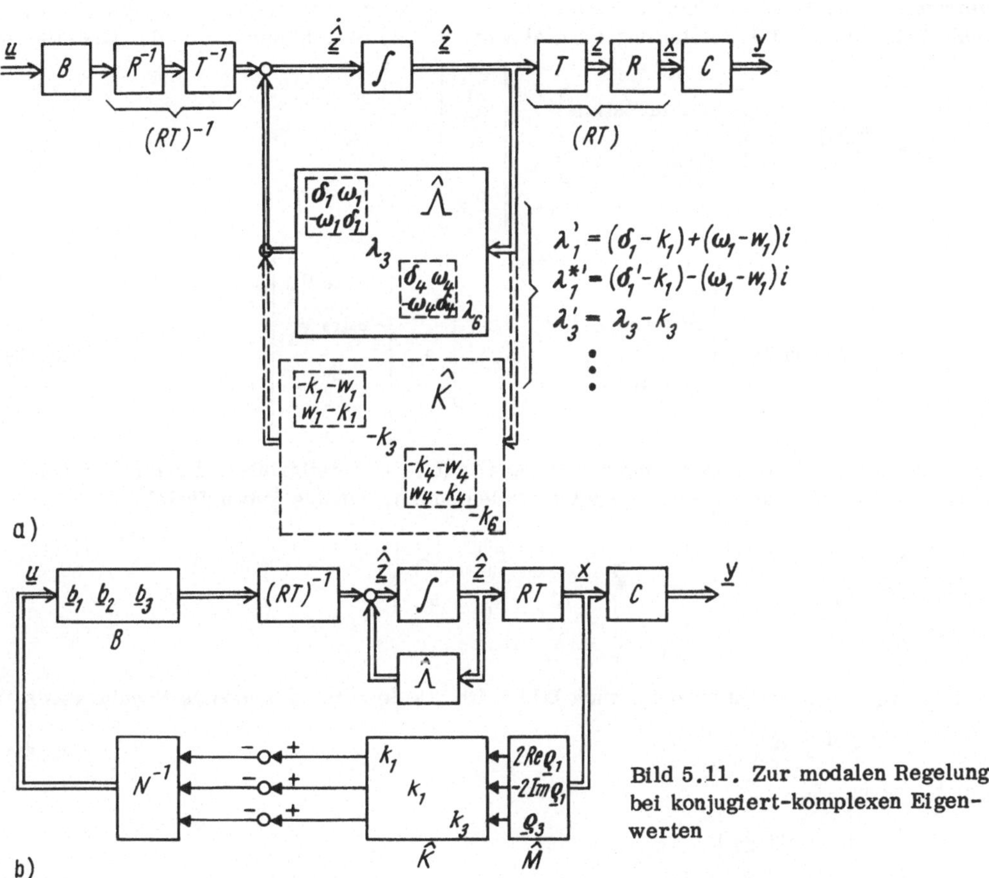

Bild 5.11. Zur modalen Regelung bei konjugiert-komplexen Eigenwerten

Eine Veränderung eines konjugiert komplexen Eigenwertpaars kann durch Verändern

des Realteils δ_j in $\delta_j + k_j$

des Imaginärteils ω_j in $\omega_j + w_j$

von Real- und Imaginärteil zugleich

erfolgen. Bild 5.11a zeigt den Weg für diese Veränderung. Es ist dazu, wie gestrichelt eingezeichnet, die Blockdiagonalmatrix $\hat{K}$ zu $\hat{\Lambda}$ zu addieren. Hier wurden die Vorzeichen der selbst positiv angenommenen und später als Verstärkungen von P-Reglern zu interpretierenden k_j und w_j so gewählt, daß die Realteile negativ und die Imaginärteile kleiner werden.

Dies entspricht dem Streben nach Stabilisierung, verbesserter Dämpfung usw. und damit dem in der Praxis auftretenden Entwurfsziel. Vielfach wird eine Verschiebung des konjugiert-komplexen Eigenwertpaars λ_j, λ_j^* nach links ausreichend sein, so daß $w_j = 0$ angesetzt werden kann und damit die in der Praxis meist nur erforderliche Dämpfungsänderung und Verkürzung der Einschwingzeit allein durch eine Vergrößerung des Realteils $\delta_j \rightarrow (\delta_j - k_j)$ zu erreichen ist. Dann nimmt $\hat{K}$ reine Diagonalgestalt an. Im weiteren wird nur noch auf diesen Fall eingegangen.

Um von diesem Ansatz, wie im Bild 5.11a angedeutet, zu einem realisierbaren Regelungsgesetz $\underline{u} = \underline{u}(\underline{x})$ zu gelangen, sind sinngemäß die gleichen Schritte wie im Abschn. 5.1.2. zu durchlaufen. Zunächst wird bei m verfügbaren Stellgrößen die Zahl der verschiebbaren Eigenwerte auf m begrenzt. Bei $m = 3$ Stellgrößen können also nur ein konjugiertkomplexes Eigenwertpaar und ein reeller Eigenwert, also z. B. λ_1, λ_1^* und λ_3 aus Bild 5.10, verschoben werden. In einem zweiten Schritt ist dann die Erzeugung fiktiver, zu den verwendeten Meßvektoren biorthonormierter Stellvektoren vorzunehmen. Der einzige formale Unterschied zu den Ableitungen im Abschn. 5.1.2. besteht nur darin, daß anstelle von

$$\underline{z},\ R \text{ und } M = \begin{bmatrix} \text{erste } m \text{ Zeilen} \\ \\ \text{von } R^{-1} \end{bmatrix} = \begin{bmatrix} \underline{\varrho}_1 \\ \underline{\varrho}_2 \\ \vdots \\ \underline{\varrho}_m \end{bmatrix}$$

jetzt mit

$$\underline{\hat{z}},\ (R\,T) \text{ und } M = \begin{bmatrix} \text{erste } m \text{ Zeilen} \\ \\ \text{von } (R\,T)^{-1} = T^{-1} R^{-1} \end{bmatrix} = \begin{bmatrix} 2\,\text{Re}\,\underline{\varrho}_1 \\ -2\,\text{Im}\,\underline{\varrho}_1 \\ \underline{\varrho}_3 \\ \vdots \end{bmatrix} \tag{5.62}$$

zu rechnen ist. Für das angenommene Beispiel mit $m = 3$ Stellgrößen, die zur Verschiebung von λ_1, λ_1^* und λ_3 so ausgenutzt werden sollen, daß das Entwurfsziel

$$\begin{aligned} \lambda_1 &= \delta_1 + \omega_1 j & \longrightarrow \quad \lambda_1' &= (\delta_1 - k_1) + \omega_1 j \\ \lambda_1^* &= \delta_1 - \omega_1 j & \longrightarrow \quad \lambda_1'^* &= (\delta_1 - k_1) - \omega_1 j \\ \lambda_3 & & \longrightarrow \quad \lambda_3' &= \lambda_3 - k_3 \end{aligned}$$

mit k_1, $k_3 > 0$ erreicht wird (s. auch Bild 5.10), ist letztlich das modale Regelungsgesetz

$$\underline{u} = N^{-1}\,\hat{K}\,\hat{M}\,\underline{x} \tag{5.63}$$

mit der Meßmatrix

$$\hat{M} = \begin{bmatrix} 2\,\text{Re}\,\underline{\varrho}_1 \\ -2\,\text{Im}\,\underline{\varrho}_1 \\ \underline{\varrho}_3 \end{bmatrix}_{(3,6)}, \tag{5.64}$$

der Matrix der P-Regler

$$\hat{K} = \begin{bmatrix} -k_1 & & \\ & -k_1 & \\ & & -k_3 \end{bmatrix}_{(3,3)} \tag{5.65}$$

und dem Rechenglied zur Biorthonormierung

$$N^{-1} = (\hat{M}\,B)^{-1}_{(3,3)} \tag{5.66}$$

zu realisieren. Bild 5.11b soll diese Struktur verdeutlichen.

Das hier entwickelte Prinzip der modalen Regelung zur voneinander entkoppelten Verschiebung von Eigenwerten ist also für Systeme mit reellen und konjugiert-komplexen Eigenwerten anwendbar. Aber nur maximal so viele Eigenwerte können gezielt und unabhängig voneinander verschoben werden, wie unabhängige Stellgrößen vorhanden sind. So kann bei nur einer verfügbaren Steuergröße kein konjugiert-komplexes Eigenwertpaar verändert werden, sondern nur ein reeller Eigenwert. Es werden genau die Eigenwerte verändert, deren zugehörige Linkseigenvektoren die Meßmatrix M bzw. $\hat{M}$ bilden. Die Größe der Verschiebung eines jeden verschobenen Eigenwerts ist direkt durch einen zugeordneten Einstellparameter k_i, der als Verstärkungswert eines P-Reglers im entsprechenden Pfad der Regeleinrichtung zu interpretieren und auch zu realisieren ist, beeinflußbar. Wie im Abschn.5.1.1. schon ausgeführt wurde, lassen stark unterschiedliche Größenordnungen von Elementen der Meßmatrix M ggf. unvollständige Zustandsmessungen zu bzw. offenbaren Näherungsschritte in dieser Richtung. In ähnlicher Form kann über einen Vergleich der Größenordnung der Elemente von N^{-1} eine Aussage gewonnen werden, ob auf bestimmte Stellgliedaussteuerungen aus den einzelnen Pfaden oder überhaupt auf eine Stellmöglichkeit verzichtet werden kann. Derartige Hilfestellungen bei der Auffindung einer geeigneten Mehrgrößenregelungsstruktur, die die modale Regelung geben kann, sollten in ihrer praktischen Relevanz nicht unterschätzt werden [6], zumal andere Entwurfsverfahren ähnliche Einsichten in das Strukturproblem kaum liefern können.

5.1.4. Ablaufplan für den Entwurf einer modalen Regelung

Als Anleitung für den praktischen Entwurf einer modalen Regelung wird der folgende Ablaufplan angegeben:

(1) Auf Erfahrungen gestützte Auswahl derjenigen m Eingangsgrößen des zu regelnden Systems $\dot{x} = A\underline{x} + B\underline{u}$, die als Stellgrößen in Frage kommen. Entsprechende Anordnung der Steuervektoren, d. h. der zugehörigen Spalten von B,

$\rightarrow$ B in der richtigen Anordnung der Spalten.

(2) Berechnung aller Eigenwerte der Systemmatrix des zu regelnden Systems

$$\rightarrow \lambda_i; \quad i = 1, 2, \ldots, n.$$

(3) Auswahl und Festlegung der Reihenfolge von maximal m dominierenden und zu verschiebenden Eigenwerten

$$\lambda_m < \lambda_{m-1} < \cdots < \lambda_3 < \lambda_2 < \lambda_1 < 0.$$

(4) Berechnung der zu diesen dominierenden Eigenwerten λ_i; $i = 1, 2, \ldots, m$ gehörenden Linkseigenvektoren

$$\rightarrow \underline{\varrho}_i; \quad i = 1, 2, \ldots, m.$$

(5) Aufstellen der "Meßmatrix" M

Die zu verschiebenden λ_i sind sämtlich reell.

Zeilenweise Anordnung der dann ebenfalls reellen $\underline{\varrho}_i$

$$\begin{bmatrix} \underline{\varrho}_1 \\ \underline{\varrho}_2 \\ \vdots \\ \underline{\varrho}_m \end{bmatrix} \rightarrow M.$$

Unter den zu verschiebenden λ_i sind konjugiert-komplexe, z. B. $\lambda_1, \lambda_2, \lambda_2^*, \lambda_3, \ldots, \lambda_m$. $\hat{M}$ sinngemäß nach dem Vorbild von (5.62) anordnen

$$\begin{bmatrix} \underline{\varrho}_1 \\ 2\,\mathrm{Re}\ \underline{\varrho}_2 \\ -2\,\mathrm{Im}\ \underline{\varrho}_2 \\ \underline{\varrho}_3 \\ \vdots \\ \underline{\varrho}_m \end{bmatrix} \rightarrow \hat{M},$$

$\qquad$ wobei als $\underline{Q}_2$ derjenige (konjugiert-komplexe) Linkseigenvektor zu nehmen ist, der zu dem Eigenwert des konjugiert-komplexen Paares $(\lambda_2,\ \lambda_2^*)$ mit <u>positivem</u> Imaginärteil gehört $(\text{Im } \lambda_2 > 0)$.

$\quad\textcircled{6}\qquad\qquad M\,B\ \Rightarrow\ N\qquad\qquad\qquad\qquad\hat{M}\,B\ \Rightarrow\ N$

$\quad\textcircled{7}\quad$ Invertierung der $(m \times m)$-Matrix N

$$\Rightarrow N^{-1}.$$

$\quad\textcircled{8}\quad$ Aus der gewünschten und vorzugebenden Eigenwertverteilung λ_i'; $i = 1, 2, \ldots, m$ für die m zu verschiebenden Eigenwerte sind die Einstellwerte k_i; $i = 1, 2, \ldots, m$ zu ermitteln.

λ_i sämtlich reell:
$$k_i = \lambda_i' - \lambda_i;$$
$$i = 1, 2, \ldots, m$$

Bei einem konjugiert-komplexen Paar $(\delta_j \pm \omega_j j)$
$$k_j = k_{j+1} = \delta_j' - \delta_j$$

$$\text{diag } (k_i)\ \Rightarrow\ K \text{ bzw. } \hat{K}.$$

$\quad\textcircled{9}\quad$ Berechnung der Reglermatrix

$$\Rightarrow N^{-1}\,K\,M \text{ bzw. } N^{-1}\,\hat{K}\,\hat{M}.$$

Als numerisch anspruchsvollere Operation ist lediglich die Berechnung der Linkseigenvektoren zu nennen. Ein Test des zu regelnden Systems auf vollständige modale Steuerbarkeit wurde nicht zum Gegenstand eines separaten Entwurfsschritts gemacht, da er indirekt im Schritt 7 enthalten ist. Die Steuerbarkeit ist, wie oben dargelegt, notwendige Vorbedingung für die Invertierbarkeit von N. Sollte einer der ausgewählten und zu verschiebenden Eigenwerte zu einem nichtsteuerbaren Modus gehören, so wird das im Schritt 7 bemerkt. Dieser ist dann festzustellen, wozu ein gesonderter modaler Steuerbarkeitstest durchzuführen ist, und als nicht verschiebbar auszuklammern. Im speziellen Anwendungsfall sind die Konsequenzen abzuschätzen.

Dieser Ablaufplan geht wie die gesamte bisherige Ableitung des Verfahrens von einem zu regelnden System mit diagonalähnlicher Systemmatrix A aus bzw. setzt diese voraus. Zur Rechtfertigung dieser Voraussetzung sei folgendes bemerkt:

- Systemmatrizen A, die mehrfache Eigenwerte haben und nicht diagonalähnlich sind, können, wenn sie überhaupt in praktischen Anwendungsfällen auftreten, häufig als parametrische Zufälle gedeutet werden. Diese sind z. B. das Ergebnis mathematischer Modellvereinfachungsstrategien und werden hier nicht zwingend durch einen physikalischen Sachverhalt im realen System hervorgerufen. Ausnahmen sind eigentlich nur Mehrfacheigenwerte $\lambda = 0$, die der physikalische Ausdruck mehrfacher integrierender Wirkungen im System, z. B. Niveaustandsprobleme, sind.
- Mehrfache Eigenwerte komplizieren die Rechnungen erheblich [19] [46] [47]. Zwar sind auch hier modale Regelungsgesetze ableitbar [19], doch geht dann das ingenieurmäßig interessante Moment der modalen Regelung unter.

Treten in einem praktischen Anwendungsfall mehrfache Eigenwerte auf, so kann man der in der Numerik der linearen Algebra geübten Praxis folgen, diesen Fall durch verschiedene benachbarte Eigenwerte anzunähern. Natürlich bringen dicht benachbarte Eigenwerte aus numerischer Sicht immer größere Schwierigkeiten mit sich als Probleme mit deutlich verschiedenen Eigenwerten.

Ein zweiter Ausweg im Zusammenhang mit der Behandlung von Beispielen mit mehrfachen Eigenwerten ist ein Zweischrittverfahren für den Entwurf. In einem ersten Schritt wird das gegebene zu regelnde System mit mehrfachen Eigenwerten durch eine Zustands- oder eine Ausgangsrückführung in ein System mit sämtlich verschiedenen Eigenwerten übergeführt. Auf dieses System wird dann das eigentliche modale Entwurfsverfahren angewandt.

Im ersten Schritt kommt es also darauf an, daß aus der Systemmatrix A mit mehrfachen Eigenwerten eine Systemmatrix mit nur verschiedenen Eigenwerten wird. Wesentlich für diesen ersten Entwurfsschritt ist die gesicherte Erkenntnis, daß sich durch Zustands- oder Ausgangsrückführung fast jedes System zyklisieren läßt [76] [77].

a) Zustandsrückführung

Auf das steuerbar vorausgesetzte System mit mehrfachen Eigenwerten $\dot{\underline{x}} = A\underline{x} + B\underline{u}$ wird im ersten Schritt eine Zustandsrückführung

$$\underline{u} = K_x^z \underline{x} + {}^1\underline{u}$$

angewandt. Dadurch entsteht das folgende System:

$$\dot{\underline{x}} = (A + B K_x^z)\underline{x} + B{}^1\underline{u} = A_z \underline{x} + B{}^1\underline{u}.$$

Seine Systemmatrix $A_z = A + B K_x^z$ hat bei geeigneter Wahl von K_x^z nur verschiedene Eigenwerte und gehört damit zur Klasse der zyklischen Matrizen [47]. Zur Verschiebung von mehrfachen Eigenwerten von A aus ihrer Lage um $\pm\,\varepsilon$ ist eine Rückführmatrix K_x^z der Größenordnung ε^2 erforderlich [76]. Da es in diesem ersten Schritt lediglich auf eine Trennung der Eigenwerte von A ankommt, sind nur kleine ε erforderlich, d. h., die Elemente von K_x^z lassen sich sehr klein ansetzen. Fast jeder Ansatz für K_x^z mit kleinen Elementen führt zu einer erfolgreichen Eigenwerttrennung. Im zweiten Schritt wird für $\dot{\underline{x}} = A_z \underline{x} + B{}^1\underline{u}$ eine modale Regelung ${}^1\underline{u} = K\underline{x}$ entworfen. Ausgangspunkt hierzu ist die Berechnung der (sämtlich verschiedenen) Eigenwerte und der zu den zu verschiebenden Eigenwerten gehörenden Linkseigenvektoren von $A_z = A + B K_x^z$ usw.

Das resultierende Regelungsgesetz ist dann $\underline{u} = K_x^z \underline{x} + {}^1\underline{u} = K_x^z \underline{x} + K\underline{x} = (K_x^z + K)\,\underline{x}$,

wobei K als Ergebnis des modalen Entwurfs im Schritt 2 anfällt.

b) Ausgangsrückführung

Im Hinblick auf die praktische Realisierung ist häufig eine Trennung mehrfacher Eigenwerte durch eine Ausgangsrückführung günstiger als eine Trennung durch Zustandsrückführung. Für das System mit mehrfachen Eigenwerten $\dot{x} = A\underline{x} + B\underline{u}$, $\underline{y} = C\underline{x}$ wird im ersten Schritt eine Ausgangsrückführung

$$\underline{u} = K_y^z \underline{y} + {}^1\underline{u}$$

angesetzt. Die Rückführmatrix K_y^z ist so zu bestimmen, daß das im Ergebnis dieses ersten Schrittes vorliegende System

$$\dot{\underline{x}} = (A + B K_y^z C)\,\underline{x} + {}^1\underline{u} = A_z \underline{x} + {}^1\underline{u}$$

eine zyklische Systemmatrix A_z hat. Nach [77] leistet fast jeder Ansatz für K_y^z eine solche Zyklisierung (zum Begriff Zyklisierung bzw. zyklische Systemmatrix s. auch Abschn. 5.2.2.). Dabei wird es i. allg. möglich sein, durch einen derartigen fast beliebigen Ansatz für K_y^z - man wird wieder versuchen, mit möglichst wenigen von Null verschiedenen, aber kleinen Elementen von K_y^z zum Ziel zu kommen - nicht nur schlechthin eine zyklische Systemmatrix A_z zu erreichen, sondern eine solche mit sämtlich verschiedenen Eigenwerten. Im zweiten und eigentlichen Entwurfsschritt wird für

$$\dot{\underline{x}} = A_z \underline{x} + B{}^1\underline{u} \text{ eine modale Regelung } {}^1\underline{u} = K\underline{x} \text{ entworfen. Das resultierende Regelungs-}$$
gesetz lautet $\underline{u} = K_y^z \underline{y} + K\underline{x}.$

Auf numerische und programmtechnische Probleme im Zusammenhang mit der Abarbeitung der einzelnen Schritte des Ablaufplans wird nicht weiter eingegangen. Sie sind beim heutigen Stand der numerischen und rechentechnischen Methoden der linearen Algebra bereits als Routinen anzusehen [49], was nicht heißt, daß es hier keine Probleme mehr gibt.

Zum Ablaufplan für den Entwurf einer modalen Regelung soll abschließend bemerkt werden, daß vor der Realisierung des gefundenen Regelungsgesetzes $\underline{u} = N^{-1} K M \underline{x}$ zu prüfen ist, ob ggf. die obenerwähnten Näherungsschritte und damit Vereinfachungen des Regelungsgesetzes möglich sind.

Die folgenden Beispiele werden das Entwurfsprinzip verdeutlichen.

5.1.5. Beispiele

Nachfolgend werden zwei Beispiele für den Entwurf einer modalen Regelung in groben Zügen
dargelegt und die erreichten Ergebnisse bezüglich Stabilisierung und Güteverbesserung kurz
diskutiert. Hieraus werden einige praktisch nutzbare Hinweise abgeleitet. Gleichzeitig sollen
die Leistungsfähigkeit und Flexibilität der modalen Regelung eingeschätzt und Grenzen für
die Anwendbarkeit, wenn auch noch unscharf, umrissen werden.

<u>Beispiel 1</u>
Das folgende Beispiel eines Systems der Ordnung $n = 5$ mit $m = 2$ Stellgrößen geht auf ein
in [51] angegebenes und dort für andere Entwurfszwecke genutztes Prozeßmodell zurück.
Dieses Zustandsmodell wird beschrieben durch

$$A = \begin{bmatrix} -0,2 & 0,1 & 0,4 & 0 & 0 \\ 0,1 & -0,3 & 0 & 0,7 & 0 \\ 0 & -0,9 & -0,9 & -0,2 & 1 \\ 0,2 & 0 & -0,3 & -1 & 0 \\ 0 & 0 & 0,1 & 0 & -2 \end{bmatrix}, \quad B = \begin{bmatrix} 0 & 0 \\ 0 & 0 \\ 0 & 0 \\ 1 & 0,3 \\ 0 & 1 \end{bmatrix}, \quad C = \begin{bmatrix} 1 & 0 & 0,5 & 0 & 0 \\ 0 & 1 & 0 & 0,2 & 0 \end{bmatrix}.$$

Die Berechnung der Eigenwerte ergibt

$$\Lambda = \begin{bmatrix} -0,142 & & & & \\ & -0,304 & & & \\ & & -0,749 & & \\ & & & -1,117 & \\ & & & & -2,088 \end{bmatrix}.$$

Es existieren keine ausgesprochen dominierenden Eigenwerte. Da rang $B = 2$ ist, sind die
beiden als Stellgrößen verfügbaren Eingänge u_1 und u_2 für eine unabhängige Verschiebung
von $m = 2$ Eigenwerten durch modale Regelung nutzbar. Für die Verschiebung werden die
beiden betragskleinsten Eigenwerte $\lambda_1 = -0,142$ und $\lambda_2 = -0,304$ ausgewählt, um die
bestimmenden Trägheitseinflüsse im System zu verkleinern und so das System merklich
schneller zu machen. Allein die Betrachtung der Eigenwertverteilung läßt erkennen, daß
eine Verschiebung

$$\lambda_1 = -0,142 \quad \xrightarrow{k_1} \quad \lambda_1' = \lambda_1 + k_1 = -0,142 + k_1 \approx -0,7 \dots -1,5$$

$$\lambda_2 = -0,304 \quad \xrightarrow{k_2} \quad \lambda_2' = \lambda_2 + k_2 = -0,304 + k_2 \approx -1,5$$

zweckmäßig wäre, da die Größe der erhalten bleibenden Eigenwerte λ_3, λ_4 etwa erreicht
ist bzw. die verschobenen Eigenwerte λ_1', λ_2' schon etwas links von λ_3, λ_4 liegen. λ_3
und λ_4 sind dann im geregelten System die maßgebenden Eigenwerte und bestimmen daher
dessen Zeitverhalten. Eine wesentlich stärkere Verschiebung von λ_1, λ_2 nach links ändert an diesem Sachverhalt nichts und ist im Gegenteil nur mit unerwünschten hohen Stellamplituden verbunden.

Wenn λ_1, λ_2 unter Verwendung der beiden Stellgrößen u_1, u_2 verschoben werden sollen, müssen die beiden zugehörigen Linkseigenvektoren $\underline{\varrho}_1$, $\underline{\varrho}_2$ von A berechnet und zur
Meßmatrix M zeilenweise angeordnet werden:

$$M = \begin{bmatrix} \underline{\varrho}_1 \\ \underline{\varrho}_2 \end{bmatrix} = \begin{bmatrix} 1,7 & 0,526 & 0,869 & 0,227 & 0,468 \\ -1,8 & 0,282 & -1,788 & 0,798 & -1,055 \end{bmatrix}.$$

Neben der Matrix der $m = 2$ P-Regler

$$K = \begin{bmatrix} k_1 & \\ & k_2 \end{bmatrix}$$

wird noch das Rechenglied, das die zu den Meßvektoren $\underline{\varrho}_1$, $\underline{\varrho}_2$ biorthonormierten (fiktiven) Steuervektoren erzeugt, benötigt:

$$N^{-1} = (M\,B)^{-1} = \begin{bmatrix} 1,33 & 0,874 \\ 1,302 & -0,371 \end{bmatrix} .$$

Die Existenz von N^{-1} bestätigt gleichzeitig die Steuerbarkeit der zu λ_1, λ_2 gehörenden Modi durch u_1 und u_2 und damit der Verschiebbarkeit von λ_1, λ_2.
Mit

$$\underline{u} = N^{-1}\,K\,M\,\underline{x}$$

bzw.

$$\begin{bmatrix} u_1 \\ u_2 \end{bmatrix} = \begin{bmatrix} 1,33 & 0,874 \\ 1,302 & -0,371 \end{bmatrix} \begin{bmatrix} k_1 & \\ & k_2 \end{bmatrix} \begin{bmatrix} 1,7 & 0,526 & 0,869 & 0,227 & 0,468 \\ -1,8 & 0,282 & -1,788 & 0,798 & -1,055 \end{bmatrix} \begin{bmatrix} x_1 \\ x_2 \\ x_3 \\ x_4 \\ x_5 \end{bmatrix}$$

ist das modale Regelungsgesetz gefunden. Nach obigen Überlegungen sind für k_1, k_2 sinnvollerweise die folgenden Wertebereiche anzustreben:

$$-1,4 \leqq k_1 \leqq -0,6$$
$$k_2 \leqq -1,2 .$$

Daß damit in der Tat eine erhebliche Güteverbesserung erreicht wird, zeigt Bild 5.12.

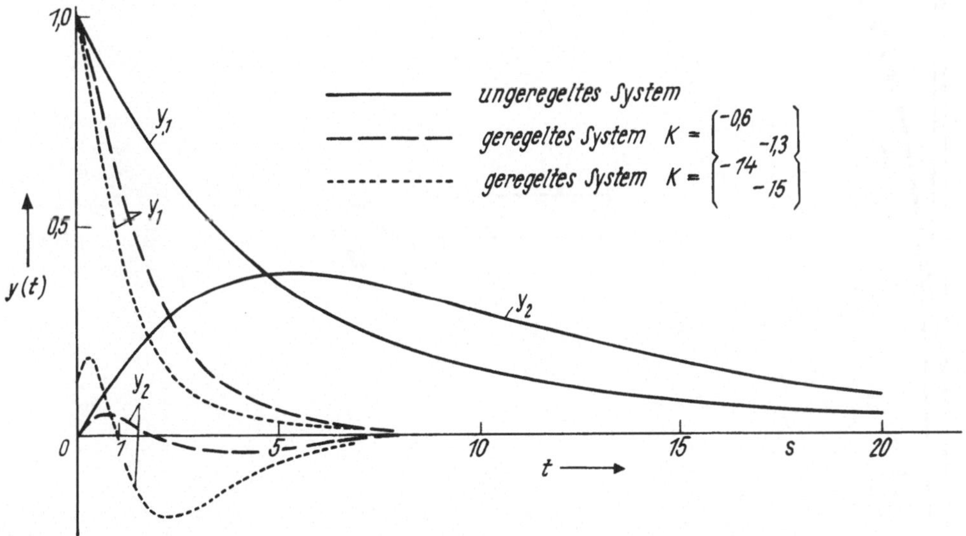

Bild 5.12. Eigenbewegungen des geregelten und des ungeregelten Systems für $\underline{x}^T = (1\ 0\ 0\ 0\ 0)$

Hier ist der Zeitverlauf der beiden Systemausgänge $y_1(t)$, $y_2(t)$ für das ungeregelte und das modal geregelte System mit zwei Verstärkungseinstellungen k_1, k_2 unter der Annahme dargestellt, daß eine δ-Impulsstörung auf x_1 gewirkt bzw., gleichbedeutend damit, daß eine vor $t_o = 0$ auf das System vorgelegene Einwirkung ihren Niederschlag in dem Anfangszustand $\underline{x}^T(0) = (10000)$ gefunden habe:

$$\dot{\underline{x}} = D\underline{x} + \begin{bmatrix} 1 \\ 0 \\ 0 \\ 0 \\ 0 \end{bmatrix} \delta(t) \equiv \dot{\underline{x}} = D\underline{x}, \qquad \underline{x}(0) = \begin{bmatrix} 1 \\ 0 \\ 0 \\ 0 \\ 0 \end{bmatrix}$$

$$D = A + BN^{-1}KM$$
$$\underline{y} = C\underline{x}.$$

Es ist stellvertretend für andere dynamische Vorgänge im System zur Demonstration der Wirkung der modalen Regelung im vorliegenden Fall eine spezielle Eigenbewegung ausgewählt worden.

Es ist deutlich zu sehen, daß das System erheblich schneller geworden ist. Am Verlauf von $y_2(t)$ ist zu erkennen, daß mit der betragsmäßigen Vergrößerung von k_2 auf 15 und so mit der relativ starken Verschiebung von λ_2 nach $\lambda_2' \approx -14$ wieder "Unruhe" in das System gebracht wird, was durch den wesentlich massiveren Stelleingriff $u_1(t)$, $u_2(t)$ bei dieser starken Verschiebung erklärt wird (Bild 5.13).

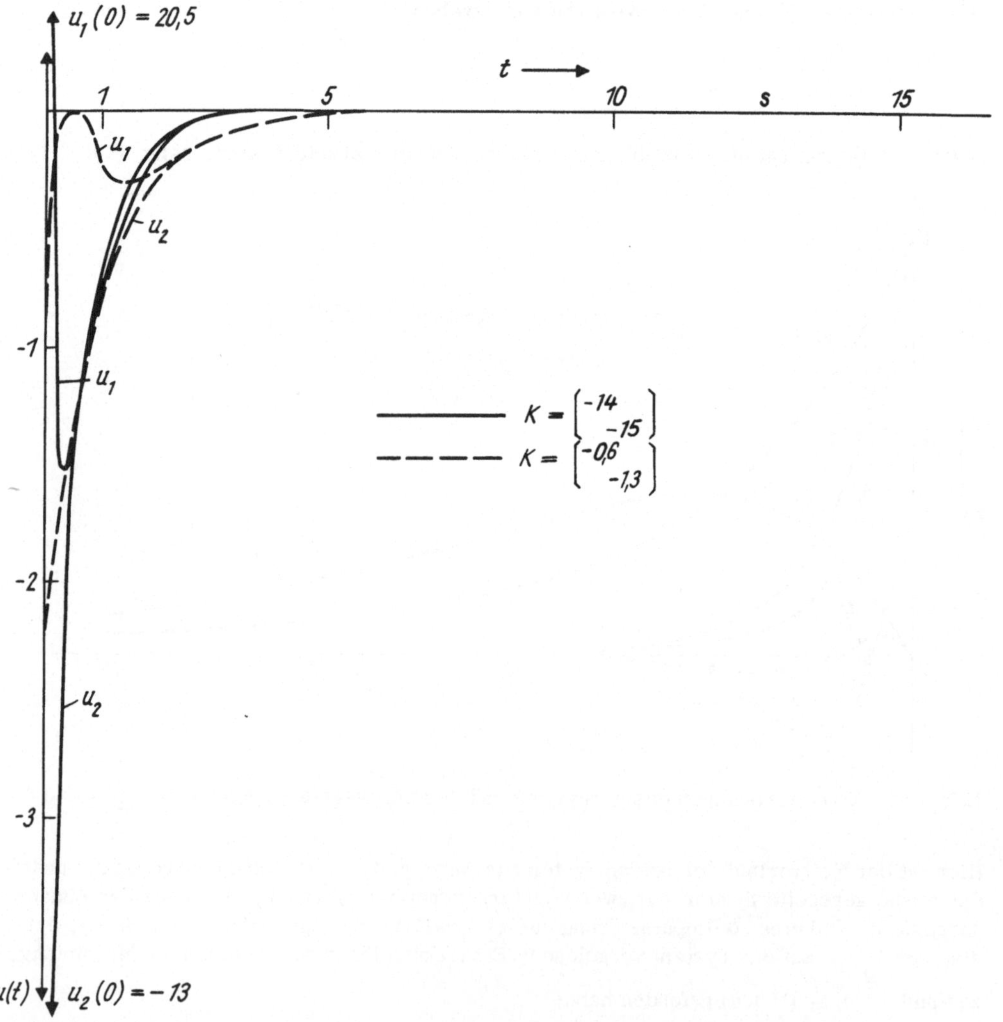

Bild 5.13. Verlauf der Stellgrößen der geregelten Systeme bei $\underline{x}^T = (1\ 0\ 0.0\ 0)$

Damit bestätigt sich, daß der oben aus der Eigenwertverteilung abgeschätzte Bereich der Werte für k_1, k_2 in etwa auch "optimal" ist im Hinblick auf die mit der modalen Regelung für dieses System erzielbaren dynamischen Güteverbesserung. Eine nicht speziell motivierte starke Eigenwertverschiebung relativ zu den unverändert bleibenden Eigenwerten sollte daher nicht vorgenommen werden. Man würde sonst auch unnötigerweise mit in der Praxis meist existierenden Stellgliedbegrenzungen in Konflikt kommen.

Eine letzte Bemerkung zu diesem Beispiel:
Wenn, wie hier praktiziert, die zwei benötigten Linkseigenvektoren und nur diese direkt z. B. über ihre Definitionsgleichung $\varrho_i\, A = \lambda_i\, \varrho_i$, d. h. $\varrho_i\,(A - \lambda_i\, I) = \underline{0}^T$, berechnet werden, dann fallen sie – da sie Lösungen eines homogenen linearen Gleichungssystems sind – bis auf einen konstanten Faktor unbestimmt an. Man wird versuchen, diesen Faktor so zu wählen, daß die einzelnen Elemente von ϱ_i angemessene Größenordnungen erhalten. Das Verhältnis der Elemente und damit die Eigenrichtung, die ϱ_i im Raum angibt, wird damit nicht beeinflußt, sondern nur die "Länge" oder Norm. Mit einer solchen Skalierung kann man ggf. unnötige numerische Schwierigkeiten bei der Invertierung von $N = M\,B$ vermeiden; denn die ϱ_i gehen über M auch hier ein.

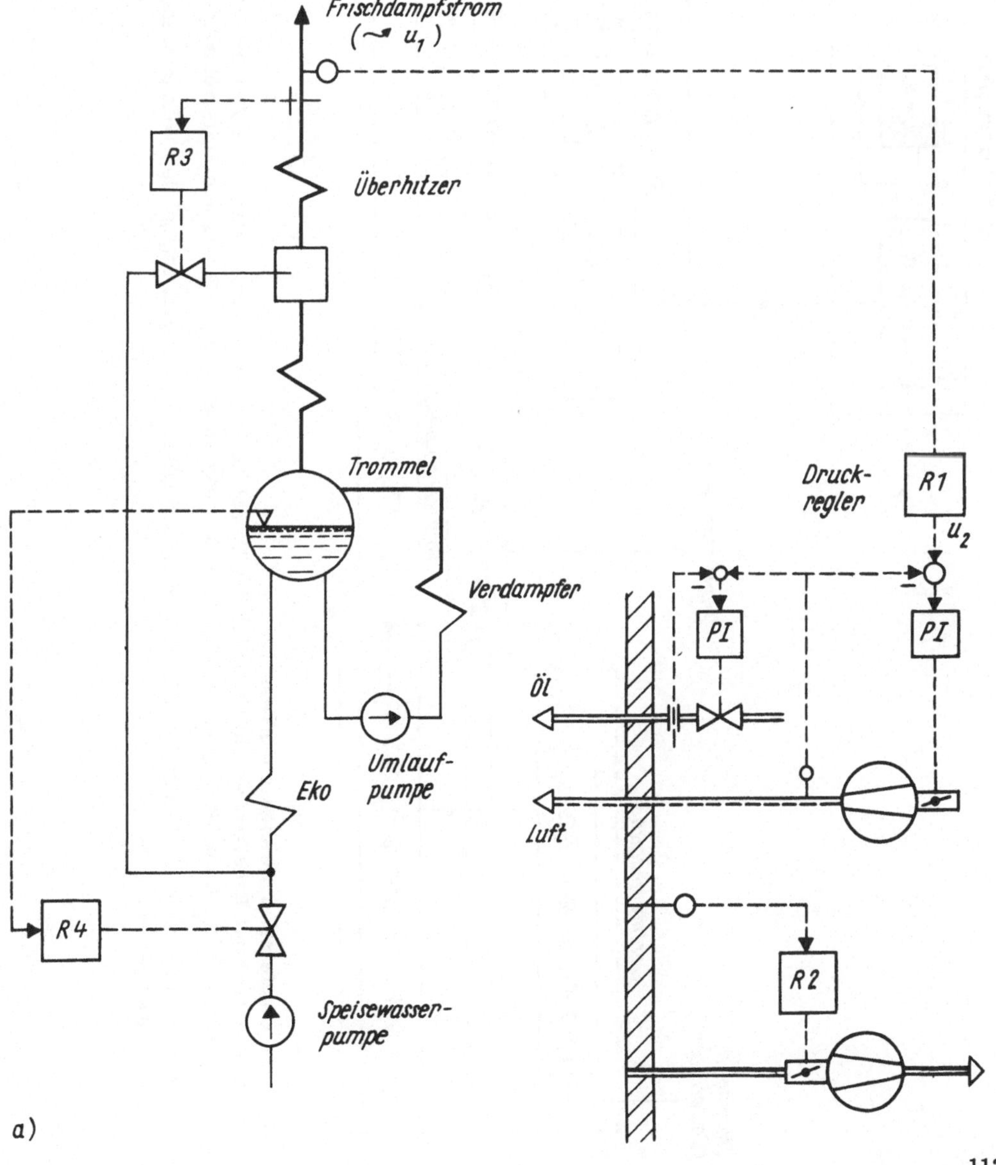

a)

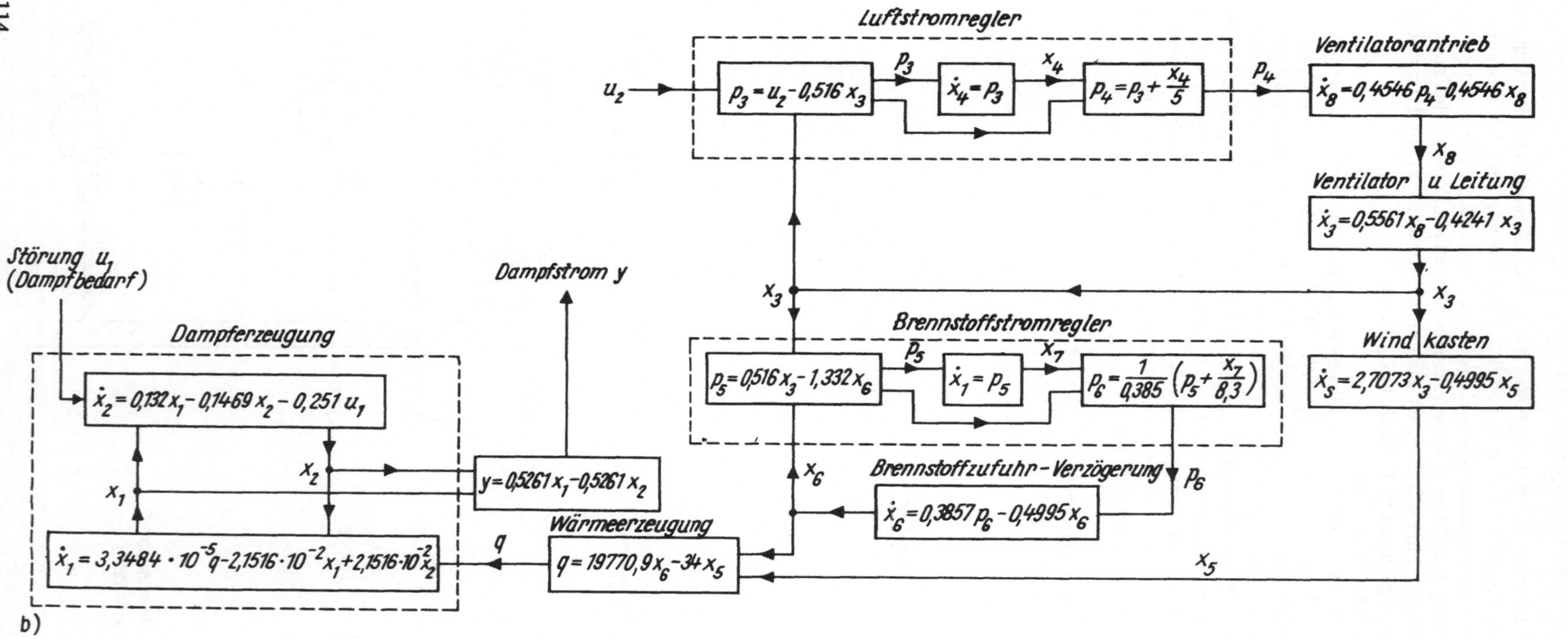

Bild 5.14. Ölgefeuerter Zwangsumlaufkessel

a) Prinzipschema mit Regelkreisen; b) bezüglich des Dampfdrucks ungeregeltes System mit Zustandsvariablen (nach [50])

x_1 Trommeldruck; x_2 Dampfdruck; x_3 Luftdruck am Leitungsausgang; x_4 I-Signal des Luftstromreglers; x_5 Luftstrom zum Brenner; x_6 Brennstoffstrom zum Brenner; x_7 I-Signal des Brennstoffstromreglers; x_8 Ausgangssignal des Ventilatorenantriebs; p_3, p_4, p_5, p_6 Zwischenvariablen; ψ Verbrennungswärme

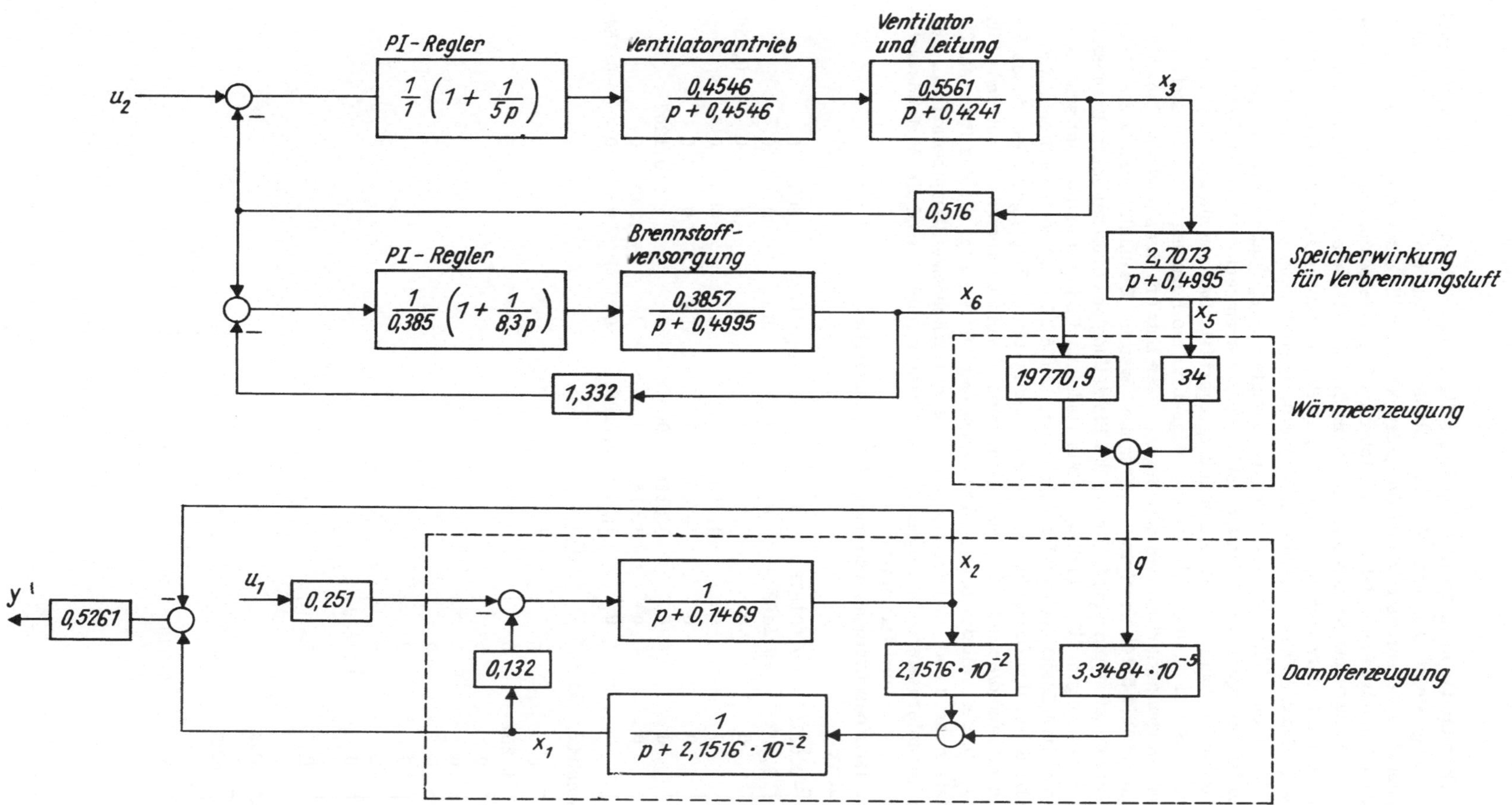

Bild 5.15. Dampferzeugermodell – Darstellung mit Übertragungsfunktionen

<u>Beispiel 2</u>

Das folgende Beispiel der modalen Regelung eines ölgefeuerten Zwangsumlaufkessels (Bild 5.14a) baut auf Angaben in [18] und [50] auf. Dieses Beispiel demonstriert den Entwurf und die Leistungsfähigkeit eines modalen Dampfdruckreglers für einen solchen Kessel. Die Betrachtungen gehen davon aus, daß die sog. internen Regelkreise der Dampferzeugerregelung, d. h. Temperatur- und Speisewasserregelung R3 und R4, wie üblich installiert sind. Gleiches gilt für den Feuerraumdruckregler R2. Stellgröße für die zu entwerfende Dampfdruckregelung R1 ist die Feuerleistung, d. h. der Brennstoffstrom nebst dem zugehörigen Verbrennungsluftstrom. Üblicherweise wird die Dampfdruckregelung dadurch realisiert, daß dem Brennstoffstromregler (PI-Verhalten) und dem Luftstromregler (PI-Verhalten) ein Dampfdruckregler R1 (häufig PID-Verhalten) überlagert ist. Das von diesem Dampfdruckregler kommende Signal u_2 dient als Führungssignal für die Regelung des Brennstoff-Luft-Verhältnisses. Ausgangspunkt für den hier angestrebten Entwurf eines modalen Dampfdruckreglers ist das im Bild 5.14b gezeigte "ungeregelte" System. Es enthält bereits die PI-Luftstrom- und -Brennstoffstromregler, die für die Einstellung des erforderlichen Brennstoff-Luft-Verhältnisses sorgen [18]. In diesem Bild sind auch die für die mathematische Beschreibung gewählten Zustandsvariablen angegeben. Bild 5.15 zeigt noch deutlicher die Struktur des bezüglich des Dampfdrucks ungeregelten Systems. Eingangsgrößen dieses Systems 8. Ordnung sind die als Stellgröße des modalen Dampfdruckreglers zu nutzende Führungsgröße u_2 für den Teil der schon vorhandenen Regeleinrichtung, die das Brennstoff-Luft-Verhältnis sichern soll, und der als Störgröße zu bezeichnende Dampfbedarf u_1. Für die technologisch interessierende Ausgangsgröße "Dampfstrom" y sind die Zustandsvariablen Trommeldruck x_1 und Dampfdruck x_2 wesentlich.

Für die Zustandsbeschreibung sind nach [18] erforderlich
die Systemmatrix

$$A = \begin{bmatrix}
-0,021516 & +0,021516 & 0 & 0 & -0,001138 & 0,662 & 0 & 0 \\
0,132 & -0,1469 & 0 & 0 & 0 & 0 & 0 & 0 \\
0 & 0 & -0,4241 & 0 & 0 & 0 & 0 & 0,5561 \\
0 & 0 & -0,516 & 0 & 0 & 0 & 0 & 0 \\
0 & 0 & 2,7073 & 0 & -0,4995 & 0 & 0 & 0 \\
0 & 0 & 0,5166 & 0 & 0 & -1,834 & 0,1207 & 0 \\
0 & 0 & 0,516 & 0 & 0 & -1,332 & 0 & 0 \\
0 & 0 & -0,2346 & 0,0909 & 0 & 0 & 0 & -0,4546
\end{bmatrix},$$

die Eingangsmatrix

$$B = \begin{bmatrix}
0 & 0 \\
-0,251 & 0 \\
0 & 0 \\
0 & 1 \\
0 & 0 \\
0 & 0 \\
0 & 0 \\
0 & 0,4546 \\
\underline{b}_1 & \underline{b}_2
\end{bmatrix},$$

die Ausgangsmatrix

$$C = \begin{bmatrix}
0,5261 & 0 & 0 & 0 & 0 & 0 & 0 & 0 \\
0 & -0,5261 & 0 & 0 & 0 & 0 & 0 & 0
\end{bmatrix},$$

die Modalmatrix

$$R = \begin{bmatrix}
1,0899 & 1,3733 & -0,4893 & 0,3117 & -0,3693-j0,4967 & -0,3693+j0,4967 & +0,0452 & -0,4350 \\
0,9924 & 3,3203 & 1,7076 & -2,1007 & 0,2120+j0,0064 & 0,2120-j0,0064 & -0,0169 & 0,0360 \\
0 & -0,0015 & -0,5199 & 0 & 0,2102+j1,2587 & 0,2102-j1,2587 & 0 & 0 \\
0 & -0,0082 & -2,4612 & 0 & 0,9935+j0,9066 & 0,9935-j0,9066 & 0 & 0 \\
0 & -0,0123 & -3,6024 & 0 & -9,2332+j5,3860 & -9,2332-j5,3860 & 18,8324 & 0 \\
0 & -0,2545 & 0,1138 & 0 & -0,0467+j0,4502 & -0,0467-j0,4502 & 0 & 1,1292 \\
0 & -3,6684 & 3,8538 & 0 & -0,3373+j0,1361 & -0,3373-j0,1361 & 0 & 0,8636 \\
0 & -0,0010 & -0,2942 & 0 & 0,6988-j0,0250 & 0,6988+j0,0250 & 0 & 0
\end{bmatrix}$$

die Diagonalmatrix der Eigenwerte

$$\Lambda = \begin{bmatrix}
-0,001926 & & & & & & & \\
& -0,09224 & & & & & & \\
& & -0,1090 & & & & & \\
& & & -0,1665 & & & & \\
& & & & -0,3849-j0,3021 & & & \\
& & & & & -0,3849+j0,3021 & & \\
& & & & & & -0,4995 & \\
& & & & & & & -1,7417
\end{bmatrix}$$

und die inverse Modalmatrix

$$R^{-1} = \begin{bmatrix}
0,8083 & 0,1200 & -0,0070 & 0,4041 & -0,0018 & -0,0066 & 0,4108 & -0,0086 \\
0 & 0 & 0,3926 & -0,5936 & 0 & 0,2195 & -0,2869 & 0,6025 \\
0 & 0 & 0,4308 & -0,5778 & 0 & -0,0012 & 0,0016 & 0,6932 \\
0,3813 & -0,4194 & 0,2868 & -0,3023 & 0,0013 & 0,3604 & -0,2614 & 0,5536 \\
0 & 0 & 0,1081-j0,4684 & -0,1260+j0,0989 & 0 & 0 & 0 & 0,8622 \\
0 & 0 & 0,1081+j0,4684 & -0,1260-j0,0989 & 0 & 0 & 0 & 0,8622 \\
0 & 0 & -0,0791 & -0,1782 & 0,0531 & 0 & 0 & 0,9794 \\
0 & 0 & -0,3195 & -0,0072 & 0 & 0,9352 & -0,0648 & 0,1381
\end{bmatrix}$$

Man erkennt aus der Diagonalmatrix Λ der Eigenwerte, daß der Eigenwert $\lambda_1 = -0,001926$ dem Koordinatenursprung der komplexen Ebene wesentlich näher liegt als die anderen Eigenwerte. λ_1 ist also ein ausgesprochen dominierender Eigenwert. Der durch ihn charakterisierte Modus ist durch eine große Zeitkonstante T_1 gekennzeichnet, die die Ursache für eine gewisse Trägheit des in den Bildern 5.14 bzw. 5.15 dargestellten Gesamtsystems ist. Es liegt daher nahe, durch modale Regelung des Systems unter Verwendung des einen noch als Stellgröße nutzbaren Eingangssignals u_2 diesen dominierenden Eigenwert λ_1 nach links bis etwa in die Größe der nächstfolgenden Eigenwerte λ_2, $\lambda_3 \approx -0,1$ zu verschieben. Den beiden schon bestehenden konventionellen Regelungen soll also eine modale Regelung zur Verbesserung der Gesamtdynamik durch gezielte Beeinflussung des dominierenden Eigenwerts "übergeordnet" werden. Ein solches Konzept erweist sich wegen seiner die Dynamik z. T. erheblich verbessernden Wirkung als tragfähig. Dabei ist auch die praktische Realisierung des modalen Stelleingriffs in Form von Sollwertveränderungen in unterlagerten Kreisen vergleichsweise einfacher als z. B. die Realisierung eines direkten Stelleingriffs in einen Stoffstrom usw.

Zur Verschiebung des einen dominierenden Eigenwerts λ_1 ist nur eine einschleifige modale Regelung erforderlich. Anstelle der $(m \times n)$-Meßmatrix M ist der $(1 \times n)$-Meßvektor

$$\underline{m}^T = \underline{\varrho}_1 = (0,8083 \quad 0,1200 \quad \underline{-0,0070}_{3.} \quad 0,4041 \quad \underline{-0,0018}_{5.} \quad \underline{-0,0066}_{6.} \quad 0,4108 \quad \underline{-0,0086}_{8.})$$

zu verwenden. Es wird nur ein P-Regler mit der Verstärkung k_1 benötigt. Der eingestellte Verstärkungswert k_1 bestimmt nach

$$\lambda_1' = \lambda_1 + k_1 = -0,001926 + k_1$$

die Größe der Eigenwertverschiebung $\Delta\lambda_1 = \lambda_1' - \lambda_1 = k_1$. Da die Verschiebung nach
links erfolgen muß, ergeben sich negative k_1, was durch das entsprechende Vorzeichen in
der Rückführschleife zu realisieren ist.

Zur Stellgröße u_2 gehört die zweite Spalte $\underline{b}_2$ von B. Mit $\underline{b}_2$ und $\underline{m}^T$ ist das Rechenglied zu berechnen:

$$N^{-1} = (\underline{m}^T \underline{b}_2)^{-1} = (0,4002)^{-1} = 2,5 \, ,$$

das im vorliegenden Fall der einschleifigen modalen Regelung einen skalaren Faktor darstellt.

Damit lautet das Regelungsgesetz für die einschleifige modale Regelung zur Verschiebung
des dominierenden Eigenwerts λ_1 um k_1 nach links

$$u_2 = 2,5 \, k_1 \, \underline{m}^T \underline{x} \, .$$

Da im vorliegenden Fall das dritte, fünfte, sechste und achte Element des Meßvektors $\underline{m}^T$
im Vergleich zu den anderen betragsmäßig wesentlich kleiner sind, kann man sie näherungsweise gleich Null setzen. Das bedeutet, daß die Zustandsvariablen x_3, x_5, x_6 und x_8 nicht
gemessen werden, d. h., man kommt mit der unvollständigen Zustandsrückführung

$$u_2 = -2,5 \, k_1 \, (0,8083 \, x_1 + 0,12 \, x_2 + 0,4041 \, x_4 + 0,4108 \, x_7)$$

aus. Vier Meßglieder können also eingespart werden.

Es bleibt nun noch die Frage zu klären, wie groß k_1 zu wählen ist, d. h., wohin der
Eigenwert λ_1 zweckmäßigerweise zu verschieben ist. Aus der Eigenwertverteilung war ersichtlich, daß eine Verschiebung um mehr als 0,1 nach links nicht zweckmäßig ist, da mit
einer solchen Verschiebung bereits die Größe der nächstfolgenden Eigenwerte λ_2, λ_3 erreicht wird, die aber unverändert erhalten bleiben und den Charakter der dann dominierenden Modi und damit das Gesamtzeitverhalten entscheidend bestimmen. Daraus folgt

$$-0,1 \leqq k_1 < 0 \, .$$

Durch Simulation des geregelten Systems zeigte sich in Übereinstimmung mit [18] , daß für
$-0,05 \leqq k_1 < 0$ eine rasche und ausgeprägte Verbesserung der Dynamik erreichbar ist,
während sich für betragsmäßig größere Verstärkungswerte k_1 keine nennenswerte Verbesserung mehr einstellte [50] . Auch im Hinblick auf die mit einer betragsmäßigen Vergrößerung von k_1 zunehmenden Stellamplituden kann $k_1 \approx -0,04$ und damit $\lambda_1' \approx -0,042$ als
günstig angesehen werden.

Im Bild 5.16 sind zur Verdeutlichung des eingetretenen Effekts Störübergangsfunktionen
für die wesentlichen Zustandsgrößen $x_1(t)$, $x_2(t)$ des modal geregelten Systems und des Originalsystems dargestellt. Diese wurden als Zeitantworten von

$$\underline{\dot{x}} = D \underline{x} + \underline{b}_1 u_1 \qquad \text{bzw.} \qquad \underline{\dot{x}} = A \underline{x} + \underline{b}_1 u_1$$

für eine theoretisch angenommene Störgrößenänderung $u_1(t) = 1(t)$, was einer sprungförmigen Erhöhung der Dampfentnahme entspricht, berechnet. D ist hier die Systemmatrix des
modal geregelten Dampferzeugers und A die des Originalsystems Bild 5.14 ohne modale Regelung. Die Störübergangsfunktionen des Originalsystems gleichen wegen des ausgeprägten
dominierenden Eigenwerts λ_1 fast denen eines Verzögerungsglieds 1. Ordnung mit einer
Zeitkonstante $T_1 = 1/|\lambda_1| \approx 500$ s und lassen die große Trägheit erkennen (vgl. auch mit
Bild 5.4). Das modal geregelte System ist dagegen wesentlich schneller; seine dominierende Zeitkonstante $T_1' = 1/|\lambda_1'| \approx 25$ s ist erheblich kleiner geworden. Da das modale Regelungsgesetz eine echte proportionale Zustandsrückführung darstellt, zeigen die Störübergangsfunktionen von Zustandsvariablen und daraus linear kombinierten Ausgangsgrößen modal geregelter Systeme i. allg. bleibende Abweichungen. Diese werden wie im vorliegenden
Fall durch die modale Regelung im Vergleich zum Originalsystem stark verkleinert. Wie
Bild 5.16a und b zeigt, ist durch die übergeordnete einschleifige modale Regelung des

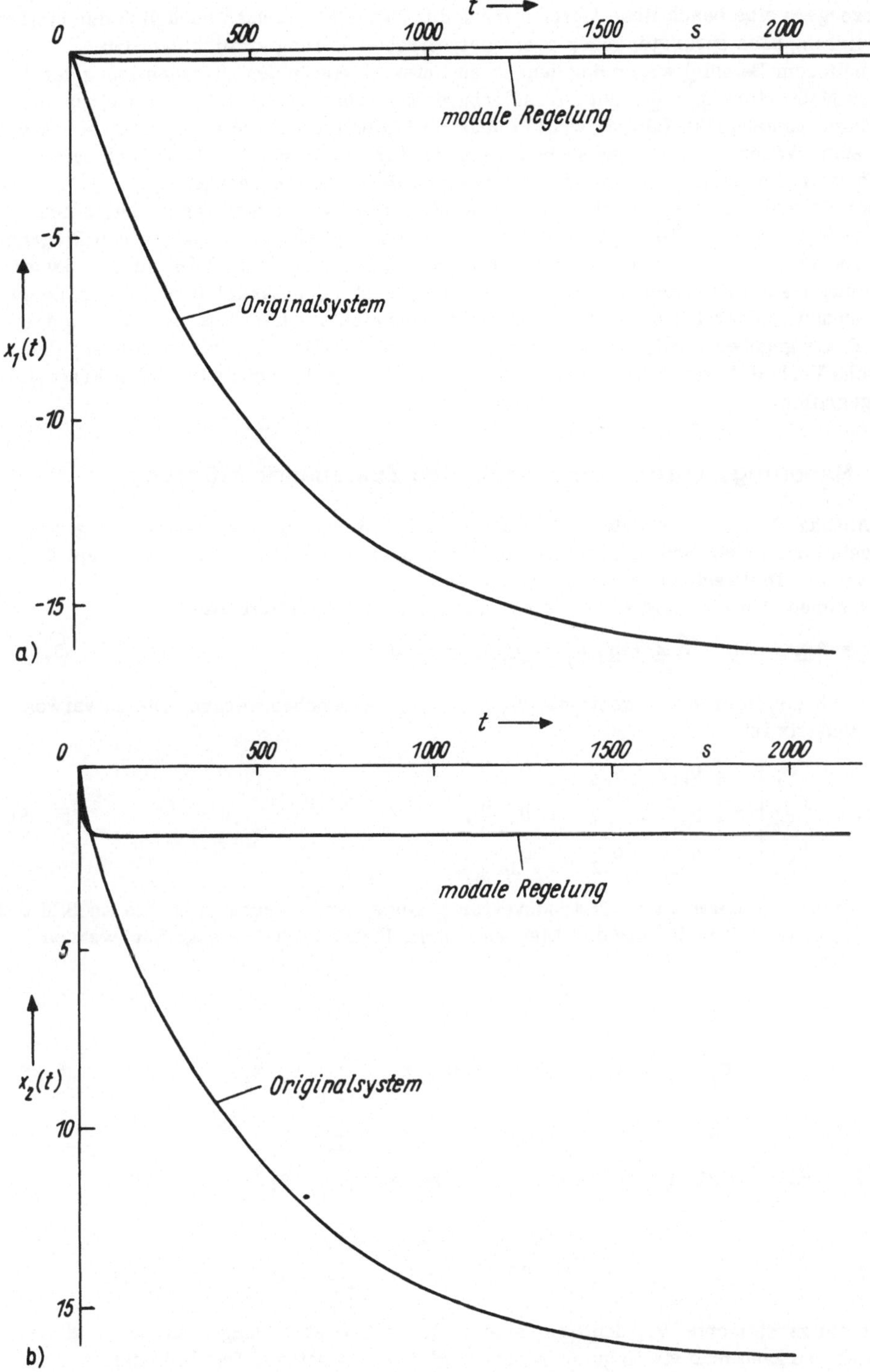

Bild 5.16. Störübergangsfunktionen des Dampferzeugers mit und ohne modale Regelung

Dampferzeugers eine beachtliche Verbesserung der Dynamik und auch bezüglich der bleibenden Abweichung nach sprungförmiger oder aperiodischer Störung erreicht worden.

Der in diesem Beispiel wegen der deutlichen Unterschiede in der Größenordnung der Elemente des Meßvektors $\underline{m}^T = \underline{\varrho}_1$ gut durchführbare Näherungsschritt in Richtung einer unvollständigen Zustandsrückführung wird in anderen Fällen oft nicht in einer so idealen Weise möglich sein. Wegen der praktischen Bedeutung wird im folgenden Abschnitt nochmals auf dieses Problem im Zusammenhang mit der modalen Regelung eingegangen.

Bei der Behandlung dieses letzten Beispiels mit nur einem für Stellzwecke nutzbaren Eingang drängt sich aber die folgende Frage auf: Ist es möglich, mit diesem einen Eingang anstelle von nur einem Eigenwert mehrere Eigenwerte zu verschieben? Bei unveränderter Beibehaltung des entwickelten Entwurfsverfahrens gelingt das natürlich nicht. Es ist daher zu untersuchen, ob durch Modifikation des Verfahrens eine positive Antwort auf die aufgeworfene Frage gegeben werden kann. Dann wäre es ggf. möglich, mit einem Eingang das dynamische Verhalten weiter zu verbessern. In einem Folgeabschnitt wird diese Fragestellung aufgegriffen.

5.1.6. Näherungsschritte: unvollständige Zustandsrückführung

Wie im Abschn. 5.1.1. angedeutet und im Abschn. 5.1.5. anhand des Beispiels 2 gezeigt wurde, geht ein solcher Näherungsschritt in Richtung einer unvollständigen Zustandsrückführung von der Diskussion der Meßmatrix M aus.

Angenommen, bei einem System n-ter Ordnung mit $m = 3$ Stellgrößen

$$\underline{\dot{x}} = A\,\underline{x} + B\,\underline{u} = A\,\underline{x} + \underline{b}_1\,u_1 + \underline{b}_2\,u_2 + \underline{b}_3\,u_3 \tag{5.67}$$

sollten $m = 3$ dominierende Eigenwerte λ_1, λ_2, λ_3 verschoben werden. Die zu verwendende Meßmatrix ist

$$M = \begin{bmatrix} \underline{\varrho}_1 \\ \underline{\varrho}_2 \\ \underline{\varrho}_3 \end{bmatrix} = \begin{bmatrix} \varrho_{11} & \varrho_{12} & \cdots & \varrho_{1n} \\ \varrho_{21} & \varrho_{22} & \cdots & \varrho_{2n} \\ \varrho_{31} & \varrho_{32} & \cdots & \varrho_{3n} \end{bmatrix}. \tag{5.68}$$

Wird mit dieser Meßmatrix der Zustandsvektor $\underline{x}$ gemessen, so erhält man die im Bild 5.5 mit z_i bezeichneten Signale, die der Diagonalmatrix K der P-Regler zugeführt werden (s. auch Bild 5.6):

$$\underline{z} = M\underline{x}$$

$$z_1 = \underline{\varrho}_1\underline{x} = \varrho_{11}\,x_1 + \varrho_{12}\,x_2 + \ldots + \varrho_{1n}\,x_n = \sum_{j=1}^{n} \varrho_{1j}\,x_j \tag{5.69}$$

$$z_2 = \underline{\varrho}_2\underline{x} = \varrho_{21}\,x_1 + \varrho_{22}\,x_2 + \ldots + \varrho_{2n}\,x_n = \sum_{j=1}^{n} \varrho_{2j}\,x_j$$

$$z_3 = \underline{\varrho}_3\underline{x} = \varrho_{31}\,x_1 + \varrho_{32}\,x_2 + \ldots + \varrho_{3n}\,x_n = \sum_{j=1}^{n} \varrho_{3j}\,x_j.$$

Wenn nun einige Elemente ϱ_{ij} <u>deutlich</u>, also z. B. um Größenordnungen kleiner sind als die anderen, so kann man sie in guter Näherung gleich Null setzen. Das bedeutet, daß die zugehörige Zustandsvariable x_j zur Bildung von z_i nicht gemessen zu werden braucht. Es folgt aus (5.69), daß nur dann im <u>gesamten</u> Regelungsgesetz die j-te Zustandsvariable x_j nicht gemessen werden muß, wenn alle ϱ_{ij}; $i = 1, 2, \ldots, m$ so klein im Vergleich zu den anderen Elementen ϱ_{ik}; $k = 1, 2, \ldots, j-1, j+1, \ldots, n$ sind, daß sie bedenkenlos gleich Null gesetzt werden können. Im angenommenen Beispiel brauchte man x_2 nicht zu messen, wenn die zweite Spalte von M mit den Elementen ϱ_{12}, ϱ_{22}, ϱ_{32} in guter Näherung im

Vergleich zu den anderen Spalten gleich der Nullspalte ist. Erwartungsgemäß wird eine solche Situation in praktischen Fällen selten auftreten. Dies zeigte auch das Beispiel 1 im Abschnitt 5.1.5. Es bleibt die Frage, wie man zu einer Entscheidung kommen kann, wenn lediglich relative Unterschiede in der Größe ϱ_{ij} vorliegen, aber eben nicht Unterschiede in Größenordnungen. Diese praktisch relevante Fragestellung wurde in der Literatur oft gestellt und behandelt. Hier sollen die Überlegungen aus [40] aufgegriffen werden, da sie geeignet zu sein scheinen, Hilfestellung bei der Entscheidungsfindung zu geben.

Diese Überlegungen gehen davon aus, daß gemäß (5.69) nicht die Größe der Elemente ϱ_{ij} allein dafür maßgebend ist, ob die j-te Zustandsvariable an der Bildung des Signals z_i zu beteiligen ist oder nicht und ob sie daher gemessen werden muß oder nicht. Diese Entscheidung kann eigentlich nur anhand des Vergleichs der Größe der in (5.69) eingehenden Summanden $\varrho_{ij} x_j(t)$ getroffen werden; denn nur diese geben Aufschluß darüber, wie stark $x_j(t)$ an der Bildung der gemessenen und in der Regeleinrichtung weiterzuverarbeitenden Signale $z_i(t)$ beteiligt ist. Wie bereits durch die Schreibweise deutlich gemacht wurde, ist aber jede Zustandsvariable $x_j(t)$ zeitabhängig und ändert während des Regelvorgangs z. T. sehr stark ihre Werte. Wenn hier nun sehr große Amplituden - vorübergehend oder ständig - auftreten, dann ist u. U. selbst bei einem kleineren Wert ϱ_{ij} der Summand $\varrho_{ij} x_j(t)$ nicht mehr klein und vernachlässigbar, d. h., ein Vergleich der $\varrho_{ij} x_j(t)$ führt zu anderen Aussagen bezüglich der "Bedeutung" einer Zustandsvariablen x_j für die Messung als ein Vergleich der ϱ_{ij} allein. Die Schwierigkeit liegt darin, daß der Verlauf und damit die Größe von $x_j(t)$ zum Zeitpunkt des Entwurfs, wo die Entscheidung getroffen werden muß, nicht bekannt sind. Es ist aber möglich, im Sinne eines Kompromisses durch Annahme einer "harten" eingangsseitigen Belastung des Systems einen Durchschnittswert für x_j zu ermitteln. In [40] wird dazu folgender Weg vorgeschlagen:

Auf das ungeregelte, aber schon als stabil vorausgesetzte System (5.67) wird eine sprungförmige Änderung aller Eingänge, also für Stell- und Störgrößen um jeweils eine Einheit gegeben, so daß sich folgender stationärer Zustand einstellt:

$$\underline{x}_s = -A^{-1} B \cdot \underline{1}(t) = -A^{-1} \sum_{i=1}^{m=3} \underline{b}_i \ ,$$

Um sozusagen die Wirkung der Regelung von vornherein besser zu berücksichtigen, werden die Spalten von B auf ihre "Länge" normiert

$$\underline{b}_i \longrightarrow \overline{\underline{b}}_i = \frac{\underline{b}_i}{\sqrt{\underline{b}_i^T \underline{b}_i}}$$

und daraus ein im Mittel repräsentativer stationärer Zustand definiert:

$$\underline{x}_{ss} = -A^{-1} \frac{1}{m} \sum_{i=1}^{m} \frac{\underline{b}_i}{\sqrt{\underline{b}_i^T \underline{b}_i}} = \begin{bmatrix} x_{1\,ss} \\ x_{2\,ss} \\ \vdots \\ x_{n\,ss} \end{bmatrix} . \tag{5.70}$$

Mit diesen so definierten $x_{j\,ss}$ wird (5.69) in der oben dargestellten Weise ausgewertet. Weggelassen werden solche Messungen von Zustandsvariablen x_j, bei denen die Summanden $\varrho_{ij} x_{j\,ss}$ in (5.69) vergleichsweise klein sind.

Ein wirklicher Erfolg, der zu einer echten Vereinfachung und Senkung des Aufwands bei der Realisierung des Regelungsgesetzes $\underline{u} = N^{-1} K M \underline{x}$ führt, ist, wie schon angedeutet, nur dann beschieden, wenn sich herausstellt, daß eine oder mehrere Zustandsvariablen an keiner Messung z_1, z_2 und z_3 in (5.69) beteiligt werden müssen, d. h., wenn sich z. B. für x_2 herausstellen würde

$$z_{1\,ss} = \varrho_{11}\,x_{1\,ss} + \boxed{\approx 0} + \varrho_{13}\,x_{3\,ss} + \ldots + \varrho_{1n}\,x_{n\,ss}$$
$$z_{2\,ss} = \varrho_{21}\,x_{1\,ss} + \boxed{\approx 0} + \varrho_{23}\,x_{3\,ss} + \ldots + \varrho_{2n}\,x_{n\,ss} \qquad (5.69a)$$
$$z_{3\,ss} = \varrho_{31}\,x_{1\,ss} + \boxed{\approx 0} + \varrho_{33}\,x_{3\,ss} + \ldots + \varrho_{3n}\,x_{n\,ss}\,.$$

Dann kann das entsprechende Meßglied für x_2 eingespart werden. Treten nur kleine Summanden $\varrho_{ij}\,x_{j\,ss}$ an einzelnen Stellen einer Zeile von (5.69a) auf und können diese annähernd Null gesetzt werden, so heißt das: Zwar braucht x_j in dieser Zeile nicht für eine Messung herangezogen zu werden; wenn x_j aber in den anderen Zeilen benötigt wird - d. h. hier der Summand $\varrho_{kj}\,x_{j\,ss}$; $k \neq i$ nicht klein ist im Vergleich zu den anderen Summanden der betrachteten k-ten Zeile -, dann muß man zur Kenntnis nehmen, daß für x_j ein Meßglied installiert werden muß. Dann kann man aber auch für die anderen Kanäle der Regeleinrichtung (s. Bild 5.5 bzw. 5.9) den Meßwert für x_j liefern.

Die Auswirkung eines derartigen Näherungsschritts auf das Ergebnis der hieraus resultierenden modalen Regelung mit unvollständiger Zustandsrückführung, d. h. auf z. B. Abweichungen von der vorgegebenen nominellen Eigenwertverteilung, ist um so kleiner, je klarer die obige Entscheidung ausfällt. Auf jeden Fall hat man mit der angegebenen Strategie ein sehr flexibles Instrument gefunden, das die genannten Näherungslösungen aufzufinden gestattet und damit häufig die praktische Anwendung bzw. Umsetzung fördert oder erst ermöglicht (s. auch [40] [41]).

5.1.7. Modale Regelung mit einer Stellgröße zur Verschiebung mehrerer Eigenwerte

Bei dem zweiten im Abschn. 5.1.5. behandelten Beispiel konnte mit der einen verfügbaren Stellgröße nur ein Eigenwert, nämlich der betragskleinste dominierende Eigenwert λ_1, mit dem bis hierher entwickelten Verfahren der modalen Regelung verschoben werden.

Um das Ziel zu erreichen, mit z. B. einem Eingang mehrere Eigenwerte zu verschieben, liegt es nahe, das am Beispiel 2 im Abschn. 5.1.5. demonstrierte Verfahren rekursiv anzuwenden [52]. Nachteilig bei diesem Verfahren ist, daß der im i-ten Schritt benötigte Linkseigenvektor ϱ_i die explizite Berechnung der Systemmatrix D_{i-1} des vorhergehenden Schrittes erfordert und erst auf dieser Basis dann selbst berechnet werden kann. Das ist relativ umständlich, vor allem bei höherer Systemordnung. Die Verschiebung konjugiert-komplexer Eigenwerte ist nicht möglich.

Wenn bei einem System $m > 1$ Stellgrößen verfügbar sind, kann natürlich ein kombiniertes mehrstufiges Verfahren zur Verschiebung von mehr als m Eigenwerten nach dem obigen Muster, aber unter Verwendung von maximal allen m Stellgrößen aufgebaut werden. Hierbei ergeben sich Freiheitsgrade, in der Weise, daß zu entscheiden ist, mit welcher Stellgröße in welchem Schritt am nachhaltigsten und daher am wirksamsten auf den zu verändernden Modus Einfluß genommen werden kann. In diesem Zusammenhang werden "Steuerbarkeitsmaße" [19] und speziell "modale Steuerbarkeitsmaße" [53] interessant, die in den einzelnen Schritten zu ermitteln und zu überprüfen sind [19].

Eine andere Möglichkeit zur Verschiebung von mehreren Eigenwerten eines Systems n-ter Ordnung mit nur einer Stellgröße durch ein modales Regelungsverfahren wurde in [19] angegeben. Da es dort auch ausführlich abgeleitet und bewiesen wurde, erscheint es ausreichend, hier nur das Ergebnis anzugeben und zu interpretieren.

Bei diesem Verfahren wird in einem Schritt das Rückführgesetz berechnet, mit dem unter Verwendung einer Stellgröße bei einem System n-ter Ordnung mit diagonalähnlicher Systemmatrix A mehrere (maximal alle) steuerbaren Eigenwerte verschoben werden können. Hierbei wird der grundlegende Gedanke beibehalten, daß genau diejenigen Eigenwerte λ_j von A verschoben werden, deren zugehörige Linkseigenvektoren ϱ_j als Meßvektoren im modalen Regelungsgesetz verwendet werden. Da nur eine Stellgröße vorliegt bzw. verwendet wird, kann das Regelungsgesetz nicht als durchgängig mehrkanalige Struktur wie in den Abschnitten 5.1.2. und 5.1.3. (s. Bild 5.9) realisiert werden, sondern muß zwangsläufig

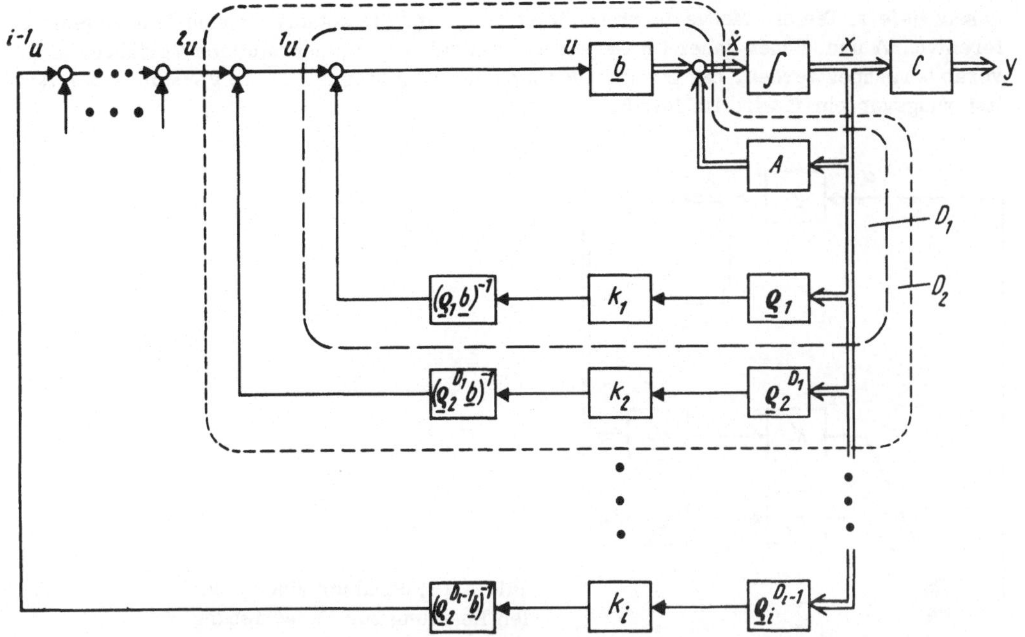

Bild 5.17. Struktur einer rekursiven mehrstufigen modalen Regelung für ein System n-ter Ordnung mit $m = 1$ Stellgröße zur Verschiebung von i reellen Eigenwerten

durch eine am skalaren Stelleingang u zusammengeführte Parallelschaltung von entsprechend m Zweigen - also in der Art des Bildes 5.17 - verwirklicht werden. Das Regelungsgesetz muß somit folgende Form haben:

$$u = \sum_{j-1}^{m} (K_j \, \underline{\varrho}_j) \underline{x}. \qquad (5.71)$$

Wenn m steuerbare Eigenwerte λ_j verschoben werden sollen:

$$\lambda_j \rightarrow \lambda_j' = \lambda_j + \Delta\lambda_j, \qquad (5.72)$$

dann muß die wieder als Verstärkungswert eines P-Reglers zu deutende und ggf. zu realisierende Konstante K_j in (5.71) nach [19] wie folgt berechnet werden:

$$K_j = \frac{\displaystyle\prod_{i=1}^{m} (\lambda_i' - \lambda_j)}{(\underline{\varrho}_j \underline{b}) \displaystyle\prod_{\substack{i=1 \\ i \neq j}}^{m} (\lambda_i - \lambda_j)}. \qquad (5.73)$$

Es sei bemerkt, daß dieses Regelungsgesetz (5.72), (5.73) für $m = 1$ mit dem im Abschn. 5.1.2. entwickelten identisch ist. Ein solches wurde für Beispiel 2 im Abschn. 5.1.5. schon einmal angewandt.

Die Konstanten K_j hängen von allen m vorgenommenen bzw. vorzunehmenden Eigenwertverschiebungen ab, und zwar in einer nicht mehr einfach zu überschauenden Weise. Es ist hervorzuheben, daß auch im Fall der Verschiebung von konjugiert-komplexen Eigenwerten - diese sind natürlich paarweise zu betrachten - das Regelungsgesetz (5.71) reell ist; denn in einem solchen Fall sind $\underline{\varrho}_j$, $\underline{\varrho}_j^*$ und gemäß (5.73) auch K_j, K_j^* jeweils konjugiert-komplex zueinander, so daß im Endeffekt die Zusammenfassung nur reelle Summanden im Regelungsgesetz liefert. Die als Meßvektoren benötigten $\underline{\varrho}_j$ sind die entsprechenden Linkseigenvektoren von A und können daher im Gegensatz zum rekursiven mehrstufigen Verfahren alle vorab berechnet werden. Die Struktur der modalen Regelung (5.71) als Vorstufe einer Realisierungsvorschrift wird im Bild 5.18 gezeigt.

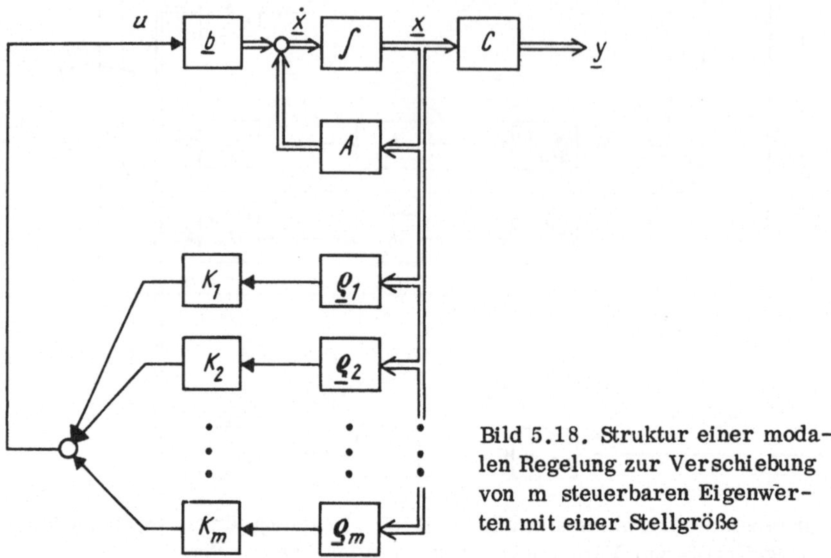

Bild 5.18. Struktur einer modalen Regelung zur Verschiebung von m steuerbaren Eigenwerten mit einer Stellgröße

Da als Meßvektoren in diesem Verfahren nur die Linkseigenvektoren $\underline{\varrho}_j$ von A verwendet werden, können die im Abschn. 5.1.6. behandelten Möglichkeiten und Näherungsbetrachtungen zur unvollständigen Zustandsrückführung sinngemäß angewandt werden.

Um die Variabilität der Methoden anzudeuten, sei erwähnt, daß das zuletzt behandelte Verfahren z. B. auch in einem k-ten Schritt in dem oben erläuterten rekursiven Verfahren angewandt werden kann.

In speziellen praktischen Anwendungsfällen werden solche oder ähnliche Kombinationen von modalen Entwurfsprinzipien zu besonders günstigen Lösungen führen. Dies demonstriert das in [44] in einer solchen Form behandelte Beispiel einer modalen Regelung für eine Wasserturbinen-Synchrongenerator-Anlage. Das Anlagenschema wird im Bild 5.19 gezeigt. Mit den Annahmen zur Modellbildung aus [44] ergibt sich eine Signalflußbilddarstel-

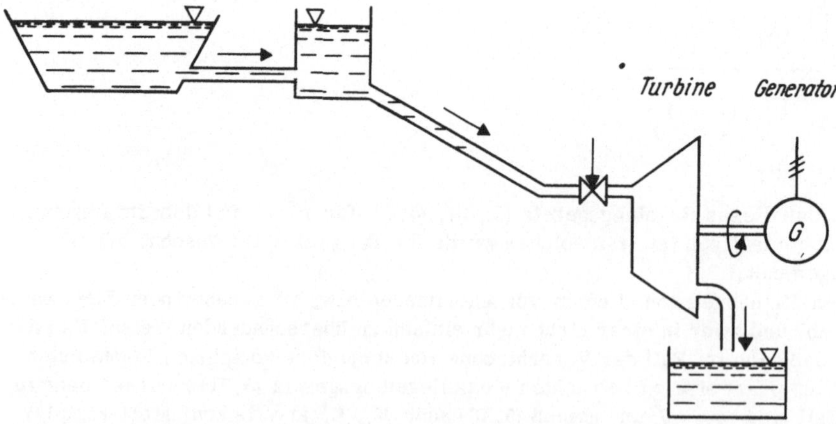

Bild 5.19. Wasserturbinen-Synchrongenerator-Anlage

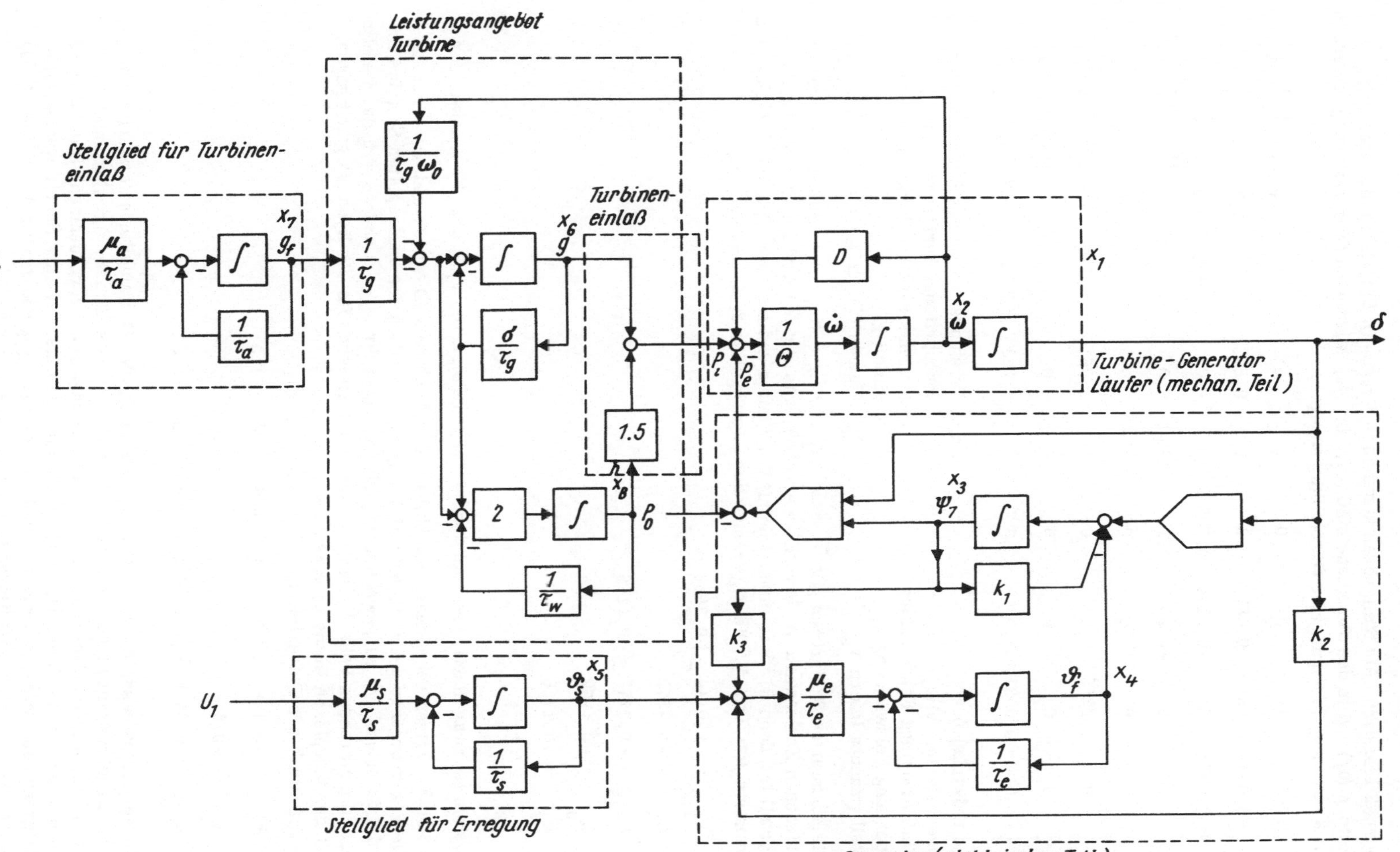

Bild 5.20. Signalflußbild der Anlage

lung gemäß Bild 5.20. Als Stellgrößen kommen in Frage ein Eingriff in die Erregung des Generators (u_1) und in den Turbineneinlaß (u_2). In [44] wird nach Linearisierung folgendes Modell 8. Ordnung in normierter Darstellung angegeben:

$$
\begin{bmatrix} \dot{x}_1 \\ \dot{x}_2 \\ \dot{x}_3 \\ \dot{x}_4 \\ \dot{x}_5 \\ \dot{x}_6 \\ \dot{x}_7 \\ \dot{x}_8 \end{bmatrix} =
\begin{bmatrix}
0 & 1 & 0 & 0 & 0 & 0 & 0 & 0 \\
-0,683 & -0,0346 & -0,0816 & 0 & 0 & 0,882 & 0 & 1,32 \\
-0,0832 & 0 & -0,0254 & 0,137 & 0 & 0 & 0 & 0 \\
0,130 & 0 & -0,107 & -0,137 & -1,370 & 0 & 0 & 0 \\
0 & 0 & 0 & 0 & -0,274 & 0 & 0 & 0 \\
0 & -0,0265 & 0 & 0 & 0 & -0,0616 & -1,370 & 0 \\
0 & 0 & 0 & 0 & 0 & 0 & -13,70 & 0 \\
0 & 0,0531 & 0 & 0 & 0 & 0,123 & 2,74 & -0,171
\end{bmatrix}
\begin{bmatrix} x_1 \\ x_2 \\ x_3 \\ x_4 \\ x_5 \\ x_6 \\ x_7 \\ x_8 \end{bmatrix} +
\begin{bmatrix}
0 & 0 \\ 0 & 0 \\ 0 & 0 \\ 0 & 0 \\ 1 & 0 \\ 0 & 0 \\ 0 & 1 \\ 0 & 0
\end{bmatrix}
\begin{bmatrix} \overline{u}_1 \\ \overline{u}_2 \end{bmatrix} ;
$$

x_1	Polradwinkel δ	x_6	Leistungsangebot des fallenden Wassers
x_2	Drehzahl ($n \sim \omega$)		(proportional Turbineneinlaßöffnung)
x_3	Flußverkettung Feldwicklung Ψ_f	x_7	internes Stellsignal auf Turbinen-
x_4	Spannung Feldwicklung v_f		einlaß g_f
x_5	Stellspannung intern v_s	x_8	Wasserhöhe h.

Für die normierten Stellgrößen gilt $\overline{u}_1 = b_{51} u_1$ und $\overline{u}_2 = b_{72} u_2$, so daß sich die von Null verschiedenen Zahlenwerte in B zu Eins ergeben, was für den modalen Steuerbarkeitstest von Vorteil ist; denn $R^{-1} B$ ist identisch mit der fünften und siebenten Spalte der Linkseigenvektormatrix R^{-1} von A. Die Eigenwerte des ungeregelten Systems sind [44]

$$\lambda_{1,2} = -0,0114 \pm j\, 0,7986$$

$$\lambda_3 = -0,0572$$

$$\lambda_{4,5} = -0,0772 \pm j\, 0,1146$$

$$\lambda_6 = -0,1952$$

$$\lambda_7 = -0,2740$$

$$\lambda_8 = -13,7 .$$

Das System ist zwar stabil, aber die dominierenden Polpaare $\lambda_{1,2}$ und $\lambda_{4,5}$ sowie der reelle Pol λ_3 zeigen sehr langsam abklingende und schwach ($D \approx 0,01$ und $\omega_n \approx 0,8$) gedämpfte Eigenvorgänge an. Dieses unbefriedigende Verhalten des ungeregelten Systems ist im Bild 5.21 anhand von ausgewählten Eigenbewegungen für $x_1 = \delta$ und $x_2 = n$ dargestellt. Die fünf dominierenden Pole λ_1 bis λ_5 sind daher in einen für die Dynamik günstigeren Bereich der komplexen Ebene zu verschieben [57].

Die anzustrebende Polverteilung

$$\lambda'_{1,2} = -0,4 \pm j\, 0,915, \qquad D = 0,4, \qquad \omega_n = 1,0$$

$$\lambda'_3 = -0,6$$

$$\lambda'_{4,5} = -0,96 \pm j\, 0,72, \qquad D = 0,8, \qquad \omega_n = 1,2$$

läßt ein wesentlich besseres Verhalten bei nicht zu großen Stellamplituden erwarten. In [44] wurde im Ergebnis eines modalen Steuerbarkeitstestes entschieden, zunächst unter Verwendung von u_1 die Verschiebung von $\lambda_{1,2}$ und λ_3 wie angegeben vorzunehmen. Hierfür wurde das Regelungsgesetz nach (5.71), (5.73) berechnet. In einem zweiten Schritt wurde mit u_2 als Stellgröße das zweite konjugiert-komplexe Polpaar $\lambda_{4,5}$ wie gewünscht verändert. Das aus diesen zwei Schritten resultierende Regelungsgesetz lautet [44]

$$
\begin{bmatrix} u_1 \\ u_2 \end{bmatrix} =
\begin{bmatrix}
0,4812 & 0,1840 & 1,8181 & 1,2038 & -1,7656 & -6,5651 & 0,0933 & -2,7737 \\
0,8812 & -5,0268 & 0,0857 & -0,1003 & -0,1831 & 8,3796 & -1,3200 & -2,6776
\end{bmatrix} \underline{x} .
$$

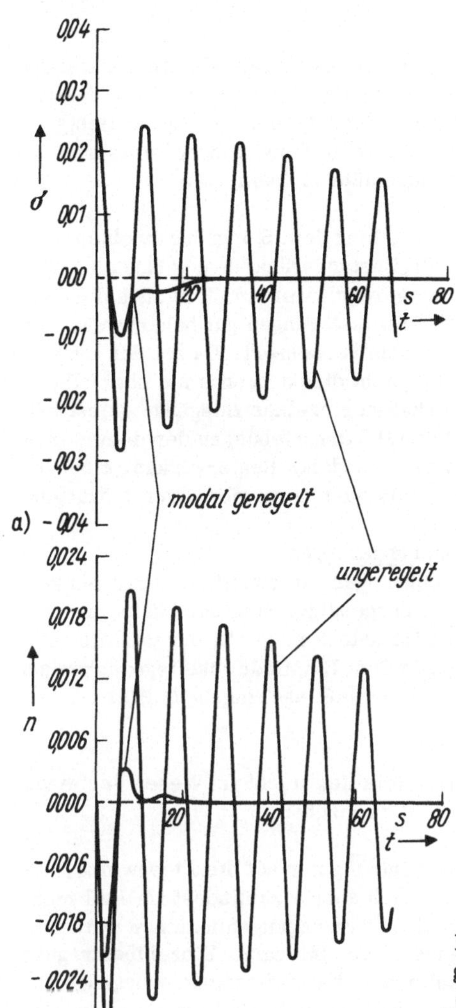

Bild 5.21. Ausgewählte Eigenbewegung des ungeregelten und modalen geregelten Systems
(nach [44])

Die die Dynamik in der Tat sehr verbessernde Wirkung dieser modalen Regelung ist anhand
von Bild 5.21 deutlich zu erkennen.

5.1.8. Einschätzung der modalen Regelung

Die wesentliche Hilfe, die die modale Regelung für die Prozeßregelung gibt, ist darin zu sehen, daß sie über die modale Transformation ("Entkopplung") und Analyse unter Einbeziehung der im Abschn. 5.1.6. behandelten Näherungsschritte zur Auffindung von zu messenden und zu stellenden Variablen und damit zur Strukturfindung eines geeigneten Mehrgrößenreglers beiträgt. Das Problem, daß das modale Regelungsgesetz auch nach Ausschöpfung
aller Näherungsmöglichkeiten in Richtung unvollständiger Zustandsrückführung noch die
Messung einiger praktisch nicht verfügbarer oder nur sehr schlecht meßbarer Prozeßzu-
standsvariablen vorschreibt, kann - wie bei anderen Prinzipien der Zustandsregelung (s.
Abschnitte 5.2. und 5.4.) generell - durch den Einsatz von Zustandsbeobachtern gelöst werden (s. Abschn. 5.5.).

Im Hinblick auf die Erfüllung grundsätzlicher Entwurfsziele (s. Abschn. 1.3.3.) durch
die modale Regelung läßt sich folgende Einschätzung geben:

● <u>Gewährleistung der Stabilität</u>

Die Stabilisierung entspricht dem Wesen der modalen Regelung. Es läßt sich im Fall eines vollständig steuerbaren Systems theoretisch eine "beliebig gute" Stabilisierung und damit ein "Schnellermachen" aller steuerbaren Modi erreichen. Praktisch wird eine "beliebig weite" Verschiebung der Eigenwerte einerseits nicht erforderlich und andererseits auch wegen immer vorhandener Stellgliedbegrenzungen nicht durchführbar sein.

● <u>Bekämpfung von Störgrößen</u>

Als reines Stabilisierungsverfahren trägt die modale Regelung dem Störgrößenproblem explizit nicht Rechnung. Da es sich um eine proportionale Zustandsrückführung handelt, können äußere Störungen mit bleibendem Endwert nicht ausgeregelt werden. Wie auch die Beispiele aber zeigten, werden Anfangswert- und äußere Impulsstörungen gut beherrscht. Mit anderen Worten: Nur die Eigenbewegungen werden wirksam verbessert. Da bei der modalen Regelung nur die Modi der Strecke geregelt werden und nicht direkt bestimmte oder alle Ausgangsgrößen, kann es zu einem schlechten Störverhalten einzelner Ausgänge selbst bei relativ großen Verstärkungen $|k_i|$ der P-Regler und damit Verschiebungen der dominierenden Eigenwerte kommen. Im allgemeinen ist aber mit der modalen Reglerwirkung eine Verringerung der bleibenden Abweichungen der $x_i(t)$ und $y_i(t)$ nach sprungförmigen Störungen verbunden (s. auch Beispiel 2).

● <u>Unempfindlichkeit (Robustheit) gegenüber Parameteränderungen</u>

Konkrete Aussagen sind nur durch Empfindlichkeitsrechnungen im jeweiligen Anwendungsfall zu gewinnen [19] . Wegen des proportionalen Rückführgesetzes sind auch keine ausgesprochenen Robustheitseigenschaften zu erwarten. Es ist jedoch möglich, durch zielstrebige Ausnutzung ggf. beim Entwurf gegebener Freiheitsgrade dem Empfindlichkeitsgedanken auch im Zusammenhang mit den modalen Regelungsstrukturen bewußt nachzugehen. Hierauf kann jedoch nicht speziell eingegangen werden [54] .

● <u>Integrität</u>

Auch die bewußt angestrebte Erfüllung dieses Entwurfsziels liegt nicht im Wesen der modalen Regelung. Globale Aussagen sind diesbezüglich nicht zu machen.

● <u>Erfüllung spezieller Gütefunktionale</u>

Wie herausgearbeitet wurde, bezieht sich die modale Regelung nur auf die Eigenwerte, die Pole. Mit der gewünschten Polverschiebung verändern sich aber – zumindest im Fall mehrerer verwendeter Stellgrößen – auch die Nullstellen in den Übertragungsfunktionen zwischen ausgewählten Ausgangs- und Stellgrößen bzw., allgemein, von bildbaren Einzelübertragungsfunktionen des Systems. Damit sind prinzipiell schnelle und stabile Übergangsvorgänge zu erreichen; speziell definierte Gütemaße müssen damit aber nicht ebenfalls gut sein, weil diese i. allg. entscheidend auch von der Lage der Nullstellen abhängen. Im Zusammenhang mit der Erfüllung spezieller Gütekriterien, z. B. üblicher oder verallgemeinerter quadratischer Integralkriterien, wird die nicht befriedigend gelöste Fragestellung, <u>wohin</u> im konkreten Fall die Eigenwerte durch modale Regelung zu legen sind, wieder aktuell. In [55] wurde versucht, dadurch eine Antwort auf diese Frage zu bekommen, daß das Prinzip der modalen Regelung mit dem Entwurfsgedanken des "optimal control" [14] für Systeme mit

einer Stellgröße und für quadratisches Integralkriterium $I = \int\limits_{0}^{\infty} (\underline{z}^T Q \underline{z} + u^2)\, dt$ mit $\underline{z}$ als

Zustandsvektor der Diagonalform (5.13) kombiniert wurde. An ähnlichen Vorgehensweisen hat es in der Literatur nicht gefehlt. Ein befriedigendes und praktisch nutzbares Resultat haben diese Untersuchungen nicht gebracht.

In [56] wurde die Ermittlung geeigneter k_i und damit einer geeigneten Eigenwertverteilung durch eine Parameteroptimierung

$$I(k_i) = \int\limits_{0}^{\infty} \underline{x}^T \left[C^T Q_A C + (N^{-1} K M)^T W (N^{-1} K M) \right] \underline{x}\, dt \;\rightarrow\; \underset{k_i}{\text{Min!}} \qquad (5.74)$$

vorgenommen. Nachdem also das modale Regelungsgesetz

$$\underline{u} = N^{-1} K M \underline{x} = N^{-1} \operatorname{diag} k_i\, M \underline{x}$$

nach den Methoden im Abschn. 5.1.2. bzw. 5.1.3. mit noch freien Parametern k_i ermittelt, d. h. die Struktur der modalen Regeleinrichtung gefunden wurde, erfolgt in einem zweiten Schritt die Bestimmung der Werte für die k_i über die Lösung des Parameteroptimierungsproblems (5.74). Diese Gleichung (5.74) bewertet den Zeitverlauf der Ausgangsgrößen $\underline{y} = C\underline{x}$, was durch die Wichtungsmatrix Q_A vorgenommen wird, in einer quadratischen Form $\underline{y}^T Q_A \underline{y}$. Gleichzeitig wird durch den Term $\underline{u}^T W \underline{u}$ eine "Stellaufwandsbewertung" berücksichtigt, wobei eine Wichtung einzelner Stellgrößen u_i durch W erfolgt. Q_A und W sind Diagonalmatrizen. Über die Relevanz derartiger Optimierungskriterien soll an dieser Stelle nicht weiter gesprochen werden ([10] [12] [13] [14] [15] [25] u. a.). Sie haben ihre Berechtigung und Brauchbarkeit, zumindest aber ihre Rolle als praktisch brauchbarer Kompromiß schon verschiedentlich unter Beweis gestellt. Pauschale Aussagen über die Wahl oder treffsichere Strategien zur Findung der Bewichtungsmatrizen Q_A und W fehlen. In einem konkreten Fall wird man hier auf einen iterativen Findungsprozeß für Q_A und W, der sich auf Problem- und Anlagenerfahrungen abstützen muß, angewiesen sein. Zur Lösung des Problems (5.74) selbst stehen verschiedene numerische Parametersuchverfahren bereit [57]. In [56] wurden leistungsfähige Verfahren zur Parametersuche und zur Berechnung des quadratischen Güteindex $I(k_i)$ aus (5.74) kombiniert und als Digitalrechnerprogramm zusammen mit dem modalen Entwurfsverfahren aufbereitet und erfolgreich erprobt. Es konnte nachgewiesen werden, daß bei entsprechender Bewichtung der Steuergrößen durch W eine Quasibeschränkung der Stellgrößen erfolgt. Daß diese Eigenschaft für die Behandlung praktischer Aufgaben sehr wichtig und günstig ist, zeigten u. a. die Beispiele, wo mit wachsenden $|k_i|$ sehr schnell verboten große Stellamplituden erreicht wurden. Da bei dem Parameteroptimierungsverfahren die Zeitverläufe $y_i(t)$ wesentlicher Ausgangsgrößen im ersten Summanden des Integranden von (5.74) bewertet werden, wird also auch die explizit bei der modalen Regelung nicht bekannte Nullstellenlage erfaßt. Prinzipiell lassen sich auch andere Gütekriterien als (5.74) zur Parameteroptimierung von Modalstrukturen heranziehen, vorausgesetzt, diese Gütekriterien lassen sich mit vertretbarem Aufwand als Funktionen der Verstärkungswerte k_i numerisch berechnen.

● <u>Gutes Führungsverhalten</u>

Führungsregelungen (Sollwertfolge bei vorgegebenen Führungssignalen für bestimmte Ausgangssignale) entsprechen nicht dem Wesen der modalen Regelung. Es wurden daher bei den gesamten bisherigen Ableitungen der modalen Regelungsgesetze auch gar keine Führungsprobleme angeschnitten oder Sollwertaufschaltungsmöglichkeiten vorgesehen bzw. in den Bildern eingezeichnet. Die Fragen der Sollwertfolge wie auch des Störungsausgleiches werden erst später im Zusammenhang mit dem Inneren-Modell-Prinzip und dessen Nutzung für den Entwurf "echter" Zustandsregelungen - also auch und besonders solcher nach dem modalen Prinzip - aufgegriffen und einer Lösung zugeführt.

Nach dieser Diskussion der modalen Regelung unter dem Blickwinkel der Erfüllung grundsätzlicher Entwurfsziele soll kurz darauf eingegangen werden, inwieweit die modale Regelung <u>weiteren</u>, an Entwurfsverfahren für Mehrgrößenregelungen <u>zu stellenden Forderungen</u> nachkommt:

● <u>Nahtloser Anschluß an Prozeßanalyse</u>

Da als Ausgangspunkt des Entwurfs das Zustandsmodell der zu regelnden Mehrgrößenstrecke erforderlich ist, wird es unumgänglich, daß die theoretische Prozeßanalyse die tragende Säule bei der Gewinnung derartiger Modelle sein muß. Nur so wird man zu einer physikalischen Interpretation der Struktur und der Zustandsvariablen im Modell gelangen bzw. gezielt und bevorzugt nur physikalisch interpretierbare und nach Möglichkeit gut meßbare Zustandsvariable bei der Modellerstellung einführen können. Diese physikalisch hintergründige Strukturinformation wird durch die modale Analyse im ersten Schritt des modalen Entwurfs in idealer Weise durch die systemtheoretische Interpretation in Gestalt der modalen Zerlegung und modalen Steuerbarkeitsbetrachtung ergänzt. Aus dieser Kombination wird dann die entscheidende Strukturinformation über den modalen Regler gewonnen und der praktisch so bedeutsame Näherungsschritt der unvollständigen Zustandsrückführung vorbereitet.

● <u>Tolerierung von Modellfehlern, Modellgenauigkeit</u>

Das Entwurfsverfahren basiert im wesentlichen auf Matrizenbeziehungen. Wie insbesondere die numerischen Methoden der linearen Algebra [58] zeigen, gibt es einerseits sog.

schlecht konditionierte Matrizen, wo schon geringste Änderungen an den Elementen einer
solchen Matrix gravierende Auswirkungen auf die Lösung des vollständigen Eigenwertpro-
blems u. a. haben. Andererseits gibt es aber auch Fälle, wo relativ große Elementsände-
rungen toleriert werden. Aussagen mit größerer Allgemeingültigkeit zur erforderlichen Modellgenauigkeit bei der modalen Regelung sind nur schwer zu fassen. Die Tendenz geht jedoch in die Richtung nach relativ hohen zu fordernden Modellgenauigkeiten im Sinne von ge-
sicherten Angaben der Modellordnung und der in die Elemente der Matrizen A, B eingehenden Parameter. Insbesondere sollte man Abstand nehmen von einem großzügigen und unbe-
kümmerten Gebrauch sog. mathematischer Modellvereinfachungs-(-Reduktions-)Verfahren
[50] [69] . Eine an einem so vereinfachten Modell der Strecke entworfene modale Regelung
$\underline{u} = (N^{-1} K M \underline{x})_{red}$ führt beim Originalmodell der Strecke zu formalen nichtpaßfähigen Änderungen an den Elementen nur eines Ausschnittes der Systemmatrix A_{orig}, so daß i. allg.
ein unbefriedigendes Verhalten resultiert [50] [133] .

● <u>Lösung des Problems der Strukturfindung für den Regler</u>

Wie schon wiederholt herausgestellt wurde, erscheint die modale Regelung im hier betrach-
teten engeren, d. h. direkt mit der modalen Analyse verbundenen Sinne besonders günstig.
Gerade das macht sie für die Prozeßregelung interessant und hebt sie positiv von anderen
Verfahren der Polzuweisung ab.

● <u>Gerätetechnische Realisierbarkeit</u>

Die modale Regelung gibt wie auch andere Regelungsverfahren, die nach dem Prinzip der
linearen Zustandsrückführung arbeiten, im Hinblick auf ihre gerätetechnische Realisierung
keine grundsätzlich zu lösenden Probleme mehr auf [60] [61] [62] . Auf das Problem der
Zustandsbeobachtung bei evtl. nicht meßbaren Zustandsvariablen wird im Abschn. 5.5. eingegangen werden. Die Freiheitsgrade beim Entwurf sind so zu nutzen, daß die Koeffizienten
des resultierenden Regelungsgesetzes keine großen Unterschiede in der Größenordnung aufweisen und möglichst relativ klein werden [23] . In [23] wurde ein elektrisch analoger modaler Mehrgrößenregler beschrieben, der aus Bausteinen des Systems ursamat konfektio-
nierbar ist. Er hat als kostengünstige Alternative zur Prozeßrechneranwendung bei Mehrgrößenregelstrecken der Ordnung $n \leqq 10$ und bevorzugt autonomer Anwendung eine Chance,
industriell eingesetzt zu werden. Bei der zu erwartenden Verfügbarkeit von Klein- und Mikrorechnern wird sicherlich auch hier ein Wandel eintreten [31] .

Bei genügend klein festlegbaren Abtastzeiten [63] wird man bei einer Rechnerrealisierung vom auf der Basis eines "kontinuierlich analogen" Entwurfs gefundenen Regelungsge-
setz $\underline{u} = N^{-1} K M \underline{x}$ ausgehen können. Muß jedoch eine Realisierung als Abtastregelung erfolgen [63] , so ist der Entwurf des Regelalgorithmus von Anfang an als Abtastregelalgo-
rithmus durchzuführen [15] [19] [31] [63] [64] , d. h., es ist der Entwurf ausgehend vom
zeitlich diskretisierten Streckenmodell

$$\underline{x} \ [(k+1) T] = A(T) \underline{x}(k T) + B(T) \underline{u}(k T)$$

durchzuführen [19] [31] [63] [64] . Hierzu sei auf die angegebene Literatur verwiesen.
Grundsätzliche Änderungen am Entwurfsgeschehen treten nicht ein. Die durch modale Regelung wunschgemäß zu realisierenden Eigenwerte liegen jetzt im Innern des Einheitskreises
der komplexen z-Ebene [63] .

● <u>Digitalrechnerfreundlicher Entwurf</u>

Wie insbesondere der im Abschn. 5.1.4. angegebene Ablaufplan zum Entwurf einer modalen
Regelung erkennen ließ, sind die numerisch anspruchsvolleren Schritte Standardoperationen
der linearen Algebra. Ihre digitalrechnergemäße Aufbereitung ist heute i. allg. kein Problem, d. h., man kann davon ausgehen, daß ein Rechenzentrum über entsprechende Stan-
dardprogramme verfügt, die je nach Leistungsfähigkeit des als Entwurfsrechner zu verwendenden Digitalrechners zu einem Rahmenprogramm bzw. Programmpaket "Modale Regelung" zusammenzufügen sind. Die Entwurfsrechnungen sind vergleichsweise einfach und
schnell durchführbar.

Die Einschätzung der modalen Regelung soll mit dem Hinweis auf einen weiteren Tatbestand, der gleichermaßen auf andere Regelungsverfahren mit Zustandsrückführung zutrifft
und daher nicht als spezifisch für die modale Regelung anzusehen ist, abgeschlossen werden [2] . Das theoretisch konstante lineare Zustandsrückführgesetz ist selbst bei Meßbar-

keit aller Zustandsvariablen aus Realisierungssicht ein Trugschluß; denn fast alle technischen Meßgeber, Meßumformer usw.

haben eine Eigendynamik
neigen zu nichtlinearen Effekten
wirken als Rauschquellen.

Die Eigendynamik von Meßeinrichtungen kann, wenn sie nennenswert ist und beachtet werden muß, ebenso wie die Eigendynamik der Stelleinrichtungen (meist Verzögerungswirkung) modellmäßig zur Strecke geschlagen werden.

Die Rauscheinflüsse sind, wenn sie auftreten, bei den Modalstrukturen kritisch. Entsprechend dem Grundprinzip der P-Regelung der Modi wird der bei der Messung der z_i (s. Bild 5.3) ggf. eingestreute Rauschpegel über den P-Regler, der wie ein Breitbandverstärker mit der Verstärkung k_i wirkt, um diesen Verstärkungsfaktor k_i gehoben, am Streckeneingang - im Bild 5.3 also bei v_i - anliegen. Für die Übertragung eines bei z_i eingestreuten Rauschens $N(j\omega)$ gilt mit Bild 5.3, daß es an der Stelle v_i wirksam wird als

$$V_i(j\omega) = - \frac{k_i}{1 + \dfrac{k_i}{j\omega - \lambda_i}} \, N(j\omega) .$$

Für hohe Frequenzen ω - das Rauschen ist i. allg. hochfrequent - gilt

$$\left| \frac{k_i}{j\omega - \lambda_i} \right| \ll 1 ,$$

so daß

$$V_i(j\omega) \approx -k_i \, N(j\omega) .$$

Bei höheren Verstärkungswerten k_i können also allein durch das Rauschen, entstanden bei der Messung der z_i bzw. der Zustandsvariablen, Sättigungserscheinungen in den Stellgliedern auftreten. Diese Tatsache unterstreicht nochmals die Notwendigkeit, mit kleinen k_i auszukommen. Man darf also die Eigenwertverschiebungen nicht unmotiviert groß machen.

Die rechnerische Beachtung nichtlinearer Effekte, die ggf. auf der Meß- oder Stellseite auftreten, ist sogar bei Eingrößenregelungen kaum möglich. Treten Anwendungsfälle auf, bei denen Nichtlinearitäten zwingend berücksichtigt werden müssen, so wird man das schon vor Beginn von Entwurfsrechnungen wissen und daher gar nicht erst zu "linearen" Entwurfsverfahren greifen. Stellgliedbegrenzungen kann man beim Entwurf einer modalen Regelung quasi berücksichtigen, indem man wie oben versucht, mit kleinen k_i auszukommen, bzw. die Stellgrößen in einem quadratischen Gütekriterium bei der Parameteroptimierung der k_i entsprechend stark bewertet. Der Einfluß von Nichtlinearitäten bzw. die Zulässigkeit eines linearen, z. B. modalen Entwurfs sollte dann abschließend durch Simulationsuntersuchungen geprüft werden.

Die Ausführungen zur modalen Regelung haben die eng mit dem Wesen aller Polvorgabeverfahren verbundene Frage, wohin die Pole bzw. Eigenwerte zu legen sind, nicht mit der Angabe eines Rezepts zum Entwurf guter Regelungssysteme [17] beantwortet. Das wird auch künftig nicht möglich sein, da man die an ein Mehrgrößenregelungssystem zu stellenden Forderungen nicht in Gestalt einer maßgeschneiderten Polverteilung fassen und für den Entwurf vorgeben kann. Wenn man sich jedoch die gesamte Problematik des Entwurfs einer Mehrgrößenregelung in einem konkreten Fall vor Augen hält und hier hinein den zuletzt unternommenen Versuch einer Einschätzung der modalen Regelung projiziert, so wird deutlich, daß das Verfahren der modalen Regelung ein durchaus brauchbares Instrumentarium für die Lösung praktischer Entwurfsaufgaben darstellt. Da gerade die modale Regelung im engeren Sinne nicht aus systemtheoretisch undurchsichtigen Überlegungen entspringt oder in solche mündet, ist sie relativ offen und zugänglich für die vielen, einen Entwurf begleitenden ingenieurmäßigen Überlegungen. Bei anderen noch zu behandelnden Verfahren wird dies häufig weniger gut möglich sein.

5.2. Weitere Verfahren der Eigenwert- bzw. Polzuweisung für Mehrgrößenregelstrecken mit m > 1 Stellgrößen

Nachdem im Abschn. 5.1. die modale Regelung im engeren Sinne behandelt und in ihrer praktischen Bedeutung für den Entwurf von Prozeßregelungen umrissen wurde, soll nachfolgend auf zwei weitere Entwicklungsrichtungen von Polzuweisungsverfahren eingegangen werden. Es sind dies

- Verfahren, die von anderen kanonischen Formen der Zustandsgleichungen der Mehrgrößenregelstrecke als die Diagonalform ausgehen,
- Verfahren, die die Lösung des Polzuweisungsproblems bei einer Regelstrecke mit m > 1 Stellgrößen auf die Lösung eines Problems mit einer Stellgröße zurückführen, indem alle m Stellgrößen bis auf einen Faktor untereinander gleichgemacht werden, sog. Polzuweisung mit dyadischem Rückführgesetz bzw. Zustandsrückführmatrizen vom Rang Eins.

Insbesondere die erstgenannten Verfahren, zu denen zahlreiche Spielarten und Modifikationen entsprechend einer Vielzahl möglicher und geeigneter kanonischer Formen vorliegen, sind wesentlich stärker systemtheoretisch durchdrungen als die im Abschn. 5.1. behandelten. Vielfach liegen auch in erster Linie systemtheoretische Triebkräfte für deren Entwicklung vor. So ging es hier lange Zeit um die systemtheoretisch möglichst umfassende Klärung des Problems der verallgemeinerten Polvorgabe. Hierzu liegen mit [17] und [65] nunmehr relativ abgerundete Beiträge vor. Es ist nicht erkennbar, daß sich derartige Verfahren in einem der Entwicklung der theoretischen Komponente auch nur annähernd gleichen Maße für die Lösung praktischer Entwurfsaufgaben auf dem Gebiet der Prozeßregelung durchsetzen konnten. Ein Schwerpunkt der weiteren, auf diesem Gebiet zu erwartenden Entwicklung wird es daher sein, Aufschluß und Angaben darüber zu erhalten, wie die bei den Verfahren der verallgemeinerten Polvorgabe [17] gebotenen Freiheitsgrade zur Erfüllung weiterer, in einem speziellen Anwendungsfall anstehender ingenieurmäßiger Forderungen an das Regelsystem möglichst effektiv auszunutzen sind. Die potentiell bei diesen Verfahren gebotenen Möglichkeiten zur gezielten Ausnutzung von Freiheitsgraden, d.h. zur Spezifizierung freier Parameter, sind für die Praxis nicht zu unterschätzen.

5.2.1. Verfahren, die von speziellen kanonischen Formen der Systemgleichungen ausgehen

5.2.1.1. Formulierung des Grundgedankens

In der Theorie der linearen multivariablen Systeme wurden in den letzten Jahren zahlreiche kanonische Formen der Zustandsgleichungen entwickelt, die im Zusammenhang mit systemtheoretischen Beweisführungen bedeutsam sind und in einigen Fällen, wenn diese Beweisführungen "konstruktiv" geführt werden, direkt oder indirekt einen Nutzen für den Systementwurf nach dem Prinzip der Zustandsrückführung bringen ([63] [65] [66] [67] [68] [69] [70] [71] u.a.). Alle diese kanonischen Formen gehen durch eine lineare Transformation des Zustandsvektors

$$T \underline{x} = \hat{\underline{x}} \tag{5.75}$$

aus den gegebenen Zustandsgleichungen der Strecke

$$\begin{aligned}
\dot{\underline{x}} &= A \underline{x} + B \underline{u} \\
\underline{y} &= C \underline{x}
\end{aligned} \tag{5.76}$$

hervor. Die lineare Transformation (5.75) führt nach Einsetzen in (5.76) auf

$$\begin{aligned}
\dot{\hat{\underline{x}}} &= T A T^{-1} \hat{\underline{x}} + T B \underline{u} = \hat{A} \hat{\underline{x}} + \hat{B} \underline{u} \\
\underline{y} &= C T^{-1} \hat{\underline{x}} \qquad\quad = \hat{C} \hat{\underline{x}}.
\end{aligned} \tag{5.77}$$

Ausgehend von der Entwurfsdeterminante "Polvorgabe" soll versucht werden, die nichtsinguläre Transformationsmatrix T so anzusetzen, daß die durch Ähnlichkeitstransformation

$$T A T^{-1} = \hat{A}$$

entstehende Systemmatrix $\hat{A}$ der kanonischen Form (5.77) unmittelbar Rückschlüsse auf die Eigenwertverteilung zuläßt, wobei gleichzeitig die ebenfalls durch T festgelegte Eingangsmatrix

$$T B = \hat{B}$$

eine Struktur aufweist, die "zwangsläufig" zur Auffindung eines Regelungsgesetzes

$$\underline{u} = \hat{K} \, \hat{\underline{x}} \tag{5.78}$$

führt, mit dem eine zielgerichtete Verschiebung der Eigenwerte erreicht wird. Das so gefundene, allerdings für den transformierten Zustandsvektor $\hat{\underline{x}}$ geltende Rückführgesetz (5.78) kann mit (5.75) wieder in die ursprünglichen Koordinaten transformiert werden:

$$\underline{u} = \hat{K} \, \hat{\underline{x}} \xrightarrow{\hat{\underline{x}} = T \underline{x}} \underline{u} = \hat{K} T \underline{x} = K \underline{x} . \tag{5.79}$$

Mit anderen Worten: Der Umweg über die kanonische Form der Systemgleichung wird gemacht bzw. muß gemacht werden, um einen durchsichtigen und auswertbaren Zusammenhang zwischen der charakteristischen Gleichung des Systems und damit den Eigenwerten und den Elementen von $\hat{K}$ zu erhalten. Wenn ein solcher Zusammenhang erst gefunden ist, dann können über ihn die zu einer vorgegebenen gewünschten Eigenwertverteilung gehörenden Elemente von $\hat{K}$ berechnet werden.

Wie die obengenannte Literaturauswahl zeigen sollte, gibt es eine Reihe solcher kanonischer Formen und Transformationen, die dieses Ziel erreichen. Es ist nicht möglich, auf alle einzugehen. Bevor ein Weg in seinen Grundzügen stellvertretend für die Gruppe dieser Verfahren aufgezeigt wird, ist es zweckmäßig, den Leitgedanken eines solchen Vorgehens und den Typ in Frage kommender kanonischer Formen am Beispiel von Strecken mit einer Stellgröße aufzuzeigen - das nicht nur, weil bei einem System mit einem Steuereingang das Problem erwartungsgemäß viel einfacher und eindeutiger in den Griff zu bekommen ist, sondern auch, weil bei den in der zweiten Gruppe genannten dyadischen Verfahren die Lösung des Polzuweisungsproblems für ein System mit einer Stellgröße zum Kernproblem des gesamten Entwurfs wird.

5.2.1.2. Regelungsnormalform und Polzuweisung
für ein System mit einer Stellgröße

Die Lösung dieser Aufgabe ist in einer schönen und umfassenden Form in [72] behandelt worden.

Aus der Theorie der linearen Systeme mit einem Eingang

$$\dot{\underline{x}} = A \underline{x} + \underline{b} u \tag{5.80}$$

und der Ordnung n ist bekannt, daß in all den Fällen, wo das System (5.80) steuerbar ist, d.h.

$$\det (\underline{b} \ A \underline{b} \ldots A^{n-1} \underline{b}) \neq 0 , \tag{5.81}$$

die Transformation auf die kanonische Form mit Phasenvariablen gelingt [73] :

$$\dot{\hat{\underline{x}}} = \hat{A} \, \hat{\underline{x}} + \hat{\underline{b}} \, u$$

mit

$$\hat{A} = \begin{bmatrix} 0 & 1 & 0 & & 0 \\ 0 & 0 & 1 & & . \\ . & & & & . \\ . & & & & . \\ . & & & & 1 \\ -a_n & \ldots & -a_2 & -a_1 \end{bmatrix} , \qquad \hat{\underline{b}} = \begin{bmatrix} 0 \\ 0 \\ . \\ . \\ . \\ 1 \end{bmatrix} . \tag{5.82}$$

In Einklang mit [63] wird diese im weiteren als Regelungsnormalform bezeichnet. Es gibt zahlreiche, sich z. T. nur in Nuancen unterscheidende Algorithmen zur Berechnung der Transformationsmatrix T, die den Übergang von (5.80) auf (5.82) bewirkt [63] [72] [73] [74] .

Die Systemmatrix $\hat{A}$ in (5.82) ist die Frobenius- oder Begleitmatrix. Eine wesentliche Eigenschaft dieser Matrix ist, daß die Elemente ihrer letzten Zeile die Koeffizienten ihrer charakteristischen Gleichung

$$\det(\lambda I - \hat{A}) = (-1)^n \det(\hat{A} - \lambda I) = \lambda^n + a_1 \lambda^{n-1} + \ldots + a_{n-1} \lambda + a_n = 0 \qquad (5.83)$$

sind. Die Wurzeln von (5.83) sind die Eigenwerte des Systems. Mit den n Eigenwerten $\lambda_1, \lambda_2, \ldots, \lambda_n$ gilt somit

$$\prod_{i=1}^{n} (\lambda - \lambda_i) = \lambda^n + a_1 \lambda^{n-1} + \ldots + a_{n-1} \lambda + a_n . \qquad (5.84)$$

Setzt man nun ein Rückführgesetz an:

$$u = \underline{\hat{k}}^T \underline{\hat{x}} = (\hat{k}_1 \ \hat{k}_2 \ldots \hat{k}_n) \underline{\hat{x}} , \qquad (5.85)$$

so erhält man für das geschlossene System

$$\underline{\dot{\hat{x}}} = (\hat{A} + \underline{\hat{b}} \ \underline{\hat{k}}^T) \underline{\hat{x}}$$

$$= \left[\begin{bmatrix} 0 & 1 & 0 & \ldots & 0 \\ & & 1 & & \\ & & & & \\ & & & & 1 \\ -a_n & \ldots -a_2 & & & -a_1 \end{bmatrix} + \begin{bmatrix} 0 \\ 0 \\ \\ \\ 1 \end{bmatrix} (\hat{k}_1 \ \hat{k}_2 \ldots \hat{k}_n) \right] \underline{x} .$$

$$= \begin{bmatrix} 0 & 1 & \ldots & & 0 \\ & & & & \\ & & & & 1 \\ (-a_n + k_1) & \ldots & & (-a_1 + k_n) \end{bmatrix} \underline{x} , \qquad (5.86)$$

d. h., auch die Systemmatrix des geschlossenen Systems (5.86) ist – eben aufgrund des kanonischen Aufbaus von $\hat{A}$ und $\underline{\hat{b}}$ – eine Frobenius-Matrix. Aus den Elementen ihrer letzten Zeile gewinnt man sofort die charakteristische Gleichung des geschlossenen Systems:

$$\lambda^n + (a_1 - \hat{k}_n) \lambda^{n-1} + \ldots + (a_{n-1} - \hat{k}_2) \lambda + (a_n - \hat{k}_1) = 0 . \qquad (5.87)$$

Gibt man nun eine gewünschte, durch das geschlossene System anzunehmende Eigenwertverteilung $\lambda_1', \lambda_2', \ldots, \lambda_n'$ vor, so lassen sich die Koeffizienten r_i des zugehörigen charakteristischen Polynoms analog (5.84) berechnen:

$$\prod_{i=1}^{n} (\lambda - \lambda_i') = \lambda^n + r_1 \lambda^{n-1} + \ldots + r_{n-1} \lambda + r_n . \qquad (5.88)$$

Durch Koeffizientenvergleich erhält man aus (5.87) und (5.88)

$$\begin{aligned} \hat{k}_1 &= a_n - r_n \\ \hat{k}_2 &= a_{n-1} - r_{n-1} \\ &\vdots \\ \hat{k}_{n-1} &= a_2 - r_2 \\ \hat{k}_n &= a_1 - r_1 . \end{aligned} \qquad (5.89)$$

Damit ist das Rückführgesetz (5.85) eindeutig aus der vorgeschriebenen Polverteilung berechnet.

Bei bekannter Transformationsmatrix T kann das so für die Regelungsnormalform einfach gefundene Rückführgesetz (5.85), (5.89) in die ursprünglichen Zustandsvariablen umgerechnet werden:

$$u = \hat{\underline{k}}^T \hat{\underline{x}} \quad \xrightarrow{\hat{\underline{x}} = T \underline{x}} \quad u = \hat{\underline{k}}^T T \underline{x} = \underline{k}^T \underline{x}. \qquad (5.90)$$

Damit sind Wesen und Eignung der Regelungsnormalform für den Entwurf durch Polvorgabe bei Systemen mit einer Stellgröße gezeigt. Da die Regelungsnormalform nur für ein steuerbares System (5.80) zu gewinnen ist, ist die Verbindung zwischen beliebiger Polvorgabe und Steuerbarkeit hergestellt.

In der Literatur sind zwei Wege zur Berechnung des Regelungsgesetzes (5.90) in den ursprünglichen Koordinaten $\underline{x}$ bekannt geworden, die ohne die explizite Berechnung der Transformationsmatrix T auskommen und ggf. Vorteile für die praktische Entwurfsarbeit bringen. Der eine geht im wesentlichen auf Ackermann zurück, wo mit Hilfe des Theorems von Cayley-Hamilton [46] eine direkte Berechnungsvorschrift für (5.90) hergeleitet wird [17] [63] [74]. Ein zweiter Weg, der im Abschn. 5.3.3. benutzt wird, führt über die Anwendung des Hsu-Chen-Theorems zum Ziel.

Das Verfahren von Ackermann geht von folgenden Überlegungen aus:
Das gegebene steuerbare System in den ursprünglichen Koordinaten

$$\dot{\underline{x}} = A \underline{x} + \underline{b} u$$

soll durch Zustandsrückführung

$$u = \underline{k}^T \underline{x}$$

die vorgegebenen Pole λ_1', λ_2', ..., λ_n' annehmen. Aus diesen vorgegebenen n Polen können wie oben die Koeffizienten r_i des charakteristischen Polynoms der Systemmatrix des geregelten (zustandsrückgeführten) Systems

$$D = A + \underline{b}\,\underline{k}^T$$

berechnet werden:

$$g_{rx}(\lambda) = \det(\lambda I - D) = \lambda^n + r_1 \lambda^{n-1} + \ldots + r_{n-1} \lambda + r_n = \prod_{i=1}^{n} (\lambda - \lambda_i').$$

Ackermann [63] [74] leitet dann folgendes Resultat ab:

$$\underline{k}^T = -\begin{pmatrix} \text{letzte Zeile der invertierten} \\ \text{Steuerbarkeitsmatrix von } (A, \underline{b}) \end{pmatrix} \cdot g_{rx}(A)$$

$$= -\underline{e}^T g_{rx}(A). \qquad (5.91)$$

Die Systemstruktur wird im Bild 5.22 gezeigt.

Es seien noch einige Hinweise angefügt, wie man, ausgehend von (5.91), am zweckmäßigsten die numerische Berechnung von $\underline{k}^T$ vornimmt. Der Zeilenvektor

$$\underline{e}^T = (0 \quad 0 \ldots 1)\, S^{-1} \qquad (5.92)$$

wird am günstigsten als Lösung des linearen Gleichungssystems

$$\underline{e}^T (\underline{b} \quad A \underline{b} \ldots A^{n-1} \underline{b}) = (0 \quad 0 \ldots 1)$$

berechnet. Hierbei werden die Spalten der Steuerbarkeitsmatrix nacheinander in der Weise

$$\underline{b}, \quad A\underline{b}, \quad A(A\underline{b}), \quad A(A^2\underline{b}), \quad \ldots, \quad A(A^{n-2}\underline{b})$$

aus A, $\underline{b}$ berechnet. Man vermeidet so die Potenzbildung von A. Wenn $\underline{e}^T$ berechnet ist, wird $\underline{k}^T$ numerisch wie folgt ermittelt:

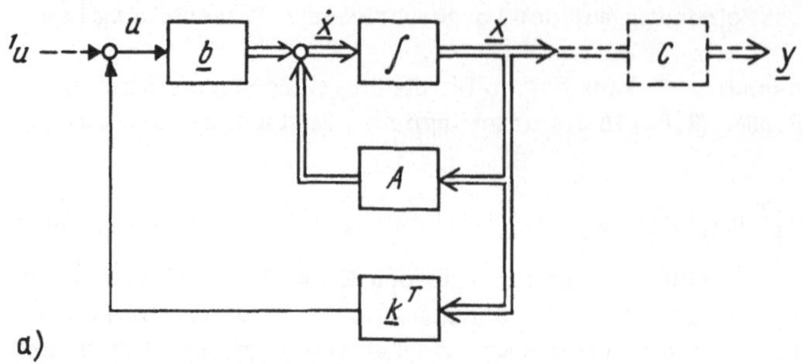

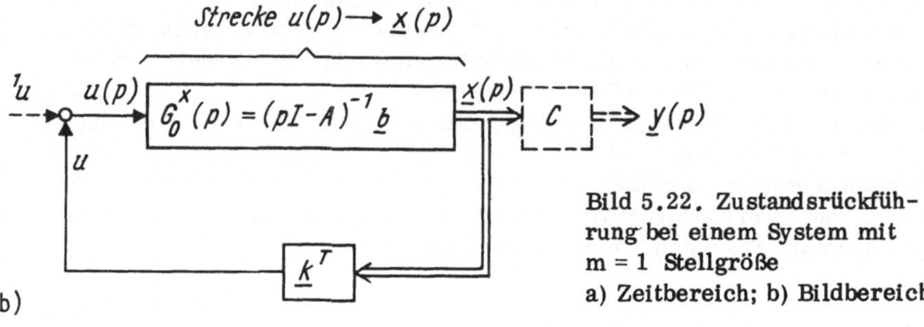

Bild 5.22. Zustandsrückführung bei einem System mit m = 1 Stellgröße
a) Zeitbereich; b) Bildbereich

$$\underline{k}^T = -\underline{e}^T g_{rx}(A)$$

$$= -r_n \underline{e}^T - r_{n-1} \underline{e}^T A - r_{n-2} \underline{e}^T A^2 - \ldots - r_1 \underline{e}^T A^{n-1} - \underline{e}^T A^n, \qquad (5.93)$$

wobei man wieder nur die (Zeilen-)Vektoren

$$\underline{e}^T A$$
$$(\underline{e}^T A)\, A = \underline{e}^T A^2$$
$$(\underline{e}^T A^2)\, A = \underline{e}^T A^3$$
$$\vdots$$

und nicht die Potenzen A^i berechnet. Die r_i sind aus der Polvorgabe der λ_i' zu berechnen.
   Mit (5.91) hat man eine gut auswertbare Möglichkeit zur direkten Lösung des Polvorgabeproblems für Systeme mit m = 1 Stellgröße u gewonnen. Die Berechnung der Regelungsnormalform ist hierbei nicht mehr erforderlich.

5.2.1.3. Polzuweisung unter Verwendung einer ausgewählten
         Regelungsnormalform für Systeme mit m > 1 Stellgrößen

Wie im folgenden verständlich werden wird, läßt sich für ein System mit m > 1 unabhängigen Stellgrößen i. allg. keine Regelungsnormalform angeben, in der $\hat{A}$ als Ganzes die Form einer Frobenius-Matrix annimmt. Wohl aber läßt sich ein steuerbares System n-ter Ordnung mit m Stellgrößen

$$\dot{\underline{x}} = A\,\underline{x} + B\,\underline{u} \qquad (5.94)$$

auf die folgende wieder als Regelungsnormalform bezeichnete kanonische Form transformieren [38] [68]:

$$\dot{\hat{\underline{x}}} = \hat{A}\,\hat{\underline{x}} + \hat{B}\,\underline{u} \qquad (5.95)$$

mit

$$
\hat{A} = \begin{bmatrix}
\ddots & 0 & & & 0 & & & 0 & & \\
& 0 & 1 & \cdots & 0 & & & & & \\
& & 0 & 1 & & & 0 & & 0 & \\[-2pt]
& & & \ddots & 1 & & & & & r_3 \\
& -\gamma_{r_3} & -\gamma_{r_3-1} & & -\gamma_1 & & & & & \\
\hline
& -n_1 & 0 & \cdots & 0 & 0 & 1 & \cdots & 0 & \\
& -n_2 & & & & & 0 & 1 & & \\
& \vdots & & & & \vdots & & \ddots & & 0 \quad r_2 \\
& -n_{r_2} & 0 & \cdots & 0 & -\beta_{r_2} & -\beta_{r_2-1} & \cdots & -\beta_1 & \\
\hline
& -n_{r_2+1} & 0 & \cdots & 0 & -m_1 & 0 & \cdots & 0 & 0 & 1 & \cdots & 0 \\
& -n_{r_2+2} & 0 & & & -m_2 & 0 & & 0 & 0 & 1 & & \\
& \vdots & & & & \vdots & & & & \vdots & & \ddots & \quad r_1 \\
& -n_{r_2+r_1} & 0 & \cdots & 0 & -m_{r_1} & 0 & \cdots & 0 & -\alpha_{r_1} & -\alpha_{r_1-1} & \cdots & -\alpha_1 \\
\end{bmatrix}
$$

$$\underbrace{}_{r_3} \qquad \underbrace{}_{r_2} \qquad \underbrace{}_{r_1} \tag{5.96}$$

und

$$
\hat{B} = \begin{bmatrix}
0 & 0 & 0 & \cdots & x & \cdots & x \\
0 & 0 & 0 & & \vdots & & \vdots \\
\vdots & \vdots & \vdots & & \vdots & & \vdots \\
 & & 0 & & & & \\
\hline
 & & 1 & & & & \\
\vdots & \vdots & 0 & & \vdots & & \vdots \\
 & & & & & & \\
 & 0 & & & & & \\
\hline
 & 1 & & & & & \\
0 & 0 & 0 & & \vdots & & \vdots \\
\vdots & \vdots & \vdots & & & & \\
1 & 0 & 0 & & x & & x \\
\end{bmatrix}
\begin{matrix}
\\ \\ \\ \\
\leftarrow (n - r_1 - r_2)\text{-te Zeile} \\ \\ \\ \\
\leftarrow (n - r_1)\text{-te Zeile} \cdot \\ \\ \\
\leftarrow n\text{-te Zeile}
\end{matrix}
\tag{5.97}
$$

$$\underbrace{}_{p} \qquad \underbrace{}_{m-p}$$

$\hat{A}$ stellt eine "untere Überdreiecksmatrix" dar, deren Diagonalblöcke Frobenius- oder Begleitmatrizen sind. Wenn $\hat{A}$ p derartige Diagonalblöcke aufweist, dann sind die ersten Spalten der Eingangsmatrix $\hat{B}$ entsprechend zugeordnete Spalten der $(n \times n)$-Einheitsmatrix. Welche Spalte dieser Einheitsmatrix jeweils zu nehmen ist, richtet sich – wie mit (5.96), (5.97) zum Ausdruck gebracht wurde – nach der "Größe" der Frobenius-Blöcke, d. h. nach den r_i.

Der Algorithmus zur Aufstellung der erforderlichen Transformationsmatrix T liefert primär die Inverse T^{-1}, woraus durch Invertieren T selbst entsteht, und zwar ist T^{-1} wie folgt zu gewinnen:

Wenn, wie vorausgesetzt, das System (5.94) steuerbar ist, dann hat die $(n \times nm)$-Steuerbarkeitsmatrix S

$$S = (B \quad AB \quad A^2 B \quad A^{n-1} B) \tag{5.98}$$

den Rang n, d.h., es muß möglich sein, n linear unabhängige Spalten aus S zu finden, bzw. aus der folgenden Anordnung lassen sich n linear unabhängige Vektoren auswählen ($\underline{b}_i \equiv$ i-te Spalte von B):

$$
\begin{array}{lllll}
\underline{b}_1 & A\underline{b}_1 & A^2\underline{b}_1 & \dots & A^{n-1}\underline{b}_1 \\
\underline{b}_2 & A\underline{b}_2 & A^2\underline{b}_2 & \dots & A^{n-1}\underline{b}_2 \\
\vdots & & & & \\
\underline{b}_m & A\underline{b}_m & A^2\underline{b}_m & \dots & A^{n-1}\underline{b}_m.
\end{array}
\tag{5.99}
$$

Es wird vorausgesetzt, daß keine Spalte $\underline{b}_i$ die Nullspalte ist; denn das würde bedeuten, daß die zu $\underline{b}_i$ gehörende Eingangsgröße u_i wirkungslos und daher nicht als Eingangsgröße anzusehen wäre. Die Anordnung der Spalten von B und damit der Eingangsgrößen im Eingangsvektor $\underline{u}$ ist im Prinzip willkürlich. Wenn jedoch eine Reihenfolge erst einmal festgelegt ist, dann muß sie im folgenden beibehalten werden. Mit der ersten Spalte $\underline{b}_1$ wird die erste Zeile der Anordnung (5.99) gebildet, mit $\underline{b}_2$ die zweite usw.

Beginnend mit nur der ersten Zeile von (5.99), wird die größtmögliche Zahl - sie sei r_1 - von linear unabhängigen Vektoren $\underline{b}_1$, $A\underline{b}_1$, $A^2\underline{b}_1$, $\dots$, $A^{r_1-1}\underline{b}_1$ herausgesucht. Dies geschieht zweckmäßig mit Hilfe der Gram-Schmidt-Orthogonalisierung [75]. Wenn diese r_1 linear unabhängigen Vektoren gefunden wurden, dann muß der folgende, also der (r_1+1)-te Vektor $A^{r_1}\underline{b}_1$ als Linearkombination dieser r_1 Vektoren darstellbar sein:

$$A^{r_1}\underline{b}_1 = -\alpha_{r_1}\underline{b}_1 - \dots - \alpha_2 A^{r_1-2}\underline{b}_1 - \alpha_1 A^{r_1-1}\underline{b}_1. \tag{5.100}$$

Mit r_1 ist gleichzeitig die Größe des untersten Diagonalblocks von $\hat{A}$ aus (5.96) bekannt.

Im nächsten Schritt sind die Koeffizienten α_i der Linearkombination (5.100) zu ermitteln. Dazu wird (5.100) als Bestimmungsgleichung für die α_i aufgefaßt, d.h. als System von r_1 linearen inhomogenen algebraischen Gleichungen in den r_1 Unbekannten α_i geschrieben und mit dem Gaußschen Algorithmus gelöst. Die eindeutige Auflösbarkeit ist wegen der obigen linearen Unabhängigkeit immer gesichert. Man achte auf die Vorzeichenfestlegung für die α_i gemäß (5.100)!

Sind die α_i berechnet, so erhält man - und zwar in umgekehrter Reihenfolge - die letzten r_1 Spalten von T^{-1} wie folgt:

$$
\begin{aligned}
\underline{e}_n &= \underline{b}_1 \\
\underline{e}_{n-1} &= A\underline{b}_1 + \alpha_1\underline{b}_1 \\
\underline{e}_{n-2} &= A^2\underline{b}_1 + \alpha_1 A\underline{b}_1 + \alpha_2\underline{b}_1 \\
&\vdots \\
\underline{e}_{n-r_1+1} &= A^{r_1-1}\underline{b}_1 + \alpha_1 A^{r_1-2}\underline{b}_1 + \dots + \alpha_{r_1-1}\underline{b}_1,
\end{aligned}
\tag{5.101}
$$

d.h.

$$T^{-1} = (\quad ? \quad | \quad \underline{e}_{n-r_1+1} \dots \underline{e}_{n-1} \underline{e}_n). \tag{5.102}$$

Zur Berechnung der noch fehlenden $(n-r_1)$ Spalten von T^{-1} wird wie folgt weiter vorgegangen:

Aus der zweiten Zeile der Anordnung (5.99) wird, beginnend mit $\underline{b}_2$, wiederum die maximale Zahl von Vektoren, die linear unabhängig sind, und zwar untereinander <u>und</u> von den aus der ersten Zeile schon verwendeten Vektoren $\underline{b}_1$, $\dots$, $A^{r_1-1}\underline{b}_1$ oder - was dasselbe

138

ist - von den r_1 schon berechneten Spalten $\underline{e}_n, \ldots, \underline{e}_{n-r_1+1}$ von T^{-1}, herausgesucht.

Wenn bereits $\underline{b}_2$ linear abhängig ist, dann sind es auch alle weiteren Vektoren der zweiten Zeile von (5.99). Die zweite Zeile ist dann zu überspringen, und man geht gleich zur dritten Zeile.

Angenommen, die zweite Zeile von (5.99) liefert maximal weitere in der geforderten Weise r_2 linear unabhängige Vektoren $\underline{b}_2$, $A\underline{b}_2$, $\ldots$, $A^{r_2-1}\underline{b}_2$, so muß der folgende Vektor - also $A^{r_2}\underline{b}_2$ - als Linearkombination wie folgt darstellbar sein:

$$A^{r_2}\underline{b}_2 = -m_{r_1}\underline{e}_n - \ldots - m_1 \underline{e}_{n-r_1+1} \tag{5.103}$$

$$- \beta_{r_2}\underline{b}_2 - \ldots - \beta_2 A^{r_2-2}\underline{b}_2 - \beta_1 A^{r_2-1}\underline{b}_2 \, .$$

Gl. (5.103) ist wieder eindeutig nach den Koeffizienten β_i und m_i auflösbar; das sind $r_1 + r_2$ Unbekannte, wozu (5.103) ebenso viele Gleichungen liefert. Sind diese Koeffizienten berechnet, so werden nur unter Verwendung der β_i weitere r_2 Spalten von T^{-1} ermittelt:

$$\underline{e}_{n-r_1} = \underline{b}_2$$

$$\underline{e}_{n-r_1-1} = A\underline{b}_2 + \beta_1 \underline{b}_2$$

$$\underline{e}_{n-r_1-2} = A^2\underline{b}_2 + \beta_1 A\underline{b}_2 + \beta_2 \underline{b}_2 \tag{5.104}$$

$$\vdots$$

$$\underline{e}_{n-r_1-r_2+1} = A^{r_2-1}\underline{b}_2 + \beta_1 A^{r_2-2}\underline{b}_2 + \ldots + \beta_{r_2-1}\underline{b}_2 \, .$$

Damit sind im ganzen $(r_1 + r_2)$ linear unabhängige Spalten von T^{-1} gefunden:

$$T^{-1} = (\quad ? \quad | \; \underline{e}_{n-r_1-r_2+1} \cdots \underline{e}_{n-r_1} | \; \underline{e}_{n-r_1+1} \cdots \underline{e}_n) \, .$$

r_2 gibt die Größe des vorletzten Diagonalblocks von $\hat{A}$ aus (5.96) an. Wenn in diesem zweiten Schritt schon $(r_1 + r_2) = n$ sein sollte, wäre T^{-1} bereits vollständig bestimmt, und das bei der Transformation

$$T A T^{-1} = \hat{A}$$

entstehende $\hat{A}$ bestände nur aus zwei Diagonalblöcken usw. Ist jedoch $(r_1 + r_2) < n$, so muß der Algorithmus durch einen analog dem zweiten ablaufenden dritten Schritt, der die dritte Zeile der Anordnung (5.99) benutzt, ergänzt werden usw., bis die volle Zahl n der linear unabhängigen Spalten von T^{-1} gefunden ist, d.h., bis die Gleichung

$$\sum_{i=1}^{p} r_i = n$$

erfüllt wird.

Zusammenfassend muß festgestellt werden, daß die Regelungsnormalform (5.95) für ein steuerbares System (5.94) immer erzeugt werden kann. Allerdings ist sie nicht eindeutig, weil man - wie eingangs dieses Abschnitts bereits bemerkt wurde - bei der Festlegung der Reihenfolge der Eingangsgrößen u_i; $i = 1, 2, \ldots, m$ und damit der Spalten $\underline{b}_i$ von B eine relative Freizügigkeit hat. Je nachdem, welche Spalte man als $\underline{b}_1$ anordnet, bekommt man ein anderes in den Zeilen geordnetes Schema (5.99) und damit einen anderen Ausgangspunkt für die Erzeugung der Spalten von T^{-1}. Der Algorithmus ist natürlich derselbe, jedoch hängt das Endergebnis, d.h. das konkrete Aussehen von T^{-1} und damit das von $\hat{A}$ und $\hat{B}$, davon ab, welche Spalte von B als $\underline{b}_1$, $\underline{b}_2$ usw. angeordnet wurde. Für ein und dasselbe steuerbare System (5.94) können daher mehrere Regelungsnormalformen der genannten Art nach dem gleichen Algorithmus erzeugt werden.

Zur Illustration dieses Sachverhalts diene folgendes Beispiel:

$$\begin{bmatrix} \dot{x}_1 \\ \dot{x}_2 \\ \dot{x}_3 \end{bmatrix} = \begin{bmatrix} 3 & 2 & -1 \\ -2 & -1 & 4 \\ -2 & -2 & -4 \end{bmatrix} \begin{bmatrix} x_1 \\ x_2 \\ x_3 \end{bmatrix} + \begin{bmatrix} 1 & 0 \\ -1 & 0 \\ 0 & 1 \end{bmatrix} \begin{bmatrix} u_1 \\ u_2 \end{bmatrix} .$$

Wird die Anordnung

$$\underline{b}_1 = \begin{bmatrix} 1 \\ -1 \\ 0 \end{bmatrix}, \qquad \underline{b}_2 = \begin{bmatrix} 0 \\ 0 \\ 1 \end{bmatrix}$$

zugrunde gelegt, so erhält man mit dem obigen Algorithmus

$$T^{-1} = \begin{bmatrix} -1 & 0 & 1 \\ 4 & 0 & -1 \\ -1 & 1 & 0 \end{bmatrix}$$

und

$$\begin{bmatrix} \dot{\hat{x}}_1 \\ \dot{\hat{x}}_2 \\ \dot{\hat{x}}_3 \end{bmatrix} = \left[\begin{array}{cc|c} 0 & 1 & 0 \\ -2 & -3 & 0 \\ \hline 6 & 0 & 1 \end{array}\right] \begin{bmatrix} \hat{x}_1 \\ \hat{x}_2 \\ \hat{x}_3 \end{bmatrix} + \begin{bmatrix} 0 & 0 \\ 0 & 1 \\ 1 & 0 \end{bmatrix} \begin{bmatrix} u_1 \\ u_2 \end{bmatrix} ,$$

d.h., es ist hier $r_1 = 1$ und $r_2 = 2$.

Wird aber die folgende Anordnung als Ausgangspunkt gewählt:

$$\underline{b}_1 = \begin{bmatrix} 0 \\ 0 \\ 1 \end{bmatrix}, \qquad \underline{b}_2 = \begin{bmatrix} 1 \\ -1 \\ 0 \end{bmatrix},$$

so liefert der Algorithmus allein unter Verwendung von $\underline{b}_1$ die volle Anzahl $n = r_1 = 3$ linear unabhängiger Spalten von T^{-1}

$$T^{-1} = \begin{bmatrix} 7 & -1 & 0 \\ -10 & 4 & 0 \\ 1 & -2 & 1 \end{bmatrix},$$

so daß $\hat{A}$ als Ganzes eine Frobenius-Matrix wird

$$\begin{bmatrix} \dot{\hat{x}}_1 \\ \dot{\hat{x}}_2 \\ \dot{\hat{x}}_3 \end{bmatrix} = \begin{bmatrix} 0 & 1 & 0 \\ 0 & 0 & 1 \\ 2 & 1 & -2 \end{bmatrix} \begin{bmatrix} \hat{x}_1 \\ \hat{x}_2 \\ \hat{x}_3 \end{bmatrix} + \begin{bmatrix} 0 & 3/18 \\ 0 & 3/18 \\ 1 & 3/18 \end{bmatrix} \begin{bmatrix} u_1 \\ u_2 \end{bmatrix} .$$

Um die Verwendung der Regelungsnormalform (5.95) für den Systementwurf erkennen zu können, ist es zweckmäßig, die typische Struktur dieser Gleichung als eine Zusammenschaltung von in besonderer Art und Weise gekoppelter Subsysteme zu interpretieren. Wie der Aufbau der Systemmatrix $\hat{A}$ nach (5.96) suggeriert, kann jeder Frobenius-Block aufgefaßt werden als Systemmatrix eines separaten Subsystems der Ordnung r_i.

Jedes Subsystem hat dementsprechend einen Zustandsvektor $\hat{\underline{x}}_{r_i}$. Die p vorhandenen Zustandsvektoren $\hat{\underline{x}}_{r_i}$; $i = 1, 2, \ldots, p$ haben entsprechend der Ordnung r_i des zugehörigen Subsystems r_i Elemente und bilden in ihrer Gesamtheit den Zustandsvektor $\hat{\underline{x}}$ in (5.95).

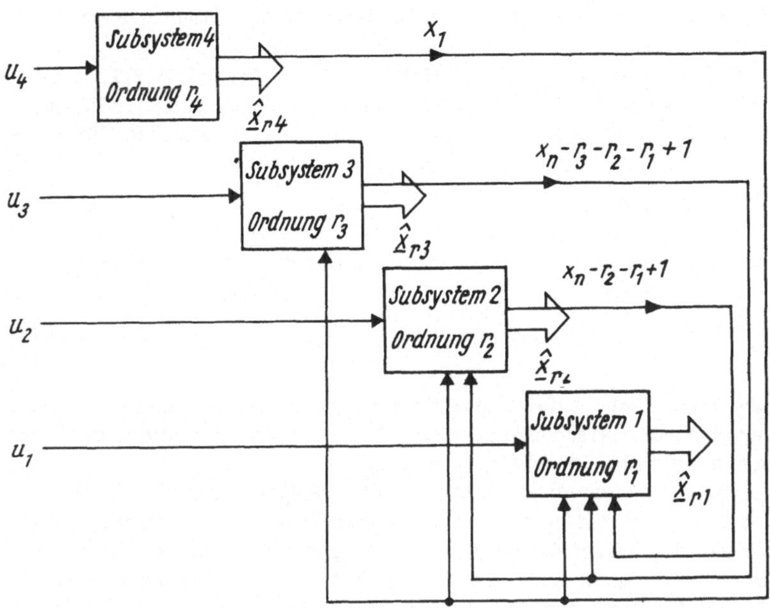

Bild 5.23. Zur Interpretation der Regelungsnormalform als eine Zusammenschaltung von p
Subsystemen mit jeweils einem Eingang, die nur in einer Richtung miteinander gekoppelt
sind (gekennzeichnet p = 4)

Diejenigen Elemente in $\hat{A}$, die nicht zu den Subsystemmatrizen, d. h. Frobenius-Blöcken,
gehören, stellen Kopplungen zwischen den Subsystemen dar. Der Aufbau von $\hat{A}$ zeigt weiter, daß diese Kopplungen sehr spezieller Natur sind. Für p = 4 ergibt die Analyse·der
durch den Aufbau von $\hat{A}$ bedingten Kopplungsverhältnisse das im Bild 5.23 gezeichnete Schema. Das wesentliche ist, daß die Kopplung der p = 4 Subsysteme nur in einer Richtung erfolgt. Systeme, die nur in einer Richtung miteinander gekoppelt werden, sind aber bezüglich ihrer Eigenwert- bzw. Polverteilungen unabhängig voneinander, d. h., wenn eine Kopplung in der Art des Bildes 5.23 vorliegt, bringen alle p Subsysteme ihre Eigenwertverteilungen unverändert in die Eigenwertverteilung des Gesamtsystems ein. Da aber alle Subsysteme mit einem Eingang in der kanonischen Form mit Phasenvariablen (s. Abschn.
5.2.1.2.) vorliegen, besteht die Möglichkeit, durch Zustandsrückführung bei jedem Subsystem in der im Abschn. 5.2.1.2. erläuterten Weise eine gewünschte Eigenwertverteilung
zu erreichen. Damit kann die gewünschte Gesamteigenwertverteilung über eine zielgerichtete und unabhängig voneinander realisierbare Änderung der Eigenwertverteilungen der Subsysteme erreicht werden. Das entspricht dem gestellten Ziel.

Die gleiche Aussage läßt sich auch mathematisch aus der Struktur von $\hat{A}$ ableiten. Die
charakteristische Gleichung von $\hat{A}$ aus (5.96) lautet

$$\det (\hat{A} - \lambda I) = 0 \,.$$

Wegen des typischen·Aufbaus von $\hat{A}$ als "untere Überdreiecksmatrix" gilt für $\det (\hat{A} - \lambda I)$

$$\det (\hat{A} - \lambda I) = \prod_{i=1}^{p} \det (A_i - \lambda I), \qquad (5.105)$$

wobei die A_i die Frobenius-Matrizen der Diagonalblöcke bedeuten. Deren charakteristische
Gleichungen sind aber mit den Elementen der jeweils letzten Zeilen sofort hinzuschreiben.
Gl. (5.105) ist das mathematische Äquivalent obiger aus Bild 5.23 gewonnener Aussage.

Wie Bild 5.23 zeigt, hat jedes Subsystem eine Eingangsgröße. Mit dieser ist das Subsystem separat zu regeln. Das Gesamtsystem wird damit nur unter Verwendung von p der
insgesamt m Eingangsgrößen geregelt. Das sind gerade diejenigen p Eingangsgrößen, mit

denen über die durch (5.99) festgelegte Anordnung der u_i bzw. $\underline{b}_i$ die entsprechende Regelungsnormalform aufgebaut wurde.

Das Regelungsgesetz für jedes Subsystem ergibt sich nun wie im Abschn. 5.2.1.2. aus der Vorgabe einer jeweiligen, günstigen Eigenwertverteilung. Die Berechnung der Eigenwerte eines Subsystems erfordert die Lösung der zugehörigen charakteristischen Gleichungen

$$\det (A_i - \lambda I) = 0; \qquad i = 1, 2, \ldots, p . \tag{5.106}$$

So erhält man für das erste Subsystem - rechts unten in der Diagonale von $\hat{A}$ stehend -

$$\det (A_1 - \lambda I) = (-1)^{r_1} \left[\lambda^{r_1} + \alpha_1 \lambda^{r_1 -1} + \ldots + \alpha_{r_1 -1} \lambda + \alpha_{r_1} \right] . \tag{5.107}$$

Da i. allg. $r_i < n$, ist der numerische Aufwand hierfür wesentlich geringer als bei der Berechnung und Lösung der charakteristischen Gleichung des Gesamtsystems, die man - wenn man die kanonische Form nicht hätte - durchführen müßte.

Aus der Differenz der Koeffizienten der charakteristischen Polynome, die zu den vorhandenen Eigenwerten, also jeweils zu (5.106) bzw. zu den durch Zustandsrückführung bei jedem Subsystem zu erreichenden, vorgegebenen Eigenwerten gehören, ergibt sich das Regelungsgesetz für jedes Subsystem gemäß (5.85) und (5.89). Entsprechend der Struktur von $\hat{B}$ aus (5.97) erhält man in der Zusammenfassung aller zu regelnden p Subsysteme die Reglermatrix

$$\hat{K} = \left[\begin{array}{cccc|cccc|cccc|cccc} 0 & 0 & \ldots & 0 & 0 & 0 & \ldots & 0 & 0 & 0 & \ldots & 0 & \multicolumn{4}{c}{\overline{\hat{\underline{k}}_1^T}} \\ 0 & 0 & & & & & & & & & & & 0 & 0 & \ldots & 0 \\ \bullet & & & & & & \multicolumn{4}{c}{\overline{\hat{\underline{k}}_2^T}} & 0 & 0 & \ldots & 0 \\ \bullet & & & & & & 0 & 0 & \ldots & 0 & & & & \\ \bullet & & & & & & & & & & & & & \\ 0 & 0 & \ldots & 0 & & & & & & & & & & \\ \multicolumn{4}{c|}{\overline{\hat{\underline{k}}_p^T}} & & & & & & 0 & 0 & \ldots & 0 \\ \end{array} \right] \tag{5.108}$$

mit

$$\hat{\underline{k}}_1^T = (\alpha_{r_1} - \mu_{r_1}, \ \alpha_{r_1 -1} - \mu_{r_1 -1}, \ \ldots, \ \alpha_2 - \mu_2, \ \alpha_1 - \mu_1) \tag{5.109}$$

$$\hat{\underline{k}}_2^T = (\beta_{r_2} - \nu_{r_2}, \ \beta_{r_2 -1} - \nu_{r_2 -1}, \ \ldots, \ \beta_2 - \nu_2, \ \beta_1 - \nu_1) \tag{5.110}$$

usw.

Die μ_i, ν_i usw. sind dabei die Koeffizienten der charakteristischen Polynome, die zu den für das erste, zweite usw. Subsystem vorgegebenen, gewünschten Eigenwertverteilungen gehören. Sie sind aus den vorgegebenen Eigenwerten zu berechnen.

Das Regelungsgesetz in den ursprünglichen Koordinaten des Systems erhält man nach (5.79) wie folgt:

$$\hat{K} T = K .$$

K ist die zu realisierende Reglermatrix. Die bei diesem Regelungsgesetz

$$\underline{u} = K \underline{x}$$

entstehende Systemmatrix des geregelten Systems

$$A + B K$$

hat die gewünschten Eigenwerte, d. h., es gilt

$$\det (A + B\,K - \lambda I) = \det (\hat{A} + \hat{B}\,\hat{F} - \lambda I)$$

$$= (\lambda^{r_1} + \mu_1\,\lambda^{r_1-1} + \ldots + \mu_{r_1-1}\,\lambda + \mu_{r_1}) \qquad (5.111)$$

$$\times (\lambda^{r_2} + \nu_1\,\lambda^{r_2-1} + \ldots + \nu_{r_2-1}\,\lambda + \nu_{r_2})$$

$$\times (\ldots) \ldots (\ldots).$$

Wie der Ablauf erkennen läßt, ist die explizite Berechnung der Regelungsnormalform, d. h.
die Berechnung von $\hat{A}$ und $\hat{B}$, für den Entwurf nicht erforderlich.

Besteht bei der Realisierung der Reglermatrix K die Forderung, nachträglich durch andere Einstellung von Reglerparametern in gezielter Weise eine andere als die ursprünglich
vorgesehene Eigenwertverteilung zu erreichen, oder wenn eine Parameteroptimierung folgen soll, dann muß die Realisierung strukturmäßig so geschehen, wie es $\hat{K}\,T$ vorschreibt,
also in zwei Blöcken. Der Block $\hat{K}$ enthält dann die einstellbaren Parameter; das sind die
Elemente von $\hat{\underline{k}}_1^T$, $\hat{\underline{k}}_2^T$ usw., während T fest ist (Bild 5.24). Nur so bleibt der Einfluß einer
veränderten Einstellung von Parametern auf die Eigenwerte und damit das Systemverhalten
überschaubar. Die Zusammenhänge sind jedoch wesentlich komplizierter als bei den Modalstrukturen im Abschn. 5.1.

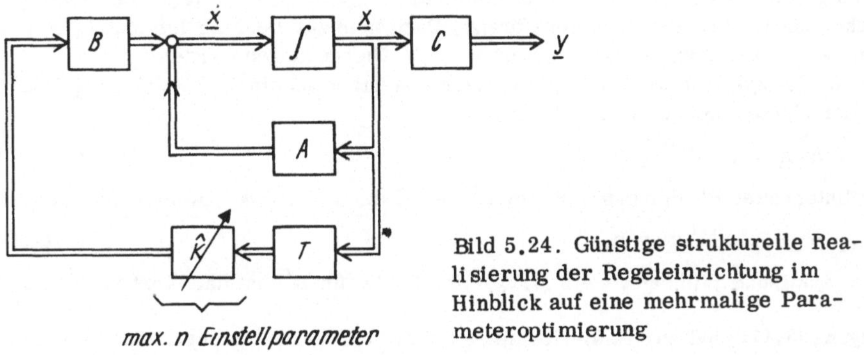

Bild 5.24. Günstige strukturelle Realisierung der Regeleinrichtung im
Hinblick auf eine mehrmalige Parameteroptimierung

Es sei abschließend noch bemerkt, daß mit dem vorgeschlagenen Entwurfsverfahren nicht
jede beliebige Eigenwertverteilung erreicht werden kann [69] [70] ; denn wenn die Ordnung
r_i des i-ten Teilsystems (Frobenius-Block) ungerade ist, dann enthält dieses Teilsystem
wenigstens einen rein reellen Eigenwert, der bei der Verschiebung nur reell bleiben kann.
Wie das obige Beispiel zeigte, gelang es mit der zweiten angegebenen Transformation
die ursprüngliche Systemgleichung so zu transformieren, daß $\hat{A}$ als Ganzes eine Frobenius-
Matrix wurde. In diesem Fall würde es nur unter Verwendung der der Spalte $\underline{b}_1$ zugeordneten einen Stellgröße gelingen, den Entwurf der Regeleinrichtung wie bei einem System mit
einem Eingang - also wie im Abschn. 5.2.1.2. - durchzuführen. Hieran knüpft der Leitge-
danke der folgenden Verfahrensgruppe mit dyadischer Zustandsrückführmatrix an.

5.2.2. Polzuweisung durch dyadische Zustandsrückführung

Die Gruppen der Verfahren zur Polzuweisung mit dyadischer Zustandsrückführmatrix stüt-
zen sich auf den folgenden, in [78] von Wonham bewiesenen Satz:
Wenn das multivariable System n-ter Ordnung $\dot{\underline{x}} = A\,\underline{x} + B\,\underline{u}$ - oder in Kurzform: (A, B) -
steuerbar und A zyklisch ist, dann existiert ein (n, 1)-Vektor $\underline{\tilde{b}} \in \{B\}$, so daß (A, $\underline{b}$)

steuerbar ist, wobei $\{B\}$ den Unterraum von R^n bezeichnet, der durch die Spalten $\underline{b}_1$, $\underline{b}_2, \ldots, \underline{b}_m$ von B aufgespannt wird.

Wenn also ein solcher Vektor $\widetilde{\underline{b}}$ im m-dimensionalen Unterraum von R^n gefunden wurde, dann ist das System

$$\dot{\underline{x}} = A\underline{x} + \widetilde{\underline{b}}\,\mu \quad \text{bzw.} \quad (A, \widetilde{\underline{b}}) \tag{5.112}$$

von seinem einen Eingang μ aus steuerbar, was bedeutet, daß seine Eigenwerte mit Methoden, wie sie in den Abschnitten 5.1.7. und 5.2.1.2. beschrieben wurden, beliebig verschoben werden können. Es kommt also darauf an, daß in einem ersten Schritt ein solcher Vektor $\widetilde{\underline{b}}$ nach einer praktisch auch realisierbaren Vorschrift gefunden wird. Die Polverschiebung für das am Ende eines solchen ersten Schrittes gefundene fiktive System (5.112) mit einer Steuergröße μ durch eine Zustandsrückführung

$$\mu = \underline{k}^T \underline{x} \tag{5.113}$$

ist dann einfach durchzuführen. Diese Vereinfachung ist das Motiv und zugleich der wesentliche Punkt aller dyadischen Rückführgesetze. Hierauf wird unten noch eingegangen werden.

Wie aus dem obigen Satz hervorgeht, reicht die Steuerbarkeit von (A, B), d.h. die Erfüllung der Bedingung

$$\text{rang } (B \; AB \; \ldots \; A^{n-1} B) = \text{rang } (\underline{b}_1 \; A\underline{b}_1 \; \ldots \; A^{n-1} \underline{b}_1 \mid \underline{b}_2$$
$$\ldots \; A\underline{b}_2 \; \ldots \; A^{n-1} \underline{b}_2 \mid \ldots \; A^{n-1} \underline{b}_m) = n,$$

allein nicht dafür aus, daß es in $\{B\}$ einen Vektor $\widetilde{\underline{b}}$ gibt, so daß $(A, \widetilde{\underline{b}})$ steuerbar ist. Es muß zusätzlich gefordert werden, daß die Systemmatrix A zyklisch ist [47]. Der Begriff einer zyklischen Matrix ist nicht selbsterklärend. Dazu muß zur Deutung der Matrix A als linearer Operator im n-dimensionalen Vektorraum R^n übergegangen werden:

Der Raum R^n ist zyklisch in bezug auf A, wenn und nur wenn ein (n, 1)-Vektor $\underline{x}$ in R^n existiert, in der Weise, daß der zyklische durch

$$\underline{x}, \; A\underline{x}, \; A^2\underline{x}, \ldots, A^{r-1}\underline{x} \tag{5.114}$$

aufgespannte Unterraum R^r der ganze Raum R^n ist, d.h. $r = n$ bzw., wenn erfüllt ist,

$$\text{rang } (\underline{x} \; A\underline{x} \; \ldots \; A^{n-1}\underline{x}) = n. \tag{5.115}$$

Das spezielle, zyklische Bildungsgesetz (5.114) der Basis für R^r hat das Wort "zyklisch" geprägt.

Die Bedingung (5.115) hat zur Definition einer zyklischen Matrix geführt. Man bezeichnet eine (n × n)-Matrix A als zyklisch, wenn (5.115) erfüllt ist. Da in (5.115) $\underline{x}$ einen beliebigen, vom Nullvektor verschiedenen Vektor in R^n bedeutet, kann man (5.115) nicht als konstruktives Kriterium zur Prüfung einer Matrix A auf Zyklizität verwenden. Der Test, ob A zyklisch ist oder nicht, muß anders geschehen [79]. Eine Matrix A ist zyklisch, wenn ihr charakteristisches Polynom mit ihrem Minimalpolynom identisch ist [47]. Daraus folgt, daß es notwendig und hinreichend dafür ist, daß A zyklisch ist, wenn alle Eigenwerte von A verschieden sind. Alle Matrizen mit sämtlich verschiedenen Eigenwerten sind also zyklisch.

Wenn einige Eigenwerte λ_i gleich sind, muß zum Test von A auf Zyklizität die rationale Matrix

$$\Phi(p) = (pI - A)^{-1} = \frac{\text{adj } (pI - A)}{\det (pI - A)} \tag{5.116}$$

gebildet und ausgewertet werden. A ist zyklisch, wenn keines der n^2 Elemente (Polynome) der im Zähler von (5.116) stehenden Polynommatrix adj $(pI - A)$ gemeinsame Wurzelfaktoren mit dem Nennerpolynom det $(pI - A)$ hat.

Nach diesen Erklärungen wird deutlich, daß die Steuerbarkeitsbedingung für das System (5.112) mit einem Eingang – und damit die Steuerbarkeitsbedingung für jedes System mit einem Eingang –

$$\text{rang } (\underline{b} \; A\underline{b} \; \ldots \; A^{n-1} \underline{b}) = n$$

bzw. $$(5.117)$$

$$\det \; (\underline{b} \; A\underline{b} \; \ldots \; A^{n-1} \underline{b}) \neq 0$$

nur erfüllt werden kann, wenn die Systemmatrix A zyklisch (in Kurzform: wenn das System zyklisch) ist.

Mit dem eingangs angegebenen Satz von Wonham wird nur die Existenzbedingung für das steuerbare fiktive System mit einem Eingang (5.112) angegeben. Da also $\widetilde{\underline{b}}$ im m-dimensionalen, aus den linear unabhängig vorauszusetzenden Spaltenvektoren $\underline{b}_1$, $\underline{b}_2$, ..., $\underline{b}_m$ von B aufgespannten Unterraum existiert, wenn

(A, B) steuerbar $\underline{und}$

A zyklisch ist, $$(5.118)$$

wird bei erfüllten Bedingungen (5.118) für den zu bestimmenden Vektor $\widetilde{\underline{b}}$ folgender Ansatz gemacht:

$$\widetilde{\underline{b}} = q_1 \underline{b}_1 + q_2 \underline{b}_2 + \ldots + q_m \underline{b}_m = (\underline{b}_1 \; \underline{b}_2 \ldots \underline{b}_m) \begin{bmatrix} q_1 \\ q_2 \\ \vdots \\ q_m \end{bmatrix} = B\underline{q}. \qquad (5.119)$$

Gl. (5.119) bedeutet nichts anderes als die Bildung von $\widetilde{\underline{b}}$ durch Linearkombination der als Basisvektoren von R^m aufzufassenden Spalten von B. Bei erfüllten Bedingungen (5.118) gibt es immer geeignete Koeffizienten q_i; i = 1, 2, ..., m in (5.119), die zu einem $\widetilde{\underline{b}}$ führen, mit dem das fiktive System (5.112) steuerbar ist.

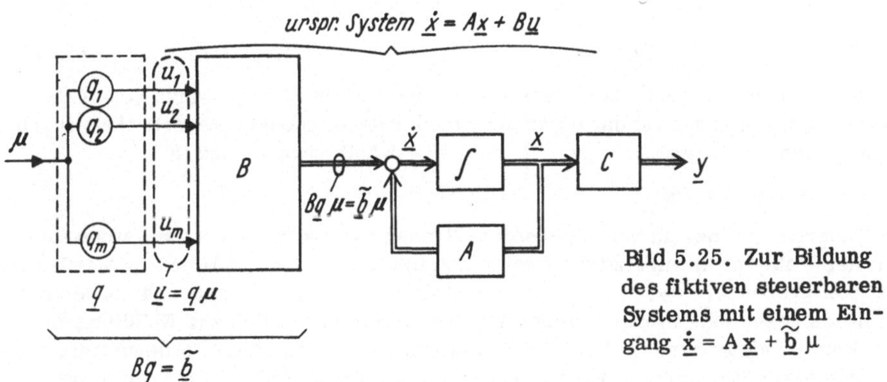

Bild 5.25. Zur Bildung des fiktiven steuerbaren Systems mit einem Eingang $\dot{\underline{x}} = A\underline{x} + \widetilde{\underline{b}}\mu$

Die Deutung von (5.119) im Matrixsignalflußbild zeigt nun, daß es sich in der Tat um eine praktisch sehr einfach zu realisierende Vorschrift zur Bildung des Vektors $\widetilde{\underline{b}}$ und damit zur Bildung des Systems (5.112) mit einer fiktiven Stellgröße μ handelt (Bild 5.25). Vor das ursprüngliche System $\dot{\underline{x}} = A\underline{x} + B\underline{u}$ mit seinen m zum Stellgrößenvektor $\underline{u}$ zusammengefaßten Stellgrößen u_1, u_2, ..., u_m wird ein "Verzweigungsglied" mit den Wichtungskoeffizienten q_i in den Signalfluß eingefügt. Damit entstehen die tatsächlichen m Stellgrößen durch Wichtung mit den Koeffizienten q_i aus der einen fiktiven Stellgröße μ. Für dieses System mit einer Stellgröße μ kann nun eine Zustandsrückführung (5.113) so entworfen werden, daß das geregelte System

$$\dot{\underline{x}} = A\underline{x} + \underline{b} \, \underline{k}^T \underline{x} = A\underline{x} + B \underbrace{\underline{q} \, \underline{k}^T}_{K} \underline{x} = (A + B K)\underline{x} \qquad (5.120)$$

vorgegebene Eigenwerte annimmt. Dazu stehen die Methoden aus den Abschnitten 5.1.7. und 5.2.1.2. zur Verfügung. Wie in (5.120) schon angedeutet wurde, lautet das resultierende Regelungsgesetz

$$\underline{u} = \underline{q}\,\underline{k}^T\,\underline{x} = K\,\underline{x}. \tag{5.121}$$

Eine solche Struktur wird im Bild 5.26 gezeigt. Da die resultierende Reglermatrix K als dyadisches Produkt des $(m, 1)$-Vektors $\underline{q}$ mit dem $(1, n)$-Vektor $\underline{k}^T$ gebildet wird und damit nur den Rang Eins haben kann [46] [47], wird der Name dieser Art von Polzuweisungsverfahren, wie "Dyadische Modale Regelung", "Zustandsrückführung vom Rang Eins" usw., begründet.

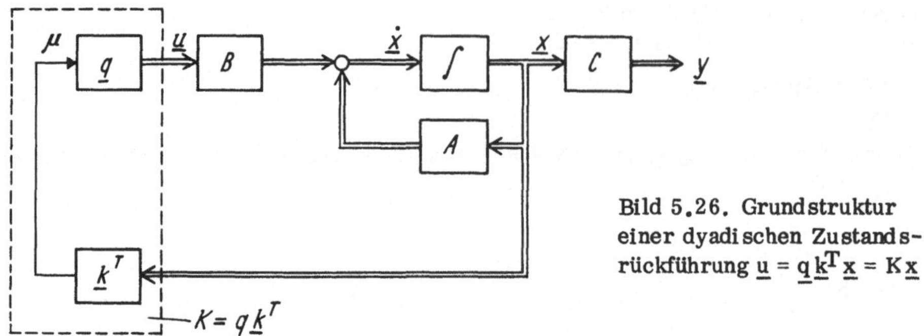

Bild 5.26. Grundstruktur einer dyadischen Zustandsrückführung $\underline{u} = \underline{q}\,\underline{k}^T\underline{x} = K\,\underline{x}$

Da bei den bisherigen Ausführungen lediglich Existenzbedingungen für $\underline{q}$ in Gestalt von (5.118) angegeben wurden, könnte der Eindruck entstehen, daß die Anwendung derartiger Verfahren auf konkrete Anwendungsfälle mit Schwierigkeiten verbunden ist, weil nicht klar ist, <u>wie</u> nun q am zweckmäßigsten anzusetzen bzw. zu finden ist.

Man wird so vorgehen, daß man die m Elemente von $\underline{q}$ so wählt, daß $\widetilde{\underline{b}} = B\underline{q}$ die Steuerbarkeitsbedingung für $(A, \widetilde{\underline{b}})$ also

$$\det (B\underline{q} \quad AB\underline{q} \ldots A^{n-1} B\underline{q}) \neq 0 \tag{5.122}$$

erfüllt. Wenn es nur darum geht, daß einige wenige dominierende Eigenwerte von A verschoben werden müssen, dann ist darauf zu achten, daß deren modale Steuerbarkeit durch die Wahl von $\underline{q}$ nicht verlorengeht, d.h., $\underline{q}$ muß so gewählt werden, daß in

$$\underline{\dot{x}} = A\underline{x} + \widetilde{\underline{b}}\,\mu = A\underline{x} + B\underline{q}\,\mu$$

die modale Steuerbarkeit der zu verschiebenden Eigenwerte gewährleistet ist. Ansonsten hat man mit der Wahl von $\underline{q}$ zusätzliche Freiheitsgrade in der Hand. Mit den q_i werden die verfügbaren Stellgrößen $u_1, u_2, \ldots, u_m$ ins Verhältnis gesetzt. Man kann und sollte auch versuchen, durch geschicktes Nutzen dieser Freiheitsgrade zusätzlich zur Erfüllung der eigentlichen Entwurfsdeterminante Polvorgabe weitere ingenieurmäßige Forderungen zu erfüllen. Wie in anderen Zusammenhängen schon erwähnt wurde, sind solche Forderungen z. B. die Lokalisierung von Nullstellen, der Erhalt möglichst kleiner Elemente der resultierenden Rückführmatrix, geringe Empfindlichkeit gegenüber Parameteränderungen und -ungenauigkeiten usw. Ein universelles Rezept gibt es nicht. Man wird wohl kaum ohne längere iterative Rechnungen zu einem für die jeweils zu lösende Entwurfsaufgabe brauchbaren Kompromiß für $K = \underline{q}\,\underline{k}^T$ kommen. Mit der Strukturbeschränkung auf dyadische Rückführmatrizen $K = \underline{q}\,\underline{k}^T$ ist ein Beschnitt von Freiheitsgraden im Hinblick auf das allgemeine Polvorgabeproblem [17] eingetreten, dessen ggf. auch nachteilige Auswirkung im Rahmen eines einzelnen Entwurfes überhaupt nicht feststellbar ist.

Zur Verdeutlichung wird das Beispiel aus Abschn. 5.2.1.3. noch einmal aufgegriffen:

$$\begin{bmatrix} \dot{x}_1 \\ \dot{x}_2 \\ \dot{x}_3 \end{bmatrix} = \begin{bmatrix} 3 & 3 & -1 \\ -2 & -1 & 4 \\ -2 & -2 & -4 \end{bmatrix} \begin{bmatrix} x_1 \\ x_2 \\ x_3 \end{bmatrix} + \begin{bmatrix} 1 & 0 \\ -1 & 0 \\ 0 & 1 \end{bmatrix} \begin{bmatrix} u_1 \\ u_2 \end{bmatrix} = A\underline{x} + (\underline{b}_1 \ \underline{b}_2)\,\underline{u}.$$

Die Systemmatrix A hat die sämtlich verschiedenen Eigenwerte $\lambda_1 = 1$, $\lambda_2 = -1$, $\lambda_3 = -2$ und ist daher zyklisch. Die Steuerbarkeitsmatrix

$$S = (B \quad AB \quad A^2 B)$$

hat den Rang Drei; das System ist also steuerbar. Damit existiert ein Vektor

$$\widetilde{\underline{b}} = q_1 \underline{b}_1 + q_2 \underline{b}_2 = B\underline{q} = \begin{bmatrix} 1 & 0 \\ -1 & 0 \\ 0 & 1 \end{bmatrix} \begin{bmatrix} q_1 \\ q_2 \end{bmatrix},$$

mit dem das fiktive System mit einem Eingang

$$\underline{\dot{x}} = A \underline{x} + \widetilde{\underline{b}} \mu$$

steuerbar ist. Wählt man für

$$\underline{q} = \begin{bmatrix} 0 \\ 1 \end{bmatrix},$$

so wird

$$\widetilde{\underline{b}} = \underline{b}_2$$

und in der Tat $(A, \underline{b}_2)$ steuerbar, da

$$\det (\underline{b}_2 \quad A\underline{b}_2 \quad A^2\underline{b}_2) = \det \begin{bmatrix} 0 & -1 & 9 \\ 0 & 4 & -18 \\ 1 & -4 & 10 \end{bmatrix} = -18 \neq 0,$$

d. h., mit u_2 allein kann das System vollständig gesteuert werden, so daß mit dieser Stellgröße $u_2 = \mu$ eine beliebige Polvorgabe realisiert werden kann. (Das bestätigt und erklärt den schon im Abschn. 5.2.1.3. erkannten Sachverhalt.)

Das gegebene System kann aber auch mit

$$\underline{q} = \begin{bmatrix} a \\ 1 \end{bmatrix},$$

wobei $a \neq -1$, aber sonst beliebig ist, auf ein steuerbares System mit einem Eingang

$$\underline{\dot{x}} = A \underline{x} + \widetilde{\underline{b}} \mu = A \underline{x} + B \begin{bmatrix} a \\ 1 \end{bmatrix} \mu = A \underline{x} + \begin{bmatrix} a \\ -a \\ 1 \end{bmatrix} \mu \qquad (*)$$

reduziert werden. Jede beliebige Polzuweisung ist also unter gleichzeitiger Verwendung beider Stellgrößen u_1 und u_2 möglich. Auch das war im Abschn. 5.2.1.3. erkannt worden. Die Bedingung $a \neq -1$ muß eingehalten werden, weil für $a = -1$ das System $(*)$ nicht steuerbar ist:

$$\det = (\widetilde{\underline{b}} \quad A\widetilde{\underline{b}} \quad A^2\widetilde{\underline{b}}) = \det \begin{bmatrix} a & a-1 & a+9 \\ -a & -a+4 & -a-18 \\ 1 & -4 & 10 \end{bmatrix} = -18\,(a+1).$$

Für $a = -1$ ist $\det \widetilde{S} = 0$. Wegen dieser für $a = -1$ auftretenden Nichtsteuerbarkeit von $(*)$ ist es nicht möglich, alle Eigenwerte von $(*)$ durch $\mu = \underline{k}^T \underline{x}$ beliebig zu verschieben. Der modale Steuerbarkeitstest für $(*)$ zeigt an, welche Eigenwerte von A in diesem Fall nicht verschoben werden können:

$$R^{-1}\widetilde{\underline{b}} = \begin{bmatrix} \underline{\varrho}_1 \\ \underline{\varrho}_2 \\ \underline{\varrho}_3 \end{bmatrix} \begin{bmatrix} a \\ -a \\ 1 \end{bmatrix} = \begin{bmatrix} 3 & 2 & 1 \\ 1 & 1 & 1 \\ 2 & 2 & 3 \end{bmatrix} \begin{bmatrix} a \\ -a \\ 1 \end{bmatrix} = \begin{bmatrix} a+1 \\ 1 \\ 3 \end{bmatrix}.$$

Für $a = -1$ wird das erste Element zu Null, was bedeutet, daß der zu $\underline{\varrho}_1$ gehörende Eigenwert $\lambda_1 = 1$ nicht verschoben werden kann.

Mit der Wahl von $\underline{q}$, bei der als Restriktion lediglich $a \neq -1$ eingehalten werden muß, sind nun beliebig viele dyadische Rückführstrukturen mit jeweils anderen Rückführmatrizen $K = \underline{q}\,\underline{k}^T$ denkbar, die alle auf die gleiche gewünscht vorgegebene Eigenwertverteilung führen. Parameter dieser Rückführmatrizen ist a:

$$K = K(a) = \underline{q}(a)\,\underline{k}^T(a); \qquad a \neq -1.$$

Führt man z. B. den Entwurf mit dem Ziel durch, folgende Eigenwertverteilung zu erreichen:

$$\lambda_1' = -3, \qquad \lambda_2' = -4, \qquad \lambda_3' = -5,$$

so erhält man bei Anwendung eines im Abschn. 5.2.1.2. angegebenen Verfahrens auf ($*$)

$$\mu = \underline{k}^T(a)\,\underline{x} = \frac{1}{18\,(a+1)}\,(192a - 888 \qquad 192a - 528 \qquad 180a - 180)\,\underline{x}.$$

Damit lauten die mit a parametrisierten dyadischen Rückführmatrizen

$$K(a) = \frac{1}{18\,(a+1)} \begin{bmatrix} (192a - 888)\,a & (192a - 528)\,a & (180a - 180)\,a \\ 192a - 888 & 192a - 528 & 180a - 180 \end{bmatrix}.$$

Für jeden Wert $a \neq -1$ wird ein Regelungsgesetz

$$\underline{u} = K(a)\,\underline{x}$$

zu der gewünschten vorgegebenen Eigenwertverteilung führen. Man kann nun versuchen, a so zu bestimmen, daß weitere Forderungen erfüllt werden. In [76] wurde z. B. versucht, die Forderung, die vorgegebene Eigenwertverteilung mit einer Rückführmatrix K(a) bei möglichst kleinen Elementen zu realisieren, dadurch zu erfüllen, daß die Matrixnorm

$$I(a) = \mathrm{sp}\left(K(a)\ W\ K^T(a)\right) \xrightarrow[a]{} \mathrm{Min}! \qquad\qquad (5.123)$$

minimiert wird. Hier ist W eine positiv semidefinite Wichtungsmatrix. Dafür sind leistungsfähige Suchverfahren erforderlich [57].

Hinweise auf andere Zusatzforderungen und Möglichkeiten ihrer Erfüllung werden in [37] gegeben. Im Zusammenhang mit dem Entwurf unempfindlicher Mehrgrößenregelungssysteme eröffnen parametrisierte dyadische Rückführgesetze neue, praktisch bedeutsame Möglichkeiten [54].

5.2.3. Einschätzung

Den in diesem Abschn. 5.2. behandelten Verfahren liegt die gleiche Entwurfsdeterminante "Polverschiebung durch proportionale Zustandsrückführung" wie bei der modalen Regelung im engeren Sinne zugrunde. Sie unterscheiden sich von der modalen Regelung im engeren Sinne nur in der Struktur des resultierenden Regelungsgesetzes:

$$\begin{aligned}
\text{modale Regelung} \qquad & \underline{u} = N^{-1}\,K\,M\,\underline{x} \\[4pt]
\text{Regelungsnormalform} \qquad & \underline{u} = \hat{K}\,T\,\underline{x} \\[4pt]
\text{dyadische Verfahren} \qquad & \underline{u} = \underline{q}\,\underline{k}^T\,\underline{x}.
\end{aligned} \qquad (5.124)$$

Im Hinblick auf die Erfüllung grundsätzlicher Entwurfsziele gelten daher sinngemäß die gleichen Aussagen, wie sie im Abschn. 5.1.8. zur modalen Regelung gemacht wurden.

Die Strukturfindung und der Weg der Berechnung der Reglermatrizen wirken jedoch im Vergleich zur modalen Regelung im engeren Sinne "künstlicher" und stärker systemtheoretisch als praktisch motiviert. Der Anschluß an die Prozeßanalyse erfolgt daher nicht in nahtloser und organischer Form, so daß physikalische Strukturinformationen, wie sie insbesondere die theoretische Prozeßanalyse liefert, zum großen Teil ungenutzt bleiben. Hierin ist sicherlich der Hauptgrund dafür zu sehen, daß es mit Ausnahme von Flugregelungen [134] um die praktische Anwendung dieser Verfahren relativ schlecht bestellt ist. Bei den Verfahren, die eine Regelungsnormalform erzeugen und verwenden, kommt der sehr hohe Aufwand für den Entwurf und die zweckmäßigste Festlegung der Freiheitsgrade, die weit in die Strukturfrage und, damit verbunden, in die Systemtheorie hineinreicht, hinzu [17] .

Dagegen erscheinen die dyadischen Verfahren praktikabler. Ihr großer Vorteil ist es, daß sie das Entwurfsproblem des Mehrgrößenfalls auf das wesentlich einfacher zu lösende Problem der Polzuweisung für ein System mit einer Stellgröße reduzieren. Leider erfolgt diese Reduktion rein formal durch den dyadischen Strukturansatz $K = \underline{q} \, \underline{k}^T$ und nicht "organisch aus der Physik" des zu regelnden Systems. Da bei dem resultierenden Eingrößenentwurf nur die n Elemente k_1, k_2, ..., k_n von $\underline{k}^T$ - also vergleichsweise wenig Elemente - berechnet werden müssen und dafür die gut formalisierbaren Methoden aus Abschn. 5.2.1.2., die nur wenige lineare Prozeduren beinhalten, zur Verfügung stehen, führt der künstliche Strukturzwang zunächst zu einer Senkung des Entwurfsaufwands bei diesen Verfahren. Das wird jedoch sofort geschmälert, wenn die Verhältniszahlen der Elemente des Vektors $\underline{q}$, die die Freiheitsgrade beim Entwurf darstellen, so festgelegt werden sollen, daß weitere quantifiziert ausdrückbare Forderungen erfüllt werden. Hierzu sind umfangreiche analytische und numerische Berechnungen notwendig. Mit dem obigen Beispiel wurde dies angedeutet. Die Anwendung der dyadischen Verfahren ist nur bei Systemen mit zyklischer Systemmatrix A möglich. Wenn A nicht zyklisch ist, kann dem Entwurf ein Zyklisierungsschritt (s. auch Abschn. 5.1.4.) vorgeschaltet werden [76] .

Ein dyadisches Regelungsgesetz $\underline{u} = \underline{q} \, \underline{k}^T \underline{x}$ weist gegenüber einem Regelungsgesetz $\underline{u} = K \underline{x}$ mit beliebig strukturierter (m, n)-Matrix K Vorteile bei der Implementierung auf. Um $\underline{u}$ zu bilden, sind anstelle von $m \cdot n$ Multiplikationen bei $\underline{u} = K \underline{x}$ nur noch $m + n$ Multiplikationen bei $\underline{u} = \underline{q} \, \underline{k}^T \underline{x}$ notwendig. Das ist sehr bedeutsam für eine DDC-Realisierung von Polverschiebungsalgorithmen.

Zur Durchführung eines Näherungsschritts in Richtung einer unvollständigen Zustandsrückführung bietet die Theorie der hier angeführten Verfahren ebenfalls Ansatzpunkte [17] [37] . Aber auch in diese Problematik spielen die Freiheitsgrade, die zwangsläufig beim Entwurf nach diesen Verfahren auftreten, entscheidend hinein. Es ist daher wesentlich schwieriger als bei der modalen Regelung im engeren Sinne, derartige Näherungsschritte in einem praktischen Fall durchzuführen.

Ein Vergleich der Regelungsgesetze (5.124) unter Beachtung ihres strukturellen Aufbaus - s. Bilder 5.9, 5.24 und 5.26 - führt zu der Erkenntnis, daß der Zusammenhang zwischen Reglerparametern k_i und Lage der Eigenwerte bei den zuletzt behandelten Verfahren wesentlich komplizierter ist als bei der modalen Regelung im engeren Sinne, bei der es einen linearen proportionalen Zusammenhang zwischen den als Verstärkungswerten zu deutenden k_i und der Größe der Verschiebung des Eigenwerts λ_i gab. Bei den hier behandelten Verfahren sind diese Zusammenhänge nichtlinear und auch insofern weniger übersichtlich, als die Veränderung eines Parameters k_i i. allg. Veränderungen bei allen Eigenwerten nach sich zieht. Das hat Konsequenzen für Parametereinstell- und -nachstellvorschriften. Es ist damit nicht möglich, den "Reglerknöpfen" irgendeine verständliche Interpretation zuzuschreiben oder deren regelungstechnische Wirkung zu überschauen.

5.3. Ausgangsrückführungen zur Polzuweisung

Bei der Behandlung der Verfahren zur Eigenwertverschiebung mit Zustandsrückführung wurde wiederholt auf das Problem der Verfügbarkeit des Zustands hingewiesen. In diesem Zusammenhang wurde besonders bei der modalen Regelung im engeren Sinne der Näherungsschritt in Richtung einer unvollständigen Zustandsrückführung als ein Vorteil gewertet, der einer praktischen Anwendung entgegenkommt. Es wurde auch darauf hingewiesen, daß in den vielen Fällen, wo der Zustand nicht verfügbar ist, prinzipiell die Rekonstruktion des Zustands durch einen Beobachter möglich ist. Hierauf wird im Abschn. 5.5. eingegangen werden. Da eine solche Lösung aber immer mit einem erhöhten Aufwand bei Entwurf und Realisierung verbunden ist, drängt sich sofort die Frage auf, ob das Ziel der Polzuweisung

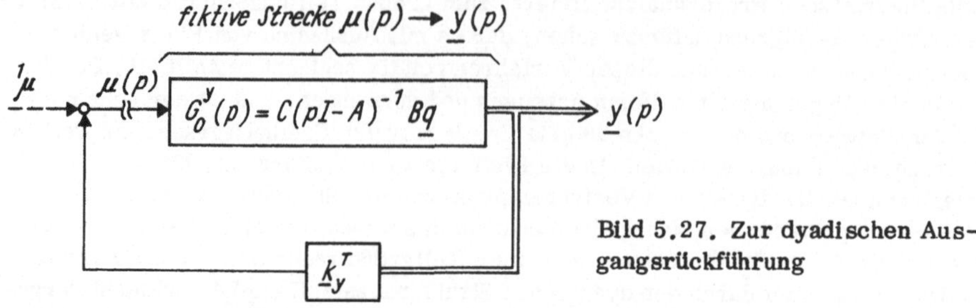

Bild 5.27. Zur dyadischen Ausgangsrückführung

nicht auch unter Verwendung einer proportionalen konstanten Ausgangsgrößenrückführung (Bild 5.27)

$$\underline{u} = K_y \, \underline{y} \qquad\qquad (5.125)$$

zu erreichen ist. Eine solche Lösung des Problems der Pol- bzw. Eigenwertvorgabe, die nur die Messung und direkte Verarbeitung der physikalisch realen und daher meßbaren Systemausgänge y_i in einer proportionalen Rückführung verlangt, ist im Hinblick auf die gerätetechnische Realisierung die günstigste. Der Entwurf derartiger Reglerstrukturen mit "output-feedback" ist daher ein gleichermaßen praktisch wie systemtheoretisch interessantes und wichtiges Problem. In der Fachliteratur ist dazu eine Fülle von Arbeiten vorgelegt worden. Hier können nur einige wenige Ausschnitte angeführt werden. Das soll so geschehen, daß zum einen das Problem der Ausgangsrückführung verständlich wird und zum anderen nur solche Lösungsansätze umrissen werden, die eine praktische Relevanz als Entwurfsverfahren erkennen lassen. Anknüpfend an die Überlegungen im Abschn. 3.2.5. wird im folgenden immer von einem vollständig steuerbaren und beobachtbaren System $\underline{\dot{x}} = A\underline{x} + B\underline{u}$, $\underline{y} = C\underline{x}$ ausgegangen.

5.3.1. Äquivalenter Ersatz einer proportionalen konstanten Zustandsrückführung durch eine Ausgangsrückführung

Zunächst liegt die Frage nahe, ob bzw. unter welchen Bedingungen anstelle einer Zustandsrückführung

$$\underline{u} = K \, \underline{x}, \qquad\qquad (5.126)$$

wie sie z. B. mit den Methoden aus Abschn. 5.1. oder 5.2. entworfen wurde, eine Ausgangsrückführung (5.125) eingesetzt werden kann.

Der Entwurf eines derartigen Reglers ist unproblematisch in all den Fällen, wo die Ausgangsmatrix C des zu regelnden Systems quadratisch und nichtsingulär ist:

$$\underline{u} = K \, \underline{x}, \quad \underline{y} = C \, \underline{x} \longrightarrow \underline{x} = C^{-1} \, \underline{y} \longrightarrow \underline{u} = K C^{-1} \, \underline{y} \qquad\qquad (5.127)$$

$$K_y = K C^{-1}. \qquad\qquad (5.128)$$

Da fast immer die Zahl r der Ausgänge (wesentlich) kleiner ist als die Systemordnung n:

$$r < n,$$

ist dieser aufgezeigte Weg bedeutungslos.

Bei r Ausgängen ist C rechteckig vom Format $(r \times n)$. Es soll vorausgesetzt werden, daß diese r Ausgänge linear unabhängig sind, d. h., daß gilt rang $C = r$.

Das Problem der gezielten Polverschiebung eines Systems mit m Eingängen, r Ausgängen und der Ordnung n durch konstante Ausgangsrückführung (4.52) kann wie folgt formuliert werden:

Finden der $(m \times r)$-Reglermatrix K_y (s. Bild 5.27), so daß das geschlossene System

$$\dot{\underline{x}} = (A + B K_y C) \underline{x} \qquad (5.129)$$

die gewünschten Eigenwerte hat.

Für ein steuerbares System konnte dieses Ziel der gewünschten Polverschiebung durch eine Zustandsrückführung erreicht werden. Für das geschlossene System fand man hier

$$\dot{\underline{x}} = (A + B K) \underline{x}. \qquad (5.130)$$

Ausgehend von einer solchen Reglermatrix K folgt durch Vergleich von (5.130) und (5.129), daß das Ausgangsrückführungsproblem offenbar auf die Ermittlung einer $(m \times r)$-Matrix K_y hinausläuft, so daß

$$B K_y C = B K \qquad (5.131)$$

erfüllt wird, wobei die $(n \times m)$-Matrix B und die $(r \times n)$-Matrix C gegeben sind. K ist durch ein Verfahren aus Abschn. 5.1. oder 5.2. zu berechnen. Aus (5.131) folgt, daß die Ausgangsrückführmatrix K_y dann und nur dann existiert, wenn die Matrixgleichung

$$K_y C = K \qquad (5.132)$$

eine Lösung für K_y hat. Die Bedingungen für eine Lösung hängen nur von C und K ab. K ist nicht eindeutig und hängt vom angewandten Entwurfsverfahren ab.

In [80] [81] [82] konnte gezeigt werden, daß es notwendig und hinreichend dafür ist, daß (5.132) eine Lösung K_y besitzt, wenn die Konsistenzbedingung

$$K C^g C = K \qquad (5.133)$$

erfüllt wird. Hierbei ist C^g die generalisierte Inverse der Matrix C [80]

$$C C^g C = C.$$

Ein Spezialfall ist z. B. die Pseudoinverse

$$C^+ = C^T (C C^T)^{-1}.$$

Die notwendige und hinreichende Bedingung für die Verschiebung aller Pole eines steuerbaren Systems durch konstante Ausgangsrückführung ist damit die Existenz wenigstens einer Zustandsrückführmatrix K, die die Konsistenzbedingung (5.133) erfüllt. Eine gleichwertige Existenzbedingung für K_y ist in [81] [82] angegeben.

Daß diese Bedingung sehr streng und nur in wenigen Fällen erfüllt ist, wurde schon in [81] und [82] erkannt.

Weiterführende Untersuchungen [83] [84] in Verbindung mit Steuerbarkeits-, Beobacht-barkeits- und anderen Struktureigenschaften des zu regelnden Systems erhärten und klären diesen Tatbestand. Konstruktive Wege, die es ermöglichen, die Konsistenzbedingung zielstrebig zu erfüllen, und damit zu einer direkten Bestimmung von K_y führen, findet man nicht. Daher ist dieses Vorgehen im Sinne eines Entwurfsverfahrens mit universellem Charakter nicht geeignet und nur auf wenige Spezialfälle beschränkt. Es ist in diesem Zusammenhang interessant, daß der gleichwertige Ersatz einer Zustandsrückführung $\underline{u} = K \underline{x}$ durch Hinzunahme von D-Anteilen in die Ausgangsrückführung

$$\underline{u} = K_y \underline{y} + K_y P \dot{\underline{y}}$$

wesentlich erleichtert wird [85] [95]. Da jedoch die Realisierung von D-Anteilen in einem Mehrgrößenregler gerätetechnisch und wegen der immer vorhandenen Rauscheinflüsse (Meßrauschen, externes Störrauschen in der Anlage) problematisch ist, ist die Bedeutung gering, und es wird nicht weiter darauf eingegangen.

5.3.2. Restpolproblematik

Im Hinblick auf die Gewinnung anwendbarer Entwurfsverfahren muß das Problem der Polzuweisung durch Ausgangsrückführung offenbar aus einem anderen Blickwinkel betrachtet werden. Wenn, wie ausgeführt, kein konstruktiver Weg zur Verschiebung aller Pole durch Ausgangsrückführung aus den obigen Ansätzen folgt, so erscheint die Frage interessant, wie
viele Pole generell bei einem gegebenen System durch Ausgangsrückführung $\underline{u} = K_y \underline{y}$
beliebig verschoben werden können. Eine erste Antwort kann wie folgt aus den in $\boxed{85}$ bewiesenen Zusammenhängen abgeleitet werden:

Es sei $\Lambda = \left\{ \lambda_1, \lambda_2, \lambda_3, \lambda_4 = \lambda_3^*, \lambda_5, \ldots, \lambda_p \right\}$ die Menge der dominierenden Eigenwerte von $(A + BK)$, und die $(n \times p)$-Matrix

$$Q = (\underline{r}_1 \quad \underline{r}_2 \quad \mathrm{Re}\,\underline{r}_3 \quad \mathrm{Im}\,\underline{r}_3 \quad \underline{r}_5 \cdots \underline{r}_p) \tag{5.134}$$

sei eine reelle Basismatrix des entsprechenden Eigenraums. Wenn nun die zu (5.132) analoge Gleichung

$$K_y\, C Q = K Q, \tag{5.135}$$

die durch Rechtsmultiplikation von (5.132) mit Q entsteht, eine Lösung K_y hat, dann ist Λ
auch eine Menge von Eigenwerten von $(A + B K_y C)$. Wenn ferner

$$T = (Q \quad \hat{Q}) \tag{5.136}$$

eine (n, n)-Transformationsmatrix ist, in der die $(n-p)$-Spalten von $\hat{Q}$ eine Menge von Vektoren $\hat{\underline{q}}$ sind, die die Spalten von Q zu einer Basis in $\mathbb{R}^n$ erweitern, dann gilt

$$T^{-1} (A + BK) T = \begin{bmatrix} A_{11}{}^{\circ} & A_{12}{}^{\circ} \\ 0 & A_{22}{}^{\circ} \end{bmatrix} \begin{matrix} p \\ (n-p) \end{matrix} \tag{5.137}$$
$$\qquad\qquad\qquad\qquad p \qquad (n-p)$$

und

$$T^{-1} (A + B K_y C) T = \begin{bmatrix} A_{11}{}^{\circ} & A_{12}{}^{\circ} + B_1\, \Delta K & \hat{Q} \\ 0 & A_{22}{}^{\circ} + B_2\, \Delta K & \hat{Q} \end{bmatrix} \begin{matrix} p \\ (n-p) \end{matrix} \tag{5.138}$$
$$\qquad\qquad\qquad\qquad p \qquad\quad (n-p)$$

mit

$$\Delta K = K_y\, C - K \tag{5.139}$$

$$T^{-1} B = \begin{bmatrix} B_1 \\ B_2 \end{bmatrix} \begin{matrix} p \\ (n-p). \end{matrix} \tag{5.140}$$
$$\qquad\quad m$$

Ein Vergleich der Dreiecksmatrizen (5.137), (5.138) zeigt:
Es gelingt also, $p < n$ Eigenwerte von A und damit i. allg. die für die Dynamik dominierenden Eigenwerte von A durch Ausgangsrückführung zu verschieben, <u>wenn (5.135) eine Lösung K_y hat</u>. K ist hier wieder eine nach einem Prinzip der vollständigen Zustandsrückführung ermittelte Reglermatrix und existiert für ein steuerbares System immer.

Damit (5.135) überhaupt eine Lösung hat, muß $p \leqq r$ sein, wobei r die Zahl der Systemausgänge ist. Da man bestrebt sein wird, möglichst viele der (dominierenden) Eigenwerte
von $(A + BK)$ auch in der durch Ausgangsrückführung $\underline{u} = K_y \underline{y}$ entstehenden Systemmatrix
des geschlossenen Systems $(A + B K_y C)$ zu erhalten, wird man

$$p = p_{\max} = r$$

wählen und ansetzen. Man wird also $p = r$ Eigenwerte von der in einem theoretischen Zwischenschritt durch Zustandsrückführung $\underline{u} = K\,\underline{x}$ entstehenden Systemmatrix $(A + BK)$ auswählen und zur Menge

$$\Lambda = \left\{ \lambda_1, \lambda_2, \ldots, \lambda_r \right\}$$

zusammenfassen. Die dazu gehörenden r Eigenvektoren $\underline{r}_i$ von $(A + BK)$ werden dann gemäß (5.134) zur $(n \times r)$-Matrix Q zusammengefaßt. Wegen rang $C = r$ ist die entstehende quadratische $(r \times r)$-Matrix CQ regulär, d. h. invertierbar, und man findet aus (5.135) die gesuchte Lösung

$$K_y = KQ\,(CQ)^{-1}. \tag{5.141}$$

Damit ist gezeigt, daß i. allg. durch Ausgangsrückführung r Eigenwerte gewünscht verschoben werden können. Gleichzeitig liegt ein konstruktiver Weg, also ein Entwurfsverfahren zur Auffindung bzw. Berechnung der zu realisierenden Reglermatrix K_y vor. Die Frage ist, was passiert mit den restlichen $(n-r)$ Eigenwerten. Das Bemerkenswerte an dem hier umrissenen Entwurfsverfahren ist, daß die Lage dieser restlichen $(n-r)$ Eigenwerte im Vergleich zu anderen vorgeschlagenen Strategien unkompliziert ermittelt und angegeben werden kann. Hierzu sind die beiden Ähnlichkeitstransformationen (5.137) und (5.138) zu betrachten. Bei solchen Ähnlichkeitstransformationen sind die Eigenwerte Invarianten [46]. Da die beiden rechten Seiten von (5.137) und (5.138) (Über-)Dreiecksmatrizen darstellen und für solche gilt, daß sich die Eigenwerte der Gesamtmatrix aus den Eigenwerten der Hauptdiagonalblöcke zusammensetzen, folgt durch Vergleich, daß genau die restlichen $(n-r)$ Eigenwerte des jeweils zweiten (unteren) Blockes unterschiedlich sind. Wie in [85] bewiesen wurde, hat $A_{11}{}^0$ die r gewünschten Eigenwerte. Aus (5.138) folgt, daß die durch die obige Ausgangsrückführung $\underline{u} = K_y \underline{y}$ entstehenden $(n-r)$ Restpole bzw. -eigenwerte die Eigenwerte von

$$A_{22}{}^0 + B_2 \, \Delta K \, \hat{Q} \tag{5.142}$$

sind und damit als Eigenwerte dieser $\big((n-r) \times (n-r)\big)$-Matrix berechnet werden können. Auf jeden Fall verschieben sich bei einer Ausgangsrückführung zur gewünschten Plazierung von r Polen die restlichen $(n-r)$ Pole in unkontrollierter (!) Weise mit, so daß zur Kontrolle ihre Berechnung nachträglich erfolgen muß. Es ist daher ein Vorteil, daß das oben umrissene Verfahren hierzu gleich eine numerisch beherrschbare Strategie mitliefert.

Anstelle eines Ablaufplans für den Entwurf nach diesem Verfahren sollen die wesentlichen Schritte anhand des folgenden Beispiels verdeutlicht werden:

$$\begin{bmatrix} \dot{x}_1 \\ \dot{x}_2 \\ \dot{x}_3 \end{bmatrix} = \underbrace{\begin{bmatrix} 3 & 2 & 1 \\ -2 & -1 & 4 \\ -2 & -2 & -4 \end{bmatrix}}_{A} \begin{bmatrix} x_1 \\ x_2 \\ x_3 \end{bmatrix} + \underbrace{\begin{bmatrix} 1 & 0 \\ -1 & 0 \\ 0 & 1 \end{bmatrix}}_{B} \begin{bmatrix} u_1 \\ u_2 \end{bmatrix}, \quad \begin{bmatrix} y_1 \\ y_2 \end{bmatrix} = \underbrace{\begin{bmatrix} 1 & 0 & 0 \\ 0 & 1 & 0 \end{bmatrix}}_{C} \begin{bmatrix} x_1 \\ x_2 \\ x_3 \end{bmatrix}.$$

Dieses System der Ordnung $n = 3$ mit $m = 2$ Stellgrößen und $r = 2$ Ausgangsgrößen hat die Eigenwerte $\lambda_1 = 1$, $\lambda_2 = -1$, $\lambda_3 = -2$. Durch die nach Abschn. 5.1.2. entworfene modale Regelung (es wird $N^{-1} K M$ als K bezeichnet)

$$\underline{u} = K\,\underline{x} = \begin{bmatrix} -9 & -5 & -1 \\ -3 & -3 & -3 \end{bmatrix} \begin{bmatrix} x_1 \\ x_2 \\ x_3 \end{bmatrix}$$

wird die Verschiebung von λ_1, λ_2 nach $\lambda_1' = -3$, $\lambda_2' = -4$ erreicht, während $\lambda_3 = -2$ unverändert erhalten bleibt. Die $r = 2$ dominierenden Eigenwerte von $(A + BK)$ sind also $\Lambda = \{-2, \ -3\}$. Die zugehörigen Rechtseigenvektoren von $(A + BK)$ bilden gemäß (5.134) die Matrix Q

$$Q = \begin{bmatrix} 1 & 1 \\ -2 & -1 \\ 1 & 0 \end{bmatrix}.$$

Durch Rückführung der $r = 2$ Ausgänge y_1, y_2 soll nun die gleiche Eigenwertverteilung angestrebt werden. Entsprechend dem Wesen des Verfahrens sind aber nur $r = 2$ Eigenwerte gezielt wie bei der Zustandsrückführung zu plazieren. Das sollen die $r = 2$ dominierenden sein. Dazu ist zu prüfen, ob (5.135) eine Lösung für die Matrix K_y hat. Wenn ja, so ist diese zu ermitteln:

$$\begin{bmatrix} k_{11} & k_{12} \\ k_{21} & k_{22} \end{bmatrix} \begin{bmatrix} 1 & 0 & 0 \\ 0 & 1 & 0 \end{bmatrix} \begin{bmatrix} 1 & 1 \\ -2 & -1 \\ 1 & 0 \end{bmatrix} = \begin{bmatrix} -9 & -5 & -1 \\ -3 & -3 & -3 \end{bmatrix} \begin{bmatrix} 1 & 1 \\ -2 & -1 \\ 1 & 0 \end{bmatrix}$$

$$\curvearrowright K_y = \begin{bmatrix} k_{11} & k_{12} \\ k_{21} & k_{22} \end{bmatrix} = \begin{bmatrix} -8 & -4 \\ 0 & 0 \end{bmatrix}.$$

Da eine Lösung existiert, ist mit dieser Ausgangsrückführung

$$\underline{u} = K_y \, \underline{y}$$

$$\begin{bmatrix} u_1 \\ u_2 \end{bmatrix} = \begin{bmatrix} -8 & -4 \\ 0 & 0 \end{bmatrix} \begin{bmatrix} y_1 \\ y_2 \end{bmatrix}, \text{ also } u_1 = -8\,y_1 - 4\,y_2,$$

das gestellte Ziel der Plazierung der $r = 2$ Eigenwerte $\Lambda = \{-2, \; -3\}$ - aber auch nur dieser - erreicht. Was mit dem dritten Eigenwert passiert ist, muß kontrolliert werden.

Es folgt daraus, daß der dritte Eigenwert nach $\lambda_3 = -1$ abgewandert ist, also nicht die durch die modale Zustandsrückführung $\underline{u} = K\,\underline{x}$ zugewiesene Lage $\lambda_2' = -4$ beibehalten ist.

Dieses Auftreten der "unkontrollierten" $(n-r)$ Restpole, das es bei einer vollständigen Zustandsrückführung nicht gibt, schränkt die praktische Anwendbarkeit der Verfahren der Polverschiebung durch Ausgangsrückführung ein. Zwangsläufig tritt die Frage auf, ob man nicht mehr als r Eigenwerte verschieben kann, wobei r die Zahl der Ausgänge ist; denn was nützt die leider nur mögliche gezielte Plazierung von r Polen, wenn gleichzeitig dabei einige der $(n-r)$ Restpole z. B. in die rechte Halbebene abwandern, was in ungünstigen Fällen durchaus auftritt. In [87] konnte zunächst die Hinlänglichkeit gezeigt werden, daß bei einem steuerbaren und beobachtbaren System n-ter Ordnung mit m Eingängen und r Ausgängen (rang $B = m$, rang $C = r$) durch Ausgangsrückführung $\underline{u} = K_y\,\underline{y}$

$$\max (m, r)$$

Pole gewünscht plaziert werden können. Diese Lösung ist theoretisch dann interessanter als der oben umrissene Weg, wenn $m \gg r$. Da auch hier die Restpolproblematik - und zwar in besonders unübersichtlicher Form - auftritt, bringt [87] keinen Vorteil, da i. allg. m wie r um einiges kleiner als n sind.

5.3.3. Dyadische Ausgangsrückführung zur Polvorgabe

Auf der Suche nach Verfahren zur gezielten Plazierung von mehr als r oder $\max (m, r)$ Polen durch Ausgangsrückführung $\underline{u} = K_y\,\underline{y}$ haben sich dyadische Rückführgesetze als besonders aussichtsreich gezeigt [88]. Bei der dyadischen Ausgangsrückführung wird das ursprüngliche Problem

$$\begin{aligned} \dot{\underline{x}} &= A\,\underline{x} + B\,\underline{u} \\ \underline{y} &= C\,\underline{x} \\ \underline{u} &= K_y\,\underline{y} \end{aligned} \qquad (5.143)$$

durch den dyadischen Produktansatz für die Ausgangsrückführmatrix

$$K_y = \underline{q} \; \underline{k}_y^T \qquad\qquad (5.144)$$

$$\text{(m,r)} \quad \text{(m,1)} \quad \text{(1,r)}$$

auf das fiktive Problem mit einer Stellgröße μ zurückgeführt:

$$\underline{\dot{x}} = A\,\underline{x} + B\,\underline{q}\,\mu = A\,\underline{x} + \widetilde{\underline{b}}\,\mu$$
$$\underline{y} = C\,\underline{x} \qquad\qquad (5.145)$$
$$\mu = \underline{k}_y^T\,\underline{y}\,.$$

Die Verhältnisse liegen diesbezüglich ähnlich wie bei der dyadischen Zustandsrückführung, wie sie im Abschn. 5.2.2. behandelt wurde. Die Systemmatrix A muß zyklisch sein, und der $(m,1)$-te Spaltenvektor $\underline{q}$ soll so gewählt werden, daß $(A, \widetilde{\underline{b}})$ steuerbar ist. Da beim Übergang von (5.143) zu (5.145) die Ausgangsgleichung $\underline{y} = C\,\underline{x}$ erhalten bleibt, ist (5.145) beobachtbar, wenn (5.143) beobachtbar war.

Für das System (5.145) erfordert die Bestimmung des Ausgangsrückführvektors $\underline{k}_y^T = (k_1, k_2, \dots, k_r)$ weniger Aufwand als die Bestimmung der (m, r)-Rückführmatrix K_y für das ursprüngliche Problem. Anstelle von $m\,r$ Elementen von K_y sind jetzt nur noch r Elemente von $\underline{k}_y^T$ zu berechnen. Wenn r Eigenwerte gezielt plaziert werden sollen, kann man r lineare Bestimmungsgleichungen für die r Unbekannten $k_1, k_2, \dots, k_r$ gewinnen, deren Lösung i. allg. gelingt und keine Schwierigkeiten mit sich bringt. Die verbleibenden $(n-r)$ Restpole verändern dabei wie oben in unkontrollierter Weise ihre Lage. In diesem speziellen Punkt sind dyadische Ausgangsrückführungen also ebenfalls nicht leistungsfähiger als z. B. das oben angegebene Verfahren. Es lassen sich jedoch verschiedene praktisch nützliche Auswerteschritte anknüpfen, so daß auf dyadische Ausgangsrückführungen und einige sich daran anschließende Entwurfsmöglichkeiten im Zusammenhang mit der Polvorgabe näher eingegangen werden soll.

Nachdem durch den dyadischen Ansatz (5.144) das fiktive System (5.145) mit $m = 1$ Stellgröße μ gewonnen wurde, kann für dieses System zunächst eine Ausgangsrückführung so bestimmt werden, daß r vorgegebene Pole $\lambda_1', \lambda_2', \dots, \lambda_r'$ exakt angenommen werden. Das kann beispielsweise unter Verwendung des Hsu-Chen-Theorems erfolgen. Ausgangspunkt hierzu ist das Bild 5.27. Die Rückführdifferenzmatrix wird zweckmäßigerweise für die Schnittstelle im skalaren Signalfluß μ ermittelt:

$$F_\mu(p) = 1 - \underline{k}_y^T\,C\,(pI - A)^{-1}\,B\,\underline{q}\,. \qquad\qquad (5.146)$$

Das Hsu-Chen-Theorem (3.14) liefert dann

$$\frac{g_{ry}(p)}{g_0(p)} = 1 - \underline{k}_y^T\,C\,(pI - A)^{-1}\,B\,\underline{q} \qquad\qquad (5.147)$$

$$g_{ry}(p) = g_0(p) - \underline{k}_y^T\,C\,\mathrm{adj}\,(pI - A)\,B\,\underline{q}\,.$$

Unter Verwendung des Algorithmus von Faddejew-Leverrier findet man für den in (5.147) enthaltenen Ausdruck

$$\mathrm{adj}\,(pI - A)\,B\,\underline{q} = \mathrm{adj}\,(pI - A)\,\widetilde{\underline{b}}$$

$$\mathrm{adj}\,(pI - A)\,\widetilde{\underline{b}} = \underbrace{(\widetilde{\underline{b}} \;\; A\widetilde{\underline{b}} \;\; \dots \;\; A^{n-1}\widetilde{\underline{b}})}_{\widetilde{S}}
\begin{bmatrix} 1 & a_1 & a_2 & \dots & a_{n-1} \\ & 1 & a_1 & \dots & a_{n-2} \\ & & 1 & & \\ & & & & 1 \end{bmatrix}
\underbrace{\begin{bmatrix} p^{n-1} \\ p^{n-2} \\ \vdots \\ 1 \end{bmatrix}}_{U}\,. \qquad (5.148)$$

Damit nimmt (5.147) die Form an

$$g_{ry}(p) = g_0(p) - \underline{k}_y^T \, C \, \widetilde{S} \, U \begin{bmatrix} p^{n-1} \\ p^{n-2} \\ \vdots \\ 1 \end{bmatrix} . \qquad (5.149)$$

Nun kann man r Pole λ_1', λ_2', ..., λ_r' für das geschlossene System vorgeben. Wenn λ_i' ein Pol des geschlossenen Systems ist, dann muß für $p = \lambda_i'$ das charakteristische Polynom $g_{ry}(p)$ des geschlossenen Systems zu Null werden:

$$g_{ry}(\lambda_i') \equiv 0, \qquad i = 1, 2, .., r .$$

Setzt man also die r vorgegebenen Pole λ_i' in (5.149) ein, so erhält man ein System von r linearen Gleichungen für die r unbekannten Elemente von $\underline{k}_y^T$:

$$\underline{k}_y^T \, C \, \widetilde{S} \, U \, E = \underline{g}_0^T . \qquad (5.150)$$

Bei nicht singulärer Koeffizientenmatrix ist die eindeutige Lösung

$$\underline{k}_y^T = \underline{g}_0^T \, (C \, \widetilde{S} \, U \, E)^{-1} , \qquad (5.151)$$

wobei

$$\underline{g}_0^T = \begin{bmatrix} g_0(\lambda_1') & g_0(\lambda_2') & \cdots & g_0(\lambda_r') \end{bmatrix} \qquad (5.152)$$

$$E = \begin{bmatrix} \lambda_1'^{n-1} & \lambda_2'^{n-1} & \cdots & \lambda_r'^{n-1} \\ \lambda_1'^{n-2} & \lambda_2'^{n-2} & & \lambda_r'^{n-2} \\ \vdots & \vdots & & \vdots \\ 1 & 1 & \cdots & 1 \end{bmatrix} \qquad (5.153)$$

sowie $\widetilde{S}$ und U in (5.148) definiert wurden.

Wenn also $(C \, \widetilde{S} \, U \, E)$ nicht singulär ist, nimmt das durch (5.151) ausgangsrückgeführte System

$$\underline{\dot{x}} = (A + \underline{\widetilde{b}} \, \underline{k}_y^T \, C) \, \underline{x} = (A + B \, \underline{q} \, \underline{k}_y^T \, C) \, \underline{x} = (A + B \, K_y \, C) \, \underline{x} \qquad (5.154)$$

exakt die r vorgegebenen Eigenwerte λ_1', λ_2', ..., λ_r' an. Über die verbleibenden (n-r) Restpole kann keine Aussage gemacht werden. Die Invertierbarkeit von $(C \, \widetilde{S} \, U \, E)$ hängt von der Wahl der gewünschten und vorgeschriebenen Eigenwerte λ_i' ab. Sollte einmal eine solche Wahl für die gewünschten r Eigenwerte λ_i' getroffen worden sein, für die die Inverse nicht gebildet werden kann, so wird schon eine geringfügige Veränderung der gewünschten λ_i' zum Erfolg führen [86] [88] [89] [91] .

Mit der beschriebenen Methode können sowohl reelle Eigenwerte λ_i' als auch konjugiert-komplexe Eigenwertpaare λ_j', $\lambda_{j+1}' = \lambda_j^{*'}$ innerhalb der Menge der r exakt plazierbaren und zum steuerbaren und beobachtbaren Systemteil gehörenden Eigenwerte für das geschlossene System vorgegeben werden. Gibt man konjugiert-komplexe Eigenwertpaare λ_j', $\lambda_j^{*'}$ vor, so sind die in die Berechnungsvorschrift (5.151) eingehenden Ausdrücke (5.152) und (5.153) nicht mehr reell; sie enthalten konjugiert-komplexe Elemente, so daß das Endergebnis (5.151) für $\underline{k}_y^T$ natürlich wieder reell wird. Man müßte jedoch in (5.151) eine nicht reelle Matrix invertieren, was numerisch ungünstig ist. Ähnlich wie im Abschn. 5.1.3. bei

156

der modalen Regelung zur Verschiebung von konjugiert-komplexen Eigenwerten kann man auch jetzt die Berechnungsgleichungen durch eine spezielle Transformation auf reelle Formen zurückführen. Dazu multipliziert man (5.150) von rechts mit einer (r, r)-Blockdiagonalmatrix T:

$$\underline{k}_y^T \, C \, \widetilde{S} \, U \, E \, T = \underline{g}_o^T \, T, \tag{5.150a}$$

wobei T die Elemente 1 für jeden reellen Eigenwert λ_i' und 2×2-Blöcke der Form

$$\begin{bmatrix} 1 & -i \\ 1 & i \end{bmatrix}$$

für jedes konjugiert-komplexe Eigenwertpaar λ_j', $\lambda_j^{*'}$ hat. Damit vereinfacht sich die numerische Lösung des nunmehr rein reellen Gleichungssystems (5.150a) gegenüber der Lösung des nichtreellen Problems (5.150). Wenn die Lösung existiert, erhält man als Ergebnis

$$\underline{k}_y^T = \underline{g}_o^T \, T \, (C \, \widetilde{S} \, U \, E \, T)^{-1} = \underline{g}_o^T \, \underbrace{T \, T^{-1}}_{I_r} \, (C \, \widetilde{S} \, U \, E)^{-1},$$

also (5.151).

Es muß in diesem Zusammenhang noch einmal an das Wesen der Ausgangsrückführung erinnert werden (s. Abschn. 3.2.5.), daß nur solche Eigenwerte verändert werden können, die zum vollständig steuer- und beobachtbaren Systemteil gehören. Die r zu verändernden Eigenwerte $\lambda_i \rightarrow \lambda_i'$ müssen also zu diesem Systemteil gehören. Für die Praxis ist das keine nennenswerte Einschränkung, da die entsprechenden Steuerbarkeits- und Beobachtbarkeitseigenschaften i. allg. gegeben sind. Die dyadische Rückführung verlangt weiter eine zyklische Systemmatrix A, weil nur für diese ein q-Vektor gefunden und realisiert werden kann, mit dem (A, Bq) steuerbar ist. Wenn A nicht zyklisch ist, muß die Zyklisierung durch eine Ausgangsrückführung vorher durchgeführt werden (s. auch Abschn. 5.1.4.).

Die Tatsache, daß Eigenwerte, die zu nicht steuerbaren und/oder nicht beobachtbaren Modi des Systems gehören, nicht durch die hier behandelten Ausgangsrückführungen beeinflußbar sind, kann man sich nun zunutze machen, um ggf. mehr als r Eigenwerte durch Ausgangsrückführung zu verschieben [88]. Dazu ist ein zweistufiges Entwurfsverfahren erforderlich.

Es wird bei der nachfolgenden Erläuterung des Verfahrens angenommen, daß das gegebene und zu regelnde System n-ter Ordnung mit m Stellgrößen und r Ausgangsgrößen

$$\begin{aligned} \underline{\dot{x}} &= A \, \underline{x} + B \, \underline{u} \qquad &\text{rang } B = m \\ \underline{y} &= C \, \underline{x} \qquad &\text{rang } C = r \end{aligned}$$

vollständig steuerbar und beobachtbar sei und eine zyklische Systemmatrix A besitze.

Im ersten Schritt wird ein Regelungsgesetz mit Ausgangsrückführung

$$\underline{u} = K_{1y} \, \underline{y} + {}^1\underline{u} \tag{5.155}$$

zur Verschiebung von r Eigenwerten bestimmt. Zur Bestimmung von K_{1y} kann das im Abschn. 5.3.2. beschriebene Verfahren oder der soeben beschriebene dyadische Ansatz verwendet werden. Am Ende dieses ersten Schrittes liegt das System

$$\begin{aligned} \underline{\dot{x}} &= (A + B \, K_{1y} \, C) \, \underline{x} + B \, {}^1\underline{u} = A_1 \, \underline{x} + B \, {}^1\underline{u} \\ \underline{y} &= C \, \underline{x} \end{aligned} \tag{5.156}$$

vor. Es besitzt die r gewünscht plazierten Eigenwerte λ_1', λ_2', ..., λ_r' und weitere (n-r) Restpole, deren Lage nicht fixiert ist.

Im zweiten Schritt des Entwurfs wird eine dyadische Ausgangsrückführung

$$ {}^1\underline{u} = \underline{q}_2 \, \underline{k}_{2y}^T \, \underline{y} = K_{2y} \, \underline{y} \tag{5.157}$$

auf (5.156) angewandt, d.h., (5.156) wird auf das System

$$\dot{\underline{x}} = A_1 \underline{x} + B \underline{q}_2 \, {}^1\mu, \qquad \underline{y} = C \underline{x} \tag{5.158}$$

mit der fiktiven einen Stellgröße ${}^1\mu$ reduziert und nach der in diesem Abschnitt erläuterten Vorgehensweise kann für (5.158) eine Ausgangsrückführung

$$ {}^1\mu = \underline{k}_{2y}^T \, \underline{y} \tag{5.159}$$

entworfen werden, mit der wieder r Eigenwerte exakt plaziert werden können. Wenn es hierbei gelingt, den (m, 1)-Vektor $\underline{q}_2$ des dyadischen Rückführgesetzes (5.157) so zu wählen bzw. gezielt zu bestimmen, daß möglichst alle Modi, die zu den im ersten Schritt plazierten Eigenwerten λ_1', λ_2', ..., λ_r' gehören, durch ${}^1\mu$ <u>nicht</u> steuerbar sind, so hat man erreicht, daß diese Eigenwerte im zweiten Schritt unverändert erhalten bleiben und damit im zweiten Schritt durch (5.159) nur andere maximal r Eigenwerte zusätzlich verschoben werden - vorausgesetzt, diese sind durch ${}^1\mu$ steuerbar. Die Beobachtbarkeitseigenschaften ändern sich beim Übergang von (5.156) zu (5.158) nicht.

Der Erfolg eines solchen Vorgehens hängt also davon ab, ob und wie es gelingt, einen derartigen (m, 1)-Vektor $\underline{q}$ im dyadischen Rückführgesetz des zweiten Schrittes zu finden. Man muß dazu von der modalen Steuerbarkeitsanalyse von (5.158) ausgehen, wozu (5.158) auf die Diagonalform zu transformieren ist:

$$
\begin{bmatrix} \dot{z}_1 \\ \dot{z}_2 \\ \vdots \\ \dot{z}_r \\ \hline \dot{z}_{r+1} \\ \vdots \\ \dot{z}_n \end{bmatrix}
=
\left[\begin{array}{c|c}
\begin{matrix} \lambda_1' & & & \\ & \lambda_2' & & \\ & & \ddots & \\ & & & \lambda_r' \end{matrix} & \\
\hline
 & \begin{matrix} \lambda_{r+1} & & \\ & \ddots & \\ & & \lambda_n \end{matrix}
\end{array}\right]
\begin{bmatrix} z_1 \\ z_2 \\ \vdots \\ z_r \\ \hline z_{r+1} \\ \vdots \\ z_n \end{bmatrix}
+
\begin{bmatrix} \left({}_R^{A_1}\right)_1^{-1} B \underline{q}_2 \\ \hline \left({}_R^{A_1}\right)_2^{-1} B \underline{q}_2 \end{bmatrix} {}^1\mu \; . \tag{5.160}
$$

(r im Schritt 1 plazierte Pole)

Hierbei ist

$$
\left({}_R^{A_1}\right)^{-1} = \begin{bmatrix} \left({}_R^{A_1}\right)_1^{-1} \\ \\ \left({}_R^{A_1}\right)_2^{-1} \end{bmatrix}
$$

die inverse Modalmatrix von A_1, d.h. die zeilenweise Anordnung der Linkseigenvektoren von A_1. Wenn es gelingt, $\underline{q}_2$ so zu bestimmen, daß in (5.160)

$$ (R^{A_1})_1^{-1} B \underline{q}_2 = \underline{0} \tag{5.161}$$

$$ (R^{A_1})_2^{-1} B \underline{q}_2 = \underline{g}_2 \quad \left\{ \begin{array}{l} \text{wenigstens r Elemente} \\ \text{ungleich Null} \end{array}\right. \tag{5.162}$$

werden, dann ist das gestellte Ziel erreicht. Die schon plazierten Eigenwerte λ_1', λ_2', ..., λ_r' sind vor einer weiteren Verschiebung "geschützt", während maximal r Eigenwerte der Restpolmenge des ersten Schrittes zusätzlich mit (5.159) plaziert werden können. Offenbar wird (5.161) zur entscheidenden und damit Bestimmungsgleichung für $\underline{q}_2$.

Gl. (5.161) läßt folgende Interpretation zu:
Die aus m Elementen bestehenden Zeilen von $(R^{A_1})_1^{-1} B$ sind als Vektoren (Richtungen) in

R^m aufzufassen. Dann wird mit (5.160) ein solcher ebenfalls m-dimensionaler Vektor $\underline{q}_2$, d.h. eine weitere Richtung in R^m gesucht, der bzw. die orthogonal zu allen Zeilenvektoren von $(R^{A_1})_1^{-1} B$ ist. Es ist nur möglich, die Richtung eines m-dimensionalen Vektors $(\underline{q}_2)$ in R^m eindeutig zu bestimmen, der zu $(m-1)$ anderen linear unabhängigen Vektoren in diesem Raum orthogonal ist, d.h., wenn im vorliegenden Fall $(R^{A_1})_1^{-1} B$ genau $(m-1)$ Zeilen enthält und

$$\text{rang} \left[(R^{A_1})_1^{-1} B \right] = m-1 .$$

Wenn $r \geqq m$ ist, dann kann man also nur eine Richtung $\underline{q}_2$ eindeutig bestimmen, die $m \leqq r$ der im ersten Schritt maximal plazierbaren bzw. plazierten r Eigenwerte schützt. Es ist also nur möglich, $(m-1)$ der im ersten Schritt plazierten Eigenwerte zu sichern und im zweiten Schritt zu versuchen, zusätzlich noch einmal r Eigenwerte zu verschieben, d.h., es gelingt, insgesamt

$$\min (m - 1 + r, \, n); \quad m \leqq r \tag{5.163}$$

Eigenwerte zu plazieren. Bezüglich der für $m > r$ geltenden dualen Betrachtungen sei auf [88] verwiesen.

Man hat also zu Beginn des zweiten Schrittes die für $\underline{q}_2$ eindeutige Bestimmungsgleichung

$$(R^{A_1})_1^{-1} B \underline{q}_2 = \underline{0} \tag{5.161a}$$

zu lösen, wobei $(R^{A_1})_1^{-1}$ die zeilenweise Anordnung der $m-1$ Linkseigenvektoren von A_1 ist, die zu ausgewählten $m-1$ zu schützenden Eigenwerten gehören. Mit dem so berechneten $\underline{q}_2$ ist $\underline{g}_2$ nach (5.162) zu berechnen. Wenn $\underline{g}_2$ wenigstens r von Null verschiedene Elemente enthält und damit in (5.160) die weiteren durch $^1\mu$ steuerbaren Modi der "ungeschützten" Restpolmenge kenntlich macht, dann kann $\underline{k}_{y2}^T$ durch sinngemäße Anwendung von (5.151) berechnet werden.

Das zu realisierende Regelungsgesetz ergibt sich durch Zusammenfassung von (5.155) und (5.157):

$$\underline{u} = K_{1y} \, \underline{y} + \underline{q}_2 \, \underline{k}_{2y}^T \, \underline{y} = (K_{1y} + \underline{q}_2 \, \underline{k}_{2y}) \, \underline{y} . \tag{5.164}$$

Das resultierende geschlossene System

$$\underline{\dot{x}} = \left[A + B \, (K_{1y} + \underline{q}_2 \, \underline{k}_{2y}^T) \, C \right] \underline{x} \tag{5.165}$$

nimmt exakt die $\min (m-1+r, \, n)$ vorgebbaren Eigenwerte an. Gegenüber Verfahren, die nur $\max (m, r)$ Eigenwerte zu plazieren gestatten, ist die unangenehme Restproblematik erheblich gemildert. In den Fällen, wo $m-1+r \geqq n$ ist, sind alle Pole durch Ausgangsrückführung plazierbar. So können z.B. bei dem im Abschn. 5.3.2. behandelten System der Ordnung $n = 3$ mit $m = r = 2$ Stell- und Ausgangsgrößen alle drei Eigenwerte mit dem hier in seinen Grundzügen vorgestellten zweistufigen Verfahren exakt plaziert werden. Da $m - 1 = 1$ Eigenwert im zweiten Schritt geschützt werden kann, wird man im ersten Schritt nur einen anstelle der $r = 2$ möglichen Eigenwerte verschieben und im zweiten Schritt dann die verbleibenden zwei.

5.3.4. Polortskurven

In den Fällen, wo auch mit dem zuletzt vorgestellten Verfahren die Restpolproblematik nicht voll beseitigt werden kann, bietet der dyadische Ansatz für eine Ausgangsrückführung die Möglichkeit, durch Ermittlung und Auswertung sog. Polortskurven zu einer ggf. den jeweiligen Anforderungen genügenden Verteilung für alle n Pole bzw. Eigenwerte zu kommen.

Wie die Ableitungen der Gl. (5.151) im Abschn. 5.3.3. zeigten, gelingt es, durch Rüc
führung der r Ausgänge $y_1, y_2, \ldots, y_r$ genau r Pole zu fixieren. Je nach Vorgabe die$
r Pole stellt sich eine irgendwie geartete Konfiguration der weiteren (n-r) Restpole für
geschlossene System ein. Der Gedanke zu den Polortskurven ist nun folgender [72] [92]

Es werden wieder r Pole für das geschlossene System vorgegeben, nun aber nicht me
als feste konstante Werte, sondern alle diese r Pole können in Abhängigkeit von <u>einem F</u>
rameter π im stabilen Bereich der komplexen p-Ebene wandern:

$$p = \lambda'_j = \lambda'_j(\pi); \qquad j = 1, 2, \ldots, r. \tag{5.16}$$

Gl. (5.166) stellt r frei wählbare, jeweils durch π parametrisierte Polortskurven in
$\mathrm{Re}\ \{p\} < 0$ dar. Für jeden festen Wert π stellt sich eine andere Konfiguration für die
(n-r) Restpole

$$\lambda'_j = \lambda'_j(\pi); \qquad j = r+1, \ldots, n \tag{5.16}$$

in der komplexen p-Ebene ein, wobei diese Restpole durchaus in der rechten Halbebene l
gen können. In Abhängigkeit von π werden die (n-r) Restpole (5.167) also ebenfalls (n-r
in π parametrisierte Polortskurven in der p-Ebene beschreiben, die nicht unbedingt nur
stabilen Bereich verlaufen.

Wesentlich ist nun, daß dieser nahezu selbstverständlich anmutende Zusammenhang pr
tisch auswertbar und damit für einen Entwurf zu nutzen ist, weil durch die <u>einparametrig</u>
Vorgabe der r Pole (5.166) im stabilen Bereich die vom gleichen Parameter abhängende
Polortskurven (5.167) für die (n-r) Restpole mit vertretbar erscheinendem Aufwand num
risch berechnet werden können. Durch Auswertung der Polortskurve, was die gleichzeiti
Betrachtung aller n Polortskurven (5.166) und (5.167) erfordert, kann ein Parameter π
ggf. so gefunden und festgelegt werden, daß die zugehörige endgültige Konfiguration aller
Pole des durch Ausgangsrückführung geschlossenen Systems (5.154) die Forderung nach
einem vorgegebenen Stabilitätsgrad, genügend schnellen und gedämpften Einschwingvorgä
gen usw. erfüllt.

In [72] wurde z. B. vorgeschlagen, für alle r im stabilen Bereich vorzugebenden Po
(5.166) den gleichen geometrischen Ort, und zwar die durch π parametrisierte negative
reelle Achse der p-Ebene

$$\lambda'_j(\pi) = -\pi; \qquad 0 \leqq \pi < \infty \ , \qquad j = 1, 2, \ldots, r \tag{5.166a}$$

zu wählen. Da für das geschlossene System häufig eine Konstellation mit dominierendem
konjugiert-komplexen Polpaar wünschenswert ist, kann ein Ansatz

$$\lambda'_{1,2}(\pi) = \pi\, e^{\pm j \cdot 135^{o}}$$
$$\lambda'_j(\pi) \quad = -\pi\,; \qquad j = 3, 4, \ldots, r \tag{5.166b}$$

günstiger sein [92] . Mit (5.166a) wird ein r-facher reeller Pol bei $-\pi$ vorgegeben, wäh
rend (5.166b) die Vorgabe eines konjugiert-komplexen Polpaars auf den Halbstrahlen ± 13
und eines (r-2)-fachen reellen Poles bei $-\pi$ beinhaltet.

Für einzelne feste Werte π sind nun (5.152) und (5.153) zu berechnen, womit (5.151)
Rückführvektor $\underline{k}^T_y(\pi)$ liefert, mit dem das geschlossene System die r Pole (5.166) exak
annimmt. Dieser Rückführvektor $\underline{k}^T_y(\pi)$ wird in die aus dem Hsu-Chen-Theorem gewonne

Berechnungsvorschrift (5.149) für das charakteristische Polynom des ausgangsrückgefüh
ten Systems.eingesetzt und liefert damit $g_{ry}(p, \pi)$:

$$g_{ry}(p, \pi) = p^n + r_1(\pi)\, p^{n-1} + \ldots + r_{n-1}(\pi)\, p + r_n(\pi). \tag{5.168}$$

Die Koeffizienten $r_i(\pi)$ dieses Polynoms sind von π abhängig. Dessen Nullstellen setzen
sich zusammen aus den mit (5.166) parametrisiert vorgegebenen - und damit bekannten -

160

r Polen und den eigentlich nur noch interessierenden von π abhängenden $(n-r)$ Restpolen (5.167). Durch Anwendung eines Routineprogramms zur Polynomnullstellenbestimmung können diese ermittelt werden. Durch schrittweise Änderung von π können so die Polortskurven für die $(n-r)$ Restpole punktweise berechnet werden. Damit liegen die Verteilungen für alle n Pole des geschlossenen Systems vor, die durch eine Ausgangsrückführung $\mu = \underline{k}_y^T \underline{y}$ für das System (5.145) vorgeschrieben und realisiert werden können. Da mit (5.166) durch den Entwerfenden eine zwangsweise Lokalisierung von r Polen auf allerdings ziemlich freizügig wählbaren geometrischen, durch π parametrisierten Orten erfolgen muß, stellen die so gefundenen Polmengen lediglich Untermengen der generell durch eine solche Ausgangsrückführung erreichbaren, aber unbekannten Menge von Polen dar. Weitere Freiheitsgrade kommen mit der Wahl von $\underline{q}$ im dyadischen Rückführgesetz (5.144) hinzu. Trotzdem bietet die Methode einen geeigneten Ansatzpunkt für flexible Entwurfsstrategien. Gewisse Ähnlichkeiten bestehen zur verallgemeinerten Wurzelortskurventechnik, die beim Entwurf einschleifiger Kreise gern verwendet wird.

Es sei bemerkt, daß die Methode der Polortskurve auch in den zweiten Entwurfsschritt des im Abschn. 5.3.3. beschriebenen zweistufigen Entwurfs integriert werden kann, wenn dort $m-1+r < n$ ist und damit noch (im Vergleich zu oben aber nur einige wenige) $n-(m-1+r) = (n+1)-(m+r)$ Restpole auftreten. Da wegen der geringeren Anzahl von hier noch vorliegenden Restpolen der Aufwand zur Ermittlung der Polortskurve sinkt, erscheint eine solche kombinierte Vorgehensweise günstig.

5.3.5. Einschätzung

Die Darlegungen zu den Verfahren der konstanten Ausgangsrückführung haben erkennen lassen, daß bei diesen ein dyadischer Ansatz für das Rückführgesetz erheblich größere Bedeutung für die Entwicklung praktisch brauchbarer Entwurfsverfahren hat, als das bei den Zustandsrückführungen der Fall war, da hier der generelle Vorteil eines solchen Ansatzes, zu auswertbaren Zusammenhängen zwischen charakteristischen Polynomen und Rückführkoeffizienten zu gelangen, erst richtig zum Tragen kommt.

Die kurz charakterisierten Verfahren bzw. sich bietenden Möglichkeiten der Polzuweisung durch Ausgangsrückführung $\underline{u} = K_y\,\underline{y}$ haben das Ziel - genauso wie die modale Regelung -, die Verbesserung des dynamischen Verhaltens über die gezielte Lokalisation nur der Pole zu erreichen. Auch sie lassen die Lage bzw. Wanderung der Nullstellen außer acht [94]. Es gelten also diesbezüglich die gleichen Einschätzungen, wie sie im Abschn. 5.1.8. zur modalen Regelung angegeben wurden. Nur innerhalb dieser Grenzen ist der Bezug zum dynamischen Verhalten bzw. zur erreichbaren dynamischen Güte, die außer von den Polen auch noch von den Nullstellen bestimmt wird, möglich.

Auch gelten die aus Realisierungssicht bei der modalen Regelung auf S. 130 genannten Nachteile sinngemäß für die Regeleinrichtungen mit konstanter Ausgangsrückführmatrix K_y. Was die gerätetechnische Realisierung betrifft, bestehen zwischen den Regeleinrichtungen nach dem Prinzip der konstanten Zustandsrückführung $\underline{u} = K\,\underline{x}$ und denen nach dem Prinzip der konstanten Ausgangsrückführung $\underline{u} = K_y\,\underline{y}$ strukturell keine Unterschiede. Bei letzteren kann jedoch immer davon ausgegangen werden, daß die zu messende Quantität $\underline{y}$, also die Ausgangsgrößen y_i, verfügbar ist.

Da $r < n$ ist, wird die Zahl der zu messenden Größen hier geringer, was entscheidend für den Aufwand ist. Darin liegt der praktische Vorteil dieser Reglerstrukturen.

So gesehen, stellt der Strukturansatz $\underline{u} = K_y\,\underline{y}$ gemäß Bild 5.27 den einfachsten und natürlichsten Ansatz eines Mehrgrößenreglers überhaupt dar.

Der Versuch, über einen Ansatz der $(m \times r)$-Reglermatrix K_y die Dimensionierung ihrer $m\,r$ unbekannten Elemente k_{yij} evtl. durch Parameteroptimierung nach einem quadratischen Gütekriterium

$$J(K_y) = \int_0^\infty (\underline{y}^T Q_1 \underline{y} + \underline{u}^T R\,\underline{u})\,dt = \int_0^\infty \underline{y}^T (Q_1 + K_y^T R\,K_y\,R\,K_y)\,\underline{y}\,dt \;\rightarrow\; \underset{k_{yij}}{\text{Min!}}$$

direkt vorzunehmen, wird meist an numerischen Problemen scheitern, da die erforderlichen Suchverfahren bei der großen Zahl von m r Unbekannten schnell versagen. Oft müssen nicht leichte Existenz- und Konvergenzfragen vorab geklärt werden [90] . Das unterstreicht noch einmal die praktische Bedeutung der in den Abschnitten 5.3.2. bis 5.3.4. umrissenen Verfahren, die bei vertretbarem Aufwand mit rechentechnisch beherrschbaren numerischen Methoden der linearen Algebra auskommen. Durch Kombination bzw. Verschachtelung der Verfahren bzw. ihrer Grundgedanken lassen sich flexible Strategien für den Entwurf durch Polvorgabe angeben, deren Leistungsfähigkeit mit relativ zur Systemordnung n wachsenden Meß- und Stellmöglichkeiten, d. h. mit wachsendem m und r, zunimmt. In diesem Sinne sind die Grenzen zwischen "unvollständiger Zustandsrückführung" (s. auch Abschn. 5.1.6.) und "konstanter Ausgangsrückführung" fließend.

5.4. Optimalsteuerung bei quadratischen Gütekriterien

Wie bereits im Abschn. 5.1. angekündigt wurde, wird in diesem Buch auf die Problematik der Optimalsteuerung nur sehr kurz eingegangen, weil

- es hierzu bereits eine große Zahl von empfehlenswerten und bewährten Originalquellen in Buchform gibt [10] [12] [13] [14] [15] [25] [26] [96] u. a.,
- die Thematik so umfangreich, eigenständig und speziell ist, daß bereits eine Behandlung im Überblick den hier gegebenen Rahmen sprengen würde.

Da im Hinblick auf die Prozeßregelung die Optimalsteuerung bei quadratischen Gütefunktionalen Bedeutung erlangt hat [8] [10] [25] [31] [97] [135] , wird nur diese und auch davon nur ein Teilproblem herausgegriffen, um vor allem die Merkmale und die Einordnung der Optimalsteuerung als Entwurfsmöglichkeit im Zeitbereich aufzuzeigen.

5.4.1. Lineare Systeme und verallgemeinerte quadratische Kriterien: Standardproblem der linearen optimalen Zustandsrückführung

Die in den Abschnitten 5.1., 5.2. und 5.3. behandelten Verfahren erlaubten es, durch Vorgabe großer negativer Realteile der Pole die Systeme "beliebig" schnell zu machen. Hierbei war jedoch zu erkennen, daß die Koeffizienten des Regelungsgesetzes (Zustands- bzw. Ausgangsrückführung) und damit die Stellgrößenamplituden mit größer werdender Polverschiebung schließlich unerwünscht bzw. unzulässig große Werte annehmen. Hieraus resultierte die Forderung nach einem geeigneten Kompromiß zwischen schnellem Einschwingen und vertretbaren Stellgrößenamplituden. In diesem Zusammenhang wurde für die modale Regelung im Abschn. 5.1.8. sowie im Abschn. 5.3.5. ein Kriterium für die Parameteroptimierung vorgeschlagen, das die Zustands- bzw. Ausgangsgrößen und die Stellgrößen quadratisch bewertete.

Es liegt nun nahe, die Entwurfsaufgabe sofort und direkt, d. h. ohne den Umweg der Strukturbestimmung für das Regelungsgesetz nach einem Verfahren der Polzuweisung als Optimierungsaufgabe mit quadratischem Kriterium für das lineare (bzw. linearisierte) System mit

$$\dot{\underline{x}} = A\underline{x} + B\underline{u} \qquad (5.169)$$
$$\underline{y} = C\underline{x} \qquad (5.170)$$

zu formulieren und als solche zu lösen. Als verallgemeinerte quadratische Kriterien haben sich bewährt

$$I = I(\underline{x}, \underline{u}, t) = \int_{t_o}^{t_e} \left[\underline{x}^T(t)\, Q\, \underline{x}(t) + \underline{u}^T(t)\, R\, \underline{u}(t) \right] dt \qquad (5.171)$$

bzw.

162

$$I = I(\underline{x}, \underline{y}, t) = \int\limits_{t_o}^{t_e} \left[\underline{y}^T(t)\, Q_1\, \underline{y}(t) + \underline{u}^T(t)\, R\, \underline{u}(t) \right] dt. \tag{5.172}$$

Mit (5.170) kann das Kriterium (5.172) auf (5.171) zurückgeführt werden; zunächst gilt

$$\underline{y}^T(t)\, Q_1\, \underline{y}(t) = \underline{x}^T(t)\, C^T\, Q_1\, C\, \underline{x}(t). \tag{5.173}$$

Erklärt man nun

$$C^T\, Q_1\, C = Q, \tag{5.174}$$

so erhält man ein Optimierungskriterium der Form (5.171). Daher wird bei den folgenden Betrachtungen nur von dieser Form ausgegangen.

Bedeutsam ist nun, daß solche Optimierungsaufgaben mit quadratischem Kriterium (5.171)

$$I(\underline{x}, \underline{u}, t) \;\rightarrow\; \text{Min}! \tag{5.175}$$

für lineare Systeme (5.169), (5.170) bei Einhaltung bestimmter Definitheitsforderungen für die quadratischen Formen im Gütekriterium zu geschlossenen Lösungen für das Regelungsgesetz in Form einer linearen Zustandsrückführung führen.

Bei einem solchen Vorgehen werden also die im Hinblick auf (5.175) optimale Struktur und die optimale Dimensionierung (Parameter) dieser Struktur gleichzeitig mit der Lösung der Optimierungsaufgabe gefunden. Um diesen Unterschied zu Parameteroptimierungsverfahren hervorzuheben, wird ein solches Vorgehen in der Literatur vielfach als "Entwurf struktur-optimaler Regelungen" bezeichnet.

Es muß ausdrücklich darauf hingewiesen werden,

- daß die so definierten Entwurfs- bzw. Optimierungsprobleme nur den Fall des optimalen Systemübergangs von einem Anfangszustand zur Zeit t_o zu einem Endzustand zur Zeit t_e berücksichtigen,
- daß die geeignete Festlegung der Bewertungsmatrizen Q, R ein kompliziertes Ingenieurproblem der Prozeßregelung darstellt [10] [135],
- daß die Festlegung des Optimierungshorizonts $[t_o, t_e]$ ein ebenfalls nicht pauschal zu lösendes Ingenieurproblem der Prozeßregelung darstellt und entscheidend den Berechnungsaufwand für die Aufgabenlösung und den Aufwand für die Realisierung des Regelungsgesetzes beeinflußt.

Der zuletzt genannte Gesichtspunkt hat dazu geführt, daß man in den als quadratische Optimierungsaufgaben formulierten Entwurfsproblemen der Prozeßregelung häufig den Ansatz $t_e \rightarrow \infty$ in der Aufgabenstellung anstrebt. In diesen Fällen erhält man als sog. stationäre Lösung des quadratischen Optimierungsproblems eine konstante Zustandsrückführung. Diese ordnet sich organisch ein in die Ergebnisse aus den Abschnitten 5.1. und 5.2.

Nach diesen Vorbemerkungen wird, ohne auf Beweisführungen einzugehen, das Standardproblem der linearen optimalen Zustandsrückführung nur für den Fall $t_e \rightarrow \infty$ angegeben:

Die optimale Steuerung $\underline{u}^o(t)$, die für ein gegebenes steuerbares lineares zeitinvariantes System

$$\begin{aligned}
\underline{\dot{x}}(t) &= A\,\underline{x}(t) + B\,\underline{u}(t), \qquad \underline{x}(t_o) = \underline{x}(0) = \underline{x}_o \\
\underline{y}(t) &= C\,\underline{x}(t)
\end{aligned}$$

die Zielfunktion

$$I(\underline{x}(t_o), \underline{u}(t), t_o) = I(\underline{x}(0), \underline{u}(t), 0) = \int\limits_{0}^{\infty} \left[\underline{x}^T(t)\, Q\, \underline{x}(t) + \underline{u}^T\, R\, u(t) \right] dt$$

mit

$$Q \geq 0 \quad \text{und} \quad R > 0$$

minimiert, ist gegeben durch das Regelungsgesetz

$$\underline{u}^o(t) = - K \underline{x}(t)$$ (5.176)

mit

$$K = R^{-1} B^T \overline{P},$$ (5.177)

wobei $\overline{P}$ die folgende Matrix-Riccati-Gleichung

$$\overline{P} A + A^T \overline{P} - \overline{P} B R^{-1} B^T \overline{P} + Q = 0$$ (5.178)

befriedigt. Die Zielfunktion hat für die optimale Steuerung den (minimalen) Wert

$$I^o(\underline{x}^o(t), \underline{u}^o(t)) = \underline{x}^T(t) \, \overline{P} \, x(t) \Big|_{t=t_o=0} = \underline{x}_o^T \, \overline{P} \, \underline{x}_o.$$ (5.179)

Eine eindeutige Lösung existiert, wenn Q positiv definit ($Q > 0$) ist. Wenn Q nur positiv semidefinit ($Q \geqq 0$) ist, muß darüber hinaus gefordert werden, daß $\underline{x}^T(t) \, Q \, \underline{x}(t) \not\equiv 0$ längs jeder Lösung von $\underline{\dot{x}}(t) = A \underline{x}(t)$ gilt. Letzteres ist erfüllt, wenn $(A, \, Q_o)$ beobachtbar ist, wobei sich Q_o aus einer Zerlegung $Q = Q_o^T Q_o$ ergibt, die für eine nichtnegativ definite und damit symmetrische Matrix Q immer möglich ist.

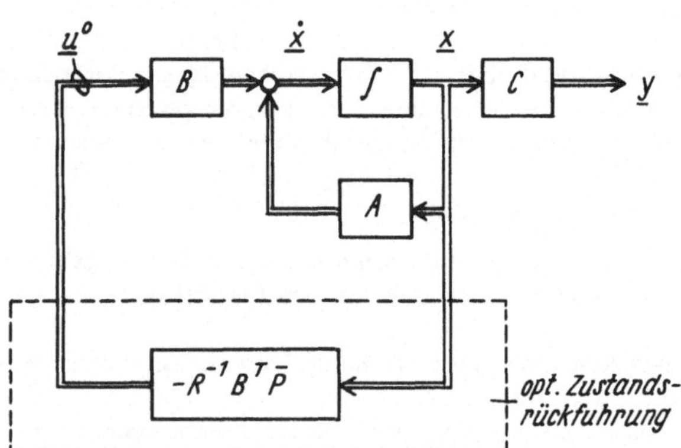

Bild 5.28. Optimale Zustandsrückführung (Standardproblem, $t_e \to \infty$)

Wenn alle genannten Bedingungen erfüllt sind, ist die Lösung der als Bestimmungsgleichung für $\overline{P}$ aufzufassenden Riccati-Gleichung (5.178) positiv definit, und das optimale System (Bild 5.28) mit der optimalen Steuerung

$$\underline{u}^o(t) = - R^{-1} B^T \overline{P} \underline{x}(t)$$ (5.180)

ist asymptotisch stabil, d. h.

$$\mathrm{Re} \, \lambda_i (A - B R^{-1} B^T \overline{P}) < 0; \qquad i = 1, 2, \ldots, n.$$ (5.181)

Unter Verwendung dieser von der Theorie der optimalen Prozesse bereitgestellten Ergebnisse wird die Lösung des formulierten Standardproblems auf die beiden den eigentlichen Entwurf ausmachenden Teilprobleme reduziert:

1. konkrete Bestimmung der der jeweils vorliegenden Aufgabenstellung angepaßten Bewertungsmatrizen $Q \geqq 0$, $R > 0$ im Gütefunktional,
2. Berechnung von $\overline{P} > 0$.

Unter möglichst starker Bezugnahme auf die physikalische Realität werden für die Bewertungsmatrizen häufig Diagonalmatrizen angesetzt. Bei guter Prozeßkenntnis lassen sich zumindest Anhaltswerte für vernünftige Relationen der Bewertungskoeffizienten in Q und R angeben, die dann jedoch i. allg. iterativ zu verbessern bzw. besser anzupassen sind [10] [25] [97] [135].

Das zweite Teilproblem des eigentlichen Entwurfs betrifft die Berechnung von $\bar{P}$ als Lösung der Matrix-Riccati-Gleichung (5.178).

5.4.2. Zur Lösung der Matrix-Riccati-Gleichung

Zur numerischen Lösung der algebraischen nichtlinearen Matrix-Riccati-Gleichung sind eine Reihe von Methoden bekannt geworden. Die bereits oben zitierten Originalquellen in Buchform gehen fast alle auch auf diese Methoden ein und geben darüber hinaus Hinweise auf das umfangreiche Quellenmaterial in Zeitschriften, Tagungsberichten usw.

Für das hier umrissene Standardproblem, das die stationäre und konstante Lösung $\bar{P}$ der Riccati-Gleichung (5.178) für das zeitinvariante Optimierungsproblem mit $t_e \to \infty$ beinhaltet, sind im wesentlichen zwei Lösungswege für die Praxis interessant geworden. Der eine, auf Kleinman zurückgehende Weg stellt ein iteratives Verfahren mit guten Konvergenzeigenschaften dar [98]. Das Lösungsprinzip ist wie folgt:

Das Problem wird zunächst so umformuliert, als stelle die linke Seite von (5.178) eine Funktion von P dar:

$$F(P) = P A + A^T P - P B R^{-1} B^T P + Q, \tag{5.182}$$

für die eine positiv definite Lösung $\bar{P}$ gesucht wird, für die

$$F(P) = 0$$

gilt. Gl. (5.182) soll dann iterativ gelöst werden. Kleinman hat dazu das folgende iterative Schema eingeführt:

$$0 = P_{k+1} A_k + A_k^T P_{k+1} + P_k B R^{-1} B^T P_k + Q \tag{5.183}$$

mit

$$A_k = A - B R^{-1} B^T P_k, \tag{5.184}$$

wobei P_k den Wert nach der k-ten Iteration darstellt. Dieser iterative Algorithmus konvergiert gegen die gesuchte positiv definite Lösung $\bar{P}$, solange die Matrizen A_k nur Eigenwerte in der offenen linken Halbebene, also mit negativem Realteil, haben. Das muß auch für die Startbedingung $k = 0$ gelten, d.h., für den Startwert P_0 muß eine Matrix gewählt werden, für die gilt

$$\text{Re } \lambda_i(A_0) = \text{Re } \lambda_i (A - B R^{-1} B^T P_0) < 0; \qquad i = 1, 2, \ldots, n.$$

Wenn die Systemmatrix A selbst schon eine "stabile" Matrix ist, d.h. nur negative Eigenwerte hat, kann der Algorithmus mit $P_0 = 0$ gestartet werden. In der Literatur sind verschiedene Vorschläge für einen zweckmäßigen Startschritt $A_0 = A_0(P_0)$ unterbreitet worden, so daß eine schnelle und zuverlässige Konvergenz des Verfahrens erreicht werden konnte [99].

Ein zweiter Lösungsweg, der eine nennenswerte praktische Verbreitung gefunden hat und auf Potter zurückgeht, benutzt Zusammenhänge, die zwischen der auf die Diagonalform ihrer Eigenwerte transformierten Systemmatrix des zum Optimierungsproblem (5.169) bis (5.175) gehörenden Euler-Lagrangeschen Gleichungssystems und der stationären konstanten Lösung $\bar{P}$ von (5.178) bestehen [100] [101]. Im Ergebnis erhält man folgende Berechnungsvorschrift:

Man bilde mit A, B, Q und R die $(2n \times 2n)$-Matrix

$$S = \begin{bmatrix} A^T & Q \\ B R^{-1} B^T & -A \end{bmatrix}. \tag{5.185}$$

Damit ist $\bar{P}$ zu berechnen als

$$\bar{P} = (\underline{a}_1, \underline{a}_2 \ldots \underline{a}_n) \, (\underline{b}_1 \, \underline{b}_2 \ldots \underline{b}_n)^{-1}, \tag{5.186}$$

wobei die $(n \times 1)$-Spaltenvektoren $\underline{a}_i$ die <u>oberen</u> Hälften derjenigen $(2n \times 1)$-Eigenvektoren von S sind, die zu den n Eigenwerten von S mit <u>positivem</u> Realteil gehören, und die $(n \times 1)$-Spaltenvektoren $\underline{b}_i$ die zugehörigen, in der gleichen Reihenfolge anzuordnenden <u>unteren</u> Hälften dieser Eigenvektoren bedeuten.

Es sei am Rande bemerkt, daß die 2 n Eigenwerte von S symmetrisch zur imaginären Achse der komplexen Ebene und nicht auf ihr liegen.

Damit ist die Berechnung von $\bar{P}$ auf die Lösung eines Eigenvektorproblems der allerdings $(2n \times 2n)$-dimensionalen "Systemmatrix" S zurückgeführt.

Für diese Verfahren wurden verschiedentlich Rechenprogramme entwickelt, z. B. in [136] und [137].

5.4.3. Ergebnisinterpretation und Einschätzung

Das kurz dargestellte quadratische Optimierungsproblem mit $t_e \rightarrow \infty$ führte wieder auf die lineare konstante Zustandsrückführung mit der Reglermatrix (5.177). Es ordnet sich in dieser Beziehung in die Grundstrukturen mit vollständiger Zustandsrückführung ein (Bild 5.28).

Der Entwurf des Reglers, d. h. die Bestimmung von K, erfordert die Lösung der nichtlinearen Matrixgleichung (5.178), was einen relativ hohen numerischen Aufwand erfordert. Die Anwendung der Optimalsteuerung setzt genaue Prozeßmodelle in Form der Zustandsbeschreibung voraus. Sie ist entsprechend der ihr innewohnenden "Entwurfsphilosophie" sehr empfindlich gegenüber Parameteränderungen in der Strecke [102]. Außerdem muß der Regler, d. h. das berechnete Regelungsgesetz (5.180), genau realisiert werden, weil auch eine relativ hohe Empfindlichkeit gegenüber Parameteränderungen im Regler besteht [102]. Das stellt hohe Anforderungen an die gerätetechnische Realisierung.

Die Entwurfsdeterminante berücksichtigt nur die Eigendynamik der Strecke, also Zustandsüberführungen und nicht das Auftreten der äußeren Störungen, die aber für die Prozeßregelung typisch sind. Zwar sind einige Verfahren vorgeschlagen worden, um äußere Störungen explizit zu berücksichtigen [10] [12] [14], das jedoch erhöht den numerischen Aufwand. Das Problem der äußeren Störungen wird im Abschn. 5.9. allgemeiner aufgegriffen.

Ein Gütekriterium (5.171) läßt über die Wahl der Bewichtungsmatrizen Q und R eine Anpassung an bestimmte, im konkreten Fall bestehende regelungstechnische Aufgabenstellungen zu. Praktisch gesehen, liegt jedoch hier die Schwachstelle der linearen Optimalsteuerung in ihrer Anwendung auf die Prozeßregelung: Es gibt keine allgemeinen Strategien für Wahl und Ansatz der Bewichtungsmatrizen Q, R, oder es ist nur in seltenen Fällen möglich, auf direktem Wege ingenieurmäßige Güteforderungen in ein Funktional vom Typ (5.171) zu kleiden. Meistens bleibt nur der iterative Weg nach der Methode "Versuch und Irrtum". In einigen Fällen, wo es gelang, diesen Weg zu beschreiten, brachten die so erzielten und realisierten "optimalen" [in bezug auf (5.171)] Lösungen bedeutende Verbesserungen gegenüber klassischen Reglerstrukturen [10] [97] [135].

Vielfach werden derartige Berechnungen gemacht, um einschätzen zu können, wieweit eine anderweitig gefundene Lösung vom "Optimum" entfernt ist. Aber auch dieses Vorgehen ist wegen der unsicheren Wahl der Bewichtungsmatrizen Q, R nicht immer aussagefähig.

Es muß erwähnt werden, daß die Theorie der optimalen Steuerung auch für nichtlineare Strecken, andere Kriterien usw. anwendbare Methoden bereitstellt und damit im Gegensatz zu den hier behandelten Methoden eine viel breitere Klasse von Systemen umfaßt. Ferner lassen sich Begrenzungen der Stellgrößen einbeziehen. Es können also (im Prinzip) die Verhältnisse in der Praxis sehr wohl und z. T. besser und umfassender als bei den anderen von der linearen Theorie ausgehenden Verfahren berücksichtigt werden [103]. Jedoch allein aus den folgenden Gründen:

- Ein genaues Modell der Strecke ist erforderlich,
- Parameteränderungen werden nicht toleriert,
- (sehr) hoher Aufwand beim Entwurf,
- hoher Aufwand bei der gerätetechnischen Realisierung des die meist komplizierte Steuerfunktion realisierenden Reglers,

- Schwierigkeiten im Hinblick auf die Angabe von Einstellvorschriften (geringe Transparenz),
- keine explizite Berücksichtigung von Störungen,
- geringe Integrität

wird man auch in Zukunft derartige theoretisch entwickelte Verfahren nur selten für die
Prozeßregelung anwenden.

Vielfach wird man bei der Formulierung von Entwurfszielen für die Regelung von Mehr-
fachstrecken nicht nur auf ein Gütefunktional geführt, sondern das Problem stellt sich als
Polyoptimierungsaufgabe (Gütefunktionalvektor) dar [16]. Für die dynamischen Probleme
der Prozeßregelung ergeben sich hier neue und interessante Fragestellungen, die die Formulierung des jeweils adäquaten Vektors der Gütefunktionale, die Berechnung der polyopti-
malen Steuerung und ihre Realisierung betreffen.

Abschließend sei bemerkt, daß durch Behandlung des Optimierungsproblems (5.172) im
Frequenzbereich die stationäre Matrix-Riccati-Gleichung (5.178) auf eine Gleichung führt:

$$F^T(-p)\,R\,F(p) = R + G^T(-p)\,Q\,G(p), \tag{5.187}$$

die die optimale Rückführdifferenzmatrix

$$F(p) = \left[I + K\,(p\,I - A)^{-1}\,B\right] \tag{5.188}$$

mit der Übertragungsmatrix $G(p)$ und den Bewichtungsmatrizen Q, R im Gütefunktional in
Beziehung bringt [26]. Für Mehrgrößensysteme ist eine gezielte Auswertung von (5.187)
aus numerischen Gründen (Umgang mit Polynommatrizen) nicht möglich, so daß auch hier-
über keine praktischen Fortschritte in bezug auf den Ansatz von Q, R erreicht wurden. Jedoch kann man, ausgehend von (5.187), folgendes Kriterium für die Optimalität bezüglich
(5.172) und $t_e \rightarrow \infty$ ableiten [104]:

$$/\det F(j\omega)/\overset{\geq}{=} 1 \qquad \text{für alle } \omega. \tag{5.189}$$

Die grafische Interpretation von (5.189) wird im Bild 5.29 gezeigt:

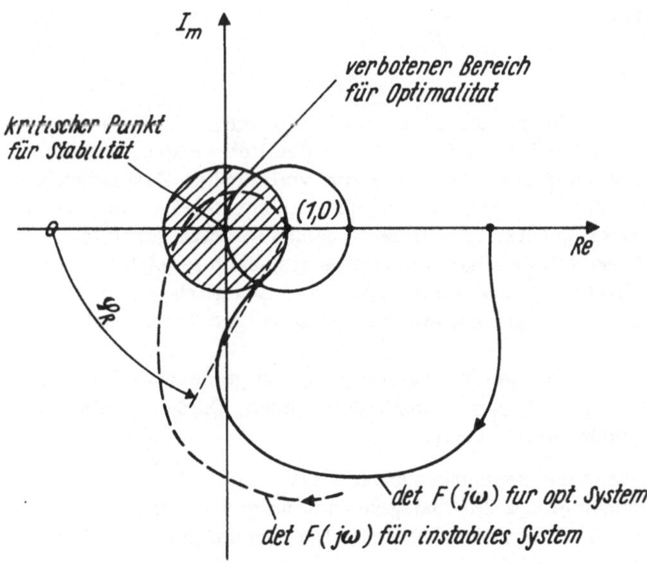

Bild 5.29. Zur Bedingung für Optimalität und Stabilität eines Mehrgrößensystems mit Zustandsrückführung

Der geometrische Ort von $\det F(j\omega)$ darf nicht in das Innere des Einheitskreises der komplexen Ebene eindringen. Wenn man bedenkt, daß in Verallgemeinerung des Nyquist-Kriteriums der kritische Punkt in bezug auf die Stabilität des (geschlossenen) Mehrgrößenregelungssystems in dieser Darstellung der Koordinatenursprung ist [104], so wird deutlich
(s. Bild 5.29), daß wegen (5.189) ein bezüglich (5.172) optimaler Regler so arbeitet, daß

die Phasenreserve φ_R mindestens 60° beträgt. Für ein vernünftiges Störverhalten reichen jedoch kleinere Phasenreserven - von mindestens 30° - völlig aus. Ein optimaler Regler erzeugt also eine beträchtliche Phasenvoreilung; denn sonst könnte det $F(j\omega)$ zusammen mit der Strecke nicht einen solchen, durch (5.189) charakterisierten Verlauf mit der entsprechend großen Phasenreserve $\varphi_R \geq 60^\circ$ nehmen.

Der Grund für diese beträchtliche, durch den optimalen Regler erzeugte Phasenvoreilung kann offenbar nur in der Zurückführung <u>aller</u> Zustandsvariablen (vollständige Zustandsrückführung) zu suchen sein. Für die Prozeßregelung ist jedoch diese große Phasenreserve gar nicht erforderlich. Man möchte hier durch Verstärkungserhöhung, die, wie Bild 5.29 zeigt, aus Stabilitätssicht durchaus noch möglich ist, noch eine effektivere Störgrößenbekämpfung erreichen [104].

Das Kriterium (5.189) für die Optimalität im Frequenzbereich hat damit indirekt zu der Erkenntnis geführt, daß Regler, die nach dem Prinzip der vollständigen <u>Zustandsrückführung</u> arbeiten, zu einer Phasenvoreilung führen, was für die Optimierung nach quadratischen Kriterien (5.172) notwendig und ansonsten für die Stabilisierung sehr günstig, aber nicht unbedingt und in dem Maße erforderlich oder wünschenswert ist. Aus dieser Sicht lassen sich besonders für Systeme mit einem Ein- und einem Ausgang interessante Interpretationen der Zustandsregelung und vergleichende Betrachtungen mit klassischen Konzepten (Hinzunahme von D-Anteilen, Hilfsregelgrößen, Kaskadenregelung) durchführen [26]. Gleichzeitig erkennt man, daß in den Fällen, wo der vollständige Systemzustand nicht verfügbar ist, das Konzept der linearen Optimalsteuerung versagen muß. Hier <u>müssen</u> die nicht verfügbaren Zustandsvariablen durch sog. Zustandsbeobachter (deterministisches Problem) bzw. Zustandsschätzer (Rauscheinflüsse, also stochastisches Problem) rekonstruiert werden. Diese sind dann Bestandteil der zu realisierenden Mehrgrößenregeleinrichtung und erhöhen damit den Aufwand. Sie können auch bei anderen Regelprinzipien, die von einer Zustandsrückführung ausgehen (z. B. modale Regelung), eingesetzt werden. Beim heutigen Stand ist diese Rekonstruktion nicht verfügbarer Zustandsvariablen prinzipiell gelöst; sie bedeutet lediglich und in jedem Fall erhöhten Aufwand.

5.5. Beobachterentwurf

5.5.1. Einführung

Die zuletzt gemachten Ausführungen zur Optimalsteuerung sowie die Darlegungen zu den Polzuweisungsverfahren in den Abschnitten 5.1. und 5.2. ließen deutlich werden, daß die im Ergebnis des Entwurfs resultierenden Regelungsgesetze eine vollständige Zustandsrückführung $\underline{u} = K\underline{x}$ beinhalten. Es wird also die gesamte Information über den Zustand des zu regelnden Mehrgrößensystems (Strecke) genutzt. Um diese Regelungsgesetze gerätetechnisch realisieren zu können, muß diese vollständige Information also auch tatsächlich verfügbar sein, d. h., es müssen alle Zustandsvariablen meßbar sein. Lediglich bei der modalen Regelung (s. Abschn. 5.1.6.) kann man ggf. mit einer unvollständigen Zustandsrückführung auskommen.

In vielen Fällen der Prozeßregelung wird man nur auf einige direkt gemessene Zustandsvariablen x_i und/oder Systemausgangsgrößen y_i zurückgreifen können. Diese praktisch reale Situation wird u. a. durch folgende Gründe bedingt:

- Einige Zustandsgrößen sind nicht oder nur sehr ungenau meßbar.
- Aus Kostengründen sollen bzw. können einige Zustandsgrößen nicht gemessen werden.
- Einige Zustandsgrößen besitzen gar keine physikalisch reale Interpretation und stellen lediglich fiktive Rechengrößen dar.

Diese für die Prozeßregelung typische Situation wird oft als Argument für eine Ablehnung der die Zustandsrückführung beinhaltenden Entwurfsverfahren ins Feld geführt. Zweifellos ist die Voraussetzung der Verfügbarkeit des vollständigen Systemzustands ein Nachteil der entsprechenden Entwurfsverfahren, so daß es an intensiven Bemühungen, diesen Nachteil auszuschalten bzw. zu umgehen, nicht gefehlt hat. Eine diesbezügliche Entwicklungsrich-

tung wurde bereits im Abschn. 5.3. im Zusammenhang mit den "dynamikfreien" Ausgangsrückführungen zur Polzuweisung umrissen.

Eine zweite, grundsätzlich andere Entwicklungsrichtung wurde durch die Arbeiten von
Luenberger [27] [28] begründet. Hier wird versucht, mit Hilfe eines sog. Zustandsbeobachters - oder kurz: Beobachters - den Zustand des Systems zu rekonstruieren. Diese Beobachter sind dynamische Systeme, die als Bestandteil der Regeleinrichtung zu entwerfen
und zu realisieren sind und die aus den verfügbaren (meßbaren) Systemausgängen y_i und
den Systemeingängen u_i eine Ersatzgröße $\hat{\underline{x}}$ für den tatsächlichen Zustandsvektor $\underline{x}$ ermitteln (rekonstruieren). Bild 5.30 gibt die grundsätzliche Anordnung an. Der Beobachter kon-
struiert also aus meßbaren Größen eine Approximation des Zustandsvektors.

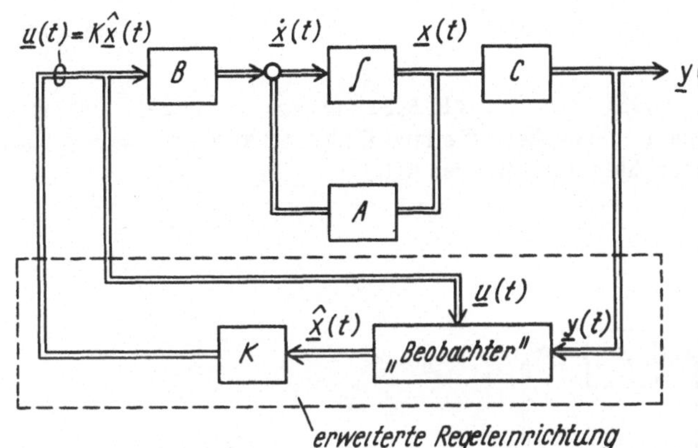

Bild 5.30. Zur Realisierung
eines Rückführgesetzes $\underline{u} = K\underline{x}$
im Fall eines nicht vollständig
meßbaren Streckenzustands mit
Beobachter

In den Fällen, wo das System Rauscheinflüssen unterworfen ist (Meßrauschen, Störrauschen), die nicht zu vernachlässigen sind, spricht man anstelle von Zustandsbeobachtern
besser von Zustandsschätzern. Man macht damit deutlich, daß der Entwurf eines Beobachters - hierfür hat Luenberger die theoretischen Grundlagen entwickelt [27] [28] - ein rein
deterministisches Problem ist, während der Entwurf eines Zustandsschätzers eine stochastische Betrachtungsweise verlangt (Kalman-Bucy-Filter [103]). In diesem Buch wird nur
auf die deterministische Betrachtung eingegangen [29] [105] .

5.5.2. Definition und Bedingungen eines Zustandsbeobachters

Das zu beobachtende System

$$\dot{\underline{x}} = A\underline{x} + B\underline{u} \tag{5.190}$$
$$\underline{y} = C\underline{x} \tag{5.191}$$

- habe die Ordnung n,
- besitze r linear unabhängige Ausgänge y_1, y_2, ..., y_r, d. h., für die Ausgangsmatrix C
  gilt die Rangbedingung

$$\text{rang } C = r, \tag{5.192}$$

die (r × n)-Matrix C sei also zeilenregulär,
- sei beobachtbar, d. h., es ist für die Beobachtbarkeitsmatrix

$$Q = (C^T \vdots A^T C^T \vdots \dots \vdots (A^T)^{n-1} C^T) \tag{5.193}$$

$$\text{rang } Q = n. \tag{5.194}$$

Ein Beobachter, der gemäß Bild 5.30 aus den r < n gemessenen Ausgängen und den m < n
ebenfalls zu verwendenden Eingängen des Systems (5.190), (5.191) n Ersatzzustandsva-
riablen rekonstruieren soll, kann offenbar kein rein statisches Gebilde sein, sondern wird
selbst ein dynamisches System darstellen müssen. Wir definieren deshalb [29] : Ein Zu-

standsbeobachter für das lineare System (5.190), (5.191) ist ein lineares dynamisches System der Ordnung v mit den am zu beobachtenden System (Strecke) meßbaren Größen $\underline{y}(t)$, $\underline{u}(t)$ als Eingangsgrößen und den Ausgangsgrößen $\hat{\underline{x}}(t)$ als Ersatzgrößen für den Systemzustand $\underline{x}(t)$

$$\dot{\underline{z}}(t) = W\,\underline{z}(t) + J\,\underline{y}(t) + L\,\underline{u}(t) \tag{5.195}$$
$$\hat{\underline{x}}(t) = R\,\underline{z}(t) + S\,\underline{y}(t), \tag{5.196}$$

mit der Eigenschaft, daß der Rekonstruktionsfehler des Systemzustands $\underline{x}(t)$

$$\Delta\underline{x}(t) = \hat{\underline{x}}(t) - \underline{x}(t) \tag{5.197}$$

für beliebige Systemeingangsgrößen $\underline{u}(t)$ asymptotisch gegen Null abklingt:

$$\lim_{t \to \infty} \Delta\underline{x}(t) = 0. \tag{5.198}$$

Die Grundstruktur eines solchen Beobachters ist im Bild 5.31 dargestellt. Mit (5.198) ist die entscheidende Entwurfsdeterminante angegeben, die eine Grundstruktur gemäß Bild 5.31 erfüllen muß, wenn sie sich als Beobachter qualifizieren will.

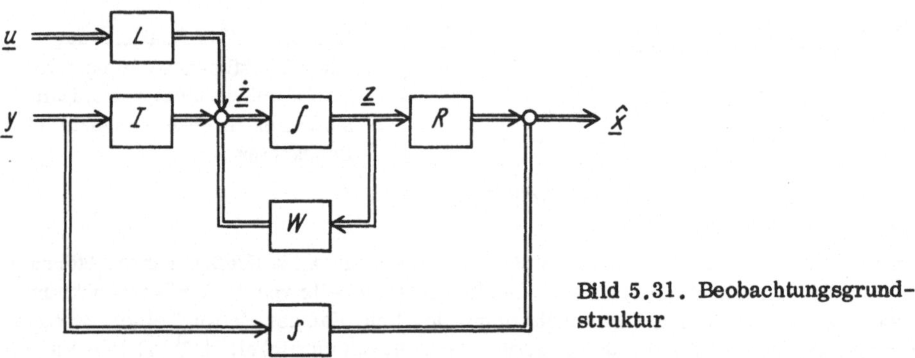

Bild 5.31. Beobachtungsgrund-
struktur

Es kommt nun darauf an, aus dieser Entwurfsdeterminante und der definierten Grundstruktur konkrete, für den Entwurf eines solchen Beobachters konstruktiv nutzbare Synthesebedingungen abzuleiten, die die Ordnung v des Beobachters und die ihn bestimmenden Matrizen betreffen.

Entsprechend dem Vorschlag von Luenberger wird für den Zustand $\underline{z}(t)$ des Beobachters der Ansatz gemacht:

$$\underline{z}(t) = T\,\underline{x}(t) + \underline{e}(t). \tag{5.199}$$

Hierbei ist man von der physikalisch naheliegenden Vorstellung ausgegangen, daß der Zustand $\underline{z}(t)$ des Beobachters für alle $t > t_o = 0$ eine lineare Transformation des nicht vollständig meßbaren Systemzustands $\underline{x}(t)$ sein soll:

$$\underline{z}(t) \overset{!}{=} T\,\underline{x}(t). \tag{5.199a}$$

Da jedoch der Beobachter und das zu beobachtende System zwei separate dynamische Systeme und damit auf jeden Fall die Anfangszustände $\underline{z}(0)$ und $\underline{x}(0)$ unabhängig und voneinander verschieden sind, darf man nicht generell erwarten oder gar voraussetzen, daß (5.199a) für $t_o = 0$ besteht. Wenn aber entsprechend dieser Realität der Anfangszustand $\underline{z}(0)$ des Beobachters in keiner festen, durch die lineare Transformation (5.199a) beschriebenen Beziehung zum Anfangszustand $\underline{x}(0)$ des zu beobachtenden Systems steht, kann auch für $t > 0$ (5.199a) nicht exakt erfüllt sein. Es ist deshalb realer, den Ansatz (5.199) zu machen, wo neben der – noch unbekannten – Lineartransformation $T\,\underline{x}$ des (gesuchten) Systemzustandsvektors ein ebenfalls unbekannter Fehlerterm $\underline{e}(t)$ eingeführt wird.

Wie (5.196) aussagt, soll nun die Ersatzinformation $\hat{\underline{x}}$ über den eigentlich gesuchten Systemzustand $\underline{x}$ aus dem Beobachterzustand $\underline{z}$ und dem Systemausgangsvektor $\underline{y}$, für die mit (5.199) und (5.191) die beiden Gleichungen

$$\dot{\underline{z}} = T \underline{x} + \underline{e}$$
$$\underline{y} = C \underline{x}$$

zur Verfügung stehen, gewonnen werden. Faßt man diese beiden Gleichungen zusammen:

$$\begin{matrix} \nu \{ \\ \\ r \{ \end{matrix} \begin{bmatrix} \underline{z} \\ \underline{y} \end{bmatrix} = \begin{bmatrix} T \\ C \end{bmatrix} \underline{x} + \begin{bmatrix} \underline{e} \\ \underline{0} \end{bmatrix} , \qquad (5.200)$$

so erkennt man, daß eine Auflösung nach dem gesuchten und durch den Beobachter nachzubildenden Zustandsvektor $\underline{x}$ nur dann gelingt, wenn die $(\nu + r \times n)$-Matrix $\begin{bmatrix} T \\ C \end{bmatrix}$ eine Links-inverse $\begin{bmatrix} R \vdots S \end{bmatrix}$ besitzt, so daß gilt

$$n \ \{ \underbrace{\begin{bmatrix} R \vdots S \end{bmatrix}}_{\nu \quad r} \begin{matrix} \begin{bmatrix} T \\ C \end{bmatrix} \end{matrix} \begin{matrix} \} \nu \\ \} r \end{matrix} = I_n , \qquad (5.201)$$

also

$$R T + S C = I_n . \qquad (5.201a)$$

Das ist aber nur dann möglich, wenn $\begin{bmatrix} T \\ C \end{bmatrix}$ den vollen (Spalten-)Rang n, d.h. mindestens auch n Zeilen, hat:

$$\text{rang} \begin{bmatrix} T \\ C \end{bmatrix} = n . \qquad (5.201b)$$

Eine notwendige Bedingung für die Auflösbarkeit von (5.200) nach $\underline{x}$ ist also (5.201b). Wenn (5.201b) erfüllt ist, folgt aus (5.200)

$$\underline{x} = (R \vdots S) \left[\begin{bmatrix} \underline{z} \\ \underline{y} \end{bmatrix} - \begin{bmatrix} \underline{e} \\ \underline{0} \end{bmatrix} \right] = \underbrace{R \underline{z} + S \underline{y}}_{\hat{\underline{x}}} - \underbrace{R \underline{e}}_{\Delta \underline{x}} , \qquad (5.202)$$

woraus sich mit (5.196) und (5.197) ergibt

$$\hat{\underline{x}}(t) = \underline{x}(t) - \Delta \underline{x}(t) . \qquad (5.202a)$$

Der in (5.199) aus physikalischen Überlegungen angesetzte Fehlerterm $\underline{e}(t)$ bestimmt also den Rekonstruktionsfehler $\Delta \underline{x}(t)$. Damit nun wie gefordert $\underline{x} = \hat{\underline{x}}$ wird, muß $\Delta \underline{x}(t)$ möglichst schnell gegen Null gehen, und zwar für beliebige auf das System wirkende Eingänge $\underline{u}(t)$. Das ist die bereits formulierte wesentliche Entwurfsdeterminante, die mit dem vereinbarten Ansatz (5.199) die Form

$$\lim_{t \to \infty} \underline{e}(t) = 0 \qquad (5.203)$$

annimmt. Bevor diese Entwurfsdeterminante (5.203) näher im Hinblick auf die Gewinnung weiterer Synthesebedingungen, die die Matrizen W, J, L, T erfüllen müssen, untersucht wird, sollen die Überlegungen, die zu der wichtigen Rangbedingung (5.201b) führten, mit der Ableitung einer unteren Schranke für die Beobachterordnung ν zu Ende geführt werden.

Es wurde bei der Ableitung von (5.201b) bereits darauf hingewiesen, daß es nur dann möglich ist, (5.201b) zu erfüllen, wenn für die Zeilenzahl $(\nu + r)$ von $\begin{bmatrix} T \\ C \end{bmatrix}$ gilt

$$\nu + r \geqq n . \qquad (5.201c)$$

Als notwendige Bedingung für die Ordnung ν des Beobachters folgt damit

$$\nu \geqq n - r . \qquad (5.204)$$

Man kann weiter schlußfolgern, daß bei einem Beobachter, der die gleiche volle Ordnung wie das zu beobachtende System $\nu = n$ hat, die Bedingung (5.201) mit

$$R = T^{-1}, \quad S = 0 \tag{5.205}$$

erfüllt werden kann. Das setzt voraus:

$$\operatorname{rang} T = n. \tag{5.206}$$

In einem solchen Spezialfall eines Beobachters der vollen Ordnung n erfolgt die Rekonstruktion des Ersatzzustandsvektors $\hat{\underline{x}}$ also nur aus den Zustandsgrößen $\underline{z}$ des Beobachters, und (5.196) nimmt die Form

$$\hat{\underline{x}}(t) = T^{-1} \underline{z}(t) \tag{5.207}$$

an. Ein Vergleich mit der Ansatzgleichung (5.199) läßt in diesem Fall die weiter zu fordernde Entwurfsdeterminante (5.203) besonders deutlich und transparent werden.

Es ist nun zu untersuchen, welche Synthesebedingungen für die den Beobachter beschreibenden Matrizen W, J, L im Zusammenhang mit der aus der Ansatzgleichung (5.199) eingeführten Matrix T gelten und erfüllt werden müssen. Dazu ist die Entwurfsdeterminante, daß der Rekonstruktionsfehler $\Delta\underline{x}(t) = \hat{\underline{x}}(t) - \underline{x}(t)$ asymptotisch gegen Null abklingen muß, zu verwenden. Mit der Ableitung von (5.203) wurde bereits deutlich, daß die äquivalente Formulierung dieser Entwurfsdeterminante lautet: Der Fehlerterm $\underline{e}(t)$ muß asymptotisch gegen Null abklingen. Die Existenzbedingungen für (5.203) können nur aus der Differentialgleichung für den Fehlerterm $\underline{e}(t)$ gewonnen werden.

Zunächst wird (5.199) in (5.195) beiderseitig eingesetzt

$$\begin{aligned}
\dot{\underline{z}} = T\,\dot{\underline{x}} + \dot{\underline{e}} &= W\,T\,\underline{x} + W\,\underline{e} + J\,\underline{y} + L\,\underline{u} \\
&= W\,\underline{e} + W\,T\,\underline{x} + J\,C\,\underline{x} + L\,\underline{u}.
\end{aligned} \tag{5.208}$$

Um hieraus die gesuchte Fehlerdifferentialgleichung zu erhalten, ist

$$T\,\dot{\underline{x}} = T(A\,\underline{x} + B\,\underline{u}) = T\,A\,\underline{x} + T\,B\,\underline{u}$$

auf beiden Seiten von (5.208) zu subtrahieren. Man erhält

$$\dot{\underline{e}} = W\,\underline{e} + \left[(W\,T - T\,A + J\,C)\underline{x} + (L - T\,B)\underline{u} \right]. \tag{5.209}$$

Für beliebiges $\underline{u}(t)$ ist der Fehler genau dann unabhängig von $\underline{u}(t)$ und $\underline{x}(t) = \underline{x}\,[\underline{u}(t)]$, wenn der Term $[\cdot]$ identisch verschwindet, d. h., wenn gilt

$$\begin{aligned}
T\,A - W\,T &= J\,C \tag{5.210} \\
L &= T\,B. \tag{5.211}
\end{aligned}$$

Unter diesen Bedingungen verbleibt für den Fehler $\underline{e}$ eine homogene Differentialgleichung

$$\dot{\underline{e}}(t) = W\,\underline{e}(t), \qquad \underline{e}(0) = z(0) - T\,\underline{x}(0), \tag{5.212}$$

deren Lösung $\underline{e}(t)$

$$\underline{e}(t) = e^{Wt}\,\underline{e}(0) = e^{Wt}\,[\underline{z}(0) - T\,\underline{x}(0)] \tag{5.213}$$

nur dann asymptotisch gegen Null geht, wenn W lediglich Eigenwerte mit negativem Realteil hat bzw. wenn das charakteristische Polynom von W ein Hurwitz-Polynom ist:

$$\operatorname{Re}\{\operatorname{eig} W\} < 0 \tag{5.214a}$$

bzw.

$$\det(p\,I - W) = \text{Hurwitz-Polynom}. \tag{5.214b}$$

Da die in der Fehlerdifferentialgleichung (5.212) auftretende Matrix W identisch mit der Systemmatrix des Beobachters ist, bedeutet (5.214), daß die Eigenwerte eines Beobachters grundsätzlich in der linken Halbebene liegen müssen. Je weiter die Eigenwerte von W in der linken Halbebene liegen, um so schneller klingt $\underline{e}(t)$ ab, d. h., um so schneller wird das Ziel $\lim_{t \to \infty} \underline{e}(t) = 0$ in guter Näherung erreicht.

Mit (5.201), (5.204), (5.210), (5.211) und (5.214) sind die Bedingungen gefunden worden, die ein oben definierter Beobachter erfüllen muß. Diese "Beobachterbedingungen" werden als Grundlage für zu entwickelnde Entwurfsverfahren für Beobachter noch einmal zusammengestellt:

(1.)   Ordnung $\nu \geqq (n - r)$
(2.) $T\,A - W\,T = J\,C$
(3.) $\qquad L = T\,B$ $\qquad\qquad\qquad\qquad\qquad\qquad\qquad\qquad$ (5.215)
(4.) $\mathrm{rang} \begin{bmatrix} T \\ C \end{bmatrix} = n \longleftrightarrow R\,T + S\,C = I_n$
(5.) $\mathrm{Re}\ \{\mathrm{eig}\ W\} < 0$.

Nur wenn alle diese Bedingungen erfüllt sind, wird der Rekonstruktionsfehler

$$\Delta \underline{x}(t) = \hat{\underline{x}}(t) - \underline{x}(t) = R\,e^{Wt}\,[\underline{z}(0) - T\,\underline{x}(0)] \qquad\qquad (5.216)$$

asymptotisch gegen Null gehen.

Bevor auf Entwurfsverfahren für Beobachter eingegangen wird, soll untersucht werden, welchen Einfluß Zustandsbeobachter, die in Strukturen nach dem Prinzip der Zustandsrückführung zur Realisierung des Regelungsgesetzes $\underline{u} = K\,\underline{x}$ durch $\hat{\underline{u}} = K\,\hat{\underline{x}}$ nach Bild 5.30 eingesetzt sind, auf das Verhalten des Gesamtsystems ausüben.

5.5.3. Beobachter und Zustandsvektorrückführung. Separationseigenschaft

Wird zur Realisierung eines Regelungsgesetzes $\underline{u} = K\,\underline{x}$ bei nicht vollständig meßbarem Zustand $\underline{x}$ ein im Abschn. 5.5.2. definierter Beobachter verwendet, so ergibt sich für das

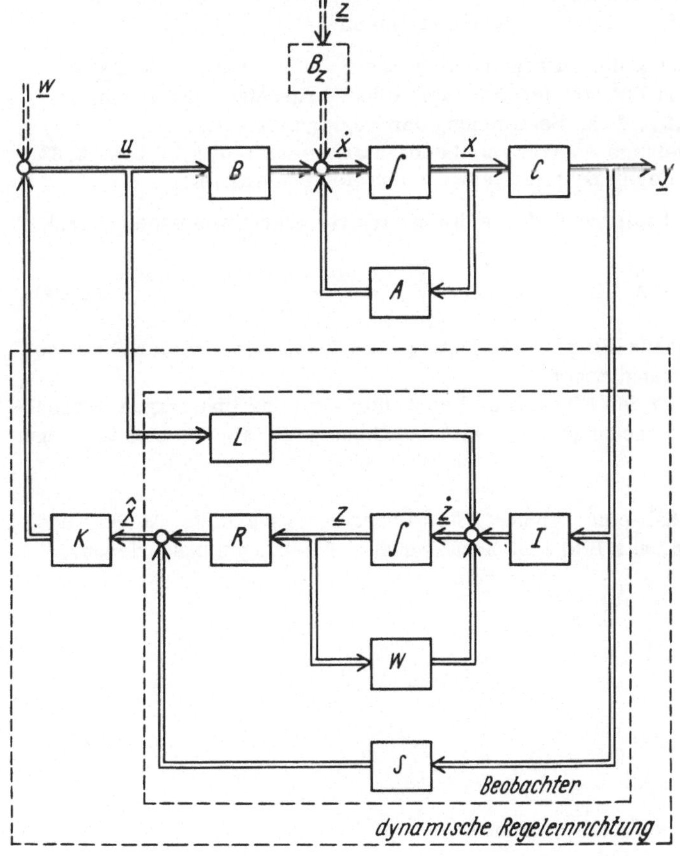

Bild 5.32. Geschlossenes System mit Beobachter

geschlossene System das Bild 5.32. Es ist nun zu klären, ob und wie das Stabilitätsverhalten einer solchen Rückkoppelungsstruktur mit Beobachter gegenüber dem Idealfall der direkten dynamikfreien Zustandsrückführung $\underline{u} = K\,\underline{x}$ durch den Beobachter verändert wird. Für das Stabilitätsverhalten eines linearen Systems sind die Eigenwerte seiner Systemmatrix maßgebend. Für das im Bild 5.32 dargestellte geschlossene System kann man zunächst folgende Gleichungen ablesen:

$$\dot{\underline{x}} = (A + B\,K\,S\,C)\,\underline{x} + B\,K\,R\,\underline{z} \tag{5.217}$$
$$\dot{\underline{z}} = (J\,C + L\,K\,S\,C)\,\underline{x} + (W + L\,K\,R)\,\underline{z}. \tag{5.218}$$

Bezeichnet man den Gesamtzustandsvektor dieser Rückkopplungsstruktur mit

$$\underline{v} = \begin{bmatrix} \underline{x} \\ \underline{z} \end{bmatrix}, \tag{5.219}$$

so lautet die resultierende Differentialgleichung

$$\dot{\underline{v}} = A_o\,\underline{v} = \begin{bmatrix} A + B\,K\,S\,C & B\,K\,R \\ J\,C + L\,K\,S\,C & W + L\,K\,R \end{bmatrix}\underline{v}. \tag{5.220}$$

In [14] [15] [29] [103] [105] u.a. wird gezeigt:

Für das Stabilitätsverhalten, charakterisiert durch die Eigenwerte von A_o gilt die sog. Separationseigenschaft, d.h., die durch eine ideale direkte Zustandsrückführung $\underline{u} = K\,\underline{x}$ festgelegten Eigenwerte von $D = A + B\,K$ werden nicht verändert und es treten die nur durch den Beobachter festgelegten Eigenwerte hinzu. Der Beobachter fügt also seine Eigenwerte lediglich zu denen von $D = A + B\,K$ hinzu. Diese Separationseigenschaft eines Beobachters ist außerordentlich bedeutsam und legitimiert insbesondere das folgende Vorgehen einer Polfestlegung im Fall nicht sämtlich meßbarer Zustandsvariablen:

Schritt 1: Annahme, der Zustand $\underline{x}$ des zu regelnden Systems $\dot{\underline{x}} = A\,\underline{x} + B\,\underline{u}$, $\underline{y} = C\,\underline{x}$ sei vollständig meßbar und Entwurf des "idealen" Rückführgesetzes $\underline{u} = K\,\underline{x}$ nach Abschn. 5.1. oder 5.2., d.h. Bestimmung der Reglermatrix K.

Schritt 2: Realisierung des Regelungsgesetzes mit Beobachter gemäß Bild 5.30 bzw. 5.32, d.h. als $\hat{\underline{u}} = \hat{K}\underline{x}$ mit der in Schritt 1 entworfenen Reglermatrix K.

Diese wichtige Eigenschaft, die häufig auch durch die separierte Schreibweise des charakteristischen Polynoms von A_o

$$\det(pI - A_o) = \det\left[pI - (A + B\,K)\right]\det(pI - W) \tag{5.221}$$

ausgedrückt wird, ist der Grund für die große Bedeutung, die Beobachter bei der Synthese von Mehrgrößenreglern heute erlangt haben.

Im weiteren wird noch kurz auf den Einfluß des Beobachters auf das Übertragungsverhalten des geschlossenen Systems eingegangen. Als externe Eingangssignale kommen in Frage

    Führungsgrößen $\underline{w}$,

    Störgrößen $\underline{z}$.

Beide sind im Bild 5.32 gestrichelt eingezeichnet. Das Übertragungsverhalten $\underline{w} \to \underline{y}$ und $\underline{z} \to \underline{y}$ wird durch die folgenden, aus Bild 5.32 abzulesenden Gleichungen beschrieben:

$$\begin{bmatrix} \dot{\underline{x}} \\ \dot{\underline{z}} \end{bmatrix} = A_o \begin{bmatrix} \underline{x} \\ \underline{z} \end{bmatrix} + \begin{bmatrix} B \\ L \end{bmatrix}\underline{w} + \begin{bmatrix} B_z \\ 0 \end{bmatrix}\underline{z} \tag{5.222}$$

$$\underline{y} = (C \quad 0)\begin{bmatrix} \underline{x} \\ \underline{z} \end{bmatrix} \tag{5.223}$$

mit A_o aus (5.220).

Für das Führungsübertragungsverhalten findet man

$$\underline{y}(p) = C\left[p\,I_n - (A + B\,K)\right]^{-1}B\,\underline{w}(p), \tag{5.224}$$

d. h., die Beobachterpole, die sich nach (5.221) als Nullstellen von det (pI - W) ergeben,
gehen <u>nicht</u> in das Führungsübertragungsverhalten ein. Die Pole der Führungsübertragungsfunktionen sind, wie (5.224) zeigt, nur von K, nicht aber von den Bestimmungsgrößen des
Beobachters J, L, T und W abhängig. Das gilt natürlich nur für die nominellen Parameter-
werte, die dem Beobachterentwurf zur Erfüllung der Beobachterbedingungen (5.215) zugrunde liegen; bei Parameterabweichungen in der Strecke oder im Beobachter ergeben sich
schwer zu überschauende Verhältnisse.

Bezüglich des Störübertragungsverhaltens $\underline{z} \rightarrow \underline{y}$ des geschlossenen Systems läßt sich
folgende Aussage gewinnen: Der Beobachter wird das Störübertragungsverhalten maßgeblich
beeinflussen [105]. Für einläufige (m = r = 1) Regelkreise sind die Probleme in [106] ausführlicher dargestellt. Hier hat sich auch die Einführung eines Beobachtereinflußfaktors,
der sich aus dem dynamischen Regelfaktor bei Rückkopplung mit einem Beobachter separie-
ren läßt, als sehr tragfähig erwiesen [29] [107].

Aus der Tatsache, daß der Beobachter das Störübertragungsverhalten maßgeblich beeinflußt, lassen sich aber auch neue, für die Prozeßregelung interessante Aufgaben ableiten,
z. B. wie mit Hilfe eines Beobachters erreicht werden kann, daß auf bestimmte Störsignal-
formen keine bleibende Regelabweichung auftritt [105] [107] [108]. Dies führt auf Fragen
der Störbeobachtung und Störgrößenrekonstruktion [20] [107] [111].

5.5.4. Entwurfsverfahren zur Erfüllung der Beobachterbedingungen

Zur Erfüllung der Beobachterbedingungen (5.215) sind eine Reihe Syntheseverfahren entwik-
kelt worden: [27] [28] [29] [52] [103] [109] [110] [111] [112] [113] [114] u. a. Es ist
nicht möglich, diese verschiedenen Verfahren und die daraus entstandenen weiteren Modifikationen hier zu behandeln. Es wird daher nur auf prinzipielle Möglichkeiten zur Lösung der
Syntheseaufgabe und einen kurzen Abriß ausgewählter Verfahren eingegangen.

Aufgabe der Entwurfsverfahren ist es, die Ordnung ν und die Parametermatrizen W, J,
L, R und S des Beobachters so zu bestimmen, daß die Bedingungen (5.215) erfüllt sind. Besondere Schwierigkeiten bereitet dabei die Erfüllung der Bedingungen (2) und (4) bei gleichzeitiger Beachtung und Erfüllung der Bedingung (5) von (5.215), weil über diese Bedingungen
eine komplizierte Verknüpfung von vier Beobachtermatrizen mit der weiteren Matrix T vorliegt. Zur Lösung des Problems bieten sich die beiden folgenden grundsätzlichen Herangehensweisen an [29]:

1. Bestimmung einer allgemeinen Lösung T der Matrizengleichung (2) T A - W T = J C als
   Funktion der Elemente der Matrizen W und J und anschließende Bestimmung von W und
   J so, daß die Bedingungen (4) und (5) erfüllt sind,
2. Vorgabe einer Matrix T so, daß Bedingung (4) erfüllt ist, und anschließende Bestimmung
   von W und J, so daß die Bedingungen (2) und (5) erfüllt sind.

In beiden Fällen ist dann Bedingung (3) L = T B durch einfaches Ausmultiplizieren zu erfüllen.

Außerdem ergeben sich gewisse Unterscheidungen der Entwurfsverfahren auch in der Hinsicht, ob vollständige Beobachter, die die volle Ordnung n des zu beobachtenden Systems
haben, oder reduzierte Beobachter der Ordnung ν mit $(n - r) < \nu < n$ bzw. sog. minimale
Beobachter der Ordnung $\nu = (n - r)$ entworfen werden sollen.

5.5.4.1. Beobachterentwurf durch primäres Lösen der
         Gleichung T A - W T = J C

Die Matrizengleichung

$$T A - W T = J C \qquad\qquad (5.225)$$

hat nur dann eine eindeutige Lösung T, wenn die Matrizen A und W keine gemeinsamen
Eigenwerte haben [47]:

$$\lambda_i^A \neq \lambda_i^W; \qquad i = 1, 2, \ldots, \nu, \ldots, n. \qquad\qquad (5.226)$$

Wie die Beobachterbedingungen (5.215) zeigten, reicht es jedoch für einen Beobachterentwurf nicht aus, lediglich eine eindeutige Lösung T der Gl. (5.225) zu erhalten, sondern T muß zusätzlich noch die Bedingung (5) in (5.215) erfüllen. Daraus folgt, daß (5.226) nicht die einzige notwendige Voraussetzung für einen erfolgreichen Beobachterentwurf sein wird. Aus der Natur der Sache wird man vermuten können, daß eine weitere Voraussetzung für die Existenz einer alle Beobachterbedingungen erfüllenden Lösung T der Gl. (5.225) sicherlich auch die vollständige Beobachtbarkeit des zu beobachtenden Systems, d. h. der Strecke (A, C), sein wird.

In [29] und [110] konnte gezeigt werden, daß es unter der Voraussetzung (5.226), d. h., wenn alle Eigenwerte des Beobachters von den Eigenwerten der Strecke verschieden sind, notwendig für die Existenz einer auch die Beobachterbedingung (4) in (5.215) erfüllenden Lösung T der linearen Matrizengleichung $TA - WT = JC$ ist, daß

- die Strecke (A, C) vollständig beobachtbar ist,
- der Beobachter von seinem Eingang $\underline{y}$ aus vollständig steuerbar ist, d. h. (W, J) steuerbar ist.

Die zuletzt genannte Forderung kann aber für eine vorgegebene Systemmatrix W des Beobachters durch geeignete Wahl von J prinzipiell immer erfüllt werden.

Die Wahl von W bestimmt nach den Ausführungen im Abschn. 5.5.2. das Einschwingverhalten des Beobachters bzw. den Verlauf des Rekonstruktionsfehlers. Damit der Beobachter "stabil" ist bzw. der Rekonstruktionsfehler asymptotisch gegen Null abklingt, sind die Eigenwerte von W negativ zu wählen. Das war die Beobachterbedingung (5). Gleichzeitig müssen diese Beobachtereigenwerte λ_i^W die weitere Voraussetzung (5.226) erfüllen. Damit ist der Spielraum für die Wahl der Systemmatrix W des Beobachters zwar grundsätzlich abgesteckt, aber nach wie vor sehr groß und für einen zielgerichteten Entwurf zu groß.

Dazu kommt noch der ebenfalls sehr große Spielraum für die Wahl von J. Ist W fixiert, so ist nach obigen Erkenntnissen J so zu wählen, daß (W, J) steuerbar ist. Die dann zu erwartende Lösung T garantiert die Erfüllung aller Beobachterbedingungen und damit auch einen theoretisch erfolgreichen Beobachterentwurf. Bei fixierter Wahl von W beeinflußt jedoch die Wahl von J über die dann als Lösung von (5.225) gefundene Matrix T gemäß (5.213) die Anfangsbedingungen des Fehlerterms $\underline{e}(0)$ und damit gemäß (5.216) den Verlauf des Rekonstruktionsfehlers, d. h., selbst bei genügend weit in der linken Halbebene liegenden Eigenwerten λ_i^W einer fixierten Systemmatrix W, die die "Schnelligkeit" des Abklingens des Rekonstruktionsfehlers garantieren, kann doch bei einer "nicht geeigneten" Wahl von J ein insgesamt nicht zu akzeptierender Rekonstruktionsfehlerverlauf mit beispielsweise unzulässig großen Anfangsfehlern resultieren. Diese nicht einfachen Zusammenhänge beeinträchtigen den Beobachterentwurf im Hinblick auf die praktischen Belange der Prozeßregelung schwer. Wenn die Voraussetzungen

$$(1) \quad \lambda_i^W \neq \lambda_i^A$$
$$(2) \quad \mathrm{Re} \ \lambda_i^W < 0$$

bedingt Wahl von W,

$$(5.227)$$

$$(3) \quad (A, C) \ \text{beobachtbar},$$
$$(4) \quad (W, J) \ \text{steuerbar} \rightarrow \text{bedingt Wahl von J}$$

alle erfüllt sind, kann T berechnet und damit $L = TB$ sowie R und S über (5.201) ermittelt werden, was das erfolgreiche Zu-Ende-Führen eines Beobachterentwurfs bedeutet. Über die anzusetzende Beobachterordnung ν, die sich in den obengenannten Grenzen $(n-r) \leq \nu \leq n$ bewegen kann, sind global keine definierten Hinweise möglich.

Für einen Beobachter der vollen Ordnung $\nu = n$ gilt (5.205). Das bedeutet, daß bei Erfüllung der Voraussetzungen (5.227) eine invertierbare Lösung T gefunden wird.

In [29] und [52] konnte gezeigt werden, daß die Wahl der Systemmatrix W des Beobachters als Diagonalmatrix mit sämtlich verschiedenen einfachen Eigenwerten $\lambda_i^W = w_i$

$$W = \mathrm{diag} \ w_i \tag{5.228}$$

zu einer Reihe von praktischen Vorteilen beim Beobachterentwurf nach der hier umrissenen
Vorgehensweise führt.

Zunächst sind die Voraussetzungen (1), (2) in (5.227) durch einfache Wahl der Eigenwerte w_i zu erfüllen. Als Anhaltspunkt für die Wahl der w_i gilt, daß die Eigenwerte w_i des
Beobachters um einiges weiter links als die Eigenwerte des ideal zustandsrückgeführten Systems, d. h. von $(A + BK)$, liegen sollen. Damit wird erreicht, daß der Einschwingvorgang
des Beobachters, also das Abklingen des Fehlers genügend schnell - relativ gesehen zum
Verhalten der geschlossenen Struktur (Bild 5.32), in der der Beobachter arbeitet - erfolgt.
Werden die Eigenwerte zu stark negativ angesetzt, so führt das jedoch zu folgenden Schwierigkeiten:

- Weit links liegende Beobachtereigenwerte (-pole) verleihen dem Beobachter eine differenzierende Wirkung, die zu unerwünschtem Aufrauhen von Störungen führen und damit den
  Beobachter störempfindlich machen.
- Betragsmäßig große w_i führen i. allg. zu großen Diskrepanzen in den Größenordnungen
  der Beobachterparameter, die zu Schwierigkeiten bei der gerätetechnischen Realisierung
  führen.

Der Ansatz (5.228) bewirkt eine weitere Erleichterung für den Entwurf. Die Voraussetzung (4) in (5.227) wird für jede Wahl der ($v \times r$)-Matrix J, die keine Nullzeile besitzt, erfüllt; denn bekanntlich reduziert sich die Bedingung der Steuerbarkeit eines Systems mit
diagonaler Systemmatrix auf die Bedingung, daß die zugehörige Eingangsmatrix keine Nullzeile haben darf.

Der entscheidende Vorteil des Ansatzes (5.228) ergibt sich jedoch bei der numerischen
Lösung der Matrizengleichung $T A - W T = J C$ nach T. Bezeichnet man mit $\underline{t}_i^T$ und $\underline{i}_i^T$ die
i-ten Zeilen der Matrizen T und J

$$T = \begin{bmatrix} \underline{t}_1^T \\ \vdots \\ \underline{t}_v^T \end{bmatrix}, \quad J = \begin{bmatrix} \underline{i}_1^T \\ \vdots \\ \underline{i}_v^T \end{bmatrix},$$

so zerfällt die Matrizengleichung $T A - W T = J C$ in die v separaten Gleichungen

$$\underline{t}_i^T A - w_i \underline{t}_i^T = \underline{i}_i^T C; \qquad i = 1, 2, \ldots, v \tag{5.229}$$

bzw.

$$\underline{t}_i^T (A - w_i I) = \underline{i}_i^T C; \qquad i = 1, 2, \ldots, v . \tag{5.229a}$$

Daraus folgt als Lösung für $\underline{t}_i^T$

$$\underline{t}_i^T = \underline{i}_i^T C (A - w_i I)^{-1}; \qquad i = 1, 2, \ldots, v . \tag{5.230}$$

Die Matrix T kann damit zeilenweise berechnet werden. Bei diesem Entwurfsverfahren
wird also eine numerisch günstig abzuarbeitende Strategie angebbar, die außerdem den Einfluß der Wahlmöglichkeiten (der Zeilen $\underline{i}_i^T$) von J transparenter macht. Besonders vorteilhaft ist, daß die Ordnung v des Beobachters in einfacher Weise erhöht werden kann, ohne
daß das Verfahren von Anfang an neu durchlaufen werden muß. Mit der Erhöhung der Beobachterordnung nehmen die Entwurfsfreiheitsgrade in Gestalt weiterer Beobachtereigenwerte
und Zeilen $\underline{i}_i^T$ zu, womit die Möglichkeiten, aber auch die Probleme der Erreichung eines
speziellen Beobachterverhaltens wachsen. Insbesondere sind hier die Filtereinflüsse gegenüber bestimmten Störsignalen und die Parameterempfindlichkeit, die den Beobachter in Abhängigkeit von seiner Ordnung v charakterisieren, praktisch relevante Kriterien. Für die
Realisierung kommen weitere Gesichtspunkte hinzu, so daß die Fragen nach der geeigneten
Beobachterordnung noch weitgehend ungeklärt sind bzw. allgemein gar nicht zu klären sind.
Aus praktischen Erfahrungen gewonnene Angaben tendieren zu $v = n$ [10] .

Das hier umrissene Entwurfsverfahren für einen Beobachter kann als Anleitung zum Handeln wie folgt zusammengefaßt werden:

1. Ansatz von W als Diagonalmatrix

$$W = \operatorname{diag} w_i; \qquad i = 1, 2, \ldots, \nu$$

mit $\nu \geqq (n - r)$ einfachen Eigenwerten w_i, die die Bedingungen

$$w_i \neq \lambda_i^A$$

$$w_i \text{ um einiges weiter links als } \lambda_i^{(A + BK)}$$

erfüllen.

2. Berechnung von

$$C (A - pI)^{-1} = -C (p I - A)^{-1} = - \frac{C \operatorname{adj} (p I - A)}{\det (p I - A)}$$

z. B. mit Hilfe des Algorithmus von Faddejew [58] und Einsetzen der Werte

$$p = w_i; \qquad i = 1, 2, \ldots, \nu$$

bzw. Berechnung von

$$C (A - w_i I)^{-1}; \qquad i = 1, 2, \ldots, \nu$$

nach einem anderen Verfahren.

3. Wahl der Zeilenvektoren

$$\underline{i}_i^T = (i_{i1} \; i_{i2} \; \ldots \; i_{ir}); \qquad i = 1, 2, \ldots, \nu$$

verschieden von der Nullzeile, so daß die Zeilenvektoren $\underline{t}_i^T$ nach (5.230) untereinander und von der Matrix C linear unabhängig sind, was gleichbedeutend damit ist, daß die Beobachterbedingung (4)

$$\operatorname{rang} \begin{bmatrix} T \\ C \end{bmatrix} = n$$

erfüllt ist.

4. Berechnung der Beobachtermatrizen R, S aus

$$(\underbrace{R}_{\nu} \; \vdots \; \underbrace{S}_{r}) \begin{bmatrix} T \\ C \end{bmatrix} = I_n \,,$$

indem man z. B. $(R \; \vdots \; S)$ als Linksinverse von $\begin{bmatrix} T \\ C \end{bmatrix}$ berechnet und anschließend wie angegeben partitioniert.

5. Berechnung von $L = TB$.

5.5.4.2. Beobachterentwurf durch geeignete Vorgabe von T

Bei dieser zweiten grundsätzlichen Vorgehensweise beim Beobachterentwurf wird zuerst eine geeignete Matrix T so vorgegeben, daß mit ihr die Beobachterbedingung (4)

$$\operatorname{rang} \begin{bmatrix} T \\ C \end{bmatrix} = n \quad \text{bzw.} \quad RT + SC = I_n$$

erfüllt ist. Damit ist dann auch $L = TB$ bekannt, und es ergibt sich die (schwierige) Aufgabe, eine solche Matrix J zu finden, mit der die noch verbleibenden Beobachterbedingungen (2) und (5), d. h.

(2) $\quad TA - WT = JC$

(5) $\quad \operatorname{Re} \{\operatorname{eig} W\} < 0$

178

erfüllt werden und eine Lösung für W liefern.

Für den Entwurf eines Beobachters der vollen Ordnung n wäre z. B. die Vorgabe

$$T = I_n \tag{5.231}$$

sehr geeignet. Damit ist die Beobachterbedingung (4) immer erfüllt, da gemäß (5.205), (5.206) jetzt gilt

$$\text{rang } T = \text{rang } I_n = n$$

$$R = T^{-1} = I_n, \quad S = 0. \tag{5.232}$$

Mit dieser Vorgabe $T = I_n$ lautet die durch die verbleibenden Beobachterbedingungen (2) und (5) gestellte Syntheseaufgabe:

Man bestimme die $(n \times r)$-Matrix J so, daß die für $T = I_n$ aus (2) folgende Systemmatrix W des Beobachters

$$W = A - JC \tag{5.233}$$

genügend weit links liegende Eigenwerte hat.

Wenn man nun diese Eigenwerte λ_i^W vorgibt, ist also eine Aufgabe zu lösen, die ähnlich der ist, wie sie bei den Polvorgabeverfahren für den Systementwurf durch Zustandsrückführung in den Abschnitten 5.1. und 5.2. vorlag. Diese lautete:

Für das System (A, B) mit m Eingängen ist eine $(m \times n)$-Zustandsrückführmatrix K so zu bestimmen, daß $(A + BK)$ vorgegebene Eigenwerte hat:

$$\begin{aligned} \dot{\underline{x}} &= A\,\underline{x} + B\,\underline{u} \\ \underline{u} &= K\,\underline{x} \\ \underline{x} &= (A + BK)\,\underline{x}. \end{aligned} \tag{5.234}$$

Bekanntlich konnte diese Aufgabe für ein steuerbares System immer gelöst werden. Entsprechende Verfahren wurden in den Abschnitten 5.1. und 5.2. entwickelt.

Die Verwandtschaft des jetzt beim Beobachterentwurf mit $T = I_n$ zu lösenden Problems (5.233) mit dem Polzuweisungsproblem (5.234) beim Systementwurf wird deutlich, wenn man mit der Systemmatrix W aus (5.233) ein fiktives System formuliert

$$\dot{\underline{v}} = (A - JC)\,\underline{v} = W\,\underline{v} \tag{5.235}$$

und zum "dualen" System

$$\dot{\bar{\underline{v}}} = (A^T - C^T J^T)\,\bar{\underline{v}} \tag{5.236}$$

übergeht. Zunächst haben beide Systeme das gleiche charakteristische Polynom und damit die gleichen Eigenwerte; denn es gilt

$$\begin{aligned} \det\left[pI - (A - JC)\right] &= \det\left[pI - (A - JC)^T\right] \\ &= \det\left[pI - (A^T - C^T J^T)\right]. \end{aligned} \tag{5.237}$$

Nun interpretiert man die Systemmatrix $(A^T - C^T J^T)$ des dualen Systems (5.236) wie folgt als das Ergebnis einer Zustandsrückführung in dem dualen Problem:

$$\begin{aligned} \dot{\bar{\underline{v}}} &= A^T \bar{\underline{v}} + C^T \underline{u} \\ \underline{u} &= -J^T \bar{\underline{v}} \\ \dot{\bar{\underline{v}}} &= (A^T - C^T J^T)\,\bar{\underline{v}}. \end{aligned} \tag{5.238}$$

Eine beliebige Polvorgabe für (5.238) gelingt immer durch eine entsprechende Rückführmatrix

$$K = -J^T, \tag{5.239}$$

wenn das System (A^T, C^T) steuerbar ist, also wenn

$$\text{rang}\left[C^T \quad A^T C^T \ \ldots \ (A^T)^{n-1}\, C^T\right] = n. \tag{5.240}$$

Gl. (5.240) ist aber genau das Kriterium für die Beobachtbarkeit des durch den Beobachter zu beobachtenden Systems (A, C). Die Hilfsvorstellung mit dem dualen System (5.236) führt damit zu den Erkenntnissen:

- Wenn (A, C) beobachtbar ist, kann immer eine Matrix J gefunden werden, die W genügend weit links liegende Pole erteilt.
- Der Beobachterentwurf wird damit auf eine Aufgabe der Polzuweisung für das duale Problem (5.238) zurückgeführt, wofür entsprechende Verfahren aus den Abschnitten 5.1. bzw. 5.2. zu nutzen sind. Man hat in diesen Verfahren lediglich folgende Änderungen zu notieren:

$$A \rightarrow A^T$$
$$B_{(n, m)} \rightarrow C^T_{(n, r)} \tag{5.241}$$
$$K_{(m, n)} \rightarrow (-J^T)_{(r, n)}.$$

Ein auf diese Weise, d. h. mit der Vorgabe $T = I_n$, entworfener Beobachter der vollen Ordnung n, dessen Gleichungen für $T = I_n$ aus (5.195) und (5.196) hervorgehen:

$$\dot{\underline{z}} = (A - JC)\,\underline{z} + J\underline{y} + B\underline{u}$$
$$\hat{\underline{x}} = \underline{z}, \tag{5.242}$$

läßt eine interessante strukturelle Interpretation zu. Dazu wird (5.242) wie folgt umgeschrieben:

$$\dot{\hat{\underline{x}}} = A\,\hat{\underline{x}} + B\,\underline{u} + J(\underline{y} - C\,\hat{\underline{x}}). \tag{5.242a}$$

Diese Schreibweise macht deutlich, daß der Beobachter ein Modell der Strecke (A, B) darstellt, das zusätzlich den meßbaren Teil des Rekonstruktionsfehlers

$$\underline{y} - C\hat{\underline{x}} = C\,(\underline{x} - \hat{\underline{x}}) = C\,(-\Delta\underline{x}) = -C\underline{e} \tag{5.243}$$

als Eingang erhält [105] [109]. Im Bild 5.33 ist diese Struktur des Beobachters dargestellt. Mit der entsprechenden Festlegung der Matrix J in diesem "zusätzlichen" Eingangskanal für den Beobachter wird das gewünschte Abklingen des Rekonstruktionsfehlers erreicht. Im Fall J = 0 wird der Beobachter ein reines Parallelmodell der Strecke und ist dann natürlich kein Beobachter in dem im Abschn. 5.5.2. definierten Sinne mehr, da er z. B. Störungen, die auf die Strecke wirken und hier zu Zustandsänderungen führen, überhaupt nicht "merkt", so daß eine Rekonstruktion des aktuellen Zustands auch nicht in Näherung möglich ist.

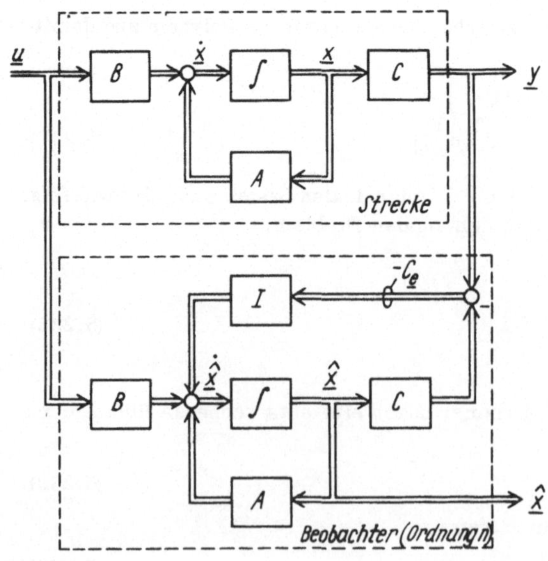

Bild 5.33. Spezielle Struktur eines Beobachters der vollen Ordnung n ($T = I_n$, sog. Identitätsbeobachter)

Das hier dargestellte, auf der Vorgabe $T = I_n$ beruhende Verfahren für den Entwurf eines Beobachters der vollen Ordnung n kann (ggf. durch Einfügen eines relativ einfachen Zwischenschritts) so modifiziert werden, daß auch der Entwurf eines sog. minimalen Beobachters der Ordnung (n-r) möglich wird [29] [114]. In vielen Fällen der Prozeßregelung liegt folgende Situation vor, oder sie ist gezielt bei der Modellierung ohne große Umstände zu erreichen:

- Die r Ausgangsgrößen der Strecke sind identisch mit r Zustandsvariablen, bzw.
- es sind $r < n$ Zustandsvariable direkt meßbar.

In diesen Fällen sind also nur die (n-r) fehlenden Zustandsvariablen meßtechnisch nicht erfaßbar und müssen beobachtet werden. Durch eine entsprechende Anordnung der r meßbaren Zustandsvariablen als letzte Elemente des Zustandsvektors können die Systemgleichungen dann in einer solchen Form notiert werden, daß die Ausgangsgleichung $\underline{y} = C \underline{x}$ die folgende Form annimmt:

$$\dot{\underline{x}} = A \underline{x} + B \underline{u}$$
$$\underline{y} = C \underline{x} = (0 \;\vdots\; I_r) \begin{bmatrix} \underline{x}_{n-r} \\ \underline{x}_r \end{bmatrix} \} \quad \text{direkt meßbar.} \tag{5.244}$$

Wählt man nun die folgende Vorgabe für T

$$T = (\underbrace{I_{n-r}}_{n-r} \quad \underbrace{-T_2}_{r}) \} \; n-r, \tag{5.245}$$

so ist offenbar die Beobachterbedingung (4)

$$\text{rang} \left\{ \begin{bmatrix} T \\ C \end{bmatrix} = \begin{bmatrix} I_{n-r} & -T_2 \\ \hline 0 & I_r \end{bmatrix} \right\} \equiv n \tag{5.246}$$

immer erfüllt bzw., gleichwertig dazu, ist die Bedingung $R T + S C = I_n$ durch

$$R = \begin{bmatrix} I_{n-r} \\ 0 \end{bmatrix} \qquad S = \begin{bmatrix} T_2 \\ I_r \end{bmatrix} \tag{5.246a}$$

immer erfüllt. Die Matrix T_2 ist hierbei noch frei. Sie muß im weiteren so bestimmt werden, daß die Beobachterbedingungen (2) und (5) in (5.215) ebenfalls erfüllt werden. Es wird wieder zunächst von (2), d.h. von $T A - W T = J C$, ausgegangen. Nach dem Vorbild von (5.244), (5.245) werden zuvor auch die Matrizen A, B partitioniert:

$$A = \begin{bmatrix} A_{11} & A_{12} \\ A_{21} & A_{22} \end{bmatrix} \begin{matrix} n-r \\ r \end{matrix} \quad , \qquad B = \begin{bmatrix} B_1 \\ B_2 \end{bmatrix} \begin{matrix} n-r \\ r \end{matrix} \quad . \tag{5.247}$$
$$ \begin{matrix} n-r \qquad r \end{matrix} \qquad\qquad\qquad \begin{matrix} m \end{matrix}$$

Damit lautet die Beobachterbedingung (2)

$$(I_{n-r} \;\vdots\; -T_2) \begin{bmatrix} A_{11} & A_{12} \\ A_{21} & A_{22} \end{bmatrix} - W (I_{n-r} \;\vdots\; -T_2) = J (0 \;\vdots\; I_r). \tag{5.248}$$

Hieraus ergibt sich

$$W = A_{11} - T_2 A_{21} \tag{5.249}$$
$$A_{12} - T_2 A_{22} + W T_2 = J . \tag{5.250}$$

Bemerkenswert ist nun, daß mit (5.249) das inhaltlich gleiche Entwurfsproblem wie bei (5.233) ansteht. Man bestimme T_2 so, daß die Systemmatrix W des Beobachters der Ordnung $(n-r)$ genügend weit links liegende Eigenwerte hat und damit die Beobachterbedingung (5) erfüllt. Ist T_2 entsprechend festgelegt, so ist mit (5.250) auch J bestimmt, und für L findet man sofort

$$L = TB = (I_{n-r} \;\vdots\; -T_2) \begin{bmatrix} B_1 \\ B_2 \end{bmatrix} = B_1 - T_2 B_2 \,. \tag{5.251}$$

Der eigentliche Entwurfsschritt beinhaltet also die Bestimmung von T_2, so daß W nach (5.249) vorgegebene negative Eigenwerte annimmt. Dazu ist wie oben beim Beobachter der vollen Ordnung n vorzugehen. Man hat lediglich die Ersetzungen

$$A \rightarrow A_{11}$$
$$C \rightarrow A_{21} \tag{5.252}$$
$$J \rightarrow T_2$$

vorzunehmen und damit das duale Polvorgabeproblem zu formulieren sowie zu lösen

$$\dot{\bar{v}} = A_{11}^T \bar{v} + A_{12}^T u$$
$$u = -T_2^T \bar{v} \tag{5.253}$$
$$\dot{\bar{v}} = (A_{11}^T - A_{12}^T T_2^T) \bar{v}$$
$$(-T_2^T) \triangleq K\,.$$

Man kann zeigen, daß dieses immer lösbar ist, wenn (A, C) beobachtbar ist, weil nämlich dann auch (A_{11}, A_{12}) beobachtbar ist, was die eigentliche Voraussetzung für die Lösbarkeit des Polvorgabeproblems (5.253) ist.

Es sei nochmals bemerkt, daß bei diesem Verfahren der einzige Freiheitsgrad in der Bestimmung der $((n-r)\times r)$-Matrix T_2 liegt. Alle anderen Beobachtermatrizen sind mit T_2 eindeutig fixiert. Die Gleichungen eines solchen Beobachters der Ordnung $(n-r)$ lauten

$$\dot{z} = (A_{11} - T_2 A_{21})z + \left[A_{12} - T_2 A_{22} + (A_{11} - T_2 A_{21})T_2 \right] y + (B_1 - T_2 B_2)u \tag{5.254}$$

$$\hat{x} = \begin{bmatrix} \hat{x}_{n-r} \\ \hat{x}_r \end{bmatrix} = \begin{bmatrix} I_{n-r} \\ 0 \end{bmatrix} z + \begin{bmatrix} T_2 \\ I_r \end{bmatrix} y\,. \tag{5.255}$$

Wie eingangs erwähnt, stellen $y \equiv x_r$ die direkt meßbaren Variablen des Zustandsvektors dar. Diese brauchen demzufolge nicht beobachtet, d.h. rekonstruiert, zu werden, so daß die eigentliche Aufgabe des Beobachters lediglich darin besteht, den nicht meßbaren Teil x_{n-r} zu rekonstruieren. Wie (5.255) zeigt, erhält man dafür

$$\hat{x}_{n-r} = z + T_2 y\,. \tag{5.256}$$

Außerdem liefert (5.255) die Identität $\hat{x}_r = y = x_r$, so wie es gemäß dem Ansatz des Beobachters der Ordnung $(n-r)$ auch zu erwarten war. Das Strukturbild eines solchen Beobachters wird im Bild 5.34 gezeigt.

Neben den hier umrissenen Entwurfsverfahren für Beobachter wurden in der Literatur noch weitere Methoden entwickelt. Da ist insbesondere der schon von Luenberger vorgeschlagene Weg, der die Transformation der Gleichungen des zu beobachtenden Systems in die sog. Beobachternormalform beinhaltet ([28] [29] [109] [113] u.a.), zu nennen. Andere Verfahren gehen von speziellen kanonischen Formen der Zustandsgleichungen des zu beobachtenden Systems, die in einem Zwischenschritt durch lineare Transformationen erzeugt werden müssen, aus [114]. In diesem Zusammenhang ist auch die sog. modale Theorie des Beobachterentwurfs zu erwähnen [19] [115].

182

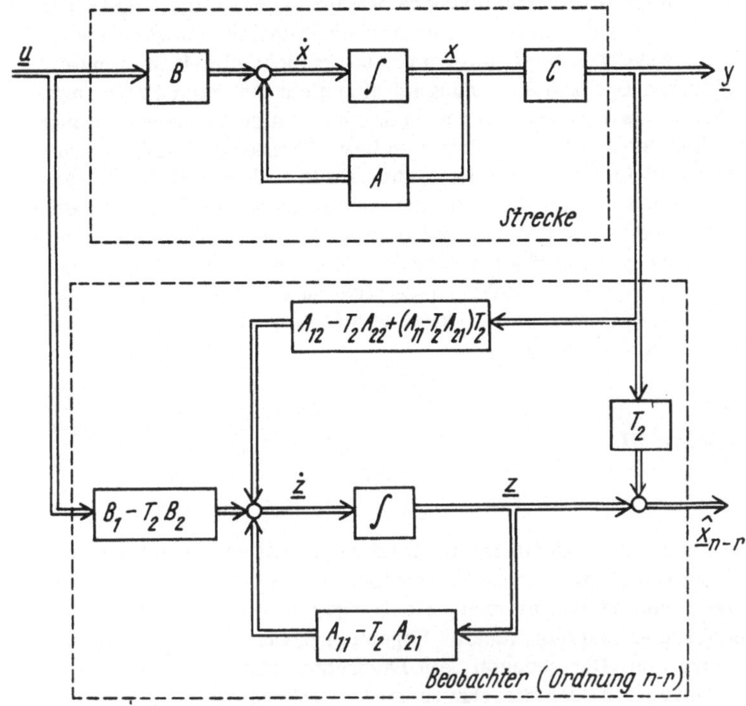

Bild 5.34. Minimaler Beobachter der Ordnung (n - r) zur Rekonstruktion nur des nichtmeßbaren Teiles $\underline{x}_{n-r}$ des Streckenzustands

5.5.5. Einschätzung

Voraussetzung für den Beobachterentwurf ist, daß das Streckenmodell genau bekannt und die Bedingung der Beobachtbarkeit von (A, C) erfüllt ist. In jedem Fall bedeutet der Beobachter jedoch einen - leider nicht unerheblichen - Mehraufwand beim Entwurf und bei der gerätetechnischen Realisierung. Das Grundprinzip eines Beobachters ist verständlich und durchsichtig. Ein Digitalrechner als Entwurfshilfsmittel ist i. allg. erforderlich. Die zu erfüllenden Beobachterbedingungen sind so geartet, daß jedes Entwurfsverfahren zwangsläufig Freiheitsgrade beinhaltet. Wegen der vorliegenden relativ komplizierten Verknüpfungen ist die zweckmäßige Wahl der freien Parameter kein Routineproblem. So gibt es leider keine universellen Empfehlungen für die anzustrebende Beobachterordnung und eine "optimale" Wahl festzulegender Parameter. Die Theorie des Beobachterentwurfs zeigt die bestehenden Zusammenhänge prinzipiell auf. Die sinnvolle Nutzung der Freiheitsgrade ist ein Ingenieurproblem, wobei realisierungspraktische Gesichtspunkte oftmals den Ausschlag für eine konkrete Ordnungs- und Parameterwahl geben [9] [10] .

Durch die Einwirkung von Störsignalen auf das System (Anlage, Prozeß, Strecke) befindet sich der Beobachter ständig im dynamischen Regime des asymptotischen Fehlerabklingens, so daß dem Zustandsregler K ein gegenüber dem aktuellen Istzustand abweichender Wert angeboten wird. Um das zu vermeiden, könnte man im Fall meßbarer Störungen diese wie u dem Beobachter zusätzlich aufschalten [105] .

Parameterungenauigkeiten im Streckenmodell wirken sich in Abhängigkeit vom Beobachterentwurfsverfahren und von der Wahl der freien Parameter unterschiedlich, i. allg. aber relativ stark aus, d. h., es ist aus der Sicht des Beobachterentwurfs eine genaue Kenntnis des Streckenmodells und seiner Parameter erforderlich.

Sind Rauscheinflüsse explizit zu berücksichtigen, so sind anstelle der Beobachter Kalman-Bucy-Zustandsschätzer zu entwerfen [103] . Deren Ordnung ist gleich der Streckenordnung n. Ihre Effektivität hängt von der Präzision ab, mit der die Kovarianzmatrizen des Rauschens ermittelt werden können. Letztere sind aber nur schwer zu bestimmen, so daß sie oft fiktiv angesetzt werden. In diesem Zusammenhang ist folgendes wichtig: Die genannten Kalman-Filter (Schätzer) für stochastische Signale stimmen in ihrer Struktur mit dem im Bild 5.33 angegebenen Beobachter der vollen Ordnung n überein. Beim Kalman-Filter wird die Wahl der Matrix J durch die obengenannten statistischen Kenngrößen der stochastischen Signale festgelegt [113] [116]. Aus dieser Strukturübereinstimmung resultiert, daß ein solcher Beobachter der Ordnung n, der auf rein deterministischer Grundlage entworfen wurde, auch bei unvorhergesehenen Rauscheinflüssen i. allg. nicht so schlecht wie ein minimaler Beobachter reagiert. Eine niedrige Beobachterordnung ist also nicht um jeden Preis anzustreben. Die theoretisch interessante Fragestellung nach der minimalen Beobachterordnung besitzt daher und auch unter dem Blickwinkel der digitalen bzw. Rechnerrealisierung von Beobachtern [10] [31] nicht mehr die praktische Relevanz, die in frühen Arbeiten etwas einseitig unter der Überschrift der Aufwandsverringerung (gemessen an der Zahl der benötigten Integratoren) propagiert wurde. Der Schwerpunkt liegt heute auf der Erzielung eines im konkreten Anwendungsfall günstigsten Verhaltens der den Beobachter einschließenden Regeleinrichtung, wobei natürlich Aufwandsgesichtspunkte nicht außer acht bleiben. Unter diesem Aspekt sind auch die in jüngster Zeit verstärkt zu beobachtenden Bemühungen zum Entwurf von sog. Kontrollbeobachtern zu sehen.

5.6. Kontrollbeobachter

5.6.1. Einführung

Im Abschn. 5.5. wurden die Beobachter als ein relativ tragfähiges und universell anwendbares Konzept zur Verwirklichung von Zustandsrückführgesetzen $\underline{u}$ = K$\underline{x}$ in den Fällen, wo der Zustand $\underline{x}$ nicht vollständig meßbar ist, erkannt. Hierbei galten gewisse Separationseigenschaften, d. h., der Beobachter und das "ideale" Regelungsgesetz $\underline{u}$ = K$\underline{x}$ konnten getrennt voneinander entworfen werden. Das bedeutet, ein Beobachter wird "an sich" und "für sich allein" mit der Maßgabe entworfen, den Streckenzustand zu rekonstruieren, Beobachter und Regelungsgesetz $\underline{u}$ = K$\underline{x}$ verschmelzen also erst bei der Realisierung der Regeleinrichtung.

Wenn man jedoch von Anfang an nur und konsequent die Verwirklichung eines Regelungsgesetzes $\underline{u}$ = K$\underline{x}$ als Zielstellung verfolgt, so ist es gar nicht notwendig, den gesamten Zustand explizit als $\hat{\underline{x}}$ zu rekonstruieren, sondern es genügt, nur die für die Rückführung tatsächlich notwendige lineare Kombination der Zustandsgrößen K$\underline{x}$ zu rekonstruieren. Einrichtungen, die diese für die Rückkopplung notwendige Linearkombination in Gestalt von K$\hat{\underline{x}}$ rekonstruieren, werden in der Literatur als entartete Beobachter [117] oder - ihrem Wesen besser entsprechend - als Kontrollbeobachter [29] bezeichnet. Im Unterschied zu Bild 5.30, das das Grundprinzip der Realisierung eines Regelungs-(Kontroll-)Gesetzes mit Beobachter verdeutlichte, ergibt sich für einen Kontrollbeobachter das Bild 5.35. Im Endeffekt wird in beiden Fällen K$\hat{\underline{x}}$(t) als asymptotische Realisierung von K$\underline{x}$(t) gewonnen [118].

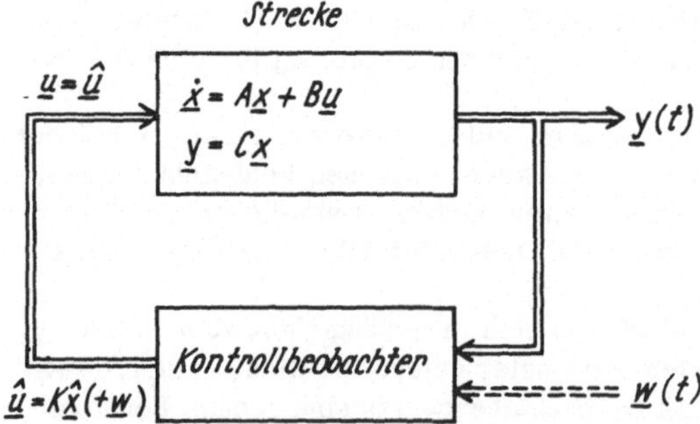

Bild 5.35. Zur Realisierung eines Rückführgesetzes $\underline{u}$ = K$\underline{x}$ im Fall eines nicht vollständig meßbaren Streckenzustands mit Kontrollbeobachter

Die hierzu geleisteten Arbeiten [29] [117] [118] [119] machen deutlich, daß ein solcher Kontrollbeobachter i. allg. eine niedrigere Ordnung als ein (minimaler) Zustandsbeobachter hat, was zu einem gerätetechnisch weniger aufwendigen Mehrgrößenregler führen kann. Es zeichnet sich außerdem die Möglichkeit ab, die Filtereigenschaften von Kontrollbeobachtern direkt zu beurteilen und beim Entwurf zu beeinflussen, was jedoch neue spezielle Beschreibungs- und Darstellungsformen für Kontrollbeobachter erfordert [29] .

Ein Kontrollbeobachter verkörpert im ganzen das zu realisierende Rückführgesetz und hängt von diesem unmittelbar ab. Er kann also nicht mehr unabhängig vom Rückführgesetz entworfen werden. Ansonsten bleiben die Grundvorstellungen und -ansätze wie beim Beobachter erhalten. Da der Kontrollbeobachter das Rückführgesetz $\underline{u}$ = K$\underline{x}$ asymptotisch genau nachbilden soll, werden diese Ansätze jedoch zu anderen Bedingungen für den Entwurf führen.

5.6.2. Definition und Bedingungen eines Kontrollbeobachters und Ausblick auf Syntheseverfahren

Im Unterschied zu einem Zustandsbeobachter definieren wir einen Kontrollbeobachter wie folgt [29] :

Ein Kontrollbeobachter für eine Mehrgrößenregelstrecke

$$\underline{\dot{x}} = A\underline{x} + B\underline{u}, \quad \underline{y} = C\underline{x}$$

und ein Rückführgesetz

$$\underline{u}(t) = K\underline{x}(t) + \underline{w}(t), \tag{5.257}$$

wobei $\underline{w}(t)$ einen Führungsgrößenvektor darstellt, ist ein dynamisches System der Ordnung ν mit den meßbaren Streckenausgangsgrößen $\underline{y}$ und den Führungsgrößen $\underline{w}$ als Eingangsgrößen und den rekonstruierten Steuergrößen $\underline{\hat{u}}$ als Ausgangsgrößen

$$\underline{\dot{z}}(t) = W\,\underline{z}(t) + J\,\underline{y}(t) + L\,\underline{u}(t) \tag{5.258}$$

$$\underline{\hat{u}}(t) = K_z\,\underline{z}(t) + K_y\,\underline{y}(t) + \underline{w}(t), \tag{5.259}$$

mit der Eigenschaft, daß der Realisierungsfehler der Steuerfunktion $\underline{u}(t)$

$$\Delta\underline{u}(t) = \underline{\hat{u}}(t) - \underline{u}(t) \tag{5.260}$$

für beliebige Führungsgrößen $\underline{w}(t)$ asymptotisch gegen Null abklingt:

$$\lim_{t \to \infty} \Delta\underline{u}(t) = 0 . \tag{5.261}$$

Die Führungsgröße $\underline{w}$, die später für das geschlossene System als äußeres Eingangssignal fungiert, kann vorläufig unbeachtet bleiben. Die Grundstruktur eines Kontrollbeobachters ist im Bild 5.36 angegeben.

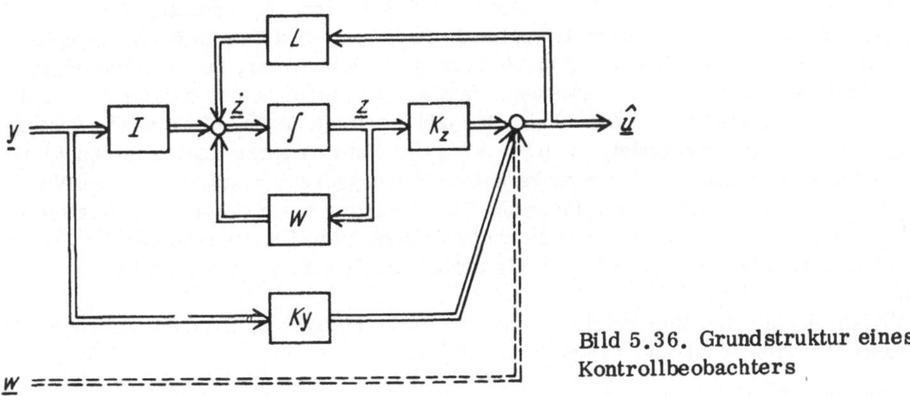

Bild 5.36. Grundstruktur eines Kontrollbeobachters

Da wie beim Beobachter im Abschn. 5.5.2. für den Zustand $\underline{z}(t)$ des Kontrollbeobachters der Ansatz (5.199)

$$\underline{z}(t) = T\,\underline{x}(t) + \underline{e}(t)$$

gemacht wird, ergibt sich mit der Forderung, daß nach Abklingen des Fehlers der Kontroll-
beobachterausgang $\hat{\underline{u}}(t)$ gleich dem zu realisierenden Regelungsgesetz $K\underline{x}(t)$ sein muß, aus
Bild 5.36 die Bedingung

$$\hat{\underline{u}}(t) = K_z\,\underline{z}(t) + K_y\,\underline{y}(t) \overset{!}{=} K\underline{x}(t)$$
$$= (K_z\,T + K_y\,C)\,\underline{x}(t) \overset{!}{=} K\underline{x}(t). \qquad (5.262)$$

Damit (5.262) für alle $\underline{x}(t)$ erfüllt ist, ergibt sich daraus

$$K_z\,T + K_y\,C = K. \qquad (5.263)$$

Unter Beachtung der Formatzahlen der Matrizen folgt aus (5.263) als notwendige Bedingung
für die Ordnung eines Kontrollbeobachters

$$v + r \geqq m \,\frown\, v \geqq m - r. \qquad (5.263a)$$

Da $m < n$ ist, zeigt ein Vergleich mit (5.204), daß die Ordnung eines Kontrollbeobachters
niedriger sein kann als die minimale Ordnung eines Beobachters. Der Grund ist darin zu
sehen, daß die Existenzbedingungen für Matrizen K_z, K_y, die (5.263) erfüllen, offenbar weniger einschränkend sind als analoge Bedingungen für die Existenz von R, S in (5.201) beim
Beobachter.

Die weiteren Bedingungen für einen Kontrollbeobachter können in völliger Analogie zu den
Betrachtungen beim Beobachter gewonnen werden. Ausgangspunkt ist jetzt die eigentliche
Entwurfsdeterminante (5.261) für einen Kontrollbeobachter, daß der Realisierungsfehler ab-
klingen muß. Mit obigem Ansatz und (5.263) gilt

$$\Delta\underline{u} = \hat{\underline{u}} - \underline{u} = K_z\,\underline{z} + K_y\,\underline{y} - K\underline{x} = (K_z\,T + K_y\,C - K)\underline{x} + K_z\,\underline{e} = K_z\,\underline{e},$$

so daß wie beim Beobachter der Fehler $\underline{e}$ in jedem Fall durch eine stabile Fehlerdifferentialgleichung (5.212) bestimmt sein muß, d.h., auch für einen Kontrollbeobachter müssen
die weiteren Bedingungen

$$TA - WT = JC$$
$$L = TB$$
$$\mathrm{Re}\,\{\mathrm{eig}\,W\} < 0$$

erfüllt sein, die sich nicht von den entsprechenden Beobachterbedingungen unterscheiden.

Wird mit einem Kontrollbeobachter das Regelungsgesetz realisiert, das System also geschlossen, so gelten nach wie vor die gleichen Separationseigenschaften wie bei Verwendung
eines Beobachters. Man kann sich davon überzeugen, wenn man in den Gleichungen und Überlegungen im Abschn. 5.5.3. überall KR durch K_z und KS durch K_y ersetzt.

Obwohl die für einen Kontrollbeobachter geltende Bedingung (5.263) weniger einschränkend ist als die entsprechende Bedingung (5.201) für einen Beobachter, ist es schwieriger,
zu praktikablen Entwurfsverfahren zu gelangen. In der Literatur haben sich dafür zwei Vorgehensweisen herauskristallisiert [29] [118]. In [29] wird eine neue Differentialoperator-
darstellung eingeführt und verwendet. In [118] wird der Entwurf eines Kontrollbeobachters
möglichst niedriger Ordnung für eine Strecke mit m Steuergrößen, gestützt auf einen Vorschlag in [117], auf m rekursiv auszuführende Teilentwürfe von asymptotischen Realisie-
rungen $\underline{k}_i^T\,\underline{x}$; $i = 1, 2, \ldots, m$, d.h. von Kontrollbeobachtern für jeweils eine skalare Steuergröße zurückgeführt. Diese sind dabei einseitig gekoppelt. Der Entwurfsaufwand ist be-
trächtlich.

In den Fällen, wo die Rückführmatrix K eine dyadische Matrix, d.h. das zu realisierende Regelungsgesetz eine dyadische Zustandsrückführung

$$\underline{u} = K\underline{x} = \underline{q}\,\underline{k}^T\,\underline{x}$$

ist (s. Abschn. 5.2.2.), vereinfachen sich die Verhältnisse erheblich. Es ist jetzt nur noch
ein Regelungsgesetz für eine skalare fiktive Steuergröße

$$\mu = \underline{k}^T\,\underline{x} \qquad (5.264)$$

durch einen Kontrollbeobachter zu realisieren, so daß man anstelle von (5.262), (5.263) erhält

$$(\underline{k}_z^T T + \underline{k}_y^T C)\,\underline{x} \stackrel{!}{=} \underline{k}^T \underline{x}$$

(1) $\quad \underline{k}_z^T T + \underline{k}_y^T C = \underline{k}^T .$

Die weiteren Bedingungen lauten

(2) $\quad T A - W T = J C$ $\hfill$ (5.265)

(3) $\qquad\quad \underline{l} = T\underline{b}$

(4) $\quad \mathrm{Re}\ \{\mathrm{eig}\ W\} < 0 .$

Bei einer dyadischen Zustandsrückführung in einem Mehrgrößensystem wird das Problem des Kontrollbeobachterentwurfs auf das (einfachere) Problem des Entwurfs eines Kontrollbeobachters zur Realisierung eines skalaren Steuergesetzes $\mu = \underline{k}^T \underline{x}$ zurückgeführt.

Im allgemeinen Fall einer Zustandsrückführung $\underline{u} = K\underline{x}$ mit einer Rückführmatrix K mit einem Rang größer als Eins wird, wie oben angedeutet, das Problem so gelöst, daß rekursiv für jede der m skalaren Steuergrößen $u_1, u_2, \ldots, u_m$ eine Linearkombination $\underline{k}_i^T \underline{x}$ asymptotisch genau durch einen Kontrollbeobachter nachgebildet wird [118] .

Mit dem rekursiven Verfahren ist damit der Entwurf eines Kontrollbeobachters zur Verwirklichung von $\underline{u} = K\underline{x}$ ebenfalls möglich. Praktisch gesehen ergeben sich jedoch Probleme im Zusammenhang mit der numerischen Lösung.

Auf der anderen Seite ist die durch einen Kontrollbeobachter theoretisch gebotene Möglichkeit der im Vergleich zum minimalen Beobachter noch geringeren Ordnung kein realer Vorteil, wenn man die gerätetechnische Realisierung mit einem Prozeßrechner anstrebt. Hierauf wurde bereits im Abschn. 5.5.5. hingewiesen. Aus praktischen Anwendungen liegen offenbar noch keine Erfahrungen vor, und es bleibt abzuwarten, ob Kontrollbeobachter von der Praxis der Prozeßregelung aufgegriffen werden. Die potentiell gebotenen Möglichkeiten der Ordnungsverringerung gegenüber minimalen Beobachtern könnten jedoch im Zusammenhang mit dem Einsatz von Mikrorechnern für die Prozeßregelung Bedeutung für die Praxis bekommen.

5.7. Dynamische Kompensation

5.7.1. Einleitung

Die in den Abschnitten 5.5. und 5.6. behandelten Realisierungen von Zustandsrückführgesetzen $\underline{u} = K\underline{x}$ im Fall eines nicht vollständig meßbaren Streckenzustands $\underline{x}$ mit Beobachtern bzw. Kontrollbeobachtern führen im Endeffekt auf einen dynamischen Mehrgrößenregler. Bei der Realisierung mit Beobachter gab es eine ausgeprägte Separation zwischen dem Entwurf der Rückführmatrix K und dem Beobachter in dem Sinne, daß beide völlig unabhängig voneinander entworfen werden konnten. Der Kontrollbeobachter konnte dagegen nicht mehr unabhängig von K entworfen werden, jedoch galt auch hier die Separation bezüglich der Eigenwerte im geschlossenen System, d. h., die Eigenwerte des geschlossenen Systems setzen sich aus denen von $(A + B K)$ und W zusammen. Da sowohl beim Beobachter als auch beim Kontrollbeobachter die Systemmatrix W wegen der Erreichung eines genügend schnellen Abklingens des Rekonstruktions- bzw. Realisierungsfehlers $\Delta\underline{x}(t)$ bzw. $\Delta\underline{u}(t)$ genügend weit links liegende Eigenwerte erhielt, waren die so gewonnenen (resultierenden) dynamischen Mehrgrößenregler grundsätzlich selbst stabil. Die so gewissermaßen in zwei in Reihenfolge auszuführenden Schritten

1. Entwurf von $\underline{u} = K\underline{x}$,
2. Entwurf eines Beobachters bzw. Kontrollbeobachters zur Realisierung von $\underline{u} = K\underline{x}$

entworfenen Mehrgrößenregler stellen dynamische Kompensatoren dar, d. h. Varianten einer dynamischen Ausgangsrückführung.

Geht man von diesem Endergebnis aus, so liegt es nahe, folgende Frage zu stellen: Kann
man nicht von vornherein einen allgemeinen dynamischen Mehrgrößenregler ansetzen und
seine endgültige Strukturierung und Dimensionierung nach Stabilisierungskonzepten in geeigneter Weise vornehmen? Als Eingangsgrößen für den Regler oder "dynamischen Kompensator" werden dabei ebenfalls von vornherein nur die meßbaren Streckenausgangsgrößen $\underline{y}$ zugelassen.

In Verallgemeinerung der Differentialgleichung eines allgemeinen dynamischen skalaren
Reglers ist der Ansatz eines solchen verallgemeinerten dynamischen Mehrgrößenreglers
(dynamischen Kompensators) durch

$$\underline{u}^{(l)} + \sum_{i=0}^{l-1} A_i \, \underline{u}^{(i)} = - \sum_{i=0}^{l} B_i \, \underline{y}^{(i)} \tag{5.266}$$

gegeben. Hier stellen in Analogie zu den Koeffizienten (Reglerparameter) die A_i und B_i Parametermatrizen des dynamischen Kompensators dar, und l gibt die Ordnung an. Bild 5.37
zeigt das aus Mehrgrößenregelstrecke und einem derart angesetzten dynamischen Kompensator bestehende geschlossene System.

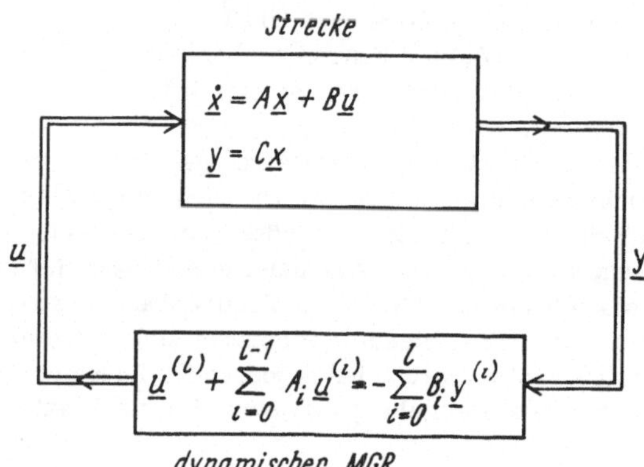

Bild 5.37. Allgemeiner dynamischer Mehrgrößenregler (MGR) (dynamischer Kompensator)

Im folgenden soll nun gezeigt werden, wie unter Ausnutzung bestimmter systemtheoretischer Zusammenhänge und Äquivalenzen der Entwurf derartiger dynamischer Mehrgrößenregler möglich wird. Hierbei wird nicht wie beim Beobachterentwurf unter Ausnutzung des
Separationstheorems vorgegangen, sondern es wird die Parameterbestimmung des angesetzten dynamischen Kompensators so vorgenommen, daß das aus Regelstrecke und Kompensationsnetzwerk bestehende geschlossene System gewünschte und im Rahmen einer vollständigen Zustandsrückführung erreichbare dynamische Eigenschaften aufweist. Diese Vorgehensweise, die also keine wie beim Beobachterkonzept übliche Trennung zwischen Entwurf eines
Zustandsreglers und anschließender ersatzweiser dynamischer Rückführung der Systemausgänge anstelle der Zustände vornimmt, wird in der Literatur als "dynamische Kompensation"
bzw. "Entwurf dynamischer Kompensatoren" bezeichnet. Die Grundlagen für entsprechende
Entwurfsverfahren im Zeitbereich wurden in [120] [121] [122] entwickelt.

Ein solcher dynamischer Kompensator wird mit seiner zunächst noch unbekannten Ordnung sowie seinen ebenfalls noch unbekannten Parametern angesetzt und danach die Frage
beantwortet, ob es eine Realisierung von Struktur und Parametern gibt, so daß der dynamische Kompensator das geschlossene System stabilisiert bzw. zur Verbesserung oder Optimierung der Dynamik führt. Bevor damit begonnen wird, sind jedoch noch einige Bemerkungen, die Realisierung des mit (5.266) angesetzten dynamischen Kompensators betreffend,
zu machen.

5.7.2. Strukturelle Realisierung eines dynamischen Kompensators

Die strukturelle Realisierung von (5.266) und damit des dynamischen Kompensators kann so
erfolgen, daß die nicht realisierbaren Differentiationen des Ausgangs $\underline{y}$ entfallen. Man hat
dabei genauso vorzugehen wie bei einer strukturellen Realisierung einer skalaren linearen
gewöhnlichen Differentialgleichung 1-ter Ordnung. Hier sei lediglich an die Methode zur Simulation mit Rückkopplung erinnert, derer man sich bedient, wenn man diese Differentialgleichung auf den Analogrechner bringen will und dafür den Koppelplan ermittelt. Systemtheoretisch ist das nichts anderes als die zweckmäßige Einführung bzw. Definition von 1 Zustandsvariablen, die bekanntlich in den zugehörigen Strukturbildern immer als Ausgänge
von Integrierern in Erscheinung treten, d. h., eine nach dieser und anderen Methoden gewonnene Realisierung einer gegebenen Differentialgleichung 1-ter Ordnung enthält immer
nur 1 Integratoren und entsprechende Summierer.

Die jetzt zu realisierende Differentialgleichung (5.266) stellt eine Vektordifferentialglei-
chung dar. Es müssen daher Teilzustandsvektoren für den Kompensatorzustand definiert
werden, die dann als Ausgänge von m-dimensionalen Integriererblöcken in Erscheinung treten.

Nach dem obengenannten Vorbild kann auch für den dynamischen Mehrgrößenregler oder
Kompensator eine praktisch gut realisierbare Struktur gefunden werden. In (5.266) werden
die nullten Ableitungen der Vektoren $\underline{u}$ und $\underline{y}$ separiert

$$\underline{u}^{(1)} = -A_o\,\underline{u} - B_o\,\underline{y} - \sum_{i=1}^{1-1} A_i\,\underline{u}^{(i)} - \sum_{i=1}^{1} B_i\,\underline{y}^{(i)} \tag{5.267}$$

und das vektorielle Element $\underline{s}_1$ des zukünftigen $q = 1\,m$-dimensionalen Kompensatorzustands
$\underline{s}$ durch

$$\dot{\underline{s}}_1 = -A_o\,\underline{u} - B_o\,\underline{y} \tag{5.268}$$

definiert. Damit wird aus (5.267)

$$\underline{u}^{(1)} = \dot{\underline{s}}_1 - \sum_{i=1}^{1-1} A_i\,\underline{u}^{(i)} - \sum_{i=1}^{1} B_i\,\underline{y}^{(i)}$$

und nach einmaliger Integration

$$\underline{u}^{(1-1)} = \underline{s}_1 - \sum_{i=1}^{1-1} A_i\,\underline{u}^{(i-1)} - \sum_{i=1}^{1} B_i\,\underline{y}^{(i-1)}. \tag{5.269}$$

Aus (5.269) werden wieder die nullten Ableitungen separiert

$$\underline{u}^{(1-1)} = \underline{s}_1 - A_1\,\underline{u} - B_1\,\underline{y} - \sum_{i=2}^{1-1} A_i\,\underline{u}^{(i-1)} - \sum_{i=2}^{1} B_i\,\underline{y}^{(i-1)} \tag{5.270}$$

und $\underline{s}_{1-1}$ durch

$$\dot{\underline{s}}_{1-1} = \underline{s}_1 - A_1\,\underline{u} - B_1\,\underline{y} \tag{5.271}$$

definiert. Damit erhält man nach einmaliger Integration von (5.270)

$$\underline{u}^{(1-2)} = \underline{s}_{1-1} - \sum_{i=2}^{1-1} A_i\,\underline{u}^{(i-2)} - \sum_{i=2}^{1} B_i\,\underline{y}^{(i-2)}. \tag{5.272}$$

In dieser Weise wird fortgefahren. Dabei findet man für die Elemente des Kompensatorzustands

$$\dot{\underline{s}}_i = \underline{s}_{i+1} - A_{1-i}\,\underline{u} - B_{1-i}\,\underline{y}; \qquad i = 1, 1-1, \ldots, 1 \tag{5.273}$$

$$\underline{s}_{1+1} = \underline{0}.$$

Als letzte Gleichung erhält man schließlich

$$\dot{\underline{u}} = \dot{\underline{s}}_1 - B_1 \dot{\underline{y}}$$

und nach Integration

$$\underline{u} = \underline{s}_1 - B_1 \underline{y}. \tag{5.274}$$

Die Gln. (5.273) und (5.274) ergeben zusammen eine Zustandsbeschreibung des dynamischen Kompensators (5.266):

$$\begin{bmatrix} \dot{\underline{s}}_1 \\ \dot{\underline{s}}_2 \\ \cdot \\ \cdot \\ \cdot \\ \dot{\underline{s}}_1 \end{bmatrix} = \begin{bmatrix} -A_{l-1} & I & 0 \dots 0 \\ -A_{l-2} & 0 & I \dots 0 \\ \cdot & \cdot & \cdot \\ \cdot & \cdot & \ddots \\ \cdot & \cdot & I \\ -A_0 & 0 & \dots 0 \end{bmatrix} \underbrace{\begin{bmatrix} \underline{s}_1 \\ \underline{s}_2 \\ \cdot \\ \cdot \\ \cdot \\ \underline{s}_1 \end{bmatrix}}_{\underline{s}} + \begin{bmatrix} A_{l-1} & B_1 - B_{l-1} \\ A_{l-2} & B_1 - B_{l-2} \\ \cdot \\ \cdot \\ A_0 & B_1 - B_0 \end{bmatrix} \underline{y} \tag{5.275a}$$

$$\underline{u} = (I \quad 0 \dots 0) \, \underline{s} - B_1 \, \underline{y}. \tag{5.275b}$$

Das Strukturbild dieser Zustandsbeschreibung ist im Bild 5.38 gezeichnet. Es stellt gleichzeitig eine Realisierung des dynamischen Kompensators dar, die als Eingangsgröße lediglich $\underline{y}$ – also den realen Streckenausgang – benötigt und nur mit Integratoren und entsprechenden Summierern auskommt.

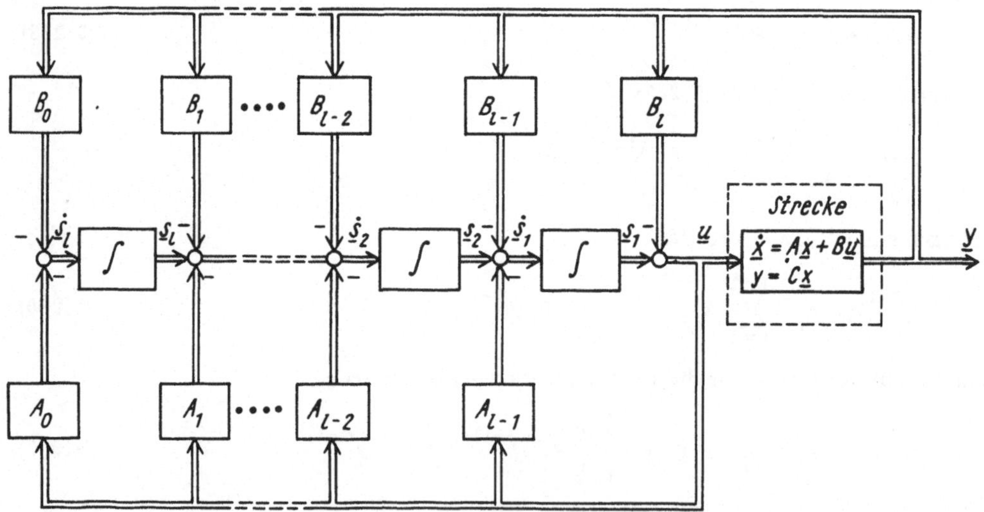

Bild 5.38. Strukturelle Realisierung eines dynamischen Kompensators

5.7.3. Grundlagen des Kompensatorentwurfs

Die dynamischen Anteile des zukünftigen Mehrgrößenreglers werden in einem ersten Schritt der eigentlichen Strecke angegliedert. Diese Angliederung geschieht in der Weise – die Zweckmäßigkeit dieses Vorgehens wird erst später erkennbar –, daß vor die m Systemeingänge u_i Integriererketten der Länge l angeordnet werden.

Die Strecke wird also um

$$q = l \, m \tag{5.276}$$

Integratoren, wobei jeweils m Integratoren in einem Integratorblock zusammengefaßt sind,
eingangsseitig erweitert (Bild 5.39).

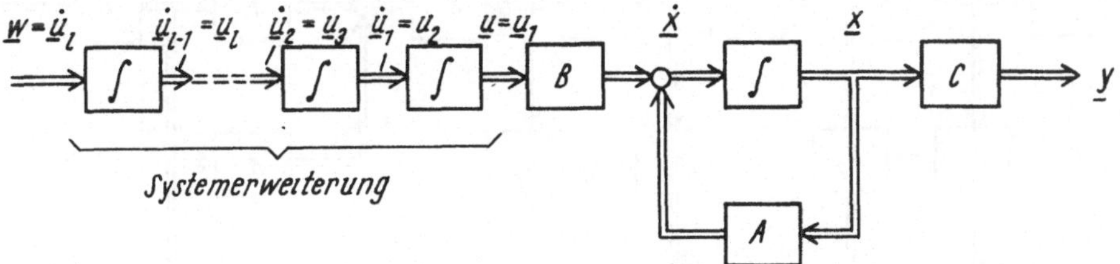

Bild 5.39. Dynamische Systemerweiterung (eingangsseitig) als erster Entwurfsschritt für
einen dynamischen Kompensator

Es entsteht so das eingangsseitig erweiterte System

$$\dot{\underline{x}} = A\,\underline{x} + B\,\underline{u}_1 \tag{5.277a}$$

$$\underline{u}_1 = \underline{u} \tag{5.277b}$$

$$\dot{\underline{u}}_1 = \underline{u}_2$$

$$\dot{\underline{u}}_2 = \underline{u}_3$$

$$\vdots \tag{5.277c}$$

$$\dot{\underline{u}}_l = \underline{w}$$

der Ordnung n + q. Hier fungiert der (m, 1)-Vektor

$$\underline{w} = \underline{u}_1 = \underline{u}^{(l)} \tag{5.278}$$

als Steuereingang dieses dynamisch erweiterten Systems (Bild 5.39). Für dieses erweiterte
System (5.277), dessen (n +l m)-dimensionaler Zustandsvektor offenbar aus der Zusammenfassung von $\underline{x}$ und den $\underline{u}_i$ besteht, wird nun ein Zustandsregler entworfen. Je nach Aufgabenstellung bzw. Entwurfsziel können hier die modale Regelung, Verfahren der linearen Optimalsteuerung usw. angewandt werden. Damit findet man das entsprechende Regelungsgesetz

$$\underline{w} = \underline{w}\,(\underline{u}_i, \underline{x}) = -(K_1 \; K_2 \; \ldots \; K_l \; K_{l+1})
\begin{bmatrix} \underline{u}_1 \\ \underline{u}_2 \\ \vdots \\ \underline{u}_l \\ \underline{x} \end{bmatrix} \tag{5.279}$$

$$= -\sum_{i=1}^{l} K_i\,\underline{u}_i - K_{l+1}\,\underline{x}.$$

Die zugehörige Struktur dieses Reglers wird im Bild 5.40 gezeigt. Wenn man die oben als
eingangsseitige Erweiterung der Strecke eingeführte Integriererkette nun als Bestandteil der
im jetzt erreichten Zwischenschritt gefundenen Regeleinrichtung auffaßt, so erkennt man,
daß die Zurückführung der $\underline{u}_i$ unproblematisch ist und im Regler selbst erfolgt. Lediglich
die Zurückführung des tatsächlichen Streckenzustands $\underline{x}$ führt auf die bekannten Schwierigkeiten und Probleme, auf deren Umgehung es hier eigentlich ankommt.

Ist nun die eingangs geäußerte Vermutung richtig, daß ein gemäß Bild 5.37 mit den realen Systemausgangsgrößen $\underline{y}$ beaufschlagter "dynamischer Kompensator" eine vollständige
Zustandsrückführung ersetzen kann, dann müssen l und die Matrixparameter A_i, B_i in
(5.266) so bestimmt werden können, daß (5.266) und die Vorschrift für das Regelungsgesetz
(5.279) identisch werden.

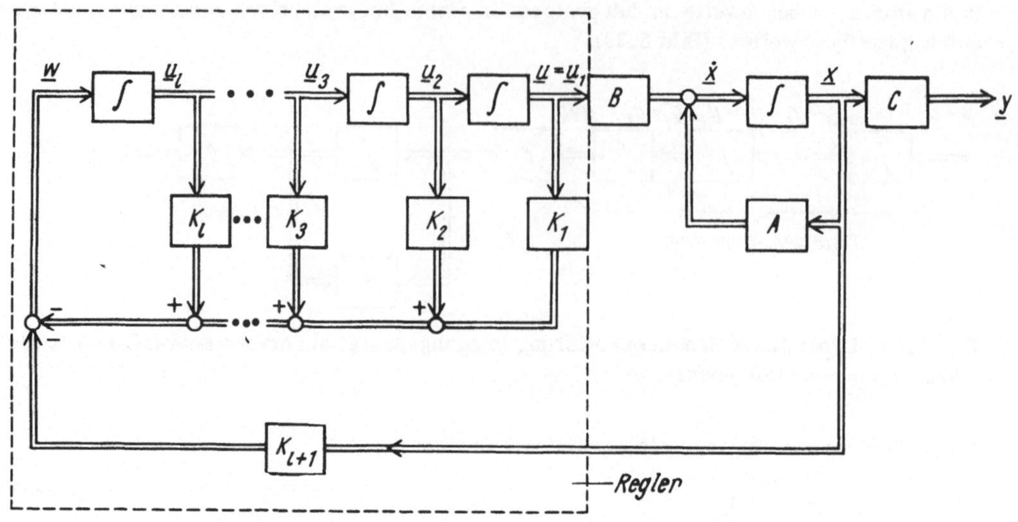

Bild 5.40. Zur Deutung eines Zwischenergebnisses beim Kompensatorentwurf

Da gemäß (5.278) $\underline{w}$ in (5.279) und $\underline{u}^{(1)}$ in (5.266) als gleiche Vektorgrößen aufgefaßt werden können – hierin liegt die Zweckmäßigkeit des·obigen Ansatzes der eingangsseitigen integralen Erweiterung der Strecke um 1 Integriererblöcke –, muß somit gemäß (5.266) und (5.279) gelten

$$\sum_{i=1}^{1} K_i \underline{u}_i + K_{1+1} \underline{x} \overset{!}{=} \sum_{i=0}^{1-1} A_i \underline{u}^{(i)} + \sum_{i=0}^{1} B_i \underline{y}^{(i)} \tag{5.280}$$

Für die hier auf der rechten Seite auftretenden $\underline{y}^{(i)}$; $i = 0, 1, \ldots, 1$ erhält man mit den Gleichungen der Strecke

$$\underline{y} = C \underline{x}$$
$$\dot{\underline{y}} = C \dot{\underline{x}} = C A \underline{x} + C B \underline{u} = C A \underline{x} + C B \underline{u}_1$$
$$\ddot{\underline{y}} = C A \dot{\underline{x}} + C B \dot{\underline{u}}_1 = C A^2 \underline{x} + C A B \underline{u} + C B \dot{\underline{u}}_1$$
$$= C A^2 \underline{x} + C A B \underline{u}_1 + C B \underline{u}_2$$
$$\vdots$$
$$\underline{y}^{(i)} = C A^i \underline{x} + \sum_{j=0}^{i-1} C A^{i-j-1} B \underline{u}_{j+1}; \quad i \geqq 1. \tag{5.281}$$

Damit wird aus (5.280)

$$\sum_{i=1}^{1} K_i \underline{u}_i + K_{1+1} \underline{x} = \sum_{i=0}^{1-1} A_i \underline{u}_{i+1} + B_o C \underline{x}$$
$$+ \sum_{i=1}^{1} B_i \left[C A^i \underline{x} + \sum_{j=0}^{i-1} C A^{i-j-1} B \underline{u}_{j+1} \right]$$

bzw.

$$\sum_{i=1}^{1} K_i \underline{u}_i + K_{1+1} \underline{x} = \sum_{i=0}^{1-1} A_i \underline{u}_{i+1} + \sum_{i=1}^{1} B_i \sum_{j=0}^{i-1} C A^{i-j-1} B \underline{u}_{j+1}$$
$$+ \sum_{i=0}^{1} B_i C A^i \underline{x}. \tag{5.282}$$

Durch Vergleich der Koeffizienten gleicher Zeitgrößen auf beiden Seiten von (5.282) kann man die Koeffizientenmatrizen A_i, B_i ermitteln.

a) Vergleich der Koeffizientenmatrizen bei $\underline{x}$

$$K_{l+1} = \sum_{i=0}^{l} B_i \, C \, A^i \tag{5.283}$$

Eine Umschreibung von (5.283) liefert

$$\begin{bmatrix} C^T & A^T \, C^T & \ldots & (A^T)^L \, C^T \end{bmatrix}_{[n,\,r\,(l+1)]} \begin{bmatrix} B_o^T \\ B_1^T \\ \vdots \\ B_1^T \end{bmatrix}_{[r\,(l+1),\,m]} = K^T_{l+1}{}_{(n,\,m)} . \tag{5.283a}$$

Bezeichnet man mit

$${}^i\underline{b}_j \qquad \text{die i-te Spalte von } B_j^T$$

$${}^i\underline{k}_{l+1} \qquad \text{die i-te Spalte von } K_{l+1}^T ,$$

so zerfällt (5.283a) in m lineare inhomogene algebraische Gleichungssysteme

$$\begin{bmatrix} C^T & A^T \, C^T & \ldots & (A^T)^1 \, C^T \end{bmatrix}_{[n,\,r\,(l+1)]} \begin{bmatrix} {}^i\underline{b}_o \\ {}^i\underline{b}_1 \\ \vdots \\ {}^i\underline{b}_1 \end{bmatrix}_{[r\,(l+1),\,1]} = {}^i\underline{k}_{l+1}{}_{(n,\,1)} ; \quad i = 1, 2, \ldots, m \tag{5.283b}$$

zur Bestimmung der Elemente der jeweils i-ten Spalten der B_j^T. Die Koeffizientenmatrix ist bei allen m entstehenden Gleichungssystemen (5.283b) die gleiche und bezüglich ihres Bildungsgesetzes mit der Beobachtbarkeitsmatrix der Strecke zu vergleichen.

Es erhebt sich nun die Frage nach der Auflösbarkeit der m Gleichungssysteme. Jedes Gleichungssystem besteht aus n Gleichungen mit $r\,(l+1)$ Unbekannten.

- Wenn die Koeffizientenmatrix den Rang n hat und $r\,(l+1)=n$, dann gibt es eine eindeutige Lösung.
- Wenn die Koeffizientenmatrix den Rang n hat und $r\,(l+1)>n$, d. h., wenn es mehr Unbekannte als Gleichungen gibt, dann kann man $r\,(l+1)-n$ Unbekannten beliebige Werte geben und danach die verbleibenden n Unbekannten eindeutig spezifizieren.

Daraus folgt, daß es sicher immer dann eine Lösung für die B_i; $i = 0, 1, \ldots, 1$ gibt, wenn die Koeffizientenmatrix

$$\begin{bmatrix} C^T & A^T \, C^T & \ldots & (A^T)^1 \, C^T \end{bmatrix} \tag{5.284}$$

den Rang n hat. Das heißt <u>nicht</u>, daß das die Lösbarkeitsbedingung für (5.283b) ist. Wie für jedes lineare inhomogene algebraische Gleichungssystem lautet die Lösbarkeitsbedingung, daß der Rang der Koeffizientenmatrix mit dem Rang der erweiterten Koeffizientenmatrix gleich sein muß. Diese Lösbarkeitsbedingung ist aber für das vorliegende Problem, wo es u. a. neben der Auflösbarkeit von (5.283) schlechthin um die Auflösbarkeit bei möglichst minimalem Wert für 1 - 1 bestimmt entsprechend (5.266) maßgeblich die Kompensatorordnung und damit den gerätetechnischen Aufwand bei der Realisierung - geht, nicht konstruktiv und läuft auf ein Probierverfahren für verschiedene 1 hinaus.

Wenn die zu regelnde Strecke beobachtbar ist, dann hat gemäß der Definition des Beobachtbarkeitsindex ν_B die Matrix

$$\left[C^T \quad A^T C^T \quad \dots \quad (A^T)^{\nu_B - 1} C^T \right] \tag{5.285}$$

den Rang n [109].

Daher wird es also sicher immer dann eine Lösung von (5.283b) geben, wenn man

$$l = \nu_B - 1 \tag{5.286}$$

wählt, d.h., wenn man von vornherein l so ansetzt, und damit die Rechnungen, von (5.277) beginnend, durchführt, kann man erwarten, daß eine Lösung für die B_i existiert und problemlos gefunden wird. Damit ist jedoch nicht gesagt, daß es nicht auch Lösungen für $l < \nu_B - 1$ gibt. Der Ansatz (5.286) ist also geeignet und auch im Hinblick auf den Aufwand bei der gerätetechnischen Realisierung ein guter Kompromiß.

Für den Beobachtbarkeitsindex gilt [109]:

$$\left[\frac{n}{r} \right] \leqq \nu_B \leqq n - r + 1, \tag{5.287}$$

d.h., ν_B und damit auch l werden i. allg. beträchtlich kleiner als n sein. In weiterem wird daher mit der Empfehlung (5.286) gearbeitet.

Mit dem Festlegen beliebiger Werte für $r(l+1) - n = r\,\nu_B - n$ Unbekannte im häufig zu erwartenden Fall $r(l+1) > n$ kommen Freiheitsgrade in den Kompensatorentwurf hinein. Aus gerätetechnischer Sicht kann es oft von Vorteil sein, diese Werte zu Null zu wählen. Das entspricht einer Minimierung der Signalwege im Kompensator. Zur zweckmäßigen, im Hinblick auf die Erreichung bestimmter anderer Eigenschaften (Parameterunempfindlichkeit, Integrität u. a.) optimalen Festlegung dieser freien Parameter sind weiterführende Untersuchungen notwendig. Hier entstehen echte Polyoptimierungsaufgaben.

b) Vergleich der Koeffizientenmatrizen bei den $\underline{u}_i$

Aus (5.282) folgt zunächst, wenn man nur die Ausdrücke, die $\underline{u}_i$ enthalten, betrachtet

$$\sum_{i=1}^{l} K_i\, \underline{u}_i = \sum_{i=0}^{l-1} A_i\, \underline{u}_{i+1} + \sum_{i=1}^{l} B_i \sum_{j=0}^{i-1} C A^{i-j-1} B\, \underline{u}_{j+1}.$$

Hieraus gewinnt man in zwei Schritten

$$\sum_{i=1}^{l} A_{i-1}\, \underline{u}_i = \sum_{i=1}^{l} K_i\, \underline{u}_i - \sum_{i=1}^{l} \sum_{j=0}^{i-1} B_i\, C A^{i-j-1} B\, \underline{u}_{j+1}$$

$$= \sum_{i=1}^{l} K_i\, \underline{u}_i - \sum_{i=1}^{l} B_i\, (C A^{i-1} B\, \underline{u}_1 + \dots + C A B \underline{u}_{i-1} + C B \underline{u}_i).$$

Durch Vergleich der Koeffizientenmatrizen gleicher $\underline{u}_i$ erhält man schließlich

$$A_i = K_{i+1} - \sum_{j=i+1}^{l} B_j\, C A^{j-i-1} B; \quad i = 0, 1, \dots, l-1. \tag{5.288}$$

Mit den in a) berechneten B_i ist demnach die Lösung für die A_i eindeutig.

Mit Hilfe der nunmehr bekannten Bestimmungslücke l, A_i, B_i kann der dynamische Kompensator gemäß Bild 5.38 realisiert werden. Damit ist der Entwurf vom Prinzip her abgeschlossen. Er kann wie folgt zusammengefaßt werden:

1. Berechnung des Beobachtbarkeitsindex ν_B der vorgegebenen Strecke.
2. Damit liegt die Zahl l der $(m \times m)$-Integriererblöcke zur eingangsseitigen Erweiterung der Strecke fest $l = \nu_B - 1$.
3. Bildung dieses eingangsseitig um $l = \nu_B - 1$ Integriererblöcke erweiterten Systems (5.277) (Bild 5.39) mit der Ordnung $n + (\nu_B - 1)m$.

4. Berechnung einer Zustandsregelung für dieses erweiterte System. Hierzu kommen Verfahren der modalen Regelung, linearen Optimalsteuerung u. a. zur Anwendung. Das so gefundene Regelungsgesetz ist in Form der Gl. (5.279) zu schreiben

$$\rightarrow K_i; \quad i = 1, 2, \ldots, 1+1 = \nu_B.$$

5. Ansatz und Lösen der m linearen inhomogenen algebraischen Gleichungssysteme (5.283b) mit $1 = \nu_B - 1$

$$\rightarrow {}^i\underline{b}_j; \qquad i = 1, 2, \ldots, m, \qquad j = 0, 1, \ldots, 1$$

$$\rightarrow B_j^T = ({}^1\underline{b}_j \ldots {}^m\underline{b}_j) \quad (r, m)$$

$$\rightarrow B_j = (B_j^T)^T.$$

6. Berechnung der A_i nach (5.288)

$$\rightarrow A_i.$$

7. Strukturelle Realisierung des dynamischen Kompensators gemäß Bild 5.38. Die Ordnung dieses Kompensators ist $(\nu_B - 1)m$.

Der aufwendigste Schritt beim Entwurf ist der Schritt 4, in dem eine Zustandsregelung für ein System $n + (\nu_B - 1)$ m-ter Ordnung zu berechnen ist. Der problematischste Schritt ist – wegen der vielen Freiheitsgrade – Schritt 5.

Man erkennt ferner, daß der hierbei zu treibende Aufwand und auch der Aufwand bei der gerätetechnischen Realisierung des resultierenden Kompensators in starkem Maße durch die Größe der Zahl m bestimmt wird. m ist die Zahl der zur vollständigen Steuerung der Strecke notwendigen Eingänge.

5.7.4. Verringerung der Kompensatorordnung. Einschätzung

Bekanntlich kann ein zyklisches System durch einen einzigen Steuereingang vollständig gesteuert werden (s. Abschn. 5.2.2.), d. h., wenn die zu regelnde Strecke eine zyklische Systemmatrix A hat, dann ist es möglich, mit m = 1 nach den obigen Schritten 1 bis 7 einen dynamischen Kompensator mit der vergleichsweise geringen Ordnung $\nu_B - 1$ zu entwerfen. Der Aufwand der Schritte 4 bis 7 reduziert sich damit beträchtlich. Wenn die zu regelnde Strecke primär nicht zyklisch ist, so kann durch eine Ausgangsrückführung $\underline{u} = K^Z \underline{y}$ eine Zyklisierung erreicht werden [77] . Man wird daher den Vorteil, den eine zyklische Systemmatrix auch für den Entwurf eines dynamischen Kompensators bietet, zielstrebig ausnutzen und so eine erhebliche Aufwandsverringerung bei Entwurf und gerätetechnischer Realisierung erreichen.

Bei einer zyklischen Systemmatrix A bzw. bei einer durch eine konstante Ausgangsrückführung zyklisierten Matrix $(A + BK^Z C)$ läßt sich durch Linearkombination der m Spalten von B in der Art Bq immer ein einziger Steuereingang μ mit $\underline{u} = \underline{q}\, \mu$ (s. Abschn. 5.2.2.) bilden, mit dem das (zyklische bzw. zyklisierte) System allein steuerbar ist. Damit reduziert sich die eingangsseitige Systemerweiterung im Bild 5.39 auf eine skalare Integriererkette der Länge $1 = \nu_B - 1$. Es sind also nur 1 skalare Integrierer anstelle von 1 Integriererblöcken vom Format $(m \times m)$ erforderlich. Das reduziert Entwurf und Realisierungsaufwand erheblich. Die $(m \times r)$-Koeffizientenmatrizen B_i werden zu $(1 \times r)$-Zeilenvektoren $\underline{b}_i^T$, und die A_i werden zu Skalaren a_i. Sämtliche Entwurfsrechnungen werden damit wesentlich einfacher. Da auch die Zahl der Signalwege und Operationen im dynamischen Kompensator damit stark zurückgeht, ist der Aufwand für seine gerätetechnische Realisierung natürlich ebenfalls erheblich verringert. Da bei diesem Vorgehen mit dem zu wählenden Vektor q nochmals Freiheitsgrade in den Entwurf hineinkommen, tritt wiederum verstärkt das Problem ihrer zweckmäßigen Wahl bzw. Festlegung auf. Da diese Freiheitsgrade zusätzlich zu denen des Entwurfsschritts 5 hinzukommen, lassen sich pauschal zur geeigneten Nutzung der durch die große Zahl von Freiheitsgraden gebotenen Möglichkeiten zur Erfüllung weiterer ingenieurmäßiger Forderungen fast keine Hinweise geben. Lediglich relevante Forderungen kann man nennen:

> Der Kompensator soll selbst stabil sein,
> geringe Parameterempfindlichkeit,
> gut realisierbare Größenordnung der Parameter,
> gute Filtereigenschaften in bestimmten, für konkret angreifende Störungen charakteristischen Frequenzbereichen usw.

Wie daraus Vorschriften für die geeignete Wahl der freien Parameter folgen, kann allgemein gültig nicht angegeben werden. Zur Zeit ist nur die Methode "Versuch und Irrtum" im konkreten Fall zu nennen. Aus systemtheoretischer Sicht zeichnet sich das Verfahren als universell aus.

Wegen der vorliegenden Kompliziertheit muß man auf die Realisierung von Kompensatorstrukturen gemäß Bild 5.38 mit Rechnern orientieren. Im Hinblick auf den Einsatz von Mikrorechnern dürfte die zuletzt angegebene Möglichkeit der drastischen Ordnungsverringerung praktisch von großem Interesse sein.

5.8. Störungsausgleich und Sollwertfolge durch Hinzunahme von I-Anteilen zur modalen Regelung

5.8.1. Problemstellung

Gemäß der im Abschn. 1. formulierten, häufig vorkommenden Aufgabenstellung einer verallgemeinerten Festwertregelung ist für das zu betrachtende Mehrgrößensystem eine Regeleinrichtung zu entwerfen, die

- das System stabilisiert bzw. in geeigneter Weise die Dynamik verbessert und
- gleichzeitig die Auswirkungen der Störungen erfolgreich bekämpft.

Die erstgenannte Teilforderung wird durch diejenigen Reglerstrukturen, die bisher in diesem Abschn. 5. unter Verwendung der Prinzipien der Zustands- bzw. Ausgangsrückführung entworfen wurden, erfüllbar und i. allg. auch erfüllt. Wie im Abschn. 5.0. bereits auseinandergesetzt wurde, werden diese Verfahren als Stabilisierungsverfahren bezeichnet. Die weiter anstehende zweite Teilforderung nach Störungsausgleich bei z. B. sprungförmigen oder anderen aperiodischen Störungen konnte von den Stabilisierungsverfahren nicht erfüllt werden.

Am Beispiel der modalen Regelung soll dieser Tatbestand verdeutlicht werden. Hierbei werden zunächst nach dem Vorbild der Betrachtungen in der klassischen Regelungstechnik sprungförmige, d. h. konstante Störungen angesetzt. Derartige Störungen stellen einen "genügend harten Test" der geschlossenen Strukturen und eine bewährte Basis für die Untersuchung des stationären Verhaltens des "Regelfehlers" dar.

Ohne Einschränkung der Allgemeinheit wird auf das Verfahren der modalen Regelung im engeren Sinne, wie es im Abschn. 5.1. behandelt wurde, Bezug genommen. Am Beispiel dieses Stabilisierungsverfahrens werden Überlegungen angestellt, wie man auf unkomplizierte Weise der zweiten der obengenannten Teilforderungen nach Ausregelung zunächst sprungförmiger Störungen $\underline{z}$ zusätzlich gerecht werden kann. Damit werden gleichzeitig die Grundlagen für den Entwurf von Mehrgrößenzustandsregelungen mit allgemeineren externen Eingangssignalen in Gestalt von Störungen und Führungsgrößen geschaffen, der in seinen Grundzügen im Abschn. 5.9. behandelt wird. Ausgangspunkt der Betrachtungen ist die Mehrgrößenstrecke, auf die sprungförmige Störungen

$$\underline{z}(t) = 1(t)\underline{z}, \tag{5.289}$$

also für $t > 0$ konstante Störungen $\underline{z}$, wirken:

$$\begin{aligned}
\underline{\dot{x}}(t) &= A\,\underline{x}(t) + B\,\underline{u}(t) + \underline{z} \\
\underline{y}(t) &= C\,\underline{x}(t)\,.
\end{aligned} \tag{5.290}$$

Wir erinnern daran, daß alle Variablen Abweichungsvariablen von dem Arbeitspunkt darstellen, der durch Regelung konstant gehalten werden soll. Bei der modalen Regelung im engeren Sinn (s. Abschn. 5.1.) wird die Reglermatrix

$$F = N^{-1} K M$$

so entworfen, daß die (dominierenden) Eigenwerte λ_i der Systemmatrix A des ungeregelten Systems (5.290) nach links verschoben werden:

$$\lambda_i \rightarrow \lambda_i' = \lambda_i - k_i ; \qquad k_i > 0.$$

Für die durch die konstanten Störungen $\underline{z}$ verursachte Antwort des derart modal geregelten Systems

$$\underline{\dot{x}}(t) = (A + B F) \underline{x}(t) + \underline{z}$$
$$\underline{y}(t) = C \underline{x}(t)$$

erhält man

$$\underline{y}(t) = \sum_i \text{const}_i \; \frac{e^{(\lambda_i - k_i)t} - 1}{\lambda_i - k_i} = \sum_i \text{const}_i \; f_i(t).$$

Die Veränderung der hier auftretenden Zeitfunktionen $f_i(t)$ in Abhängigkeit von der Größe der Verschiebungen k_i wurde bereits mit Bild 5.4 im Abschn. 5.1. dargestellt. Damit wird gleichzeitig die Wirkung der modalen Regelung bei konstanten Störungen qualitativ zum Ausdruck gebracht.

Die einzelnen Teilvorgänge $f_i(t)$ werden "schneller" und laufen auf kleinere Endwerte zu, je größer die Verschiebungen $(-k_i)$ gemacht werden. Daraus resultiert für $\underline{y}(t)$ ein typisches P-Verhalten. Mit wachsenden "Verstärkungen" k_i kann man i. allg. kleinere, aber bleibende Abweichungen, die sich geschlossen wie folgt berechnen lassen:

$$\lim_{t \to \infty} \underline{y}(t) = - C (A + B F)^{-1} \underline{z} \neq 0 ,$$

erwarten.

Da aus gerätetechnischen und anderen Realisierbarkeitsgründen (Stellgrößen- und andere Variablenbegrenzungen) - nicht aber aus Stabilitätsgründen - eine beliebige Vergrößerung der als Verstärkungswerte von P-Reglern zu deutenden k_i nicht möglich ist, müssen andere Reglerstrukturen herangezogen werden, um auch die zweite der obengenannten Teilforderungen zu erfüllen.

Aufgrund der Vorzüge, die das Konzept der modalen Regelung für den Entwurf von Prozeßregelungen bietet, ist es wohl angebracht, das Entwurfsverfahren modale Regelung dahingehend zu erweitern, daß mit ihm auch die bleibende Abweichung Null nach aperiodischen Störungen, z. B. Sprungstörungen usw., für $\underline{y}$ erreichbar wird.

Zurückgreifend auf die klassische Regelungstechnik bieten sich für solche Erweiterungen an:

1. im Sonderfall meßbarer Störungen $\underline{z}$ die Hinzunahme von Vorwärtssteuerungen im Sinne von Störgrößenaufschaltungen,
2. Einbeziehung integralwirkender Rückführanteile in das Regelungsgesetz, d. h. Regelung mit proportionaler plus integraler Rückführung.

Weil die Störungen meist nicht meßbar sind und in Anbetracht der Probleme, die eine Vorwärtssteuerung insbesondere bei Mehrgrößensystemen bringt, wird hier nur Weg 2 weiterverfolgt.

Es ist hinlänglich bekannt, daß auch bei Regelungen, die nach dem Prinzip der Zustandsrückführung arbeiten, in der Tat die Hinzunahme von integralen Rückführanteilen die Ausregelung von aperiodischen Störungen ermöglicht ([10] [12] [14] [15] u. a.). Es ist daher nicht Ziel der nachfolgenden Ausführungen, primär das Prinzip einer proportionalen plus integralen Rückführung bei sog. Zustandsregelungen, wie auch die modale Regelung eine ist, zu begründen. Vielmehr kommt es darauf an, ein Verfahren zu entwickeln, das den Entwurf von Mehrgrößenregelungen gestattet, die den beiden häufig gestellten Grundforderungen der Prozeßregelung

1. Stabilisierung bzw. Dynamikverbesserung,

2. Ausregelung aperiodischer Störungen

gleichzeitig gerecht werden, und für den Entwurf nur die entwickelten Algorithmen der modalen Regelung benötigt. Mithin werden bei einem solchen Entwurfsverfahren alle Merkmale der modalen Regelung erhalten bleiben, während ihr Anwendungsfeld durch die so zu erreichende und zu beweisende Ausregelung von aperiodischen Störungen für die Prozeßregelung erheblich erweitert wird [19] .

Diese zu entwickelnde und darzustellende erweiterte modale Regelung wird sich weiterhin einfach für den Entwurf von Führungsregelungen mit vorgebbaren Sollwerten der Ausgangsgrößen y nutzen lassen.

Die Grundstruktur und die Dimensionierungsvorschriften eines derartigen modalen Mehrgrößenreglers werden über die Anwendung der ursprünglichen Verfahren der modalen Regelung auf ein geeignetes modifiziertes System gefunden.

5.8.2. Geeignete Definition eines modifizierten Systems

Wird als Zustandsvektor eines modifizierten Systems angesetzt

$$\underline{q} = \begin{bmatrix} \underline{\dot{x}} \\ \underline{y} \end{bmatrix} , \tag{5.291}$$

so erhält man unter der Voraussetzung konstanter Störungen $\underline{z}(t) = \underline{z}$ und Verwendung von (5.290)

$$\frac{d}{dt} \begin{bmatrix} \underline{\dot{x}} \\ \underline{y} \end{bmatrix} = \begin{bmatrix} A & 0 \\ C & 0 \end{bmatrix} \begin{bmatrix} \underline{\dot{x}} \\ \underline{y} \end{bmatrix} + \begin{bmatrix} B \\ 0 \end{bmatrix} \underline{\dot{u}} \tag{5.292}$$

$$\begin{bmatrix} A & 0 \\ C & 0 \end{bmatrix}_{n+r,\, n+r} = \overline{A}$$

$$\begin{bmatrix} B \\ 0 \end{bmatrix}_{n+r,\, m} = \overline{B}.$$

Mit

$$\underline{\dot{u}} = \underline{v} \tag{5.293}$$

kann dafür geschrieben werden

$$\underline{\dot{q}} = \overline{A}\,\underline{q} + \overline{B}\,\underline{v}. \tag{5.294}$$

Für dieses modifizierte System ist nun nach dem Verfahren der modalen Regelung das Regelungsgesetz

$$\underline{v}\,[\underline{q}] = \overline{F}\,\underline{q} \tag{5.295}$$

so zu bestimmen, daß die Eigenwerte des geregelten modifizierten Systems

$$\underline{\dot{q}} = (\overline{A} + \overline{B}\,\overline{F})\,\underline{q} \tag{5.296}$$

geeignet vorzugebende Werte in der linken komplexen Halbebene annehmen. Das hat zur Folge, daß der Zustand $\underline{q}(t)$ als Eigenbewegung von (5.296) mit gutem dynamischem Verhalten (asymptotisch) gegen Null geht:

$$\lim_{t \to \infty} \underline{q}(t) = \lim_{t \to \infty} \begin{bmatrix} \underline{\dot{x}}(t) \\ \underline{y}(t) \end{bmatrix} = 0 , \tag{5.297}$$

d.h., es werden die oben erhobenen Forderungen in der Tat erfüllt.

Voraussetzung für die Verschiebbarkeit aller - damit auch der dominierenden - Eigenwerte durch modale Regelung ist die Steuerbarkeit des zu regelnden Systems. Im vorliegenden Fall muß also gefordert werden, daß das modifizierte System $(\overline{A}, \overline{B})$ steuerbar ist. Es kann gezeigt werden [123] [124], daß das modifizierte System (5.294) steuerbar ist, wenn

1.   (A, B) steuerbar und   (5.298)

$$2.\quad \text{rang} \begin{bmatrix} A & B \\ C & 0 \end{bmatrix} = n + r. \tag{5.299}$$

Die Erfüllung von (5.299) ist überhaupt nur möglich, wenn $m \geqq r$, d. h., wenn die Zahl m der für die Regelung ausgenutzten Steuereingänge des ursprünglichen Systems mindestens gleich oder größer ist als die Zahl r der auf Null auszuregelnden Systemausgänge $\underline{y}$ [123].

5.8.3. Modale Regelung des modifizierten Systems und ihre Interpretation

Für das steuerbare modifizierte System (5.294) wird nach den üblichen Verfahren der modalen Regelung unter Verwendung der dazu im Abschn. 5.1. entwickelten Vorgehensweise der Entwurf durchgeführt. Im Abschn. 5.8.7. wird darauf näher eingegangen. Als Ergebnis findet man das Regelungsgesetz (5.295)

$$\underline{v} = \overline{F}\,\underline{q} = \overline{F} \begin{bmatrix} \underline{\dot{x}} \\ \underline{y} \end{bmatrix} = (F_1\ F_2) \begin{bmatrix} \underline{\dot{x}} \\ \underline{y} \end{bmatrix} \tag{5.300}$$

bzw.

$$\underline{v} = F_1\,\underline{\dot{x}} + F_2\,\underline{y}.$$

Mit (5.293) erhält man aus (5.300) die gesuchte Steuerung für das Originalsystem (5.290)

$$\underline{u}(t) = \int_0^t \underline{v}(\tau)\,d\tau = F_1\,\underline{x}(t) + F_2\,(\int_0^t \underline{y}(\tau)\,d\tau + \underline{a}). \tag{5.301}$$

Hier stellt $\underline{a}$ den Vektor der Anfangswerte der r Integratoren, die zur Integration des Systemausgangs $\underline{y}$ notwendig sind, dar. Wie unten gezeigt wird, ist seine Spezifizierung uninteressant, da er keinerlei Einfluß auf die Erreichung der Zielvorstellungen hat.

Wesentlich im Hinblick auf die Realisierung der Steuerung $\underline{u}(t)$ ist die Interpretation von (5.301): Zur Realisierung der erforderlichen Steuerung $\underline{u}(t)$ ist eine proportionale Zustandsrückführung über die $(m \times n)$-Matrix F_1 und eine integrale Ausgangsrückführung über die $(m \times r)$-Matrix F_2 notwendig.

F_1 und F_2 sind, wie oben angegeben, Teilmatrizen der Reglermatrix $\overline{F}$ der modalen Regelung für das modifizierte System. Das Matrixsignalflußbild dieser Regelung ist im Bild 5.41 dargestellt.

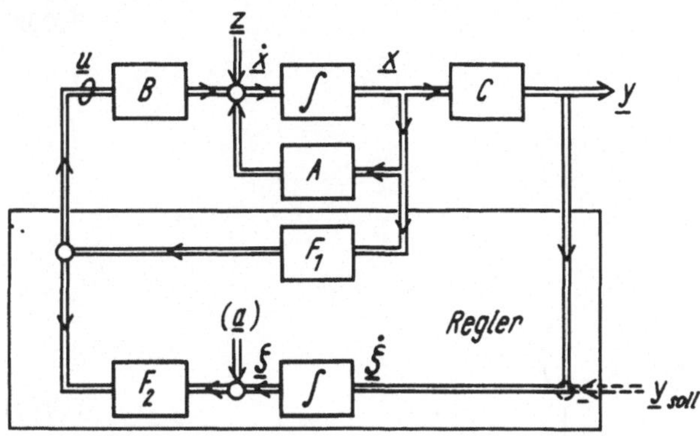

Bild 5.41. Modalstruktur zur Störgrößenbekämpfung: I-Anteil führt zum Störungsausgleich und zur Sollwertfolge für konstante (sprungförmige) Eingangssignale $\underline{z}$ und $\underline{y}_{\text{soll}}$

Definiert man wie üblich als Zustandsvariablen die Ausgänge von Integratoren, d. h. in
der integralen Rückführschleife,

$$\dot{\underline{\xi}} = \underline{y} = C\,\underline{x},$$

(5.302)

dann liest man aus Bild 5.41 ab:

$$\dot{\underline{x}} = (A + BF_1)\underline{x} + BF_2\,\underline{\xi} + (\underline{z} + BF_2\underline{a})$$

$$\dot{\underline{\xi}} = C\,\underline{x}.$$

(5.303)

Die Schreibweise von (5.303) deutet bereits an, daß es zweckmäßig ist,

$$(\underline{z} + BF_2\underline{a}) = \underline{z}_1$$

(5.304)

zu einem fiktiven konstanten Störvektor zu erklären. Damit lassen sich (5.303) und (5.304)
wie folgt zusammenfassen:

$$\begin{bmatrix} \dot{\underline{x}} \\ \dot{\underline{\xi}} \end{bmatrix} = \begin{bmatrix} A + BF_1 & BF_2 \\ C & 0 \end{bmatrix} \begin{bmatrix} \underline{x} \\ \underline{\xi} \end{bmatrix} + \begin{bmatrix} I_n \\ 0 \end{bmatrix} \underline{z}_1.$$

(5.305)

Als Systemmatrix des geregelten Systems (5.305) tritt

$$\overline{D} = \begin{bmatrix} A + BF_1 & BF_2 \\ C & 0 \end{bmatrix}$$

(5.306)

auf, die die gewünschten Eigenwerte in der linken komplexen Halbebene entsprechend dem
Entwurf der modalen Regelung für das modifizierte System hat. Damit existiert auch die
Inverse D^{-1}, und es gilt

$$\overline{D}\,\overline{D}^{-1} = I.$$

(5.307)

5.8.4. Untersuchung des stationären Verhaltens des geregelten Systems

Aufgrund der negativen Eigenwerte von $\overline{D}$ erreicht das geregelte System (5.305) für konstante Störungen $\underline{z}$ bzw. $\underline{z}_1$ asymptotisch einen stationären oder Endzustand, und zwar um
so schneller, je negativer die Eigenwerte von $\overline{D}$ sind. Für diesen stationären Endzustand
erhält man aus (5.305)

$$\begin{bmatrix} \underline{x}_s \\ \underline{\xi}_s \end{bmatrix} = \lim_{t \to \infty} \begin{bmatrix} \underline{x}(t) \\ \underline{\xi}(t) \end{bmatrix} = - \begin{bmatrix} A + BF_1 & BF_2 \\ C & 0 \end{bmatrix}^{-1} \begin{bmatrix} I_n \\ 0_{r,n} \end{bmatrix} \underline{z}_1.$$

(5.308)

Bezeichnet man abkürzend in der hier auftretenden Inversen

$$\overline{D}^{-1} = \begin{bmatrix} D_1 & D_2 \\ C & 0 \end{bmatrix}^{-1} = \begin{bmatrix} \mathcal{D}_1 & \mathcal{D}_2 \\ \mathcal{D}_3 & \mathcal{D}_4 \end{bmatrix} \begin{matrix} n \\ r \end{matrix} ,$$

$$\begin{matrix} \quad n \quad\quad\; r \end{matrix}$$

(5.309)

so muß mit (5.307) gelten

$$\begin{bmatrix} D_1 & D_2 \\ C & 0 \end{bmatrix} \begin{bmatrix} \mathcal{D}_1 & \mathcal{D}_2 \\ \mathcal{D}_3 & \mathcal{D}_4 \end{bmatrix} = \begin{bmatrix} I & 0 \\ 0 & I \end{bmatrix} \begin{matrix} n \\ r \end{matrix}$$

$$\begin{matrix} \quad n \quad\; r \end{matrix}$$

bzw.

$$\begin{bmatrix} D_1\mathcal{D}_1 + D_2\mathcal{D}_3 & D_1\mathcal{D}_2 + D_2\mathcal{D}_4 \\ C\mathcal{D}_1 & C\mathcal{D}_2 \end{bmatrix} = \begin{bmatrix} I & 0 \\ 0 & I \end{bmatrix}.$$

(5.310)

Aus (5.310) folgt u. a.

$$C\, \mathcal{D}_1 = 0_{r,n} \,. \tag{5.311}$$

Nach Einsetzen von (5.309) in (5.308) erhält man für den gesuchten stationären Endzustand des geregelten Systems:

$$\begin{bmatrix} \underline{x}_s \\ \underline{\xi}_s \end{bmatrix} = - \begin{bmatrix} \mathcal{D}_1 & \underline{z}_1 \\ \mathcal{D}_3 & \underline{z}_1 \end{bmatrix} ,$$

d. h. für $\underline{x}_s$ allein:

$$\underline{x}_s = -\mathcal{D}_1\, \underline{z}_1 \,. \tag{5.312}$$

Damit ergibt sich für den stationären Endwert des Systemausgangs $\underline{y}_s$, der sich nach konstanten Störungen für $t \to \infty$ einstellt,

$$\underline{y}_s = C\, \underline{x}_s - C\, \mathcal{D}_1\, \underline{z}_1 \,,$$

woraus mit (5.311) folgt

$$\underline{y}_s = 0 \,. \tag{5.313}$$

Damit werden für konstante Störungen mit endlicher Höhe, d. h. mit $\|\underline{z}_1\| = M < \infty$, alle im Abschn. 5.8.1. gestellten Forderungen erfüllt.

Aus der Definition (5.304) des fiktiven Störvektors $\underline{z}_1$ ist gleichzeitig ersichtlich, daß die Anfangswerte $\underline{a}$ der r Integratoren der Regeleinrichtung die Funktion in keiner Weise beeinträchtigen. Die genau gleiche Situation liegt bei der Verwendung von Reglern mit I-Anteilen im einschleifigen Standardregelkreis vor. Gl. (5.313) gilt auch, wenn abschnittsweise konstante Störungen auf das System wirken, also Störungen, die durch Treppenfunktionen darstellbar bzw. approximierbar sind. Damit ist eine große Klasse von in der Prozeßregelung auftretenden Störungen erfaßbar. Es sei daran erinnert, daß natürlich alle impulsförmigen Störungen von der modalen Regelung - also ohne integrale Rückführung - beherrscht werden.

5.8.5. Führungsregelung auf vorgegebene konstante Sollwerte der Systemausgänge

Wie im Abschn. 5.8.1. angedeutet, läßt sich das hier entwickelte Regelungsprinzip auch als Führungsregelung von Mehrgrößensystemen auf vorgebbare Sollwerte $\underline{y}_{soll}$ der Ausgänge verwenden. Im Bild 5.41 wurde der Ort des Eingriffs der Sollwerte $\underline{y}_{soll}$ in den Mehrgrößenregler schon eingezeichnet. Für diesen Fall liest man jetzt aus Bild 5.41 anstelle von (5.305) folgenden Zusammenhang ab:

$$\begin{bmatrix} \dot{\underline{x}} \\ \dot{\underline{\xi}} \end{bmatrix} = \begin{bmatrix} A + B\,F_1 & B\,F_2 \\ C & 0 \end{bmatrix} \begin{bmatrix} \underline{x} \\ \underline{\xi} \end{bmatrix} + \begin{bmatrix} \underline{z}_1 \\ -\underline{y}_{soll} \end{bmatrix} . \tag{5.314}$$

Entsprechend dem Vorgehen im Abschn. 5.8.4. findet man nun für den sich einstellenden stationären Zustand

$$\begin{bmatrix} \underline{x}_s \\ \underline{\xi}_s \end{bmatrix} = \begin{bmatrix} \mathcal{D}_2\, \underline{y}_{soll} & -\mathcal{D}_1\, \underline{z}_1 \\ \mathcal{D}_4\, \underline{y}_{soll} & -\mathcal{D}_3\, \underline{z}_1 \end{bmatrix} ,$$

woraus anstelle von (5.312) folgt

$$\underline{x}_s = \mathcal{D}_2\, \underline{y}_{soll} - \mathcal{D}_1\, \underline{z}_1 \,.$$

Mit $y = C\underline{x}$ findet man

$$\underline{y}_s = C\mathcal{D}_2\,\underline{y}_{soll} - C\mathcal{D}_1\,\underline{z}_1 \, .$$

Aus (5.310) liest man ab, daß $C\mathcal{D}_2 = I$ und $C\mathcal{D}_1 = 0$ gilt, was das erwartete Resultat

$$\underline{y}_s = \underline{y}_{soll}$$

beweist.

Damit ist gezeigt, daß es mit dem hier entwickelten und im Bild 5.41 dargestellten erweiterten modalen Regelungsprinzip möglich ist, auch bei Wirkung konstanter und impulsförmiger Störungen $\underline{z}$ einen vorgeschriebenen konstanten Sollwert für die Systemausgänge stationär ohne bleibende Abweichung zu erreichen. Die Dynamik dieser Führungsübergangsvorgänge des Ausgangs $\underline{y}(t)$ von $\underline{y}(0)$ auf $\underline{y}_{soll}$ wird durch Vorgabe einer entsprechenden Eigenwertverteilung für $\overline{D}$ im Sinne und in den Grenzen der modalen Regelung optimal gestaltet.

5.8.6. Bemerkungen zur „Robustheit" der Regelung

Aus der Tatsache, daß zum Nachweis des asymptotischen Verhaltens

$$\lim_{t \to \infty} \underline{y}(t) = 0 \quad \text{bzw.} \quad = \underline{y}_{soll}$$

nur von der Struktur der Systemmatrix $\overline{D}$ und der Bedingung, daß sie stabil ist, ausgegangen wurde und nicht von den konkreten Parameterwerten in A, B, F_1 und F_2, ist zu schlußfolgern, daß das hier entworfene Regelungssystem eine im Hinblick auf die Einhaltung von $\underline{y}_s = 0$ bzw. $\underline{y}_{soll}$ bemerkenswerte "Robustheit" besitzt, d.h., dieser gewünschte stationäre Endwert wird trotz Parameteränderungen in A, B, F_1 und F_2 so lange durch das Regelungssystem bei Wirkung konstanter Störungen erreicht, solange die resultierende Systemmatrix $\overline{D}$ dabei stabil bleibt, d.h. solange alle Eigenwerte von

$$\overline{D} = \begin{bmatrix} A + BF_1 & BF_2 \\ 0 & 0 \end{bmatrix}$$

in der linken Halbebene bleiben. Dann ist gesichert, daß $\overline{D}$ regulär bleibt, was bedeutet, daß rang $\overline{D} = n+r$ erhalten bleibt.

Da aber $\overline{D}$ durch Zustandsrückführung aus dem modifizierten System entstanden ist und eine Zustandsrückführung die Steuerbarkeitseigenschaften nicht ändert, bedeutet das Erhaltenbleiben von rang $\overline{D} = n+r$ auch

$$(1) \quad \text{rang} \begin{bmatrix} A & B \\ C & 0 \end{bmatrix} = n+r$$

(2) (A, B) steuerbar.

Damit bleiben also die Voraussetzungen für die erfolgreiche Anwendung des dargestellten Entwurfsverfahrens auch bei Parameteränderungen in A, B, F_1 und F_2 so lange erhalten, wie $\overline{D}$ stabil bleibt. Diese erwünschte Robustheit des Regelungssystems gilt nur in bezug auf das asymptotische Erreichen von $\underline{y} = 0$ bzw. $\underline{y}_{soll}$. Mit den Änderungen der Parameter von $\overline{D}$ in den zulässigen Grenzen ändert sich natürlich die spezielle Lage der Eigenwerte in der linken Halbebene, so daß das dynamische Verhalten der Übergangsvorgänge bei Parameteränderungen unbefriedigend werden kann.

5.8.7. Zur praktischen Durchführung des Entwurfs der erweiterten modalen Regelung

In den vorangegangenen Abschnitten wurden das Prinzip der erweiterten modalen Regelung und das mit ihr zu erreichende Regelverhalten dargestellt.

Für die praktische Anwendung erhebt sich nun die Frage nach der konkreten Entwurfsdurchführung.

Wie aus den Abschnitten 5.8.2. und 5.8.3. hervorging, muß die modale Regelung für das modifizierte System (5.292) bzw. (5.294) so durchgeführt, also die Reglermatrix $\overline{F}$ in (5.295) so bestimmt werden, daß alle - zumindest die dominierenden - Eigenwerte von $\overline{A}$ genügend nach links verschoben werden. Wie man aus dem Aufbau von

$$\overline{A} = \begin{bmatrix} A & 0 \\ C & 0 \end{bmatrix} \begin{matrix} n \\ r \end{matrix}$$
$$\quad\; n \quad\; r$$

erkennt, setzen sich die Eigenwerte aus den n Eigenwerten von A und einem r-fachen Eigenwert $\lambda = 0$ zusammen [19]. Es sind also neben den dominierenden Eigenwerten der Systemmatrix A des gegebenen zu regelnden Systems noch der r-fache Eigenwert $\lambda = 0$ zu verschieben.

Man geht unter Ausnutzung dieser Separationseigenschaft der Eigenwerte von $\overline{A}$ in zwei Schritten vor:

1. Vor Bilden des modifizierten Systems wird für das ursprünglich gegebene und zu regelnde System nach dem üblichen Verfahren der modalen Regelung ein Regelungsgesetz

$$\underline{u} = F \underline{x} + \underline{w} \tag{5.315}$$

ermittelt, so daß die dominierenden oder alle Eigenwerte von A entsprechend den zu stellenden Güteforderungen an das dynamische Verhalten genügend weit nach links verschoben werden.

Das Resultat dieses ersten Schrittes ist das folgende geregelte System

$$\underline{\dot{x}} = (A + BF) \underline{x} + B\underline{w} + \underline{z} = \widetilde{A} \underline{x} + B\underline{w} + \underline{z} \tag{5.316}$$
$$\underline{y} = C\underline{x},$$

dessen Systemmatrix $\widetilde{A}$ die gewünschten Eigenwerte hat und das ebenfalls steuerbar bezüglich des durch (5.315) eingeführten Eingangs $\underline{w}$ ist, d.h., $(\widetilde{A}, B)$ ist wie (A, B) steuerbar.

2. In einem zweiten Schritt wird das modifizierte System analog zu (5.292) bzw. (5.294) gebildet

$$\underline{\dot{q}} = \begin{bmatrix} \widetilde{A} & 0 \\ C & 0 \end{bmatrix} \underline{q} + \begin{bmatrix} B \\ 0 \end{bmatrix} \underline{v} \tag{5.317}$$

mit

$$\underline{v} = \underline{\dot{w}}, \tag{5.318}$$

das nun schon die im Schritt 1 "optimierten" Eigenwerte von $\widetilde{A}$ und den r-fachen Eigenwert $\lambda = 0$ enthält. Es braucht also bei diesem modifizierten System (5.317) nur noch der r-fache Eigenwert $\lambda = 0$ verschoben zu werden, wozu die m Steuereingänge $\underline{v}$ zur Verfügung stehen. Da $m \geq r$ vorausgesetzt werden mußte, können alle r Eigenwerte $\lambda = 0$ sogar linear unabhängig voneinander verschoben werden. Dazu eignet sich eine dem Bild 5.6 im Abschn. 5.1. analoge Reglerstruktur [123] mit der

Meßmatrix	$\overline{M} = (-C \widetilde{A}^{-1} \;\vdots\; I_r)_{r,\,n+r}$	(5.319a)
Verstärkermatrix	$\overline{K} = \text{diag} (\lambda_k')_{r,\,r}$	(5.319b)
Rechenglied	$\overline{N}^{-1} = (-C \widetilde{A}^{-1} B)^{-1}_{r,\,r}.$	(5.319c)

Die λ_k'; $k = 1, 2, \ldots, r$ sind die gewünschten, aus dem r-fachen Eigenwert $\lambda = 0$ entstehenden Eigenwerte in der linken Halbebene. (Die λ_k' sind also negativ.) Das Regelungsgesetz im Schritt 2, also für das modifizierte System (5.317), lautet damit

$$\underline{v} = F \underline{q} = \overline{N}^{-1} \overline{K} \overline{M} \begin{bmatrix} \underline{\dot{x}} \\ \underline{y} \end{bmatrix} \tag{5.320}$$

Setzt man (5.319a) in (5.320) ein, so findet man

$$\underline{v} = (-\overline{N}^{-1} \overline{K} C \widetilde{A}^{-1} \;\vdots\; \overline{N}^{-1} \overline{K}) \begin{bmatrix} \underline{\dot{x}} \\ \underline{y} \end{bmatrix}, \tag{5.321}$$

d. h.

$$F_1 = -\overline{N}^{-1} \overline{K} C \widetilde{A}^{-1} = -F_2 C \widetilde{A}^{-1} \tag{5.322}$$

$$F_2 = \overline{N}^{-1} \overline{K}. \tag{5.323}$$

Unter Beachtung von (5.318) gilt damit

$$\underline{w} = \int_0^t \underline{v}(\tau)\, d\tau = F_1 \underline{x} + F_2 \int_0^t \underline{y}(\tau)\, d\tau. \tag{5.324}$$

Durch Zusammenfassung von (5.324) und (5.315) erhält man endgültig das zu realisierende Regelungsgesetz

$$\underline{u} = \underline{u}\left[\underline{x}, \int \underline{y}\, dt\right] = (F + F_1) \underline{x} + F_2 \int_0^t \underline{y}(\tau)\, d\tau, \tag{5.325}$$

das wieder der Struktur im Bild 5.41 entspricht.

Im Hinblick auf die gerätetechnische Realisierung der hier angegebenen Mehrgrößenregler ergeben sich im Vergleich zu anderen Regeleinrichtungen mit Zustandsrückführung keine neuen Probleme oder Schwierigkeiten [23] [61] [62] .

Als Vorstufe für die digitale Realisierung auf dem Prozeßrechner ist der entwickelte modale Mehrgrößenregelalgorithmus zunächst in die zeitdiskrete Form zu übertragen [10] [19] [31] .

Die hier am Beispiel der modalen Regelung entwickelte PI-Struktur der resultierenden Regeleinrichtung läßt Analogiebetrachtungen zur elementaren Regelungstechnik zu. Wenn sprungförmige Störungen ohne bleibende Regelabweichung ausgeregelt werden sollen, muß der Regler i. allg. I-Anteile enthalten. Würde man bei den obigen Ableitungen anstelle der modalen Regelung (im engeren Sinn) ein anderes Stabilisierungsverfahren (Polzuweisung, optimal control) verwendet haben, so würde man ebenfalls auf eine dem Bild 5.41 entsprechende PI-Grundstruktur geführt werden [10] [14] [15] .

Es sei bemerkt, daß der im Bild 5.41 enthaltene proportionale Zustandsrückführanteil in den Fällen, wo der Zustand $\underline{x}$ nicht vollständig meßbar ist, durch den Einsatz eines Beobachters realisiert werden kann [95] . Außerdem sind Verfahren aus den Abschnitten 5.3., 5.5. und 5.7. zur Umgehung des Zustandsrückführanteils in den hier erhaltenen PI-Strukturen anwendbar [95] [122] [125] .

5.9. Zum Entwurf von Mehrgrößenregelungen mit externen Eingangssignalen: Nutzung des Inneren-Modell-Prinzips für Störungsausgleich und Sollwertfolge

5.9.1. Einleitung und Problemstellung

Bereits die Ausführungen im Abschn. 5.8. zur "Ausregelung" sprungförmiger Störungen machten deutlich, daß

- die Mehrzahl der hier im Abschn. 5. behandelten Entwurfsverfahren stabilitätsorientiert und daher als Stabilisierungsverfahren zu bezeichnen sind,
- nur in seltenen Fällen der Einwirkung der externen nichtverschwindenden Eingangssignale Störung und Führung bewußt und direkt Rechnung getragen wird.

Mit anderen Worten: Stabilisierungsverfahren sind gut entwickelt, während es bei Verfahren, die von ihrem Wesen her gutes dynamisches und Stabilitätsverhalten mit guten Eigenschaften des Störungsausgleiches und ggf. der Sollwertfolge bei nichtverschwindenden Eingangssignalen anstreben und realisieren, weniger günstig aussieht. Besonders trifft diese Einschätzung auf die meisten Entwurfsverfahren im Zeitbereich zu, die von den Gedanken der Polvorgabe oder der Optimierung der freien Bewegungen und Eigenvorgänge ausgehen. Aber auch bei genauerer Analyse des Wesens zahlreicher Frequenzbereichsverfahren kommt man zu ähnlichen Feststellungen (s. Abschn. 6.).

Da aber gerade der gezielte Störungsausgleich eine wesentliche Komponente der eingangs umrissenen Aufgabenstellung der Prozeßregelung ist, sind im letzten Jahrzehnt verstärkt Bemühungen zu erkennen, allgemeine Stör- und ggf. auch Führungssignale beim Entwurf von Mehrgrößenregelungen zu berücksichtigen. Diese Entwicklung auf dem Sektor der Zeitbereichsverfahren wird von Weihrich in Form einer ausgezeichneten Übersicht in [20] dargelegt.

Es ist festzustellen, daß ähnlich wie beim einschleifigen Kreis die Erzielung der asymptotischen Stabilität des geschlossenen Kreises und der asymptotischen Störgrößenkompensation nur möglich ist, wenn bestimmte strukturelle Maßnahmen im Mehrgrößenregelungssystem realisiert werden. Es sind dies:

- die Hinzunahme bestimmter dynamischer Anteile zum für die Stabilisierung und Dynamikverbesserung verantwortlichen Teil des Mehrgrößenreglers, die sich nach dem Charakter der externen Eingangs- (Stör-) Signale richten [126] [127] [128] ,
- die Hinzunahme geeigneter Störgrößenaufschaltungen, die abhängig ist von der Meßbarkeit bzw. der Rekonstruierbarkeit (durch z. B. Störungsbeobachter) und vom Angriffspunkt der Störgrößen [129] .

Im Unterschied zum einschleifigen Kreis ist es jedoch im Fall der Mehrgrößenregelung weitaus schwieriger, in einem konkreten Anwendungsfall zunächst etwas über die Existenzbedingungen für derartige anzustrebende Lösungen zu erfahren und daraus dann in einem zweiten Schritt über sog. konstruktive Beweisführungen zum eigentlichen Entwurf der gesuchten Struktur vorzudringen.

Das Problem der Störgrößenaufschaltung [129] soll ausgeklammert bleiben. Hier ist noch die Problemstellung der Hinzunahme eines dynamischen Teilkompensators zur Gewährleistung der asymptotischen Störgrößenkompensation zu behandeln.

Wie derartige Mehrgrößenreglerstrukturen grundsätzlich aussehen müssen, ist etwa aus [20] [126] [127] [128] bekannt. Weit weniger bekannt und durchsichtig ist jedoch, daß all den scheinbar unterschiedlichen Wegen und Vorgehensweisen ein gemeinsames Prinzip zugrunde liegt. Das ist das sog. Innere-Modell-Prinzip [21] [130] [131] . Dieses Innere-Modell-Prinzip besagt, daß jeder Regler, der asymptotische Stabilität und asymptotische Störgrößenkompensation und/oder Sollwertfolge realisiert, ein gewisses Modell der dynamischen Struktur der Umgebung, d. h. der externen Eingangssignale (Störung und/oder Führung), im Regelkreis schaffen muß. In der Projektion auf den einschleifigen Standardregelkreis wird diese Aussage und damit das Prinzip verständlicher: Wenn sprungförmige Störungen (Bildfunktion K/p) ausgeregelt werden sollen, muß der Kreis I-Verhalten (1/p)

enthalten. Wenn eine P-Strecke vorlag, muß ein Regler mit I-Anteil gewählt werden, der
sozusagen ein inneres Modell der Störung $1/p$ einbringt. Das ist so selbstverständlich, daß
man hier nicht explizit vom Inneren-Modell-Prinzip spricht. Die gezielte Analyse der Exi-
stenz- und Synthesebedingungen für asymptotische Stabilität und Kompensation nicht verschwindender Störungen in diesen einfachen Fällen ist sehr geeignet, um Tragfähigkeit und
Universalität dieses methodischen Prinzips zu erkennen und zu begreifen und daraus eine
konstruktiv nutzbare Anleitung für den Strukturentwurf der hier interessierenden Mehrgrößenregelungen abzuheben.

In [20] wurde dazu eine gute Vorarbeit geleistet. Der klare, an den Regelungstechniker
gerichtete Hinweis, dieses Prinzip als aktives Element für den Entwurf der hier in Rede stehenden Mehrgrößenregelungen zu nutzen, wurde unabhängig von [20] in [21] gegeben. Es
wird sich zeigen, daß die - auch numerisch - gut aufbereiteten Stabilisierungsverfahren vor
allem des Zeitbereichs wieder erheblich an Bedeutung gewinnen werden, da grundsätzlich
jeder Strukturentwurf, der das Innere-Modell-Prinzip im Interesse der Erfüllung der obengenannten Forderungen der Prozeßregelung nutzt, in einem zweiten Schritt den Entwurf eines
Stabilisators beinhaltet.

5.9.2. Entwurf von Mehrgrößenregelungen mit Sollwertfolge und Störungsausgleich

5.9.2.1. Annahmen zur Mehrgrößenregelstrecke und zu den Führungs- und Störsignalen

Die Mehrgrößenregelstrecke sei durch das Zustandsmodell

$$\underline{\dot{x}} = A\,\underline{x} + B\,\underline{u} + B_z\,\underline{z}_1$$
$$\underline{y} = C\,\underline{x}$$

(5.326)

in Minimalrealisierung vollständig beschrieben mit

$$\begin{aligned}
&\underline{x}(t) && (n \times 1)\\
&\underline{u}(t) && (m \times 1); \quad m \geq r\\
&\underline{y}(t) && (r \times 1)\\
&\underline{z}_1(t) && (t \times 1).
\end{aligned}$$

Ohne Einschränkung der Allgemeinheit gelte

$$\begin{aligned}
&\text{rang } B = m\\
&\text{rang } C = r\,.
\end{aligned}$$

Die Strecke, d. h. (A, B), sei steuerbar, wenigstens jedoch stabilisierbar. Außerdem sei
(A, C) beobachtbar.

Um die externen rein deterministisch angenommenen Eingangssignale "Störung $\underline{z}_1(t)$" und
"Führung $\underline{y}_{\text{soll}}(t)$" im Zeitbereich mit Zustandsvariablen beschreiben zu können, wird von
folgender Vorstellung ausgegangen:

Die Klasse der externen Signale sei bekannt. Sie werden modellmäßig als Ausgänge eines
"Funktionsgenerators", d. h. eines homogenen linearen dynamischen Systems, aufgefaßt und
als solche mathematisch beschrieben.

Als Modell der Klasse der Störungen $\underline{z}_1(t)$ gelte also

$$\underline{\dot{x}}_z(t) = V\,\underline{x}_z(t), \qquad \underline{x}_z(0)$$
$$\underline{z}_1(t) = C_z\,\underline{x}_z(t)$$

(5.327)

und für die Führungssignale

$$\underline{\dot{x}}_w(t) = W\,\underline{x}_w(t), \qquad \underline{x}_w(0)$$
$$\underline{y}_{\text{soll}}(t) = C_w\,\underline{x}_w(t).$$

(5.328)

Die Eingangssignale $\underline{z}_1(t)$ bzw. $\underline{y}_{soll}(t)$ sind also als freie Bewegungen des Systems (V, C_z) bzw. (W, C_w) von - bekannten oder unbekannten - Anfangswerten $\underline{x}_z(0)$ bzw. $\underline{x}_w(0)$ aufzufassen.

Werden wieder nicht verschwindende Eingangssignale vorausgesetzt, so gilt

$$\text{Re } \lambda_i(V) \geqq 0; \qquad i = 1, 2, \ldots, q$$
$$\text{Re } \lambda_i(W) \geqq 0; \qquad i = 1, 2, \ldots, p. \tag{5.329}$$

d. h., die Eigenwerte von V und W liegen in der rechten abgeschlossenen Halbebene.

In den Modellen (5.327) und (5.328) sind (V, C_z) und (W, C_w) beobachtbar.

Um eine Vorstellung von dieser Form der Signalbeschreibung zu vermitteln, sei das folgende einfache Beispiel angegeben:

$$\dot{\underline{x}}_w = \begin{bmatrix} 0 & 1 \\ 0 & 0 \end{bmatrix} \underline{x}_w$$

$$y_{soll} = (1 \quad 0) \, \underline{x}_w .$$

Für

$$\underline{x}_w(0) = \begin{bmatrix} 0 \\ 1 \end{bmatrix}$$

erhält man für $\underline{y}_{soll}(t)$ genau die Rampenfunktion $\underline{y}_{soll}(t) = t$. Die Systemmatrix

$$W = \begin{bmatrix} 0 & 1 \\ 0 & 0 \end{bmatrix}$$

hat hier den $p = 2$-fachen Eigenwert $\lambda_1 = \lambda_2 = 0$.

5.9.2.2. Entwicklung eines Entwurfskonzepts: Existenzbedingungen und Synthesevorschrift

Entsprechend dem Vorbild von [20] [21] ist zunächst ein Teilkompensator, der mit der Mehrgrößenregelstrecke in Kaskade zu schalten ist und der ein inneres Modell der nichtverschwindenden Eingangssignale (Führung, Störung) erzeugt, zu entwerfen.

Es wird zunächst angenommen, ein solcher Teilkompensator 1, der natürlich selbst ein dynamisches System darstellt, sei bereits gefunden:

$$\dot{\underline{\xi}} = D \, \underline{\xi} + E \, \underline{e}. \tag{5.330}$$

Eingangssignal dieses Teilkompensators 1 ist der Regelfehler

$$\underline{e}(t) = \underline{y}_{soll}(t) - \underline{y}(t). \tag{5.331}$$

Die an die Statik gestellte und zu erfüllende Forderung "asymptotische Störgrößenausregelung und Sollwertfolge" kann mit dem so definierten Regelfehler $\underline{e}$ wie folgt formuliert werden:

$$\lim_{t \to \infty} \underline{e}(t) = 0. \tag{5.332}$$

Mit diesen Annahmen zum Teilkompensator 1 liegt also die im Bild 5.42 fixierte Ausgangsposition vor. Für diese Kaskade, bestehend aus Strecke und Teilkompensator 1, liest man aus Bild 5.42 die folgende Gleichung ab:

$$\begin{bmatrix} \dot{\underline{x}} \\ \dot{\underline{\xi}} \end{bmatrix} = \begin{bmatrix} A & 0 \\ -EC & D \end{bmatrix} \begin{bmatrix} \underline{x} \\ \underline{\xi} \end{bmatrix} + \begin{bmatrix} B \\ 0 \end{bmatrix} \underline{u} + \begin{bmatrix} B_z & 0 \\ 0 & E \end{bmatrix} \begin{bmatrix} \underline{z}_1 \\ \underline{y}_{soll} \end{bmatrix} . \tag{5.333}$$

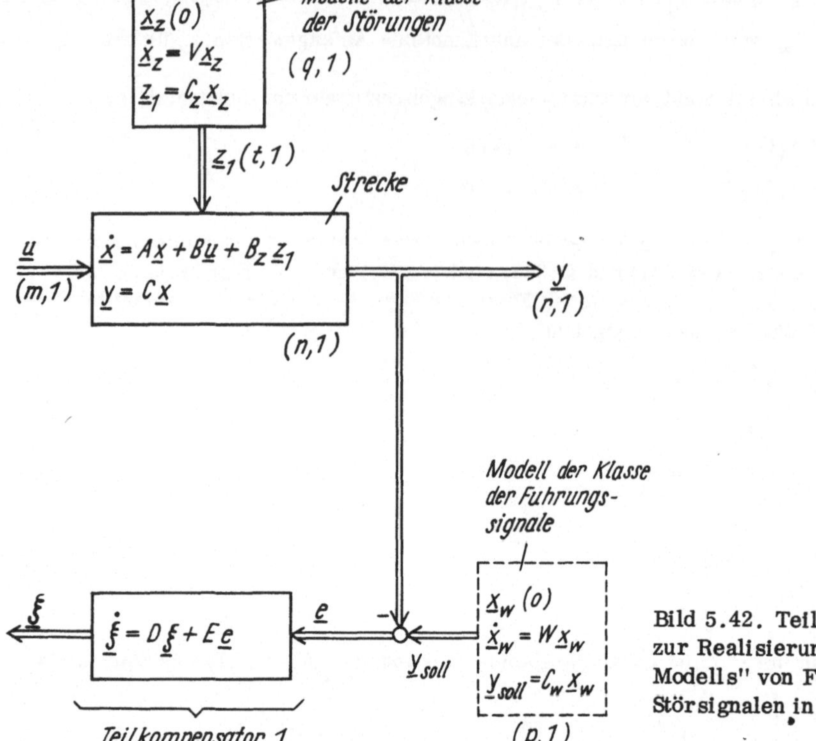

Bild 5.42. Teilkompensator 1 zur Realisierung des "inneren Modells" von Führungs- und Störsignalen in der Kaskade

Die entsprechenden Synthesebedingungen und -vorschriften für den Teilkompensator 1 werden dann unten aus den Bedingungen für die Existenz von (5.332) gewonnen.

In einem zweiten Schritt hat nun der Entwurf eines Stabilisators, der gleichzeitig auch die dynamische Regelgüte sichert, für die im Bild 5.42 gezeigte Kaskade zu erfolgen. Das setzt die Stabilisierbarkeit bzw., wenn im Interesse der Erfüllung der dynamischen Güteforderungen eine beliebige Polvorgabe angestrebt werden soll, die Steuerbarkeit der Kaskade (5.333) bezüglich $\underline{u}$ voraus, d.h., es muß die Bedingung

$$\left(\begin{bmatrix} A & 0 \\ -EC & D \end{bmatrix} ; \begin{bmatrix} B \\ 0 \end{bmatrix} \right) \text{ stabilisierbar bzw. steuerbar} \qquad (5.334)$$

erfüllt sein. Da hier die den Teilkompensator 1 beschreibenden Matrizen D, E eingehen, werden aus dieser als Existenzbedingung für Lösungen formulierten Relation (5.334) weitere zu erfüllende strukturelle Forderungen an D, E resultieren. Zunächst wird wiederum angenommen, (5.334) sei erfüllt.

Als Stabilisator für die Kaskade käme z. B. ein Zustandsregler

$$\underline{u} = (K_x \; K_\xi) \begin{bmatrix} \underline{x} \\ \underline{\xi} \end{bmatrix} = K_x \underline{x} + K_\xi \underline{\xi} \qquad (5.335)$$

in Frage, der nach den bekannten Methoden der Polvorgabe (s. Abschnitte 5.1., 5.2.) oder "optimal control" (s. Abschn. 5.4.) für die Kaskade (5.333) entworfen werden kann. Damit ergibt sich die im Bild 5.43 gezeichnete Grundstruktur des geschlossenen Systems. Die gesamte Regeleinrichtung besteht also aus dem Teilkompensator 1 und der Zustandsrückführung (5.335). Die Rückführmatrizen K_x, K_ξ werden dabei so bestimmt, daß alle Eigenwerte des geschlossenen Systems

$$\begin{bmatrix} \dot{\underline{x}} \\ \dot{\underline{\xi}} \end{bmatrix} = \begin{bmatrix} A + BK_x & BK_\xi \\ -EC & D \end{bmatrix} \begin{bmatrix} \underline{x} \\ \underline{\xi} \end{bmatrix} + \begin{bmatrix} B_z & 0 \\ 0 & E \end{bmatrix} \begin{bmatrix} \underline{z}_1 \\ \underline{y}_{soll} \end{bmatrix} \qquad (5.336)$$

in der linken Halbebene - entspricht der Stabilisierung - liegen. Hierzu stehen die obengenannten Entwurfsverfahren zur Verfügung.

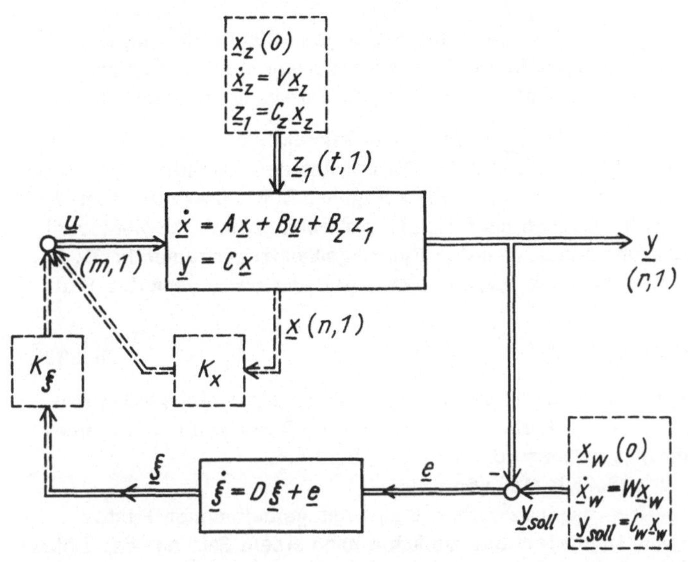

Bild 5.43. Erforderliche Grundstruktur der Mehrgrößenregelung

Um nun zu einem konstruktiven Entwurf vorzudringen, d. h. die Strukturfindung und Dimensionierung des Teilkompensators 1 vornehmen zu können, müssen

die Existenzbedingungen für (5.332) und
die Stabilisierbarkeits- bzw. Steuerbarkeitsbedingungen (5.334)

genauer analysiert werden.

Dazu werden Stör- und Führungsverhalten des geschlossenen Systems (Bild 5.43) getrennt untersucht. Begonnen wird mit dem Führungsverhalten. Für das Störverhalten verlaufen die Betrachtungen weitgehend analog und werden im Ergebnis mit ersteren relativ einfach zusammengefaßt.

Es ist zweckmäßig, die Analyse der Existenzbedingungen für (5.332) im Bildbereich durchzuführen, d. h., von der Beschreibung des Führungsverhaltens des geschlossenen Systems

$$\underline{e}_w(p) = F_w(p)\, \underline{y}_{soll}(p) \qquad (5.337)$$

auszugehen [128]. Aus den Gleichungen zur Beschreibung des geschlossenen Systems mit $\underline{y}_{soll}$ nach (5.328) als Eingangssignal

$$\begin{bmatrix} \dot{\underline{x}} \\ \dot{\underline{\xi}} \end{bmatrix} = \begin{bmatrix} A + BK_x & BK_\xi \\ -EC & D \end{bmatrix} \begin{bmatrix} \underline{x} \\ \underline{\xi} \end{bmatrix} + \begin{bmatrix} B_z & 0 \\ 0 & E \end{bmatrix} \begin{bmatrix} \underline{z}_1 \\ \underline{y}_{soll} \end{bmatrix} \,\hat{=}\, \dot{\underline{x}}_o = A_o \underline{x}_o + (B_{oz}\ B_{oy\,soll}) \begin{bmatrix} \underline{z}_1 \\ \underline{y}_{soll} \end{bmatrix}$$

$$\underline{e} = (-C \quad 0) \begin{bmatrix} \underline{x} \\ \underline{\xi} \end{bmatrix} + (0 \quad I) \begin{bmatrix} \underline{z}_1 \\ \underline{y}_{soll} \end{bmatrix} \qquad (5.338)$$

$$\dot{\underline{x}}_w = W \underline{x}_w, \quad \underline{x}_w(0)$$

$$\underline{y}_{soll} = C_w \underline{x}_w$$

erhält man nach Laplace-Transformation

$$\underline{e}_w(p) = \underbrace{\left[(-C\,0)\,(p\,I - A_o)^{-1}\,B_{oy\,soll} + I\right]}_{F_w(p)}\;\underbrace{\frac{C_w\,\mathrm{adj}\,(p\,I - W)\,\underline{x}_w(0)}{\det\,(p\,I - W)}}_{\underline{y}_{soll}(p)}\,. \qquad (5.337a)$$

Eine notwendige Bedingung dafür, daß die bezüglich der Statik gestellte Forderung (5.332)
erfüllt wird, ist, daß die voraussetzungsgemäß nichtverschwindenden Modi des Führungs-
signals $\underline{y}_{soll}$, die durch die p in der abgeschlossenen rechten Halbebene liegenden Eigenwerte $\lambda_i(W)$ bestimmt sind, nicht Modi von $\underline{e}_w$ sind. Diese Eigenwerte $\lambda_i(W)$ der Systemmatrix W des Führungsgrößenmodells (5.328) sind die Nullstellen des zugehörigen charakteristischen Polynoms $\det\,(p\,I - W)$, das aber in (5.337a) eingeht. Damit diese Modi im Endeffekt nun nicht Modi von $\underline{e}_w$ werden, müssen nach (5.337a) offenbar sämtliche Zählerpolynome der $r \cdot r = r^2$ Einzelübertragungsfunktionen der Führungsübertragungsmatrix $F_w(p)$
durch $\det\,(p\,I - W)$ teilbar sein. Man kann nun zeigen [128] , daß das genau dann der Fall
ist, wenn

$$\det\,(p\,I - D) = \det\,(p\,I - W)^r. \qquad (5.339)$$

Gl. (5.339) ist die für den Mehrgrößenfall spezifische Aussage des Inneren-Modell-Prinzips. In Worten: Die Systemmatrix D des Teilkompensators 1 muß r-mal die p Eigenwerte der Systemmatrix W des Führungsgrößenmodells (5.328) besitzen.

Die Grundzüge der Ableitung von (5.339) sind wie folgt:

Wenn·alle Elemente der (r, r)-Übertragungsmatrix $F_w(p)$ den gemeinsamen Faktor
$\det\,(p\,I - W)$ enthalten müssen, dann impliziert das zunächst nach einem Satz aus der Deter-
minantenrechnung, daß dieser gemeinsame Faktor r-mal aus der Determinante dieser Matrix $F_w(p)$ herausgezogen werden kann. Es bietet sich daher an, die bereits genannte Teil-
barkeitsbedingung "Jedes Element der Matrix $F_w(p)$ muß durch den gemeinsamen, d. h.
gleichen Faktor $\det\,(p\,I - W)$ teilbar sein" entsprechend diesem Satz über Determinanten
durch die Bildung von $\det F_w(p)$ weiterzuverfolgen und dann auch zu sichern.

Dazu wird zunächst aus Bild 5.43 die äquivalente·Darstellung des geschlossenen Systems
im Bildbereich entwickelt - Bild 5.44. Aus Bild 5.44a findet man über Betrachtungen an
der gekennzeichneten Schnittstelle bei $\underline{e}_w(p)$ eine weitere nützliche Beziehung für das Führungsverhalten (5.337):

$$\underline{e}_w(p) = \left[I + G_1(p)\,G_2(p)\right]^{-1}\,\underline{y}_{soll}(p) = F_w(p)\,\underline{y}_{soll}(p). \qquad (5.337b)$$

In (5.337b) tritt die für die im Bild 5.44a angegebene Schnittstelle gültige Rückführdifferenzmatrix

$$F(p) = I + G_1(p)\,G_2(p)$$

auf, und man erkennt aus (5.337b), daß gilt

$$F_w(p) = F^{-1}(p). \qquad (5.340)$$

Geht man nun nach den obigen Erläuterungen zur Determinantenbildung für $F_w(p)$ über, so
gilt mit (5.340)

$$\det F_w(p) = \frac{1}{\det F(p)}\,. \qquad (5.341)$$

Für die Determinante der Rückführdifferenzmatrix gilt aber nach dem Hsu-Chen-Theorem

$$\det F(p) = \frac{\text{charakteristisches Polynom des geschlossenen Systems}}{\text{charakteristisches Polynom des offenen Systems}}\,. \qquad (5.342)$$

Für das charakteristische Polynom des offenen Systems findet man mit Bild 5.44

$$\det\,(p\,I - A - B\,K_x)\,\det\,(p\,I - D),$$

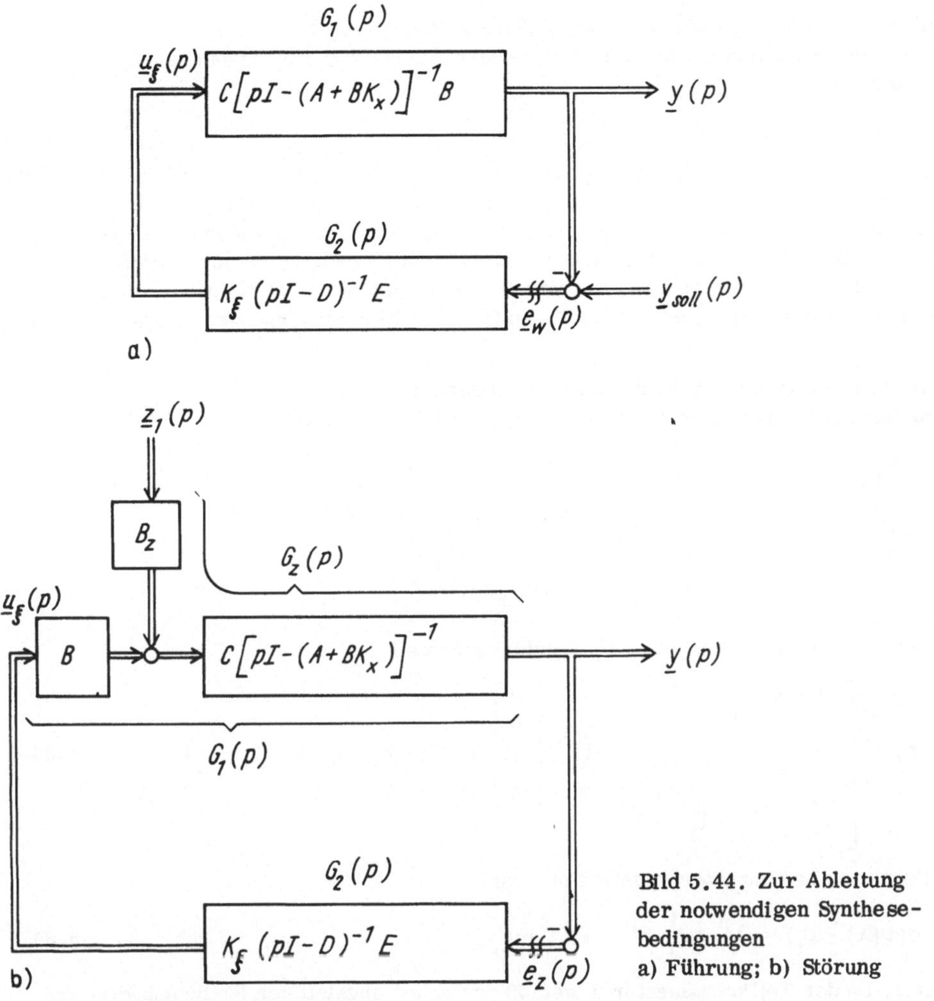

Bild 5.44. Zur Ableitung der notwendigen Synthesebedingungen
a) Führung; b) Störung

und für das charakteristische Polynom des geschlossenen Systems gilt mit der Systemmatrix A_0 des geschlossenen Systems (5.338)

$$\det (pI - A_0).$$

Somit erhält man für (5.341)

$$\det F_w(p) = \det (pI - D) \frac{\det (pI - A - BK_x)}{\det (pI - A_0)}. \qquad (5.343)$$

Damit nach dem obigen Determinantensatz $\bar{F}_w(p)$ in all seinen Elementen durch det $(pI - W)$ teilbar ist, folgt aus (5.343) als notwendige Synthesebedingung für Sollwertfolge, daß man die Systemmatrix D des Teilkompensators so wählen und realisieren muß, daß (5.339) erfüllt ist. Dabei muß weiter vorausgesetzt werden, daß in (5.343) det $(pI - A_0)$ und det $(pI - D)$ = det $(pI - W)^r$ keine gemeinsamen Nullstellen, d.h. A_0 und D bzw. W keine gemeinsamen Eigenwerte haben. Letzteres kann man aber als erfüllt ansehen, da durch den Stabilisator (5.335) für die Kaskade die Eigenwerte des geschlossenen Systems so festgelegt werden, daß die Stabilitätsbedingung Re $\lambda_i(A_0) < 0$ erfüllt wird. Für die Eigenwerte des Führungsmodells galt voraussetzungsgemäß Re $\lambda_i(W) \gtreqqless 0$, so daß keine gemeinsamen Eigenwerte von A_0 und D auftreten können, wenn die gefundene Synthesebedingung (5.339), d.h. das Innere-Modell-Prinzip erfüllt wird.

Mit (5.339) sind also Vorschriften festgelegt, die bei der Synthese des Teilkompensators 1 notwendigerweise einzuhalten sind. Mit (5.339) wird auch die Dimension des Teilkompensators 1, der die Sollwertfolge für die beschriebene Klasse von Eingangssignalen $\underline{y}_{soll}$ sichern soll, festgelegt

$$\dim \underline{\xi} = r \cdot p \,. \tag{5.344}$$

Außerdem ist mit (5.339) eine Festlegung bezüglich der Eigenwerte dieses Teilkompensators 1 getroffen worden. Um nun auch zu einer Strukturvorgabe bzw. -festlegung für den Teilkompensator 1, d.h. zu einer S t r u k t u r festlegung für (D, E) zu kommen, muß die weiter oben für die Kaskade abgeleitete notwendige Stabilisierungs- bzw. Steuerbarkeitsbedingung (5.334), in die D und E eingehen, analysiert werden. In [128] wird dazu gezeigt, daß z. B. die Steuerbarkeitsbedingung erfüllt ist, wenn folgende Einzelbedingungen gleichzeitig erfüllt sind:

1. wenn (A, B) steuerbar, d. h. die Strecke steuerbar ist,
2. wenn der Teilkompensator 1 aus r entkoppelten Subsystemen

$$\begin{bmatrix} \dot{\underline{\xi}}_1 \\ \vdots \\ \dot{\underline{\xi}}_r \end{bmatrix} = \underbrace{\begin{bmatrix} D_1 & & \\ & \ddots & \\ & & D_r \end{bmatrix}}_{D} \begin{bmatrix} \underline{\xi}_1 \\ \vdots \\ \underline{\xi}_r \end{bmatrix} + \underbrace{\begin{bmatrix} \underline{e}_1 & & \\ & \ddots & \\ & & \underline{e}_r \end{bmatrix}}_{E} \underline{e} \tag{5.345}$$

besteht, wobei jedes Subsystem in Regelungsnormalform

$$\dot{\underline{\xi}}_i = \begin{bmatrix} 0 & 1 & & & \\ & & 1 & & \\ & & & \ddots & \\ & & & & 1 \\ -d_p^i & & -d_2^i & & -d_1^i \end{bmatrix} \underline{\xi}_i + \begin{bmatrix} 0 \\ 0 \\ \vdots \\ 0 \\ 1 \end{bmatrix} e_i \qquad e_i = D_i \underline{\xi}_i + \underline{e}_i (y_{i\,soll} - y_i) \tag{5.346}$$

vorliegt und das charakteristische Polynom

$$\det (\lambda I - D_i) = \lambda^p + d_1^i \, \lambda^{p-1} + \ldots + d_p^i \tag{5.347}$$

besitzt. Da der Teilkompensator 1 gemäß der schon abgeleiteten Synthesebedingung (5.339) als seine $r \cdot p$ Eigenwerte r-mal die p Eigenwerte von W haben muß, ist es also naheliegend, alle r Subsysteme (5.346) des Teilkompensators (5.345) mit dem gleichen charakteristischen Polynom

$$\det (\lambda I - D_i) = \det (\lambda I - W) = \lambda^p + d_1 \, \lambda^{p-1} + \ldots + d_p$$
$$= \prod_j (\lambda - \lambda_j(W)) \tag{5.348}$$

des Führungsmodells anzusetzen.

3.
$$\mathrm{rang} \begin{bmatrix} \lambda_i I - A & B \\ -C & 0 \end{bmatrix} = n + r, \tag{5.349}$$

wobei die $\lambda_i = \lambda_i(W)$ die p Eigenwerte des Führungsmodells (5.328) bzw. die p Nullstellen von (5.348) sind.

Durch diese konstruktive Analyse der Existenzbedingung (5.334) und ihrer Verbindung mit der weiteren notwendigen Bedingung der Erfüllung des Inneren-Modell-Prinzips (5.339) ist eine praktikable Synthesevorschrift für einen Mehrgrößenregler, der zusätzlich zu den im Rahmen und in den Grenzen einer Zustandsrückführung erzielbaren Dynamikverbesserungen auch die statischen Forderungen zunächst an die Sollwertfolge

$$\lim_{t \to \infty} \underline{e}_w(t) = \lim_{t \to \infty} \left[\underline{y}_{soll}(t) - y(t)\right] = 0$$

erfüllt, gefunden worden.

Die Synthesevorschrift einer solchen, zunächst die Sollwertfolge in Verbindung mit der Dynamikverbesserung sichernden Zustandsregelung lautet nach den obigen Ableitungen: Der steuerbaren Mehrgrößenstrecke (A, B) ist ein Teilkompensator 1 der Ordnung

$$r \cdot p;$$

r Zahl der Ausgänge und vorgeschriebenen Sollwerteingänge,

p Ordnung des Signalmodells, das die Klasse der betrachteten nichtverschwindenden Führungssignale beschreibt,

in Kaskade zu schalten. Die Struktur und Dimensionierung dieses Teilkompensators 1 folgt aus (5.345), (5.346), (5.347) und (5.348). Er ist gemäß (5.345) aus r entkoppelten gleichen Teilsystemen der Ordnung p in Regelungsnormalform mit dem charakteristischen Polynom (5.348) zu realisieren. Wenn außerdem die Bedingung (5.349) erfüllt ist, ist diese Kaskade steuerbar, und es kann für die Kaskade - z. B. durch Zustandsrückführung - eine Polvorgabe erfolgen.

Abschließend sei bemerkt, daß die hier in den Grundzügen abgeleiteten Synthesebedingungen notwendig und hinreichend sind [128].

Nachdem bisher nur auf die externen Führungssignale und ihre Berücksichtigung beim Entwurf eingegangen wurde, sind nun analoge Betrachtungen für das Störübertragungsverhalten anzustellen und die entsprechenden Synthesebedingungen und -vorschriften abzuleiten. Für das Störübertragungsverhalten des geschlossenen Systems gilt

$$\underline{e}_z(p) = F_z(p)\,\underline{z}_1(p). \tag{5.350}$$

Auch hier gilt, daß der Störungsausgleich, d. h. die Erfüllung von $\lim\limits_{t \to \infty} \underline{e}_z = 0$, nur dann

gelingt, wenn die Modi der externen Störsignale - sie sind voraussetzungsgemäß nichtverschwindend und werden durch die q Eigenwerte $\lambda_i(V)$ mit Re $\lambda_i(V) \geqq 0$ des Störmodells (5.327) bestimmt - nicht Modi von $\underline{e}_z$ sind. Um das zu gewährleisten, muß jedes Element der Störübertragungsmatrix $F_z(p)$ durch det$(p\,I - V)$ teilbar sein. Um nach dem obigen Vorbild die Bedingungen dafür abzuleiten, wird angenommen und vorausgesetzt, daß genausoviel Störgrößen wie Ausgangsgrößen vorliegen, d. h. t = r (s. auch Bild 5.42), was bedeutet, daß eine quadratische (r × r)-Störübertragungsmatrix $F_z(p)$ vorliegt und damit det $F_z(p)$ bildbar ist. Für t > r existiert i. allg. keine Lösung des Problems; für t < r kann eine formale Erweiterung um fiktive Störgrößen aus der Modellklasse (5.327) vorgenommen werden, so daß $F_z(p)$ quadratisch wird.

Das geschlossene System im Bild 5.43 nur mit den Störungen $\underline{z}_1$ als externen Eingangssignalen kann in der für die weiteren Ableitungen geeigneten Form des Bildes 5.44b im p-Bereich beschrieben werden. Die Betrachtungen an der gekennzeichneten Schnittstelle bei $\underline{e}_z$ liefern

$$\underline{e}_z(p) = - \left[I + G_1(p)\,G_2(p)\right]^{-1} G_z(p)\,\underline{z}_1(p) = - \underbrace{F^{-1}(p)\,G_z(p)}_{F_z(p)}\,\underline{z}_1(p),$$

und daraus folgt für

$$\det F_z(p) = - \frac{\det G_z(p)}{\det F(p)}. \tag{5.351}$$

Mit dem Hsu-Chen-Theorem erhält man daraus anstelle von (5.343)

$$\det F_z(p) = -\det(p\,I - D)\,\frac{\det(p\,I - A - B K_x)\,\det G_z(p)}{\det(p\,I - A_o)}. \tag{5.352}$$

Der hier enthaltene Term $\det G_z(p)$ läßt sich nach längeren Zwischenrechnungen wie folgt darstellen:

$$\det G_z(p) = \det\left[C\,(pI - A - BK_x)^{-1}\,B_z\right] = \frac{\det\left[C\,(pI - A)^{-1}\,B_z\right]\,\det(pI - A)}{\det(pI - A - BK_x)}\,.$$

Damit erhält man für (5.351)

$$\det F_z(p) = -\det(pI - D)\,\frac{\det\left[C\,(pI - A)^{-1}\,B_z\right]\,\det(pI - A)}{\det(pI - A_0)}\,. \tag{5.353}$$

Damit $F_z(p)$ nach dem obigen Determinantensatz in all seinen Elementen durch $\det(pI - V)$, d. h. durch das charakteristische Polynom des Störungsmodells, teilbar ist, folgt mit (5.353) als notwendige Synthesebedingung für Störungsausgleich

$$\det(pI - D) = \det(pI - V)^r, \tag{5.354}$$

d. h., zur Gewährleistung des Störungsausgleiches ist notwendig, daß der Teilkompensator 1 r-mal die q Eigenwerte $\lambda_i(V)$ des Störmodells besitzt.

Im allgemeinen werden als externe Eingangssignale Führungsgrößen und Störgrößen gleichzeitig auftreten, so daß die notwendigen Synthesebedingungen (5.339) und (5.354) zusammen und gleichzeitig erfüllt sein müssen, so daß man als Synthesebedingung für Sollwertfolge <u>und</u> Störungsausgleich erhält:

- Der Teilkompensator 1, d. h. D, muß als Eigenwerte r-mal die gemeinsamen und r-mal die unterschiedlichen Eigenwerte von W und V besitzen.

In diesem Sinne bringt also der Teilkompensator 1 ein inneres Modell der externen Eingangssignale $\underline{y}_{\text{soll}}$ und $\underline{z}_1$ in die Kaskade ein. Häufig werden die Führungs- und Störsignale der gleichen Klasse von Signalen angehören, so daß man die notwendige Synthesebedingung nur unter Zugrundelegung desjenigen Modells (5.327) oder (5.328) für die externen Eingangssignale durchzuführen hat, das die höhere Ordnung hat.

Die weiteren einzuhaltenden Synthesebedingungen ergeben sich aus der tiefergehenden Analyse der Steuerbarkeitsbedingung für die Kaskade. Diese liefern wie oben gleichzeitig die Vorschriften für eine geeignete strukturelle Realisierung des Teilkompensators 1 in Form entkoppelter Teilsysteme in Regelungsnormalform. In den resultierenden Bedingungen (5.348) und (5.349) müssen die $\lambda_i = \lambda_i(D_j)$; $i = 1, 2, \ldots, \nu$, $\nu \leqq p \cdot q$ die mengentheoretisch vereinigten Eigenwerte von W und V sein.

Damit sind die Synthesebedingungen in einer konstruktiv für den Entwurf nutzbaren Form für einen Mehrgrößenregler, der sowohl bestimmte dynamische Güteforderungen als auch die bezüglich der Statik anstehenden Forderungen nach Sollwertfolge und Störungsausgleich erfüllt, erhalten worden. Hieraus resultiert die folgende Zusammenfassung:

<u>Synthesevorschrift</u>

Schritt 1: Prüfen, ob

(1) (A, B) steuerbar

$$\text{(2)} \quad \text{rang}\begin{bmatrix} \lambda_i I - A & B \\ -C & 0 \end{bmatrix} = n + r; \quad i = 1, 2, \ldots, \nu$$

mit λ_i als den $\nu \leqq p \cdot q$ Eigenwerten der Vereinigungsmenge der $\lambda_i(W)$ und $\lambda_i(V)$.

Nur wenn (1) und (2) erfüllt sind, ist eine Lösung gesichert, so daß zum Entwurf des Teilkompensators 1 übergegangen werden kann.

Schritt 2: Strukturierung und Dimensionierung des Teilkompensators 1. Der Teilkompensator 1 wird aus r entkoppelten Subsystemen in Regelungsnormalform (5.345),

(5.346) realisiert, wobei die Eigenwerte $\lambda_i(D_j)$; $i = 1, 2, \ldots, \nu$, $\nu \leqq p \cdot q$ dieser r Teilsysteme der gleichen Ordnung ν gerade die mengentheoretisch vereinigten Eigenwerte von W und V sein müssen.

Ein solcher Teilkompensator 1 erfüllt das Innere-Modell-Prinzip und die Steuerbarkeitsbedingung für die Kaskade.

Schritt 3: Entwurf eines Stabilisators für die Kaskade, bestehend aus Strecke und Teilkompensator 1.

Wenn der Zustand der Strecke verfügbar ist, ist für die Kaskade ein Zustandsregler (5.335) z. B. durch Polvorgabe oder "optimal control" zu entwerfen. Damit ist der Strukturentwurf des Reglers nach Bild 5.43 beendet.

Ist der Zustand der Strecke nicht verfügbar, müssen Varianten mit Beobachter verwendet werden. Auch hier gilt, daß das Beobachterproblem separat behandelt werden kann [20]. Im Bild 5.45 ist eine derartige Reglerstruktur mit Beobachter angegeben. Der Entwurf setzt zusätzlich voraus, daß die Strecke, d. h. (A, C), beobachtbar ist, damit entsprechend der Beobachtertheorie die Beobachtereigenwerte, d. h. die Eigenwerte von (A – IC), frei und genügend weit links vorgebbar sind.

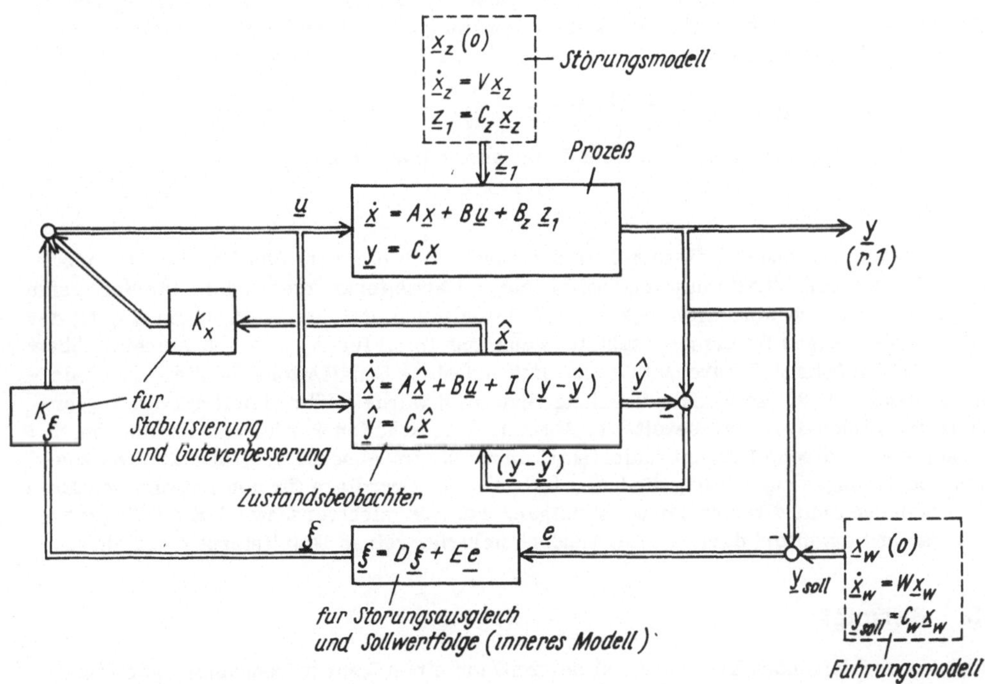

Bild 5.45. Grundstruktur einer Mehrgrößenzustandsregelung mit Stör- und Führungssignalen mit Zustandsbeobachter für die Strecke

Für den Entwurf eines Stabilisators für die Kaskade können prinzipiell auch alle anderen Stabilisierungsverfahren herangezogen werden.

Es sei darauf hingewiesen, daß die nach der hier abgeleiteten Synthesevorschrift entworfenen Mehrgrößenregler ebenfalls in dem im Abschn. 5.8.6. genannten Sinne "robust" sind, d. h., die Eigenschaft der asymptotischen Sollwertfolge und die des asymptotischen Störungsausgleichs bleiben auch bei Parameteränderungen in der Gesamtstruktur bestehen, solange die Parameteränderungen nicht so groß werden, daß die Stabilität von A_0 verletzt wird. Der Nachweis dieser praktisch sehr willkommenen Eigenschaft wird in [126] [127] u. a. geführt. Hierauf und auf die praktisch ebenfalls bedeutsamen Möglichkeiten einer noch schnelleren Kompensation der externen Störeinflüsse durch zusätzliche Störgrößenaufschaltung [20] [129] wird nicht weiter eingegangen werden.

5.9.2.3. Sonderfall: konstante externe Eingangssignale

Es soll nun, wie im Abschn. 5.9.1. angekündigt, gezeigt werden, daß das in diesem Abschn.
5.9. entwickelte Entwurfsvorgehen für Mehrgrößenregelungen mit beliebigen deterministi-
schen Eingangssignalen die im Abschn. 5.8. dargestellte modale Regelung mit I-Anteilen
zur Kompensation konstanter Eingangssignale natürlich einschließt.

Die Klasse der konstanten Eingangssignale Führung und Störung werden durch die Modelle

$$\dot{x}_w = 0, \quad x_w(0) = 1 \text{ bzw. beliebig}$$

$$y_{soll} = x_w$$

$$\dot{x}_z = 0, \quad x_z(0) = 1 \text{ bzw. beliebig}$$

$$z_1 = x_z$$

beschrieben. Sie werden durch $W = V = 0$ und damit durch den einen Eigenwert

$$\lambda = 0$$

charakterisiert. Der Teilkompensator 1, der nach dem Schritt 2 der zuletzt angegebenen
Synthesevorschrift zu entwickeln ist, besteht demzufolge aus r entkoppelten skalaren Subsystemen mit diesem einen Eigenwert $\lambda = 0$, d.h. aus r Integratoren

$$\dot{\xi}_i = e_i = (y_{i\,soll} - y_i); \quad i = 1, 2, \ldots, r.$$

Der gesamte Teilkompensator 1 besteht damit aus r Integratoren

$$\underline{\dot{\xi}} = \underline{e} = (\underline{y}_{soll} - \underline{y}).$$

Die Kaskade aus Strecke und diesem Teilkompensator stellt die im Abschn. 5.8. als modifiziertes System bezeichnete ausgangsseitig integral erweiterte Strecke dar. Die dort gefundenen Steuerbarkeitsbedingungen (5.298), (5.299) stimmen mit den Bedingungen (1), (2) des
Schrittes 1 der obigen Synthesevorschrift, wenn man in (2) für $\lambda_i = \lambda = 0$ einsetzt, überein. Der nun im Schritt 3 durchzuführende Entwurf eines Stabilisators für diese Kaskade -
wozu im Abschn. 5.8. die modale Regelung verwendet wurde - führt damit auf die Reglerstruktur des Bildes 5.41, die bereits im Abschn. 5.8. erhalten wurde. Das im Abschn. 5.9.
entwickelte methodische Konzept majorisiert damit die im Abschn. 5.8. angestellten speziellen Überlegungen zur Lösungsfindung. Es stellt die Grundlage für den Entwurf von Mehrgrößenregelungen mit direkter Berücksichtigung externer nichtverschwindender Eingangssignale dar und erweitert damit das Anwendungsfeld der reinen Stabilisierungsverfahren.

5.9.3. Beispiel

Anhand des nachfolgenden Beispiels soll der Entwurf eines Mehrgrößenreglers zur Stabilisierung und Störgrößenausregelung unter Verwendung des Inneren-Modell-Prinzips und der
dynamischen Kompensation demonstriert werden. Bei dem zugrunde liegenden Anwendungsfall handelt es sich um den atmosphärischen Teil einer Rohölrektifikation [138] [139]. Das
vereinfachte technologische Schema der Rektifikationskolonne mit mehreren Seitenprodukt-
entnahmen und nachgeschalteten Stripperstufen wird im Bild 5.46 gezeigt. Die Kolonne ist
Bestandteil eines Destillationssystems. Das der Kolonne zugeführte Einsatzprodukt ist in
ein gewünschtes Produktsortiment, das durch die einzelnen abgezogenen Produktmengen und
deren Qualitätsparameter gekennzeichnet ist, aufzutrennen. Die inneren Verkopplungen der
Mehrgrößenregelstrecke "Kolonne" sind erheblich. Für die zu entwerfende Stabilisierungs-
schicht dieser Kolonne besteht die Hauptzielstellung darin, die Qualitätsparameter der Ausgangsprodukte konstant zu halten. Durch eine Optimierungsschicht im Steuerungssystem erfolgt die Vorgabe des statisch optimalen Arbeitspunktes.

Für den Arbeitspunkt wurde ein lineares, zeitinvariantes Zustandsmodell der Ordnung
$n = 11$

$$\begin{aligned}
\underline{\dot{x}} &= A\,\underline{x} + B\,\underline{u} \\
\underline{y} &= C\,\underline{x}
\end{aligned} \tag{5.355}$$

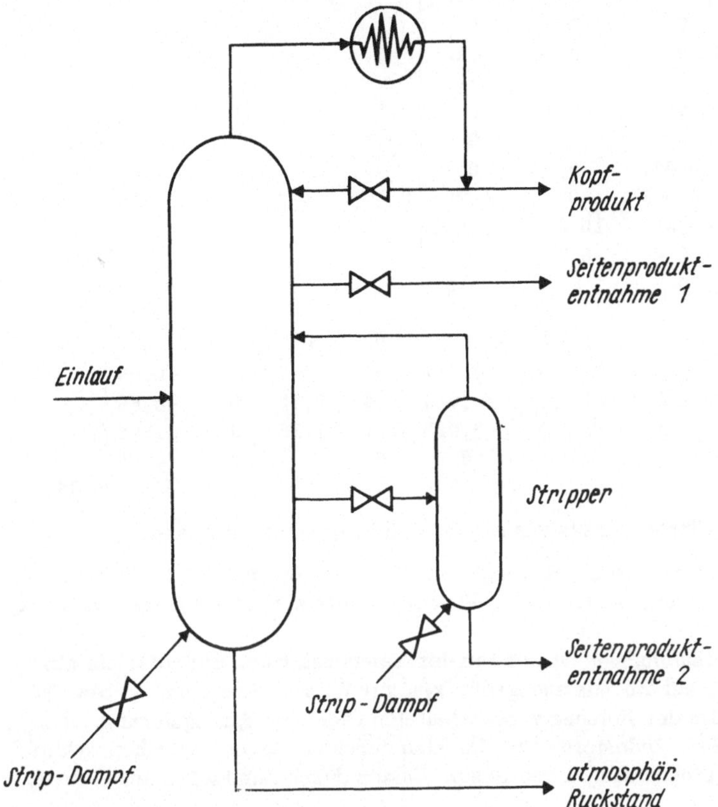

Bild 5.46. Vereinfachtes technologisches Schema der Rektifikationskolonne

aufgebaut. Im Gegensatz zu sonst üblichen Kolonnenmodellen sind die Zustandsgrößen keine Konzentrationen, sondern ausgewählte Bodentemperaturen, Drücke und Mengenströme. Die Modellstruktur entspringt einer theoretischen Prozeßanalyse. Die Parameter wurden mit Hilfe experimenteller Methoden ermittelt. Es liegen m = 5 für die Regelung nutzbare Stellgrößen vor.

Im Ausgangsvektor $\underline{y}$ sind die r = 5 interessierenden Qualitätsparameter der Ausgangsprodukte erfaßt. Die das Modell beschreibenden Matrizen sind:

$$A = \begin{bmatrix}
-0,133 & 0 & 0 & 0 & 0 & 0 & 0 & 0 & 0 & 0 & 0,056 \\
0 & -0,067 & 0 & 0 & 0 & 0 & 0 & 0 & 0 & 0 & 0 \\
0,409 & 0,097 & -0,455 & 0 & 0 & 0 & 0 & 0 & 0 & 0 & 0,051 \\
0,409 & 0,096 & -0,455 & -0,222 & 0 & 0 & 0 & 0 & 0 & 0 & 0,051 \\
0 & 0,063 & 0 & 0 & -0,167 & 0 & 0 & 0 & 0 & 0 & 0 \\
0 & 0 & 2,4 & 0 & 0 & -2,0 & 0 & 0 & 0 & 0 & 2,777 \\
0 & 0 & 0 & 0 & 0 & 0 & -0,077 & 0 & 0 & 0 & 0 \\
0 & 0 & 0 & 0 & 1,6 & 1,6 & 0,385 & -2,0 & 0 & 0 & -2,777 \\
0 & 0 & 0 & 0 & 1,6 & 1,6 & 0,385 & -2,0 & -0,2 & -2,0 & -2,777 \\
0 & 0 & 0 & 0 & 0 & 0 & 0 & 0 & 0 & -0,25 & 0 \\
0 & 0 & 0 & 0 & 0 & 0 & 0 & 0 & 0 & 0 & -0,2
\end{bmatrix}$$

$$(5.355a)$$

$$B = \begin{bmatrix}
-0,063 & 0 & 0 & 0 & 0,11 \\
0 & 0,067 & 0 & 0 & 0 \\
0 & 0,017 & 0 & 0 & 0,15 \\
0 & -0,138 & 0 & 0 & 0,15 \\
0 & 0 & 0 & 0 & 0 \\
0 & 0 & 0 & 0 & 0 \\
0 & 0 & 0,077 & 0 & 0 \\
0 & 0 & 0,015 & 0 & 0,201 \\
0 & 0 & -0,011 & 10,0 & 0,201 \\
0 & 0 & 0 & 0,25 & 0 \\
0 & 0 & 0 & 0 & -0,13
\end{bmatrix} \qquad (5.355b)$$

$$C = \begin{bmatrix}
1,37 & -0,31 & 0,48 & 0 & 0 & 0 & 0 & 0 & 0 & 0 & 0 \\
0,19 & 0,089 & 1 & -0,15 & 0 & 0 & -0,027 & 0 & 0 & 0 & -0,69 \\
0,1 & 0,046 & 0 & 0 & 0 & 0 & 0,046 & 0,48 & 0,21 & 0 & -0,66 \\
0,24 & 0,114 & 0 & 0 & 0 & 0 & -0,071 & 1,15 & 1,15 & 0 & -1,24 \\
0 & 0 & 0 & 0 & 0 & 0 & 0 & 0 & 0 & 0 & -40,86
\end{bmatrix}$$
$$(5.355c)$$

Die an der Kolonne durchgeführte Störanalyse ergab, daß Hauptstörgrößen sind:

- Störungen in der Kondensation, die als Störungen im Kopf der Kolonne auf die Zustandsgröße x_1 zur Wirkung kommen. Insbesondere Platzregenfälle wirken als markante Sprungstörungen.
- Störungen in der Einlaufzusammensetzung und in der Temperatur des Einlaufs, die als Störungen im Sumpf, d. h. auf die Zustandsgröße x_{11} zur Wirkung kommen. So bewirkt z. B. ein Brennerausfall im der Kolonne vorgeschalteten Ofen eine Sprungstörung auf x_{11}. Ähnlich wirken die sog. Slop-Zudosierungen, das sind durch den technologischen Zyklus bedingte vorübergehende Einspeisungen von Restprodukten durch Zumischen am Einlauf.

Weitere Störgrößen sind Tank- oder Produktleitungsumstellungen, die im wesentlichen als Sprungstörungen auf x_2 und x_7 zur Wirkung kommen.

Im Vergleich zu den Zeitkonstanten der Kolonne sind also alle Störungen als sprungförmig anzusehen. Sie gehören der Klasse von Störungen an, die gemäß dem im Abschn. 5.9.2.3. behandelten einfachen Fall bei der Anwendung des Inneren-Modell-Prinzips auf einen der Strecke nachzuschaltenden Teilkompensator 1 führen, der aus r Integratoren besteht.

Da im vorliegenden Fall die Stabilisierung und Störgrößenausregelung für die fünf Ausgangsgrößen $y_1, y_2, \ldots, y_5$ von großem ökonomischen Interesse ist, muß für diese die ausgangsseitige Systemerweiterung durch jeweils einen Integrator erfolgen. Es soll erreicht werden, daß diese Ausgangsgrößen bzw. Qualitätsparameter im Stundenmittelwert weniger als 0,5 % schwanken.

Zum Vergleich sei erwähnt, daß ein geübter Anlagenfahrer im Handbetrieb mit Basisautomatisierung nur in der Lage ist, ein Toleranzband von 3 bis 5 % einzuhalten. Durch ein neuentwickeltes Verfahren zur Qualitätsparameterermittlung [139] wird es möglich, daß die Regelgrößen mit hoher Genauigkeit und nahezu totzeitfrei bestimmt und als Eingangsinformation einem Mehrgrößenregler zur Verfügung gestellt werden können. Aus der Reduktion des Toleranzbands auf 0,5 % resultieren erhebliche ökonomische Effekte, und zwar durch Erhöhung der Ausbeuten an bestimmten Zielprodukten zu Lasten ökonomisch weniger interessanter Fraktionen.

Durch die ausgangsseitige Erweiterung um $r = 5$ Integratoren erhöht sich die Ordnung auf

$$n' = n + r = 11 + 5 = 16.$$

Das so erweiterte System

$$\begin{bmatrix} \dot{\underline{x}} \\ \dot{\underline{\xi}} \end{bmatrix} = \begin{bmatrix} A_{(11,11)} & 0 \\ C & 0_{(5,5)} \end{bmatrix} \begin{bmatrix} \underline{x} \\ \underline{\xi} \end{bmatrix} + \begin{bmatrix} B \\ 0 \end{bmatrix} \underline{u} + \begin{bmatrix} \underline{z} \\ 0 \end{bmatrix} \qquad (5.356)$$
$$\dot{\widetilde{\underline{x}}} \;=\; \widetilde{A} \qquad\qquad \widetilde{\underline{x}} \;+\; \widetilde{B}\,\underline{u} \;+\; \underline{z}$$

$$
\begin{bmatrix} \underline{y} \\ \underline{\xi} \end{bmatrix} = \begin{bmatrix} C & 0 \\ 0 & I_5 \end{bmatrix} \begin{bmatrix} \underline{x} \\ \underline{\xi} \end{bmatrix}
$$
$$
\underline{\widetilde{y}} \quad = \quad \widetilde{C} \quad \underline{\widetilde{x}}
$$
(5.357)

ist wegen der $r = 5$ am Ausgang hinzugefügten Integratoren nicht zyklisch. Steuerbarkeits- und Beobachtbarkeitstest verliefen positiv. Der Beobachtbarkeitsindex ist

$$
\nu_B = 3 .
$$
(5.358)

Der weitere Entwurf erfolgt nach dem im Abschn. 5.7. erläuterten Prinzip der dynamischen Kompensation. Im Hinblick auf die Verringerung des Aufwands bei der Realisierung des Mehrgrößenreglers soll die im Abschn. 5.7.4. erwähnte Reduktion der Kompensatorordnung angewandt werden. Dazu ist das System (5.356), (5.357) zunächst zu zyklisieren und auf ein System mit einem (fiktiven) Steuereingang μ zurückzuführen.

Die Zyklisierung soll so durchgeführt werden, daß alle Eigenwerte von $\widetilde{A}$ getrennt werden und in der linken Halbebene liegen. Mit

$$
\underline{u} = \underline{u}_z + \underline{u}_1 = K^Z \underline{\widetilde{y}} + \underline{u}_1 = K^Z \begin{bmatrix} \underline{y} \\ \underline{\xi} \end{bmatrix} + \underline{u}_1
$$
(5.359)

$$
K^Z = \begin{bmatrix}
2 & 0 & 0 & 0 & 0 & \vline & 0{,}3 & 0 & 0 & 0 & 0 \\
0 & -2{,}9 & 0 & 0 & 0 & \vline & 0 & -0{,}61 & 0 & 0 & 0 \\
0 & 0 & -0{,}33 & 0 & 0 & \vline & 0 & 0 & -0{,}43 & 0 & 0 \\
0 & 0 & 0 & -0{,}1 & 0 & \vline & 0 & 0 & 0 & -0{,}04 & 0 \\
0 & 0 & 0 & 0 & -0{,}15 & \vline & 0 & 0 & 0 & 0 & -0{,}038
\end{bmatrix}
$$
(5.359a)

wurde das erreicht. Es wurde versucht, mit möglichst wenig und gut zu realisierenden Signalwegen bei der Zyklisierung auszukommen. Daher sind nur die Diagonalelemente von K^Z_y und K^Z_ξ von Null verschieden und betragsklein in Ansatz gebracht worden. Für das so entstandene zyklisierte System

$$
\dot{\underline{\widetilde{x}}} = (\widetilde{A} + \widetilde{B} K^Z \widetilde{C}) \underline{\widetilde{x}} + \widetilde{B} \underline{u}_1 + \underline{z}
$$
$$
\underline{\widetilde{y}} = \widetilde{C} \underline{\widetilde{x}}
$$
(5.360)

ist durch Linearkombination der $m = 5$ Spalten von B in der Art $\underline{\overline{b}} = \widetilde{B} \underline{q}$ bzw. durch den Ansatz

$$
\underline{u}_1 = \underline{q} \, \mu
$$
(5.361)

eine einzige fiktive Stellgröße μ zu erzeugen, so daß

$$
(\widetilde{A} + \widetilde{B} K^Z \widetilde{C}, \ \widetilde{B} \underline{q}) = (\overline{A}, \ \underline{\overline{b}})
$$
(5.362)

steuerbar ist.

Unter möglichst weitgehender Beachtung der technologischen Spezifik der fünf Stellgrößen $u_1, u_2, \ldots, u_5$ - das sind die Elemente von $\underline{u}$ und mit (5.359) auch die von $\underline{u}_1$ - und der durch den Betreiber vorgegebenen Forderungen an die Stellgrößendynamik wurde der Spaltenvektor $\underline{q}$ konstruiert:

$$
\underline{q}^T = (\ 2 \quad 1 \quad 2 \quad 1 \quad -2\ ) .
$$
(5.363)

Damit folgt

$$
\underline{\overline{b}}^T = (\widetilde{B} \, \underline{q})^T = (-0{,}346 \quad 0{,}067 \quad -0{,}283 \quad -0{,}438 \quad 0 \quad 0 \quad 0{,}154
$$
$$
-0{,}372 \quad 9{,}58 \quad 0{,}25 \quad 0{,}26 \quad 0 \quad 0 \quad 0 \quad 0 \quad 0\ ) .
$$
(5.364)

Für das nach diesem Zwischenschritt nunmehr vorliegende steuerbare System mit einem Eingang μ der Ordnung $n' = 16$

$$\dot{\tilde{\underline{x}}} = \overline{A}\,\tilde{\underline{x}} + \overline{\underline{b}}\,\mu$$
$$\tilde{\underline{y}} = \tilde{C}\,\tilde{\underline{x}} \tag{5.365}$$

wird ein dynamischer Kompensator entworfen. Gemäß Abschn. 5.7.3. erfolgt dazu die eingangsseitige Erweiterung des Systems (5.365) durch eine skalare Integrierkette der Länge

$$l = \nu_B - 1 = 2. \tag{5.366}$$

Damit erhöht sich die Ordnung auf $n'' = n' + 2 = 18$.

Die Zustandsvariablen der beiden vor den Eingang zu schaltenden Integratoren werden mit v_1 und v_2 bezeichnet. Entsprechend (5.277) erhält man dann

$$\dot{\tilde{\underline{x}}} = \overline{A}\,\tilde{\underline{x}} + \overline{\underline{b}}\,\mu$$
$$v_1 = \mu$$
$$\dot{v}_1 = v_2 \tag{5.367}$$
$$\dot{v}_2 = w$$

bzw. in Vektorschreibweise

$$
\begin{bmatrix} \dot{\underline{x}} \\ \dot{\underline{\xi}} \\ \hline \dot{v}_1 \\ \dot{v}_2 \end{bmatrix}
=
\left[
\begin{array}{c|cc}
\overline{A} & \underline{b} & \underline{0} \\
\hline
0_{(2,16)} & 0 & 1 \\
 & 0 & 0
\end{array}
\right]
\begin{bmatrix} \underline{x} \\ \hline v_1 \\ v_2 \end{bmatrix}
+
\begin{bmatrix} \underline{0} \\ \underline{0} \\ \hline 0 \\ 1 \end{bmatrix} w
\tag{5.367a}
$$
$$
= A_{erw}\,\underline{x}_{erw} + \underline{b}_{erw}\,w.
$$

Für dieses ein- und ausgangsseitig erweiterte steuerbare System mit einem Eingang w ist nun in einem weiteren Zwischenschritt des Kompensatorentwurfs eine vollständige Zustandsrückführung

$$w = w\,(\underline{x},\,\underline{\xi},\,v_1,\,v_2) = w\,(\underline{x}_{erw}) = -\underline{k}^T \underline{x}_{erw} \tag{5.368}$$

so zu entwerfen, daß eine Stabilisierung erreicht und Forderungen an die Dynamik erfüllt werden. Hierzu ist ein geeignetes "Stabilisierungsverfahren" auszuwählen. Im vorliegenden Anwendungsfall wurde die Optimierung nach einem quadratischen Gütekriterium

$$J = \int_0^\infty (\underline{x}_{erw}^T\,Q\,\underline{x}_{erw} + 1\,w^2)\,dt \to \text{Min!} \tag{5.369}$$

bevorzugt, d.h. die im Abschn. 5.4. dargelegte Entwurfsmethode "optimal control" herangezogen. Dies erfolgte deshalb, weil hier ein umfangreich getestetes Prozeßmodell mit guter Genauigkeit vorlag und es außerdem möglich war, die obengenannten Güteforderungen in eine entsprechende Bewichtungsmatrix Q im Gütekriterium (5.369) "umzusetzen". Letzteres gelang, gestützt auf die umfassende technologische Prozeßdurchdringung und unter Berücksichtigung des gesamten Erfahrungsschatzes über das Verhalten der Kolonne, nach wenigen iterativ durchgeführten Verbesserungsschritten. Dieser Entwurfsschritt erfordert den größten Rechenaufwand. Zur Berechnung der 18 Elemente des Rückführvektors $\underline{k}^T$ im Regelgesetz $w = -\underline{k}^T \underline{x}_{erw}$

$$\underline{k}^T = 1\,\underline{b}_{erw}^T\,\overline{P} \tag{5.370}$$

ist die Matrix-Riccati-Gleichung

$$\overline{P}A_{erw} + A_{erw}^T\,\overline{P} - \overline{P}\,\underline{b}_{erw}\,\underline{b}_{erw}^T\,\overline{P} + Q = 0 \tag{5.371}$$

nach der symmetrischen Matrix $\overline{P}$ vom Typ $(18,18)$ zu lösen.

Hierzu wurde ein Lösungsalgorithmus nach der im Abschn. 5.4.2. erwähnten iterativen Methode nach Kleinman verwendet. Die berechnete Lösung für $\overline{P}$ wurde auf positive Definitheit überprüft. Damit ergibt sich für die "optimale" Zustandsrückführung (5.370)

$$\underline{k}^T = (-0,261 \quad 0,191 \quad 0,244 \quad 0 \quad 0,477 \quad 0,206 \quad 0,110$$
$$\qquad -0,085 \quad 0,302 \quad -0,316 \quad 27,845 \; \vdots \; -0,109 \quad -0,012 \quad 0,114$$
$$\qquad 0,222 \quad -0,602 \; \vdots \; 9,644 \quad 4,392)$$
$$= (\underline{k}_x^T \quad \underline{k}_\xi^T \quad \underline{k}_v^T). \tag{5.372}$$

Dabei wurde der Rückführvektor entsprechend den im Zustandsvektor $\underline{x}_{erw}$ enthaltenen drei Anteilen - s. (5.367a) - partitioniert.

Das so gefundene Regelungsgesetz

$$w = -\underline{k}^T \underline{x}_{erw} = -(\underline{k}_x^T \quad \underline{k}_\xi^T) \begin{bmatrix} \underline{x} \\ \underline{\xi} \end{bmatrix} - \sum_{i=1}^{2} k_{iv} \, v_i \,, \tag{5.372a}$$

das zunächst noch die Rückführung des Streckenzustandes $\underline{x}$ enthält, ist nun entsprechend den Ausführungen im Abschn. 5.7.3. in einen dynamischen Kompensator umzurechnen. Ausgangspunkt dafür ist die Gl. (5.280), die für den hier vorliegenden Fall die folgende Form annimmt:

$$\sum_{i=1}^{2} k_{iv} \, v_i + (\underline{k}_x^T \quad \underline{k}_\xi^T) \, \underline{\tilde{x}} = \sum_{i=0}^{1} a_i \mu^{(i)} + \sum_{i=0}^{2} \underline{b}_i^T \, \underline{\tilde{y}}^{(i)}. \tag{5.373}$$

Hieraus erhält man das der Gl. (5.283) entsprechende lineare Gleichungssystem zur Bestimmung der drei aus jeweils 10 Elementen bestehenden Zeilenvektoren $\underline{b}_o^T$, $\underline{b}_1^T$, $\underline{b}_2^T$:

$$\begin{bmatrix} \underline{\tilde{C}}^T & \overline{A}^T \underline{\tilde{C}}^T & (\overline{A}^T)^2 \, \underline{\tilde{C}} \end{bmatrix} \begin{bmatrix} \underline{b}_o \\ \underline{b}_1 \\ \underline{b}_2 \end{bmatrix} = \begin{bmatrix} \underline{k}_x \\ \underline{k}_\xi \end{bmatrix}. \tag{5.374}$$

Dieses Gleichungssystem besteht aus 16 Gleichungen für die 30 unbekannten Elemente der $\underline{b}_i$.

Die Koeffizientenmatrix hat vollen Rang. Die Auflösung ist nicht eindeutig möglich. Die Freiheitsgrade, die durch die frei wählbaren Unbekannten gegeben sind, wurden wie beim Ansatz für die Zyklisierungsmatrix so genutzt, daß sich eine minimale Zahl von im Kompensator zu realisierenden Signalwegen ergibt, d.h., daß möglichst viel Elemente zu Null werden. In diesem Zusammenhang eignete sich der für die Lösung von (5.374) verwendete Gaußsche Algorithmus mit Pivotisierung gut.

$$\underline{b}_o^T = (-0,585 \quad 0 \quad 0,393 \quad 0,245 \quad -0,688 \quad -0,130 \quad 0,019 \quad 0,119 \quad 0,269 \quad -0,596)$$

$$\underline{b}_1^T = (-1,022 \quad 0,786 \quad 1,985 \quad -0,512 \quad 0 \quad 0 \quad 0,326 \quad 0 \quad 0 \quad 0) \tag{5.375}$$

$$\underline{b}_2^T = (0 \quad 0 \quad 1,876 \quad -0,523 \quad 0 \quad 0 \quad 0 \quad 0 \quad 0 \quad 0)$$

Mit diesen $\underline{b}_i^T$ findet man analog zu Gl. (5.288) die Werte für die beiden noch zu bestimmenden skalaren Kompensatorparameter

$$a_i = k_{(i+1)v} - \sum_{j=i+1}^{l=2} \underline{b}_j^T \, \underline{\tilde{C}} \, \overline{A}^{j-i-1} \, \underline{b}; \quad i = 0,1 \tag{5.376}$$

$$a_o = 8,44$$
$$a_1 = 6,64.$$

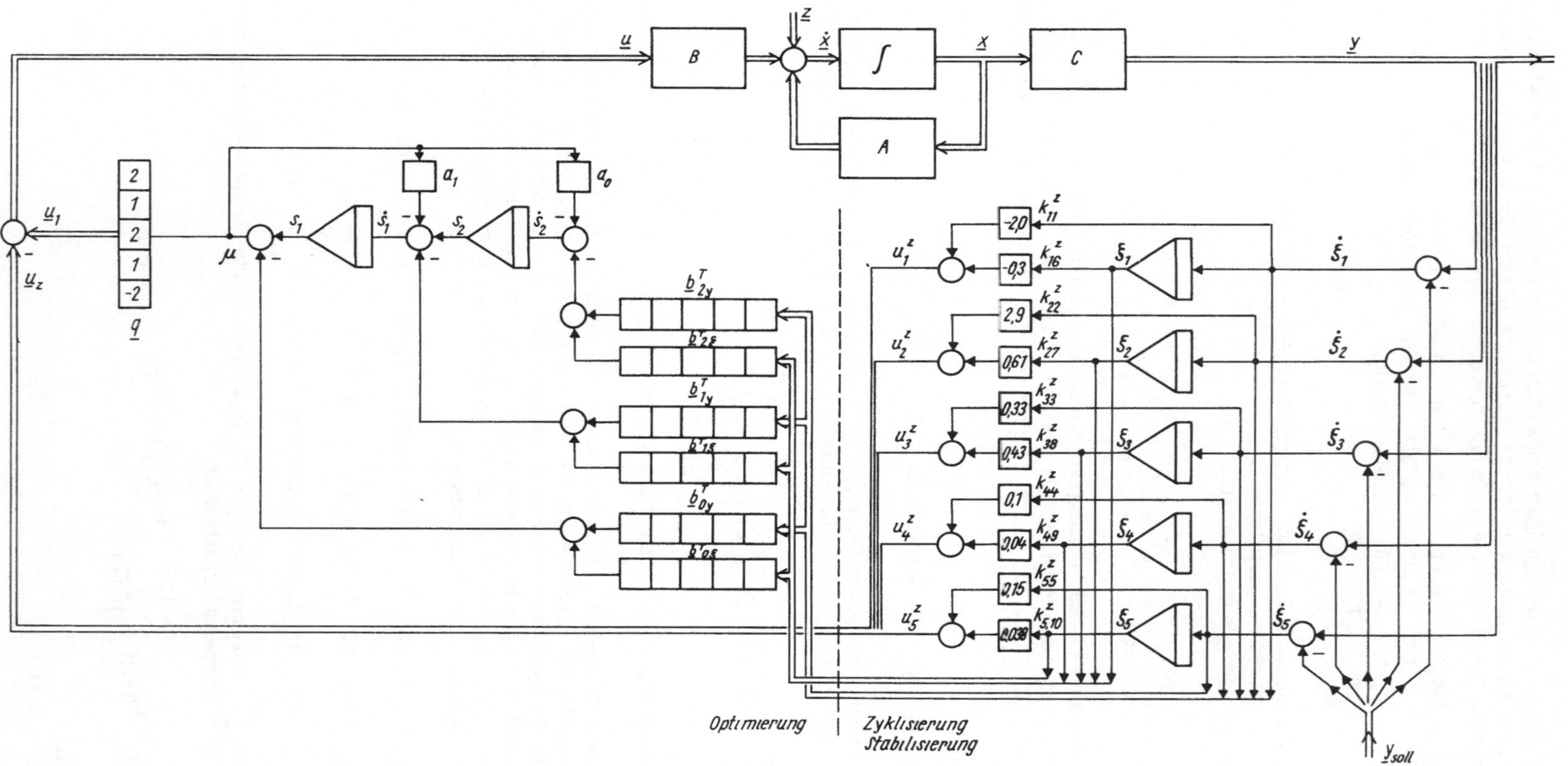

Bild 5.47. Zum strukturellen Aufbau des Mehrgrößenreglers für die Kolonnenregelung

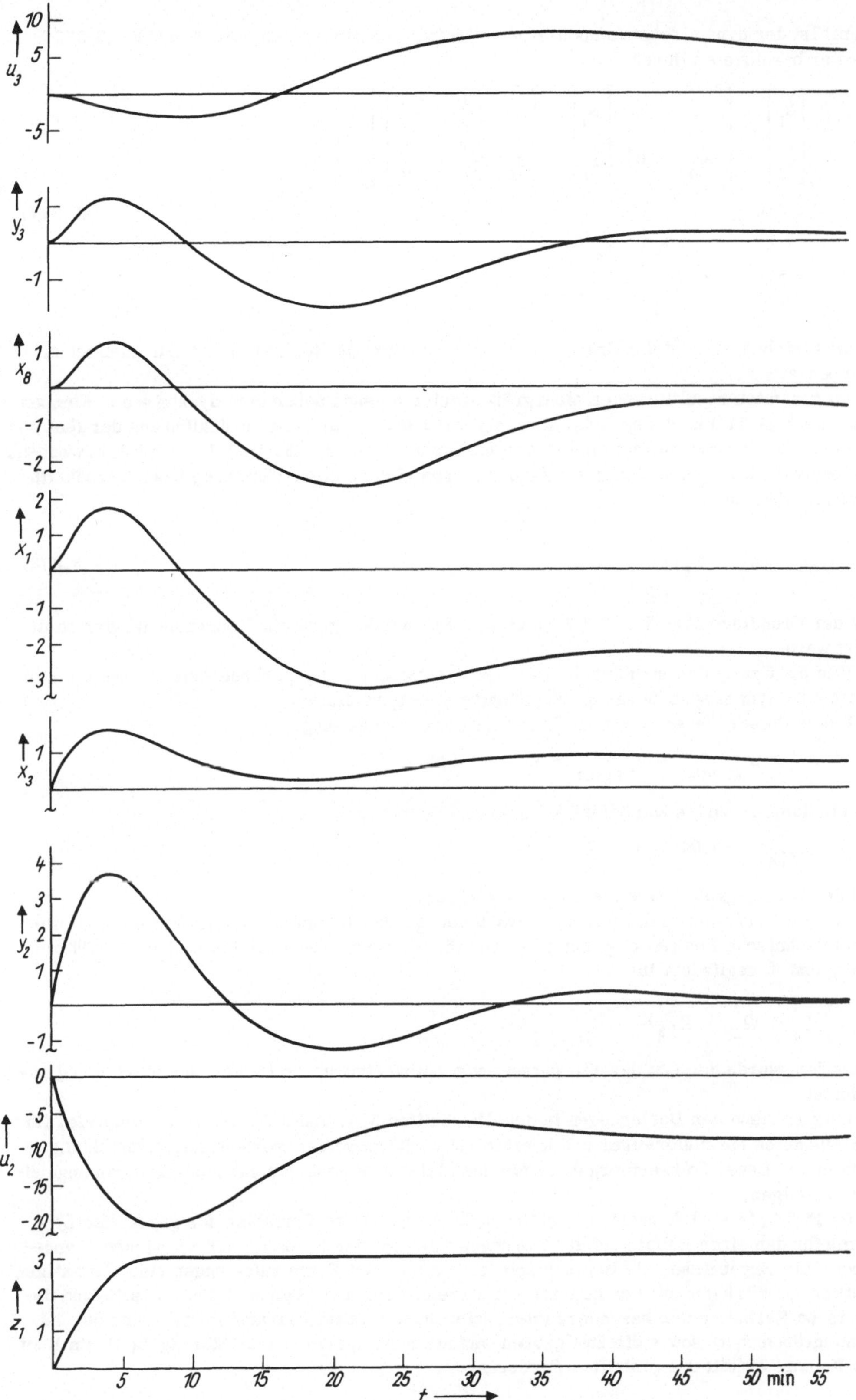

Bild 5.48. Ausgewählte Zeitantworten des geregelten Systems für einen Hauptstörfall: aperiodische Störung z_1 am Kopf der Kolonne

Damit ist der dynamische Kompensator vollständig bestimmt. Entsprechend Gl. (5.275) wird er beschrieben durch

$$
\begin{bmatrix} \dot{s}_1 \\ \dot{s}_2 \end{bmatrix} = \begin{bmatrix} -a_1 & 1 \\ -a_o & 0 \end{bmatrix} \begin{bmatrix} s_1 \\ s_2 \end{bmatrix} + \begin{bmatrix} a_1 & \underline{b}_2^T & -\underline{b}_1^T \\ a_o & \underline{b}_2^T & -\underline{b}_o^T \end{bmatrix} \begin{bmatrix} \underline{y} \\ \underline{\xi} \end{bmatrix}
$$

$$
\underline{\xi} = C \underline{x} \tag{5.377}
$$

$$
\mu = (1 \quad 0) \begin{bmatrix} s_1 \\ s_2 \end{bmatrix} - \underline{b}_2^T \begin{bmatrix} \underline{y} \\ \underline{\xi} \end{bmatrix} .
$$

Diese Gleichungen sind die Grundlage für die strukturelle Realisierung des dynamischen Kompensators.

Im gesamten resultierenden Mehrgrößenregler müssen neben dem dynamischen Kompensator nach (5.377) noch der Zyklisierungsschritt (5.359) und die Zurückführung der fünf vorhandenen Stellgrößen auf die eine fiktive Stellgröße μ, d. h. Gl. (5.361), realisiert werden. Die beiden zuletzt genannten Teilaufgaben lassen sich zu einer Gleichung bzw. Vorschrift zusammenfassen:

$$
\underline{u} = (K_y^z \quad K_\xi^z) \begin{bmatrix} \underline{y} \\ \underline{\xi} \end{bmatrix} + \underline{q}\,\mu \; . \tag{5.378}
$$

Auf der Grundlage der Gln. (5.377) und (5.378) kann der gesamte Mehrgrößenregler realisiert werden.

Bild 5.47 zeigt den strukturellen Aufbau des gesamten Mehrgrößenreglers, der alles in allem eine dynamische Ausgangsrückführung $\underline{y} \to \underline{u}$ realisiert.

Das in dieser Weise geregelte Gesamtsystem der Ordnung

$$
n'' = n_{\text{Strecke}} + n_{\text{Regler}} = 11 + 7 = 18
$$

hat ein dominierendes konjugiert-komplexes Eigenwertpaar

$$
\lambda_{1,2} = -0,041 \pm j\,0,049,
$$

und der betragsgrößte Eigenwert liegt bei $-2,28$.

Im Bild 5.47 wurden die Parametervektoren $\underline{b}_i^T$ des Kompensators im Hinblick auf die gerätetechnische Realisierung entsprechend ihrer trennbaren Funktion in der Rückführung von $\underline{y}$ und $\underline{\xi}$ gegliedert in

$$
\underline{b}_i^T = (\underline{b}_{iy}^T \quad \underline{b}_{i\xi}^T).
$$

Außerdem wurde der Ort des Einspeisens von Sollwertvorgaben in die Regeleinrichtung angedeutet.

Entsprechend den Darlegungen in den Abschnitten 5.8. und 5.9. ist die vorliegende, für den Ausgleich sprungförmiger und aperiodischer Störungen entworfene Regeleinrichtung auch in der Lage, Sollwertvorgaben, die der gleichen Klasse von externen Signalen angehören, zu folgen.

· Im Bild 5.48 sind Antwortzeitfunktionen für ausgewählte Variablen des geregelten Systems für den einen Hauptstörfall "Störungen am Kopf der Kolonne, auf x_i wirkend" angegeben. Die Ergebnisse, die in einer speziell normierten Form aufgetragen sind, bestätigen deutlich die Wirksamkeit der entworfenen Regeleinrichtung. Das erzielte statische und dynamische Verhalten der besonders interessierenden Qualitätsparameter $y_i(t)$ und der Zustandsgrößen $x_i(t)$ sowie die Stellgrößendynamik nach aperiodischer Störung $z_1(t)$ am Kopf der Kolonne erfüllt die gestellten Forderungen.

5.10. Literatur

[1]   Foss, A.S.: Critique of chemical process control theory. AJChE Journal, vol. 19 (1973) 2, S. 209-214.

[2]   Horowitz, J.; Shaked, U.: Superiority of transfer function over state variable methods in linear time-invariant feedback system design. IEEE-Trans. on Autom. Control, vol. AC-20 (1975) 1, S. 84-97.

[3]   MacFarlane, A.G.J.: A survey of some recent results in linear multivariable feedback theory. Automatica, vol. 8 (1972) S. 455-492.

[4]   Davison, E.J.; Smith, H.W.: Design of industrial regulators: Integral feedback and feedforward control. Proc. IEE, vol. 119 (1972) 8, S. 1210-1216.

[5]   Fallside, F. (Hrsg.): Control system design by pole-zero-assignment. New York: Academic 1975.

[6]   Ankel, Th.: Moderne Wege der Regelungstechnik in der Verfahrenstechnik. Intercama 1971.

[7]   Ankel, Th.: Aussprachetag "Regelung und Steuerung in der chemischen Verfahrenstechnik". rt 24 (1976) 2, S. 65-69.

[8]   Nicholson, H.: Dynamic optimization of a boiler. Proc. IEE, vol. 111 (1964) 8, S. 1479-1499.

[9]   Fisher, D.G.; Seborg, E.D.: Multivariable computer control - a case study. Amsterdam: North Holland 1976.

[10] Dettinger, R.: Entwurf einer optimalen Regelung für komplizierte Mehrgrößensysteme und Erprobung am Beispiel eines Dampferzeugers. VDI-Fortschritt-Berichte, Reihe 8, Nr. 25, Dez. 1976.

[11] Syrbe, H.; Thoma, M. (Hrsg.): Intercama-Berichte 1977. Reihe Fachberichte der Regelungstechnik. Berlin: Springer-Verlag 1977.

[12] Welfonder, E.: Regelverhalten von parameter- und strukturoptimierten Zweigrößen-Regelsystemen bei sprungförmigen und regellosen Einflußgrößen. VDI-Fortschritt-Berichte, Reihe 8, Nr. 23, Febr. 1976.

[13] Athans, M.; Falb, P.: Optimal control. New York: McGraw-Hill 1966.

[14] Weihrich, G.: Optimale Regelung linearer deterministischer Prozesse. München: Oldenbourg-Verlag 1973.

[15] Kwaakernak, H.; Sivan, R.: Linear optimal control systems. New York: Wiley-Interscience 1972.

[16] Peschel, M.; Riedel, C.: Polyoptimierung. Berlin: VEB Verlag Technik 1975.

[17] Ackermann, J.: Entwurf durch Polvorgabe. rt 25 (1977) 6, S. 173-179; 7, S. 209 bis 215.

[18] Ellis, J.K.; White, G.W.T.: An introduction to modal analysis and control. Control 9 (1965) 82, 83, 84, S. 193-197, 252-256, 317-321.

[19] Porter, B.; Crossley, R.: Modal control. London: Taylor & Francis 1972.

[20] Weihrich, G.: Mehrgrößenzustandsregelungen unter Einwirkung von Stör- und Führungssignalen. rt 25 (1977) 6, S. 166-172; 7, S. 204-209.

[21] Bengtsson, G.: Output regulation and internal models - a frequency domain approarch. Automatica, vol. 13 (1977) S. 333-345.

[22] Francis, B.A.; Wonham, W.M.: The internal model principle of control theory. Automatica, vol. 12 (1976) S. 457-465.

[23] Schmidt, P.: Beitrag zur Vorbereitung der industriellen Anwendung der modalen Regelung mit einem elektrisch-analogen Mehrgrößenregler. Dissertation (A), TH Magdeburg 1978.

[24] Mäder, H.F.: Zeitoptimale Steuerung und modale Regelung eines technisch realisierten Wärmeleitsystems. Dissertation, Universität Stuttgart 1975.

[25] Lapidus, L.; Luus, R.: Optimal control of engineering processes. Blaisdell Publishing Co., Mass. 1967.

[26] Schwarz, H.: Optimale Regelung linearer Systeme. Wissenschaftsverlag Bibliographisches Institut Mannheim/Zürich 1976.

[27] Luenberger, D.G.: Observing the tate of a linear system. Trans. on Military Electronics, vol. MJL-8, S. 74-80 (April 1964).

[28] Luenberger, D.G.: Observs for multivariable systems. IEEE Trans. on Autom.
      Control, vol. AC-11, no. 2, S. 190-197 (April 1966).

[29] Grübel, G.: Beobachter zur Reglersynthese. Ruhr-Universität Bochum, Inst. f.
      Automatisierungstechnik, April 1977.

[30] Müller, P.C.; Lückel, J.: Zur Theorie der Störgrößenaufschaltung in linearen Mehr-
      größenregelsystemen. rt 25 (1977) 2, S. 54-59.

[31] Isermann, R.: Digitale Regelsysteme. Berlin: Springer-Verlag 1977.

[32] Rosenbrock, H.H.: Distinctive problems of process control. Chem. Engng. Progress
      58 (1962) S. 43-50.

[33] Takahashi, J., u. a.: Mode oriented design viewpoint for linear, lumped-parameter
      multivariable control systems. Trans. ASME, J. Basic Engng. 1968, S. 222-230.

[34] Simon, J.D.; Mitter, S.K.: A theory of modal control. Inform. Control 13 (1968)
      S. 316-353.

[35] Mayne, D.Q.; Murdoch, P.: Modal control of linear time invariant systems. Int. J.
      Control, vol. 11 (1970) 2, S. 223-227.

[36] Retallack, D.G.; MacFarlane, A.G.J.: Pole-shifting techniques for multivariable
      feedback systems. Proc. IEEE, vol. 117 (1970) S. 1037-1038.

[37] Fallside, F.; Seraji, H.: Design of multivariable systems using unity-rank feedback.
      Int. J. Control, vol. 17 (1973) 2, S. 351-364.

[38] Korn, U.: Beitrag zur Gewinnung systemtheoretisch begründeter Verfahren für den
      rechnergestützten Entwurf linearer zeitinvarianter Mehrgrößensysteme. Disserta-
      tion (B), TH Magdeburg 1972.

[39] Davison, E.J.: Control of a destillation column with pressure variation. Trans.
      Inst. Chem. Engrs. 45 (1967) S. T229-T250.

[40] Davison, E.J.; Goldberg, R.W.: A design technique for the incomplete state feed-
      back problem in multivariable control systems. Automatica, vol. 5 (1969) S. 335
      bis 346.

[41] Heckle/Seid: Modellbildung und modale Regelung einer Zweistoff-Destillationskolon-
      ne. rt 21 (1973) 8, S. 250-261.

[42] Davison, E.J.; Chada, K.J.: On the control of a large chemical plant. Automatica,
      vol. 8 (1972) S. 263-273.

[43] Davison, E.J.: The systematic design of control systems for large multivariable
      linear time invariant systems. Automatica, vol. 9 (1973) S. 441-452.

[44] Pai, M.A.; Prabhu, S.S.; Ramana, J.V.: Modal control of a power system. Int. J.
      Sci., vol. 6 (1975) 1, S. 87-100.

[45] Föllinger, O., u. a.: GMR-Aussprachetag "Regelungssynthese im Zustandsraum",
      Frankfurt/M. (Tagungsmaterial) 1977.

[46] Zurmühl, R.: Matrizen. 4. Aufl. Berlin: Springer-Verlag 1964.

[47] Gantmacher, F.R.: Matrizenrechnung, Bd. 1. Berlin: VEB Verlag der Wissen-
      schaften 1958.

[48] Enns, M.; Greenwood, J.R., u. a.: Practical aspects of state space methods. 1964
      JACC (Stanford, Calif.), IEEE-CP sess. XVII, p. 5.

[49] Wilkinson, J.H.; Reinsch, C.: Handbook for automatic computation, Volume II: Li-
      near Algebra. Berlin, New York: Springer-Verlag 1971.

[50] Krüger, Ha.: Beitrag zur Reduzierung linearer zeitinvarianter mathematischer Mo-
      delle. Dissertation (A), TH Magdeburg 1972.

[51] Baggerud, A.; Balchen, J.G.: An adaptive state estimator. 2. IFAC-Symposium
      Identification, Prag 1970.

[52] Korn, U.: Beitrag zur Anwendung der Zustandsraumbeschreibung und Einführung
      des Matrixsignalflußbildes für den Entwurf von Prozeßregelungen. Dissertation, TH
      Magdeburg 1968.

[53] Lückel, J.; Müller, P.C.: Analyse von Steuerbarkeits-, Beobachtbarkeits- und Stör-
      barkeitsstrukturen linearer zeitinvarianter Systeme. rt 23 (1975) 5, S. 163-171.

[54] Schulze, K.-P.: Beitrag zur Anwendung des Prinzips der Adaption und des Entwur-
      fes nach der Empfindlichkeit in Mehrgrößenregelungen. Dissertation (B), TH Mag-
      deburg 1979.

[55]   Woodhead, M.A.; Porter, B.: Optimal modal control. Measurement and Control, vol. 6, (1973) S. 301-303.

[56]   Schwartz, H.: Ein Beitrag zum Entwurf suboptimaler Regelungen bei quadratischen Kriterien. Dissertation (A), TH Magdeburg 1973.

[57]   Philippow, E. (Hrsg.): Taschenbuch Elektrotechnik, Bd. 2, S. 418-426. Berlin: VEB Verlag Technik 1976.

[58]   Faddejew, D.K.; Faddejewa, W.N.: Numerische Methoden der linearen Algebra. Berlin: VEB Deutscher Verlag der Wissenschaften 1964.

[59]   Kreiseler, D.: Beitrag zur Bearbeitung multivariabler dynamischer Modelle verfahrenstechnischer Systeme für den Entwurf von Automatisierungssystemen. Dissertation (A), TH "Carl Schorlemmer", Leuna-Merseburg 1976.

[60]   Kriesel, W.; Müller, G.; Schmidt, P.; Zowada, J.: Systementwurf und gerätetechnische Realisierung von Mehrgrößenreglern nach dem Prinzip der Zustandsrückführung. 21. IWK TH Ilmenau 1976, A 2.2.

[61]   Brüchert, W.: Zur Realisierung von Regelungsverfahren im Zustandsraum. Dissertation (A), TH Magdeburg 1978.

[62]   Knüppel, L.: Anwendungsuntersuchungen zum Prinzip der modalen Regelung für die industrielle Prozeßautomatisierung. Dissertation (A), TH Magdeburg 1979.

[63]   Ackermann, J.: Abtastregelungen. Berlin: Springer-Verlag 1972.

[64]   Korn, U.; Nowack, L.; Werner, A.: Prozeßrechnerrealisierung von Regelalgorithmen. Forschungsbericht 3212 207/6-220/6-74, TH Magdeburg, 1977.

[65]   Ackermann, J.: On the synthesis of linear control systems with specified characteristics. Automatica, vol. 13 (1977) S. 89-94.

[66]   Luenberger, D.G.: Canonical forms for linear multivariable systems. IEEE-Trans. on Autom. Control AC-12 (1967) S. 290-293.

[67]   Bucy, R.S.: Canonical forms for multivariable systems. IEEE-Trans. on Autom. Control AC-13 (1968) S. 567-569.

[68]   Anderson, B.D.D.; Luenberger, D.G.: Design of multivariable feedback systems. Proc. IEE, vol. 114 (1967) 3, S. 395-399.

[69]   Power, H.M.: Extension to the method of Anderson and Luenberger for eigenvalue assignment. Electronics Letters, vol. 7 (1971) 7, S. 158-160.

[70]   Sundereswaren, K.K.; Bayoumi, M.M.: Eigenvalue assignment in linear multivariable systems. Electronics Letters, vol. 7 (1971) 19, S. 573-574.

[71]   Singer, R.; Frost, P.: New canonical forms of general multivariable linear systems with application to estimation and control. IFAC-Symp. Mehrgrößenregelungssysteme, Düsseldorf 1968.

[72]   Föllinger, O.: Entwurf von Regelkreisen durch Transformation der Zustandsvariablen. rt 24 (1976) 7, S. 239-245.

[73]   Ramaswami, B.; Ramar, K.: Transformation to the Phasevariable canonical form. JEEE Trans. on Autom. Control AC-13 (1968) S. 746-747.

[74]   Ackermann, J.: Entwurf linearer Regelungssysteme im Zustandsraum. rt 20 (1972) S. 297-300.

[75]   Draeger, V.: Beobachterentwurf. Diplomarbeit an der Sektion TK/ET der TH Magdeburg, 1971.

[76]   Godbout, L.F.; Jordan, D.: Modal control with feedback gain constraints. Proc. IEE, vol. 122 (1975) 4, S. 433-436.

[77]   Davison, E.J.; Wang, S.H.: Properties of linear time-invariant multivariable systems subject to arbitrary output and state feedback. IEEE-Trans. on Autom. Control, vol. AC-18 (1973) 1, S. 24-32.

[78]   Wonham, W.M.: On pole assignment in multi-input controllable linear systems. IEEE Trans. on Autom. Control, vol. AC-12 (1967) 6, S. 660-665.

[79]   Seraji, H.: Cyclicity of linear multivariable systems. Int. J. Control, vol. 21 (1975) 3, S. 497-504.

80   Munro, N.; Vardulakis, A.: Pole-shifting using output-feedback. Int. J. Control, vol. 18 (1973) 6, S. 1267-1273.

[81]   Seraji, H.: On pole-shifting using output-feedback. Int. J. Control, vol. 20 (1974) 5, S. 721-726.

[82]   Lunzenauer, Th.: Untersuchungen einer Methode zur Umgehung der proportionalen Zustandsrückführung in einer Mehrgrößenregelungsstruktur. Diplomarbeit an der Sektion TK/ET der TH Magdeburg, 1976.

[83]   Vardulakis, A.: A sufficient condition for n specified eigenvalues to be assigned under constant output-feedback. IEEE-Trans. on Autom. Control, vol. AC-20 (1975) 3, S. 428–429.

[84]   Munro, N.: Further results on pole-shifting using output-feedback. Int. J. Control, vol. 20 (1974) 5, S. 775–786.

[85]   Bengtsson, G.: A theory for control linear multivariable systems. Dissertation Lund-Universität, 1974.

[86]   Davison, E.J.: On pole assignment in linear multivariable systems using output-feedback. IEEE Trans. on Autom. Contr., vol. AC-15 (1970) 4, S. 348–351.

[87]   Davison, E.J.; Chatterjee, R.: A note on pole assignment in linear systems with incomplete state feedback. IEEE-Trans. on Autom. Contr., vol. AC-16 (1971) 1, S. 98–99.

[88]   Topaloglu, T.; Seborg, D.E.: A design procedure for pole assignment using output-feedback. Int.J. Control, vol. 22 (1975) 6, S. 741–748.

[89]   Davison, E.J.; Wang, S.H.: On pole assignment in linear multivariable systems using output-feedback. IEEE-Trans. on Autom. Control, vol. AC-20 (1975) 4, S. 516–518.

[90]   Maki, M.C.; van de Vegte, J.: Output-feedback optimization of multiple-input systems with assigned poles. Int. J. Control, vol. 22 (1975) 3, S. 389–397.

[91]   Jameson, A.: Design of single-input system for specified roots using output feedback. IEEE-Trans. on Autom. Control AC-15 (1970) 3, S. 346–348.

[92]   Litz, L.; Preuss, H.P.: Bestimmung einer Ausgangsrückführung mittels Frequenzbereichsmethoden. rt 25 (1977) 4, S. 119–126.

[93]   Ahmari, R.; Vacroux, A.G.: Approximate pole placement in linear multivariable systems using dynamic compensators. Int. J. Control, vol. 18 (1973) 6, S. 1329–1336.

[94]   Fallside, F.; Patel, R.V.: Pole and zero assignment for linear multivariable systems using unity-rank feedback. Electronics Letters, vol. 8 (1972) 13, S. 324–325.

[95]   Korn, U.: Umgehung der Zustandsrückführanteile in Modalstrukturen zur Störgrößenbekämpfung in Mehrgrößenregelungen. Forschungsbericht in der HFR 1.09, Ereignis 2.20/77-THM, ZKI d. AdW d. DDR, Berlin 1977.

[96]   Anderson, B.D.O.; Moore, J.B.: Linear optimal control. Englewood-Cliffs: Prentice-Hall 1971.

[97]   Dettinger, R.; Welfonder, E.: Ermöglichung viel steilerer Leistungsgradienten durch struktur-optimal geregelte Kraftwerksblöcke. Brennst.-Wärme-Kraft 29 (1977) 1, S. 33–39.

[98]   Kleinman, D.: On an iterative technique for Riccati-equation computations. IEEE-Trans. on Autom. Control AC-13 (1968) 1, S. 114–115.

[99]   Bingulac, S.P.; Stojic, M.R.; Cuk, N.: On an iterative solution of time-invariant Riccati equation. JACC, Washington Univ. (Aug. 1971), paper no. 3-C6, S. 178–182.

[100]   Potter, J.E.: Matrix quadratic solution. J. SIAM, vol. 14 (1966) S. 496–501.

[101]   Vaughan, D.R.: A negativ exponential solution of the Matrix-Riccati-Equation. IEEE Trans. on Autom. Control AC-14 (1969) 1, S. 72–75.

[102]   Frank, P.M.: Empfindlichkeitsanalyse dynamischer Systeme. München: Oldenbourg-Verlag 1976.

[103]   Sage, A.P.: Optimum systems control. London: Prentice-Hall 1968.

[104]   MacFarlane, A.G.J.: Return-difference and return-ratio matrices and their use in analysis and design of multivariable feedback control systems. Proc. IEE, vol. 117 (1970) 10, S. 2037–2049.

[105]   Ackermann, J.: Einführung in die Theorie der Beobachter. rt 24 (1976) 7, S. 217 bis 226.

[106]   Hippe, P.: Zustandsregler in einläufigen Regelkreisen. rt 22 (1974) 12, S. 388–394.

[107]   Grübel, G.: Reglersynthese durch Verknüpfung von Zustandsraum und Frequenzbereich. Aussprachetag "Regelungssynthese im Zustandsraum", VDI/VDE. Frankfurt a. M. 1977.

[108] Johnson, C.D.: Theory of disturbance-accomodating controllers. In: Control and dynamic systems, hrsg. von C.T. Leondes. Academic Press, vol. 12 (1976) S. 387 bis 489.

[109] Ackermann, J.: Abtastregelungen. Berlin: Springer-Verlag 1972.

[110] Bongiorno, J.J.; Youla, D.C.: On observers in multivariable control systems. Int. J. Control, vol. 8 (1968) S. 221-243.

[111] Cumming, S.D.G.: Design of observers of reduced dynamics. Electronic Letters, vol. 5 (1969) S. 213-214.

[112] Fortmann, T.E.; Williamson, D.: Design of low order observers for linear feedback control laws. IEEE Trans. on Autom. Control, vol. AC-17 (1972) S. 301-308.

[113] Draeger, V.: Beitrag zum Entwurf eines Beobachters niederer Ordnung. Dissertation (A), TH Magdeburg 1973.

[114] Munro, N.: Computer-aided-design procedure for reduced-order observers. Proc. IEE, vol. 120 (1973), no. 2, S. 319-324.

[115] Crossley, T.R.; Porter, B.: Modal theory of state observers. Proc. IEE, vol. 118 (1971) 12, S. 1835-1839.

[116] Athans, M.; Tse, E.: A direct derivation of the optimal linear filter using the Maximum principle. IEEE Trans. on Autom. Control, vol. AC-12 (1967) 6, S. 690-698.

[117] Murdoch, P.: Design of degenerate observers. IEEE Trans. on Autom. Control, vol. AC-19 (1974) S. 441-442.

[118] Becker, N.; Hanselmann, H.: Ein Berechnungsverfahren für asymptotische Realisierungen linearer Zustandsregelgesetze bei mehreren Meßgrößen. rt 25 (1977) 11, S. 358-364.

[119] Roman, J.R.; Bullock, T.E.: Design of minimal order stable observers for linear functions of the state via Realization theory. IEEE Trans. on Autom. Control, vol. AC-20 (1975) S. 613-622.

[120] Pearson, J.B.; Ding, C.Y.: Compensator design for multivariable systems. IEEE Trans. on Autom. Control, vol. AC-14 (1969) 2, S. 130-134.

[121] Brash, F.M.; Pearson, J.B.: Pole placement using dynamic compensators. IEEE Trans. on Autom. Control, vol. AC-15 (1970) 1, S. 34-43.

[122] Rybak, J.: Beitrag zum Entwurf dynamischer Kompensatoren für aperiodisch gestörte Mehrgrößensysteme. Dissertation (A) TH Magdeburg, 1976.

[123] Korn, U.: Modalstrukturen zur Störgrößenbekämpfung I. Forschungsbericht in der HFR 1.09, Ereignis 2.12/76-THM, ZKI der AdW d. DDR, Berlin 1976.

[124] Davison, E.J.; Smith, H.W.: Pole-assignment in linear time-invariant multivariable systems with constant disturbances. Automatica, vol. 7 (1971) S. 489-498.

[125] Korn, U.: Modalstrukturen zur Störgrößenbekämpfung III: Anwendung des Prinzips der dynamischen Kompensation. Forschungsbericht in der HFR 1.09, Ereignis 2.15/78-THM, ZKI der AdW d. DDR, Berlin 1978.

[126] Davison, E.J.; Goldenberg, A.: Robust control of a general servomechanism problem: The servo compensator. 6. IFAC-Kongreß Boston 1975, Session 9.5.

[127] Davison, E.J.: The robust control of a servomechanism problem for linear time-invariant multivariable systems. IEEE-Trans. on Autom. Control AC-21 (1976) 1, S. 25-34.

[128] Ferreira, P.G.: The servomechanism problem and the method of the state space in the frequency domain. Int. J. Control 23 (1976) 2, S. 245-255.

[129] Müller, P.C.; Lückel, J.: Zur Theorie der Störgrößenaufschaltung in linearen Mehrgrößenregelsystemen. rt 25 (1977) 2, S. 54-59.

[130] Francis, B.A.; Wonham, W.M.: The internal model principle of control theory. Automatica, vol. 12 (1976) S. 457-465.

[131] Francis, B.A.; Wonham, W.M.: The role of transmission zeros in linear multivariable regulators. Int. J. Control 22 (1975) 5, S. 657-681.

[132] Davison, E.J.; Wang, S.H.: Properties and calculation of transmission zeros of linear multivariable systems. Automatica, vol. 10 (1974) S. 643-658.

[133] Trilling, V.; Klein, H.J.: Erfahrungen bei der Reduktion der Ordnung linearer dynamischer Prozeßmodelle hoher Ordnung mit Hilfe von modalen Verfahren. rt 27 (1979) 2, S. 37-45.

[134]   Hartmann, U.: Ein Beitrag zum Entwurf digitaler, selbstadaptiver Flugregelsysteme. Dissertation TU Hannover 1974.

[135]   Röder, H.W.; Rösel, G.S.: Modellbildung und Entwurf von Mehrgrößenregelungen für Dampferzeuger. Dissertation (A), IHS Zittau 1980.

[136]   Martin, K.; Küßner, K.: Programm Ricci. ZKI d. AdW der DDR, Dresden 1976.

[137]   Küßner, K.: Programm Kleinman. ZKI d. AdW der DDR, Dresden 1977.

[138]   Rybak, J.; Werner, B.: Beitrag zum Entwurf eines Mehrgrößenreglers für die Produktqualitätsparameter eines Rohöldestillationssystems (Mitteilung des VEB PCK Schwedt). 13. Fachkolloquium Informationstechnik, TU Dresden 1980.

[139]   Drößiger, H.G.; Werner, B.; Schultz, W.; Rybak, J.: Zu einigen technisch-ökonomischen Problemen der optimierenden Steuerung und Regelung eines verfahrenstechnischen Komplexes am Beispiel einer Rohöldestillation (Mitteilung des VEB PCK Schwedt). 13. Fachkolloquium Informationstechnik, TU Dresden 1980.

6. Entwurfsverfahren im Frequenzbereich

6.0. Einführung

6.0.1. Einleitende Bemerkungen

Die im Abschn. 5. dargestellten, auf dem Zustandsraumkonzept beruhenden Entwurfsverfahren erwiesen sich als sehr erfolgreich, vor allem bei Anwendungen in der Luft- und Raumfahrt und verwandten Gebieten, da hier die für den Entwurf benötigten Zustandsraummodelle aus den physikalischen Gesetzmäßigkeiten verhältnismäßig einfach und ausreichend genau abgeleitet werden können und die eigentliche Regelungsaufgabe tatsächlich in einer Zustandsregelung besteht.

Die großen Erwartungen, die sich mit der Anwendung dieser Verfahren auf die Regelung verfahrenstechnischer Prozesse verbanden, erfüllten sich jedoch nur teilweise, weil bei verfahrenstechnischen Prozessen von anderen Gegebenheiten ausgegangen werden muß [1] [3] . Bei den meisten verfahrenstechnischen Prozessen sind die Zustandsgrößen nämlich nicht unmittelbar meßbar und häufig physikalisch nicht einmal interpretierbar. Auch wird in vielen Fällen nicht eine Zustandsgrößenregelung verlangt, sondern nur eine Stabilisierung der Ausgangsgrößen. In diesen Fällen stellt die Messung oder Rekonstruktion der Zustandsgrößen mittels eines Beobachters nur zum Zwecke der Regelung einen beträchtlichen zusätzlichen Aufwand dar. Außerdem weisen verfahrenstechnische Prozesse oft Totzeiten auf oder lassen sich durch totzeitbehaftete Modelle einfacher beschreiben. Die Behandlung von Totzeitsystemen mittels Zustandsraumentwurfsmethoden ist aber schwierig.

Entwurfsverfahren, die vom Zustandsraumkonzept ausgehen, benötigen häufig recht genaue Modelle des Prozesses bezüglich seiner Struktur und Ordnung. Die Ermittlung genauer Zustandsraummodelle ist besonders bei mehrvariablen verfahrenstechnischen Prozessen mit großem Aufwand verbunden.

Infolge ungenauer Prozeßmodelle und der linearisierenden Betrachtung nichtlinearer Prozesse besteht i. allg. die Notwendigkeit einer Anpassung des entworfenen Reglers an die Strecke während der Inbetriebnahmephase. Aus den meisten Entwurfsverfahren auf der Basis des Zustandsraumkonzepts ergeben sich aber kaum Hinweise auf eine einfache Inbetriebnahmestrategie der entworfenen Regelung am realen Prozeß.

Die für einvariable Systeme seit langem zu hoher Reife geführten Frequenzbereichsentwurfsverfahren konnten sich aus diesen Gründen für einvariable Systeme bei verfahrenstechnischen Prozeßregelungen neben den Zustandsraumverfahren nicht nur behaupten, sondern erwiesen sich ihnen in einigen Punkten als überlegen [1] [2] . Bereits um 1960 setzten deshalb erste Versuche ein, die Frequenzbereichsentwurfsverfahren auch auf Mehrgrößenregelungen zu erweitern. Aber erst im letzten Jahrzehnt wurden diese Methoden so weit entwickelt, daß sie für einen Entwurf von verfahrenstechnischen Prozeßregelungen als Alternative in Betracht kommen. Voraussetzung dafür war die Verfügbarkeit von Rechnersystemen mit grafischem Display, da sonst der mit der Berechnung und Darstellung der benötigten Ortskurven verbundene und im Vergleich zur Behandlung einvariabler Systeme wesentlich höhere Aufwand untragbar wäre. Durch entsprechende Programmgestaltung muß dem Rechner dabei die Berechnung und Darstellung der Ortskurven und Zeitantworten übertragen werden, so daß sich der Entwurfsingenieur voll auf den eigentlichen Entwurf konzentrieren und verschiedene, auch intuitiv gefundene Strukturvarianten auf ihre Eignung überprüfen kann.

Wesentlich zur Weiterentwicklung der Frequenzbereichsverfahren für Mehrgrößensysteme trug auch die Übernahme grundlegender Gedanken aus dem Zustandsraumkonzept, wie z. B. die entscheidende Rolle der Eigenwerte einer Matrix, bei. Da viele Aussagen sowohl mittels Vektorraummethoden im Zustandsraum als auch mittels der Funktionalanalysis im

Frequenzbereich abgeleitet werden können, vermindern sich immer mehr die Unterschiede
zwischen den Zeitbereichsmethoden und den Frequenzbereichsmethoden [2] .

Die Frequenzbereichsentwurfsverfahren für Mehrgrößenregelungen wurden vor allem entwickelt, um eine Reihe vom Ingenieurstandpunkt besonders schwerwiegender Gesichtspunkte
beim Entwurf besser zu berücksichtigen, wie

einfache Interpretierbarkeit der Ergebnisse durch den Entwurfsingenieur,
hohe Integrität des entworfenen Regelungssystems,
leichte Inbetriebnahme der entworfenen Regelung,
relative Unempfindlichkeit gegen Modellfehler,
ausschließliche Verwendung von Ausgangsgrößen,
einfache Behandlung totzeitbehafteter, nichtminimalphasiger oder nicht als Minimalrealisierung vorliegender Prozeßmodelle,
Möglichkeit einer einfachen Abwägung von Regelaufwand und Regelgüte.

Selbstverständlich weisen die auf der Basis von Übertragungsfunktionsmatrizen und Frequenzgängen entwickelten Entwurfsverfahren auch eine Reihe von Nachteilen auf. Solche
sind u. a.

die Beschränkung auf lineare bzw. linearisierbare und zeitinvariante Prozesse,
die Nichteindeutigkeit des Entwurfs und die Abhängigkeit des Entwurfsergebnisses von
der Erfahrung und dem Geschick des Entwurfsingenieurs,
die vorwiegende Orientierung einiger Verfahren auf gutes Führungsverhalten und weniger
auf maximale Störgrößendämpfung.

Im vorliegenden Abschn. 6. sollen nun die Grundgedanken der wichtigsten im Frequenzbereich arbeitenden Entwurfsverfahren für Mehrgrößenregelungen vorgestellt werden. Die Auswahl der Verfahren und der Umfang ihrer Darstellung erfolgt entsprechend der bisher er-
kennbaren Praktikabilität. Die als besonders leistungsfähig einzuschätzenden Methoden des
inversen und des direkten Nyquist-Verfahrens werden eingehend behandelt, und ihre Leistungsfähigkeit wird an praktischen Beispielen demonstriert.

Nach einer knappen Darstellung der Stabilitätsanalyse mehrvariabler Systeme nach dem
verallgemeinerten Nyquist-Kriterium und des eng mit der Stabilität verbundenen Integritäts-
problems im Abschn. 6.0.2. werden im Abschn. 6.1. die auf dem Gedanken der inneren
Entkopplung beruhenden Entwurfsverfahren der kommutativen Regelung, der dyadischen Regelung und der frequenzabhängigen dyadischen Regelung behandelt. Auf das Prinzip der inneren Entkopplung wurde bereits im Abschn. 4.3. eingegangen. Große Anstrengungen wurden
unternommen [17] bis [24] , um auf der Grundlage dieses Prinzips praktikable Entwurfsverfahren zu entwickeln. Obwohl diese Verfahren in speziellen Fällen sehr elegante Lösungen erlauben, ist ihre allgemeine Leistungsfähigkeit als beschränkt einzuschätzen. Sie stellen aber einen wesentlichen Schritt zur Entwicklung leistungsfähiger Verfahren dar.

Im Abschn. 6.2. wird die Methode der charakteristischen Ortskurven vorgestellt, die
auf der Anwendung des verallgemeinerten Nyquist-Kriteriums beruht. Diese Methode ist
auf eine recht allgemeine Systemklasse anwendbar und erfordert nicht unbedingt eine Entkopplung der Regelstrecke. Da es aber sehr schwierig ist, für den Entwurf ausnutzbare Beziehungen zwischen den Elementen der Reglerfrequenzgangmatrix und den charakteristischen Ortskurven anzugeben, ist ein Entwurf unter Verwendung dieses Verfahrens schwer
zu systematisieren. Als Verfahren zur eingehenden Analyse und Beurteilung einer entworfenen Regelung ist die Methode aber wertvoll, und sie stellt ferner eine entscheidende gedank-
liche Basis für die Entwicklung des inversen und des direkten Nyquist-Verfahrens dar.

Der Grundgedanke des inversen und des direkten Nyquist-Verfahrens besteht in einer
teilweisen Entkopplung der Mehrgrößenregelstrecke mit dem Ziel einer Dominanz der frequenzabhängigen Übertragungsfaktoren der Hauptregelstrecken über die der Koppelstrecken.
Für die derart entkoppelte Regelstrecke kann die Lage der charakteristischen Ortskurven
durch ein Toleranzband um die Frequenzgangortskurven der Hauptregelstrecken eingegrenzt
werden. Anhand dieser Toleranzbänder kann sowohl die Stabilitätsanalyse des Mehrgrößenregelkreises als auch ein weitgehend unabhängiger Entwurf der Hauptregelkreise durchgeführt werden. Die so entworfenen Systeme weisen als technisch besonders bedeutsam bestimmte Integritätseigenschaften auf.

Auf das inverse Nyquist-Verfahren wird im Abschn. 6.3. und auf das eng verwandte direkte Nyquist-Verfahren im Abschn. 6.4. eingegangen.

Ausgehend vom Grundgedanken des sequentiellen Entwurfs der Hauptregelkreise wurden ebenfalls praktikable Entwurfsverfahren entwickelt. Im Abschn. 6.5. wird als typischer Vertreter das sequentielle Rückführdifferenzverfahren nach Mayne vorgestellt. Der Mehrgrößenregler wird dabei durch sukzessives Schließen der Hauptregelkreise entworfen. Der Entwurf der folgenden Hauptregelkreise erfolgt unter Beachtung der durch den Entwurf der bisher entworfenen Regelkreise veränderten resultierenden Regelstrecke.

6.0.2. Stabilität und Integrität

In diesem Abschnitt wird in Vorbereitung auf die Abschnitte 6.1. bis 6.5. die Stabilitätsanalyse mehrvariabler Systeme anhand der Ortskurven der Determinante der Rückführdifferenzmatrix und der charakteristischen Ortskurven dargestellt sowie auf einige für diagonaldominante Systeme mögliche vereinfachte Betrachtungen eingegangen. Das unter dem Begriff "verallgemeinertes Nyquist-Kriterium" bekannt gewordene Stabilitätskriterium für mehrvariable Systeme bildet den Ausgangspunkt für eine Reihe von Entwurfsverfahren im Frequenzbereich.

Eng mit der Stabilität verbunden ist die Frage der Integrität eines Mehrgrößenregelungssystems, für die entsprechende Kriterien im Zusammenhang mit den Stabilitätskriterien ableitbar sind.

6.0.2.1. Verallgemeinertes Nyquist-Kriterium ([4] bis [13] [70])

Im Abschn. 3. wurde die zentrale Bedeutung des Hsu-Chen-Theorems für die Beurteilung der Stabilität von Mehrgrößensystemen gezeigt. Das Hsu-Chen-Kriterium zeigt den Zusammenhang zwischen den charakteristischen Polynomen des offenen und des geschlossenen Mehrgrößenregelkreises. Es kann deshalb als Ausgangspunkt für die Ableitung verschiedener Stabilitätskriterien dienen.

Für die Determinante der Rückführdifferenzmatrix $\det\{F(p)\}$ gilt danach die Beziehung (3.14)

$$\det\{F(p)\} = \frac{\det(pI - A_g)}{\det(pI - A_1)\,\det(pI - A_2)} = \frac{\prod_i (p - p_i')}{\prod_i (p - p_i)} \, ,$$

wobei die p_i' die Pole des geschlossenen Kreises und die p_i die des offenen Kreises bezeichnen.

Wird statt von Gl. (3.14) direkt von der Rückführdifferenzmatrix $F(p)$ einer Reihenschaltung von Systemen ausgegangen, so muß die Möglichkeit einer Pol-Nullstellen-Kompensation der Reihenschaltung ausgeschlossen werden.

Liegen a Pole des geschlossenen Kreises in der linken und n_g Pole in der rechten p-Halbebene und b Pole des offenen Kreises in der linken und n_o Pole in der rechten p-Halbebene und werden Pole auf der imaginären Achse vorerst ausgeschlossen, so kann eine Nyquist-Ortskurve von $\det\{F(p)\}$ wie folgt betrachtet werden: Bild 6.1 zeigt die Kontur der Nyquist-Kurve, die alle Pole des offenen und des geschlossenen Kreises in der rechten p-Halbebene einschließt. Durchläuft p einmal die Kurve D in Pfeilrichtung, so ergibt sich für die Abbildung von D durch $\det\{F(p)\}$ eine Argumentänderung gemäß der Anzahl der Pole des offenen und des geschlossenen Kreises in der rechten p-Halbebene. Für die Argumentänderung von $\det\{F(p)\}$ gilt

$$\Delta\arg\det\{F(p)\} = \sum_{i=1}^{a+n_g} \Delta\arg\{p-p_i'\} - \sum_{j=1}^{b+n_o} \Delta\arg\{p-p_i\} \, . \tag{6.1}$$

Durchläuft p einmal die Kurve D in Pfeilrichtung, so ergeben sich folgende Argumentänderungen für die einzelnen Summanden:

für Pole in der linken Halbebene

$$\sum_i \Delta\arg\,(p - p_i') = 0 \qquad\qquad (6.2\text{a})$$

$$\sum_i \Delta\arg\,(p - p_i) = 0 \qquad\qquad (6.2\text{b})$$

und für Pole in der rechten Halbebene

$$\sum_i \Delta\arg\,(p - p_i') = -2\,\pi\,n_g \qquad\qquad (6.2\text{c})$$

$$\sum_i \Delta\arg\,(p - p_i) = -2\,\pi\,n_0 . \qquad\qquad (6.2\text{d})$$

Die resultierende Argumentänderung ist demnach

$$\Delta\arg\,\det\,\{F(p)\} = 2\,\pi\,(n_0 - n_g) = 2\,\pi\,n_F . \qquad\qquad (6.3)$$

Durchläuft also p die Nyquist-Kontur D in mathematisch negativer Richtung einmal, so umschlingt die Abbildungskurve von det $\{F(p)\}$ den Ursprung der komplexen Ebene $n_F = n_0 - n_g$ -mal in mathematisch positiver Richtung. Für ein im geschlossenen Zustand stabiles System muß $n_g = 0$ gefordert werden.

Für die Stabilität des geschlossenen Kreises ist es demnach notwendig und hinreichend, daß die Abbildung von D durch det $\{F(p)\}$ den Ursprung der komplexen Ebene n_0-mal in mathematisch positiver Richtung umschlingt.

Bild 6.1 zeigt die Abbildung der Nyquist-Kontur durch det $F(p)$. Für reale Systeme geht $|\det\{F(p)\}| \to 1$ für $|p| \to \infty$. Für $R \to \infty$ schrumpft der Teil der Abbildung B→C um +1 zusammen, so daß letztlich nur der Verlauf von det $F(j\omega)$ in $0 \leqq \omega < \infty$ betrachtet werden muß.

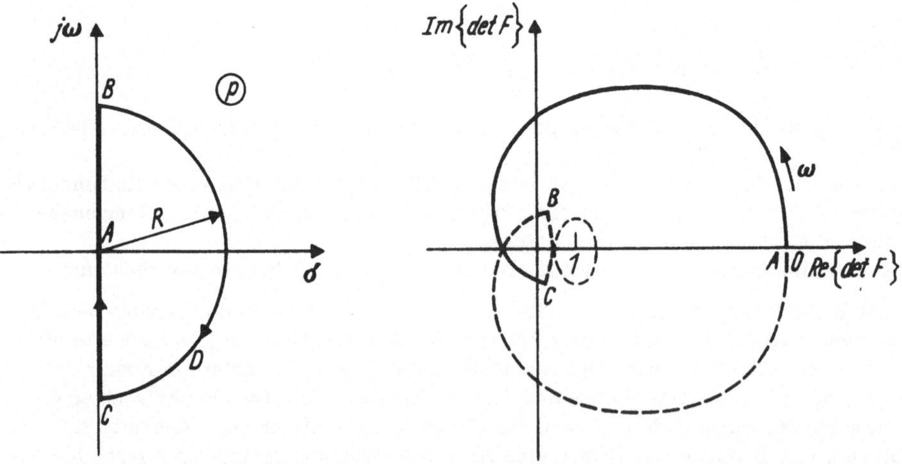

Bild 6.1. Nyquist-Diagramm von det $F(p)$ (stabil, wenn $n_0 = 2$)

Werden entgegen der bisherigen Voraussetzung n_i Pole im Ursprung der p-Ebene zugelassen, so muß die Nyquist-Kontur in der im Bild 6.2 dargestellten Weise verändert werden, indem der Ursprung durch einen Halbkreis ausgespart wird. Die Abbildung dieses Halbkreises durch det $\{F(p)\}$ ergibt für $r \to 0$ einen n_i-fachen Halbkreis mit $R \to \infty$, der die beiden für $\omega \to \pm\,0$ nach unendlich gehenden Äste der Ortskurve verbindet und im Uhrzeigersinn durchlaufen wird. Unter Beachtung dieses Verlaufs ist eine Erweiterung des Nyquist-Kriteriums auf Systeme mit Polen im Ursprung erlaubt [11] [12] .

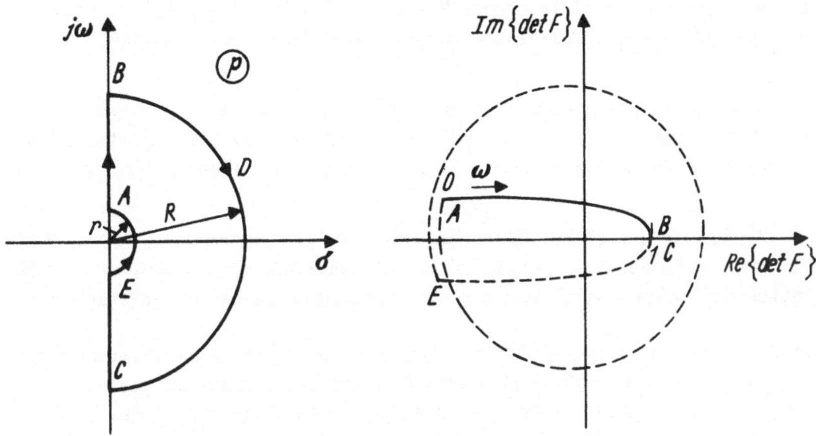

Bild 6.2. Nyquist-Diagramm von det F(p) mit Polen im Ursprung (instabil, wenn $n_i = 2$)

Dieses Stabilitätskriterium für mehrvariable geschlossene Kreise kann nun leicht so modifiziert werden [4] , daß anstelle der Determinante der Rückführdifferenzmatrix det $\{F(j\omega)\}$ von den charakteristischen Frequenzgängen ausgegangen wird:

Sind $f_i(j\omega)$ die Eigenwerte der Matrix $F(j\omega)$; $i = 1, 2, \ldots, m$, so gilt

$$\det \{F(j\omega)\} = \prod_{i=1}^{m} f_i(j\omega) . \tag{6.4}$$

Wird zur Vereinfachung der Betrachtung vorausgesetzt, daß die $f_i(p)$ keine Verzweigungspunkte in der rechten p-Halbebene aufweisen, so ergeben sich für jede Ortskurve geschlossene Kurven in der komplexen Ebene. Die bei der Abbildung der Eigenwerte $f_i(j\omega)$ sich ergebenden Argumentänderungen müssen nun in ihrer Summe der Gl. (6.3) genügen, und es muß gelten

$$\sum_{i=1}^{m} \Delta \arg f_i(j\omega) = 2\pi \, n_F . \tag{6.5}$$

Ein im offenen Zustand stabiles System ist danach stabil, wenn die Summe der Umschlingungen n_{F_i} des Ursprungs durch die einzelnen $f_i(j\omega)$ Null ist. Allgemein gilt also

$$\sum_{i=1}^{m} n_{F_i} = n_F , \tag{6.6}$$

wobei die n_{Fi} entgegen der Uhrzeigerrichtung positiv, im Uhrzeigersinn negativ gezählt werden. Unter Beachtung des Zusammenhangs [Gl. (3.53), (3.54)]

$$F(p) = I + F_o(p) \tag{6.7}$$

gilt für den Zusammenhang zwischen den Eigenwerten $f_i(j\omega)$ und den charakteristischen Ortskurven des offenen Regelkreises $f_{oi}(j\omega)$ die Beziehung

$$f_i(j\omega) = 1 + f_{oi}(j\omega); \qquad i = 1, 2, \ldots, m. \tag{6.8}$$

Daraus resultiert bei Verwendung der charakteristischen Frequenzgänge $f_{oi}(j\omega)$ anstelle
der Eigenwerte $f_i(j\omega)$ der Rückführdifferenzmatrix eine Verschiebung des kritischen Punktes von $(0,0)$ nach $(-1,0)$. Anstelle der Umschlingungen des Ursprungs durch die Funktionen
$f_i(j\omega)$ können also auch die Umschlingungen des kritischen Punktes $(-1,0)$ durch die charakteristischen Frequenzgänge f_{oi} des offenen Regelkreises betrachtet werden.
Es gilt also:

Das geschlossene Regelungssystem ist stabil, wenn und nur wenn die Summe der Umschlingungen des kritischen Punktes $(-1,0)$ durch den Satz der charakteristischen Ortskurven $f_{oi}(p)$ gleich der Anzahl der Pole in der rechten Halbebene des offenen Systems
ist.

In [4] und [8] wird gezeigt, daß diese Aussage auch gilt, wenn die charakteristischen
Ortskurven Verzweigungspunkte aufweisen. Diese Erweiterung des für einvariable Systeme
bekannten Nyquist-Kriteriums wird auch als verallgemeinertes Nyquist-Kriterium bezeichnet.

Bei der Ableitung des verallgemeinerten Nyquist-Kriteriums wurde vorausgesetzt, daß
für alle $f_{oi}(j\omega)$ der kritische Punkt $(-1,0)$ entscheidend ist. Ein Faktor gleicher Verstärkungen k kann in alle Rückführschleifen eingeführt werden. Dann können die Umschlingungen des kritischen Punktes $(-1/k,0)$ betrachtet werden; denn es gilt

$$\det \left\{ I + k\, F_o(p) \right\} = k^m \prod_{i=1}^{m} \left[k^{-1} + f_{oi}(p) \right] \tag{6.9}$$

und folglich

$$\arg \det \left\{ I + k\, F_o(p) \right\} = \sum_{i=1}^{m} \arg \left\{ k^{-1} + f_{oi}(p) \right\} . \tag{6.10}$$

Die notwendige Bedingung einer gleichen Variation der Verstärkung für alle $f_{oi}(j\omega)$ ist
beim Entwurf von Mehrgrößenregelungssystemen häufig von Nachteil. Verschiedene Verstär-
kungsvariationen in den einzelnen Zweigen erfordern Neuberechnungen der $f_{oi}(j\omega)$. Der Fall
unterschiedlicher Verstärkungen k_i in den einzelnen Rückführschleifen kann nicht ohne weiteres dadurch betrachtet werden, daß für die einzelnen Schleifen unterschiedliche kritische
Punkte $(-1/k_i,0)$ als Kriterium gewählt werden.

Von Rosenbrock und Cook [7] u.a. [9] [10] wurde gezeigt, daß eine solche vereinfachte Betrachtung nur möglich ist, wenn zusätzliche Bedingungen an die Matrix $F_o(p)$ gestellt werden. Eine solche Bedingung besteht darin, daß die Matrix $F_o(j\omega)$ für alle ω eine
normale Matrix ist, d.h., daß gilt

$$F_o(j\omega)\, F_o^*(j\omega) = F_o^*(j\omega)\, F_o(\omega) \tag{6.11}$$

und die Rückführverstärkungen k_i den Bedingungen genügen

$$0 < \alpha < k_i < \beta \; ; \qquad i = 1, 2, \ldots, m. \tag{6.12}$$

Dann ist das System stabil, wenn die $f_{oi}(j\omega)$ einen sog. kritischen Kreis über $(-\alpha^{-1}, 0)$,
$(-\beta^{-1},0)]$ als Durchmesser vermeiden und die Umschlingungsbedingungen erfüllen.

Von wesentlich größerer praktischer Bedeutung ist eine andere alternative Bedingung,
die in der Forderung nach Diagonaldominanz der Matrix $F_o(j\omega)$ besteht und auf die am Ende
des nächsten Abschnitts näher eingegangen wird.

Für die Anwendung des verallgemeinerten Nyquist-Kriteriums sei das Beispiel aus
Abschn. 2.2.2. betrachtet [4]. Die Reihenschaltung von Regler und Regelstrecke habe die
Übertragungsfunktionsmatrix

$$G(p) = \frac{k}{1,25\,(p+1)\,(p+2)} \begin{pmatrix} p-1 & p \\ -6 & p-2 \end{pmatrix} .$$

Für $k = 1$ sind die charakteristischen Übertragungsfunktionen $g_i(j\omega)$ im Bild 2.5 dargestellt.

Das offene System hat nur stabile Pole. Notwendige und hinreichende Bedingung für die Stabilität des geschlossenen Kreises ist demnach, daß die Summe der Umschlingungen des kritischen Punktes $(-1/k, 0)$ durch die $g_i(j\omega)$ gleich Null ist. Aus Bild 2.5 folgt Stabilität

für $-\infty < -1/k < -0,8$ entsprechend $0 \leqq k < 1,25$,

für $-0,4 < -1/k \leqq 0$ entsprechend $2,5 < k < \infty$ und

für $0,533 < -1/k < \infty$ entsprechend $-1,875 < k \leqq 0$ (Mittkopplung!).

In einigen Fällen ist es zweckmäßig, bei Stabilitätsbetrachtungen von den Ortskurven der inversen Übertragungsfunktionsmatrizen auszugehen. Das verallgemeinerte Nyquist-Kriterium läßt sich für diesen Fall entsprechend modifizieren [5] [2] :

Entsprechend der charakteristischen Gleichung (s. Abschn. 2.2.2.) für $G(p)$

$$\Delta(g,p) = \det\{g\,I - G(p)\} = 0 \tag{2.18}$$

kann, wenn $G(p)$ den normalen Rang m hat, eine charakteristische Gleichung

$$\Gamma(\hat{g},p) = \det\{\hat{g}\,I - \hat{G}(p)\} = 0 \tag{6.13}$$

für die inverse Übertragungsfunktion

$$\hat{G}(p) = G^{-1}(p) \tag{6.14}$$

betrachtet werden, wobei $\hat{g}(p)$ die inverse charakteristische Funktion bezeichnet. Auch $\hat{g}(p)$ ist eine algebraische Funktion, deren eindeutige Darstellung eine Riemannsche Fläche erfordert. Eine Methode zu ihrer Konstruktion ist in [4] angegeben. In der praktischen Anwendung werden die charakteristischen Ortskurven jedoch punktweise für einzelne Werte $p_0 = j\omega_0$ berechnet und so sortiert, daß sich stetige Vorläufe in der komplexen Ebene ergeben.

Bei der Ableitung des verallgemeinerten Nyquist-Kriteriums wurde gezeigt, daß die Zahl n_F der Umschlingungen des Ursprungs durch die Abbildung der Nyquist-Kontur D (Bild 6.1) für im geschlossenen Zustand stabile Systeme gleich der Anzahl n_0 der Pole des offenen Systems in der rechten p-Halbebene sein muß. Für die Determinante der Rückführdifferenzmatrix $F(p)$ gilt mit

$$\hat{F}_g(p) = F_g^{-1}(p) \tag{6.15}$$

$$\hat{F}_0(p) = F_0^{-1}(p) \tag{6.16}$$

$$\det\{F(p)\} = \frac{\det(p\,I - A_g)}{\det(p\,I - A_1)\det(p\,I - A_2)} = \frac{\det\hat{F}_g(p)}{\det\hat{F}_0(p)} \cdot \tag{6.17}$$

Die Argumentänderung von $\det\{F(p)\}$ beim Durchlaufen der Nyquist-Kontur D setzt sich demnach zusammen aus der Differenz der Argumentänderungen von $\det\{\hat{F}_g(p)\}$ und $\det\{\hat{F}_0(p)\}$.

Bedeutet $n_{\hat{F}_g}$ die Zahl der Umschlingungen des Ursprungs durch $\det\{\hat{F}_g(p)\}$ und $n_{\hat{F}_0}$ die Zahl der Umschlingungen des Ursprungs durch $\det\{\hat{F}_0(p)\}$, so gilt

$$n_F = n_{\hat{F}_g} - n_{\hat{F}_0} \cdot \tag{6.18}$$

Anstelle der inversen Übertragungsfunktionsmatrizen $\hat{F}_0(p)$ und $\hat{F}_g(p)$ können auch die zugehörigen charakteristischen Übertragungsfunktionen $\hat{f}_{0i}(p)$ und $\hat{f}_{gi}(p)$ betrachtet werden.

Wird zur Vereinfachung zuerst wieder angenommen, daß die algebraischen Funktionen $\hat{f}_{gi}(p)$ und $\hat{f}_{0i}(p)$ keine Verzweigungspunkte in der rechten p-Halbebene haben, so ergeben sich stetige Ortskurven, und es gilt mit

$$\Delta \arg \det \left\{ \hat{F}_g(p) \right\} = \sum_{i=1}^{m} \Delta \arg \hat{f}_{gi}(p) \tag{6.19}$$

und

$$\Delta \arg \det \left\{ \hat{F}_o(p) \right\} = \sum_{i=1}^{m} \Delta \arg \hat{f}_{oi}(p): \tag{6.20}$$

$$n_{\hat{F}_g} = \sum_{i=1}^{m} n_{\hat{f}_{gi}} \tag{6.21}$$

und

$$n_{\hat{F}_o} = \sum_{i=1}^{m} n_{\hat{f}_{oi}}, \tag{6.22}$$

wobei die $n_{\hat{f}_{gi}}$ und $n_{\hat{f}_{oi}}$ die Zahl der Umschlingungen des Ursprungs durch die charakteristischen Ortskurven $\hat{f}_{gi}$ und $\hat{f}_{oi}$ bezeichnen.

Aus

$$F_g(p) = \left[I + F_o(p) \right]^{-1} F_o(p) \tag{6.23}$$

folgt

$$\hat{F}_g(p) = \hat{F}_o(p) + I \tag{6.24}$$

und damit

$$\hat{f}_{gi}(p) = 1 + \hat{f}_{oi}(p). \tag{6.25}$$

Anstelle der Umschlingungen des Ursprungs durch die $\hat{f}_{gi}(p)$ können somit auch die Umschlingungen des kritischen Punktes $(-1,0)$ durch die $\hat{f}_{oi}(p)$ betrachtet werden. Demnach gilt für die Stabilität des geschlossenen Regelkreises:

Das rückgeführte System ist stabil, wenn und nur wenn die Summe der Umschlingungen des kritischen Punktes $(-1,0)$ durch den Satz der charakteristischen Ortskurven von $\hat{F}_o(p)$ minus der Summe der Umschlingungen des Ursprungs durch den Satz der charakteristischen Ortskurven von $\hat{F}_o(p)$ gleich der Zahl der Pole von $F_o(p)$ in der rechten p-Halbebene ist.

Dabei werden Umschlingungen in mathematisch positiver Richtung positiv, in mathematisch negativer Richtung negativ gezählt. In [5] wird gezeigt, daß diese Aussage allgemein gültig ist.

Bei realen Systemen, die der Bedingung

$$\lim_{\omega \to \infty} F_o(j\omega) = 0 \tag{6.26}$$

genügen, verlaufen die charakteristischen Ortskurven $\hat{f}_{oi}$ ebenfalls für $\omega \to \infty$ nach Unendlich.

Deshalb ist es für die Bildung geschlossener Kurvenverläufe für die $\hat{f}_{oi}(p)$ notwendig, nicht nur die imaginäre Achse, sondern die ganze Nyquist-Kontur abzubilden. Dies kann aber dadurch umgangen werden, daß beachtet wird, daß die zusätzlichen Umschlingungen des kritischen Punktes und des Ursprungs durch die Abbildung des Kreisabschnitts der Nyquist-Kontur gleich sind. Es genügt daher, die freien Enden der Ortskurven durch einen großen Kreisbogen zu verbinden und zusätzliche Umschlingungen nicht zu beachten. Ob die Enden dabei über die linke oder die rechte Halbebene verbunden werden müssen, ist dadurch festgelegt, daß die Abbildung der D-Kontur durch die $\hat{f}_{oi}(p)$ eine konforme Abbildung ist. (Regel: Bewegt man sich auf der D-Kontur nach rechts beim Durchlaufen von p, so muß man sich auf der Abbildung ebenfalls nach rechts bewegen.)

Für diskrete Systeme gilt ebenfalls die Beziehung Gl. (3.14), wobei der Operator $z = e^{pT}$ anstelle von p tritt. Auch für diesen Fall kann das verallgemeinerte Nyquist-Kriterium angewandt werden [13]:

Ein diskretes System ist stabil, wenn seine Wurzeln im Inneren des Einheitskreises der z-Ebene liegen. Das kann nach dem Prinzip des Arguments mittels des verallgemeinerten Nyquist-Kriteriums überprüft werden, indem die Abbildung einer Nyquist-Kontur D_z entsprechend Bild 6.3 durch det $\{F(z)\}$ betrachtet wird. Unter der Voraussetzung $\lim_{|z| \to \infty} \det\{F(z)\} \to 1$ eines im offenen Zustand stabilen Systems gilt:

Der mehrvariable diskrete Regelkreis ist stabil, wenn die Abbildung der Nyquist-Kontur D_z durch det $\{F(z)\}$ den Ursprung der komplexen Ebene nicht umschlingt.

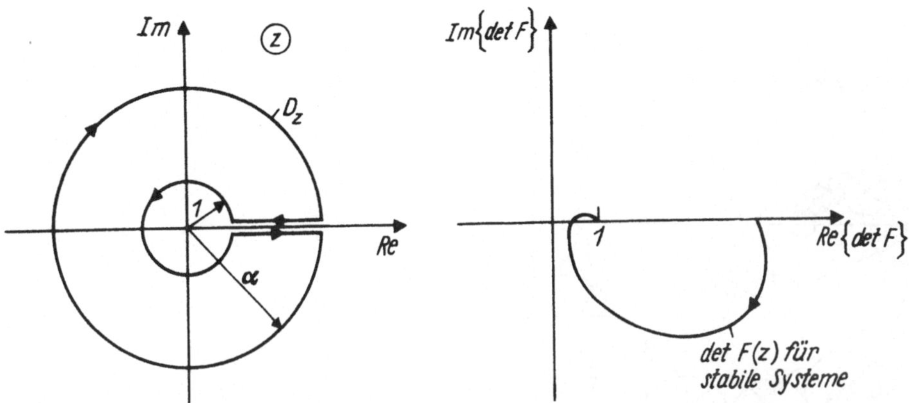

Bild 6.3. Nyquist-Diagramm von det F(z)

Werden statt der Determinante der Rückführdifferenzmatrix die charakteristischen Übertragungsfunktionen $f_{oi}(z)$ des diskreten Systems betrachtet, kann das verallgemeinerte Nyquist-Kriterium sinngemäß auch für diskrete Systeme angewandt werden:

Der mehrvariable diskrete Regelkreis ist stabil, wenn die Summe der Umschlingungen des kritischen Punktes $(-1,0)$ durch die charakteristischen Ortskurven $f_{oi}(z)$ gleich Null ist.

6.0.2.2. Stabilitätsanalyse diagonaldominanter Systeme

Die Anwendung des verallgemeinerten Nyquist-Kriteriums in der zuletzt angegebenen Form setzt die Kenntnis der charakteristischen Frequenzgänge des offenen Regelkreises voraus. Diese sind aber als algebraische Funktionen i. allg. irrationale Funktionen der Frequenz, und ihre Berechnung ist relativ aufwendig. Ist jedoch die Frequenzgangmatrix $F_o(j\omega)$ des offenen Regelkreises diagonaldominant, so ist eine vereinfachte Stabilitätsbetrachtung anhand der Elemente von $F_o(j\omega)$ möglich.

Eine $(m \times m)$-Matrix $G(p)$ heißt zeilendiagonaldominant für alle p auf der Nyquist-Kontur D, wenn die Bedingung

$$\left| g_{ii}(p) \right| > \sum_{\substack{j=1 \\ j \neq i}}^{m} \left| g_{ij}(p) \right| = d_i(p); \qquad i = 1, 2, \ldots, m \tag{6.27}$$

erfüllt ist. Sie heißt spaltendiagonaldominant, wenn für alle p auf der Nyquist-Kontur D

$$\left| g_{ii}(p) \right| > \sum_{\substack{j=1 \\ j \neq i}}^{m} \left| g_{ji}(p) \right| = d_i'(p); \qquad i = 1, 2, \ldots, m \tag{6.28}$$

gilt. Ist die Matrix G(p) spalten- oder zeilendiagonaldominant, so wird sie diagonaldominant genannt.

Die Diagonaldominanz kann grafisch einfach interpretiert werden (Bild 6.4). Um jeden Punkt der $g_{ii}(j\omega)$; $i = 1, 2, \ldots, m$ wird ein Kreis mit dem Radius $d_i(\omega)$ gezeichnet. Die Gesamtheit aller Kreise um jedes Hauptdiagonalelement $g_{ii}(j\omega)$ bildet ein Toleranzband, das sog. Gershgorin-Band. Die Frequenzgangmatrix $G(j\omega)$ ist diagonaldominant, wenn der Ursprung der komplexen Ebene außerhalb aller mit den $d_i(\omega)$ oder den $d_i'(\omega)$ gebildeten Toleranzbänder aller Diagonalelemente $g_{ii}(j\omega)$; $i = 1, 2, \ldots, m$ liegt.

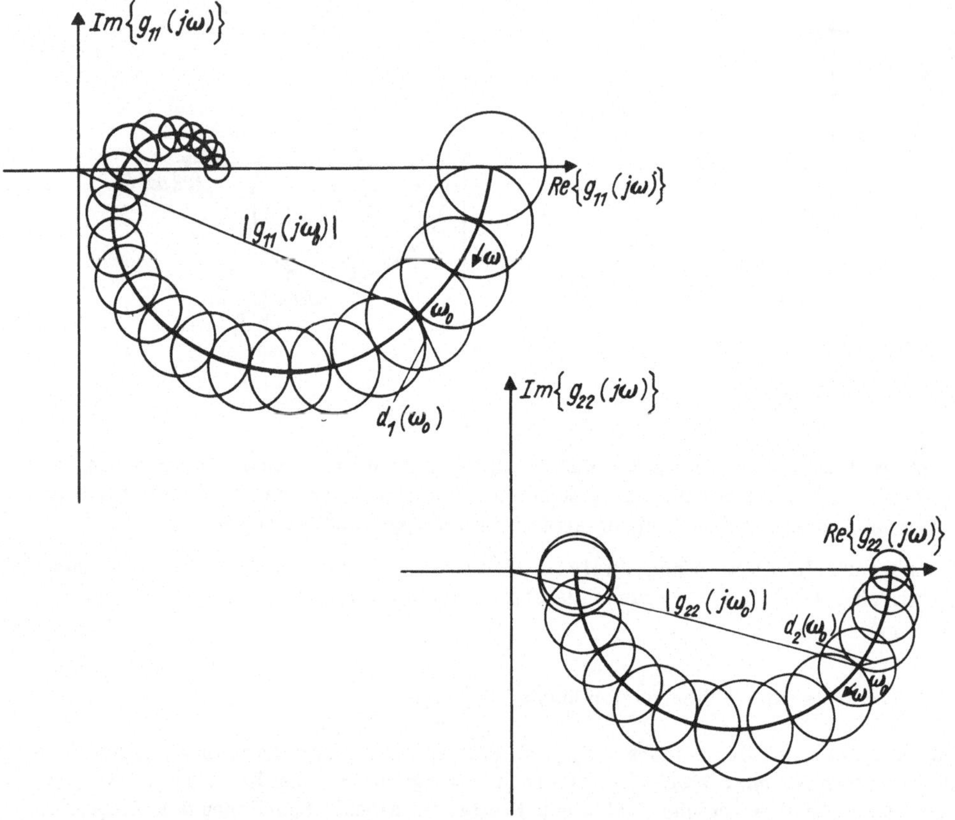

Bild 6.4. Gershgorin-Bänder einer diagonaldominanten zweivariablen Frequenzgangmatrix $G(j\omega)$

Nach dem <u>Theorem von Gershgorin</u> [7] [14] gilt an der Stelle $p = p_0$:

Die m Eigenwerte einer komplexen Matrix G(p) liegen innerhalb oder auf dem Rand des aus den Kreisen mit den Radien $d_i(p)$ um die $g_{ii}(p)$ gebildeten Gebietes G der komplexen Ebene. Das gleiche gilt für das Gebiet G', gebildet aus den Kreisen mit den Radien $d_i'(p)$ um die $g_{ii}(p)$. Die Eigenwerte liegen somit im Durchschnitt der Gebiete G und G'.

Durchsetzen sich jeweils v der Kreise und bilden sie ein zusammenhängendes Teilgebiet, das alle übrigen Kreise außerhalb läßt, so liegen darin genau v Eigenwerte. Folglich liegt auch in jedem Kreis genau ein Eigenwert, solange die Kreise disjunkt sind.

Durchläuft p die Nyquist-Kontur D, so bildet die Gesamtheit der Kreise um die jeweiligen $g_{ii}(p)$ sog. Gershgorin-Bänder (s. auch Bild 6.4). Für diagonaldominante Systeme können die Gershgorin-Bänder anstelle der charakteristischen Ortskurven zur Stabilitätsanalyse herangezogen werden.

Dabei muß für jedes $p = p_0$ für alle $g_{ii}(p_0)$ entweder von den $d_i(p_0)$ oder den $d'_i(p_0)$ ausgegangen werden. Für ein festes $p = p_0$ darf nicht für ein Hauptdiagonalelement $g_{ii}(p_0)$ Spaltendiagonaldominanz und für ein anderes Zeilendiagonaldominanz untersucht werden. Die Gershgorin-Bänder müssen für stabile Systeme bezüglich ihrer Umschlingungen des kritischen Punktes den Bedingungen des verallgemeinerten Nyquist-Kriteriums genügen.

Unter der Bedingung der Diagonaldominanz ist darüber hinaus eine vereinfachte Betrachtung des Falles unterschiedlicher Verstärkungsfaktoren in den einzelnen Schleifen möglich [7] [9] [10] :

Wird für

$$F(p) = I + K\,F_o(p) \tag{6.29}$$

angenommen mit

$$K = \text{diag}\left\{k_i\right\} \tag{6.30}$$

und ist die Matrix

$$F_o(p) + K^{-1}$$

diagonaldominant, so ist das untersuchte System stabil, wenn die Gershgorin-Bänder um die einzelnen Diagonalelemente von $F_o(j\omega)$ den jeweiligen kritischen Punkt $(-1/k_i, 0)$ vermeiden und die Summe der Umschlingungen den Bedingungen des verallgemeinerten Nyquist-Kriteriums genügt.

6.0.2.3. Integrität

Werden bei einem im offenen und im geschlossenen Zustand stabilen Mehrgrößenregelungssystem einzelne Hauptregelkreise aufgetrennt, so können die verbleibenden Hauptregelkreise instabil werden. Eine Auftrennung einzelner Hauptregelkreise kann aber in technischen Anlagen durch Ausfall einzelner Meß-, Stell- und Rückführsignale immer vorkommen. Daraus resultiert die Forderung, daß ein Mehrgrößenregelkreis auch nach Auftrennung einzelner Hauptregelkreise stabil bleibt. Diese Forderung ist jedoch oft nur schwierig oder unvollkommen erfüllbar.

Bleibt ein Mehrgrößenregelungssystem nach Auftrennung einzelner Hauptregelkreise stabil, so wird nach einem Vorschlag von MacFarlane [15] [16] diese Eigenschaft als Integrität (engl. integrity) bezeichnet.

Bestehende Integrität eines Systems erlaubt auch eine vereinfachte Inbetriebnahme, da die einzelnen Hauptregelkreise nacheinander in Betrieb bzw. außer Betrieb genommen werden können. Integrität ist außerdem für den gefahrlosen Übergang von Automatik auf Handregelung von Bedeutung.

Um die Integrität eines Regelungssystems zu überprüfen, werden die einzelnen Rückführdifferenzmatrizen für die Schnittstellen a, b und c des Regelkreises im Bild 6.5 aufgestellt. Für diese ergibt sich

$$F^a(p) = I + G(p)\,R(p)\,H(p) = I + F_o^{\,a}(p) \tag{6.31a}$$

$$F^b(p) = I + R(p)\,H(p)\,G(p) = I + F_o^{\,b}(p) \tag{6.31b}$$

$$F^c(p) = I + H(p)\,G(p)\,R(p) = I + F_o^{\,c}(p). \tag{6.31c}$$

Für das geschlossene Mehrgrößenregelungssystem gilt nach Gl. (3.13)

$$\det\left\{F^a(p)\right\} = \det\left\{F^b(p)\right\} = \det\left\{F^c(p)\right\},$$

und die Stabilitätsuntersuchung des geschlossenen Mehrgrößenregelungssystems kann anhand jeder beliebigen Rückführdifferenzmatrix z. B. unter Verwendung des verallgemeinerten Nyquist-Kriteriums durchgeführt werden. Fallen an den einzelnen Schnittstellen a bis c

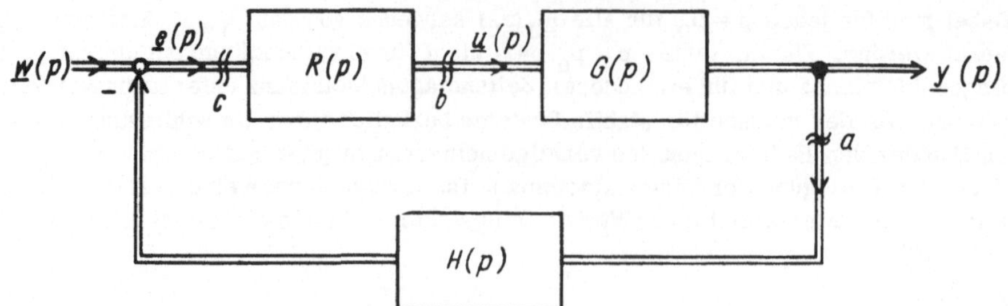

Bild 6.5. Mehrgrößenregelungssystem mit Schnittstellen

einzelne Signale y_i, u_i oder e_i aus, so wird jeweils die resultierende Rückführmatrix unter
sucht, die durch Streichen der i-ten Zeile und der i-ten Spalte der entsprechenden Rückfü

matrix $F_o^a(p)$, $F_o^b(p)$ oder $F_o^c(p)$ entsteht. Zur Erfüllung der Integritätsforderung müssen

die entsprechenden Untermatrizen ebenfalls den Stabilitätsbedingungen genügen. Fallen
mehrere Signale aus, so sind die Zeilen und Spalten mit den entsprechenden Indizes
streichen, und die daraus resultierende Untermatrix ist zu untersuchen.

Daraus folgt: Ein Regelungssystem hat die Eigenschaft der Integrität gegenüber Ausfällen einzelner Signale y_i, u_i oder e_i, wenn die charakteristischen Übertragungsfunktione
aller Hauptdiagonaluntermatrizen von $F_o^a(p)$, $F_o^b(p)$ und $F_o^c(p)$ den Stabilitätsbedingun-

gen des verallgemeinerten Nyquist-Kriteriums genügen.

Die Untersuchung kann auch anhand der charakteristischen Übertragungsfunktionen der Üb
tragungsfunktionsmatrizen $F_o^a(p)$, $F_o^b(p)$ und $F_o^c(p)$ vorgenommen werden.

Genügen nur die Untermatrizen zu $F_o^a(p)$ den Bedingungen der Integrität, so besitzt da
System nur Integrität gegenüber Meßgliedausfällen, entsprechend für $F_o^b(p)$ nur gegenübe
Stellgliedausfällen oder für $F_o^c(p)$ nur gegenüber Ausfällen von Rückführelementen. Für d
Integrität gegenüber Meßgliedausfällen und Ausfällen von Rückführelementen ist es bei dia
gonaler Rückführmatrix H(p) hinreichend, daß die Übertragungsfunktionsmatrix des offenen Regelkreises diagonaldominant ist. Die Integrität des Regelungssystems bei Ausfällen
einzelner Elemente nichtdiagonaler Übertragungsfunktionsmatrizen des Reglers ist dagege
im einzelnen anhand der sich durch Nullsetzen der entsprechenden Elemente ergebenden
Rückführdifferenzmatrizen zu untersuchen.

6.1. Auf innerer Entkopplung der Regelkreise beruhende Entwurfsverfahren

6.1.1. Kommutative Regelung

6.1.1.1. Erläuterung des Verfahrens

Die kommutative Regelung nach MacFarlane [17] geht vom Grundgedanken einer inneren
Entkopplung der charakteristischen Frequenzgänge der Regelstrecke aus. Dazu wird die a
quadratisch vorausgesetzte Übertragungsfunktionsmatrix G(p) der Regelstrecke in ihre ch
rakteristischen Übertragungsfunktionen $g_i(p)$ zerlegt (s. Abschn. 4.3.):

$$G(p) = \sum_{i=1}^{m} g_i(p)\, \underline{w}_i(p)\, \underline{v}_i^{\,T}(p) = W(p)\, \operatorname{diag}\{g_i(p)\}\, V(p). \tag{6.32}$$

Wird, ausgehend von der im Bild 4.18 angegebenen Regelkreisstruktur, ein Regler mit de
Übertragungsfunktionsmatrix

$$R(p) = \sum_{i=1}^{m} r_i(p) \, \underline{w}_i(p) \, \underline{v}_i^T(p) = W(p) \, \mathrm{diag}\left\{r_i(p)\right\} V(p) \tag{6.33}$$

angenommen und die Rückführmatrix $H(p)$ entweder als

$$H(p) = I \tag{6.34}$$

oder als

$$H(p) = \sum_{i=1}^{m} h_i(p) \, \underline{w}_i(p) \, \underline{v}_i^T(p) = W(p) \, \mathrm{diag}\left\{h_i(p)\right\} V(p) \tag{6.35}$$

gewählt, so zerfällt (s. Bild 4.19) der Regelkreis in m parallelgeschaltete voneinander entköppelte Einfachregelkreise entsprechend

$$F_g(p) = \sum_{i=1}^{m} \frac{r_i(p) \, g_i(p)}{1 + r_i(p) \, g_i(p) \, h_i(p)} \, \underline{w}_i(p) \, \underline{v}_i^T(p). \tag{6.36}$$

Infolge ihrer speziellen Struktur sind $G(p)$, $H(p)$ und $R(p)$ in ihrer Reihenfolge in ihren Produkten vertauschbar. Daher rührt der Name "kommutative" Regelung.

Die Einzelregelkreise mit den charakteristischen Übertragungsfunktionen $g_i(p)$ der Mehrgrößenregelstrecke als skalaren Teilregelstrecken werden nach <u>außen</u> durch die Matrizen $V(p)$ und $W(p)$ mit den Führungsgrößen $\underline{w}$ und den Regelgrößen $\underline{y}$ verkoppelt. Zu den voneinander entkoppelten skalaren Regelstrecken $g_i(p)$ müssen nun geeignete skalare Regler $r_i(p)$ und skalare Rückführelemente $h_i(p)$; $i = 1, 2, \ldots, m$ entworfen werden. Hauptsächliche Entwurfsziele sind dabei

1. die Stabilität der Einzelregelkreise mit den Teilübertragungsfunktionen

$$\frac{r_i(p) \, g_i(p)}{1 + r_i(p) \, g_i(p) \, h_i(p)} \, ,$$

2. ein zufriedenstellendes dynamisches Verhalten der Einzelkreise gegenüber Führungsgrößenänderungen und Störgrößenwirkungen und
3. die Entkopplung der Regelgrößen bezüglich der Führungsgrößen für $\omega = 0$.

Der Entwurf der Regler und Rückführelemente der Teilkreise kann nun nach bekannten Methoden für den Entwurf von Einfachregelkreisen vorgenommen werden. Zu bevorzugen sind grafische Entwurfsverfahren, wie das Bode-Diagramm, bei denen von den punktweise berechneten charakteristischen Ortskurven der Regelstrecke ausgegangen wird. Analytische Verfahren sind unzweckmäßig, da die charakteristischen Übertragungsfunktionen i. allg. irrationale Funktionen in p sind. Um eine statische Entkopplung der Regelgrößen bezüglich Führungsgrößenänderungen zu erreichen, ist eine für $\omega = 0$ diagonale Führungsübertragungsfunktionsmatrix des geschlossenen Mehrgrößenregelungssystems erforderlich. Mit $H(p) = I$ und $f_{oi}(p)$ als charakteristischen Übertragungsfunktionen des offenen Regelkreises gilt

$$F_g(p) = \sum_{i=1}^{m} \frac{f_{oi}(p)}{1 + f_{oi}(p)} \, \underline{w}_i(p) \, \underline{v}_i^T(p). \tag{6.37}$$

Mit $\left|f_{oi}(j\omega)\right| \gg 1$; $i = 1, 2, \ldots, m$ für $\omega \to 0$ gilt

$$F_g(j\omega) \approx \sum_{i=1}^{m} \underline{w}_i(j\omega) \, \underline{v}_i^T(j\omega) = I. \tag{6.38}$$

Die Entkopplungsbedingung wird z. B. durch Verwendung von skalaren Einzelreglern mit Integralanteil erfüllt werden. Durch die statische Entkopplung wird die getrennte Einstellung der Arbeitspunkte aller Hauptregelkreise möglich. Für die resultierenden Kopplungen des Mehrgrößenregelungssystems für sehr hohe Frequenzen ergibt sich entsprechend mit $|f_{oi}(j\omega)| \ll 1; \; i = 1, 2, \ldots, m$

$$F_g(j\omega) \approx \sum_{i=1}^{m} f_{oi}(j\omega) \; \underline{w}_i(j\omega) \; \underline{v}_i^T(j\omega) = F_o(j\omega). \tag{6.39}$$

Bei hohen Frequenzen bestimmen also die gegebenen Kopplungen des offenen Regelkreises allein die Verkopplung der Regelgrößen durch den geschlossenen Regelkreis; denn für reale technische Systeme gilt immer

$$\lim_{\omega \to \infty} \left| f_{oi}(j\omega) \right| = 0. \tag{6.40}$$

Nach geeigneter Wahl der Teilregler $r_i(p)$ erfolgt noch die Berechnung der Gesamtübertragungsfunktionsmatrizen des Reglers und der Rückführung entsprechend den Gln. (6.33) und (6.35). Das so entworfene Regelungssystem besitzt die Eigenschaft der Integrität gegenüber Ausfällen skalarer Teilregler $r_i(p)$ oder von Rückführelementen h_i.

6.1.1.2. Einschätzung des Verfahrens

Die kommutative Regelung ist zwar ein mathematisch elegantes Verfahren, weist aber einige schwerwiegende Nachteile auf [17] [18] [19] :

- Die charakteristischen Übertragungsfunktionen sind i. allg. irrationale Funktionen in p. Das kann zu Entwurfsschwierigkeiten führen. Eine Approximation durch gebrochen rationale Funktionen ist zwar möglich, aber aufwendig.
- Auch die Entkopplungsnetzwerke enthalten i. allg. irrationale Teilübertragungsfunktionen und sind dann ebenfalls schwer realisierbar.
- Der Einfluß der einzelnen Teilregelkreise auf das Verhalten des Gesamtregelkreises ist schwer abzuschätzen, da sein Verhalten erst durch Überlagerung der Übertragungsfunktionen der Teilkreise entsprechend der frequenzabhängigen Linearkombination aus den Eingangssignalen und zu den Ausgangssignalen durch V(jω) und W(jω) beurteilt werden kann. Das erfordert beträchtliche Entwurfserfahrung und ist für größere m sehr schwierig.

Die kommutative Regelung bildet aber den gedanklichen Ausgangspunkt für einige weitere Entwurfsverfahren, auf die in den folgenden Abschnitten eingegangen wird (s. Abschnitte 6.1.2., 6.1.3. und 6.2.).

6.1.2. Dyadische Regelung

6.1.2.1. Erläuterung des Verfahrens

Die bei der inneren Entkopplung der charakteristischen Übertragungsfunktionen der Regelstrecke auftretende Irrationalität der Übertragungsfunktionen der fiktiven Teilregelstrecken und deren Kopplungs- bzw. Entkopplungsnetzwerke erwies sich als schwerwiegender Nachteil der im vorigen Abschnitt dargestellten kommutativen Regelung. Owens [20] [21] hat nun gezeigt, daß für eine spezielle Gruppe von Mehrgrößenregelstrecken mit sog. reelldyadischen Übertragungsfunktionsmatrizen eine Zerlegung in Teilregelstrecken mit gebrochen rationalen Übertragungsfunktionen und frequenzunabhängigen Koppelnetzwerken möglich ist.

Läßt sich eine als quadratisch vorausgesetzte Übertragungsfunktionsmatrix G(p) in eine Summe

$$G(p) = \sum_{i=1}^{m} \gamma_i(p) \; \underline{w}_i \; \underline{z}_i^T \tag{6.41a}$$

$$= W \; \text{diag} \; \left\{ \gamma_i(p) \right\} \; Z \tag{6.41b}$$

zerlegen mit $\gamma_i(p)$; $i = 1, 2, \ldots, m$ als gebrochen rationalen Übertragungsfunktionen und $\{\underline{w}_i\}$, $\{\underline{z}_i^T\}$ als frequenzunabhängigen, reellen und linear unabhängigen Vektoren, so wird sie reell dyadisch genannt. W und Z sind aus den Vektoren $\underline{w}_i$ und $\underline{z}_i^T$; $i = 1, 2, \ldots, m$ geeignet zusammengesetzte Koppelmatrizen. In Gl. (6.41) sind die Teilübertragungsfunktionen $\gamma_i(p)$ i. allg. nicht mit den charakteristischen Übertragungsfunktionen, die Vektoren $\underline{w}_i$ nicht mit den Eigenvektoren und die $\underline{z}_i^T$ nicht mit den dualen Eigenvektoren von G(p) identisch, und folglich gilt $\underline{z}_j^T \, \underline{w}_k \neq 0$ für $j \neq k$.

Um eine entkoppelte Regelung der Subsysteme $\gamma_i(p)$ zu erreichen, wird eine Entkopplungsmatrix $G^{-1}(p_1)$ vor die Regelstrecke geschaltet. Ist det $\{G(0)\} \neq 0$ und endlich, wird durch die Wahl von $p_1 = 0$ eine statische Entkopplung der Regelstrecke erzielt. Entspricht det $\{G(0)\}$ nicht diesen Voraussetzungen, so ist ein geeigneter Wert p_1 zu wählen. Ist G(p) stabil und minimalphasig, so kann jeder reelle Wert $p_1 > 0$ verwendet werden, sonst ist ein geeigneter Wert aufgrund einer eingehenden Analyse von G(p) zu bestimmen.

Die in dieser Weise durch $G^{-1}(p_1)$ für die Frequenz p_1 entkoppelte Regelstrecke $G(p)\,G^{-1}(p_1)$ hat nun die Eigenschaft, daß ihre charakteristischen Übertragungsfunktionen mit den $\gamma_i(p)$ aus Gl. (6.22) identisch sind.

Es gilt

$$G(p) \, G^{-1}(p_1) = \sum_{i=1}^{m} \gamma_i(p) \, \underline{w}_i \, \underline{v}_i^T . \tag{6.42}$$

Die $\underline{w}_i$ sind die Eigenvektoren von $G(p)\,G^{-1}(p_1)$ und die

$$\underline{v}_i^T = \underline{z}_i^T \, G^{-1}(p_1) \tag{6.43}$$

sind die dualen Eigenvektoren zu den $\underline{w}_i$.

Zur Verdeutlichung dieser Zerlegung diene folgende Übertragungsfunktionsmatrix [21] :

$$G(p) = \frac{1}{p\,(p+1)} \begin{pmatrix} 1-p & 3p+1 \\ 1 & 2p+1 \end{pmatrix} .$$

Da det $\{G(0)\}$ nicht endlich ist, wird $p_1 = 1$ gewählt mit det $\{G(1)\} \neq 0$. Damit ergibt sich die gewünschte Zerlegung in Subsysteme mit gebrochen rationalen Übertragungsfunktionen und frequenzunabhängigen Koppelnetzwerken

$$G(p) \, G^{-1}(p_1) = \begin{pmatrix} -1 & 2 \\ 1 & -1 \end{pmatrix} \begin{pmatrix} \dfrac{1}{p} & 0 \\ 0 & \dfrac{2}{p+1} \end{pmatrix} \begin{pmatrix} 1 & 2 \\ 1 & 1 \end{pmatrix} .$$

Bei Wahl eines Reglers mit der Übertragungsfunktionsmatrix

$$R'(p) = W \, \mathrm{diag} \, \{r_i(p)\} \, V \tag{6.44}$$

zu der nach Gl. (6.42) zerlegten entkoppelten Regelstrecke

$$G(p) \, G^{-1}(p_1) = W \, \mathrm{diag} \, \{\gamma_i(p)\} \, V = W \, \mathrm{diag} \, \{\gamma_i(p)\} \, Z \, G^{-1}(p_1) \tag{6.45}$$

ergibt sich eine Regelkreisstruktur nach Bild 6.6. Für die Übertragungsfunktionsmatrix des geschlossenen Regelkreises $F_g(p)$ folgt

$$F_g(p) = \sum_{i=1}^{m} \frac{r_i(p) \, \gamma_i(p)}{1 + r_i(p) \, \gamma_i(p)} \, \underline{w}_i \, \underline{v}_i^T = W \, \mathrm{diag} \, \left\{ \frac{r_i(p) \, \gamma_i(p)}{1 + r_i(p) \, \gamma_i(p)} \right\} \, V . \tag{6.46}$$

Der Mehrgrößenregelkreis zerfällt also in m Einfachregelkreise, die nach außen durch W und V verkoppelt werden. Für die m skalaren fiktiven Teilregelstrecken $\gamma_i(p)$ können nun nach herkömmlichen Verfahren für Einfachregelkreise geeignete Regler $r_i(p)$ bestimmt wer-

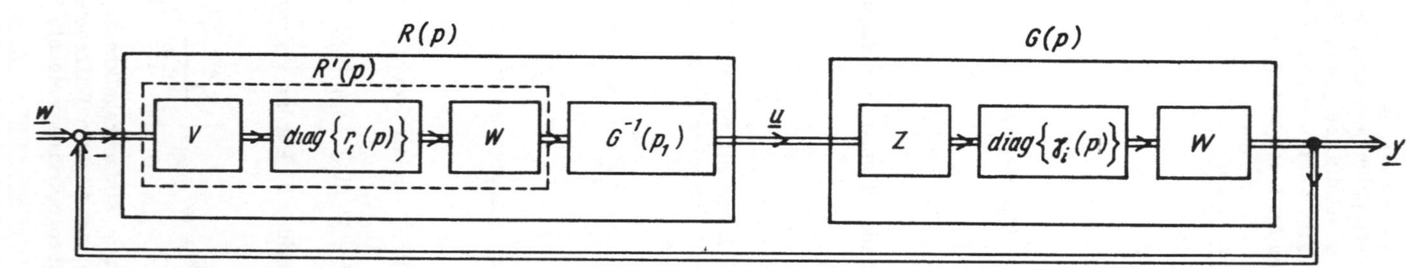

Bild 6.6. Dyadische Regelung

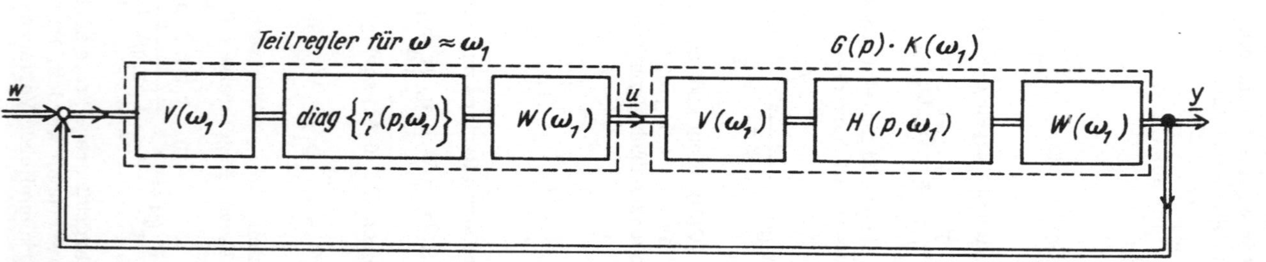

Bild 6.7. Für $\omega \approx \omega_1$ entkoppelter Regelkreis

den. Da die Koppelnetzwerke W und V frequenzunabhängig sind, läßt sich das Verhalten
des Gesamtregelkreises einfacher als bei der kommutativen Regelung beurteilen.

Hauptentwurfskriterien sind

- Stabilität und
- ein befriedigendes dynamisches Verhalten der Einfachregelkreise.

Beim Entwurf kann die Integrität des Mehrgrößenregelungssystems gegenüber Meßglied- und
Stellgliedausfällen angestrebt werden. Dazu sind die bei Ausfall der entsprechenden Elemente auftretenden Rückführdifferenzmatrizen mit Hilfe des verallgemeinerten Nyquist-Kriteriums zu analysieren und nötigenfalls die Teilregler $r_i(p)$ zu modifizieren. Da die Erzeugung vollständiger Integrität sehr aufwendig sein kann, sollte entsprechend der Ausfallwahr-
scheinlichkeit der Elemente vorgegangen werden.

Gegenüber Ausfällen von Teilreglern $r_i(p)$ besitzt das System Integrität. Der Gesamtregler $R(p)$ setzt sich zusammen aus dem Entkopplungsnetzwerk $G^{-1}(p_1)$ und dem dyadischen
Regler $R'(p)$ zu

$$R(p) = G^{-1}(p_1)\, R'(p) = G^{-1}(p_1) \sum_{i=1}^{m} r_i(p)\, \underline{w}_i\, \underline{v}_i^T \qquad .$$

$$= G^{-1}(p_1)\, W\, \mathrm{diag}\left\{ r_i(p) \right\}\, V. \tag{6.47}$$

Da $G^{-1}(p_1)$, W und V statische Netzwerke sind, ist der Regler leicht realisierbar.

Für die Entkopplung der Regelgrößen bezüglich der Führungsgrößen gelten, ausgehend
von Gl. (6.46), die gleichen Überlegungen wie im Abschn. 6.1.1.

In [20] wird die Anwendung des Verfahrens bei der Regelung eines Kernreaktors gezeigt.
In diesem Spezialfall erweisen sich die reell-dyadischen Subsysteme $\gamma_i(p)$ sogar als physikalisch interpretierbar.

6.1.2.2. Einschätzung des Verfahrens

Der Hauptnachteil des Verfahrens ist seine Beschränkung auf Regelstrecken mit reell-dyadischen Übertragungsfunktionsmatrizen, die nur in Sonderfällen vorliegen. Nicht reell-dyadische Übertragungsfunktionsmatrizen können zwar durch reell-dyadische Übertragungsfunktionsmatrizen approximiert werden [20] [27]; das wird aber nur in relativ wenigen Fällen
befriedigend möglich sein. Für Regelstrecken mit reell-dyadischen Übertragungsfunktionsmatrizen ist das Verfahren der dyadischen Regelung als mathematisch elegantes, dem speziellen Charakter der Regelstrecke entsprechendes und leistungsfähiges Entwurfsverfahren
einzuschätzen, und bei Einsatz eines dialogfähigen Digitalrechners mit grafischem Display
kann der Entwurf sehr effektiv durchgeführt werden.

6.1.3. Frequenzabhängige dyadische Regelung

6.1.3.1. Grundgedanke des Verfahrens

Die im vorigen Abschnitt benutzte dyadische Zerlegung einer Übertragungsfunktionsmatrix in
Subsysteme mit gebrochen rationalen Übertragungsfunktionen und frequenzunabhängigen Koppelnetzwerken ist auf reell-dyadische Übertragungsfunktionsmatrizen beschränkt. Owens
[22] [71] hat nun außerdem gezeigt, daß eine ähnliche Zerlegung auch für eine größere
Klasse von Übertragungsfunktionsmatrizen möglich ist, falls Koppelnetzwerke mit <u>frequenz-
abhängigen reellen</u> Verstärkungsfaktoren zugelassen werden.

Eine quadratische nichtsinguläre $(m \times m)$-Übertragungsfunktionsmatrix mit gebrochen
rationalen Elementen kann dyadisch entsprechend

$$G(p) = \sum_{i=1}^{m} \gamma_i(p)\, \underline{w}_i(p)\, \underline{z}_i^+(p) = W(p)\, \mathrm{diag}\left\{ \gamma_i(p) \right\}\, Z(p) \tag{6.48}$$

zerlegt werden mit <u>reellen</u> frequenzabhängigen Koppelmatrizen $W(p)$ und $Z(p)$ und gebrochen rationalen Subsystemen $\gamma_i(p)$, falls

$$A(p) = G(\bar{p}) \, G^{-1}(p) \tag{6.49}$$

einen vollständigen Satz linear unabhängiger Eigenvektoren $\underline{w}_i(p)$; $i = 1, 2, \ldots, m$ hat [22] . Die Matrix $W(p)$ besteht aus den Spaltenvektoren $\underline{w}_i(p)$

$$W(p) = (\underline{w}_1(p) \; \underline{w}_2(p) \ldots \underline{w}_m(p)) \tag{6.50}$$

und die Matrix $Z(p)$ aus den Zeilenvektoren $\underline{z}_i^+(p)$

$$Z(p) = \begin{pmatrix} \underline{z}_1^+(p) \\ \underline{z}_2^+(p) \\ \cdot \\ \cdot \\ \cdot \\ \underline{z}_m^+(p) \end{pmatrix} . \tag{6.51}$$

Diese Zerlegung ist in folgender Weise möglich [22] :

1. Bildung der Matrix $A(p) = G(\bar{p}) \, G^{-1}(p)$, wobei $\det G(p) \neq 0$ vorausgesetzt wird,
2. Berechnung der Eigenvektoren $\{\underline{w}_i(p)\}$ von $A(p)$ und ihrer dualen Eigenvektoren $\underline{v}_i^+(p)$ aus

$$\underline{v}_i^+(p) \, \underline{w}_j(p) = \delta_{ij}; \quad 1 \leqq i, j \leqq m, \tag{6.52}$$

3. Bildung der dyadischen Zerlegung

$$G(p) = I \, G(p) = \sum_{i=1}^{m} \underline{w}_i(p) \left\{ \underline{v}_i^+(p) \, G(p) \right\} , \tag{6.53}$$

4. Umformung der dyadischen Zerlegung Gl. (6.53) in eine dyadische Zerlegung

$$G(p) = \sum_{i=1}^{m} \gamma_i(p) \, \underline{w}_i(p) \, \underline{z}_i^+(p) \tag{6.54}$$

wobei aus den Vektoren $\underline{v}_i^+(p) \, G(p)$ Skalare $\gamma_i(p)$ mit reellen oder ungünstigenfalls konjugiert-komplexen $\underline{z}_i^+(p)$ abgespalten werden.

Die $\gamma_i(p)$ sind aber i. allg. nicht identisch mit den Eigenwerten von $G(p)$ und die $\{\underline{w}_i(p)\}$ nicht identisch mit den Eigenvektoren von $G(p)$.

Zur Veranschaulichung dieser Zerlegung sei folgende Übertragungsfunktionsmatrix betrachtet:

$$G(p) = \frac{1}{d(p)} \begin{pmatrix} p & p^2 - \bar{p} \\ -p & p^2 - p + 1 \end{pmatrix} = \frac{1}{d(p)} \, L(p).$$

Für die Eigenwertbestimmung braucht nur die Matrix $L(p)$ betrachtet zu werden. Unter der Voraussetzung $p = j\omega$ gilt $L(\bar{p}) = L(-p)$ und $A(p) = L(-p) \, L^{-1}(p)$. Die Eigenwerte von $A(p)$ ergeben sich zu

$$\alpha_1 = 2p^3 + 2p^2 + p \quad \text{und} \quad \alpha_2 = -2p^3 + 2p^2 - p .$$

Für die Eigenvektoren erhält man

$$\underline{w}_1(p) = \begin{pmatrix} \dfrac{p^2}{1 + p^2} \\ 1 \end{pmatrix} , \qquad \underline{w}_2(p) = \begin{pmatrix} -1 \\ 1 \end{pmatrix} \qquad \text{und}$$

$$\underline{v}_1^+(p) = \frac{1+p^2}{1+2\,p^2}\,(1 \qquad 1), \qquad \underline{v}_2^+(p) = \frac{1}{1+2\,p^2}\,(-p^2-1 \qquad p^2).$$

Damit ergibt sich für $G(p)$ die gewünschte Subsystemzerlegung

$$G(p) = \begin{pmatrix} \dfrac{p^2}{1+p^2} \\[2mm] 1 \end{pmatrix} \begin{pmatrix} 0 & \dfrac{1+p^2}{1+2\,p^2} \end{pmatrix} \frac{2\,p^2-2\,p+1}{d(p)} + \begin{pmatrix} -1 \\[2mm] 1 \end{pmatrix} \begin{pmatrix} -1 & \dfrac{1}{1+2\,p^2} \end{pmatrix} \frac{p}{d(p)}$$

$$= \begin{pmatrix} \dfrac{p^2}{1+p^2} & -1 \\[3mm] 1 & 1 \end{pmatrix} \begin{pmatrix} \dfrac{2\,p^2-2\,p+1}{d(p)} & 0 \\[3mm] 0 & \dfrac{p}{d(p)} \end{pmatrix} \begin{pmatrix} 0 & \dfrac{1+p^2}{1+2\,p^2} \\[3mm] -1 & \dfrac{1}{1+2\,p^2} \end{pmatrix} .$$

Entsprechend der Vorgehensweise bei der kommutativen und der dyadischen Regelung in den vorigen Abschnitten wäre nun eine Entkopplung der Subsysteme mit Hilfe der Entkopplungsnetzwerke mit reellen frequenzabhängigen Verstärkungsfaktoren erforderlich. Solche Netzwerke sind aber technisch nicht realisierbar. Auf eine vollständige Entkopplung der Subsysteme für den gesamten Frequenzbereich muß deshalb verzichtet werden. Statt dessen wird nur eine Entkopplung für ausgewählte Frequenzen ω_k; $k=1,2,\dots,q$ mittels statischer Netzwerke angestrebt. Für jede dieser Frequenzen wird ein Teilregler bestimmt, der vorwiegend in der Nähe dieser Frequenz wirksam ist und dessen Einfluß in den anderen Frequenzbereichen vernachlässigt werden kann. Der Gesamtregler ergibt sich dann aus der Parallelschaltung der Teilregler.

6.1.3.2. Erläuterung des Verfahrens

Für die Bestimmung der Entkopplungsnetzwerke für ausgewählte Frequenzen ω_k ist eine Zerlegung von $G(p)$ nicht erforderlich, sondern es genügt eine Zerlegung der komplexen Matrizen $G(j\omega_k)$ in die entsprechenden $\gamma_i(j\omega_k)$, $\underline{w}_i(\omega_k)$ und $\underline{z}_i^+(\omega_k)$; $k=1,2,\dots,q$. Für die Frequenz ω_1 wird nun der Regelstrecke ein Entkopplungsnetzwerk mit der Übertragungsfunktionsmatrix

$$K(\omega_1) = \left\{ W(\omega_1)\,Z(\omega_1) \right\}^{-1} \tag{6.55}$$

vorgeschaltet. Die resultierende Übertragungsfunktionsmatrix der Reihenschaltung kann dargestellt werden als

$$\begin{aligned} G(p)\,K(\omega_1) &= W(p)\,\mathrm{diag}\left\{\gamma_i(p)\right\}\,Z(p)\,\left\{W(\omega_1)\,Z(\omega_1)\right\}^{-1} \\[2mm] &= W(\omega_1)\,W^{-1}(\omega_1)\,W(p)\,\mathrm{diag}\left\{\gamma_i(p)\right\}\,Z(p)\,Z^{-1}(\omega_1)\,W^{-1}(\omega_1) \\[2mm] &= W(\omega_1)\,H(p,\,\omega_1)\,V(\omega_1) \end{aligned} \tag{6.56}$$

mit

$$V(\omega_1) = W^{-1}(\omega_1) \tag{6.57}$$

und

$$H(p,\,\omega_1) = W^{-1}(\omega_1)\,W(p)\,\mathrm{diag}\left\{\gamma_i(p)\right\}\,Z(p)\,Z^{-1}(\omega_1). \tag{6.58}$$

Wird eine Regelkreisstruktur nach Bild 6.7 gewählt mit einem Regler der Übertragungsfunktionsmatrix

$$R'(p,\,\omega_1) = W(\omega_1)\,\mathrm{diag}\left\{r_i(p,\,\omega_1)\right\}\,V(\omega_1), \tag{6.59}$$

so zerfällt für $p = j\omega_1$ der Regelkreis in m über $W(\omega_1)$ und $V(\omega_1)$ nach außen verkoppelte Einfachregelkreise. Bei dieser Frequenz ist $H(p, \omega_1)$ eine Diagonalmatrix, deren Elemente $H_{ii}(p, \omega_1) = \gamma_i(p)$ die charakteristischen Übertragungsfunktionen der entkoppelten Regelstrecke $G(p) K(\omega_1)$ sind. In der Umgebung von $p = j\omega_1$ approximieren die $H_{ii}(p, \omega_1)$ die charakteristischen Übertragungsfunktionen und werden als Ersatzbeschreibung des Systems herangezogen.

Zur Charakterisierung des Approximationsfehlers wird der Grad der Diagonaldominanz der Matrix $H(p, \omega_1)$ in der Nähe von ω_1 benutzt. Die charakteristischen Ortskurven der entkoppelten Strecke $G(p) K(\omega_1)$ liegen in durch die entsprechenden Gershgorin-Kreise gebildeten Toleranzbändern (Bild 6.8).

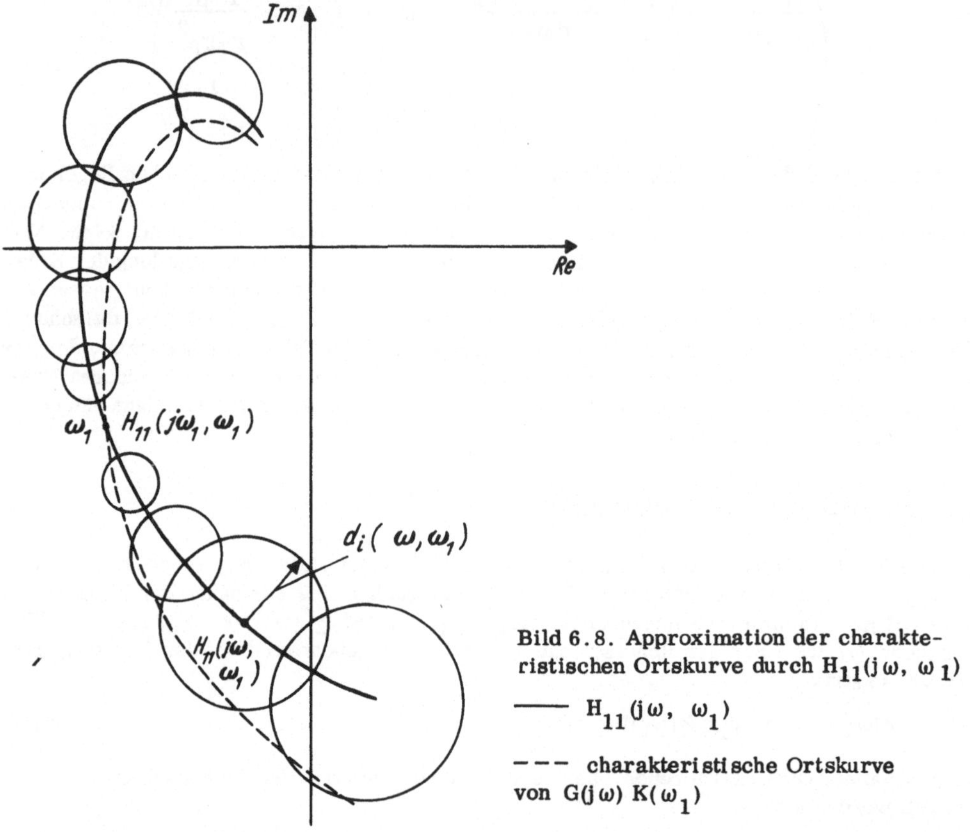

Bild 6.8. Approximation der charakteristischen Ortskurve durch $H_{11}(j\omega, \omega_1)$

——— $H_{11}(j\omega, \omega_1)$

– – – charakteristische Ortskurve von $G(j\omega) K(\omega_1)$

Für die in der Nachbarschaft der Frequenz ω_1 entkoppelte Regelstrecke wird nun ein Satz geeigneter Teilregler $r_i(p, \omega_1)$ so bestimmt, daß die Teilregelkreise mit den Übertragungsfunktionen

$$f_i(p, \omega_1) = \frac{H_{ii}(p, \omega_1)\, r_i(p, \omega_1)}{1 + H_{ii}(p, \omega_1)\, r_i(p, \omega_1)} \tag{6.60}$$

befriedigende dynamische Eigenschaften aufweisen. Dabei werden die Teilregler so gewählt, daß ihr Einfluß in der Nähe der anderen Entkopplungsfrequenzen ω_k; $k = 2, 3, \ldots, q$ vernachlässigbar ist.

Mit den skalaren Reglern $r_i(p, \omega_1)$ ergibt sich der Gesamtregler für die Nachbarschaft der Frequenz ω_1 zu

$$R(p, \omega_1) = K(\omega_1)\, R'(p, \omega_1) = K(\omega_1) \sum_{i=1}^{m} r_i(p, \omega_1)\, \underline{w}_i(\omega_1)\, \underline{v}_i^{+}(\omega_1). \qquad (6.61)$$

Wird ein entsprechender Entwurf von Teilreglern $R(p, \omega_k)$ für die übrigen Frequenzen ω_k; $k = 2, 3, \ldots, q$ wiederholt, wobei der Einfluß jedes Teilreglers auf die Nachbarschaft der Frequenz ω_k beschränkt ist, so wird der Gesamtregler durch eine Parallelschaltung aller Teilregler entsprechend

$$R(p) = \sum_{k=1}^{q} R(p, \omega_k) \qquad (6.62)$$

gefunden.

Für die praktische Anwendung ist es häufig ausreichend, die Entkopplung nur für zwei Frequenzen vorzunehmen. Für eine tiefe Frequenz wird ein Regler mit Integralanteil, für die hohe Frequenz ein Proportionalregler mit einem geeigneten Phasenkompensationsnetzwerk gewählt. Ein aus [22] entnommenes Beispiel veranschaulicht das Vorgehen:

Beispiel

Die Regelstrecke habe die Übertragungsfunktion

$$G(p) = \frac{1}{(p+1)(p+2)(p+3)} \begin{pmatrix} 32{,}6 + 16p + 2{,}15p^2 & 9{,}4 + 4p + 1{,}1p^2 \\ \\ 6{,}2 + 4p + 1{,}05p^2 & 3 + 4p + p^2 \end{pmatrix}.$$

Auch für den Bereich mittlerer und höherer Frequenzen bestehen zwischen den beiden Hauptregelstrecken noch stärkere Kopplungen. Deshalb wird als Entkopplungsfrequenz $\omega_1 = 8$ gewählt.

Die Berechnung der Eigenvektoren zu

$$A(8) = G(-j \cdot 8) \cdot G^{-1}(j \cdot 8)$$

ergibt

$$\underline{w}_1(8) = \begin{pmatrix} 1 \\ 0 \end{pmatrix} \quad \text{und} \quad \underline{w}_2(8) = \begin{pmatrix} 1 \\ 1 \end{pmatrix}.$$

Für die Entkopplungsmatrix $K(\omega_1)$ folgt

$$K(8) = \begin{pmatrix} -13{,}4 & 13{,}4 \\ 13{,}4 & 20{,}6 \end{pmatrix}$$

und für $H(p, \omega_1)$

$$H(p, 8) = \frac{1}{(p+1)(p+2)(p+3)} \begin{pmatrix} -268 - 160{,}8p - 13{,}4p^2 & 153{,}8 + 2{,}4p^2 \\ \\ -60{,}7 - 0{,}95p^2 & 102 + 136p + 34p^2 \end{pmatrix}.$$

Diese Matrix ist gebrochen rational und für $\omega_1 = 8$ eine Diagonalmatrix. Die beiden Hauptregelstrecken haben die Übertragungsfunktionen

$$H_{11}(p, 8) = \frac{-13{,}4\,(p+10)}{(p+1)(p+3)}$$

und

$$H_{22}(p, 8) = \frac{34}{p+2}.$$

Die Frequenzgänge zu $H_{11}(j\omega, 8)$ und $H_{22}(j\omega, 8)$ sind im Bild 6.9 dargestellt. Das Bild enthält ebenfalls die charakteristischen Frequenzgänge der entkoppelten Strecke $G(p)\,K(8)$ und die auf einer Zeilenabschätzung beruhenden Gershgorin-Kreise. Die Regelstrecken $H_{11}(p, 8)$

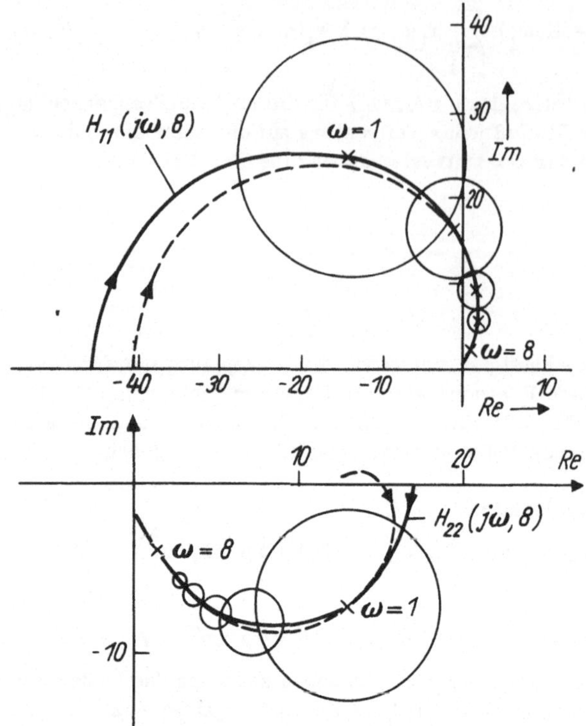

Bild 6.9. Approximation der charakteristischen Ortskurven von $G(j\omega)\,K(8)$ durch $H_{11}(j\omega,\,8)$ und $H_{22}(j\omega,\,8)$

——— $H(j\omega,\,8)$

– – – charakteristische Ortskurven

und $H_{22}(p,8)$ stellen also zufriedenstellende gebrochen rationale Approximationen der charakteristischen Ortskurven im interessierenden Frequenzbereich dar. Für die beiden Regelstrecken $H_{11}(p,8)$ und $H_{22}(p,8)$ müssen nun geeignete Regler gefunden werden. Für die Regelstrecke $H_{11}(p,8)$ ist eine Phasenumkehr von 180° erforderlich. Zusätzliche Einführung eines Phasenkompensationsnetzwerks $\dfrac{p+1}{p+10}$ führt auf folgenden Teilregler $r_1(p,\omega_1)$:

$$r_1(p,8) = -k_1\,\frac{p+1}{p+10}\,.$$

Für den Teilregler $r_2(p,\,\omega_2)$ wird

$$r_2(p,8) = k_2$$

gewählt. Ein günstiges dynamisches Verhalten der Teilregelkreise ergibt sich für $k_1 = 1,3$ und $k_2 = 0,53$.

Für den Gesamtregler bei der Frequenz ω_1 folgt

$$R(p,8) = -1,3\,\frac{p+1}{p+10}\begin{pmatrix} -13,4 \\ 13,4 \end{pmatrix}(1 \quad -1) + 0,53\begin{pmatrix} 0 \\ 35 \end{pmatrix}(0 \quad 1)\,.$$

Bild 6.10 zeigt die Übergangsfunktionen des resultierenden Zweigrößenregelungssystems. Die verbleibenden statischen Verkopplungen können durch Erhöhung der statischen Verstärkungen der Teilregler auf

$$k_1 = 3,5 \quad \text{und} \quad k_2 = 1,4$$

reduziert werden (Bild 6.11).

Eine weitere Reduzierung der Kopplungen ist bei Einsatz eines I-Reglers möglich. Wird ein entsprechender Entwurf für die Frequenz $\omega_2 = 0,5$ wiederholt, so ergibt sich für die Eigenvektoren von $A(0,5) = G^{-1}(-0,5\,j)\,G^{-1}(0,5\,j)$

$$\underline{w}_1(0,5) = \begin{pmatrix} -0,23 \\ 0,97 \end{pmatrix} , \qquad \underline{w}_2(0,5) = \begin{pmatrix} 0,99 \\ 0,17 \end{pmatrix}$$

und für die Entkopplungsmatrix $K(\omega_2)$

$$K(0,5) = \begin{pmatrix} 0,476 & -1,06 \\ -0,77 & 3,85 \end{pmatrix} .$$

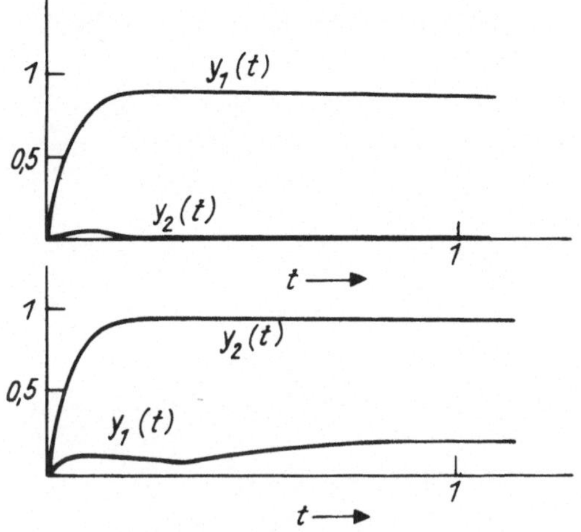

Bild 6.10. Sprungantworten des Regelkreises mit Teilregler $R(p, \omega_1)$

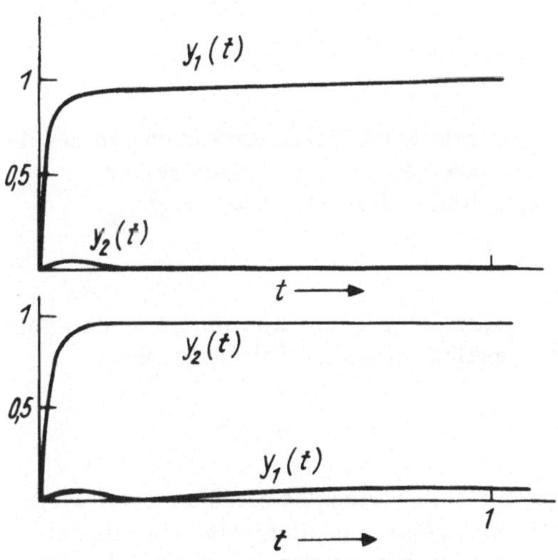

Bild 6.11. Sprungantworten des Regelkreises mit Teilregler $R(p, \omega_1)$ und erhöhter Kreisverstärkung

Als Regler kommen reine I-Regler

$$r_1(p; 0,5) = \frac{k_3}{p}$$

$$r_2(p; 0,5) = \frac{k_4}{p}$$

in Betracht.

Die Eigenwerte α_ν der Matrix $G(0,5\,j)\ K(0,5)$ lauten

$$\alpha_1(0,5) = 1 + 0,075\,j$$

und

$$\alpha_2(0,5) = 1 - 0,72\,j\,.$$

Zum Ausgleich der unterschiedlichen Verstärkung in beiden Zweigen wird $k_3 = 1,5\,k$ festgelegt.

Der Teilregler $R(p\,\omega_2)$ ergibt sich dann zu

$$R(p;\ 0,5) = \frac{k_4}{p}\begin{pmatrix} 0,57 & -1,62 \\ -1,09 & 5,78 \end{pmatrix}\,.$$

Durch Simulationsuntersuchungen wurde $k_4 = 30$ als geeigneter Wert gefunden. Die Übergangsfunktionen des Regelkreises mit dem Gesamtregler

$$R(p) = R(p,8) + R(p;\ 0,5)$$

werden im Bild 6.12 gezeigt.

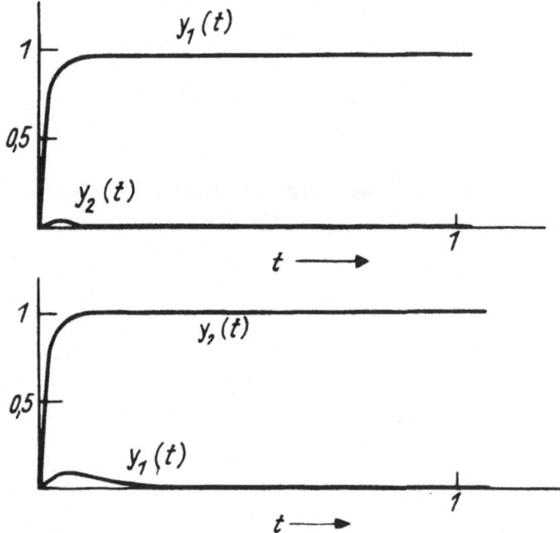

Bild 6.12. Sprungantworten des Regelkreises mit dem Gesamtregler
$$R(p) = R(p, \omega_1) + R(p, \omega_2)$$

Owens und Marshall zeigen in [23] in etwas modifizierter Form die Anwendung des Entwurfsverfahrens auf die Druck- und Wasserstandsregelung eines Kraftwerkskessels.

6.1.3.3. Einschätzung des Verfahrens

Das Verfahren ist auf quadratische Übertragungsfunktionsmatrizen anwendbar. Zwar wird eine physikalische Deutung der Subsysteme nur in Sonderfällen möglich sein, aber da zur Entkopplung nur frequenzunabhängige Netzwerke herangezogen werden, ergeben sich relativ einfache und überschaubare Reglerstrukturen. Das ist besonders der Fall, wenn nur eine Entkopplung an ein oder zwei Frequenzen erfolgen muß. Sind die Frequenzgänge sehr kompliziert und ist dadurch eine Entkopplung an vielen Frequenzen notwendig, so ist das Verhalten des Gesamtregelkreises nur schwer aus dem Verhalten der Einzelregelkreise abzuleiten, da die Ausgangsgrößen der Einzelkreise frequenzabhängig bewichtet werden.

Das Verfahren ist als ein praktisch gangbarer Weg zu betrachten, das Problem der irrationalen charakteristischen Frequenzgänge eines Mehrgrößensystems durch die Ermittlung gebrochen rationaler Näherungsfrequenzgänge für die charakteristischen Frequenzgänge zu lösen.

Für eine effektive Durchführung des Entwurfsprozesses ist auch hier der Einsatz von dialogfähigen Rechnern mit Grafikdisplay erforderlich.

6.2. Methode der charakteristischen Ortskurven

6.2.1. Grundprinzip des Verfahrens

Die Methode der charakteristischen Ortskurven nach MacFarlane und Belletrutti [25] bis [27] bzw. MacFarlane und Kouvaritakis [28] [72] nutzt den einfachen Zusammenhang zwischen den charakteristischen Ortskurven des offenen und denen des geschlossenen Regelkreises aus.

Ausgegangen wird dabei von einer quadratischen Übertragungsfunktionsmatrix $G(p)$ der Regelstrecke und einer quadratischen Reglermatrix $R(p)$ (Bild 6.13). Die Übertragungsfunktionsmatrix des offenen Regelkreises lautet dann

$$F_o(p) = G(p)\, R(p) \tag{6.63}$$

und die des geschlossenen Regelkreises

$$F_g(p) = \left[I + F_o(p) \right]^{-1} F_o(p). \tag{6.64}$$

Durch dyadische Zerlegung folgt

$$F_o(p) = W(p)\, \mathrm{diag}\left\{ f_{oi}(p) \right\}\, V(p) \tag{6.65}$$

und

$$F_g(p) = W(p)\, \mathrm{diag}\left\{ \frac{f_{oi}(p)}{1 + f_{oi}(p)} \right\}\, V(p) = W(p)\, \mathrm{diag}\left\{ f_{gi}(p) \right\}\, V(p) \tag{6.66}$$

mit den $f_{oi}(p)$ bzw. $f_{gi}(p)$ als charakteristischen Übertragungsfunktionen des offenen und des geschlossenen Regelkreises und $W(p)$ und $V(p)$ als Koppelmatrizen.

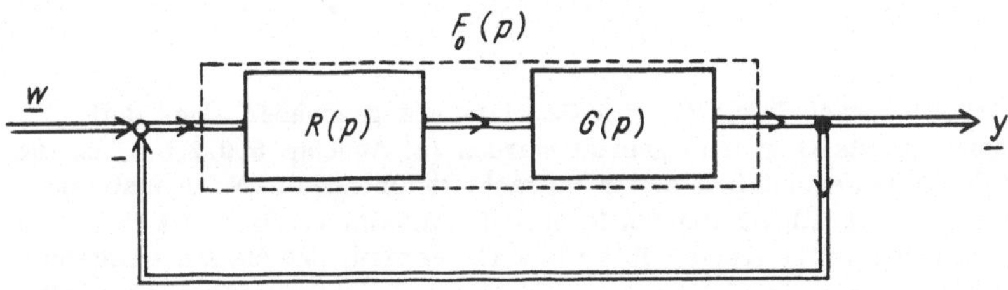

Bild 6.13. Regelkreisstruktur

Der unkomplizierte Zusammenhang zwischen den charakteristischen Frequenzgängen des offenen und denen des geschlossenen Regelkreises ermöglicht einen Entwurf des Mehrgrößenregelungssystems anhand der charakteristischen Ortskurven $f_{oi}(j\omega)$ des offenen Regelkreises.

Als wichtiges Hilfsmittel beim Entwurf dient das verallgemeinerte Nyquist-Kriterium, das außer zur Stabilitätskontrolle auch zur Beurteilung der Integrität herangezogen wird.

Für ein zufriedenstellendes dynamisches Verhalten des geschlossenen Regelkreises ist erforderlich:

1. In dem für die Regelung wesentlichen Frequenzbereich müssen die Beträge der charakteristischen Übertragungsfunktionen $|f_{oi}(j\omega)| \gg 1$; $i = 1, 2, \ldots, m$ sein.
2. Zur leichteren Erfüllung der Stabilitätsbedingung sollte für höhere Frequenzen $|f_{oi}(j\omega)| \ll 1$; $i = 1, 2, \ldots, m$ gelten.
3. Um eine ausreichende Entkopplung der Regelgrößen zu erreichen, müssen die Eigenrichtungen $w_{oi}(j\omega)$ zu den $f_{oi}(j\omega)$ möglichst gut mit den Einheitsrichtungen übereinstimmen.

Als Entwurfsziele werden entsprechend ihrer Bedeutung betrachtet:
1. Sicherung der Stabilität des Mehrgrößensystems,
2. Sicherung der Integrität des Mehrgrößensystems,
3. ausreichende Entkopplung der Regelgrößen,
4. zufriedenstellende Regelgüte.

Diese Entwurfsziele werden durch Wahl geeigneter Teilregler nach folgenden Gesichtspunkten realisiert.

6.2.1.1. Stabilität

Zur Sicherung der Stabilität des Mehrgrößensystems müssen die charakteristischen Ortskurven $f_{0i}(j\omega)$ das verallgemeinerte Nyquist-Kriterium (s. Abschn. 6.0.2.1.) erfüllen. Mittels des Ansatzes

$$^{1}F_{0}(p) = k\,F_{0}(p) \tag{6.67}$$

kann ein geeigneter Wert k, der die Stabilität des Systems sichert, gewählt werden. Für die
charakteristischen Ortskurven von $^{1}F_{0}(p)$ ist $(-1/k, 0)$ der kritische Punkt. Ist für den gewählten k-Wert keine Stabilität erzielbar, können unterschiedliche Teilverstärkungen in den
einzelnen Hauptregelkreisen betrachtet werden, indem eine Übertragungsfunktionsmatrix

$$^{2}F_{0}(p) = {}^{1}F_{0}(p)\ \mathrm{diag}\ \left\{\alpha_{i}\right\} \tag{6.68}$$

gebildet wird mit entsprechenden Teilverstärkungen α_{i} für die einzelnen Schleifen. Für die
charakteristischen Übertragungsfunktionen von $^{2}F_{0}(p)$ ist wieder $(-1/k, 0)$ der kritische
Punkt. Kann auf diese Weise Stabilität nicht erreicht werden, ist eine Modifikation der charakteristischen Frequenzgänge durch Wahl eines geeigneten Teilreglers $R_{1}(p)$ erforderlich.
Untersucht werden dann die charakteristischen Übertragungsfunktionen zu

$$^{3}F_{0}(p) = F_{0}(p)\ R_{1}(p). \tag{6.69}$$

6.2.1.2. Integrität

Zur Erfüllung der Forderung nach Integrität des Regelkreises gegenüber einer definierten Art von Komponentenausfällen muß geprüft werden (s. Abschn. 6.0.2.3.), ob die
entsprechenden Hauptdiagonaluntermatrizen der in Betracht kommenden Rückführmatrizen
ebenfalls die Forderungen des verallgemeinerten Nyquist-Kriteriums erfüllen. Ist dies nicht
der Fall, muß durch einen zweiten Teilregler $R_{2}(p)$ bewirkt werden, daß die Integritätsforderungen zusätzlich erfüllt werden. Das ist um so schwieriger, je umfassendere Integrität
gefordert wird.

6.2.1.3. Entkopplung

Wie schon im Abschn. 6.1.1. gezeigt, ergibt sich für $|f_{0i}(j\omega)| \gg 1$ bei $\omega \approx 0$ eine weitgehende
Entkopplung der Regelgrößen, da aus

$$\lim_{\omega \to 0} \left|f_{0i}(j\omega)\right| \to \infty \tag{6.70}$$

$$\lim_{\omega \to 0} F_{g}(j\omega) = I$$

(6.38) folgt.

Diese Entkopplungsbedingung kann z. B. durch Verwendung von skalaren Einzelreglern mit
I-Anteil erfüllt werden und ergibt eine statische Entkopplung der Regelgrößen.
Weiterhin gilt für reale Systeme (6.40)

$$\lim_{\omega \to \infty} \left|f_{0i}(j\omega)\right| = 0$$

und damit (6.39)

$$\lim_{\omega \to \infty} F_{g}(j\omega) = F_{0}(j\omega).$$

Bei hohen Frequenzen bestimmen also die Eigenschaften von $V(p)$ und $W(p)$ die verbleibenden Kopplungen der Regelgrößen im geschlossenen Regelkreis. Eine Entkopplung für hohe Frequenzen wird erreicht, wenn $F_o(j\omega)$ für diesen Frequenzbereich näherungsweise Diagonalgestalt hat.

Eine Entkopplung kann jedoch auch durch eine geeignete Ausrichtung der charakteristischen Richtungen von $F_o(j\omega)$ erreicht werden. Stimmen die charakteristischen Richtungen $\underline{w}_i(j\omega)$ mit den Einheitsrichtungen $\underline{e}_i$ (entsprechend der i-ten Spalte der Einheitsmatrix der Ordnung m) überein, so tritt eine Entkopplung der Regelgrößen auf:

Mit der Eingangsgröße $\underline{w}_f$ des Regelkreises

$$\underline{w}_f(j\omega) = w_{fi}\,\underline{e}_i \tag{6.71}$$

und

$$\underline{w}_i(j\omega) = \underline{e}_i \tag{6.72}$$

folgt für die Ausgangsgröße $\underline{y}(j\omega)$ des geschlossenen Regelkreises

$$\underline{y}(j\omega) = F_g(j\omega)\,\underline{w}_f(j\omega) = w_{fi}(j\omega)\,\frac{f_{oi}(j\omega)}{1 + f_{oi}(j\omega)}\,\underline{e}_i\,. \tag{6.73}$$

Auf eine Eingangsgröße $\underline{w}_f(j\omega) = w_{fi}\,\underline{e}_i$ reagiert also nur die Ausgangsgröße $y_i(j\omega)$.

Als geeignetes Maß für die Übereinstimmung der charakteristischen Richtungen mit den Einheitsrichtungen und damit für den Grad der Entkopplung können die Winkel φ_i zwischen den charakteristischen Richtungen und den Einheitsrichtungen verwendet werden:

$$\varphi_i(\omega) = \arccos\frac{\left|(\underline{w}_i(j\omega),\,\underline{e}_i)\right|}{\left\|\underline{w}_i(j\omega)\right\|} \tag{6.74}$$

Dabei bedeutet

$$(\underline{x},\,\underline{y}) = \sum_{i=1}^{m} \bar{x}_i\,y_i \tag{6.75}$$

das innere Produkt der Vektoren $\underline{x}$ und $\underline{y}$ und

$$\|\underline{x}\| = \sqrt{(\underline{x}^T,\,\underline{x})} \tag{6.76}$$

die euklidische Vektornorm.

Kleine Winkel $\varphi_i(\omega)$ sichern eine weitgehende Entkopplung der Ausgangsgrößen. Von besonderer Bedeutung ist, daß die Forderung nach kleinen Winkeln $\varphi_i(\omega)$ nicht identisch ist mit der Forderung nach Diagonalgestalt von $F_o(j\omega)$. Zum Beispiel hat die Matrix [27]

$$F_o(j\omega) = \frac{1}{0,99\,(j\omega+1)}\begin{pmatrix} 9 & 9 \\ -9 & 99,9 \end{pmatrix}$$

keine Diagonalgestalt, aber kleine Winkel

$$\varphi_1(\omega) = \varphi_2(\omega) = 5,7^o$$

für alle Frequenzen.

Die Entkopplung der Regelgrößen über einen bestimmten Frequenzbereich kann also anhand des Verlaufs der $\varphi_i(\omega)$ beurteilt werden.

6.2.1.4. Genauigkeit

Nach Abschn. 6.1.1. erfordert eine ausreichende Regelgenauigkeit genügend hohe Schleifenverstärkungen im wesentlichen Frequenzbereich, also $\left|f_{oi}(j\omega)\right| \gg 1$.

Zur Beurteilung der Erfüllung der an die Verläufe der $f_{oi}(j\omega)$ zu stellenden Forderungen werden zweckmäßig drei Diagramme herangezogen:

In einer Darstellung der $f_{oi}(j\omega)$ in der komplexen Ebene wird die Erfüllung der Stabilitätsbedingungen des verallgemeinerten Nyquist-Kriteriums und die Einhaltung der Integritätsbedingungen überprüft. In zwei weiteren Diagrammen wird anhand der Verläufe der $\varphi_i(\omega)$ und der $|f_{oi}(j\omega)|$ der Grad der Kopplung zwischen den Regelgrößen und der Verlauf der Schleifenverstärkungen untersucht und daraus die erreichbare Regelgüte und Entkopplung abgeschätzt. Im Abschn. 6.2.2. wird dies an einem Beispiel demonstriert.

6.2.2. Erläuterung des Entwurfs

Nach Belletrutti [26] erfolgt der Reglerentwurf in drei Schritten:

1. Durch geeignete Beeinflussung der charakteristischen Ortskurven werden günstige Stabilitäts- und Integritätseigenschaften angestrebt.
2. Durch Ausrichtung der charakteristischen Richtungen $\underline{w}_i(j\omega)$ für den Bereich höherer Frequenzen und durch die Wahl genügend hoher Verstärkungen in den einzelnen Schleifen für den tiefen Frequenzbereich wird eine ausreichende Entkopplung der Regelgrößen erreicht.
3. Durch Vergrößerung der Schleifenverstärkung des phasenkompensierten und entkoppelten Systems wird eine ausreichende Regelgüte erzielt.

Für jeden Entwurfsschritt ergeben sich Teilregler, die mit der Regelstrecke zu einer neuen fiktiven Regelstrecke zusammengefaßt werden. Die Überprüfung der gewünschten Eigenschaften der $f_{oi}(j\omega)$ erfolgt in jedem Schritt anhand der entsprechenden Ortskurven von $f_{oi}(j\omega)$ und der Diagramme $\varphi_i(\omega)$ und $|f_{oi}(j\omega)|$.

Der Gesamtregler ergibt sich somit aus der Reihenschaltung aller ν Teilregler

$$R(p) = \prod_{i=1}^{\nu} R_i(p). \tag{6.77}$$

Dabei sind aus praktischen Gründen eine Reihe von Forderungen an die Teilregler $R_i(p)$ zu stellen:

a) Die $R_i(p)$ müssen rationale Funktionen in p sein.
b) $\det\{R_i(p)\} \neq 0$.
c) Die Pole der $R_i(p)$ müssen in der linken p-Halbebene oder im Ursprung liegen.
d) $\det\{R_i(p)\}$ soll keine Nullstellen in der rechten p-Halbebene aufweisen.

Die Teilregler sind nach den vorstehenden Gesichtspunkten vom Entwurfsingenieur auszuwählen. Dabei kann eine gewisse Systematisierung des Entwurfs dadurch erreicht werden, daß bestimmte Elementarregler verwendet werden.

Beispiele für solche Elementarregler [26] [25] sind z. B.

a) $\qquad R_i(p) = \mathrm{diag}\left\{1 \quad 1 \quad \ldots \quad r_{jj}(p) \quad \ldots \quad 1\right\}$ $\qquad$ (6.78)

$$R_i(p) = \begin{pmatrix} 1 & 0 & \ldots & & & 0 \\ 0 & 1 & & & & 0 \\ & & 1 & r_{jk}(p) & & \\ \vdots & & & 1 & & \vdots \\ & & & & \ddots & 0 \\ 0 & \ldots & & & & 1 \end{pmatrix}$$

Diese Regler ermöglichen die gezielte Beeinflussung der charakteristischen Ortskurven und die Verringerung der Kopplungen zwischen den Regelgrößen.

b) $\qquad R_i(p) = k(p)\, I$ $\qquad$ (6.80)

Ein solcher Regler bewirkt eine Multiplikation der charakteristischen Ortskurven mit dem Faktor $k(p)$ ohne Veränderung der charakteristischen Richtungen.

c) $\quad R_i(p) = (e_1 \cdots e_{q-1} \; e_p \; e_{q+1} \cdots e_{p-1} \; e_q \; e_{p+1} \cdots e_m)$ $\hspace{3cm}$ (6.81)

Der Regler vertauscht die p-te und q-te Spalte von $F_o(j\omega)$ und ermöglicht u. U. eine Verbesserung der Integrität.

d) $\quad R_i(p) = F_o^{-1}(0)$ $\hspace{6cm}$ (6.82)

Dieser Regler erzwingt eine Entkopplung der Regelgrößen bei $\omega = 0$ und eine Ausrichtung der charakteristischen Richtungen für tiefe Frequenzen. Außerdem ermöglicht er einen Ausgleich der Schleifenverstärkungen für tiefe Frequenzen.

e) $\quad R_i(p) = K_\infty D_1 + K_o D_2 \dfrac{1}{p}$ $\hspace{5cm}$ (6.83)

K_∞ wird so gewählt [26] , daß die charakteristischen Richtungen für $\omega \to \infty$ mit den Einheitsrichtungen übereinstimmen; $K_o = F_o^{-1}(0)$, und D_1, D_2 sind geeignet gewählte diagonale Gewichtsmatrizen.

Ein derartiger Regler ermöglicht eine Reduzierung der Kopplungen der Regelgrößen bei hohen und tiefen Frequenzen und beseitigt den statischen Regelfehler.

In [27] wird die Anwendung des vorgeschlagenen Entwurfsverfahrens auf die Regelung eines Teilsystems einer Papiermaschine ausführlich demonstriert, in [3] der Entwurf einer Verdampferregelung vorgestellt.

Die Anwendung des vorgeschlagenen Entwurfswegs für Systeme mit mehr als zwei Eingangsgrößen erweist sich jedoch als recht schwierig und erfordert beträchtliche Entwurfserfahrung. Deshalb wurde von Kouvaritakis und MacFarlane [28] ein modifiziertes Vorgehen vorgeschlagen. Es kombiniert den Entwurf mittels charakteristischer Ortskurven mit gewissen Aspekten der kommutativen Regelung.

Da eine Entkopplung der Einzelregelkreise entsprechend der Vorgehensweise der kommutativen Regelung für einen Regler der Struktur

$$R(p) = W(p) \; \text{diag} \; \left\{ r_i(p) \right\} \; V(p) \hspace{4cm} (6.84)$$

mit $W(p)$ als Modalmatrix der Regelstrecke $G(p)$ praktisch nicht realisierbar ist, wird eine approximative kommutative Regelung vorgeschlagen, bei der die frequenzabhängigen Entkopplungsnetzwerke mit i. allg. nichtrationalen Teilfrequenzgängen in der Nähe vorgegebener Frequenzen ω_v durch reelle frequenzunabhängige Entkopplungsmatrizen W_v und V_v approximiert werden. Für die Berechnung dieser reellen Approximationsnetzwerke wurde von Kouvaritakis [28] für den Digitalrechner ein geeigneter Algorithmus angegeben.

Der Entwurf sieht zuerst eine approximative Entkopplung der Regelstrecke für den hohen Frequenzbereich vor. Für eine geeignet gewählte Frequenz ω_h wird ein entsprechendes Entkopplungsnetzwerk bestimmt und damit eine Annäherung der charakteristischen Richtungen an die Einheitsrichtungen erzielt. Der resultierende frequenzunabhängige Regler R_h approximiert dabei $G^{-1}(j\omega_h)$ durch ein reelles Netzwerk. Der Regler R_h wird mit der Regelstrecke zu einer neuen fiktiven Regelstrecke zusammengefaßt.

$$G_1(p) = G(p) \, R_h \, . \hspace{6cm} (6.85)$$

Für einen mittleren Frequenzbereich in der Nähe des kritischen Punktes wird sodann ein weiterer Regler $R_m(p)$ entworfen. Seine charakteristischen Richtungen werden wieder als frequenzunabhängig reell so gewählt, daß sie eine approximative Entkopplung bei der Frequenz ω_m bewirken. Die Diagonalelemente dieses Reglers dienen zur Phasenkompensation der charakteristischen Frequenzgänge, zur Sicherung der Stabilität und Verbesserung des dynamischen Verhaltens. Damit keine Störung des Entwurfs für hohe Frequenzen auftritt, muß der Regler $R_m(p)$ der zusätzlichen Bedingung

$$R_m(p) \approx I \quad \text{für} \quad \omega \gtreqless \omega_h \hspace{5cm} (6.86)$$

genügen.

Der Regler $R_m(p)$ wird mit $G_1(p)$ zu einer neuen fiktiven Regelstrecke

$$G_2(p) = G_1(p)\, R_m(p) \tag{6.87}$$

zusammengefaßt.

Für den tiefen Frequenzbereich wird nun noch ein Regler $R_t(p)$ benötigt, der die charakteristischen Frequenzgänge so zu beeinflussen gestattet, daß die Stabilität des geschlossenen Systems gesichert wird und eine genügend hohe Kreisverstärkung zur Sicherung der geforderten Regelgüte und Entkopplung bei tiefen Frequenzen erreicht wird. Das wird durch einen Matrix-PI-Regler

$$R_t(p) = I + \frac{\alpha}{p}\, W_t\; \mathrm{diag}\left\{k_{ti}\right\}\, V_t = I + \frac{\alpha}{p}\, R_o \tag{6.88}$$

ermöglicht, bei dem die W_t und V_t reelle Approximationen von $W(j\omega_t)$ und $V(j\omega_t)$ darstellen. Die k_{ti} dienen zum Ausgleich der Schleifenverstärkungen, und α ist die Integralzeitkonstante.

Für höhere Frequenzen muß für diesen Regler ebenfalls

$$R_t(p) \approx I \quad \text{für} \quad \omega \geq \omega_m \tag{6.89}$$

gelten. Der Gesamtregler hat dann die Form

$$R(p) = R_h\, R_m(p)\, R_t(p)\,. \tag{6.90}$$

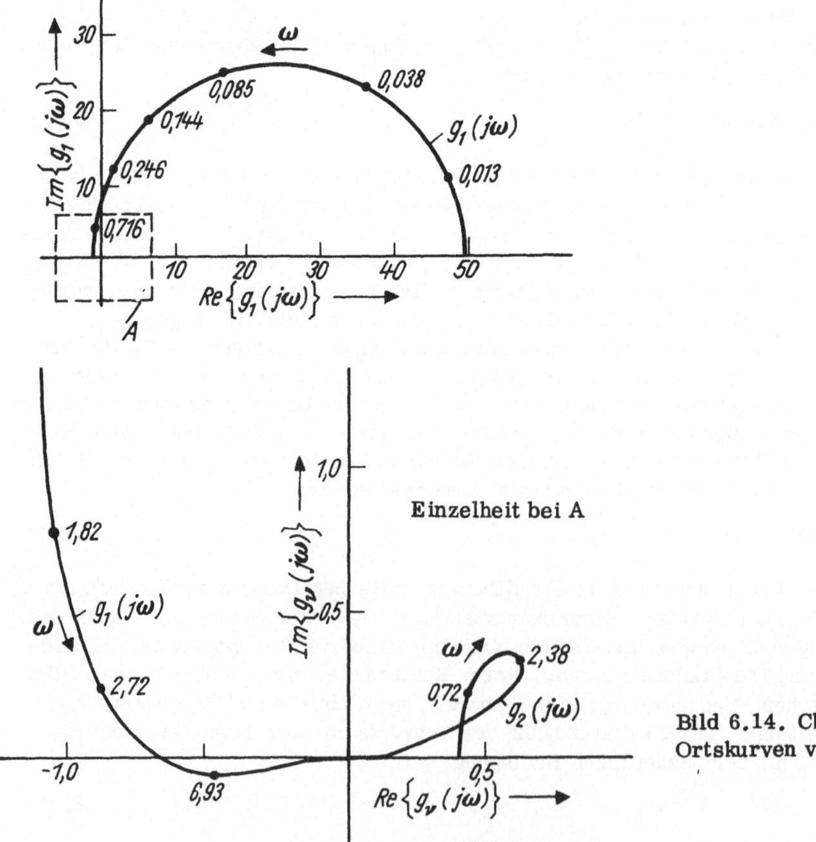

Bild 6.14. Charakteristische Ortskurven von $G(j\omega)$

Ein Beispiel [28] diene zur Veranschaulichung der wesentlichen Schritte:

Beispiel

Ein verfahrenstechnischer Reaktor habe die Übertragungsmatrix

$$G(p) = \frac{1}{d(p)} \begin{pmatrix} g_{11}(p) & g_{12}(p) \\ g_{21}(p) & g_{22}(p) \end{pmatrix}$$

mit

$$d(p) = p^4 + 11,67\,p^3 + 15,75\,p^2 - 88,31\,p + 5,514$$

$$g_{11}(p) = 29,2\,p + 263,3$$

$$g_{12}(p) = -3,146\,p^3 - 32,62\,p^2 - 89,83\,p - 31,81$$

$$g_{21}(p) = 5,679\,p^3 + 42,67\,p^2 - 68,84\,p - 106,8$$

$$g_{22}(p) = 9,43\,p + 15,15.$$

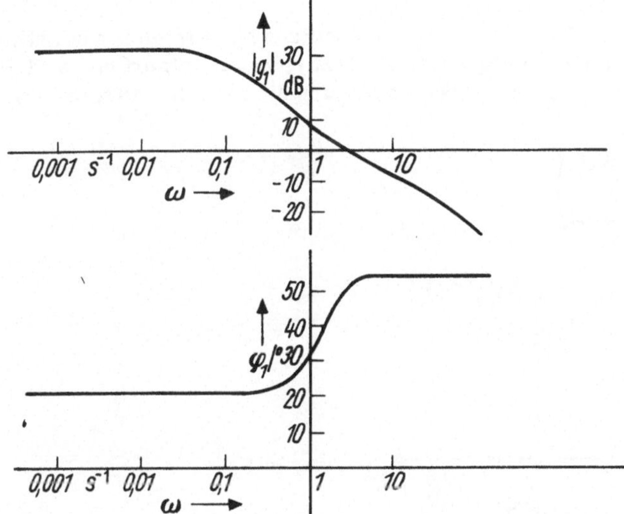

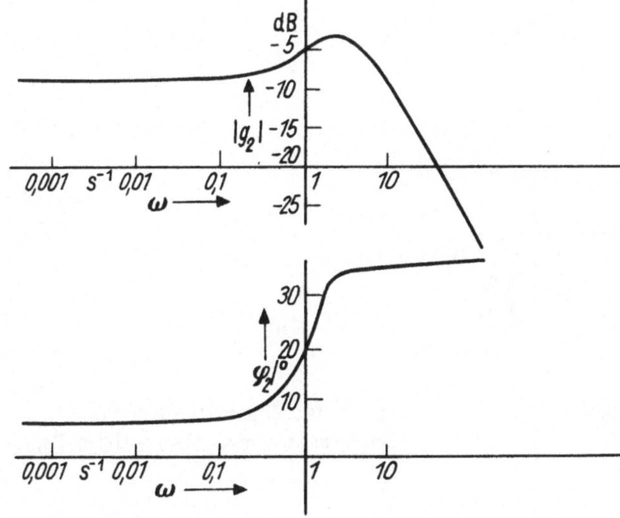

Bild 6.15. Beträge von $g_\nu(j\omega)$ und Abweichungen $\varphi_\nu(\omega)$ zwischen den charakteristischen Richtungen von $g_\nu(j\omega)$ und den Einheitsrichtungen für die Regelstrecke $G(j\omega)$

Die Pole der Regelstrecke liegen bei $\{0,06318;\ 1,991;\ -5,057;\ -8,666\}$. Die Regel-strecke hat also zwei Pole in der rechten p-Halbebene und ist im offenen Zustand instabil. Nach dem verallgemeinerten Nyquist-Kriterium muß demnach die Summe der Umschlingungen des kritischen Punktes durch die charakteristischen Ortskurven gleich 2 sein.

Bild 6.14 zeigt die charakteristischen Ortskurven des Systems, Bild 6.15 den Betrag der charakteristischen Frequenzgänge und den Winkel $\varphi_i(\omega)$ zwischen den charakteristischen Richtungen und den Einheitsrichtungen. Die starke Kopplung des Systems für hohe Frequenzen wird daraus deutlich. Für die Entkopplung wird eine Frequenz $\omega_h = 30\ s^{-1}$ gewählt. Der Regler R_h wird als beste reelle Approximation zu $G^{-1}(j \cdot 30)$ gewählt und ergibt sich zu

$$R_h = \begin{pmatrix} 0 & 1 \\ -1 & 0 \end{pmatrix} .$$

Die Bilder 6.16 und 6.17 zeigen die charakteristischen Ortskurven der neuen fiktiven Regel-strecke

$$G_1(p) = G(p)\ R_h$$

sowie ihre Beträge und die Winkel zwischen den charakteristischen Richtungen und den Einheitsrichtungen.

Für den Frequenzbereich $\omega > 5\ s^{-1}$ wird eine beträchtliche und ausreichende Entkopp-lung erreicht. Für den Bereich tiefer Frequenzen schließt sich der Entwurf eines PI-Reg-lers an. Für eine Frequenz $\omega_t = 1,125\ s^{-1}$ berechnen sich die reellen statischen Entkopp-lungsnetzwerke zu

$$W_t = \begin{pmatrix} 0,584 & 0,997 \\ -0,812 & -0,0754 \end{pmatrix}$$

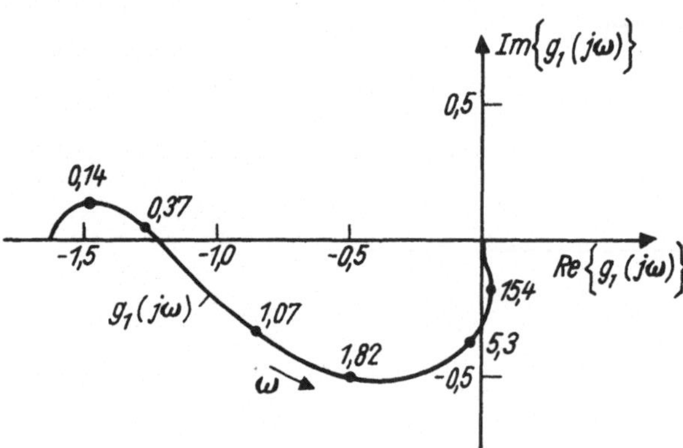

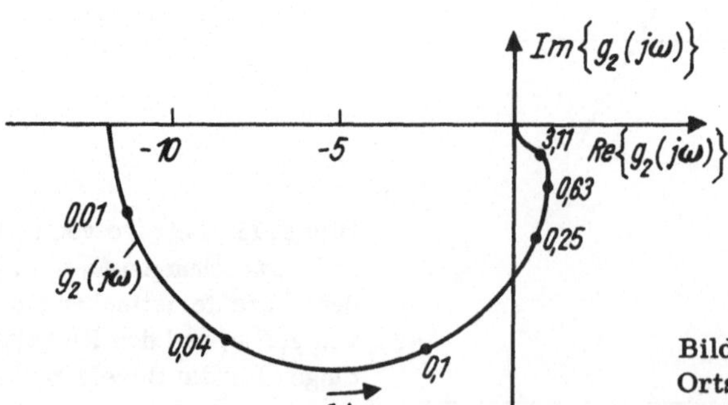

Bild 6.16. Charakteristische
Ortskurven von $G_1(j\omega) = G(j\omega)R_h$

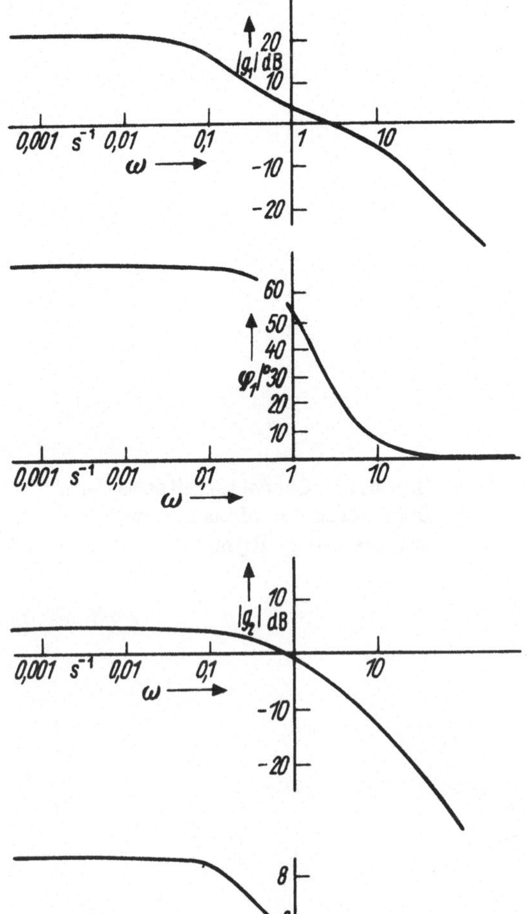

Bild 6.17. Beträge von $g_\nu(j\omega)$ und Abweichungen $\varphi_\nu(\omega)$ zwischen den charakteristischen Richtungen von $g(j\omega)$ und den Einheitsrichtungen für $G_1(j\omega) = G(j\omega)\, R_h^*$

und

$$V_t = W_t^{-1} = \begin{pmatrix} -0,0985 & -1,3024 \\ 1,0607 & 0,7629 \end{pmatrix}.$$

Mit $k_{t1} = 1$ und $k_{t2} = 2$ folgt

$$R_o = \begin{pmatrix} 2,1 & 0,8 \\ 0 & 0,9 \end{pmatrix}.$$

Der Gesamtregler hat dann die Form

$$R(p) = R_h \left(\frac{\alpha}{p} R_o + I \right).$$

Durch Rechnersimulation ergab sich $\alpha = 1$ s als geeignete Integrationszeitkonstante und eine mögliche Erhöhung der Schleifenverstärkungen um den Faktor 10.

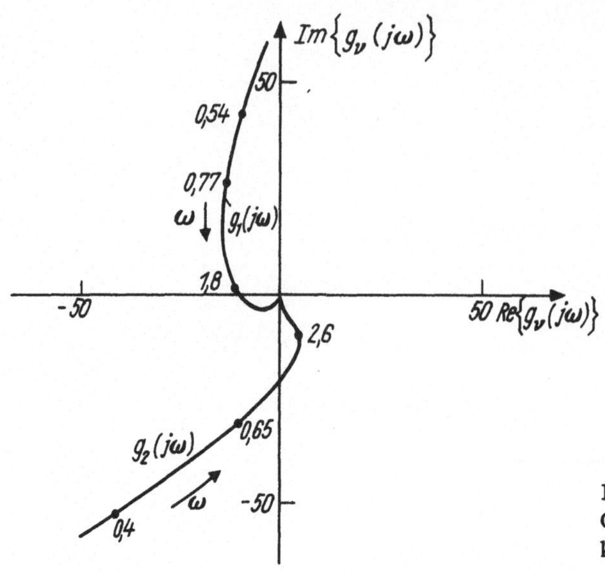

Bild 6.18. Charakteristische Ortskurven des offenen Regelkreises G(jω) R(jω)

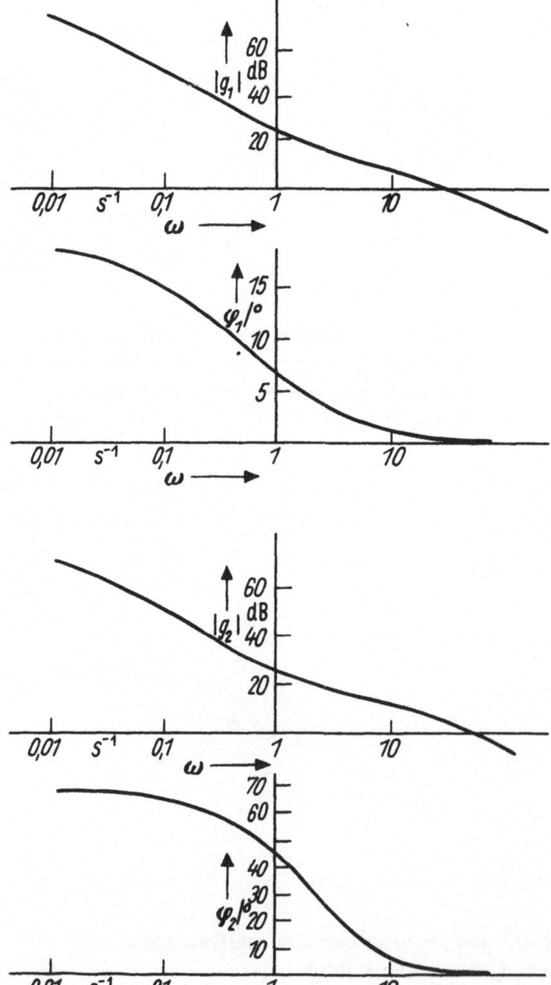

Bild 6.19. Beträge von g_ν(jω) und Abweichungen φ_ν(ω) zwischen den charakteristischen Richtungen von g_ν(jω) und den Einheitsrichtungen für den offenen Regelkreis G(jω) R(jω)

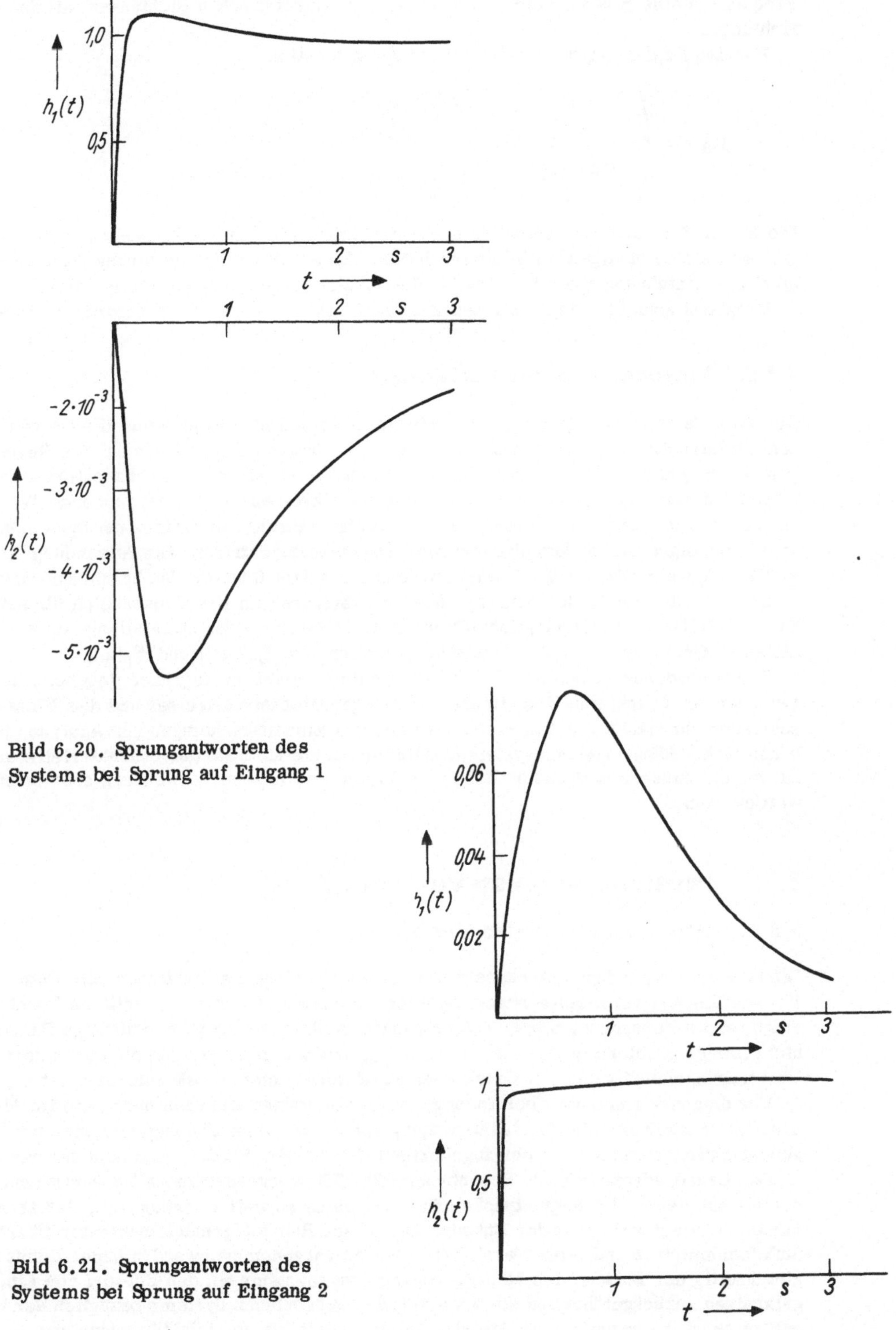

Bild 6.20. Sprungantworten des
Systems bei Sprung auf Eingang 1

Bild 6.21. Sprungantworten des
Systems bei Sprung auf Eingang 2

Die Bilder 6.18 und 6.19 zeigen den Verlauf der charakteristischen Ortskurven des offenen
Regelkreises, die Beträge der charakteristischen Frequenzgänge des Systems und die Win-

kel zwischen den charakteristischen Richtungen und den Einheitsrichtungen. Das entworf
System hat bei niedrigen Frequenzen eine ausreichende statische Verstärkung und für ho
Frequenzen eine gute Übereinstimmung der charakteristischen Richtungen mit den Einhei
richtungen.

Für den Regler ergibt sich die Übertragungsfunktion

$$
R(p) = \begin{pmatrix} 0 & \dfrac{10p+9}{p} \\[2ex] -\dfrac{(10p+21)}{p} & -\dfrac{8}{p} \end{pmatrix} .
$$

Die Bilder 6.20 und 6.21 enthalten die Sprungantworten des geschlossenen Systems. Es e
gibt sich ein befriedigendes Systemverhalten. Eine weitere Verbesserung wäre durch die
sätzliche Einführung eines Reglers für den mittleren Frequenzbereich möglich.

Integrität kann für das im offenen Zustand instabile System nicht gefordert werden.

6.2.3. Einschätzung des Verfahrens

Die Methode der charakteristischen Ortskurven ist auf eine allgemeine Klasse von Mehrg
ßenregelstrecken anwendbar und sehr flexibel bezüglich der Strukturwahl des Reglers. E
gezielte Beeinflussung einzelner charakteristischer Ortskurven und charakteristischer R
tungen und damit des Gesamtverhaltens des Regelkreises durch entsprechende Teilregler
ist jedoch schwierig und erfordert viel Entwurfserfahrung, besonders bei Systemen mit
m > 2 Regelgrößen und komplizierteren Frequenzgangmatrizen. Die Anwendung des Entwurfsverfahrens dürfte auf Systeme mit höchstens drei Regelgrößen beschränkt sein.

Das Verfahren erfordert wie alle Entwurfsverfahren im Frequenzbereich für seine eff
tive Durchführung Dialogmöglichkeit mit dem Rechner bei der Darstellung der grafische
läufe der Ortskurven und Frequenzabhängigkeiten von $|f_{oi}(j\omega)|$ und $\varphi_i(\omega)$.

Von besonderer Bedeutung sind jedoch die dem Verfahren zugrunde liegenden Relation
zwischen den Ortskurven des offenen und des geschlossenen Kreises und den Winkeln zwi
schen den charakteristischen Richtungen und den Einheitsrichtungen zur Analyse eines ge
benen Mehrgrößenregelungssystems. Dafür stellt die Methode der charakteristischen Ort
kurven ein außerordentlich nützliches Werkzeug dar, dessen Verwendung sehr empfohlen
werden kann.

6.3. Inverses Nyquist-Verfahren

6.3.1. Grundgedanken des Verfahrens

Die direkte Verwendung der charakteristischen Übertragungsfunktionen zum Entwurf unt
Verwendung des verallgemeinerten Nyquist-Kriteriums hat zwei wesentliche Nachteile: Z
einen ist die Berechnung dieser algebraischen Funktionen und ihre eindeutige Darstellung
nicht immer problemlos (s. Abschn. 2.2.2.), und zum anderen sind die charakteristisch
Übertragungsfunktionen bzw. Ortskurven physikalisch nicht direkt interpretierbar.

Für diagonaldominante Übertragungsfunktionsmatrizen kann nun aber, wie im Abschn.
6.0.2.2. ausgeführt, die Stabilitätsprüfung anhand der Hauptdiagonalelemente der Übertr
gungsfunktionsmatrizen und der zugehörigen Gershgorin-Bänder vorgenommen werden.

Der Grundgedanke des von Rosenbrock [2] [29] vorgeschlagenen Entwurfsverfahrens
besteht nun darin, die Regelstrecke näherungsweise so weit zu entkoppeln, daß Diagonald
minanz vorliegt und damit der Entwurf anhand der Hauptdiagonalelemente der Übertragun
funktionsmatrizen und ihrer Gershgorin-Bänder vorgenommen werden kann. Damit wird
gleichzeitig der Entwurf des Mehrgrößenregelungssystems auf den Entwurf von Einfachre
gelkreisen zurückgeführt und die Integrität des entworfenen Systems bezüglich der Haupt
gelkreise, d. h. gegenüber Meßgliedausfällen, Ausfällen von Rückführungen und Ausfall s
larer Hauptregler bzw. Hand/Automatik-Umschaltungen gesichert. Wird außerdem statt

mit den Übertragungsfunktionsmatrizen mit ihren Inversen gearbeitet, so kann der einfachere Zusammenhang zwischen den inversen Übertragungsfunktionsmatrizen des offenen und des geschlossenen Regelkreises zur Vereinfachung des Entwurfs ausgenutzt werden.

Der Entwurf erfolgt dabei in zwei Hauptschritten. Im ersten Schritt wird ein Kompensator entworfen, der die Übertragungsfunktionsmatrizen des offenen und des geschlossenen Regelkreises diagonaldominant macht, und im zweiten Schritt werden für die Hauptregelkreise geeignete Regler mit den bekannten Methoden für Einfachregelkreise entworfen.

6.3.2. Voraussetzungen und Grundlagen

6.3.2.1. Voraussetzungen

Vorausgesetzt wird eine quadratische $(m \times m)$-Übertragungsfunktionsmatrix $G(p)$ der Regelstrecke mit det $\{G(p)\} \neq 0$. Für den Regelkreis wird eine Struktur nach Bild 6.22 angenommen mit

$$F_o'(p) = G(p) \; K(p) \, R'(p) \tag{6.91}$$

$$F_o(p) = F_o'(p) \; H \tag{6.92}$$

$$R(p) = K(p) \; R'(p) \; H \tag{6.93}$$

und

$$H = \text{diag} \{h_1, h_2 \ldots, h_m\} \,, \tag{6.94}$$

wobei die h_i skalare Verstärkungsfaktoren darstellen und $K(p)$ eine Kompensationsmatrix bedeutet. Für den Regler $R(p)$ ist det $\{R(p)\} \neq 0$ und Pol- und Nullstellenfreiheit in der rechten p-Halbebene zu fordern.

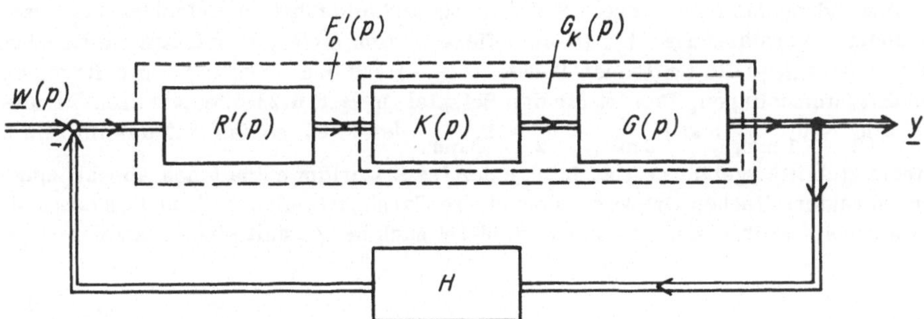

Bild 6.22. Regelkreisstruktur

Zur Vereinfachung der Schreibweise wird für die inversen Matrizen die Bezeichnung

$$\hat{A} \equiv A^{-1} = (\hat{a}_{ij})$$

verwendet, wobei i. allg. $\hat{a}_{ij} \neq a_{ij}^{-1}$. Mit $\hat{a}_i$ werden die Eigenwerte zu A^{-1} bezeichnet.

6.3.2.2. Stabilitätsprüfung anhand der Gershgorin-Bänder zur inversen Übertragungsmatrix

Für den Regelkreis nach Bild 6.22 gilt für den Zusammenhang zwischen den Übertragungsfunktionsmatrizen des offenen und des geschlossenen Regelkreises

$$F_g(p) = (I + F_o(p))^{-1} \; F_o'(p). \tag{6.95}$$

Daraus folgt für den Zusammenhang zwischen den inversen Übertragungsfunktionsmatrizen die einfache Beziehung

$$\hat{F}_g(p) = \hat{F}'_o(p) + H \tag{6.96}$$

und nach dem Eigenwertverschiebungstheorem für den Zusammenhang zwischen den Eigenwerten

$$\hat{f}_{gi}(p) = \hat{f}'_{oi}(p) + h_i . \tag{6.97}$$

Die zugehörigen charakteristischen Ortskurven unterscheiden sich also nur um eine Parallelverschiebung durch den Betrag h_i entlang der reellen Achse.

Entsprechend Abschn. 6.0.2. gilt nach dem verallgemeinerten inversen Nyquist-Kriterium und unter der Voraussetzung der Diagonaldominanz folgendes Stabilitätskriterium für die Gershgorin-Bänder um die Hauptdiagonalelemente $\hat{f}'_{oii}(p)$ von $\hat{F}'_o(p)$ [2]:

Der geschlossene Regelkreis ist stabil, wenn die Gershgorin-Bänder der Diagonalelemente $\hat{f}'_{oii}(p)$ den Ursprung und die jeweils zugehörigen kritischen Punkte $(-h_i, 0)$ ausschließen und die Summe der Umschlingungen der kritischen Punkte minus der Summe der Umschlingungen des Ursprungs durch die Gershgorin-Bänder gleich der Zahl der Pole von $G(p)$ in der rechten p-Halbebene ist.

Dabei ist der Ausschluß des Punktes $(-h_i, 0)$ durch das Gershgorin-Band um $\hat{f}'_{oii}(p)$ gleichbedeutend mit dem Ausschluß des Ursprungs durch das Gershgorin-Band um $\hat{f}_{gii}(p)$. Für die Umschlingungen gilt die Aussage entsprechend. Da die Nebendiagonalelemente von $\hat{F}_g(p)$ und $\hat{F}'_o(p)$ nach Gl. (6.96) identisch sind, unterscheiden sich die Radien der Gershgorin-Kreise zu den $\hat{f}_{gii}(p)$ und $\hat{f}'_{oii}(p)$ nicht.

Soll zusätzlich die Integrität bezüglich der Hauptregelkreise gesichert sein, so müssen auch die einzelnen $\hat{f}'_{oii}$ den Ursprung und den kritischen Punkt gleich häufig umschlingen.

Die Anwendung des formulierten Stabilitätskriteriums führt zu einfachen Aussagen über die zulässigen Verstärkungen h_i. Ist das offene System stabil, so müssen die Gershgorin-Bänder zu den $\hat{f}'_{oii}(p)$ die kritischen Punkte $(-h_i, 0)$ und den Ursprung ausschließen und gleichhäufig umschlingen. Das ist für das Beispiel im Bild 6.23 offensichtlich für alle $h_{1\,min} < h_1 < h_{1\,max}$ und $h_{2\,min} < h_2 < h_{2\,max}$ der Fall, so daß sich das im Bild 6.24 skizzierte Stabilitätsgebiet ergibt. Infolge der im Kriterium enthaltenen Abschätzung der Lage der charakteristischen Ortskurven durch die Gershgorin-Bänder kann das tatsächliche Stabilitätsgebiet größer sein. Das System bleibt auch bei Ausfall eines Rückführ- bzw. Meß

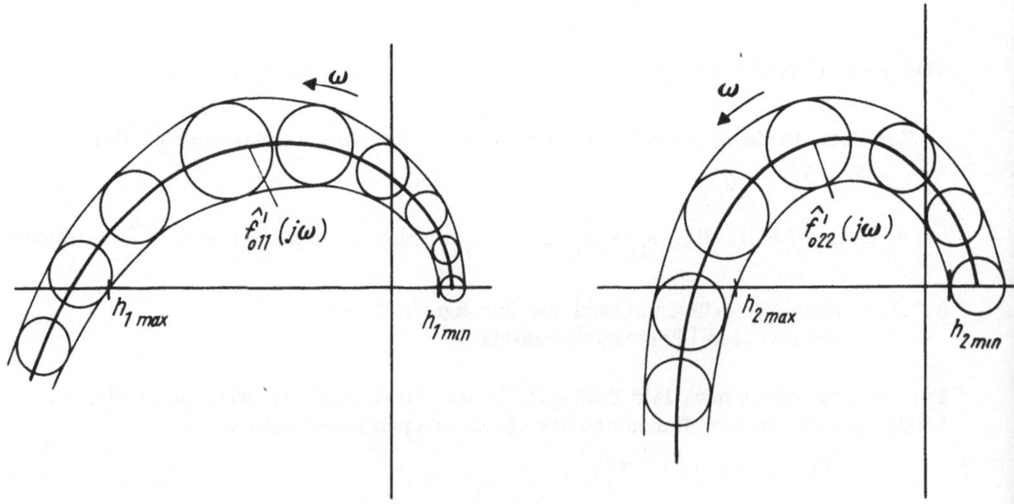

Bild 6.23. Gershgorin-Bänder und Stabilitätsgrenzen

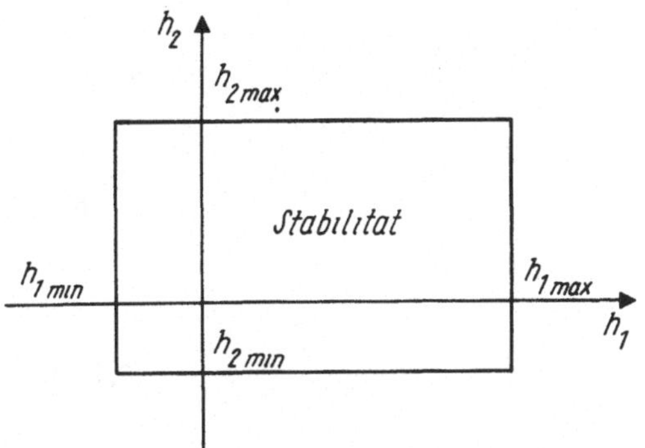

Bild 6.24. Stabilitätsbereich des Systems nach Bild 6.23

signals stabil und besitzt somit gegenüber diesen Ausfällen die Eigenschaft der Integrität.

Eine Schwierigkeit ergibt sich bei der Anwendung des Stabilitätskriteriums auf Regelkreise, deren Frequenzgänge nur als experimentell aufgenommene Ortskurven vorliegen. Für die Gültigkeit des Stabilitätskriteriums ist Diagonaldominanz auf der gesamten Nyquist-Kontur erforderlich. Das kann bei Unkenntnis der Übertragungsfunktionsmatrix nicht überprüft werden. Von Rosenbrock [2, S. 153 ff.] wurde nun gezeigt, daß für Systeme, die der Bedingung $\lim_{p \to \infty} F_o'(p) \to 0$ genügen, alle Pole, die für die Stabilität des Systems entscheidend sind, bei Erhöhung der Verstärkungsfaktoren h_i den Abschnitt der imaginären Achse zwischen $p = -j\omega_o$ und $p = j\omega_o$ mit genügend groß gewählter Frequenz ω_o schneiden. Wird dann das System bis zu einer Frequenz $\omega_1 > \omega_o$ betrachtet, so kann die Stabilität des Systems allein aus dem Verlauf der Gershgorin-Bänder bis zur Frequenz ω_1 beurteilt werden, wenn die Gershgorin-Kreise zu ω_1 nicht die negativ reelle Achse berühren. Eine entsprechende Bedingung wurde auch von Mee [30] angegeben. Danach braucht der hochfrequente Teil der Übertragungsfunktionsmatrix oberhalb der Frequenz ω_o nicht betrachtet zu werden, wenn die Bedingung

$$\left\| F_o'(j\omega) \right\| \leqq c < 1 \qquad \text{für} \qquad |\omega| > \omega_o \tag{6.98}$$

erfüllt ist. In diesem Fall kann die Nyquist-Kurve zu den $\hat{f}_{oii}(j\omega)$ durch einen Kreisbogen mit dem Radius $1/c$ und dem Mittelpunkt im Ursprung geschlossen werden. Diese Bedingung ist praktisch besonders nützlich, da infolge der Verwendung der inversen Matrizen die Modellungenauigkeiten bei hohen Frequenzen zu großen Toleranzen der Ortskurven führen können und die Gershgorin-Kreise ebenfalls sehr groß werden können.

6.3.2.3. Ostrowski-Theorem

Von Ostrowski [31] wurde ein Theorem angegeben, das ebenfalls von Rosenbrock [32] abgeleitet wurde und zur genaueren Lokalisierung der Frequenzgänge der einvariablen Ersatzregelstrecken innerhalb der Gershgorin-Bänder verwendet werden kann. Dadurch werden oft höhere Kreisverstärkungen und eine Verbesserung des dynamischen Verhaltens möglich.

Nach Ostrowski gilt:

Ist Z eine komplexe, auf der Kontur D diagonaldominante (m × m)-Matrix mit

$$\sum_{\substack{j=1 \\ j \neq i}}^{m} \left| z_{ij} \right| = d_i \tag{6.99}$$

bzw.

$$\sum_{\substack{j=1 \\ i \neq j}}^{m} \left| z_{ji} \right| = d_i' , \tag{6.100}$$

so gilt

$$\left| z_{ii} - \hat{z}_{ii}^{-1} \right| < d_i \; \Phi_i < d_i \tag{6.101a}$$

mit

$$\Phi_i = \max_{\substack{j \\ j \neq i}} \frac{d_j}{\left| z_{jj} \right|} \tag{6.102a}$$

bzw. auch

$$\left| z_{ii} - \hat{z}_{ii}^{-1} \right| < d_i' \; \Phi_i' \; d_i' \tag{6.101b}$$

mit

$$\Phi_i' = \max_{\substack{j \\ i \neq j}} \frac{d_j'}{z_{jj}} \; . \tag{6.102b}$$

Für die Anwendung auf das inverse Nyquist-Verfahren ist

$$Z = \hat{F}_g(p) = \hat{F}_o'(p) + H \tag{6.103}$$

zu setzen. Für die z_{ij} gilt dann

$$z_{ii} = \hat{f}_{gii}(p) = \hat{f}_{oii}'(p) + h_i; \qquad i = 1, 2, \ldots, m \tag{6.104}$$

$$z_{ij} = \hat{f}_{oij}'; \qquad i \neq j \; . \tag{6.105}$$

Aus (6.101) folgt

$$\left| \left[\hat{f}_{oii}'(p) + h_i \right] - f_{gii}^{-1}(p) \right| < d_i(p) \; \Phi_i(p); \qquad i = 1, 2, \ldots, m \tag{6.106}$$

mit

$$\Phi_i(p) = \max_{\substack{j \\ j \neq i}} \frac{d_j(p)}{\left| \hat{f}_{ojj}'(p) + h_j \right|} \; . \tag{6.107}$$

Diese Beziehung wird nun benutzt, um die Ortskurven der Übertragungsfunktionen $l_i(p)$ zwischen dem jeweils i-ten Eingang und dem i-ten Ausgang des Mehrgrößensystems bei Rückführverstärkungen h_j; $j \neq i$ in den übrigen Hauptregelkreisen zu lokalisieren (Bild 6.25).

   Es gilt

$$f_{gii}(p) = \frac{l_i(p)}{1 + l_i(p) \, h_i} \tag{6.108}$$

bzw.

$$f_{gii}^{-1}(p) = l_i^{-1}(p) + h_i \tag{6.109}$$

und für $h_i = 0$

$$f_{gii}^{-1}(p) = l_i^{-1}(p) \; . \tag{6.110}$$

Wird Gl. (6.109) in Gl. (6.106) eingesetzt, so folgt die Abschätzung

$$\left| l_i^{-1}(p) - \hat{f}_{oii}'(p) \right| < \Phi_i(p) \, d_i(p) \; . \tag{6.111}$$

Die Aussagen des Ostrowski-Theorems können grafisch wie folgt interpretiert werden:

1. In den Gershgorin-Bändern aus Kreisen mit den Radien $d_i(p)$ liegen schmalere Bänder, die sog. Ostrowski-Bänder, die aus Kreisen mit den Radien $\Phi_i(p) \, d_i(p)$ um die $\hat{f}_{oii}(p)$ gebildet werden.

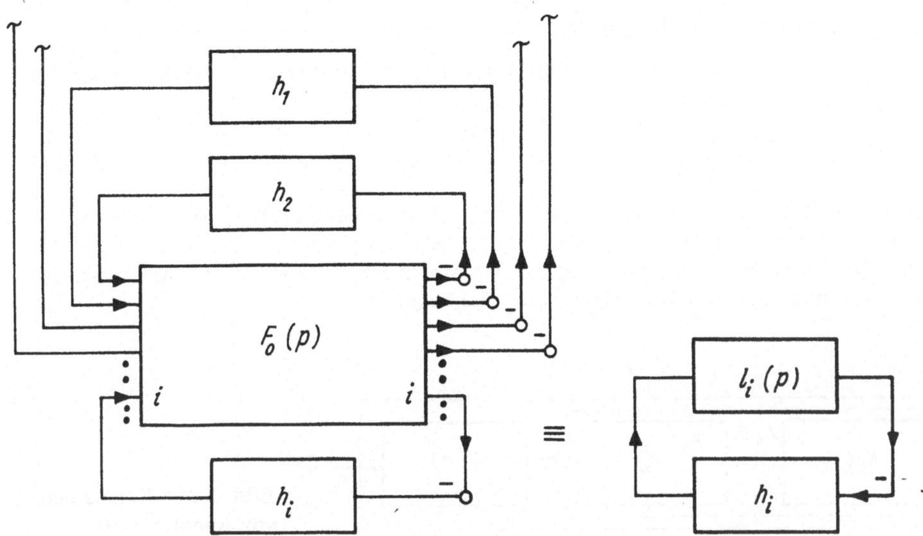

Bild 6.25. Zum Entwurf des i-ten Hauptregelkreises für die Ersatzregelstrecke $l_i(p)$

2. In diesen Ostrowski-Bändern liegen die Ortskurven der resultierenden Teilregelstrecken $l_i^{-1}(p)$.

3. Die Breite der Ostrowski-Bänder hängt nach Gl. (6.107) von den Verstärkungen in den anderen geschlossenen Teilkreisen ab, während die Breite des Gershgorin-Bands davon unabhängig ist und in jedem Fall die äußere Grenze des Ostrowski-Bands bildet.

4. Sind die statischen Verstärkungen in allen anderen Kreisen $j \neq i$ groß, so wird das Ostrowski-Band um $\hat{f}'_{oii}(p)$ sehr schmal, und bei genügend großen Verstärkungen kann $\hat{f}'_{oii}(p)$ als Approximation für $l_i^{-1}(p)$ verwendet werden.

6.3.3. Erläuterung des Entwurfs

Wie schon im Abschn. 6.3.1. ausgeführt, besteht der Entwurf des Reglers aus zwei Hauptschritten, bei dem im ersten Diagonaldominanz der inversen Regelstreckenmatrix angestrebt wird und im zweiten Schritt die einzelnen Hauptregelkreise als einvariable Kreise entworfen werden. Im weiteren sollen zuerst die Möglichkeiten zur Erreichung von Diagonaldominanz dargestellt werden.

6.3.3.1. Verfahren zur Erreichung von Diagonaldominanz

Die gewünschte Diagonaldominanz der Matrizen $\hat{F}'_0(p)$ und $\hat{F}_g(p)$ soll auf einfache Weise, möglichst mit einem frequenzunabhängigen Kompensationsnetzwerk K vor der Regelstrecke, erreicht werden. Das ist nicht in allen Fällen möglich. Gelingt es aber, Diagonaldominanz durch eine frequenzunabhängige Kompensationsmatrix K vor der Regelstrecke zu erzielen, ergeben sich besonders einfache Reglerstrukturen, da die Ordnung der kompensierten Regelstrecke ungeändert bleibt. Ein solcher Kompensator ist darüber hinaus auch physikalisch leichter interpretierbar. Bei Verwendung frequenzabhängiger Kompensationsnetzwerke zum Entwurf anhand der inversen Matrix $\hat{K}(p)$ des Kompensators besteht die Gefahr, daß bei ungeeigneter Wahl von $K(p)$ durch Inversion von $\hat{K}(p)$ Pole in der rechten Halbebene auftreten.

Zur Erzielung von Diagonaldominanz gibt es verschiedene Möglichkeiten, die entweder einen intuitiven Zugang ermöglichen oder das Problem analytisch zu lösen gestatten.

Hierbei wird eine Kompensationsmatrix $\hat{K}(p)$ vor der Regelstrecke als Produkt zweier Teilmatrizen angesetzt (Bild 6.26):

$$\hat{K}(p) = \hat{K}_b(p)\,\hat{K}_a = \left[K_a\,K_b(p)\right]^{-1}. \qquad (6.112)$$

Die Matrix $\hat{K}_a$ ist dabei eine Permutationsmatrix, die eine Vertauschung der Zeilen von $\hat{G}(p)$ so bewirkt, daß der i-te Eingang hauptsächlich auf den i-ten Ausgang wirkt. $\hat{K}_a$ hat also in jeder Zeile und Spalte bis auf jeweils ein Element, das gleich 1 ist, lauter Nullen. $\hat{K}_a$ bewirkt eine entsprechende Umordnung der Eingänge.

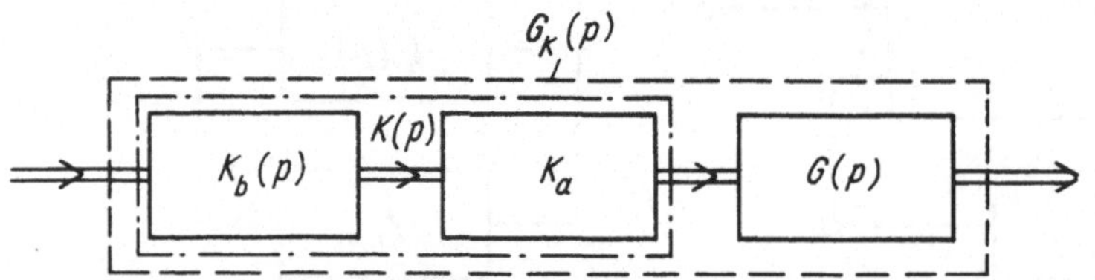

Bild 6.26. Kompensator vor Regelstrecke

Mittels der Matrix $\hat{K}_b(p)$ wird die Gesamtheit der elementaren Zeilenoperationen beschrieben, die zur Erreichung der Diagonaldominanz erforderlich sind, wobei $\det\{\hat{K}_b\}\equiv 1$ vorausgesetzt wird. Diese Matrix besteht aus dem Produkt von Elementarmatrizen $\hat{K}_b^{(\mu)}(p)$ der Form

$$\hat{K}_b^{(\mu)}(p) = \begin{pmatrix} 1 & 0 & \ldots\ldots & & 0 \\ & 1 & & & \\ & & 1 & \hat{k}_{ij}^{(\mu)}(p) & \\ & & & & \\ 0 & 0 & \ldots & & 1 \end{pmatrix}, \qquad (6.113)$$

wobei die $k_{ij}^{(\mu)}(p)$; $i \neq j$ gebrochen rationale Funktionen in p sind, deren Pole in der linken Halbebene liegen. Bei Multiplikation von $\hat{G}(p)$ mit $\hat{K}_b^{(\mu)}$ wird die j-te Zeile von $\hat{G}(p)$ mit $\hat{k}_{ij}^{(\mu)}(p)$ multipliziert und zur i-ten Zeile addiert. Durch eine Reihe solcher Elementaroperationen wird angestrebt, die gewünschte Diagonaldominanz zu erreichen. Die Wirkung von $\hat{K}_b(p)$ besteht also in einer Linearkombination der Eingangsgrößen. Ob Diagonaldominanz erreicht wurde, läßt sich anhand der Gershgorin-Bänder leicht überprüfen.

Die Effektivität dieser Vorgehensweise ist stark abhängig von der Art und Kompliziertheit der Regelstreckenfrequenzgänge und dem Geschick des Entwurfsingenieurs. In vielen Fällen ist es möglich, bereits mit frequenzunabhängigen Kompensationsnetzwerken auszukommen.

Die theoretisch ebenfalls mögliche Diagonalisierung mittels eines der Regelstrecke nachgeschalteten Kompensationsnetzwerks ist praktisch kaum realisierbar und bedeutet auch eine Neudefinition der Regelgrößen.

Die Matrizen $\hat{K}_a$ und $\hat{K}_b(p)$ bilden zusammen ein Kompensationsnetzwerk, das Bestandteil des Reglers wird.

Bei Systemen bis zu drei Ein- und Ausgängen sind die notwendigen Operationen intuitiv erkennbar. Bei Systemen mit mehr Ein- und Ausgängen ist es schwierig, die notwendigen Elementarschritte zur Erreichung der Diagonaldominanz zu bestimmen. Aus diesem Grund wurden verschiedene analytische Verfahren vorgeschlagen. Solche Verfahren wurden von Hawkins [33] in Form der Pseudodiagonalisierung und von Leininger [34] als numerische Optimierungsalgorithmen entwickelt.

Pseudodiagonalisierung

Von Hawkins [33] , s. a. [2] , wurde vorgeschlagen, unter Ansatz eines konstanten Kompensators $\hat{K}$ jeweils eine Zeile (oder Spalte) für eine feste Frequenz $p = j\omega_o$ oder eine Anzahl von Frequenzpunkten zu minimieren. Bei Betrachtung jeweils einer Zeile von

$$\hat{G}_K(p) = \hat{K}\,\hat{G}(p) \tag{6.114}$$

gilt für die Elemente dieser Zeile

$$\hat{g}_{Kj\nu}(p) = \sum_{i=1}^{m} \hat{k}_{ji}\,\hat{g}_{i\nu}(p). \tag{6.115}$$

Die $\hat{k}_{j1}, \hat{k}_{j2}, \dots, \hat{k}_{jm}$ jeder Zeile werden nun unter der Beschränkung

$$\sum_{i=1}^{m} \hat{k}_{ji}^{2} = 1 \tag{6.116}$$

so gewählt, daß die Summe der Betragsquadrate der Nebendiagonalelemente der j-ten Zeile von $\hat{G}_K(p)$ minimal wird.

Dieser Ansatz führt auf ein Lagrangesches Variationsproblem:

Gesucht ist das Minimum von

$$\Phi_j = \sum_{\substack{\nu=1 \\ \nu \neq j}}^{m} \left| \sum_{i=1}^{m} \hat{k}_{ji}\,\hat{g}_{i\nu}(p) \right|^2 + \lambda \left\{ 1 - \sum_{i=1}^{m} \hat{k}_{ji} \right\}^2; \tag{6.117}$$

λ Lagrange-Parameter.

Nach Zerlegung von $\hat{g}_{i\nu}(p)$ in Realteil $\alpha_{i\nu}$ und Imaginärteil $\beta_{i\nu}$ und Bildung der partiellen Ableitungen nach den $\hat{k}_{jl}$; $l = 1, 2, \dots, m$ folgt

$$\frac{\partial \Phi_j}{\partial \hat{k}_{jl}} = \sum_{\substack{k=1 \\ k \neq j}}^{m} \left(2 \left[\sum_{i=1}^{m} \hat{k}_{ji}\,\alpha_{ik} \right] \alpha_{lk} + 2 \left[\sum_{i=1}^{m} \hat{k}_{ji}\,\beta_{ik} \right] \beta_{lk} \right.$$
$$\left. - \lambda \cdot 2\,\hat{k}_{jl} = 0 \right. . \tag{6.118}$$

Wird die reelle symmetrische Matrix

$$A_j = (a_{1l}^{(j)}) = \left(\sum_{\substack{k=1 \\ k \neq j}}^{m} \alpha_{ik}\,\alpha_{lk} + \beta_{ik}\,\beta_{lk} \right) \tag{6.119}$$

und der Zeilenvektor

$$\underline{\hat{k}}_j = (\hat{k}_{jl}) \tag{6.120}$$

eingeführt, so kann Gl. (6.118) als

$$A_j\,\underline{\hat{k}}_j^{T} - \lambda \underline{\hat{k}}_j^{T} = 0; \qquad j = 1, 2, \dots, m \tag{6.121}$$

geschrieben werden. Da A_j positiv semidefinit ist, sind die Eigenwerte reell und nicht negativ. Die Eigenwertgleichung (6.121) ergibt die gesuchte Lösung $\underline{\hat{k}}_j$ für den kleinsten Eigenwert von A_j.

Die so bestimmten m Zeilenvektoren $\underline{\hat{k}}_j$; $j = 1, 2, \dots, m$ ergeben die gesuchte Matrix $\hat{K}$, die die Summe der Beträge der Nebendiagonalelemente einer jeden Zeile von $\hat{G}_K(p)$ minimiert. Dabei kann die Frequenz p für jede Zeile gleich oder aber auch verschieden gewählt werden. In vielen Fällen ist es auf diese Weise möglich, durch Wahl geeigneter p-Werte Diagonaldominanz zu erzeugen. Die Wahl geeigneter Werte $p = j\omega$ ist jedoch weiterhin problematisch.

Durch eine Erweiterung des Gedankens der Pseudodiagonalisierung auf eine durch Gewichtsfaktoren γ_ν gewichtete Summe für N verschiedene Frequenzpunkte $p_1, p_2, \ldots, p_N$

$$\sum_{\nu=1}^{N} \sum_{\substack{\mu=1 \\ \mu \neq j}}^{m} \gamma_\nu \left| \hat{g}_{Kj\mu}(p_\nu) \right|^2 \tag{6.122}$$

wird Diagonaldominanz in einem definierten Frequenzbereich angestrebt. Auch dieser Ansatz führt auf ein entsprechendes Eigenwertproblem, bei dem nur A_j aus Gl. (6.119) durch

$$B = (b_{il}^{(j)}) = \left(\sum_{\nu=1}^{N} \gamma_\nu \left\{ \sum_{\substack{k=1 \\ k \neq j}}^{m} \left[\alpha_{ik}^{(\nu)} \alpha_{lk}^{(\nu)} + \beta_{ik}^{(\nu)} \beta_{lk}^{(\nu)} \right] \right\} \right) \tag{6.123}$$

zu ersetzen ist und die $\alpha_{lk}^{(\nu)}$ und $\beta_{lk}^{(\nu)}$ die Real- und Imaginärteile von $\hat{g}_{ik}(p_\nu)$ sind.

Ein Nachteil der diskutierten Vorgehensweise liegt in der Möglichkeit [2], daß die Diagonalelemente von $\hat{G}_K(p)$ klein oder gar Null werden und dann trotz Minimierung der Betragssumme der Nebendiagonalelemente keine Diagonaldominanz erreicht wird. Um dies zu vermeiden, kann zusätzlich die Bedingung

$$\left| \hat{g}_{Kll}(p) \right| = 1 \tag{6.124}$$

eingeführt werden. Auch hierfür kann eine entsprechende Eigenwertaufgabe als Lösung abgeleitet werden [2].

<u>Numerische Optimierung</u>

Von Rosenbrock [2] wurde auf die Möglichkeit der numerischen Minimierung der Summe

$$\sum_{\substack{\nu=1 \\ \nu \neq j}}^{m} \left| \frac{\hat{g}_{Kj\nu}(p)}{\hat{g}_{Kjj}(p)} \right| \tag{6.125}$$

hingewiesen, und von Leininger [34] [67] wurde ein entsprechender Algorithmus entwickelt. Diese Vorgehensweise ist aber mit einem beträchtlichen Rechenaufwand verbunden. Auch hierbei erfolgt eine Beschränkung auf konstante Kompensatoren.

<u>Diagonalisierung mittels Skalierungsfaktoren</u>

Von Mee [30] wurde gezeigt, daß für bestimmte Klassen von Übertragungsfunktionsmatrizen Diagonaldominanz durch geeignete Skalierung erreicht werden kann.

D(p) sei eine geeignete Skalierungsmatrix

$$D(p) = \text{diag} \left\{ d_1(p), d_2(p), \ldots, d_m(p) \right\} . \tag{6.126}$$

Wird eine Ähnlichkeitstransformation der Matrix $\hat{F}_o'(p) = \hat{R}'(p)\,\hat{G}(p)$ vorgenommen, so gilt mit

$$\hat{F}_{oD}'(p) = \hat{D}(p)\,\hat{F}_o'(p)\,D(p) \tag{6.127}$$

für die Determinanten der Matrizen $\hat{F}_{oD}'(p)$ und $I + \hat{F}_{oD}'(p)$

$$\det \left\{ \hat{F}_{oD}'(p) \right\} = \det \left\{ \hat{F}_o'(p) \right\}$$

und

$$\det (I + \hat{F}'_{oD}(p)) = \det \left\{ I + \hat{D}(p) \ \hat{F}'_o(p) \ D(p) \right\} = \det \left\{ \hat{D}(p) \ (I + \hat{F}'_o(p)) \ D(p) \right\}$$
$$= \det \left\{ I + \hat{F}'_o(p) \right\} . \tag{6.128}$$

Der Wert der über die Stabilität des Systems entscheidenden Determinanten der Rückführdifferenzmatrix und der Matrix des offenen Kreises wird durch diese Transformation also
nicht verändert.

Wird nun ein Diagonalregler

$$\hat{R}'(p) = \mathrm{diag} \left\{ \hat{r}_1(p), \hat{r}_2(p), \ldots, \hat{r}_m(p) \right\} \tag{6.129}$$

angesetzt, so gilt mit $\hat{F}'_o(p) = \hat{R}'(p) \ \hat{G}(p)$

$$\hat{F}'_{oD}(p) = \hat{D}(p) \ \hat{R}'(p) \ \hat{G}(p) \ D(p) = \hat{R}'(p) \ \hat{D}(p) \ \hat{G}(p) \ D(p), \tag{6.130}$$

da Diagonalmatrizen vertauschbar sind. Somit kann der Regler $\hat{R}'(p)$ auch für die "skalier-
te" Regelstreckenmatrix

$$\hat{G}_D(p) = \hat{D}(p) \ \hat{G}(p) \ D(p) \tag{6.131}$$

entworfen werden.

Die Elemente von $\hat{G}_D(p)$ ergeben sich zu

$$\hat{g}_{Dij}(p) = \hat{g}_{ij}(p) \ \frac{d_j(p)}{d_i(p)} , \tag{6.132}$$

und die Elemente von $D(p)$ können nun so gewählt werden, daß die Gershgorin-Bänder möglichst schmal werden.

Als Beispiel sei die Matrix

$$G(p) = \frac{1}{p+1} \begin{pmatrix} 1 & -1/8 \\ -2 & 1 \end{pmatrix}$$

betrachtet. Die inverse Matrix lautet

$$\hat{G}(p) = \frac{3}{4} \ (p+1) \begin{pmatrix} 1 & 1/8 \\ 2 & 1 \end{pmatrix}$$

und ist nicht diagonaldominant. Bei Wahl von $d_2 = 4 d_1$ ergibt sich für $\hat{G}_D(p)$

$$\hat{G}_D(p) = \hat{D} \ \hat{G}(p) \ D = \frac{3}{4} \ (p+1) \begin{pmatrix} 1 & 1/2 \\ 1/2 & 1 \end{pmatrix}$$

eine diagonaldominante Matrix als Basis des weiteren Entwurfs. Die Matrizen $D(p)$ und
$\hat{D}(p)$ sind dabei lediglich ein Entwurfshilfsmittel zur Definition eingeschränkter Gershgorin-
Bänder; sie werden nicht Bestandteil des Reglers. Die Regelstrecke selbst wird dadurch
nicht entkoppelt, aber durch die erreichbare höhere Verstärkung in den Hauptkreisen wird
in vielen Fällen eine ausreichende Entkopplung erreicht. Der Entwurf beinhaltet das aber
nicht direkt. Eingehendere Untersuchungen zeigen, daß die Anwendung des Verfahrens auf
Matrizen beschränkt ist, die zur Klasse der H-Matrizen [77] [36] gehören. Diese Matrizen haben die Eigenschaft, daß nach Bildung der Beträge der Elemente (für alle Werte
$p = j\omega$) und Änderung der Vorzeichen aller Nichtdiagonalelemente die resultierende Matrix
positive Hauptminoren hat (M-Matrix [35]).

Übertragungsmatrizen von Systemen mit $m = 2$ sind in jedem Frequenzpunkt H-Matrizen;
denn entweder gilt

$$|g_{11}| \ |g_{22}| > |g_{12}| \ |g_{21}| , \tag{6.133}$$

oder das ist nach Vertauschung der Eingänge der Fall. Für die praktische Eignung der Matrix ist wichtig, daß die Matrix für alle Frequenzen bei derselben Ein-/Ausgangsgrößen-Zuordnung eine H-Matrix ist. Bei Vorliegen solcher Regelstrecken sollte mit Vorteil von der beschriebenen Transformation Gebrauch gemacht werden, da ein mit Diagonalreglern auf dieser Basis entworfenes System nicht nur Integrität gegenüber Meßglied- und Rückführelementausfällen, sondern auch gegenüber Stellgliedausfällen besitzt.

Für Übertragungsfunktionsmatrizen mit m > 2 ist die Prüfung, ob eine H-Matrix vorliegt aufwendiger. Entsprechende Prüfverfahren sind in [30] angegeben.

Weitere Verfahren

Ein naheliegender Gedanke zur Erzielung von Diagonaldominanz von $\hat{G}(p)$ ist die Wahl eines konstanten Kompensators $\hat{K} = G(0)$. Ist $G(0)$ nicht singulär, führt diese Wahl zur Diagonaldominanz in der Nähe von $\omega = 0$ und evtl. in einem ausreichenden Frequenzbereich.

Ein ähnliches Vorgehen wurde von Rosenbrock auch für $\omega \to \infty$ entwickelt [2]. Solche Verfahren sind aber nur in günstigen Fällen einsetzbar.

Von Ahson und Nicholson [43] [57] wurde außerdem ein Diagonalisierungsverfahren auf der Basis einer numerischen Minimax-Optimierung angegeben, das einen Kompensatorentwurf auf minimale Empfindlichkeit gegenüber Parameterschwankungen ermöglicht. Das Verfahren ist allerdings nur für den Entwurf frequenzunabhängiger Kompensationsnetzwerke anwendbar. Von Hawkins [55] [33] wurde darauf hingewiesen, daß es immer möglich ist, einen Mehrgrößenregler so zu finden, daß der resultierende geschlossene Mehrgrößenregelkreis diagonaldominant ist und dem weiteren Entwurf in der üblichen Weise als neue Regelstrecke zugrunde gelegt werden kann.

Neben den dargestellten Verfahren wurde von Böttiger und Engell [37] und von Unbehauen [68] ein Verfahren zum systematischen Entwurf dynamischer Kompensatoren entwickelt, das auch die Frage zu beantworten gestattet, ob ein konstanter Kompensator überhaupt ausreichend zur Erzielung von Diagonaldominanz ist. Die Anwendung dieses Verfahrens ist aber bisher auf zweivariable Systeme beschränkt.

Von Schäfer und Sain [58] wurde ein rechnergestütztes grafisches Verfahren zur Erzielung von Spaltendiagonaldominanz mittels dynamischer Kompensatoren beschrieben, das ebenfalls zu beurteilen gestattet, ob Diagonaldominanz erreichbar ist.

Alle dargestellten Verfahren zur Erzielung von Diagonaldominanz setzen für ihren effektiven Einsatz Dialogmöglichkeit mit dem Rechner unter Verwendung von Grafikdisplays für die Darstellung der Ortskurvenmatrizen und der Gershgorin-Bänder voraus.

Für Systeme bis zu drei Eingängen und Ausgängen ist das Verfahren der elementaren Zeilen- und Spaltenoperationen anschaulich, besonders wenn ein konstanter Kompensator oder ein Kompensator mit nur ein oder zwei frequenzabhängigen Elementen verwendet werden kann. Die aufwendigeren analytischen Verfahren der Pseudodiagonalisierung versagen in komplizierten Fällen häufig auch dann, wenn ein konstanter Kompensator zur Lösung des Problems ausreicht.

Für den Entwurf mittels des inversen Nyquist-Verfahrens sollte Zeilendiagonaldominanz der Übertragungsfunktionsmatrix von $\hat{G}(p)$ angestrebt werden. Bei Multiplikation mit der diagonalen Reglermatrix $\hat{R}(p)$ wird die erreichte Diagonaldominanz dann nicht beeinflußt.

6.3.3.2. Entwurf auf der Basis diagonaldominanter Regelstrecken

Ist durch einen geeigneten Kompensator K(p) vor der Regelstrecke Diagonaldominanz der resultierenden inversen Regelstreckenmatrix

$$\hat{G}_K(p) = \hat{K}(p)\,\hat{G}(p) \tag{6.134}$$

erreicht worden, besteht der nächste Entwurfsschritt in der Bestimmung geeigneter Rückführverstärkungen der zunächst starr über die Rückführmatrix

$$H = \operatorname{diag}\left\{h_1, h_2, \ldots, h_m\right\} \tag{6.135}$$

rückgeführten Regelstrecke. Anhand der Gershgorin-Bänder zu $\hat{G}_K(p)$ wird die zulässige
Verstärkung unter Verwendung des Stabilitätskriteriums nach Abschn. 6.3.2.2. bestimmt.
Ergeben sich dabei keine brauchbaren Verstärkungseinstellungen bzw. ein unbefriedigendes
dynamisches Verhalten des geschlossenen Systems, so müssen nun geeignete skalare Regler

$$\hat{R}'(p) = \text{diag}\left\{\hat{r}'_1(p), \hat{r}'_2(p), \ldots, \hat{r}'_m(p)\right\} \tag{6.136}$$

ausgewählt werden. Dieser Reglerentwurf erfolgt für die einzelnen Hauptregelkreise unter
der Voraussetzung, daß alle Kreise außer dem jeweils i-ten Kreis über Rückführungen h_j;
$j \neq i$ geschlossen sind (Bild 6.25). Die analytische Berechnung der Ortskurve der resultierenden i-ten Teilregelstrecke kann durch Heranziehung des Ostrowski-Theorems umgangen
werden. Im jeweils i-ten Gershgorin-Band liegt danach das zugehörige Ostrowski-Band als
Toleranzband für die gesuchte Ortskurve. Es kann dem Entwurf zugrunde gelegt werden.
Sind die Verstärkungen in den einzelnen Schleifen groß, wird das Ostrowski-Band sehr
schmal, und $\hat{g}_{Kii}(p)$ kann als Approximation der Ortskurve der gesuchten Teilstrecke verwendet werden. Bei zeilendiagonaldominanter Matrix $\hat{G}_K(p)$ beeinflußt die Wahl von $\hat{r}'_i(p)$
die Diagonaldominanz nicht.

Für den Entwurf der skalaren Regler können die üblichen Entwurfsverfahren für einvariable Kreise eingesetzt werden, wobei zweckmäßigerweise mit den inversen Ortskurven
weiter gearbeitet wird. Sind die Regler $\hat{r}'_i(p)$ entworfen, so ergibt sich der Gesamtregler
zur Regelstrecke $\hat{G}(p)$ zu

$$R(p) = K_a \, K_b(p) \, R'(p) \, H, \tag{6.137}$$

wobei die Rückführmatrix in den Vorwärtszweig eingerechnet wird. Die Integrität des Regelungssystems gegenüber Ausfällen von Meßgliedern oder skalaren Reglern ist durch die Diagonaldominanz von $\hat{G}_K(p)$ gesichert. Integrität gegenüber Stellgliedausfällen ist dagegen
nicht gegeben, falls nicht ein Diagonalregler $R(p)$ vorliegt.

Für den effektiven Einsatz des inversen Nyquist-Verfahrens ist der Einsatz eines dialogfähigen Digitalrechners mit grafischem Display erforderlich. Über entsprechende Programmsysteme wird z. B. in [37] bis [41] berichtet. Das inverse Nyquist-Verfahren gehört zu
den am häufigsten eingesetzten Entwurfsverfahren im Frequenzbereich, und es liegen relativ zahlreiche Veröffentlichungen über Anwendungen, z. B. [42] bis [52] und [3], vor.

Programmsysteme für den Entwurf stetiger Mehrgrößenregler können auch zum Entwurf
diskreter Systeme herangezogen werden, wenn durch eine bilineare Transformation

$$z = \frac{1 + w}{1 - w} \tag{6.138}$$

das System in eine "Pseudo-p-Ebene" abgebildet und dort entworfen wird. Der gesuchte diskrete Regler wird dann durch Rücktransformation erhalten [56] [3].

6.3.4. Beispiel

Als Beispiel sei der Entwurf einer Zweigrößenregelung für eine Destillationskolonne betrachtet [53] mit den Regelgrößen Kopftemperatur y_1 und Sumpftemperatur y_2 und den Stellgrößen Sumpfheizleistung u_1 und Kopfrücklaufmenge u_2.

Für die Regelstrecke wurde experimentell die folgende Übertragungsfunktionsmatrix bestimmt [69]:

$$G(p) = \begin{pmatrix} \dfrac{-161\,(1+16p)\,e^{-p}}{(1+0,2p)\,(1+57p)\,(1+3,3p)} & \dfrac{125,8}{(1+0,2p)\,(1+49p)\,(1+11p)} \\[3ex] \dfrac{-143,4\,(1+48p)\,e^{-6p}}{(1+0,2p)\,(1+76p)\,(1+15p)} & \dfrac{122,6}{(1+0,2p)\,(1+22p)} \end{pmatrix},$$

wobei

$$\underline{y}(p) = G(p)\,\underline{u}(p).$$

(Alle Zeitkonstanten sind in min angegeben.)

Der zu entwerfende Regelkreis soll ein gutes Führungsverhalten aufweisen mit einer Einschwingzeit $T_{m1} < 10$ min und einer maximalen Überschwingweite von 20 % bei Sprungstörung für den Kopfregelkreis und einer Einschwingzeit $T_{m2} < 15$ min und einer maximalen
Überschwingweite von 10 % bei Sprungstörung für den Sumpfregelkreis bei völliger statischer
und ausreichend dynamischer Entkopplung.

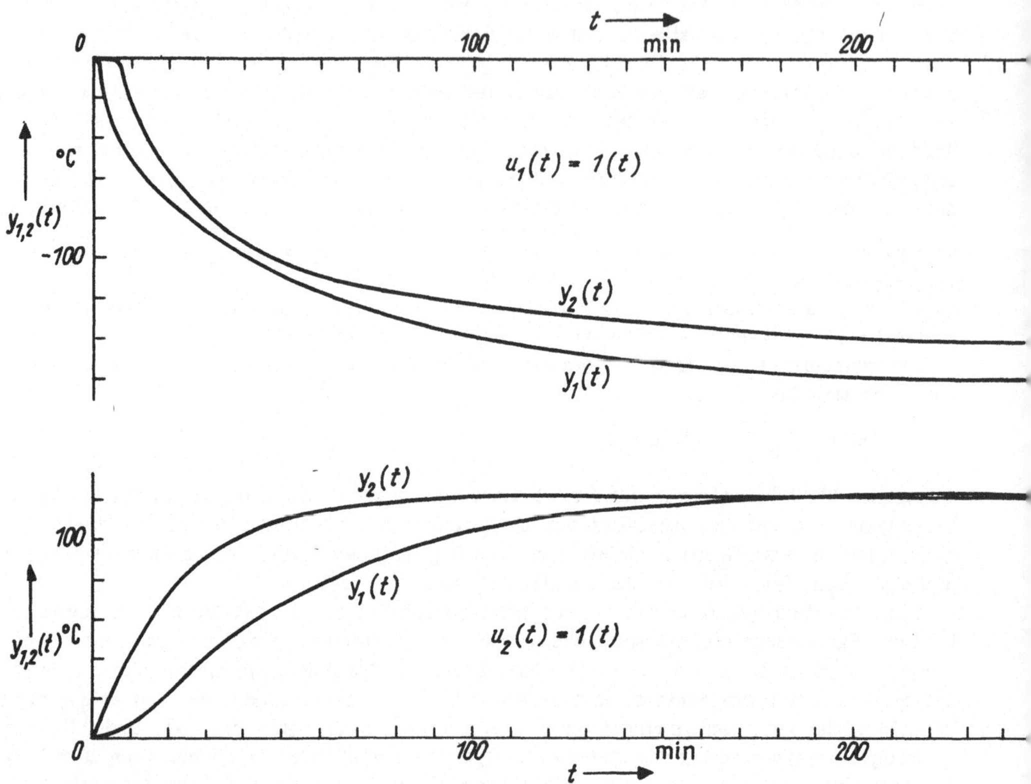

Bild 6.27. Sprungantworten der Regelstrecke

Bild 6.27 zeigt die Sprungantworten der Regelstrecke und läßt die starken Kopplungen
zwischen den Regelgrößen sowie die Totzeit in $g_{21}(p)$ sichtbar werden. Für den als wesentlich erkannten Frequenzbereich sind im Bild 6.28 die Ortskurven der inversen Frequenzgangmatrix $\hat{G}(j\omega)$ mit den zugehörigen Gershgorin-Bändern dargestellt. Für die Anwendung
des inversen Nyquist-Verfahrens wird Zeilendiagonaldominanz der Regelstreckenmatrix angestrebt. Diese ist offensichtlich nur für hohe Frequenzen gegeben.

Durch Einsatz eines Kompensators vor der Regelstrecke soll Diagonaldominanz erreicht
werden. Da im unteren Frequenzbereich eine nahezu lineare Abhängigkeit zwischen den Zeilen besteht, im hohen Frequenzbereich aber größere Differenzen auftreten, ist mittels eines
frequenzunabhängigen Kompensators vermutlich keine Diagonaldominanz erreichbar, und es
müssen frequenzabhängige Komponenten im Kompensator zugelassen werden. Damit kommt
ein Entwurf unter Verwendung von Elementarmatrizen in Betracht.

Zunächst wird eine Verringerung der Elemente $\hat{g}_{12}(j\omega)$ und $\hat{g}_{21}(j\omega)$ durch lineare Zei-
lenkombinationen angestrebt. Dazu wird mittels eines ersten Teilkompensators

$$\hat{k}_b^{(1)}(p) = \begin{pmatrix} 1 & \hat{k}_{b\,12}^{(1)}(p) \\ -1 & 1 \end{pmatrix}$$

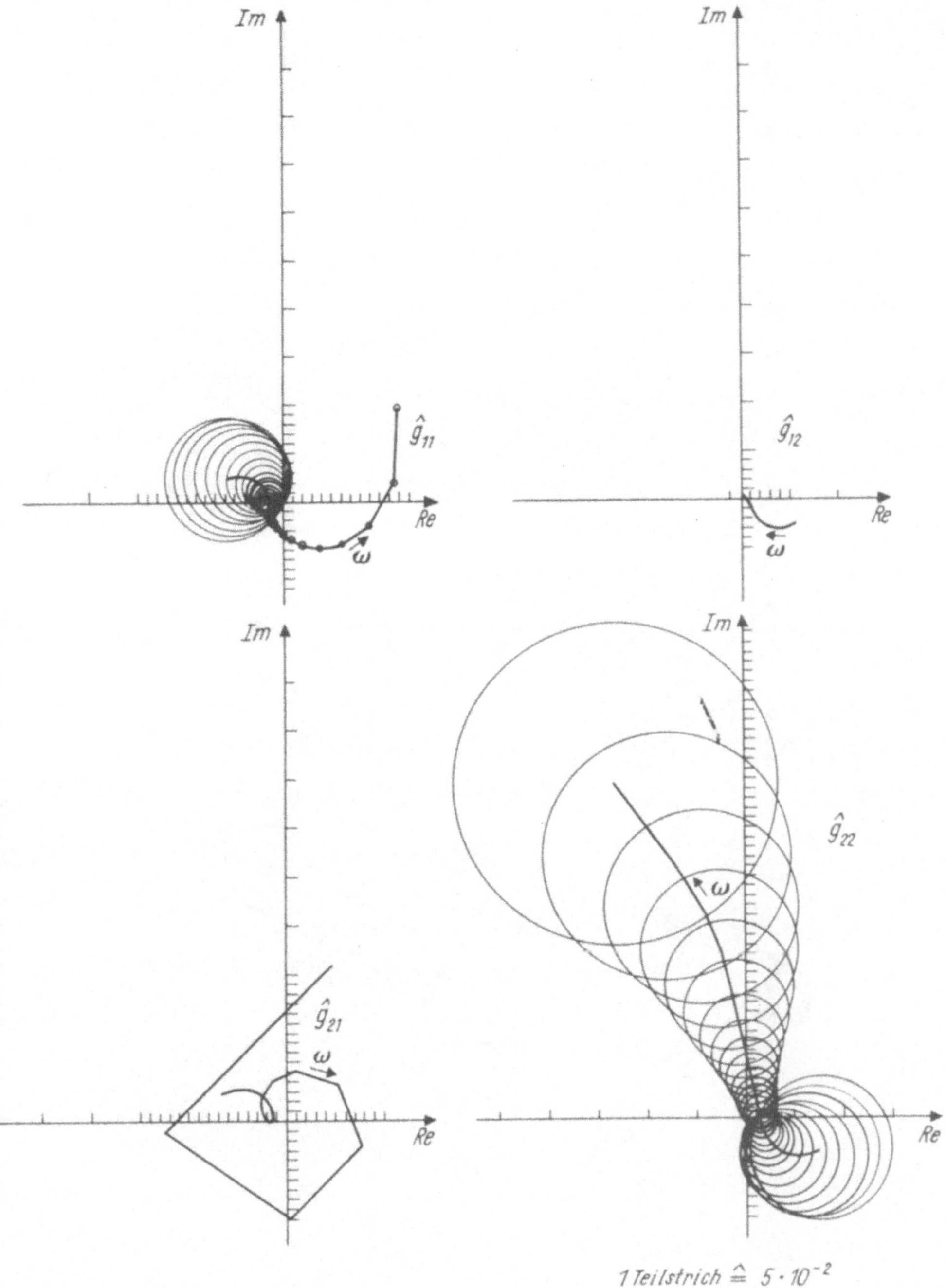

Bild 6.28. Ortskurven von $\hat{G}$ mit Gershgorin-Bändern

$$\text{Zeile } 1_{res} = \text{Zeile } 1 + \hat{k}_{b12}^{(1)}(p) \cdot \text{Zeile } 2$$

$$\text{Zeile } 2_{res} = - \text{Zeile } 1 + \text{Zeile } 2$$

gebildet. Durch Wahl eines Verzögerungsglieds

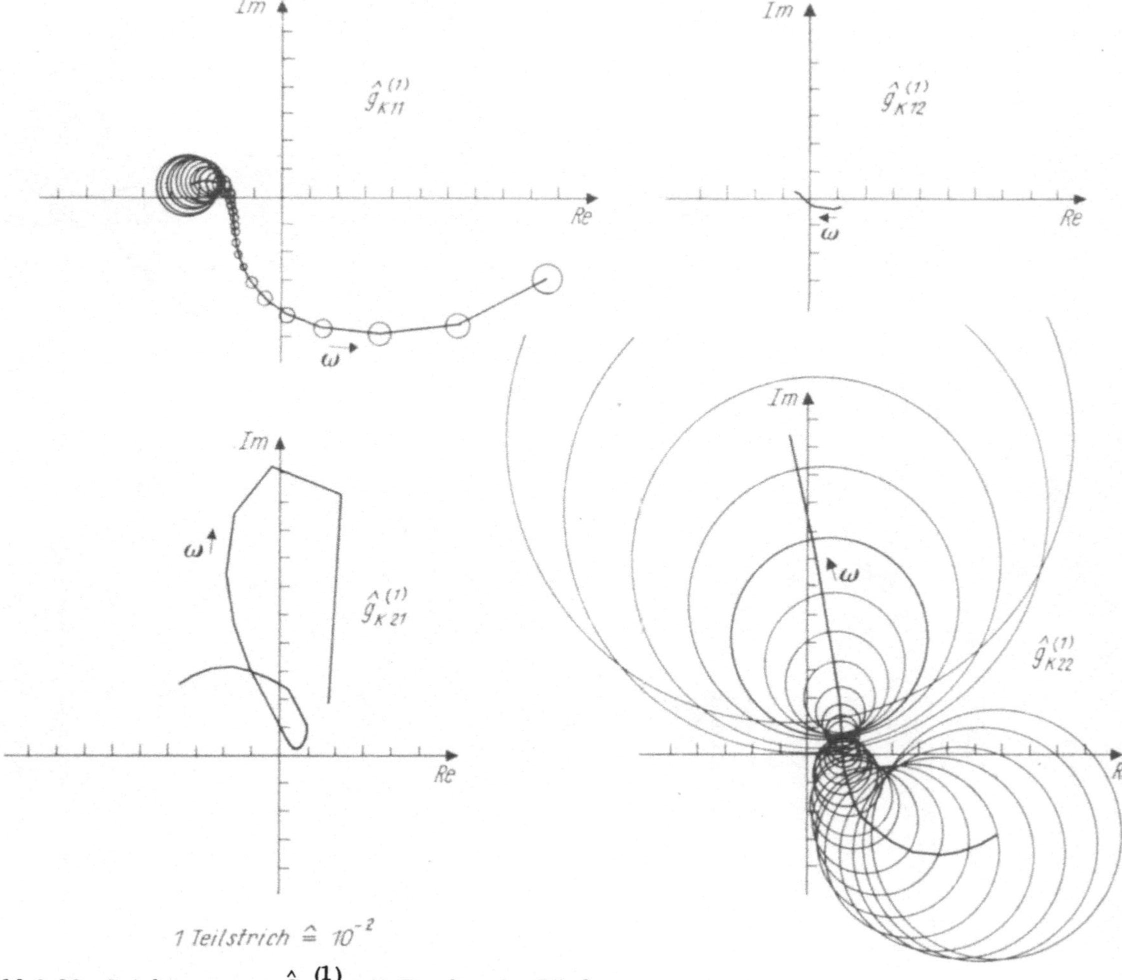

Bild 6.29. Ortskurven von $\hat{G}_K^{(1)}$ mit Gershgorin-Bändern

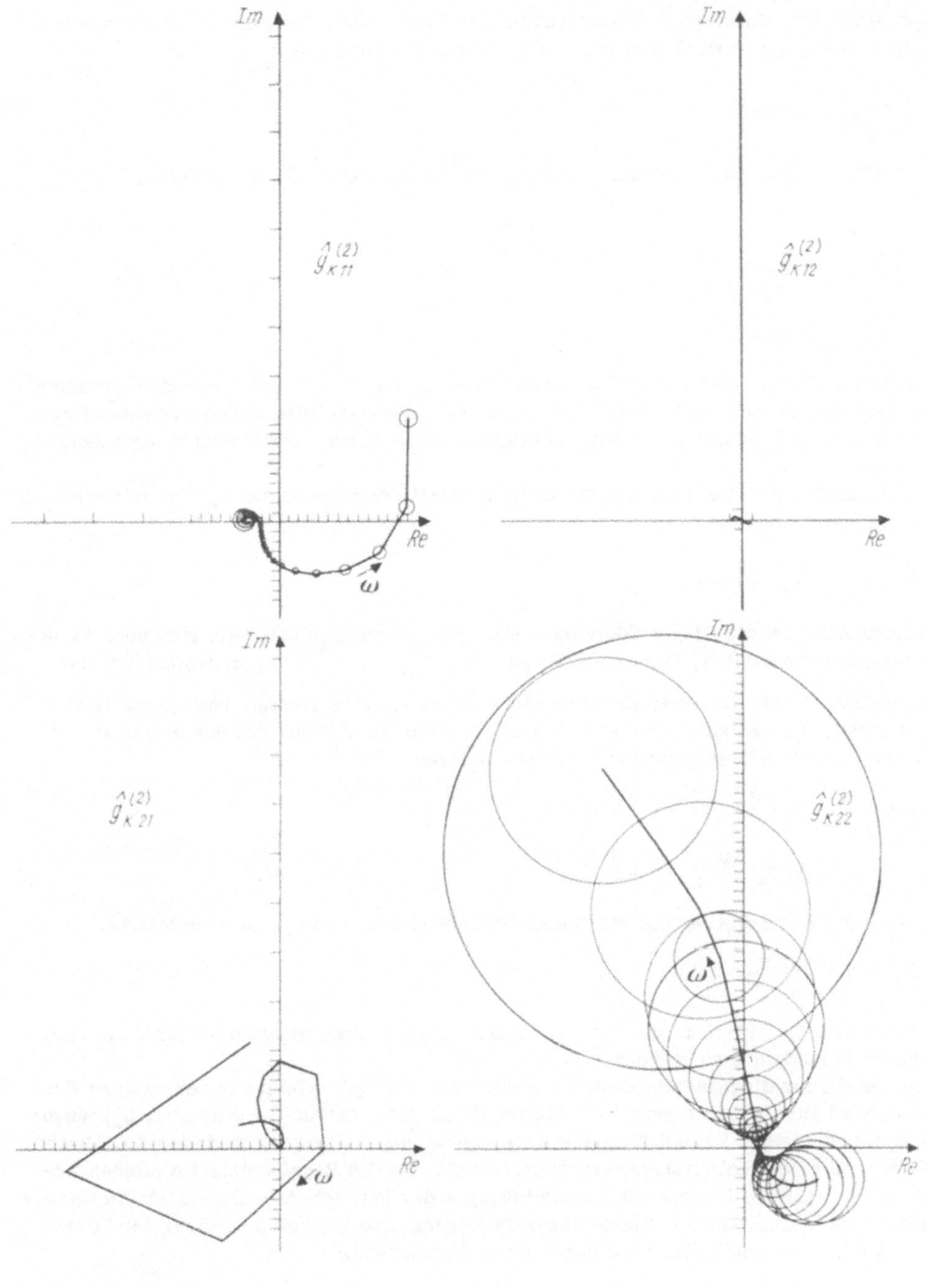

Bild 6.30. Ortskurven von $\hat{G}_K^{(2)}$ mit Gershgorin-Bändern

$$\hat{k}_{b12}^{(1)}(p) = \frac{k}{1 + pT}$$

wird erreicht, daß nur der niederfrequente Teil von $\hat{g}_{22}(j\omega)$ einen Anteil zur Kompensation von $\hat{g}_{12}(j\omega)$ liefert. Durch genaue Betrachtung der Frequenzabhängigkeiten der Elemente von $\hat{g}_{22}(j\omega)$ und $\hat{g}_{12}(j\omega)$ wird eine geeignete Dimensionierung von $\hat{k}_{b12}^{(1)}(p)$ zu

$$\hat{k}_{b12}^{(1)}(p) = \frac{-0,75}{1 + 21,7p}$$

gefunden. Für die Übertragungsfunktionsmatrix $K_b^{(1)}$ folgt daraus durch Inversion

$$K_b^{(1)}(p) = \underbrace{\frac{4\,(1 + 21,7p)}{1 + 86,6p}}_{\alpha\,(p)} \begin{pmatrix} 1 & \dfrac{0,75}{1 + 21,7p} \\ 1 & 1 \end{pmatrix} .$$

Dieser Kompensator ist technisch realisierbar, aber da der Faktor $\alpha\,(p)$ nur eine gleichmäßige Betrags- und Phasenbeeinflussung aller Elemente bewirkt, wird ein äquivalentes Ergebnis auch für $\alpha\,(p) = 1$ erhalten und der Aufwand zur Realisierung des Übertragungsglieds $\alpha\,(p)$ entfällt.

Bild 6.29 zeigt die Ortskurven und die Gershgorin-Bänder der durch $K_b^{(1)}(p)$ mit $\alpha\,(p) = 1$ entkoppelten Regelstrecke

$$\hat{G}_K^{(1)}(p) = \hat{K}_b^{(1)}(p)\,\hat{G}(p) .$$

In der ersten Zeile ist die Diagonaldominanz sehr gut, in der zweiten Zeile sind noch weitere Korrekturen erforderlich. Dazu muß das Element $\hat{g}_{21}^{(1)}$ von $\hat{G}_K^{(1)}(p)$ in den entsprechenden Frequenzbereichen, in denen die Diagonaldominanz nicht befriedigt, betragsmäßig verkleinert werden. Als geeignet erweist sich ein DT_1-Glied in $\hat{K}_b^{(2)}(p)$ mit der aufgrund der genauen Ortskurvenverläufe gefundenen Dimensionierung

$$\hat{K}_b^{(2)}(p) = \begin{pmatrix} 1 & 0 \\ \dfrac{47,5p}{1 + 125p} & 1 \end{pmatrix} .$$

Bild 6.30 zeigt die Ortskurven und die Gershgorin-Bänder der kompensierten Matrix.

$$\hat{G}_K^{(2)}(p) = \hat{K}_b^{(2)}(p)\,\hat{K}_b^{(1)}(p)\,\hat{G}(p)$$

Diagonaldominanz ist erreicht, und die Gershgorin-Bänder sind genügend schmal, um eine ausreichende Entkopplung zu sichern.

Auf der Basis der diagonaldominanten Regelstrecke $\hat{G}_K^{(2)}(p)$ erfolgt nun der weitere Entwurf. Dazu wird zuerst eine starre Rückführung durch eine Matrix $H = \mathrm{diag}\,\{h_1, h_2\}$ angesetzt, und die zulässigen Verstärkungsbereiche von h_1 und h_2 werden nach dem im Abschn. 6.3.2.2. formulierten Stabilitätskriterium untersucht. Da die Regelstrecke im offenen Zustand stabil ist, muß die Summe der Umschlingungen der kritischen Punkte durch die Gershgorin-Bänder Null sein. Die Erfüllung dieser Bedingung erfordert eine Drehung der Ortskurve von $\hat{g}_{11}^{(2)}(p)$ um $180°$. Das wird durch einen Kompensator

$$\hat{K}_b^{(3)} = \begin{pmatrix} -1 & 0 \\ 0 & 1 \end{pmatrix}$$

erreicht (Bild 6.31). Dem weiteren Entwurf liegt somit die Regelstrecke

$$\hat{G}_K(p) = \hat{K}_b^{(3)}\,\hat{K}_b^{(2)}(p)\,\hat{K}_b^{(1)}(p)\,\hat{G}(p) \triangleq \hat{F}_o(p)$$

zugrunde. Als Grenzen für die zulässigen statischen Verstärkungen ergeben sich aus Bild 6.31

und $\quad\begin{aligned} h_1 &< 0,1 \\ h_2 &< 21 \end{aligned}$.

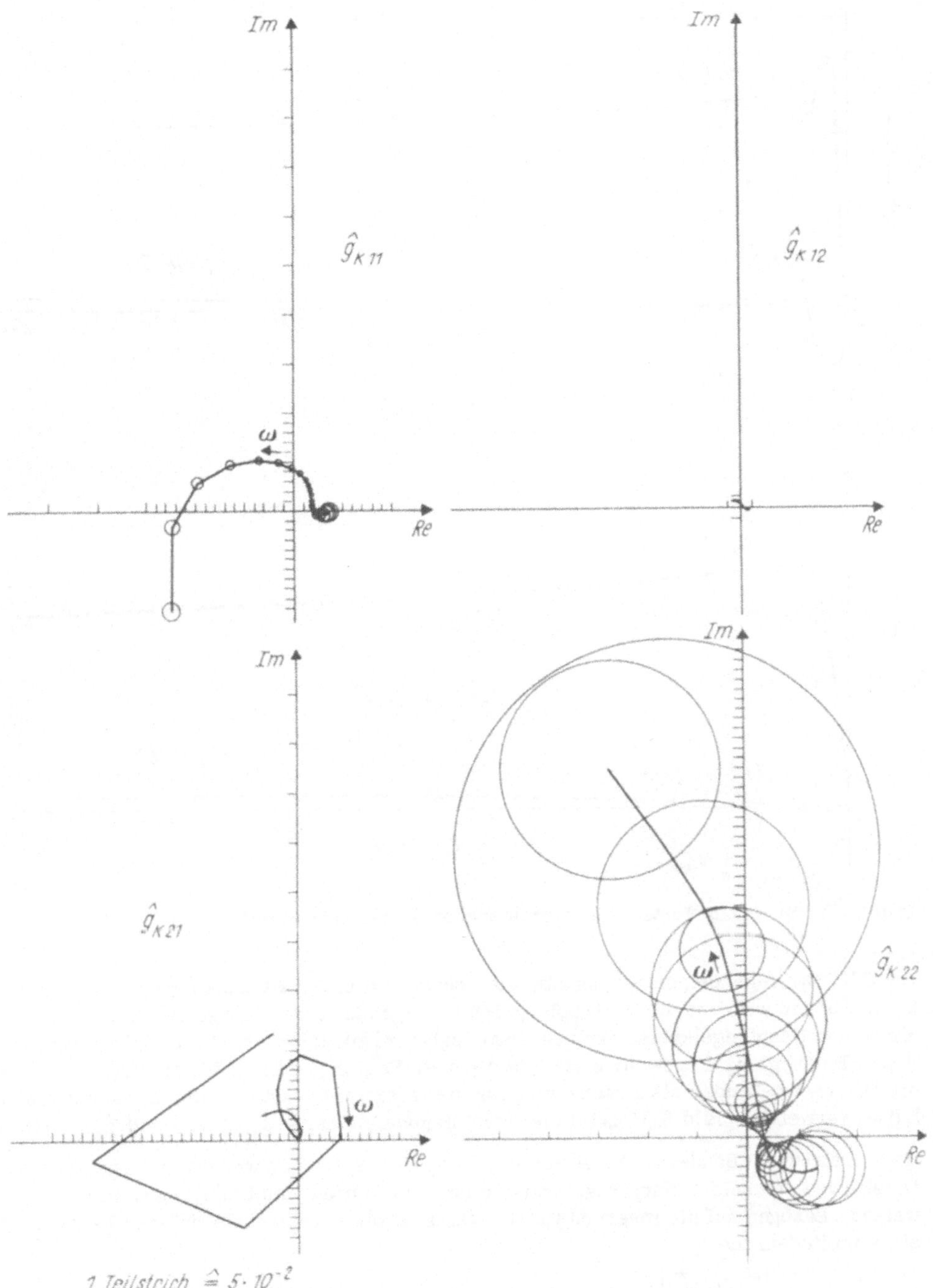

Bild 6.31. Ortskurven von $\hat{G}_K$ mit Gershgorin-Bändern

h_1 und h_2 werden so gewählt, daß die Einzelkreise keine zu starke Schwingneigung zeigen und in etwa die geforderten Einschwingzeiten haben. Dazu wird aufgrund entsprechender Abschätzungen

$$h_1 = 0,05$$
$$h_2 = 0,07$$

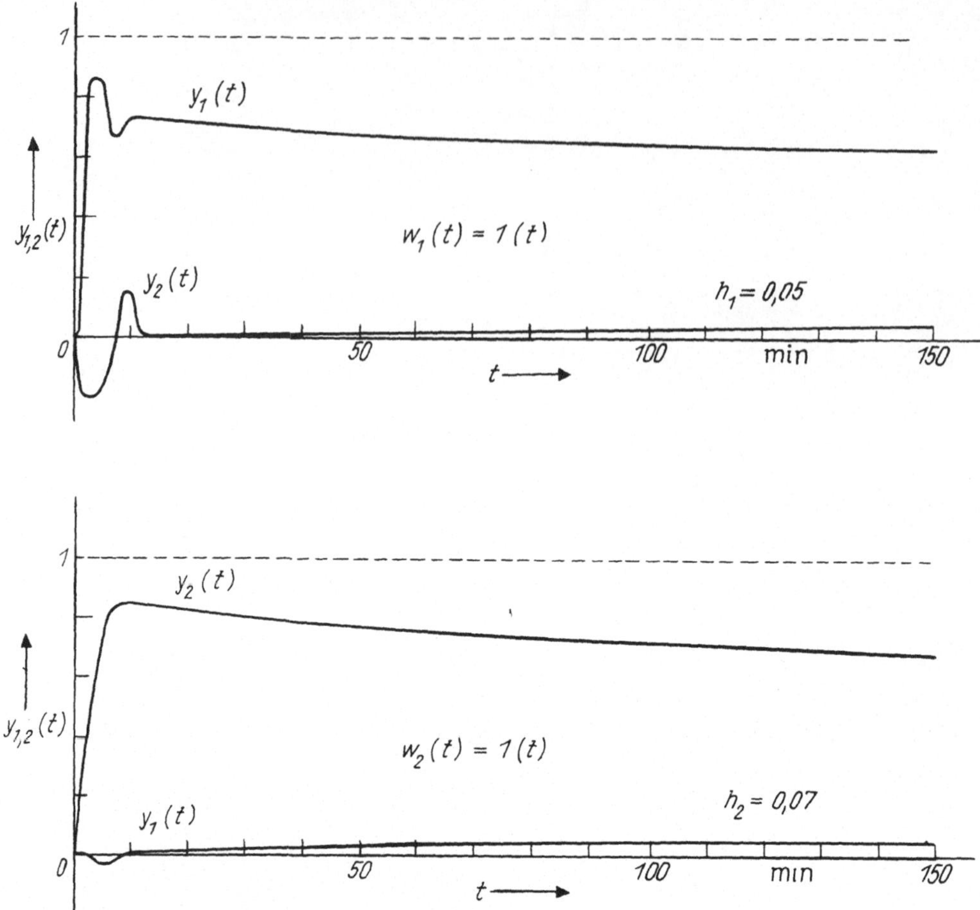

Bild 6.32. Sprungantworten des geschlossenen Regelkreises mit $G_K(p)$

gewählt. Die zugehörigen Sprungantworten zeigt Bild 6.32. Es treten große bleibende Regelabweichungen auf, und die Entkopplung der Regelgrößen ist ungenügend. Deshalb werden für die beiden Hauptregelkreise skalare Hauptregler $r_i'(p)$ erforderlich. Um die geforderte statische Entkopplung zu gewährleisten, werden PI-Regler gewählt. Für ihren Entwurf werden die Ostrowski-Bänder als Abschätzung für die inversen Ortskurven der Ersatzregelstrecke $l_i(j\omega)$ verwendet. Bild 6.33 zeigt die Hauptdiagonalelemente $\hat{g}_{K11}(j\omega)$ und $\hat{g}_{K22}(j\omega)$ mit ihren Ostrowski-Bändern. Die Parameter der PI-Hauptregler werden so bestimmt, daß die Ortskurven der beiden Hauptregelkreise einen genügenden Amplituden- und Phasenrand aufweisen. Bezogen auf die inversen Ortskurven sind für verfahrenstechnische Regelungen [2] ein Amplitudenrand

$$\Delta L_i = \frac{\left|\hat{f}'_{oii}(j\omega^*)\right|}{h_i} > 2$$

sowie ein Phasenrand

$$\Delta\varphi_i = 180^\circ - \arg\left\{\hat{f}'_{oii}(j\omega_s)\right\} > 30^\circ$$

anzustreben (Erläuterung s. Bild 6.34).

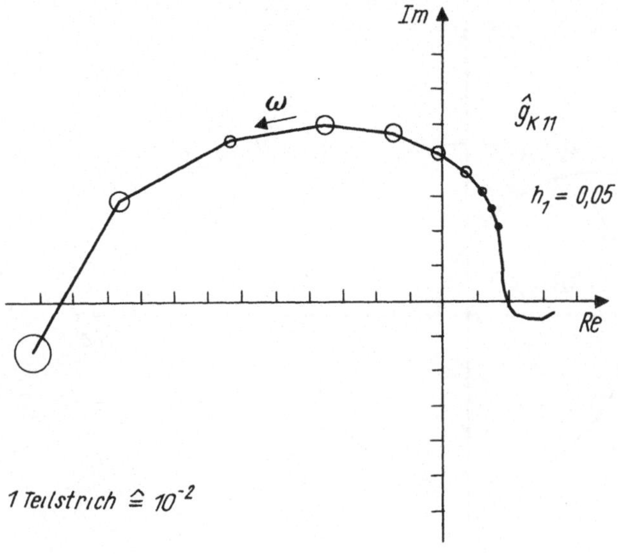

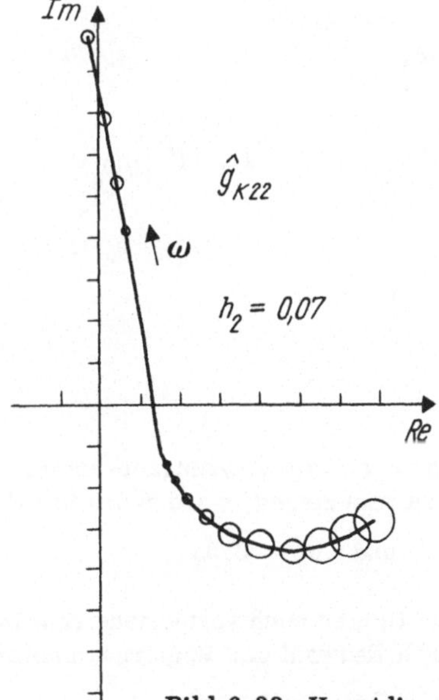

Bild 6.33. Hauptdiagonalelemente von $\hat{G}_K$ mit Ostrowski-Bändern

Mit der inversen Reglermatrix

$$\hat{R}'(p) = \begin{pmatrix} \dfrac{1}{k_1}\,\dfrac{p\,T_{J1}}{1+p\,T_{J1}} & 0 \\[2ex] 0 & \dfrac{1}{k_2}\,\dfrac{p\,T_{J2}}{1+p\,T_{J2}} \end{pmatrix}$$

ergibt sich für $k_1 = 0,877,\ k_2 = 0,680,\ T_{J1} = 3\ \text{min}$ **und** $T_{J2} = 2,4\ \text{min}$

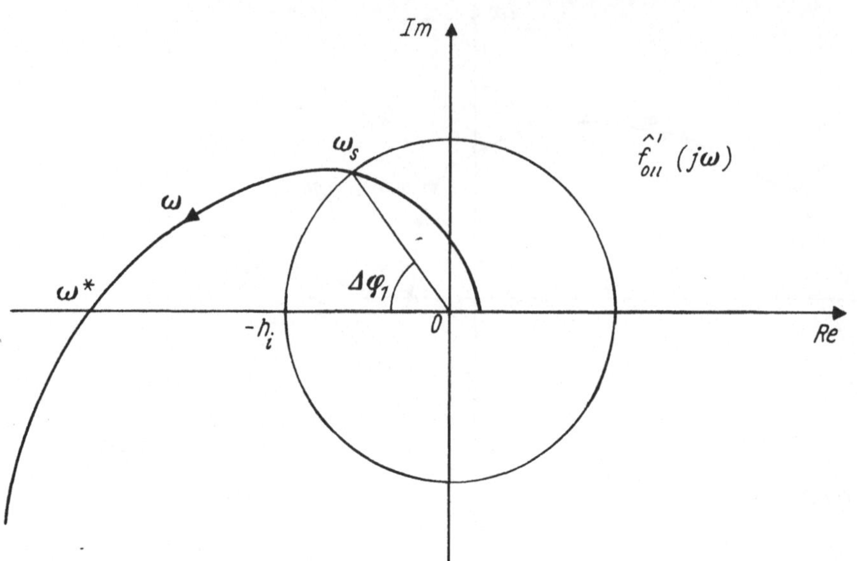

Bild 6.34. Entwurfskennwerte

Schnittfrequenz ω_s

180°-Frequenz ω^*

Phasenrand· $\quad \Delta\varphi_i = 180° - \arg\{\hat{f}'_{oii}(j\omega_s)\}$

Amplitudenrand $\quad \Delta L_i = \dfrac{\hat{f}'_{oii}(j\omega^*)}{h_i}$

Lagefehlerkonstante $\quad K_s = h_i/\hat{f}'_{oii}(0)$

$$\Delta\varphi_i \approx 45°;\quad i = 1,2$$
$$\Delta L_1 \approx 2$$
$$\Delta L_2 \gg 2\,.$$

Bild 6.35 zeigt die zugehörigen Sprungantworten. Um das noch verbleibende Überschwingen von 26 bzw. 28 % zu reduzieren, werden die Rückführverstärkungen auf

$$h_1 = 0,025 \quad \text{und} \quad h_2 = 0,05$$

verringert. Um die immer noch vorhandene Schwingneigung des Kreises 2 weiter zu verkleinern, wird durch Neuwahl der Reglerparameter

$$T_{J2} = 12 \text{ min}, \quad k_2 = 0,98 \quad \text{und} \quad h_2 = 0,1$$

ein Phasenrand von $\Delta\varphi_2 = 75°$ erzielt. Bild 6.36 zeigt die zugehörigen Ortskurven der $\hat{f}'_{oii}(j\omega)$ mit den entsprechenden Ostrowski-Bändern und Bild 6.37 die zugehörigen Sprungantworten, die ein befriedigendes, die Güteforderungen erfüllendes Regelverhalten des entworfenen Systems erkennen lassen. Der endgültige Mehrgrößenregler R(p) ergibt sich durch Einbeziehung der Entkopplungsnetzwerke und der Matrix der Rückführverstärkungen zu

$$R(p) = \begin{pmatrix} 1 & \dfrac{0,75}{1+21,7p} \\ 1 & 1 \end{pmatrix} \begin{pmatrix} 1 & 0 \\ \dfrac{-47,5}{1+125p} & 1 \end{pmatrix} \begin{pmatrix} -1 & 0 \\ 0 & 1 \end{pmatrix} \begin{pmatrix} 0,088\,\dfrac{1+3p}{3p} & 0 \\ 0 & 0,098\,\dfrac{1+12p}{12p} \end{pmatrix}$$

$$\qquad\quad K^{(1)}(p) \qquad\qquad K^{(2)}(p) \qquad\qquad K^{(3)} \qquad\qquad R'(p)\,H\,.$$

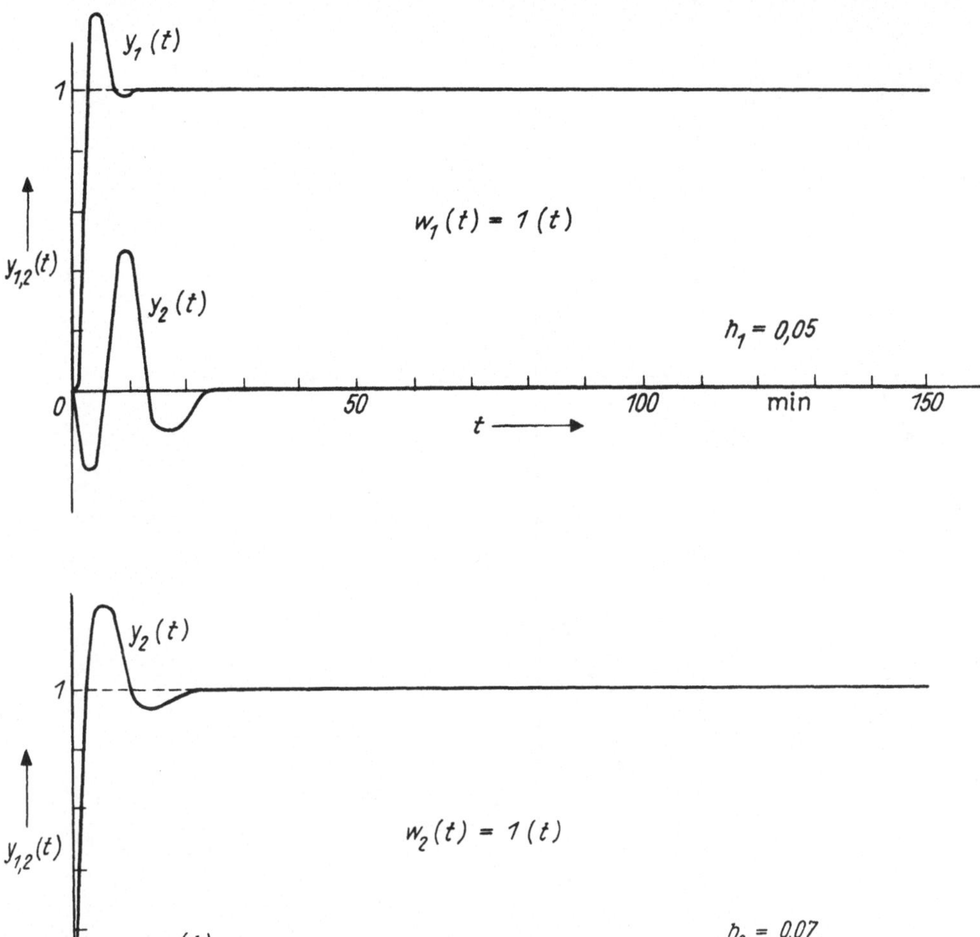

Bild 6.35. Sprungantworten des geschlossenen Regelkreises

Bild 6.38 zeigt das zugehörige Strukturbild des Reglers. Es ist in seinem Aufbau leicht überschaubar, einfach zu realisieren, und der Regelkreis besitzt Integrität gegenüber Meßgliedausfällen und Ausfällen der skalaren Hauptregler.

6.3.5. Einschätzung des Verfahrens

Das inverse Nyquist-Verfahren ist ein leistungsfähiges, für den Dialog mit dem Digitalrechner konzipiertes Entwurfsverfahren. Durch das zugrunde gelegte Prinzip der Diagonaldominanz wird der Entwurf auf einfache Weise auf den Entwurf von Einfachregelkreisen zurückgeführt und gleichzeitig Integrität gegenüber Meßgliedausfällen und Ausfällen skalarer Hauptregler erzielt. Die Verwendung der inversen Übertragungsfunktionsmatrizen beim Entwurf hat den Vorteil, daß die Beziehungen zwischen den inversen Übertragungsmatrizen des offenen und des geschlossenen Kreises einfacher sind und die Ostrowski-Bänder mit wachsenden Verstärkungen in den anderen Hauptkreisen schmaler werden und die inversen Ortskurven der Ersatzregelstrecken zwischen i-tem Eingang und i-tem Ausgang in einfacher Weise genauer zu lokalisieren gestatten.

Wenn Diagonaldominanz durch statische Entkopplungsnetzwerke erreicht wird, ergeben sich sehr einfache Mehrgrößenregler. Der Entwurf kann auch darauf ausgerichtet werden,

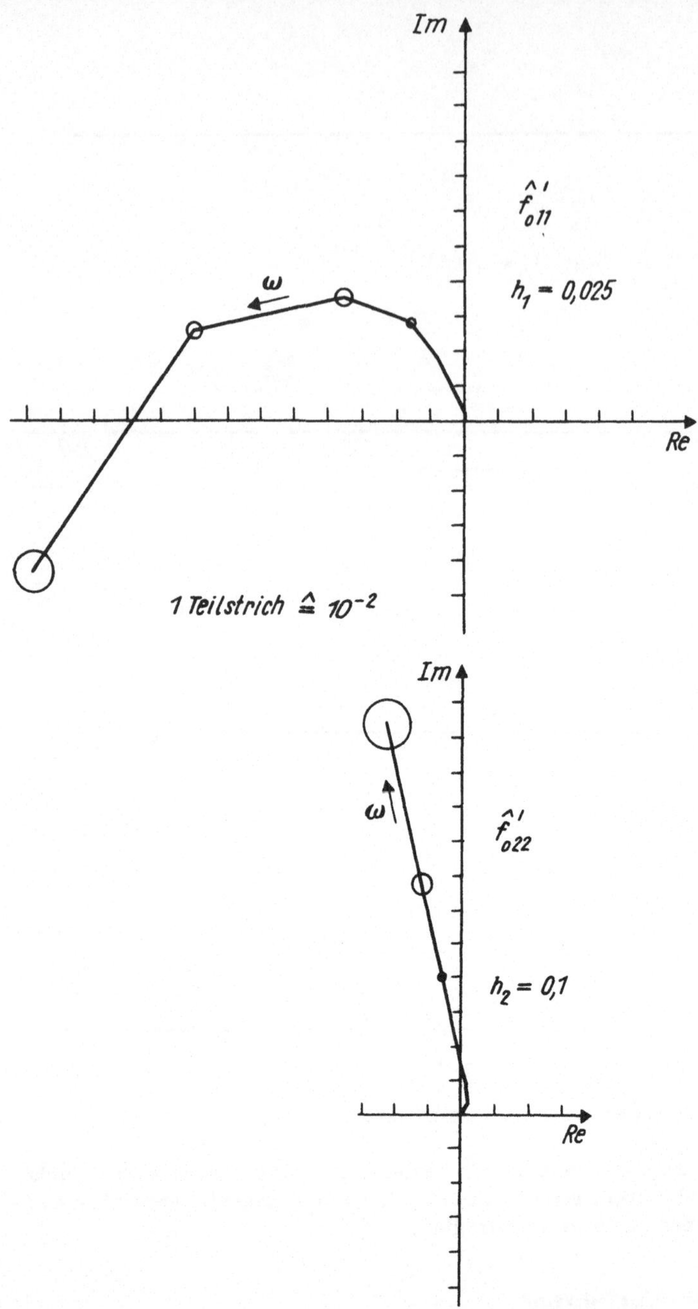

Bild 6.36. Hauptdiagonalelemente von $F_o'(j\omega)$ mit Ostrowski-Bändern

eine geringe Empfindlichkeit des entworfenen Mehrgrößenreglers gegenüber Parametervariationen der Regelstrecke zu erhalten [54].

Nachteilig ist gelegentlich der Verlust an Entwurfsfreiheit durch die Forderung nach Diagonaldominanz, wenn eine Entkopplung der Regelstrecken und Integrität nicht gefordert sind, sowie die Beschränkung auf quadratische Übertragungsfunktionsmatrizen. Da die inversen Übertragungsmatrizen von Kompensationsnetzwerken und Reglern entworfen werden, können bei Systemen mit m > 2 Kompliziertheit und Realisierbarkeit der entworfenen Strukturen nicht immer direkt beurteilt werden. Integrität gegenüber Ausfällen in den Kompensa-

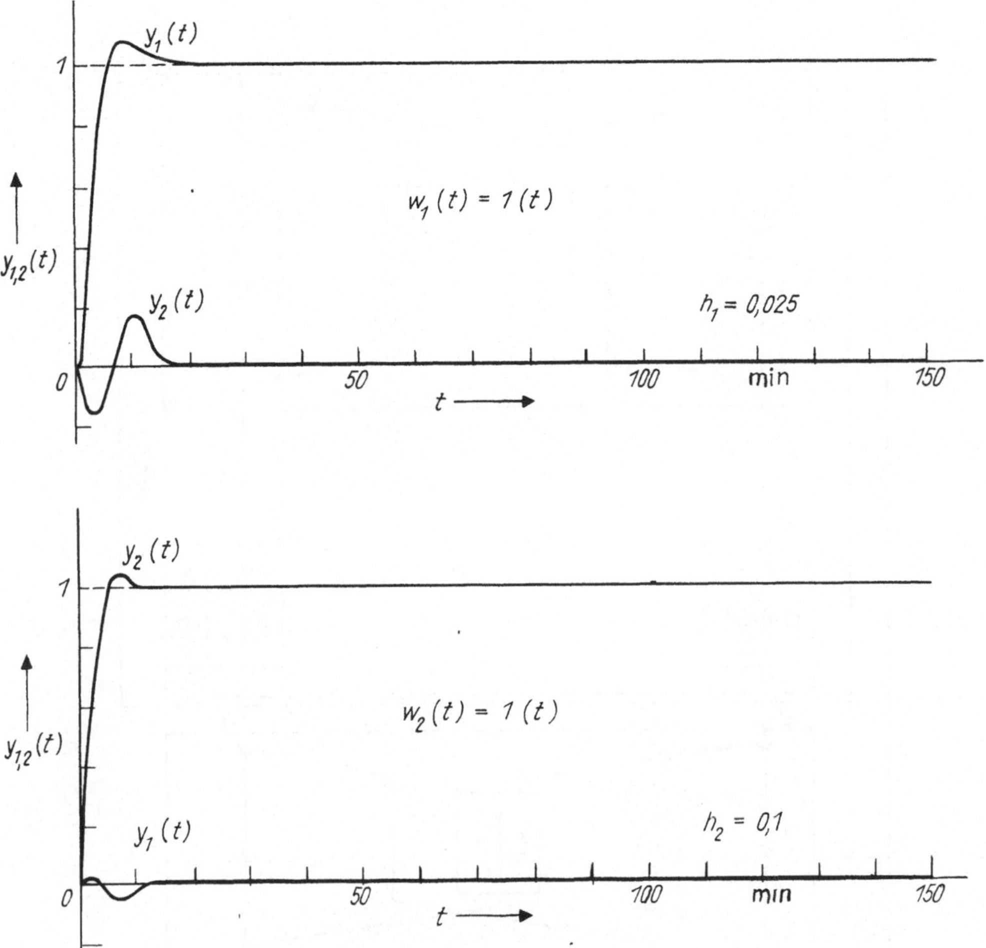

Bild 6.37. Sprungantworten des geschlossenen Regelkreises

tionsnetzwerken und gegenüber Stellgliedausfällen kann nicht auf systematischem Weg erreicht werden, und in einigen Fällen ist Diagonaldominanz nur schwierig erreichbar.

Insgesamt gesehen, ist das inverse Nyquist-Verfahren als ein sehr leistungsfähiges, ingenieurgemäßes Entwurfsverfahren einzuschätzen, das eine Reihe zusätzlicher praktischer Forderungen zu berücksichtigen gestattet. Von allen z. Z. bekannten Entwurfsverfahren im Frequenzbereich dürfte es bisher am meisten angewandt worden sein, und mit ihm ist eine Reihe von Mehrgrößenentwurfsproblemen u. a. in verfahrenstechnischen und energietechnischen Prozessen sowie bei der Steuerung von Flugkörpern ([42] bis [53] [3] [76]) erfolgreich gelöst worden.

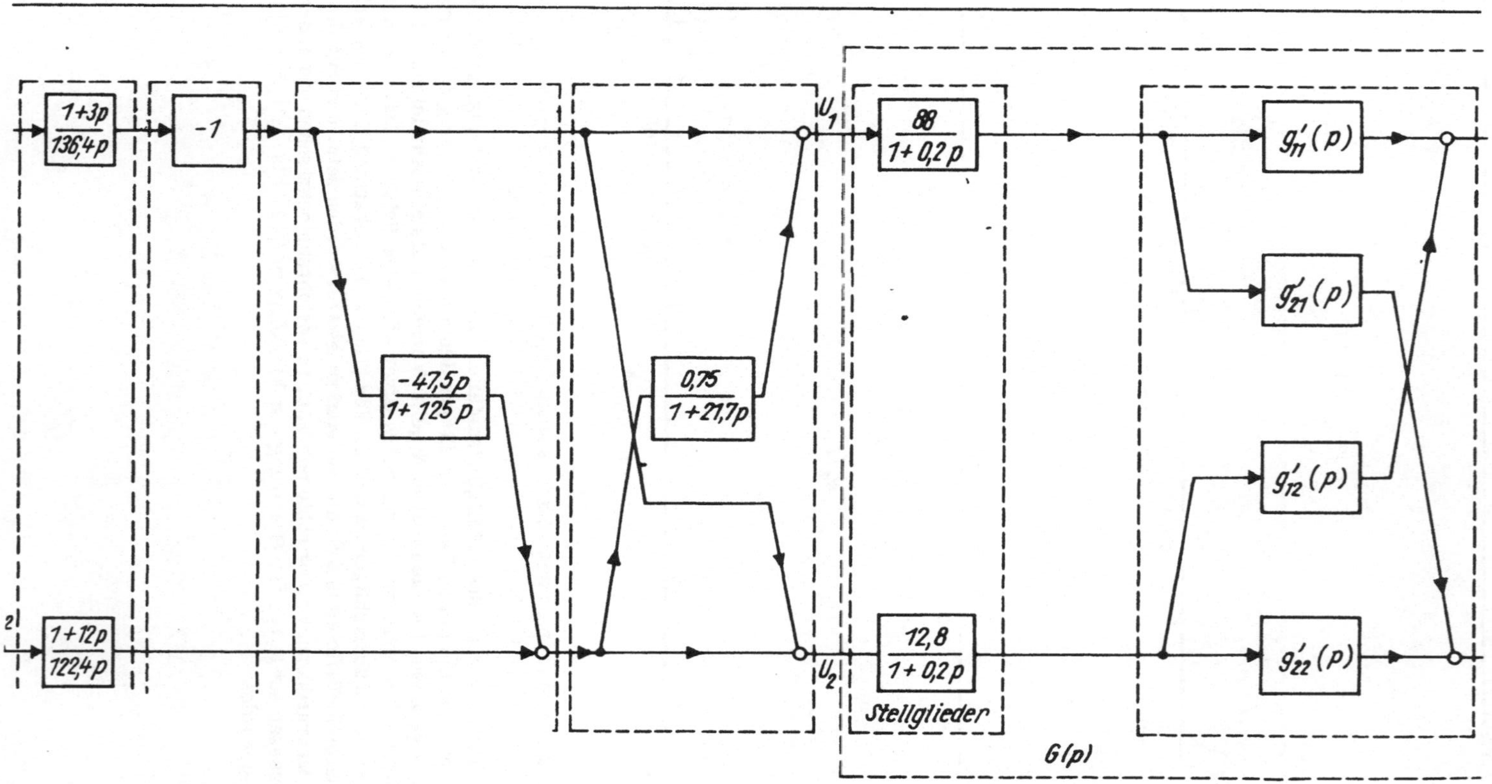

Bild 6.38. Struktur des Regelungssystems

6.4. Direktes Nyquist-Verfahren

6.4.1. Grundgedanken des Verfahrens

Beim direkten Nyquist-Verfahren wird der Entwurf des Mehrgrößenregelungssystems ähnlich wie beim inversen Nyquist-Verfahren durch eine näherungsweise Entkopplung der Regelgrößen auf den getrennten Entwurf der Hauptregelkreise zurückgeführt. Durch eine geeignete Wahl von Kompensationsnetzwerken wird Diagonaldominanz der Rückführdifferenzmatrix des Regelkreises angestrebt. Der Entwurf der Einzelkreise erfolgt dann anhand der Hauptdiagonalelemente der diagonaldominanten Rückführdifferenzmatrix. Bei Diagonaldominanz der Rückführdifferenzmatrix stellen deren Hauptdiagonalelemente mit ihren Gershgorin-Bändern ausreichende Approximationen der charakteristischen Ortskurven dar und werden statt derer zur Stabilitätsprüfung und Beurteilung der Dynamik herangezogen.

Zwar bestehen beim Entwurf nach dem direkten Nyquist-Verfahren keine so einfachen Beziehungen zwischen den Übertragungsfunktionsmatrizen des offenen und des geschlossenen Regelkreises wie beim inversen Verfahren, aber diesem Nachteil stehen einige Vorteile gegenüber. Ein Entwurf der Kompensationsmatrizen und der Reglermatrix direkt statt ihrer Inversen ermöglicht, bei komplizierten Systemen die Realisierbarkeit der entworfenen Regler einfacher zu beurteilen. Darüber hinaus läßt sich der Entwurf jetzt auch auf nichtquadratische Übertragungsfunktionsmatrizen ausdehnen, und es ergeben sich insgesamt größere Entwurfsfreiheiten als beim inversen Nyquist-Verfahren.

Auch beim direkten Nyquist-Verfahren wird mit der näherungsweisen Entkopplung der Regelgrößen bei Diagonaldominanz der Rückführdifferenzmatrix die Integrität des entworfenen Regelkreises gegenüber Meßgliedausfällen und Ausfällen von skalaren Hauptreglern gesichert.

Das direkte Nyquist-Verfahren wurde von Rosenbrock [2] angegeben und von Fisher [46] und Kuon [46][3] als Entwurfsverfahren realisiert und erprobt. Eine Erweiterung auf eine Klasse im verallgemeinerten Sinn diagonaldominanter Matrizen wurde von Nwokah vorgenommen [78]; eine Erweiterung zum Entwurf bei nichtminimalphasigen Regelstrecken wurde von Lauckner [79] angegeben. Dabei werden die größeren Entwurfsfreiheiten nichtquadratischer Übertragungsfunktionsmatrizen der Regelstrecke zur Nullstellenbeeinflussung gezielt ausgenutzt.

6.4.2. Voraussetzungen und Grundlagen

6.4.2.1. Voraussetzungen

Vorausgesetzt wird eine $(r \times \overline{m})$-Übertragungsfunktionsmatrix $G(p)$ der Regelstrecke. Dabei soll im weiteren nur der praktisch bedeutungsvollere Fall $r > m$ betrachtet werden, daß die Anzahl r der Meßgrößen größer oder gleich der Anzahl m der Stell- und Regelgrößen ist. Der Fall $m < r$ kann in analoger Weise behandelt werden.

Mittels eines der Regelstrecke nachgeschalteten frequenzabhängigen Netzwerkes mit der Übertragungsmatrix $L(p)$ wird eine Linearkombination aus den r Meßgrößen zu m Regelgrößen gebildet. Die Wahl von $L(p)$ ist in vielen Fällen durch die Vorgabe von Hauptregelgrößen und zulässigen Aufschaltungen eingeschränkt, i. allg. wird $L(p)$ jedoch im Verlauf des Entwurfsprozesses mit dem Ziel der Diagonaldominanz von

$$I + G_L(p) = I + L(p)\ G(p) \tag{6.139}$$

entworfen. Häufig wird es notwendig sein, durch einen Kompensator mit der Übertragungsfunktion $K(p)$ vor der Regelstrecke eine weitere Entkopplung vorzunehmen, so daß die Matrix

$$I + G_K(p) = I + L(p)\ G(p)\ K(p) \tag{6.140}$$

Diagonaldominanz aufweist.

Bei Verwendung eines diagonalen Hauptreglers $R'(p)$ und einer statischen Rückführmatrix $H = \mathrm{diag}\left\{h_1, \ldots, h_m\right\}$ ergibt sich die Regelkreisstruktur nach Bild 6.39 mit

$$F_o'(p) = G_K(p) \cdot R'(p) \qquad\qquad (6.141)$$

$$F_o(p) = F_o'(p)\, H \qquad\qquad (6.142)$$

$$R(p) = R'(p)\, H\,. \qquad\qquad (6.143)$$

Für die Übertragungsfunktionsmatrizen L(p) und R(p) wird Pol- und Nullstellenfreiheit in der rechten p-Halbebene gefordert.

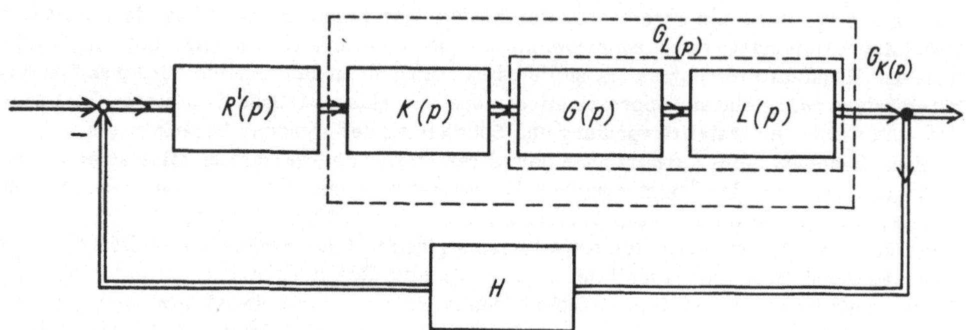

Bild 6.39. Regelkreisstruktur

6.4.2.2. Stabilitätsprüfung anhand der Gershgorin-Bänder

Für den Regelkreis nach Bild 6.39 gilt für den Zusammenhang zwischen den Übertragungsfunktionsmatrizen des offenen und des geschlossenen Regelkreises

$$F_g(p) = \left[I + F_o(p)\right]^{-1} F_o'(p) \qquad\qquad (6.144)$$

und für die Rückführdifferenzmatrix

$$F(p) = I + F_o(p) = I + F_o'(p)\, H\,. \qquad\qquad (6.145)$$

Diagonaldominanz der Rückführdifferenzmatrix $F(p)$ kann auch anhand der Gershgorin-Bänder zu den Hauptdiagonalelementen $f_{oii}(p)$ von $F_o(p)$ beurteilt werden. Die Forderung, daß die Gershgorin-Bänder der diagonaldominanten Matrix $F(p)$ den Ursprung nicht enthalten dürfen, bedeutet, daß die Gershgorin-Bänder zu den $f_{oii}(p)$ den kritischen Punkt $(-1,0)$ nicht enthalten dürfen.

Unter der Voraussetzung der Diagonaldominanz von $F(p)$ auf der Nyquist-Kontur D gilt folgende Stabilitätsbedingung (s. Abschn. 6.0.2.1.):

Der geschlossene Regelkreis ist stabil, wenn und nur wenn die Summe der Umschlingungen

$$n_F = \sum_{i=1}^{m} n_{Fi} \qquad\qquad (6.146)$$

des kritischen Punktes $(-1,0)$ durch die Gershgorin-Bänder zu den $f_{oii}(p)$ gleich der Anzahl der Pole in der rechten p-Halbebene des offenen Systems ist.

Ist das offene System stabil, so gilt $n_F = 0$ und zur Erfüllung der Forderung nach Integrität der Hauptregelkreise ist außerdem erforderlich:

$$n_{Fi} = 0; \qquad i = 1, 2, \ldots, m\,. \qquad\qquad (6.147)$$

Diagonaldominanz der Rückführdifferenzmatrix $F(p)$ nach Gl. (6.145) ist gleichbedeutend mit Diagonaldominanz der Matrix $H^{-1} + F_o'(p)$. Für die Stabilitätsprüfung können damit alternativ auch die Umschlingungen der Gershgorin-Bänder zu den Hauptdiagonalelementen $f'_{oii}(p)$ der Matrix $F'_o(p)$ um die kritischen Punkte $(-h_i^{-1}, 0)$ betrachtet werden.

Auch hier genügt es, wie im Abschn. 6.3.2.2. ausgeführt, unter für reale technische Systeme praktisch immer erfüllten Voraussetzungen nur die Abbildung des wesentlichen Frequenzbereichs der Nyquist-Kontur D für $p = j\omega$, $|\omega| < \omega_o$ durch $F(p)$ zu untersuchen.

6.4.2.3. Zur Anwendung des Ostrowski-Theorems

Im Abschn. 6.3.2.3. wurde die Anwendung des Ostrowski-Theorems zur genaueren Lokalisierung der Frequenzgänge der einvariablen Ersatzregelstrecke $l_i(p)$ zwischen dem jeweils i-ten Eingang und dem i-ten Ausgang des Mehrgrößensystems bei Rückführverstärkungen h_j; $j \neq i$ gezeigt.

Eine entsprechende Ableitung [2] für das direkte Nyquist-Verfahren führt unter der Voraussetzung von Spaltendiagonaldominanz von $F(p)$ auf die folgende Abschätzung:

$$\left| f'_{oii}(p) - l_i(p) \right| < \Phi_i(p)\, d_i(p) < d_i(p); \qquad i = 1, 2, \ldots, m \tag{6.148}$$

mit

$$\Phi_i(p) = \max_{\substack{j \\ j \neq i}} \frac{d_j(p)}{\left| h_j^{-1} + f'_{ojj}(p) \right|} . \tag{6.149}$$

Auch hier liegen die Frequenzgänge der Ersatzregelstrecken $l_i(p)$ innerhalb entsprechender Ostrowski-Bänder, die aus Kreisen mit den Radien $\Phi_i(p)\, d_i(p)$ um die $f'_{oii}(p)$ gebildet werden. Bei einer Erhöhung der Verstärkung verbreitern sich die Ostrowski-Bänder jedoch innerhalb der durch die Gershgorin-Bänder gegebenen Grenzen. Für $h_j \to 0$; $j = 1, 2, \ldots, m$, $i \neq j$ werden sie immer schmaler und führen wie erforderlich auf den Grenzfall $l_i(p) = f'_{oii}(p)$, wenn alle Kreise geöffnet sind.

Damit ist die Anwendung des Ostrowski-Theorems beim Entwurf nach dem direkten Nyquist-Verfahren u. U. nur von begrenztem Nutzen. Von Kuon [3] wurde auch ein analytisches Verfahren zur genaueren Abschätzung der Lage der $l_i(p)$ angegeben, das jedoch ebenfalls bei wachsender Verstärkung in den einzelnen Schleifen zu breiteren Toleranzbändern führt und rechentechnisch wesentlich aufwendiger ist. Die sich ergebenden Unterschiede in den Breiten der Toleranzbänder sind relativ gering.

6.4.3. Erläuterung des Entwurfs

Der Entwurf einer Mehrgrößenregelung nach dem direkten Nyquist-Verfahren besteht aus zwei Hauptschritten. Im ersten Schritt werden durch Wahl geeigneter Kompensationsnetzwerke möglichst schmale Gershgorin-Bänder der Direktzweigmatrix $F'_o(p)$ angestrebt, und im zweiten Schritt werden die Hauptregelkreise als Einfachregelkreise entworfen. Die Hauptregelkreise müssen die Forderung nach Diagonaldominanz der Rückführdifferenzmatrix und die vorgegebenen Güteforderungen erfüllen. In Anbetracht der im Prinzip gleichen Entwurfsstrategie wie beim inversen Nyquist-Verfahren werden hier nur die wesentlichen Unterschiede im Vorgehen dargestellt, und im übrigen wird auf Abschn. 6.3.3.1. verwiesen.

6.4.3.1. Verfahren zur Erreichung von Diagonaldominanz

Wie im Abschn. 6.4.2.2. ausgeführt, ist Diagonaldominanz von $F(p)$ gleichbedeutend mit der Forderung, daß die Gershgorin-Bänder zur Matrix $F_o(p)$ den kritischen Punkt $(-1, 0)$ der komplexen Ebene nicht einschließen oder entsprechend die Gershgorin-Bänder zur Matrix $F'_o(p)$ die jeweiligen kritischen Punkte $(-h_i^{-1}, 0)$ ausschließen. Um der Matrix $F_o(p)$ die gewünschten Eigenschaften zu erteilen, stehen die im Abschn. 6.3.3.1. dargestellten Diagonalisierungsverfahren zur Verfügung.

Neu ist lediglich der Entwurf des Übertragungsglieds L(p), das der geeigneten Linearkombination der r Meßgrößen zu den m Regelgrößen dient. Oft ist bereits durch vorgegebene technische Randbedingungen die Wahl von L(p) eingeschränkt, z. B. durch Vorgabe technologisch bestimmter Regelgrößen. Ist dies nicht der Fall und können alle r Meßgrößen frei zur Stabilisierung der Regelstrecken herangezogen werden, so wird versucht, durch geeignete Wahl einer $(m \times r)$-Matrix L(p) eine quadratische $(m \times m)$-Übertragungsmatrix $I + G_L(p) = I + L(p) \, G(p)$ zu erzeugen, die diagonaldominant auf der Nyquist-Kontur D ist.

Es ist jedoch auch möglich, bei Beschränkung auf ein frequenzunabhängiges Netzwerk $L = (l_{ji})$ eine Pseudodiagonalisierung durchzuführen [2], wie sie in ähnlicher Weise im Abschn. 6.3.3.1. beschrieben wurde:

Für die Elemente $g_{Ljk}(p)$ von $G_L(p)$ gilt für eine feste Frequenz $p = j\omega_0$

$$g_{Ljk} = \sum_{i=1}^{r} l_{ji} \, g_{ik}; \qquad j, k = 1, 2, \ldots, m. \tag{6.150}$$

Der j-te Zeilenvektor $\underline{l}_j$ der Matrix L wird nun so gewählt, daß für die Summe der Nebendiagonalelemente

$$\sum_{\substack{k=1 \\ k \neq j}}^{m} \left| g_{Ljk} \right|^2 \rightarrow \text{Min} \tag{6.151}$$

gilt unter der Beschränkung

$$\sum_{i=1}^{r} l_{ji}^2 = 1. \tag{6.152}$$

Der gesuchte Vektor $\underline{l}_j$ ergibt sich als Lösung der Gleichung

$$A_j \underline{l}_j^T - \lambda \underline{l}_j^T = 0 \tag{6.153}$$

mit λ als dem kleinsten Eigenwert der symmetrischen $(r \times r)$-Matrix

$$A_j = (a_{i\nu}^{(j)}) = \left(\sum_{\substack{k=1 \\ k \neq j}}^{m} (\alpha_{ik} \alpha_{\nu k} + \beta_{ik} \beta_{\nu k}) \right) . \tag{6.154}$$

Dabei ergeben sich die α_{ik} und β_{ik} aus

$$g_{ik} = \alpha_{ik} + j \beta_{ik}. \tag{6.155}$$

Die Diagonalisierungsfrequenz ω_0 kann für jede Zeile geeignet gewählt werden.

Durch die größere Zahl von Freiheitsgraden für $r \geqq m$ ist Diagonaldominanz einfacher zu erreichen als im Fall $r = m$. Für $r \geqq 2m - 1$ ist es sogar immer möglich, eine für ω_0 diagonaldominante Matrix $I + G_L(p)$ zu erzeugen.

Werden durch Wahl von L(p) keine ausreichend schmalen Gershgorin-Bänder erzielt, muß dies durch geeignete Wahl eines Kompensators K(p) vor der Regelstrecke erreicht werden.

6.4.3.2. Entwurf auf der Basis der Gershgorin-Bänder

Ist durch Wahl geeigneter Kompensationsnetzwerke L(p) und K(p) eine diagonaldominante Rückführdifferenzmatrix erzeugt worden, werden im nächsten Entwurfsschritt geeignete Verstärkungsfaktoren der skalaren Rückführmatrix

$$H = \text{diag} \left\{ h_1 \ldots, h_m \right\} \tag{6.156}$$

gewählt. Das erfolgt auf der Basis der Gershgorin-Bänder zu $G_K(p)$ unter Verwendung der im Abschn. 6.4.2.2. angegebenen Stabilitätsbedingungen. Werden keine geeigneten Verstärkungsfaktoren gefunden oder befriedigt das dynamische Verhalten nicht, so müssen geeignete skalare Regler

$$R'(p) = \operatorname{diag}\left\{r_1'(p),\; r_2'(p),\; \ldots,\; r_m'(p)\right\} \tag{6.157}$$

entworfen werden. Der Entwurf der Regler $r_i'(p)$ erfolgt für die einzelnen Hauptregelkreise, unter der Voraussetzung, daß alle Kreise außer dem jeweils i-ten Kreis über geeignet gewählte Rückführverstärkungen h_j; $j \neq i$ geschlossen sind (Bild 6.26). Die resultierende Ortskurve $l_i(j\omega)$ zwischen dem i-ten Eingang und dem i-ten Ausgang ist durch das Ostrowski-Band lokalisiert. Eine analytische Berechnung der Ersatzstrecke ist nicht notwendig, wenn die Diagonaldominanz der Matrix $G_K(p)$ ausreichend ist, um genügend schmale Gershgorin-Bänder zu garantieren. Der Entwurf der Regler $r_i'(p)$ erfolgt mittels der üblichen Entwurfsverfahren für einvariable Systeme im Frequenzbereich.

Die Gershgorin-Bänder der Hauptregelstrecken mit Regler müssen die Forderung nach Diagonaldominanz der Rückführdifferenzmatrix erfüllen, was eine Korrektur der Schleifenverstärkungen h_i notwendig werden lassen kann. Obiger Forderung entspricht beim inversen Nyquist-Verfahren die Bedingung, daß die Gershgorin-Bänder der inversen Streckenmatrix $\hat{F}{}'(j\omega)$ die kritischen Punkte $(-h_i, 0)$ ausschließen.

In Tafel 6.1 sind die wesentlichen Unterschiede bezüglich der Dominanzforderungen und der kritischen Punkte beim inversen und beim direkten Nyquist-Verfahren gegenübergestellt.

Tafel 6.1. Dominanzforderungen und kritische Punkte beim inversen und beim direkten Nyquist-Verfahren

	Geforderte Diagonaldominanz	Kritische Punkte
DNV	$H^{-1} + F'_o$	$(-h_i^{-1}, 0)$ für die $f'_{oii}(j\omega)$
INV	$\hat{F}{}'_o,\; \hat{F}_g$	$(-h_i, 0)$; $(0, 0)$ für die $\hat{f}{}'_{oii}(j\omega)$

Der Gesamtregler ergibt sich zu

$$R(p) = K(p)\, R'(p)\, H. \tag{6.158}$$

Dabei wird die Rückführmatrix H zweckmäßigerweise in den Vorwärtszweig eingerechnet und das Netzwerk L(p) als zur Regelstrecke gehörig betrachtet.

Auch für die Anwendung des direkten Nyquist-Verfahrens ist der Einsatz eines dialogfähigen Digitalrechners mit grafischem Display Voraussetzung für eine effektive Arbeitsweise. Im Gegensatz zum inversen Nyquist-Verfahren liegen nur wenig Veröffentlichungen zur Anwendung des direkten Nyquist-Verfahrens vor [3] [46].

6.4.4. Beispiel

Als Beispiel wird der Entwurf einer Blockregelung für einen 210-MW-Kraftwerksblock betrachtet [53].

Bild 6.40 zeigt schematisch den Aufbau des Kraftwerksblocks. Für die Blockregelung stehen aus technologischen und ökonomischen Gründen nur die Eingangsgrößen Brennstoffstrom $\dot{Q}_{BR}$, Speisewasserstrom $\dot{Q}_{SP}$, Verbrennungsluftstrom $\dot{Q}_L$ und der Sollwert der Turbinenleistungsregelung W_P sowie die Ausgangsgrößen Frischdampfdruck p_{FD}, Temperatur im mittleren Strahlungsteil ϑ_{mst}, Rauchgastemperatur in der Umlenkkammer ϑ_{uk}, Sauerstoffgehalt im Rauchgas O_2 und die Wirkleistung des Turbogenerators P_{TG} zur Ver-

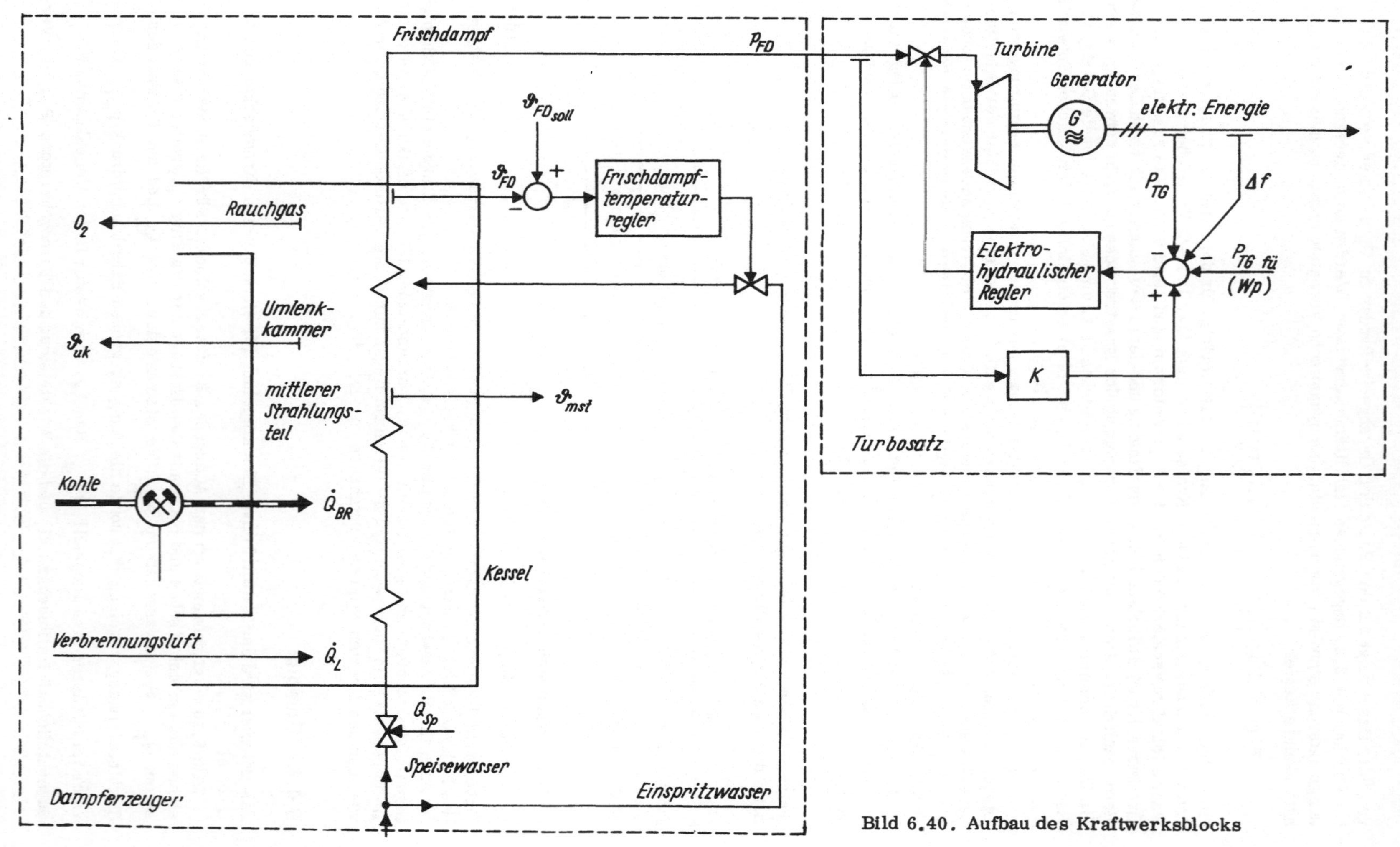

Bild 6.40. Aufbau des Kraftwerksblocks

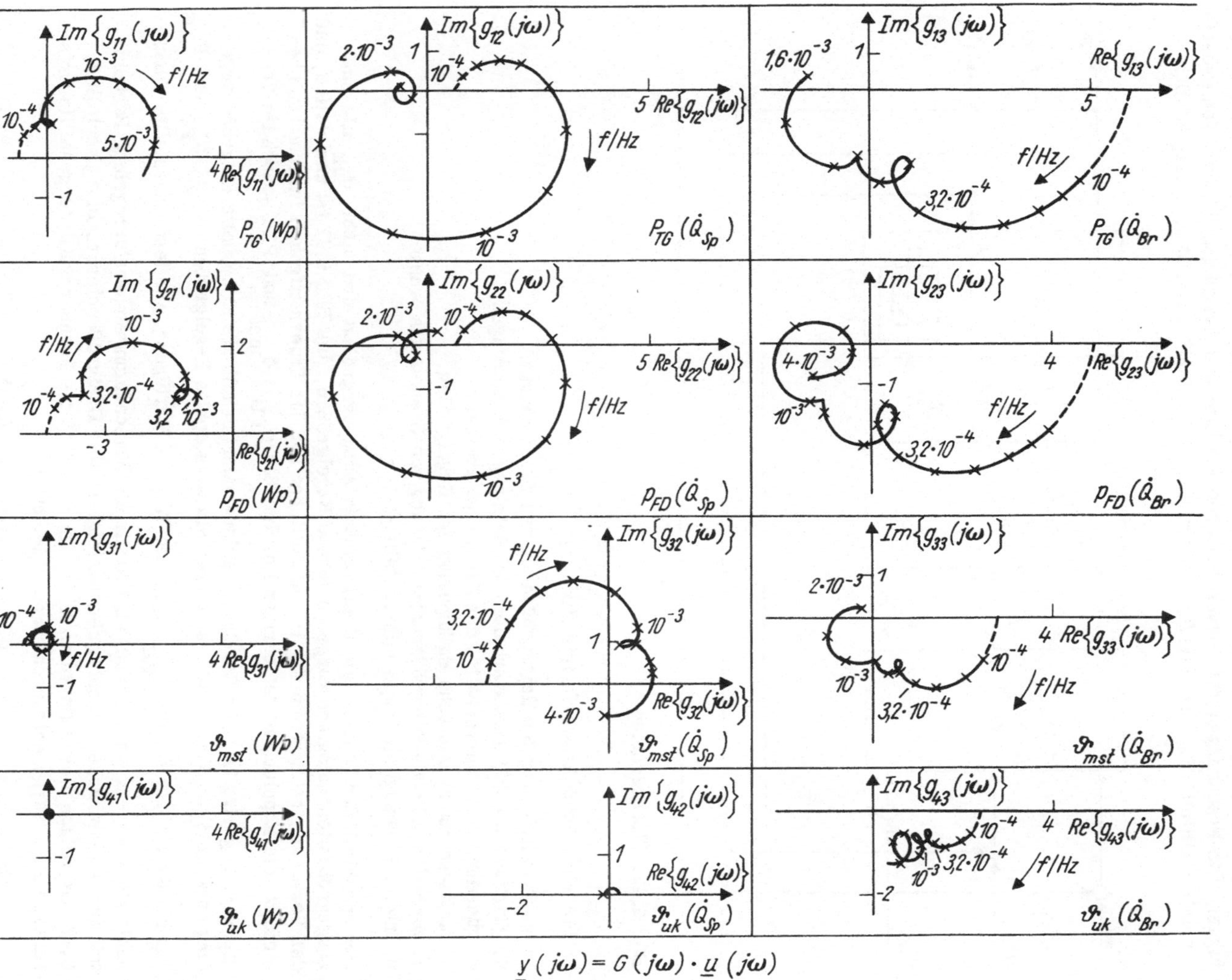

Bild 6.41. Frequenzgangmatrix der Blockregelstrecke

fügung. Die Frequenzgangortskurven zwischen den Ein- und Ausgangsgrößen wurden experimentell ermittelt [59] und sind für den Arbeitspunkt 180 MW im Bild 6.41 dargestellt.

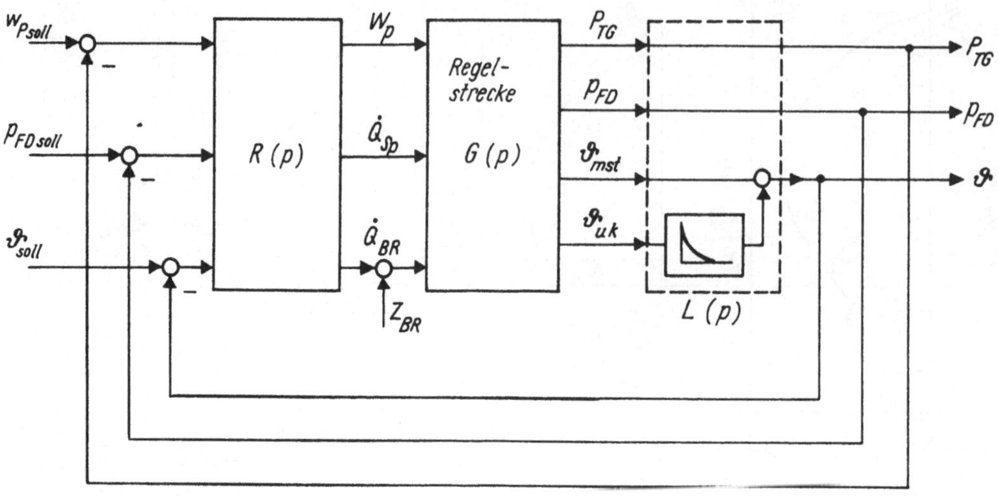

Bild 6.42. Blockregelung

Die wichtigsten Entwurfsziele sind

1. die Stabilisierung der Regelgrößen um den Arbeitspunkt,
2. günstiges Blockführungsverhalten bei Leistungsanforderungen,
3. günstiges Führungsverhalten des Druckregelkreises,
4. statische und dynamische Entkopplung der Regelgrößen,
5. zufriedenstellende Störgrößenunterdrückung von Brennstoffstörungen,
6. Integrität bezüglich Hauptreglerausfällen.

Von den durch das Modell (Bild 6.41) erfaßten Ausgangsgrößen sind außer ϑ_{uk} alle Ausgangsgrößen technologisch vorgeschriebene Regelgrößen. Aus Bild 6.41 ist ersichtlich, daß der Verbrennungsluftstrom $\dot{Q}_L$ im wesentlichen nur den Sauerstoffgehalt im Rauchgas beeinflußt, die Kopplung zu den übrigen Regelgrößen p_{FD}, ϑ_{mst} und P_{TG} jedoch im Vergleich dazu gering ist. Die Rauchgasregelung kann deshalb als entkoppelte Eingrößenregelung entworfen werden. Damit verbleiben als verkoppelte Regelgrößen ϑ_{mst}, p_{FD} und P_{TG}, und als Stellgrößen stehen $\dot{Q}_{BR}$, $\dot{Q}_{SP}$ und W_P zur Verfügung. Die fest eingestellte Turbinenleistungsregelung wird damit ebenso wie die Frischdampftemperaturregelung Bestandteil der Regelstrecke. Zu entwerfen ist folglich eine Dreigrößenblockregelung nach Bild 6.42. Grundlage dieses Entwurfs ist die im Bild 6.43 als Rechnergrafik dargestellte Ortskurvenmatrix $G(j\omega)$ entsprechend der Gleichung

$$\begin{pmatrix} P_{TG}(j\omega) \\ p_{FD}(j\omega) \\ \vartheta_{mst}(j\omega) \\ \vartheta_{uk}(j\omega) \end{pmatrix} = \begin{pmatrix} g_{11}(j\omega) & g_{12}(j\omega) & g_{13}(j\omega) \\ g_{21}(j\omega) & g_{22}(j\omega) & g_{23}(j\omega) \\ g_{31}(j\omega) & g_{32}(j\omega) & g_{33}(j\omega) \\ g_{41}(j\omega) & g_{42}(j\omega) & g_{43}(j\omega) \end{pmatrix} \begin{pmatrix} W_P(j\omega) \\ \dot{Q}_{SP}(j\omega) \\ \dot{Q}_{BR}(j\omega) \end{pmatrix}$$

$$\underline{y}(j\omega) = G(j\omega)\,\underline{u}(j\omega).$$

Zu Beginn des Entwurfs steht die Wahl geeigneter Stell- und Regelgrößen und ihre geeignete Zuordnung. Da ϑ_{uk} als zusätzliche Ausgangsgröße eine schnellere dynamische Reaktion aufweist als ϑ_{mst}, kann es als Vorhaltgröße dienen. Da aber aus technologischen Gründen die Beibehaltung von ϑ_{mst} als Regelgröße gefordert wird, muß die Aufschaltung von ϑ_{uk} mittels eines DT_1-Gliedes erfolgen, um die statische Regelbarkeit von ϑ_{mst} zu erhalten. Diese Aufschaltung wird in der Struktur des Ausgangskompensators L(p) als Linearkombination zwischen ϑ_{uk} und ϑ_{mst} berücksichtigt. Damit ist L(p) bereits strukturmäßig festgelegt.

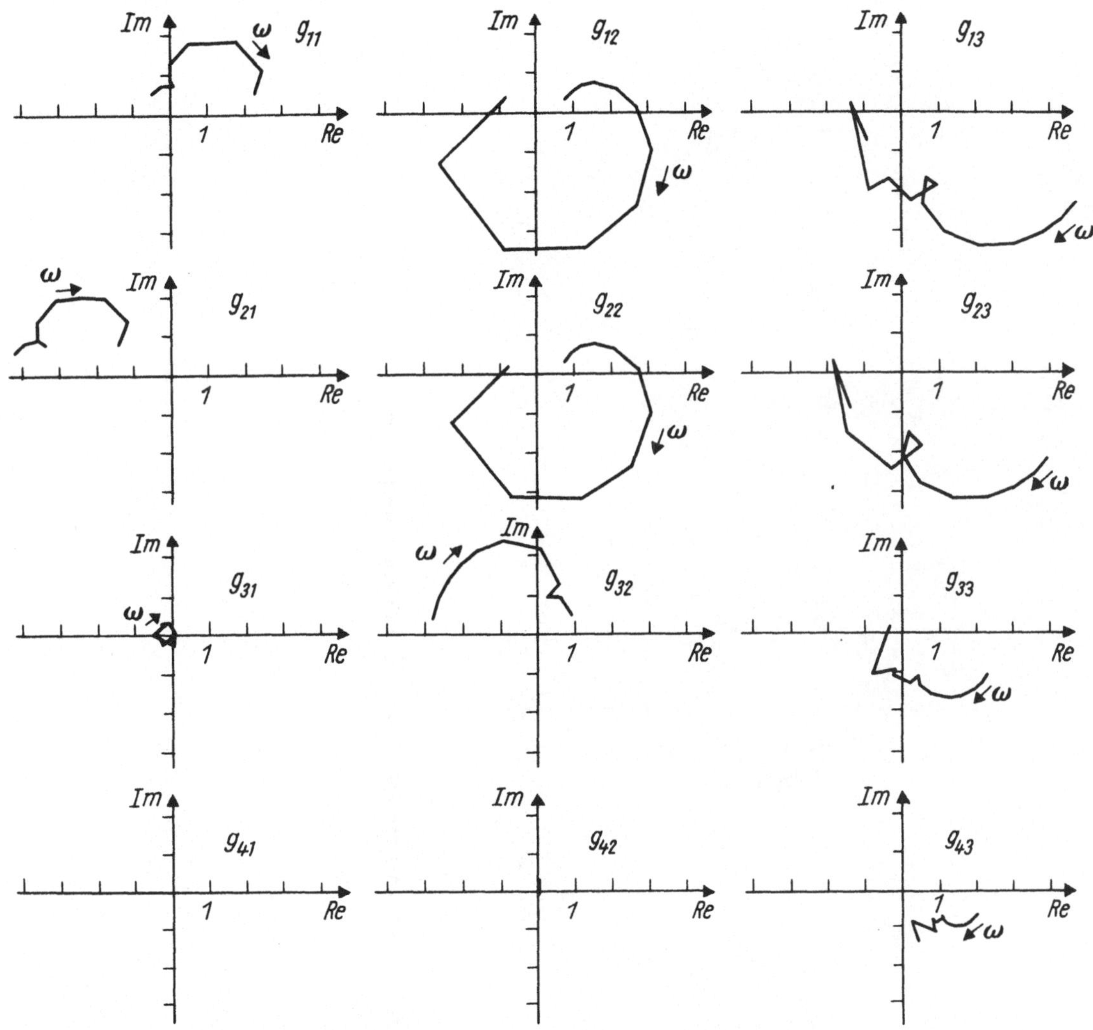

Bild 6.43. Ortskurven von $G(j\omega)$

Die Ortskurvenmatrix $G(j\omega)$ läßt sich in eine (3×3)-Blockmatrix, die den Regelgrößen P_{TG}, p_{FD} und ϑ_{mst} und den Eingangsgrößen W_P, $\dot{Q}_{SP}$ und $\dot{Q}_{BR}$ zugeordnet ist, und einen zur Ausgangsgröße ϑ_{uk} gehörigen Zeilenvektor partitionieren.

Zuerst soll die (3×3)-Blockmatrix näher betrachtet werden. Im Bild 6.44 sind die zugehörigen Gershgorin-Bänder abgebildet. Die Toleranzbänder sind sehr breit, und eine Kompensation der Nebendiagonalelemente ist folglich erforderlich.

Die Blockregelstrecke enthält als technologisch wichtigen Bestandteil den Dampferzeuger mit den Eingangsgrößen $\dot{Q}_{BR}$ und $\dot{Q}_{SP}$ und den Ausgangsgrößen ϑ_{mst} und p_{FD}.

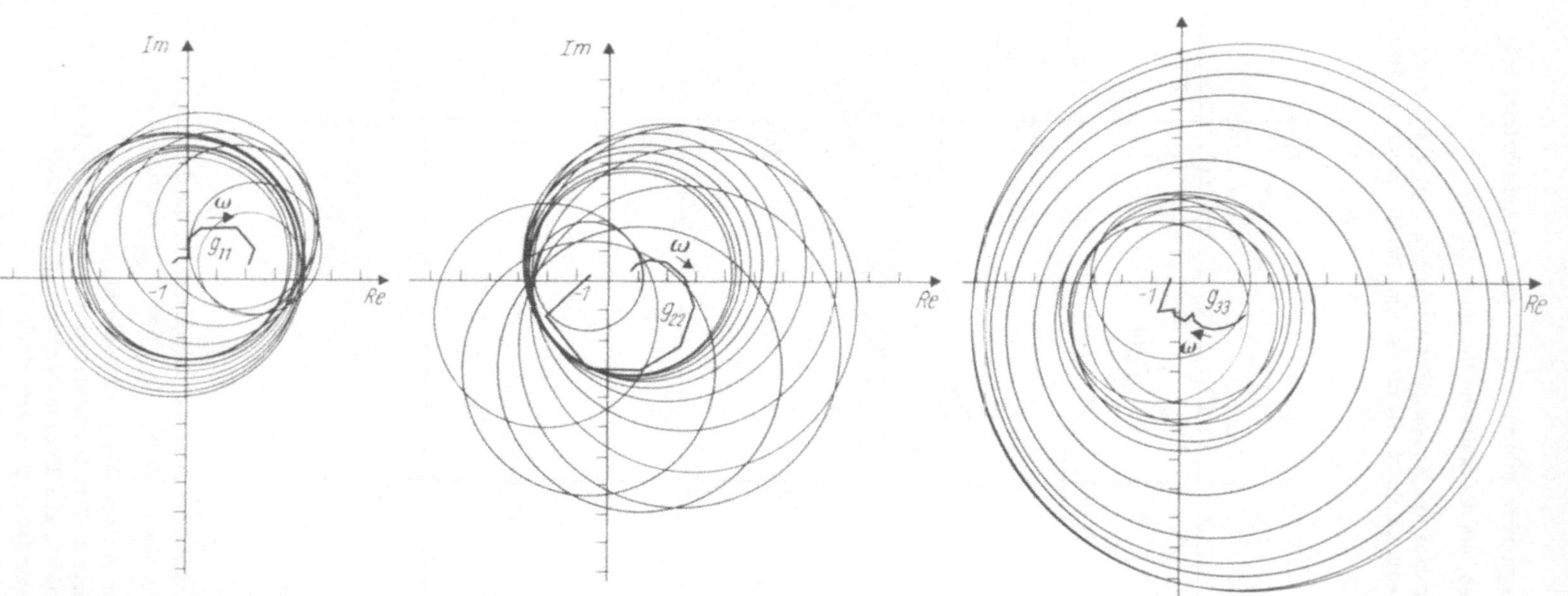

Bild 6.44. Hauptdiagonalelemente der Blockmatrix von G(jω) mit Gershgorin-Bändern

Zur übersichtlichen Behandlung der Entkopplung ist es zweckmäßig, zuerst für die Dampferzeugerregelstrecke eine Diagonalisierung vorzunehmen, bevor die gesamte Blockregelstrecke weiter betrachtet wird.

Für die Dampferzeugerregelstrecke gilt folgende Übertragungsmatrix:

$$\begin{pmatrix} p_{FD}(j\omega) \\ \vartheta_{mst}(j\omega) \end{pmatrix} = \begin{pmatrix} \widetilde{g}_{11}(j\omega) & \widetilde{g}_{12}(j\omega) \\ \widetilde{g}_{21}(j\omega) & \widetilde{g}_{22}(j\omega) \end{pmatrix} \begin{pmatrix} \dot{Q}_{SP}(j\omega) \\ \dot{Q}_{BR}(j\omega) \end{pmatrix}$$

$$\underline{\widetilde{y}}(j\omega) = \widetilde{G}(j\omega)\,\underline{\widetilde{u}}(j\omega)$$

mit

$$\widetilde{g}_{i,j}(j\omega) = g_{i+1,\,j+1}(j\omega)\,.$$

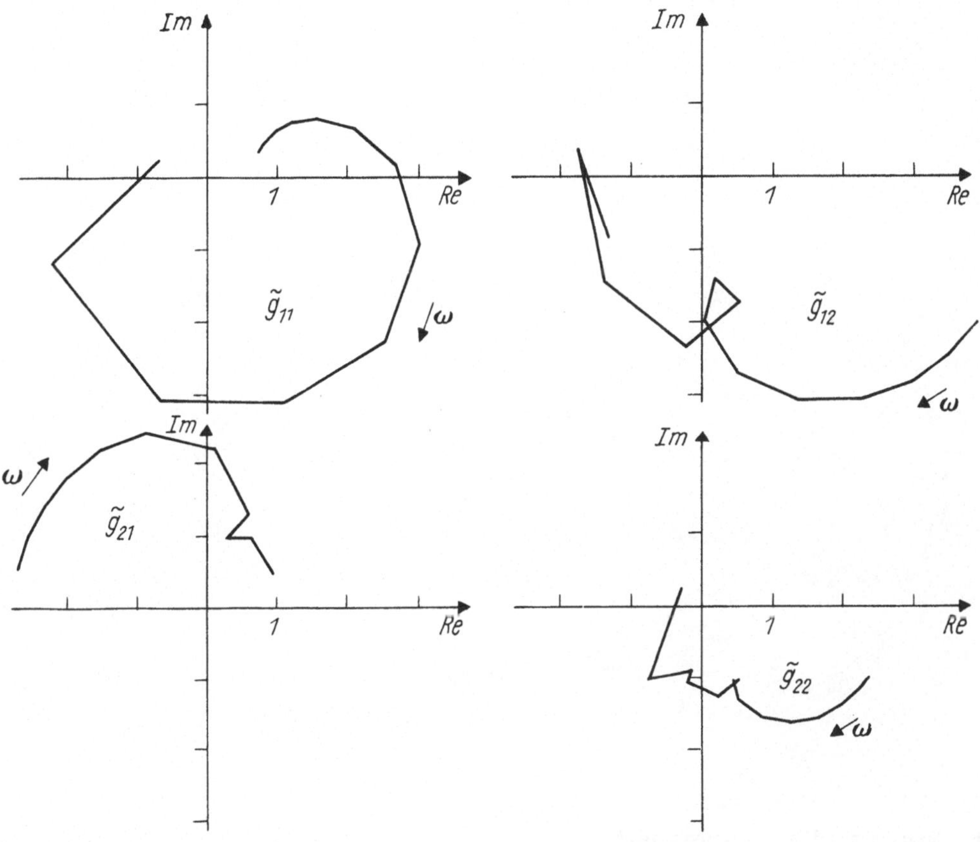

Bild 6.45. Ortskurvenmatrix zu $\widetilde{G}(j\omega)$

Die zugehörige Ortskurvenmatrix ist im Bild 6.45 dargestellt, und Bild 6.46 zeigt die Gershgorin-Bänder zu $\widetilde{G}(j\omega)$.

Für diese Strecke wird nun ein Kompensator vor der Regelstrecke entworfen. Die erste Aufgabe besteht in der betragsmäßigen Reduzierung der Nebendiagonalelemente $\widetilde{g}_{12}(j\omega)$ und $\widetilde{g}_{21}(j\omega)$. Der zu $\widetilde{g}_{21}(j\omega)$ gegenläufige Verlauf von $\widetilde{g}_{22}(j\omega)$ kann zur Verringerung des Elements $\widetilde{g}_{21}$ ausgenutzt werden. Eine dazu geeignete Spaltenoperation ist

$$\text{Spalte 1}_{neu} = \text{Spalte 1} + \text{Spalte 2}\,.$$

Zur betragsmäßigen Reduzierung des Elements $\widetilde{g}_{12}(j\omega)$ wird die Originalspalte 1 von $\widetilde{G}(j\omega)$ nach Bild 6.45 verwendet. Durch Multiplikation von $\widetilde{g}_{12}(j\omega)$ mit einem DT_1-Glied kann ein der Ortskurve von $\widetilde{g}_{11}$ ähnlicher Verlauf erzielt werden. Durch nachfolgende Subtraktion

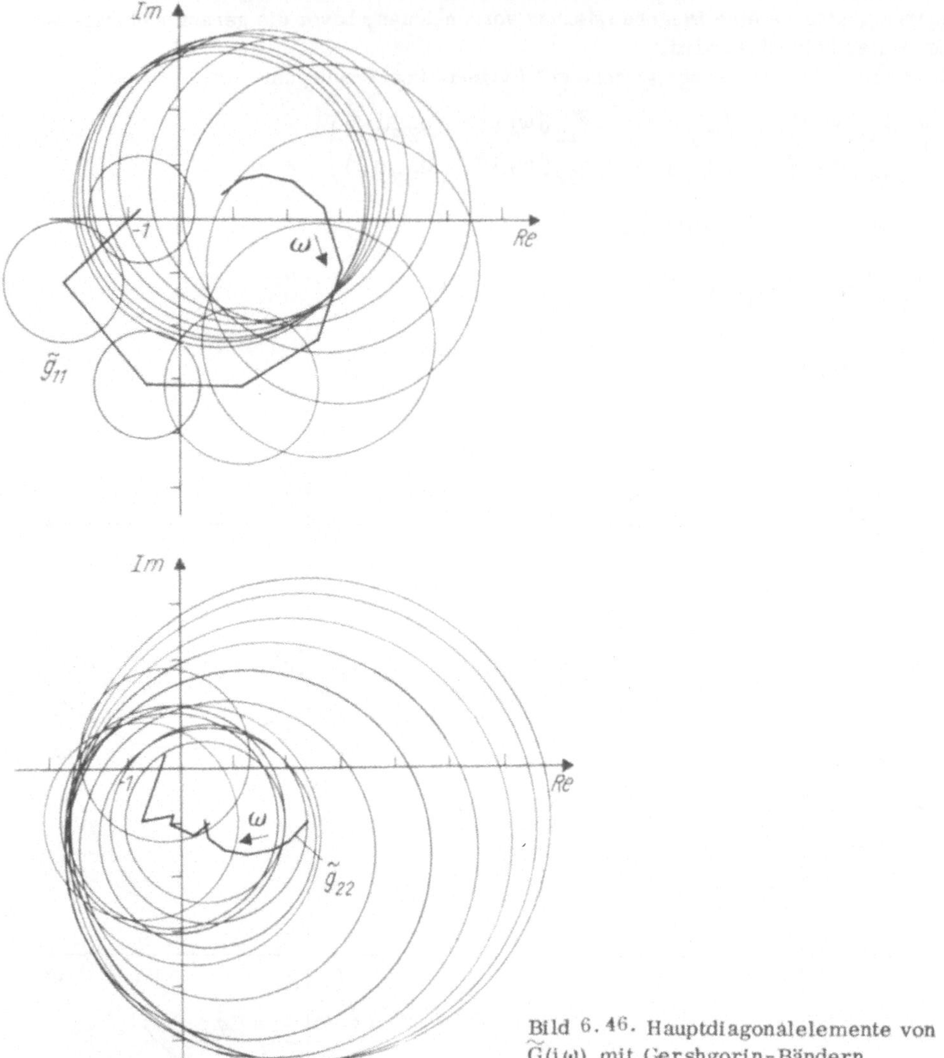

Bild 6.46. Hauptdiagonalelemente von $\widetilde{G}(j\omega)$ mit Gershgorin-Bändern

beider Spalten wird $\widetilde{g}_{12}$ kompensiert:

$$\text{Spalte } 2_{\text{neu}} = \widetilde{k}_{22}^{(1)} \cdot \text{Spalte } 2 - \text{Spalte } 1.$$

Die Struktur des entsprechenden Teilkompensators $\widetilde{K}^{(1)}(j\omega)$ ergibt sich damit zu

$$\widetilde{K}^{(1)}(j\omega) = \begin{pmatrix} 1 & -1 \\ 1 & \widetilde{k}_{22}^{(1)}(j\omega) \end{pmatrix} = \begin{pmatrix} 1 & -1 \\ 1 & K_D \dfrac{j\omega T_D}{1 + j\omega T_D} \end{pmatrix} \cdot$$

Durch geeignete Wahl der Parameter K_D und T_D ist die beste Übereinstimmung der sich kompensierenden Ortskurven $\widetilde{g}_{11}$ und $\widetilde{g}_{12}\,\widetilde{k}_{22}^{(1)}$ anzustreben. Mittels einfacher Zeigeroperationen in der komplexen Ebene wird ein günstiger Kompromiß mit

302

$$K_D = 1,73 \quad \text{und} \quad T_D = 200 \text{ s}$$

gefunden. Die Ortskurvenmatrix $^{(1)}\widetilde{G}_K(j\omega) = \widetilde{G}(j\omega)\ \widetilde{K}^{(1)}(j\omega)$ ist im Bild 6.47, und die Gershgorin-Bänder sind im Bild 6.48 dargestellt. Ein Vergleich zu Bild 6.46 läßt die erreichte Entkopplung erkennen.

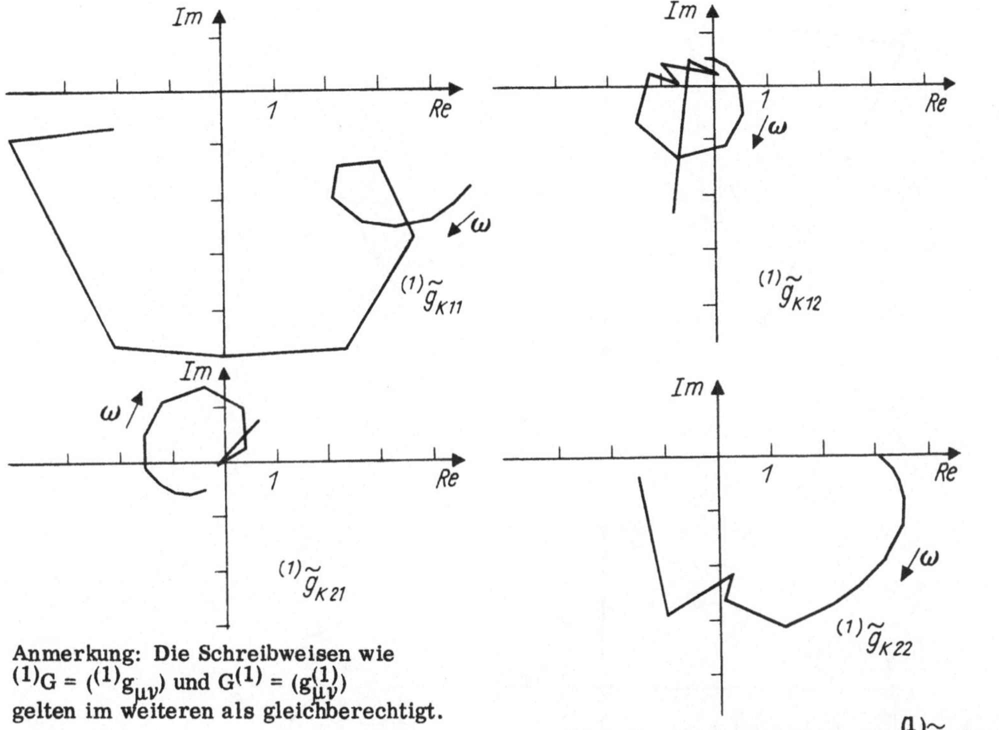

Anmerkung: Die Schreibweisen wie
$^{(1)}G = (^{(1)}g_{\mu\nu})$ und $G^{(1)} = (g^{(1)}_{\mu\nu})$
gelten im weiteren als gleichberechtigt.

Bild 6.47. Ortskurvenmatrix zu $^{(1)}\widetilde{G}_K(j\omega)$

Das resultierende Entkopplungsnetzwerk bewirkt, daß p_{FD} statisch im wesentlichen nur durch $\dot{Q}_{BR}$ beeinflußt wird, während ϑ_{mst} nur durch $\dot{Q}_{SP}$ gesteuert wird.

Der ermittelte Teilkompensator wird nun als Bestandteil des zu entwerfenden Kompensators für die Blockregelung verwendet. Der entsprechende Kompensator für die Dreigrößenregelung lautet somit

$$K^{(1)}(j\omega) = \begin{pmatrix} 1 & 0 & 0 \\ 0 & & \\ & & \widetilde{K}^{(1)}(j\omega) \\ 0 & & \end{pmatrix} = \begin{pmatrix} 1 & 0 & 0 \\ 0 & 1 & -1 \\ 0 & 1 & 1,73\ \dfrac{200\,j\omega}{1+200\,j\omega} \end{pmatrix} \cdot$$

Außerdem erfolgt die Aufschaltung von ϑ_{uk} auf ϑ_{mst} durch einen Kompensator $L(j\omega)$ nach der Regelstrecke

$$L(j\omega) = \begin{pmatrix} 1 & 0 & 0 & 0 \\ 0 & 1 & 0 & 0 \\ 0 & 0 & 1 & l_{34}(j\omega) \end{pmatrix} \cdot$$

Aus entsprechenden Ortskurvenbetrachtungen folgt als günstige Wahl von $l_{34}(j\omega)$

$$l_{34}(j\omega) = 2,5\ \frac{50\,j\omega}{1+j\omega\cdot 50} \cdot$$

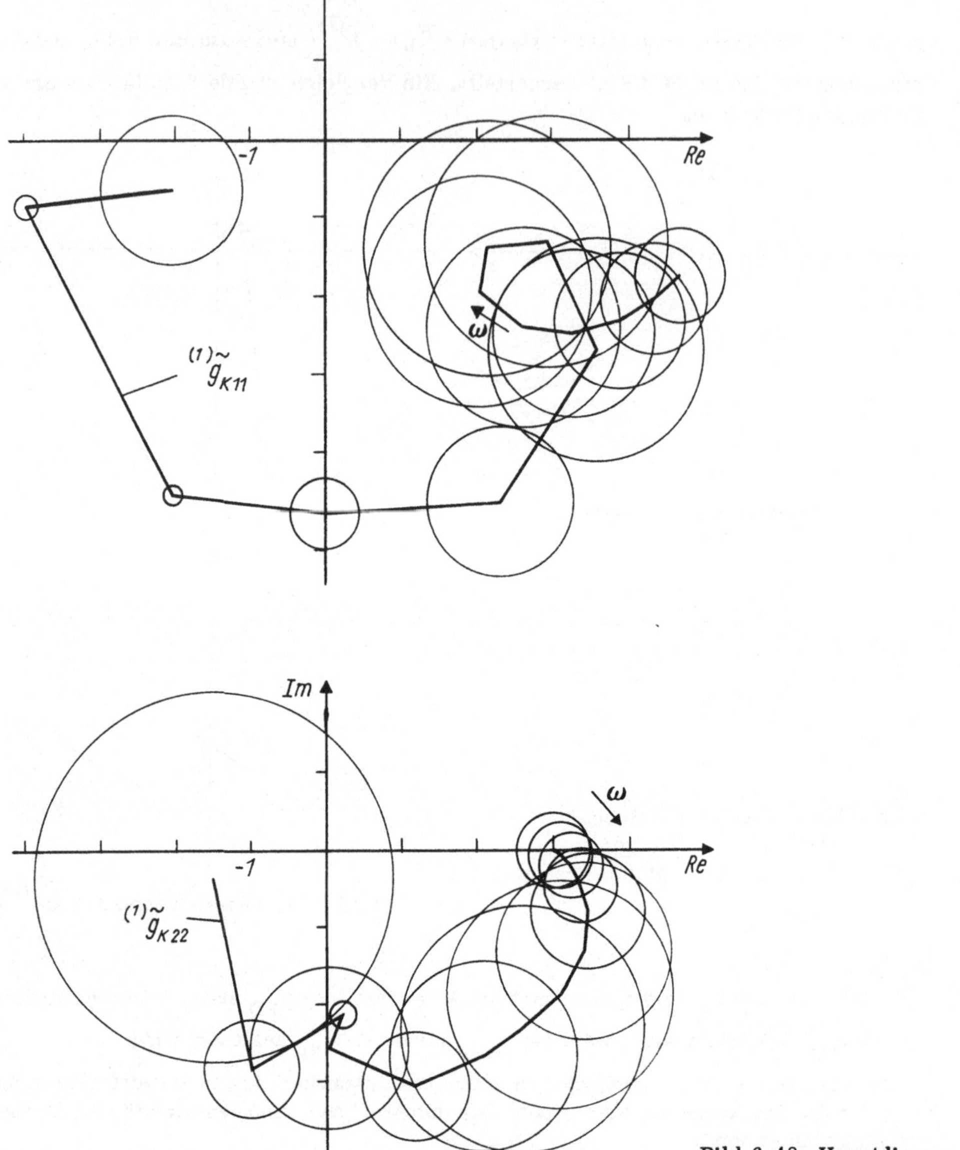

Bild 6.48. Hauptdiagonalelemente von $^{(1)}\widetilde{G}_K(j\omega)$ mit Gershgorin-Bändern

Bild 6.49 enthält die zugehörige Ortskurvenmatrix

$$G_K^{(1)}(j\omega) = L(j\omega)\ G(j\omega)\ K^{(1)}(j\omega).$$

Die Elemente $g_{K32}^{(1)}$, $g_{K13}^{(1)}$, $g_{K31}^{(1)}$ und $g_{K23}^{(1)}$ sind betragsmäßig genügend klein; die Elemente $g_{K21}^{(1)}$ und $g_{K12}^{(1)}$ müssen jedoch betragsmäßig weiter verringert werden. Zunächst wird versucht, das Element $g_{K11}^{(1)}$ vor allem im niederfrequenten Bereich betragsmäßig wesent-

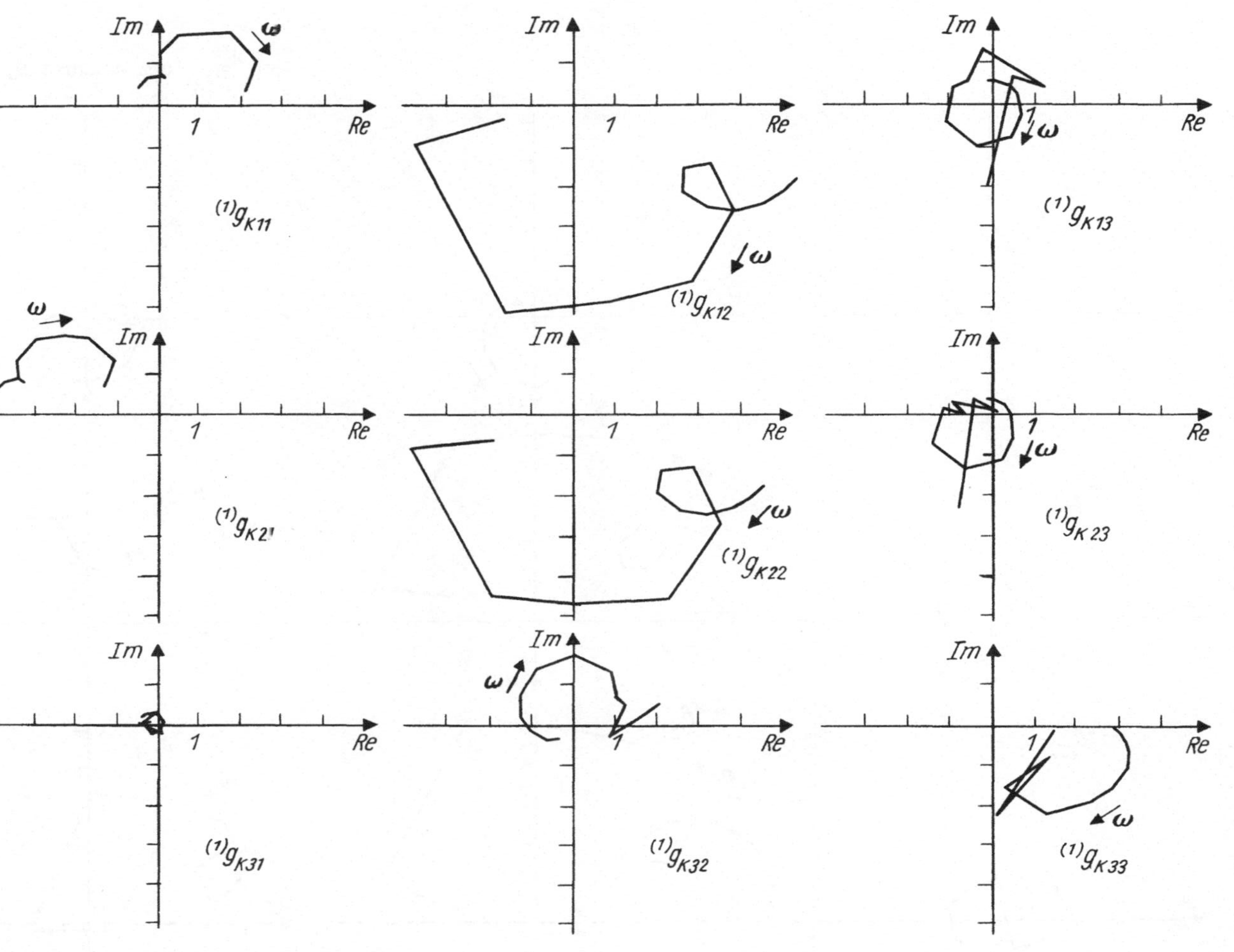

Bild 6.49. Ortskurven von $^{(1)}G_K(j\omega)$

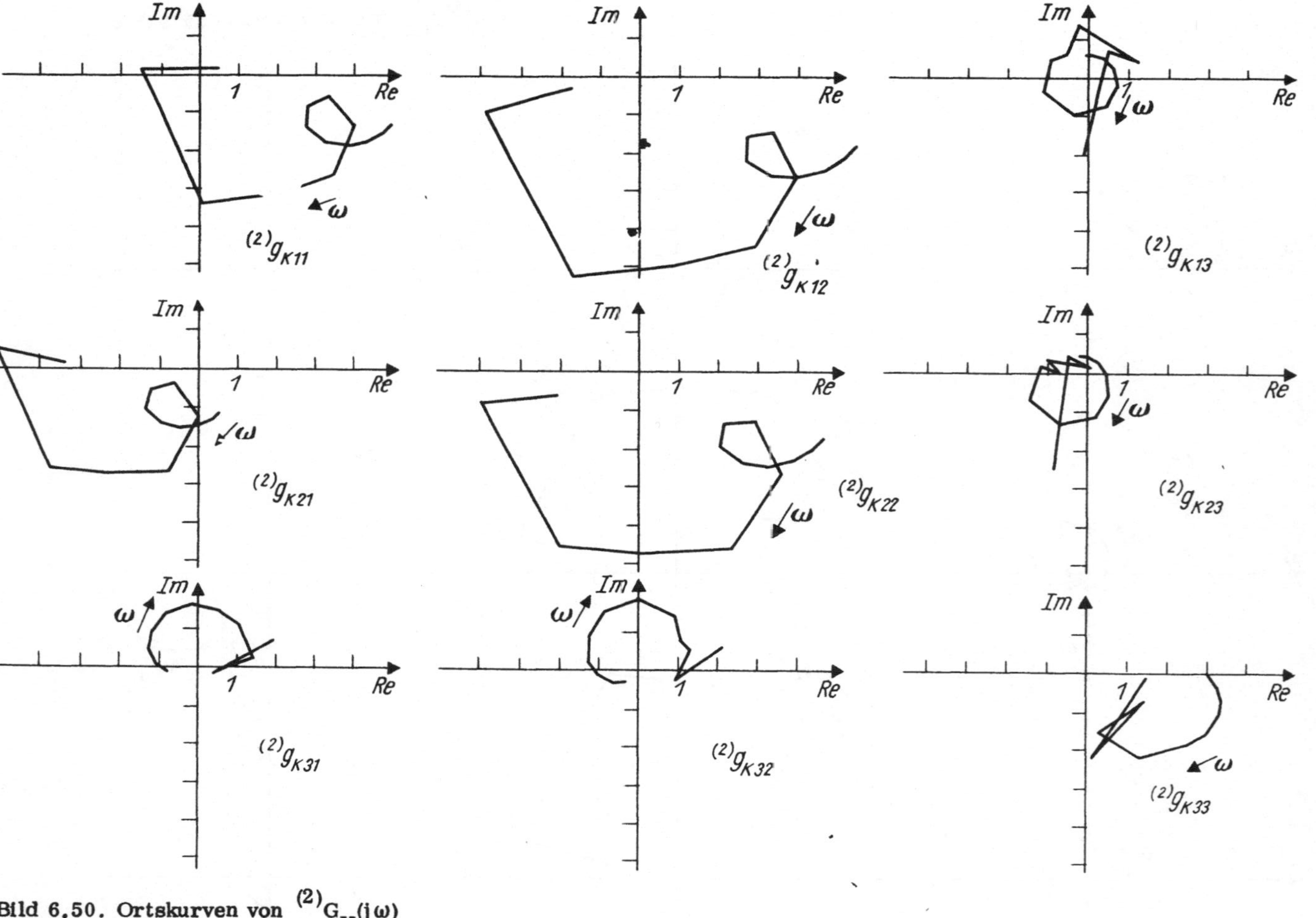

Bild 6.50. Ortskurven von $^{(2)}G_K(j\omega)$

lich zu vergrößern. Die Spaltenoperation

$$\text{Spalte } 1_{neu} = \text{Spalte } 1 + \text{Spalte } 2$$

ergibt den Teilkompensator

$$K^{(2)} = \begin{pmatrix} 1 & 0 & 0 \\ 1 & 1 & 0 \\ 0 & 0 & 1 \end{pmatrix} .$$

Aus Bild 6.50 wird die gezielte Vergrößerung des Elementes $g_{K11}^{(2)}$ von $G_K^{(2)}(j\omega) = L(j\omega)\,G(j\omega)\,K^{(1)}(j\omega)\,K^{(2)}$ ersichtlich. Eine günstige Kompensation von $g_{K12}^{(2)}$ wird nun durch die Operation Spalte $2_{neu} = $ Spalte $2 - 1{,}3 \cdot$ Spalte 1

möglich. Bei der betragsmäßigen Reduzierung von $g_{K21}^{(2)}$ muß die Forderung beachtet werden, daß für eine nahezu sprungartige schnelle Leistungsreaktion des Blockes im Rahmen

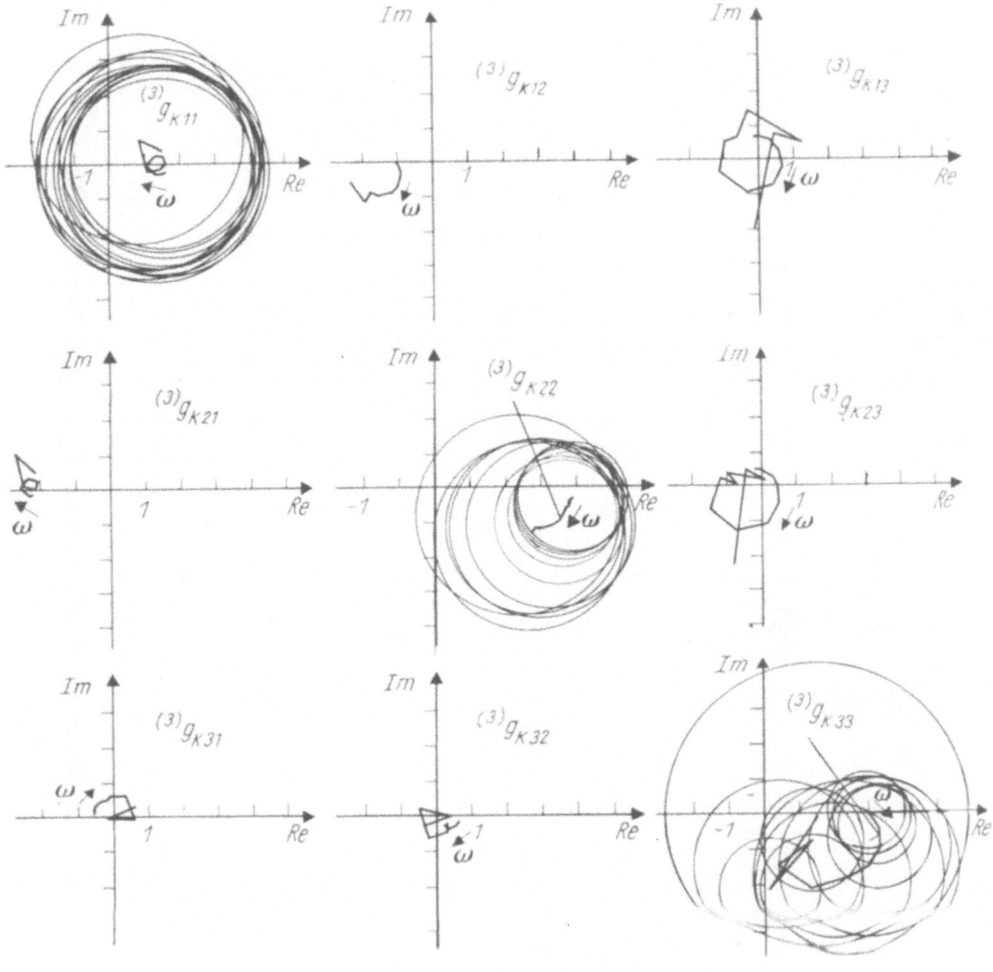

Bild 6.51. Ortskurven von $^{(3)}G_K(j\omega)$ mit Gershgorin-Bändern

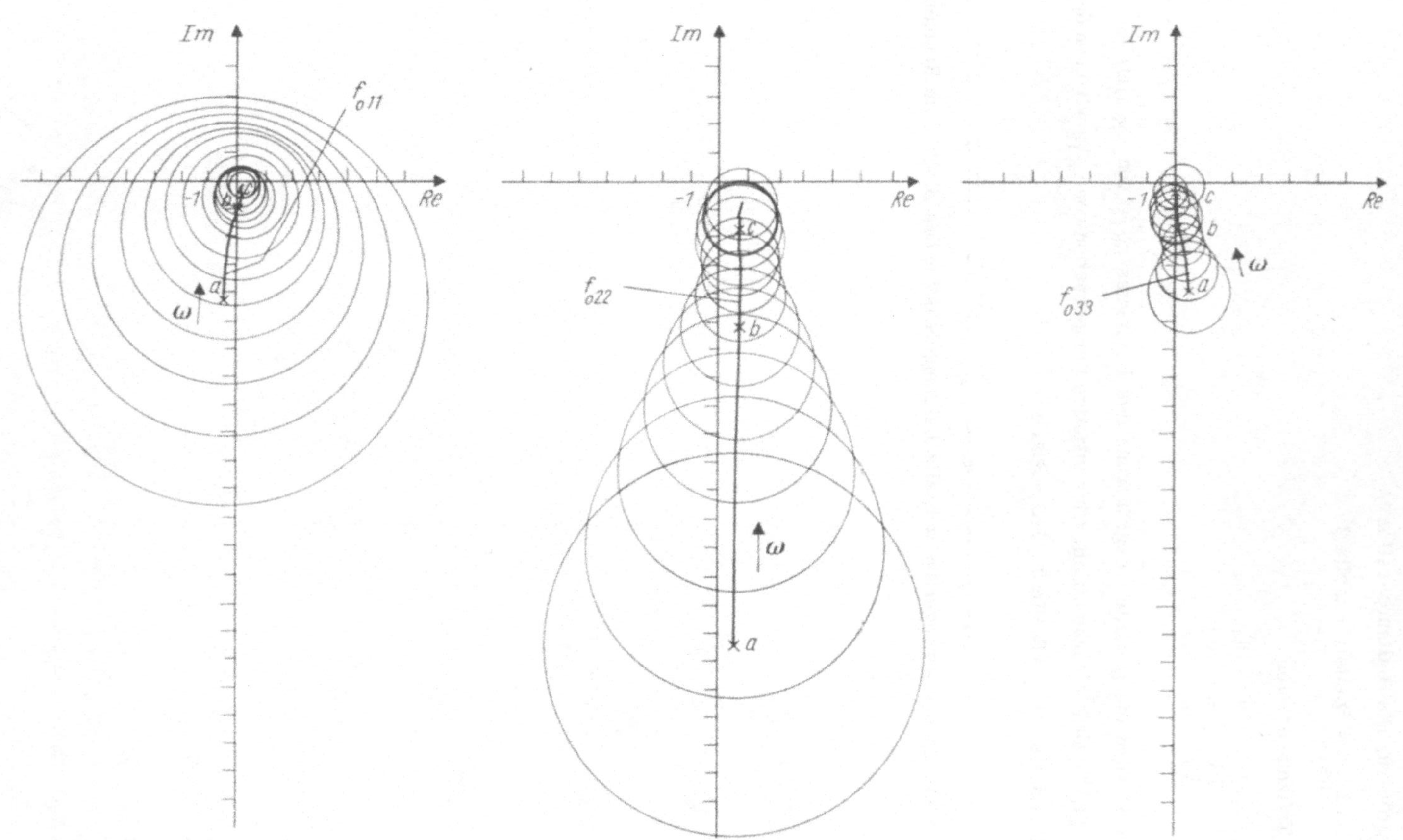

Bild 6.52. Hauptdiagonalelemente von $F_o(j\omega)$ mit Gershgorin-Bändern

der Primärregelung

$$\lim_{\omega \to \infty} g^{(2)}_{K11}(j\omega) = \text{const} > 0$$

gelten muß. Damit sind der Reduzierung von $g^{(2)}_{K21}$ Grenzen gesetzt. Ein Kompromiß zwischen beiden Forderungen wird mit der Spaltenoperation

$$\text{Spalte } 1_{neu} = \text{Spalte } 1 - 0,6 \cdot \text{Spalte } 2$$

erreicht. Daraus folgt der Teilkompensator

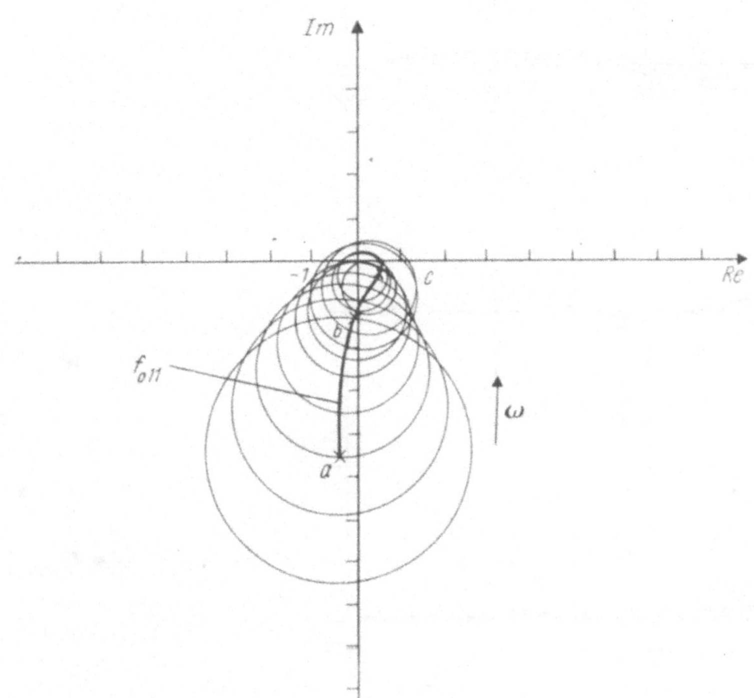

Bild 6.53. Element f_{o11} mit Ostrowski-Band

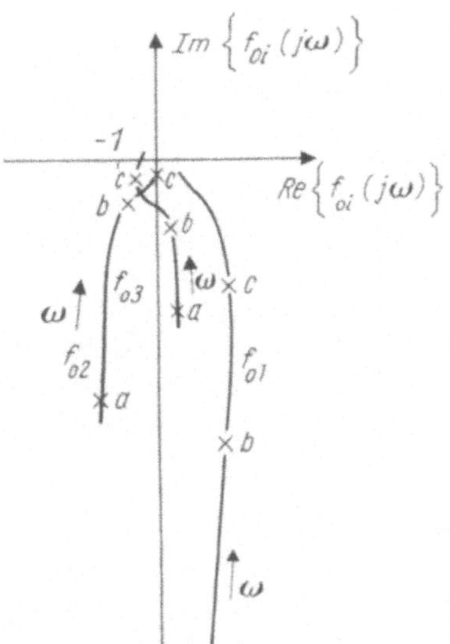

Bild 6.54. Charakteristische Ortskurven von $F_o(j\omega)$

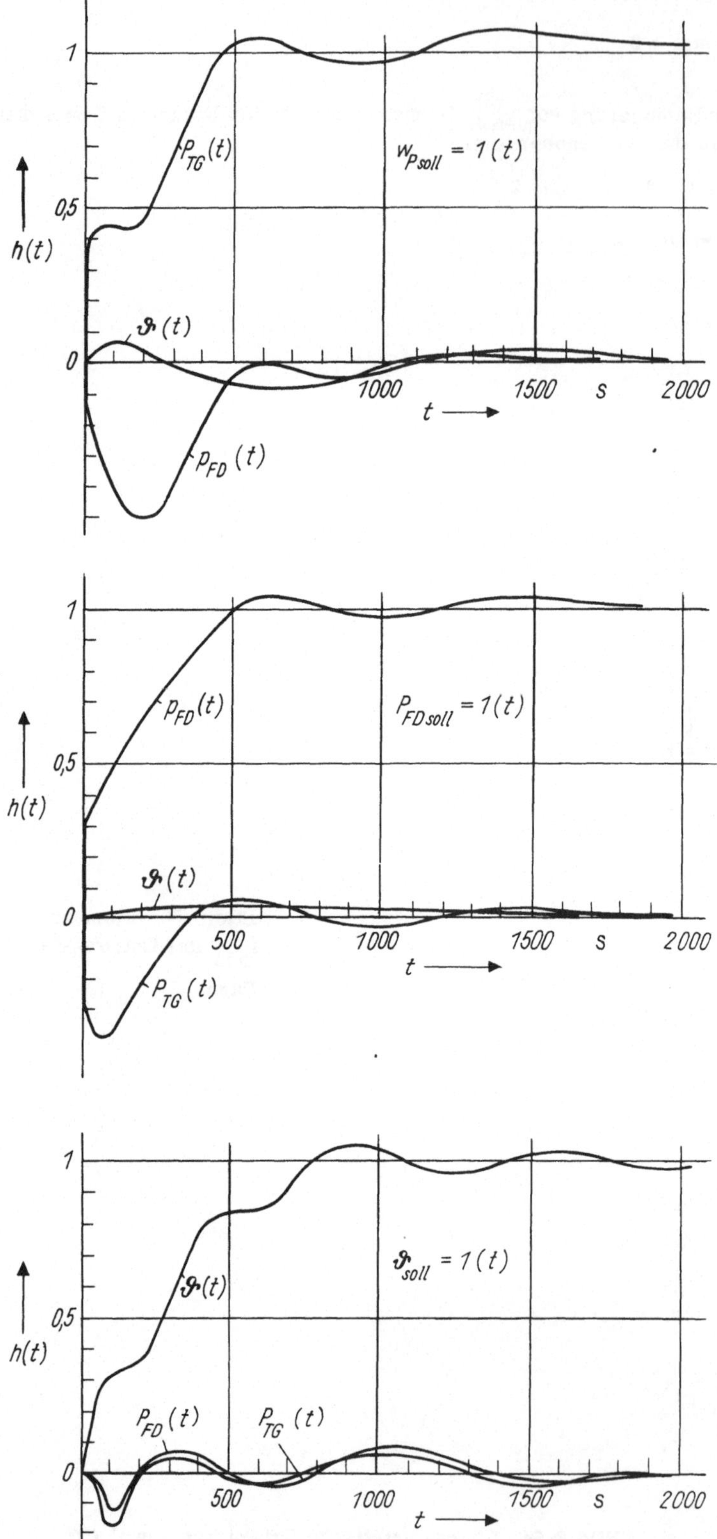

Bild 6.55. Führungsübergangsfunktionen des geschlossenen Regelkreises

$$K^{(3)} = \begin{pmatrix} 1 & -1,3 & 0 \\ -0,6 & 1 & 0 \\ 0 & 0 & 1 \end{pmatrix} .$$

Die resultierende Ortskurvenmatrix zu

$$G_K^{(3)}(j\omega) = L(j\omega)\, G(j\omega)\, K^{(1)}(j\omega)\, K^{(2)}\, K^{(3)}$$

und die zugehörigen Gershgorin-Bänder sind im Bild 6.51 dargestellt. Ein Vergleich mit Bild 6.44 zeigt, daß eine wesentliche Reduzierung der Kopplungen erreicht und besonders der Grad der Diagonaldominanz von g_{22} und g_{33} vergrößert wurde. Das Gershgorin-Band zu g_{11} konnte in seiner Größe nicht wesentlich verändert werden.

Günstig wirkt sich nur die Verschiebung des Bandes in Richtung der positiven reellen Achse für den weiteren Entwurf aus. Infolge des geringen Speichervermögens des Zwang-durchlaufdampferzeugers ist ein geforderter plötzlicher Leistungsanstieg mit einem Druck-abfall verbunden, der mit technisch sinnvollen Maßnahmen nicht über ein gewisses Maß zu kompensieren ist. Damit finden die Verläufe der Ortskurven

$$g_{K11}^{(3)}(j\omega) \approx \text{const}_1 > 0$$

und

$$g_{K21}^{(3)}(j\omega) \approx \text{const}_2 < 0$$

ihre physikalische Interpretation. Erst durch die Regelung kann dieser Kopplung entgegen-gewirkt werden.

Damit ist die Diagonalisierung als erster Entwurfsschritt abgeschlossen. Setzt man $F_o'(j\omega) = G_K^{(3)}(j\omega)$ und bestimmt die zulässigen Rückführverstärkungen h_ν, so ergeben sich sehr kleine Werte und kein befriedigendes dynamisches Verhalten der geschlossenen Regelkreise. Es wird deshalb im weiteren $H = I$ gesetzt und ein Regler $R'(j\omega)$ entworfen.

Die Struktur wird als Matrix-PI-Regler angesetzt

$$R'(j\omega) - \text{diag}\left\{r_i'(j\omega)\right\} - \begin{pmatrix} K_1\left(1 + \dfrac{1}{j\omega T_{J1}}\right) & 0 & 0 \\ 0 & K_2\left(1 + \dfrac{1}{j\omega T_{J2}}\right) & 0 \\ 0 & 0 & \left(K_3\; 1 + \dfrac{1}{j\omega T_{J3}}\right) \end{pmatrix}$$

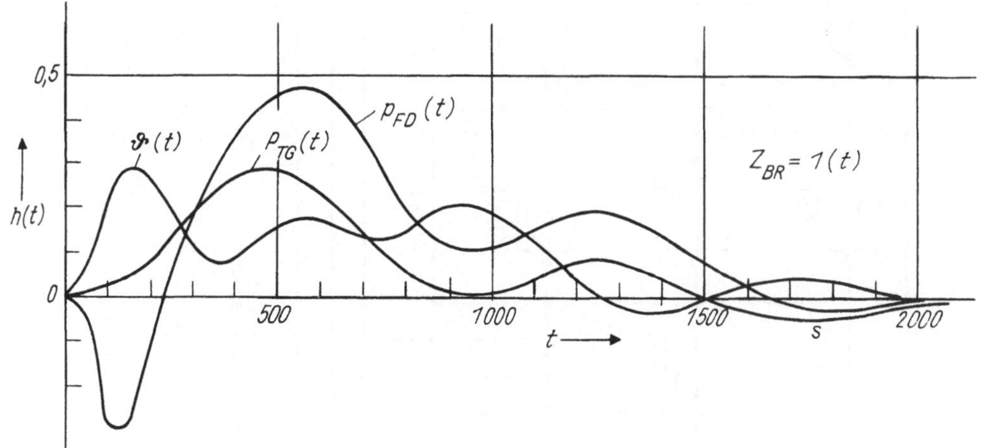

Bild 6.56. Störübergangsfunktionen des geschlossenen Regelkreises

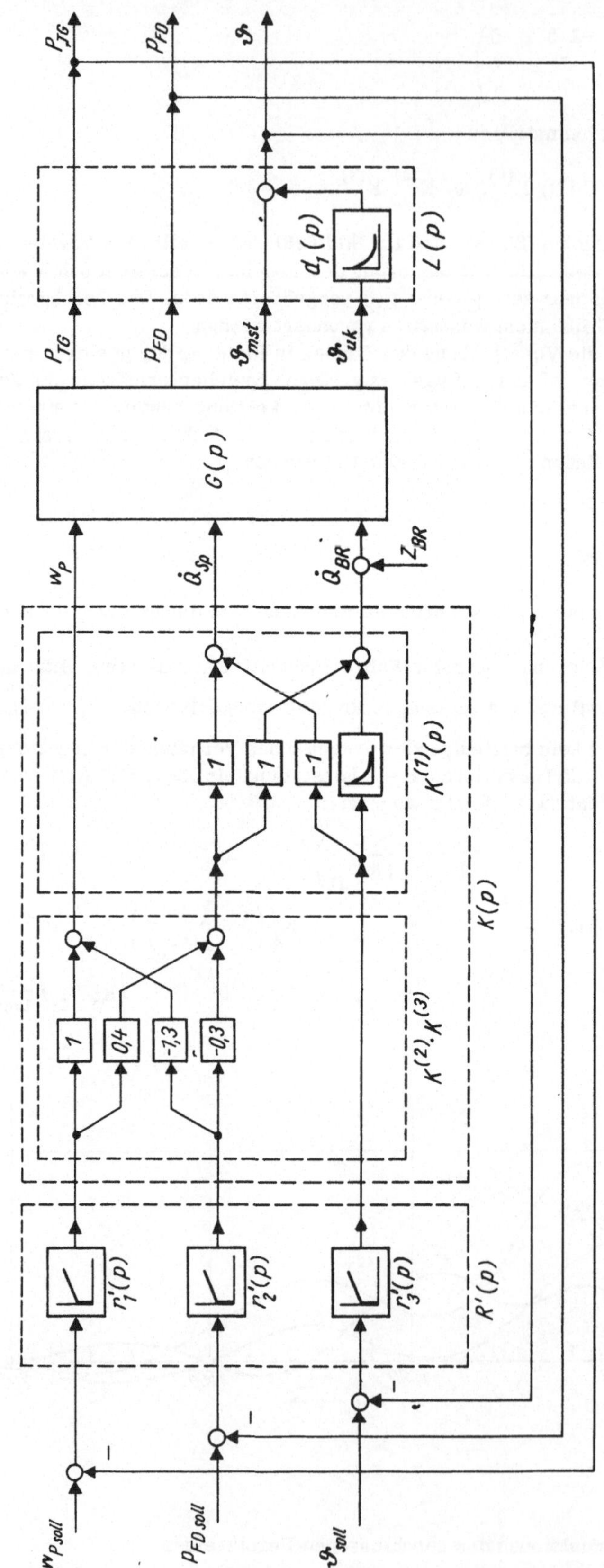

Bild 6.57. Blockregelung

Die Parameter in $R'(j\omega)$ werden nun für die Hauptregelkreise geeignet gewählt, wobei die für Einfachregelkreise geltenden Entwurfsregeln benutzt werden. Von der Ortskurvenmatrix nach Bild 6.51 ausgehend, werden die Parameter zu

$$K_1 = 0,1, \qquad T_{J1} = 60\ s$$
$$K_2 = 0,4, \qquad T_{J2} = 150\ s$$
$$K_3 = 0,17, \qquad T_{J3} = 200\ s$$

bestimmt. Die Hauptdiagonalelemente von $F_0(j\omega) = G_K^{(3)}(j\omega)\ R'(j\omega)$ sind im Bild 6.52 dargestellt. Die Gershgorin-Kreise zu $f_{o22}(j\omega)$ und $f_{o33}(j\omega)$ schließen den kritischen Punkt $(-1,0)$ aus und umschlingen ihn nicht. Aus Bild 6.52 folgen die Stabilitätsbereiche für K_2 und K_3 zu

$$0 < K_2 < 1$$
$$0 < K_3 < 0,3.$$

Für K_1 kann der Verstärkungsbereich anhand des Gershgorin-Bandes infolge des starken Anwachsens für tiefe Frequenzen nicht verläßlich ermittelt werden. Deshalb wird das entsprechende Ostrowski-Band zu $f_{o11}(j\omega)$ berechnet (Bild 6.53). Daraus ergibt sich ein Stabilitätsbereich für K_1 von $0 < K_1 < 0,1$. Während sich mit den Hauptreglern $r'_2(j\omega)$ und $r'_3(j\omega)$ ein befriedigendes Folgeverhalten des zweiten und des dritten Hauptregelkreises erreichen läßt, ist eine weitere Erhöhung von K_1 über die durch das Ostrowski-Band zugelassene Grenze von $K = 0,1$ wünschenswert, um die geforderte Einschwingzeit für das Leistungsübergangsverhalten zu erreichen. Eine Prüfung der charakteristischen Ortskurven zeigt die Möglichkeit einer weiteren Vergrößerung von K_1. Für $K_1 = 0,32$ sind die zugehörigen charakteristischen Ortskurven im Bild 6.54 dargestellt. Sie lassen die Stabilität des Systems auch für größere K-Werte erkennen. Mit $K_1 = 0,32$ ergibt sich ein zufriedenstellendes dynamisches Verhalten des geschlossenen Mehrgrößenregelkreises (Bild 6.55). Eine weitere Entkopplung der Regelgrößen geht zu Lasten der Wirksamkeit der Primärregelung des Blockes im Verbundnetz. Bis auf die nicht zu beseitigende Kopplung von p_{FD} an den Leistungsregelkreis ist die Entkopplung der Regelgrößen zufriedenstellend. Bild 6.56 zeigt noch das Störverhalten bei einer Brennstoffstörung. Der Gesamtregler $R(j\omega)$ ergibt sich zu

$$R(j\omega) = K^{(1)}(j\omega)\ K^{(2)}\ K^{(3)}\ R'(j\omega)\ .$$

Das resultierende Blockschaltbild der Dreigrößenblockregelung ist im Bild 6.57 angegeben.

Die Dreigrößenregelung besitzt die Eigenschaft der Integrität gegenüber Ausfällen von skalaren Hauptreglern.

6.4.5. Einschätzung des Verfahrens

Die bereits im Abschn. 6.3.5. gegebene Einschätzung des inversen Nyquist-Verfahrens gilt in ihren Grundaussagen auch für das direkte Nyquist-Verfahren. Die wesentlichen Unterschiede seien hier noch einmal herausgestellt. Da das direkte Verfahren unmittelbar mit den vertrauten Ortskurvenmatrizen arbeitet, sind die Frequenzgänge und die an den Ortskurvenmatrizen erforderlichen Spaltenoperationen physikalisch leichter interpretierbar und anschaulicher. Durch den direkten Entwurf der Kompensationsnetzwerke und Regler erhält der Entwurfsingenieur eine größere Sicherheit bezüglich der Realisierbarkeit der entworfenen Reglerstrukturen und ihrer Komplexität. Das direkte Nyquist-Verfahren erlaubt darüber hinaus, die evtl. bei nichtquadratischen Übertragungsfunktionsmatrizen bestehenden größeren Entwurfsfreiheiten in systematischer Weise zur Verbesserung der Diagonaldominanz zu nutzen. Infolge der einfacheren Stabilitätsbedingungen für den Verlauf der Gershgorin-Bänder beim direkten Verfahren im Vergleich zum inversen Verfahren wird der Entwurf geeigneter Regler wesentlich erleichtert.

Vergleichende Untersuchungen zur Leistungsfähigkeit des inversen und des direkten

Nyquist-Verfahrens [3] [53] führen zu dem Schluß, daß das direkte Nyquist-Verfahren bei
der Anwendung auf kompliziertere verfahrenstechnische und energietechnische Prozesse als
das leistungsfähigere Verfahren eingeschätzt werden kann. Das inverse Verfahren ist speziell für die Anwendung auf Zweigrößensysteme und Dreigrößenprobleme geringer dynamischer Ordnung geeignet. Bei Drei- und Mehrgrößensystemen höherer dynamischer Ordnung
ist mit wachsenden Entwurfsschwierigkeiten zu rechnen (s. auch Abschn. 6.3.5.). Vorwiegend bei Zweigrößenregelungen mit gleicher Zahl von Ein- und Ausgangsgrößen stehen beide
Verfahren zur Wahl.

6.5. Sequentielles Rückführdifferenzverfahren

6.5.1. Grundgedanken des Verfahrens

Eine naheliegende Vorgehensweise beim Entwurf von Mehrgrößensystemen besteht in dem
Entwurf eines Reglers für die erste Teilregelstrecke, nachfolgend dem Entwurf eines weiteren Reglers für die resultierende, den ersten geschlossenen Regelkreis enthaltende zweite
Teilregelstrecke usw. Damit wird eine Rückführung des Entwurfs des Mehrgrößensystems
auf eine Reihe von einvariablen Entwürfen erreicht.

Von Mayne [60] [61] [66] wurde mit dem sequentiellen Rückführdifferenzverfahren dieser Grundgedanke aufgegriffen und zu einem wirkungsvollen Entwurfsverfahren auf der Basis von Übertragungsfunktionsmatrizen und einer Verallgemeinerung des Nyquist-Kriteriums
entwickelt. Dominierende Entwurfsziele sind dabei neben der Stabilität des Mehrgrößensystems eine ausreichende Störgrößendämpfung. Zusätzlich können bestimmte Integritätsforderungen und Entkopplungsbedingungen berücksichtigt werden.

6.5.2. Voraussetzungen und Grundlagen

6.5.2.1. Voraussetzungen

Vorausgesetzt wird eine Regelkreisstruktur nach Bild 6.58. Die Übertragungsfunktionsmatrizen der Regelstrecke G(p), der Kompensatoren C, K(p), L und des Reglers R(p) seien
quadratische (m × m)-Matrizen.

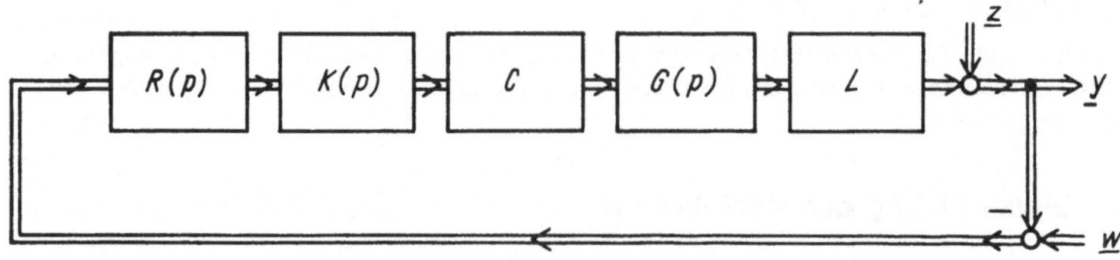

Bild 6.58. Regelkreisstruktur

Die Kompensatormatrizen C und L ermöglichen eine Vertauschung von Spalten bzw. Zeilen und damit der Reihenfolge von Ein- und Ausgangsgrößen und die Festlegung der Reihenfolge der Teilreglerentwürfe für die einzelnen skalaren Hauptregelstrecken. Für C und L
gelte die Forderung

$$\det \{C\} = \det \{L\} \equiv 1. \tag{6.159}$$

Der Kompensator K(p) ermöglicht die Erfüllung zusätzlicher Forderungen, wie z.B. nach
Diagonaldominanz oder Dreiecksgestalt der kompensierten Regelstrecke $G_K(p)$:

$$G_K(p) = L\,G(p)\,C\,K(p). \tag{6.160}$$

Für den Regler wird vorerst Diagonalform angesetzt

$$R(p) = \text{diag} \left\{ r_1(p),\ r_2(p),\ \ldots,\ r_i(p),\ \ldots,\ r_m(p) \right\} \ , \tag{6.161}$$

später wird eine Erweiterung auf eine untere Dreiecksmatrix diskutiert. Außerdem soll vorausgesetzt werden, daß det $\{G(p)\}$, det $\{K(p)\}$ und det $\{R(p)\}$ nicht identisch Null sind und die Matrizen $K(p)$ und $R(p)$ nur Pole und Nullstellen in der linken p-Halbebene besitzen. Das Spektrum des Störgrößenvektors $\underline{z}$, der am Ausgang der Regelstrecke angreifend gedacht wird, soll nur im Frequenzbereich $0 \overset{\leq}{=} \omega < \omega_o$ wesentliche Leistungsanteile enthalten.

6.5.2.2. Stabilitätsanalyse für Teilsysteme

Wird, ausgehend von der Regelstrecke $G(p)$, zuerst ohne Berücksichtigung von $K(p)$, C und L der erste Regelkreis zur Teilregelstrecke $g_{11}(p)$ mittels eines Reglers $r_1(p)$ geschlossen, so lautet die charakteristische Gleichung des geschlossenen Regelkreises

$$1 + g_{11}(p)\ r_1(p) \overset{\triangle}{=} f_1(p) = 0. \tag{6.162}$$

Die resultierende, den ersten geschlossenen Regelkreis enthaltende Übertragungsfunktionsmatrix der Regelstrecke sei mit $G^{(1)}(p)$ bezeichnet. Entsprechend Bild 6.59 gilt für die Teilregelstrecke $g_{22}^{(1)}(p)$ der resultierenden Strecke $G^{(1)}(p)$

$$g_{22}^{(1)}(p) = g_{22}(p) - \frac{g_{12}(p)\ g_{21}(p)\ r_1(p)}{1 + g_{11}(p)\ r_1(p)} = g_{22}(p) - \frac{g_{12}(p)\ g_{21}(p)\ r_1(p)}{f_1(p)} . \tag{6.163}$$

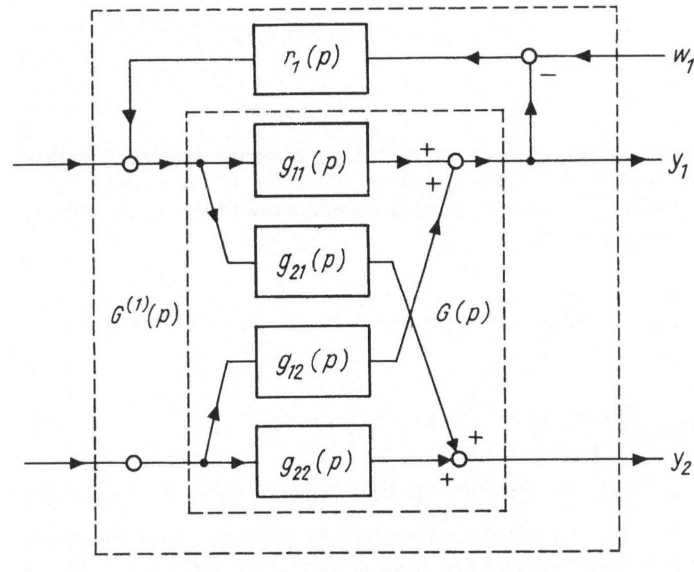

Bild 6.59. Resultierende Regelstrecke mit einem geschlossenen Einfachregelkreis

Beim Schließen des zweiten Regelkreises zu $g_{22}^{(1)}$ gilt für die charakteristische Gleichung

$$1 + g_{22}^{(1)}(p)\ r_2(p) \overset{\triangle}{=} f_2(p) = 0 \tag{6.164}$$

und entsprechend für den i-ten Regelkreis

$$1 + g_{ii}^{(i-1)}(p)\ r_i(p) \overset{\triangle}{=} f_i(p) = 0. \tag{6.165}$$

Dabei bedeutet $g_{ii}^{(i-1)}(p)$ das Element der resultierenden Regelstrecke $G^{(i-1)}(p)$ mit $(i-1)$ geschlossenen Hauptregelkreisen und $G^{(o)}(p) \equiv G(p)$.

Für die Übertragungsfunktionsmatrix des Regelkreises mit i geschlossenen Hauptregelkreisen gilt

$$G^{(i)}(p) = (g_{\mu\nu}^{(i)}) = \left[I + G(p)\, R^{(i)}(p) \right]^{-1} G(p) = F_i^{-1}(p)\, G(p) \tag{6.166}$$

mit der Rückführdifferenzmatrix

$$F_i(p) = I + G(p)\, R^{(i)}(p), \text{ wobei } F_o(p) = I \text{ gesetzt wird,} \tag{6.167}$$

und

$$R^{(i)}(p) = \mathrm{diag}\cdot\left\{ r_1(p),\, r_2(p),\, \ldots,\, r_i(p),\, 0,\, \ldots,\, 0 \right\}\ . \tag{6.168}$$

Die Berechnung des Elements $g_{ii}^{(i-1)}(p)$ in Gl. (6.165) kann entweder nach Gl. (6.166) oder mittels der Rekursionsbeziehung [60]

$$G^{(i)}(p) = G^{(i-1)}(p) - \frac{r_i(p)}{f_i(p)}\, g_{\bullet i}^{(i-1)}(p)\, g_{i\bullet}^{(i-1)}(p) \tag{6.169}$$

mit $g_{\bullet i}^{(i-1)}(p)$ als i-tem Spaltenvektor bzw. $g_{i\bullet}^{(i-1)}(p)$ als i-tem Zeilenvektor von $G^{(i-1)}(p)$ erfolgen.

Von Rosenbrock [62] und Mayne [60] wurde nun gezeigt, daß für die durch Gl. (6.165) definierten Rückführdifferenzen $f_i(p)$ der Hauptregelkreise die Beziehung

$$\prod_{\mu=1}^{i} f_\mu(p) = \det\left\{ F_i(p) \right\} \tag{6.170}$$

gilt.

Nach Abschn. 6.0.2.1. ist für die Stabilität des geschlossenen mehrvariablen Regelkreises notwendig und hinreichend, daß die Abbildung der Nyquist-Kontur D durch $\det\{F(p)\}$ den Ursprung der komplexen Ebene n_o-mal in mathematisch positiver Richtung umschlingt. Wird $n_o = 0$ vorausgesetzt, gilt nach Gl. (6.3)

$$\Delta \arg \det\{F(p)\} = 0.$$

Unter Verwendung der Beziehung (6.170) folgt für die Stabilität des durch $R^{(i)}(p)$ mit i Schleifen geschlossenen Regelkreises

$$\Delta \arg \det\left\{ F_i(p) \right\} = \Delta \arg \prod_{\mu=1}^{i} f_\mu(p) = \sum_{\mu=1}^{i} \Delta \arg f_\mu(p) = 0. \tag{6.171}$$

Daraus ergibt sich das folgende Stabilitätskriterium für im offenen Zustand stabile Systeme:

Der mehrvariable Regelkreis mit i über skalare Hauptregler $r_i(p)$ geschlossenen Hauptregelkreisen ist stabil, wenn die Abbildungen der Nyquist-Kontur D durch die in Gl. (6.165) definierten Rückführdifferenzen $f_\mu(p)$ der Hauptregelkreise für $\mu = 1, 2, \ldots, i$ den Ursprung der komplexen Ebene nicht umschlingen. Der vollständige Mehrgrößenregelkreis mit m geschlossenen Schleifen ist stabil, wenn dies auch für $i = m$ gilt.

Von Shaked und MacFarlane [65] wurde die Betrachtung auf eine allgemeinere Reglerstruktur in Form einer unteren Dreiecksmatrix erweitert. Der Regler habe die Form

$$
R_{\Delta}^{(i)}(p) = \begin{pmatrix}
r_{\Delta 11}(p) & 0 & 0 & 0 & & 0 & \cdots & 0 \\
r_{\Delta 21}(p) & r_{\Delta 22}(p) & 0 & 0 & & & & \\
\vdots & & \vdots & \vdots & & \vdots & \ddots & \vdots \\
r_{\Delta i1}(p) & r_{\Delta i2}(p) & \cdot & \cdots & r_{\Delta ii}(p) & 0 & \cdots & 0 \\
0 & 0 & & 0 & & 0 & \cdots & 0 \\
\vdots & & & & & & & \\
0 & \cdots & & 0 & \cdots \; 0 \; \cdots & & 0 & \cdots \; 0
\end{pmatrix}
\tag{6.172}
$$

Für die einzelnen Rückführdifferenzen folgt dann

$$
f_{\Delta i}(p) = 1 + r_{\Delta i \cdot}(p)\; g_{\cdot i}^{(i-1)}(p) = 1 + \sum_{l=1}^{i} r_{\Delta il}(p)\; g_{li}^{(i-1)}(p)
\tag{6.173}
$$

und

$$
F_{\Delta i}(p) = I_m + G(p)\, R_{\Delta}^{(i)}(p)
\tag{6.174}
$$

sowie

$$
G^{(i)}(p) = F_{\Delta i}^{-1}(p)\, G(p).
\tag{6.175}
$$

Dabei bedeutet $r_{\Delta i \cdot}(p)$ den i-ten Zeilenvektor von $R_{\Delta}^{(i)}(p)$. Auch für diesen Fall gilt

$$
\det\left\{ F_{\Delta i}(p) \right\} = \prod_{\mu=1}^{i} f_{\Delta \mu}(p),
\tag{6.176}
$$

und damit kann das oben definierte Stabilitätskriterium auch auf die $f_{\Delta \mu}(p)$ angewandt werden.

6.5.2.3. Approximation der Ersatzregelstrecken für hohe Verstärkung

Werden alle Schleifenverstärkungen in den schon entworfenen Hauptregelkreisen durch geeignete Entwürfe groß gewählt, so lassen sich für die resultierenden Ersatzregelstrecken $g_{ii}^{(i-1)}(p)$ Näherungsbeziehungen angeben. Rosenbrock [75] und Mayne [60] haben gezeigt, daß unter diesen Bedingungen die Übertragungsfunktion der Ersatzregelstrecke einem Grenzwert zustrebt:

$$
g_{ii}^{(i-1)}(p) \approx \frac{\Delta_i(p)}{\Delta_{i-1}(p)}
\tag{6.177}
$$

mit $\Delta_i(p)$ als i-ter Hauptunterdeterminante von $\det\{G(p)\}$ und $\Delta_0(p) = 1$. Damit ist für den Entwurf häufig eine vereinfachte Abschätzung der Ersatzregelstrecken möglich.

6.5.2.4. Aus den Entwurfszielen resultierende Grundforderungen an die Rückführdifferenzmatrix des Regelkreises

Für die Übertragungsfunktionsmatrizen des Regelkreises nach Bild 6.58 gilt für die Relation zwischen der Ausgangsgröße $\underline{y}$ und der Führungsgröße $\underline{w}$

$$
F_{gw}(p) = (I + F_0(p))^{-1}\, F_0(p) = F^{-1}(p)\, F_0(p)
\tag{6.178}
$$

und für die Relation zwischen Ausgangsgröße $\underline{y}$ und der Störgröße $\underline{z}$

$$
F_{gz}(p) = (I + {}'F_0(p))^{-1} = F^{-1}(p).
\tag{6.179}
$$

Entsprechend den verschiedenen Entwurfszielen müssen $F(p)$, $F_{gw}(p)$ und $F_{gz}(p)$ verschiedenen Forderungen genügen.

● Stabilität
Für stabile Systeme muß det $\{F(p)\}$ die Stabilitätsbedingung des verallgemeinerten Nyquist-Kriteriums (s. Abschn. 6.0.2.1.) erfüllen. Dies kann nach Abschn. 6.5.2.2. und Gl. (6.170) auch mittels der einzelnen $f_i(p)$ nach Gl. (6.165) geprüft werden.

● Regelgüte
- Unempfindlichkeit des Regelkreises gegenüber Parametervariationen
  Wenn die Parametervariationen zu einer Variation $\delta F_0(p)$ der Übertragungsfunktionsmatrix des offenen Regelkreises führen, so kann gezeigt werden, daß die entsprechende Variation $\delta F_{gw}(p)$ zu $F_{gw}(p)$ der folgenden Bedingung genügt [13] :

$$\left\| \delta F_{gw}(p)\, F_{gw}^{-1}(p) \right\| \leq \left\| F^{-1}(p) \right\| . \tag{6.180}$$

Demnach ist die Auswirkung von Parametervariationen auf $F_{gw}(j\omega)$ in einem Frequenzband $0 \leq \omega < \omega_1$ klein, wenn die Bedingung

$$\left\| F^{-1}(j\omega) \right\| \ll 1 \tag{6.181}$$

für alle ω aus dem Intervall $0 \leq \omega < \omega_1$ erfüllt ist.

- Unempfindlichkeit gegenüber Störgrößen
  Nach Gl. (6.179) ist der Einfluß von Störgrößen in einem bestimmten Frequenzband klein, wenn für alle ω aus diesem Frequenzband die Beziehung (6.181) gilt.

- Entkopplung
  Für eine gute dynamische Entkopplung der Regelgrößen in einem bestimmten Frequenzbereich $0 \leq \omega < \omega_1$ ist eine so hohe Schleifenverstärkung der Einzelregelkreise erforderlich, daß die Forderung

$$\left\| F_0^{-1}(j\omega) \right\| \ll 1 \tag{6.182}$$

für alle ω aus diesem Intervall erfüllt ist.
Unter der Bedingung (6.182) gilt

$$F_{gw}(j\omega) \rightarrow I \quad \text{für} \quad 0 \leq \omega < \omega_1. \tag{6.183}$$

Für $\omega \rightarrow \infty$ kann die Ungleichung (6.182) i. allg. nicht erfüllt werden, und es ergeben sich die folgenden Grenzwerte:

$$\lim_{\omega \to \infty} F_0(j\omega) = 0 \tag{6.184}$$

$$\lim_{\omega \to \infty} F(j\omega) = I \tag{6.185}$$

$$\lim_{\omega \to \infty} F_{gw}(j\omega) = F_0(j\omega). \tag{6.186}$$

Wird eine Entkopplung für hohe Frequenzen verlangt, muß demnach durch geeignete Wahl des Reglers Diagonalgestalt von $F_0(j\omega)$ für diese Frequenzen erreicht werden. Demnach ist die Bedingung $\left\| F^{-1}(j\omega) \right\| \ll 1$ in $0 \leq \omega < \omega_1$ neben der Erfüllung der Stabilitätsbedingung eine maßgebende Forderung für den Entwurf. Nach Gl. (6.170) bedeutet dies, daß für alle sequentiell geschlossenen Einzelkreise eine hohe Schleifenverstärkung für den Frequenzbereich $0 \leq \omega < \omega_1$ anzustreben ist.

● Integrität
Zur Sicherung der Integrität des Systems gegenüber Elementeausfällen ist es notwendig, zu prüfen, ob auch im Fehlerfall die Rückführdifferenzdeterminante die Stabilitätsbedingung erfüllt. Bezeichnet $A = \{\alpha_1, \ldots, \alpha_n\}$ die Menge der auftretenden Fehler, so muß für alle $\alpha \in A$ die Rückführdifferenzdeterminante

$$\det \left\{ F^{\alpha}(j\omega) \right\} = \prod_{i=1}^{m} f_i^{\alpha}(j\omega) \tag{6.187}$$

den Stabilitätsbedingungen des verallgemeinerten Nyquist-Kriteriums genügen.

6.5.2.5. Entwurf bei nichtminimalphasigen Teilregelstrecken

Die nach Schließen von $(i-1)$ Regelkreisen resultierende Teilregelstrecke $g_{ii}^{(i-1)}(p)$ für den i-ten Regelkreis kann auch dann Nichtminimalphaseneigenschaften aufweisen, wenn die einzelnen Elemente von $G(p)$ und $R(p)$ minimalphasig sind. Das Auftreten nichtminimalphasiger Teilregelstrecken führt zu Entwurfsproblemen, da die zulässige Verstärkung für den i-ten Regelkreis stark beschränkt wird. Durch Nutzung bestehender Entwurfsfreiheiten muß versucht werden, minimalphasige Teilregelstrecken zu erzeugen. Von Mayne wurde dazu die Verwendung einer Kompensationsmatrix (Bild 6.58) vorgeschlagen, bestehend aus dem Produkt von Teilkompensationsmatrizen für die einzelnen Teilregelstrecken

$$K(p) = K^{(1)}(p) \ K^{(2)}(p) \ \ldots \ K^{(m)}(p), \tag{6.188}$$

wobei die einzelnen $K^{(i)}(p)$ der Struktur

$$K^{(i)}(p) = \begin{pmatrix} I_{i-1} & 0 \\ 0 & X \end{pmatrix} \tag{6.189}$$

mit

$$\det \left\{ K^{(i)}(p) \right\} = 1 \tag{6.190}$$

eine Folge elementarer Spaltenoperationen beschreiben. Bei dieser Struktur beeinflussen die $K^{(i)}(p)$ nicht die jeweils zuvor entworfenen Regelkreise. Der systematische Entwurf geeigneter $K^{(i)}(p)$ ist schwierig.

Von Shaked und MacFarlane [65] wurde deshalb ein anderer Weg vorgeschlagen:
Bei Verwendung eines verallgemeinerten Diagonalreglers

$$R_{\Delta}^{(i)}(p) = \begin{pmatrix} r_{\Delta 11}(p) & 0 & 0 & 0 \\ r_{\Delta 21}(p) & r_{\Delta 22}(p) & & \\ 0 & r_{\Delta 32}(p) & & \\ \vdots & & \ddots & \\ 0 \ \ldots & 0 \ \ldots & 0 \ r_{\Delta i,i-1}(p) & r_{\Delta ii}(p) \end{pmatrix} \tag{6.191}$$

ergeben sich durch die Teilregler der unteren Nebendiagonale $r_{\Delta j,j-1}$; $j = 2, 3, \ldots, i$ zusätzliche Entwurfsfreiheiten, die dazu genutzt werden können, Minimaleigenschaften für die Ersatzregelstrecken für den i-ten Teilregelkreis zu erzeugen. Zur Erläuterung dieser Möglichkeit sei vorerst folgender Hilfssatz betrachtet (Bild 6.60):

Sind $g_1(p)$ und $g_2(p)$ zwei lineare einvariable Übertragungsglieder, wobei wenigstens eines minimalphasig ist, so ist es immer möglich, zwei diesen Übertragungsgliedern vorgeschaltete Übertragungsglieder $\alpha(p)$ und $\beta(p)$ so zu finden, daß das Gesamtübertragungssystem

$$H(p) = \alpha(p) \ g_1(p) + \beta(p) \ g_2(p) \tag{6.192}$$

minimalphasig ist. Um dies zu zeigen, wird

$$g(p) \triangleq \frac{g_2(p)}{g_1(p)} \tag{6.193}$$

mit

$$\lim_{p \to \infty} |g(p)| < \infty$$

definiert. Dann kann für $H(p)$ geschrieben werden:

$$H(p) = \alpha(p)\, g_1(p)\left(1 + \frac{\beta(p)}{\alpha(p)}\, g(p)\right). \tag{6.194}$$

Sind $g_1(p)$ und $\alpha(p)$ wie vorausgesetzt minimalphasig, so darf der Ausdruck

$$\left(1 + \frac{\beta(p)}{\alpha(p)}\, g(p)\right) = (1 + k(p)\, g(p)) \tag{6.195}$$

keine Nullstellen in der rechten p-Halbebene haben. $k(p) = \beta(p)/\alpha(p)$ muß also so gewählt werden, daß das Polynom $1 + k(p)\, g(p)$ ein Hurwitz-Polynom ist. Ein solches $k(p)$ läßt sich immer finden.

Ist nun bei Anwendung des sequentiellen Rückführdifferenzverfahrens die resultierende Regelstrecke $g_{ii}^{(i-1)}(p)$; $i > 1$ nichtminimalphasig, so kann durch Hinzunahme einer weiteren minimalphasigen Teilübertragungsfunktion $g_{i-1,i}^{(i-1)}(p)$ die Entwurfssituation der i-ten Schleife auf den Entwurf eines minimalphasigen Systems zurückgeführt werden. Unter Verwendung eines Reglers $R_{\Delta}^{(i)}(p)$ nach Gl. (6.191) gilt dann für die Rückführdifferenz nach Gl. (6.173)

$$f_i(p) = 1 + r_{\Delta i, i-1}(p)\, g_{i-1,i}^{(i-1)}(p) + r_{\Delta ii}(p)\, g_{ii}^{(i-1)}(p) \tag{6.196}$$

mit

$$r_{\Delta i, i-1}(p) \triangleq r^{(i)}(p)\, r_{i,i-1}^{*}(p) \tag{6.197}$$

und

$$r_{\Delta ii}(p) \triangleq r^{(i)}(p)\, r_{ii}^{*}(p). \tag{6.198}$$

Durch Gleichsetzen von $r_{i,i-1}^{*}(p)$ mit $\alpha(p)$ und von $r_{ii}^{*}(p)$ mit $\beta(p)$ folgt für $f_i(p)$:

$$f_i(p) = 1 + r^{(i)}(p)\, H_i(p) \tag{6.199}$$

mit

$$H_i(p) \triangleq r_{i,i-1}^{*}(p)\, g_{i-1,i}^{(i-1)}(p) + r_{ii}^{*}(p)\, g_{ii}^{(i-1)}(p). \tag{6.200}$$

Ist $H_i(p)$ durch geeignete Wahl der $r_{i,i-1}^{*}(p)$ und $r_{ii}^{*}(p)$ minimalphasig, so wird mittels $r^{(i)}(p)$ für diese minimalphasige Ersatzregelstrecke in Gl. (6.199) ein stabiler Teilregelkreis mit ausreichender Schleifenverstärkung entworfen. Zur Erzeugung eines minimalphasigen $H_i(p)$ kann auch eine beliebige andere minimalphasige Teilübertragungsfunktion $g_{i-\nu,i}^{(i-1)}(p)$ herangezogen werden. Das geschilderte Verfahren ist immer anwendbar, außer im ersten Schritt für $g_{11}^{(0)}(p)$. Durch geeignete Wahl der Entwurfsreihenfolge der Teilregelkreise ist somit $g_{11}^{(0)}(p)$ minimalphasig zu wählen.

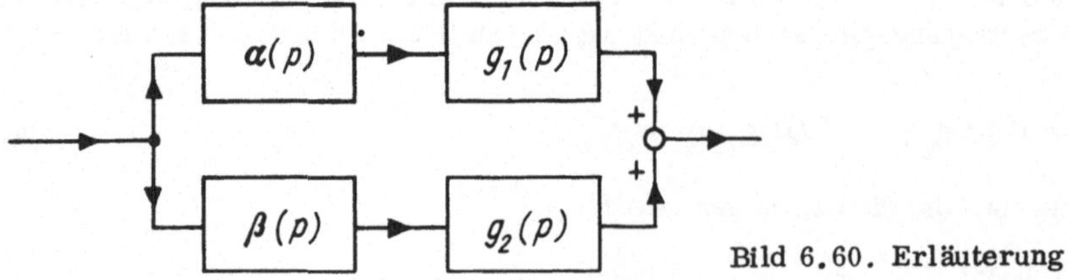

Bild 6.60. Erläuterung zum Hilfssatz

Von Rosenbrock [75] wurden Kriterien angegeben, wie viele Hauptregelkreise mit sehr hoher Verstärkung bei einer vorgegebenen Regelstreckenmatrix entworfen werden können.

6.5.3. Sequentieller Entwurf der Hauptregelkreise

Der Entwurf geschieht in folgenden Schritten:

1. Wahl einer ersten möglichst minimalphasigen Hauptregelstrecke aus G(p), die mittels elementarer Zeilen- und Spaltenoperationen in die erste Zeile und Spalte der umgeordneten Übertragungsfunktionsmatrix

$$G^{(0)}(p) = L \; G(p) \; C \qquad (6.201)$$

gebracht wird. Außerdem wird durch die Wahl von L und C die weitere Reihenfolge beim Schließen der Hauptregelkreise festgelegt.

Für diese Hauptregelstrecke $g_{11}^{(0)}(p)$ wird nun ein skalarer Regler $r_1(p)$ so entworfen, daß die zugehörige skalare Rückführdifferenzmatrix die Nyquist-Stabilitätsbedingung erfüllt und der Regelkreis im wesentlichen Frequenzbereich $0 \leqq \omega < \omega_1$ eine möglichst hohe Schleifenverstärkung aufweist.

2. Berechnung der Regelstrecke $g_{22}^{(1)}(p)$ aus $G^{(1)}(p)$, wobei $G^{(1)}(p)$ den ersten über den Regler $r_1(p)$ geschlossenen Teilregelkreis enthält. Dazu wird Gl. (6.163) bzw. (6.169) herangezogen.

3. Wahl eines Reglers $r_2(p)$ für den zweiten Hauptregelkreis so, daß

$$f_2(p) = 1 + r_2(p) \; g_{22}^{(1)}(p) \qquad (6.202)$$

dem Stabilitätskriterium nach Abschn. 6.5.2.2. genügt und im wesentlichen Frequenzbereich eine genügend hohe Schleifenverstärkung vorhanden ist.

4. Fortsetzung mit der Berechnung der nächsten Teilregelstrecken $g_{ii}^{(i-1)}(p)$ aus $G^{(i-1)}(p)$ nach Gl. (6.169) und Entwurf der Regler $r_i(p)$ bis alle Hauptregelkreise geschlossen sind.

Alle Berechnungen können sowohl anhand der Übertragungsfunktionen der Regelstrecke als auch anhand von Frequenzgangortskurven durchgeführt werden. Auch dieses Entwurfs-verfahren erfordert zu seiner effektiven Durchführung den Einsatz eines dialogfähigen Rechners mit grafischem Display zur Berechnung der resultierenden Teilregelstrecken, zur grafischen Darstellung der Frequenzgänge und zum Reglerentwurf im Dialog.

Sind alle m Teilregelkreise geschlossen, ergibt sich der Regler zu

$$R(p) = \text{diag} \left\{ r_1(p), \; r_2(p), \; \ldots, r_m(p) \right\} \; . \qquad (6.203)$$

Die Inbetriebnahme der auf diese Weise entworfenen Regler ist dadurch wesentlich vereinfacht, daß die Einzelregelkreise in der Reihenfolge des Entwurfs in Betrieb genommen und bezüglich der Erfüllung des angestrebten Entwurfsziels überprüft werden. Treten beim Entwurf nichtminimale Teilregelstrecken $g_{ii}^{(i-1)}(p)$ auf, so muß durch Wahl einer Kompensationsmatrix K(p) oder durch den Einsatz eines erweiterten Reglers nach Abschn. 6.5.2.5. minimalphasiges Verhalten erzielt werden. Zur Erfüllung besonderer Integritätsforderungen kann es auch zweckmäßig sein, eine Kompensationsmatrix K(p) so zu wählen, daß die kompensierte Regelstrecke diagonaldominant oder eine untere Dreiecksmatrix wird.

Hat die Regelstrecke neben den eigentlichen Regelgrößen noch weitere meßbare Ausgänge, so lassen sich diese auf die Regelgrößen mit dem Ziel aufschalten, regelungstechnisch günstige Teilregelstrecken für den eigentlichen Entwurf zu erhalten.

Das Entwurfsergebnis ist abhängig von der Reihenfolge, in der die Einzelkreise entworfen werden, und allgemeine Richtlinien für eine günstige Wahl sind schwer anzugeben. Sind einzelne Hauptregelkreise besonders durch Meßgliedausfälle gefährdet, sollten diese Kreise zur Sicherung der Integrität zuletzt entworfen werden. Von Owens [73] und Kuon [3] wurden Vorschläge für eine Bestimmung einer günstigen Entwurfsreihenfolge gemacht, deren Anwendung aber aufwendig ist und nicht voll befriedigt.

Wird der Entwurf in der angegebenen Weise durchgeführt, so ergeben sich Mehrgrößenregler mit den folgenden Eigenschaften:

1. Sind die entworfenen Einzelregelkreise stabil, ist auch der Gesamtregelkreis stabil und
kann in der Reihenfolge des Entwurfs in Betrieb genommen werden.

2. Wird eine hohe Schleifenverstärkung für alle Schleifen erreicht, so ergibt sich neben
einem guten Führungsverhalten eine ausreichende Störgrößenunterdrückung und eine geringe Kopplung zwischen den Kreisen.

3. Gleichzeitige Meßgliedausfälle oder Reglerausfälle in den Schleifen 2 ... m oder 3 ... m,
oder ..., oder m beeinflussen die Stabilität des Restsystems nicht.

Unter Einbeziehung evtl. entworfener Kompensationsmatrizen gilt für den Gesamtregler
$R_{ges}(p)$:

$$R_{ges}(p) = C \; K(p) \; R(p) \; L. \tag{6.204}$$

Auf den Gebrauch von der Strecke nachgeschalteten Kompensationsmatrizen sollte aus Realisierbarkeitsgründen weitgehend verzichtet und L nur zur Umordnung der Ausgänge verwendet werden.

6.5.4. Beispiel

Als Beispiel sei ein chemischer Reaktor mit den Eingangsgrößen Reaktandenstrom u_1 und
Kühlwasserstrom u_2 und den Ausgangsgrößen Reaktortemperatur y_1 und Reaktordruck y_2
betrachtet. Das Übertragungsverhalten des Reaktors wird durch die folgende Übertragungsfunktionsmatrix $G(p) = (g_{\mu\nu}(p))$ beschrieben [74] [63] :

$$G(p)' = \frac{1}{d(p)} \begin{pmatrix} 29,2\,p + 233 & -(21,13\,p^2 + 111,1\,p + 26,3) \\ 5,679\,p^3 + 43,8\,p^2 - 58,247\,p - 96,56 & 9,43\,p + 15,15 \end{pmatrix}$$

mit

$$d(p) = p^4 + 11,873\,p^3 + 18,469\,p^2 - 79,432\,p + 7,5539.$$

Der Reaktor ist im ungeregelten Zustand instabil, wie die Wurzeln des Nennerpolynoms
$\{-8,678; -5,058; 0,0975; 1,766\}$ zeigen. Die Nullstellen der Elemente liegen bei

$$g_{11}(p): \quad \{-7,979\}$$
$$g_{12}(p): \quad \{-5,009; -0,248\}$$
$$g_{21}(p): \quad \{-8,672; -1,001; 1,958\}$$
$$g_{22}(p): \quad \{-1,607\}\;.$$

Das Element $g_{21}(p)$ ist also nichtminimalphasig.

Für den Reaktor ist eine Zweigrößenregelung zur Stabilisierung des instabilen Prozesses
zu entwerfen. Die Bilder 6.61 und 6.62 zeigen die Ortskurven zu den Elementen von $G(j\omega)$.
Durch eine Vertauschung der Eingangsgrößen u_1 und u_2 wird erreicht, daß die erste Teilregelstrecke minimalphasig ist und eine hohe Schleifenverstärkung im ersten Hauptregelkreis zuläßt. Für die zweite Hauptregelstrecke muß dann Nichtminimalphasenverhalten in
Kauf genommen werden. Eine Stabilisierung des ersten Hauptregelkreises erfordert noch
eine Vorzeichenumkehr. Beide Operationen werden durch eine Kompensationsmatrix C

$$C = \begin{pmatrix} 0 & 1 \\ -1 & 0 \end{pmatrix}$$

bewirkt. Für die kompensierte Matrix als Ausgangspunkt des Entwurfs der Teilregelkreise
gilt dann

$$G_K(p) = G(p)\,C = \frac{1}{d(p)} \begin{pmatrix} 21,13\,p^2 + 111,1\,p + 26,3 & 29,2\,p + 233 \\ -(9,43\,p + 15,15) & 5,679\,p^3 + 43,8\,p^2 - 58,247\,p - 96,56 \end{pmatrix}$$

Die Matrix $G_K(p)$ wird gleich der Startmatrix $G^{(0)}(p)$ für den Entwurf gesetzt.

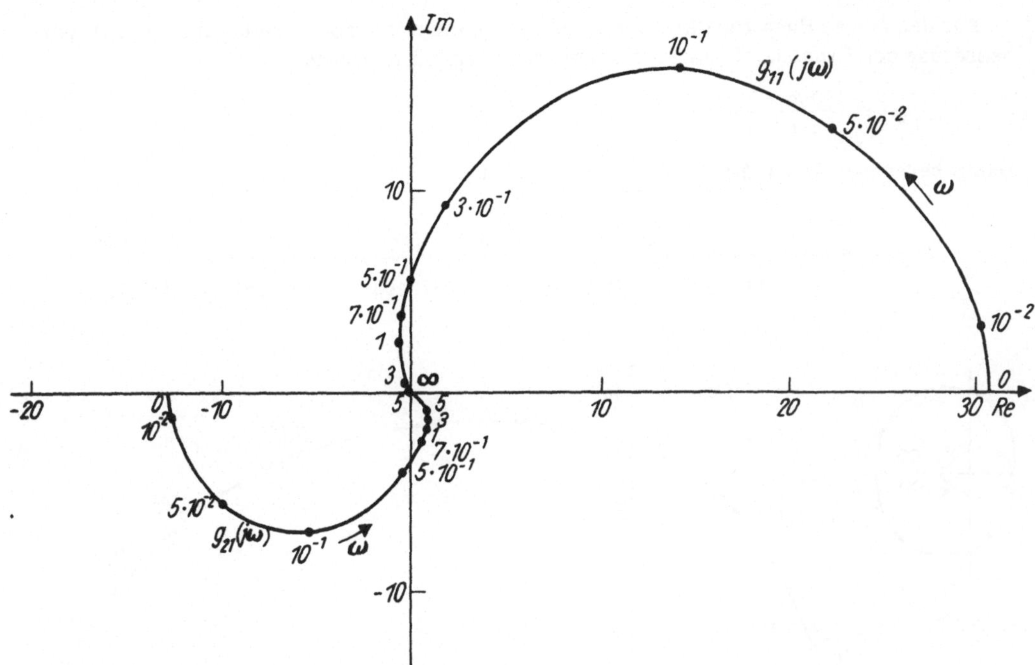

Bild 6.61. Ortskurven zu $g_{11}(j\omega)$ und $g_{21}(j\omega)$

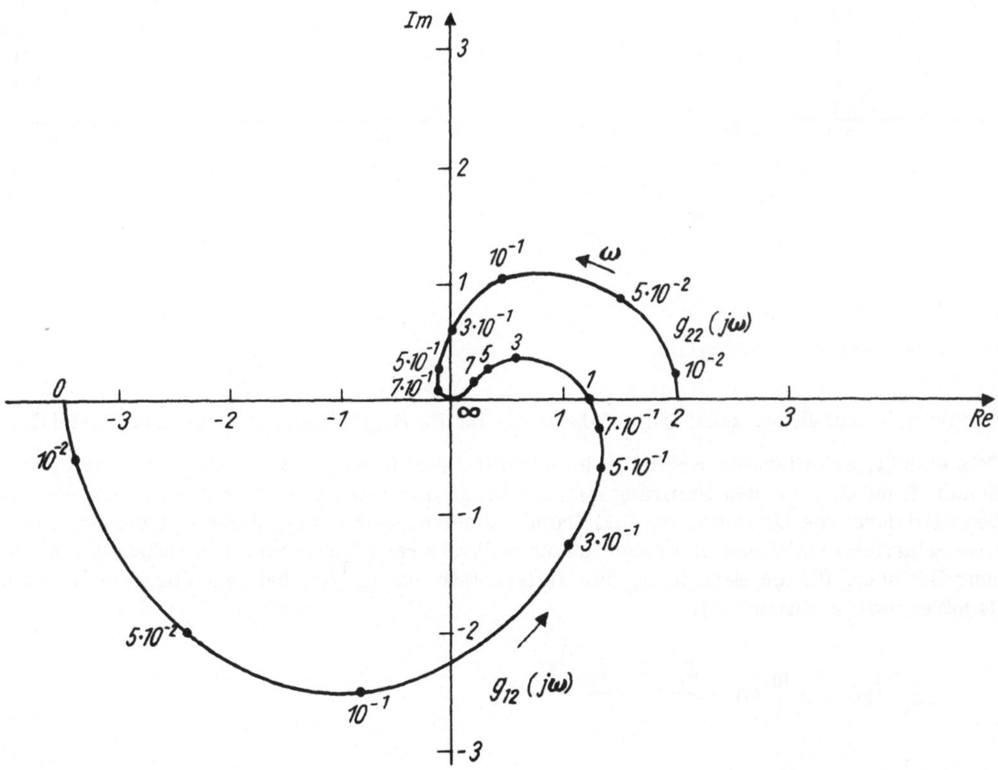

Bild 6.62. Ortskurven zu $g_{12}(j\omega)$ und $g_{22}(j\omega)$

Für den ersten Hauptregelkreis wird ein P-Regler mit hoher Verstärkung und zur Verbesserung der Dynamik ein Serienphasenkorrekturglied verwendet:

$$r_1(p) = \frac{150\,(p+10)}{(p+100)} \; .$$

Damit berechnet sich $f_1(p) = 1 + g_{11}^{(0)}(p)\, r_1(p)$ zu

$$f_1(p) = \frac{p^5 + 111{,}873\,p^4 + 4375{,}269\,p^3 + 50\,127{,}469\,p^2 + 162\,659{,}354\,p + 40\,205{,}39}{p^5 + 111{,}873\,p^4 + 1205{,}769\,p^3 + 1767{,}468\,p^2 - 7935{,}646\,p + 755{,}39} \; .$$

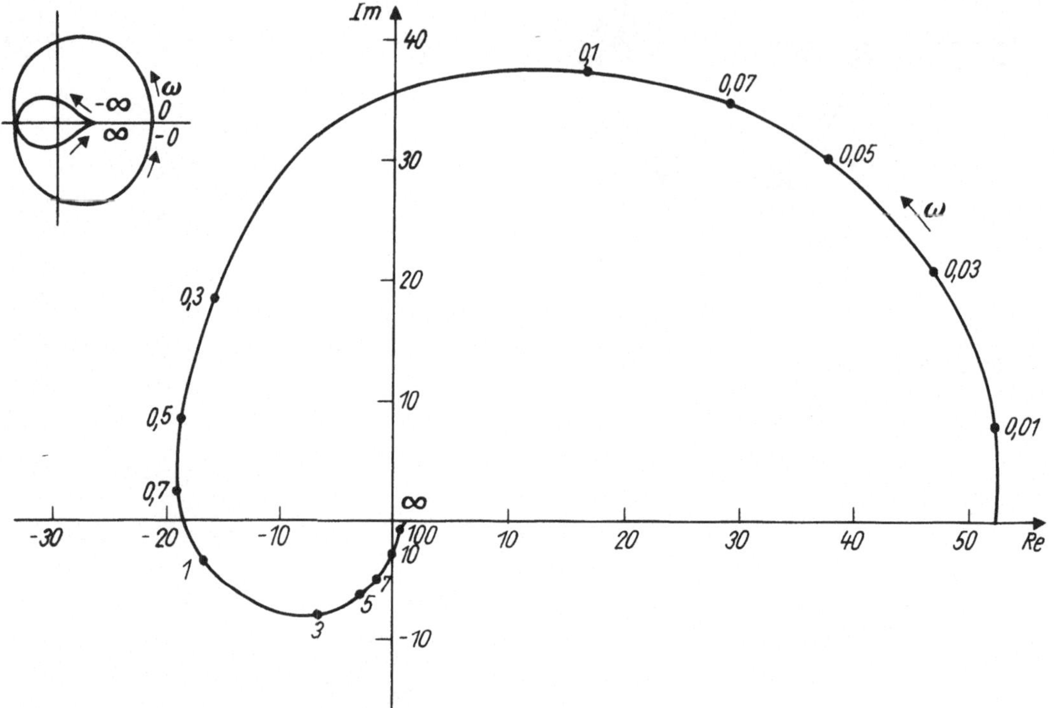

Bild 6.63. Ortskurve zu $f_1(j\omega)$

Bild 6.63 enthält die zugehörige Ortskurve. Da die Regelstrecke $g_{11}^{(0)}(p)$ zwei instabile Pole enthält, erfordert die Erfüllung der Stabilitätsbedingung, daß die Abbildung der Nyquist-Kontur D durch $f_1(p)$ den Ursprung zweimal in mathematisch positiver Richtung umschlingt. Das wird durch die Ortskurve erfüllt. Damit ist der erste Hauptregelkreis entworfen. Die hohe Schleifenverstärkung im ersten Hauptregelkreis rechtfertigt eine Anwendung der Näherungsbeziehung für die Berechnung der Teilregelstrecke $g_{22}^{(1)}(p)$ bei geschlossenem erstem Hauptregelkreis. Danach gilt

$$g_{22}^{(1)}(p) \approx g_{22}^{(0)}(p) - \frac{g_{12}^{(0)}(p)\, g_{21}^{(0)}(p)}{g_{11}^{(0)}(p)} \; .$$

Für $g_{22}^{(1)}(p)$ ergibt sich danach

$$g_{22}^{(1)}(p) = \frac{119{,}997\,p^5 + 1556{,}431\,p^4 + 3784{,}779\,p^3 - 7084{,}258\,p^2 - 9620{,}142\,p + 990{,}42}{21{,}13\,p^6 + 361{,}976\,p^5 + 1735{,}640\,p^4 + 685{,}768\,p^3 - 8179{,}546\,p^2 - 1294{,}82\,p + 198{,}67} \; .$$

324

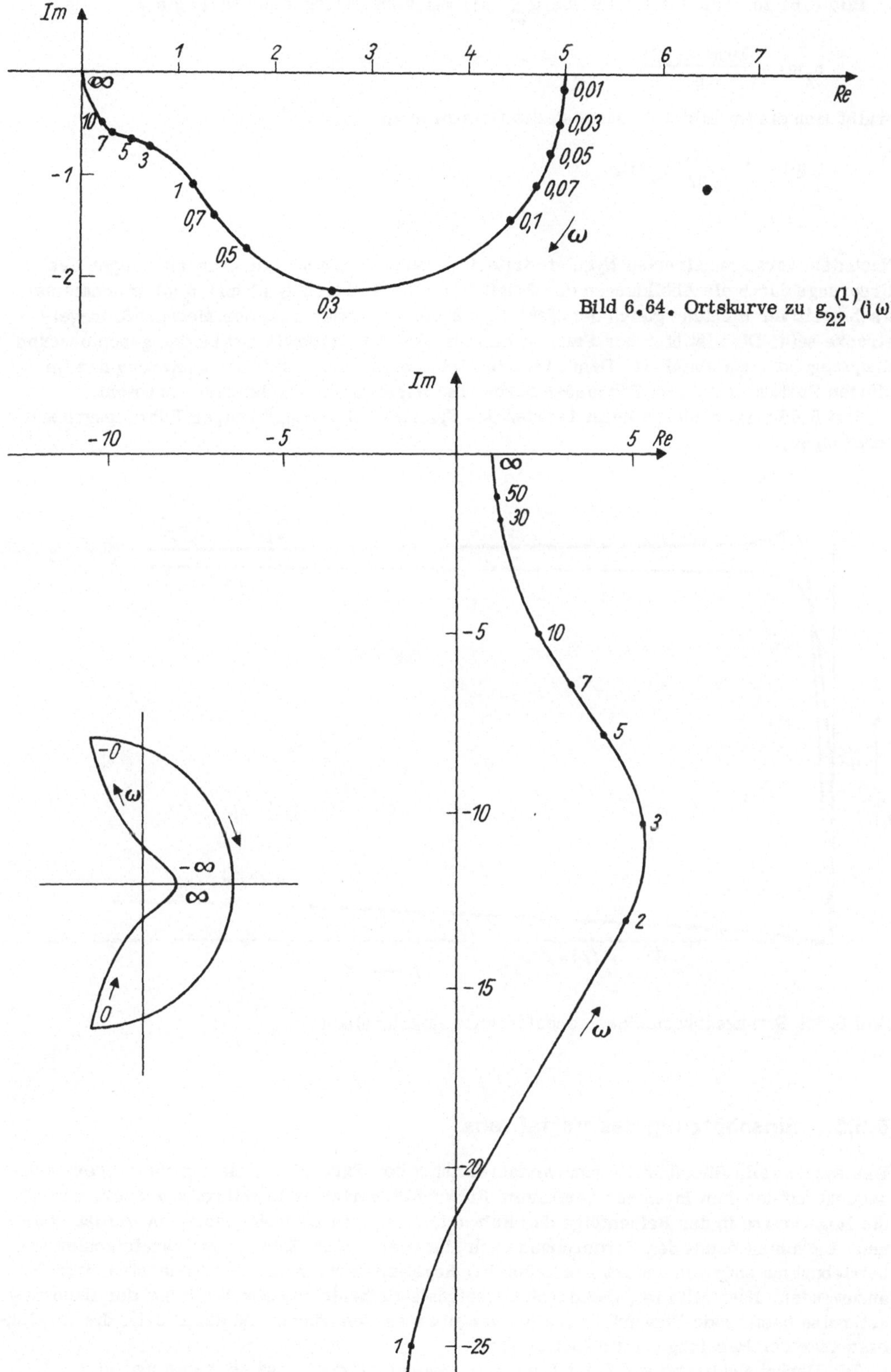

Bild 6.64. Ortskurve zu $g_{22}^{(1)}(j\omega)$

Bild 6.65. Ortskurve zu $f_2(j\omega)$

Bild 6.64 zeigt die Ortskurve von $g_{22}^{(1)}(p)$. Bei Verwendung eines PI-Reglers

$$r_2(p) = \frac{10\,(p + 1,2)}{p}$$

ergibt sich die im Bild 6.65 dargestellte Ortskurve zu

$$f_2(p) = 1 + g_{22}^{(1)}\, r_2(p).$$

Nach dem verallgemeinerten Nyquist-Kriterium muß die Summe der Umschlingungen des Ursprungs durch die Abbildungen der Nyquist-Kontur D durch $f_1(p)$ und $f_2(p)$ in mathematisch positiver Richtung gleich der Zahl $n_0 = 2$ der instabilen Pole der Mehrgrößenregelstrecke sein. Dies ist hier der Fall, so daß der Gesamtregelkreis mit beiden geschlossenen Hauptregelkreisen stabil ist. Damit ist das Ziel des Entwurfs, eine Stabilisierung des im offenen Zustand instabilen Prozesses durch eine Regelung zu ermöglichen, erreicht.

Bild 6.66 zeigt noch die Zeitantworten des Systems bei sprungförmigen Führungsgrößenänderungen.

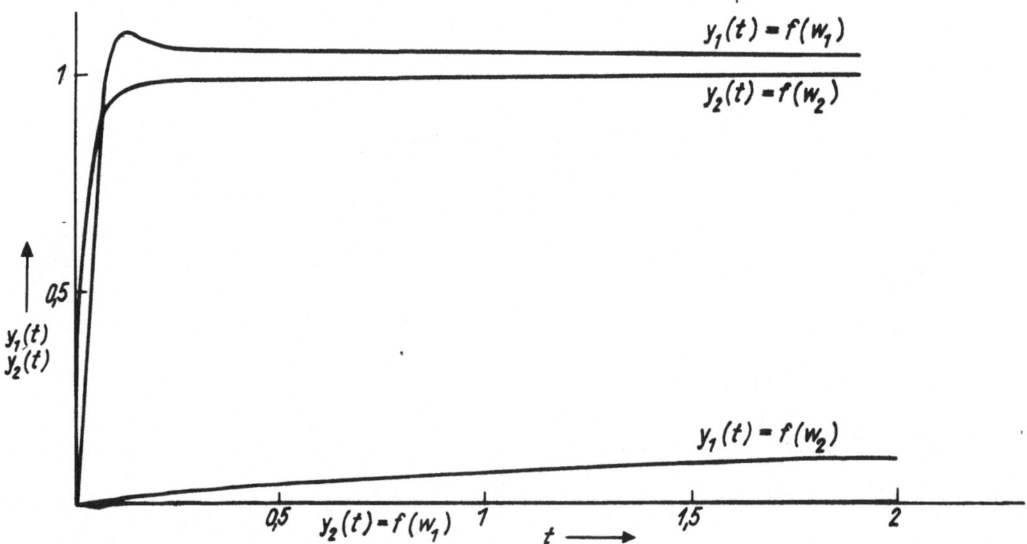

Bild 6.66. Sprungantworten des geschlossenen Regelkreises

6.5.5. Einschätzung des Verfahrens

Das sequentielle Rückführdifferenzverfahren führt den Entwurf des Mehrgrößenreglers konsequent auf den dem Ingenieur vertrauten Entwurf einvariabler Regelkreise zurück, wobei die Regelkreise in der Reihenfolge des Entwurfs einzeln in Betrieb genommen werden können. Es kommt damit den Forderungen nach einem einfachen Entwurf und vereinfachter Inbetriebnahme entgegen und ist zumindest bei Regelstrecken geringerer Dimension einfach anzuwenden. Nachteilig ist, daß durch ungeeignete Reihenfolge beim Schließen der Hauptregelkreise bestehende Entwurfsfreiheiten vergeben werden können und damit evtl. die erreichbare Güte der Regelung beeinträchtigt wird.

Die Berücksichtigung von Integritätsforderungen erfordert zusätzlichen Aufwand.

Für das sequentielle Rückführdifferenzverfahren sind bisher aus der Literatur nur wenig echte Anwendungsbeispiele bekannt geworden [63] [74].

Insgesamt gesehen ist das sequentielle Rückführdifferenzverfahren jedoch als ein den Forderungen nach einem vereinfachten Entwurf von Mehrgrößenreglern entsprechendes und flexibles Entwurfsverfahren einzuschätzen, das seine wirkliche Leistungsfähigkeit nur bei Implementierung auf einem dialogfähigen Rechner mit grafischem Display zur Darstellung der Ortskurvenverläufe und Zeitantwortfunktionen zeigt.

6.6. Literatur

[1] Horowitz, J.M.; Shaked, U.: Superiority of transfer function over state-variable methods in linear time-invariant feedback system design. IEEE Trans. AC 20 (1975) S. 84-97.

[2] Rosenbrock, H.-H.: Computer-aided control systems design. London, New York, San Francisko: Academic Press 1974.

[3] Kuon, J.F.: Multivariable frequency-domain design techniques. Alberta: Ph. D. thesis University of Alberta, Canada, 1975.

[4] MacFarlane, A.G.J.; Postlethwaite, I.: The generalized Nyquist stability criterion and multivariable root loci. Int. J. Control 25 (1977) S. 81-127.

[5] Postlethwaite, I.: A generalized inverse Nyquist stability criterion. Int. J. Control 26 (1977) S. 325-340.

[6] MacFarlane, A.G.J.; Postlethwaite, I.: Characteristic frequency functions and characteristic gain functions. Int. J. Control 26 (1977) S. 265-278.

[7] Rosenbrock, H.-H.; Cook, P.A.: Stability and eigenvalues of G(s). Int. J. Control 21 (1975) S. 99-104.

[8] MacFarlane, A.G.J.; Postlethwaite, I.: Extended Principle of the Argument. Int. J. Control 27 (1978) S. 49-55

[9] Nwokah, O.J.: Stability and the eigenvalues of G(s). Int. J. Control 22 (1975) S. 125 bis 128.

[10] Ramani, N.; Atherton, D.P.: A note on the stability and eigenvalues of G(s). Int. J. Control 22 (1975) S. 701-704.

[11] Schwarz, H.: Mehrfachregelungen, Bd. 1. Berlin, Heidelberg, New York: Springer-Verlag 1967.

[12] Gille, J.C.; Pelegrin, M.; Decaulne, P.: Theorie der Regelungen, Bd. 1. Berlin: VEB Verlag Technik und München, Wien: R. Oldenbourg Verlag 1960.

[13] MacFarlane, A.G.J.: The return-difference and return-ratio matrices and their use in the analysis and design of multivariable feedback control systems. Proc. IEE 117 (1970) S. 2037-2059.

[14] Zurmühl, R.: Matrizen. 4. Aufl. Berlin, Göttingen, Heidelberg: Springer-Verlag 1964.

[15] Belletrutti, J.J.; MacFarlane, A.G.J.: Characteristic loci techniques in multivariable control system design. Proc. IEE 118 (1971) S. 1291-1297.

[16] MacFarlane, A.G.J.; Belletrutti, J.J.: The characteristic locus design method. Automatica 9 (1973) S. 575-588.

[17] MacFarlane, A.G.J.: Commutative Controller: A new technique for the design of multivariable control systems. Electronics Letters 6 (1970) S. 121-123.

[18] Layton, J.M.: Commutative controller: a critical survey. Electronic Letters 6 (1970) S. 362-364.

[19] MacFarlane, A.G.J.: A survey of some recent results in linear multivariable feedback theory. Automatica 8 (1972) S. 455-492.

[20] Owens, D.H.: Dyadic approximation method for multivariable control systems analysis with a nuclear-reactor application. Proc. IEE 120 (1973) S. 801-809.

[21] Owens, D.H.: Modal decoupling and dyadic transfer function matrix. Int. J. Control 23 (1976) S. 63-65.

[22] Owens, D.H.: Dyadic expansion, characteristic loci and multivariable-control-systems design. Proc. IEE 122 (1975) S. 315-320.

[23] Owens, D.H.; Marshall, S.A.: Analysis of a power station boiler model using a dyadic expansion. Preprints of the 3. IFAC-Symposium on Multivariable Technological Systems Manchester 1974. Paper S. 38.

[24] Owens, D.H.: Dyadic approximation about a general frequency point. Electronics letters 11 (1975) S. 331-332.

[25] Belletrutti, J.J.; MacFarlane, A.G.J.: Characteristic loci techniques in multivariable-control-systems design. Proc. IEE 118 (1971) S. 1291-1297.

[26] Belletrutti, J.J.: Computer aided design and the characeteristic locus method. Conference on Computer Aided Design, IEE Conference Publication 96 (1973) S. 79-86.

[27] MacFarlane, A.G.J.; Belletrutti, J.J.: The characteristic locus design method. Automatica 9 (1973) S. 575-588.

[28] MacFarlane, A.G.J.; Kouvaritakis, B.: A design technique for linear multivariable feedback systems. Int.J. Control 25 (1977) S. 837-874.

[29] Rosenbrock, H.H.: Design of multivariable control systems using the inverse Nyquist array. Proc. Inst. Elect. Eng. 116 (1969) S. 1929-1936.

[30] Mee, D.H.: Specifications and criteria for multivariable control system design. Proc. of the 1976 Joint Autom. Control Conf., S. 627-633.

[31] Ostrowski, A.M.: Note on bounds for determinants with dominant principal diagonal. Proc. Am. Math. Soc. 3 (1952) S. 26-30.

[32] Rosenbrock, H.H.: State-space and multivariable theory. Nelson, London, 1970.

[33] Hawkins, D.J.: "Pseudodiagonalization" and the inverse-Nyquist-array method. Proc. IEE 119 (1972) S. 337-342.

[34] Leininger, G.G.: Diagonal dominance using function minimization algorithms. Preprints of the 4. IFAC-Symposium on Multivariable Technological systems, Fredericton 1977, S. 105-112.

[35] Fiedler, M.; Ptak, V.: On matrices with nonpositive off-diagonal elements and positive principal minors. Czech. Math. J. 12 (1962) S. 382-400.

[36] Araki, M.; Nwokah, O.: Bounds for closed-loop transfer functions of multivariable systems. IEEE Trans. AC 20 (1975) S. 666-670.

[37] Böttinger, F.; Engell, S.: Entwurf von Zweigrößensystemen mit dem Mehrgrößen-Nyquist-Verfahren. Regelungstechnik 27 (1979) S. 143-150.

[38] Munro, N.: Conversational mode C.A.D. of control systems using display terminals. IEE International Conf. on Computer Aided Design, Southampton 1972, S. 418 bis 431.

[39] Munro, N.: Computer aided design of multivariable sampled-data systems. IEE Conference on Computer Aided Design Cambridge 1973, S. 133-148.

[40] Allen, A.J.; Atkinson, P.: Interactive design of sampled-data control systems. IEE Conference on Computer Aided Design. Cambridge 1973, S. 141-148.

[41] Crossley, T.R.: Envelope curves to inverse Nyquist array diagrams. Int. J. Control 22 (1975) S. 57-63.

[42] McMorran, S.M.: Design of gas-turbine controller using inverse Nyquist Method. Proc. IEE 117 (1970) S. 2050-2056.

[43] Ahson, S.J.; Nicholson, H.: Improvement of turbo-alternator response using the inverse Nyquist array method. Int. J. Control 23 (1976) S. 657-672.

[44] Sinha, A.K.; Rutherford, D.A.: Computer-aided controller design for paper machine. Proc. IEE 123 (1976) S. 1021-1025.

[45] Crossley, T.R.; Munro, N.; Henthorn, K.S.: Design of aircraft autostabilization systems using the inverse Nyquist array method. Preprints of the 4. IFAC-Symposium on Multivariable Technological systems, Fredericton, 1977, S. 625-631.

[46] Fisher, D.G.; Kuon, J.F.: Comparison and experimental evaluation of multivariable frequency-domain design techniques. Preprints of the 4. IFAC-Symposium on Multivariable Technological Systems, Fredericton, 1977, S. 453-462.

[47] Munro, N.: Application of the inverse Nyquist array design method. Proc. of the 1978 Joint Automatic Control Conf., S. 348-353.

[48] Schafer, R.M.; Gejji, R.R.; Hoppner, P.W.: Frequency domain compensation of a Dyngen turbofan engine model. Proc. of the 1978 Joint Automatic Control Conf., S. 1013-1018.

[49] Hughes, F.M.: A simplified frequency-response design approach for power-station control. Int.J.Control 25 (1977) S. 575-587.

[50] Lauckner, G.; Wilfert, H.-H.: Entwurf einer mehrvariablen Blockregelung im Frequenzbereich für einen braunkohlegefeuerten 210-MW-Kraftwerkblock auf der Basis seines experimentell ermittelten Übertragungsmodells. Vorabdrucke des XXIV. IWK, Ilmenau 1979.

[51] Hughes, F.M.; Mallouppa, A.: Application of frequency response methods to nuclear power station oncetrough boiler control. Preprints of the 3. IFAC-Symposium on Multivariable Technological Systems, Manchester 1974. Vortrag F3.

[52] Munro, N.; Winterbone, D.E.; Lourtie, P.M.G.: Design of a multivariable controller for an automotive gas turbine. Preprints of the 3. IFAC-Symposium on Multivariable Technological Systems, Manchester 1974. Vortrag F4.

[53] Lauckner, G.; Wilfert, H.-H.; Förster, V.: Untersuchung der Leistungsfähigkeit eines ausgewählten Entwurfsverfahrens im Frequenzbereich für lineare Mehrfachregelungen am experimentell gewonnenen Modell eines 210-MW-Kraftwerksblockes. Forschungsbericht ZKI der AdW 1979.

[54] McMorran, P.D.: Parameter sensitivity and inverse Nyquist method. Proc. IEE 118 (1971) S. 802-804.

[55] Hawkins, D.J.: "Techniques for the design of multivariable control systems". Ph.D. Thesis, Control System Control, Institute of Science and Technology, The University of Manchester 1972.

[56] Ibrahim, T.A.S.; Munro, N.: Design of sampled-data multivariable control systems using the inverse Nyquist array. Int. J. Control 22 (1975) S. 297-311.

[57] Ahson, S.J.; Nicholson, H.: Inverse-Nyquist-array design with minimum sensitivity. Proc. IEEE 123 (1976) S. 457-461.

[58] Schafer, R.M.; Sain, M.K.: Input compensation for dominance of turbofane models. Proceedings of the International Forum on Alternatives for Multivariable Control. Chicago, Ill. 13./14. Oct. 1977, S. 45-78.

[59] Wilfert, H.-H.; Marschner, H.-H.; Hertel, U.: Experimentelle Identifikation eines 210-MW-Kraftwerksblockes als Mehrgrößensystem. msr 21 (1978) S. 567-572.

[60] Mayne, D.Q.: The design of linear multivariable systems. Automatica 9 (1973) S. 201-207.

[61] Mayne, D.Q.; Chuang, S.C.: The sequential return difference method for designing linear multivariable systems. IEE Conference on Computer Aided Design Cambridge, 1973. S. 87-93.

[62] Rosenbrock, H.-H.: The stability of multivariable systems. IEEE AC 17 (1972) S. 105-107.

[63] Daly, K.C.; Chuang, S.C.: Design of multivariable digital control system using the sequential return difference method. Proc. IEE 123 (1976) S. 98-100.

[64] Owens, D.H.: Dyadic modification to sequential technique for multivariable-control-systems design. Electronics letters 10 (1974) S. 25-26.

[65] Shaked, U.; MacFarlane, A.G.J.: Design of linear multivariable systems for stability under large parameter uncertainty. Preprints of the 4. IFAC-Symposium on Multivariable Technological systems Fredericton 1977. S. 149-157.

[66] Mayne, D.Q.: Sequential design of linear multivariable systems. Proc. IEE 126 (1979) S. 558-572.

[67] Leininger, G.G.: Diagonal dominance for multivariable Nyquist array methods using Function Minimization. Automatica 15 (1979) S. 339-345.

[68] Unbehauen, H.: Rechnergestützter Entwurf von Mehrgrößenregelungen im Frequenzbereich. Vorabdrucke 24. IWK Ilmenau 1979, Heft 1, S. 99-106.

[69] Damert, K.; Greeske, H.; Reinig, G.; Werner, B.: Anwendung verschiedener Identifikationsverfahren für Steuerungsobjekte in der chemischen Technologie. In: Autorenkollektiv "Einsatzvorbereitung von Prozeßrechnern". Berlin: Akademie-Verlag 1978, S. 81-135.

[70] Postlethwaite, J.: Algebraic-function theory in the analysis of multivariable feedback systems. Proc. IEE 126 (1979) S. 555-562.

[71] Owens, D.H.: Dyadic expansions and their applications. Proc. IEE 126 (1979) S. 563
bis 567.

[72] Kouvaritakis, B.A.: Theory and practice of the characteristic locus design method.
Proc. IEE 126 (1979) S. 542-548.

[73] Owens, H.: Dyadic modification to sequential technique for multivariable control systems design. Electronics letters 10 (1974) S. 25-26.

[74] Chuang, S.C.: Design of linear multivariable systems by sequential return difference method. Proc. IEE 121 (1974) S. 745-747.

[75] Rosenbrock, H.H.: On the design of linear multivariable control systems. Proc. of
the III. IFAC-Congress London 1966, Vol. 1, paper 1.A.

[76] Unbehauen, H.; Engell, S.: Anwendung des Mehrgrößen-Nyquist-Verfahrens auf ein
Dampferzeugermodell. Regelungstechnik 27 (1979) S. 250-259.

[77] Ostrowski, A.: Über die Determinanten mit überwiegender Hauptdiagonale.
Comment. Math. Helveticii 10 (1937).

[78] Nwokah, O.J.: A recurrent issue on the extended Nyquist array. Int. J. Control 31
(1980) S. 609-614.

[79] Lauckner, G.: Analyse und Entwurf von Mehrgrößenregelungen im Frequenzbereich
unter besonderer Berücksichtigung von Allpaßverhalten der Regelstrecke. Diss. A
TU Dresden, eingereicht 1981.

Sachwörterverzeichnis